Xenomoi

POPULÄR-WISSENSCHAFTLICHE VORLESUNGEN

von
Dr. E. Mach
Weil. emer. Professor
an der Universität Wien

Mit 77 Abbildungen im Text
und 7 Tafeln

Neudruck der 5. vermehrten und
durchgesehenen Auflage von 1923

***

Ernst-Mach-Studienausgabe

Band 4

Mit einer Einleitung herausgegeben von
Elisabeth Nemeth und Friedrich Stadler

Impressum

Ernst Mach
Populär-wissenschaftliche Vorlesungen
Mit einer Einleitung herausgegeben von
Elisabeth Nemeth und Friedrich Stadler

Reihe: Ernst Mach Studienausgabe, Band 4

ISBN 978-3-942106-21-4

Die Deutsche Nationalbibliothek
verzeichnet diese Publikation in der
DeutschenNationalbibliographie.
Detailliertere bibliogaphische Daten sind im
Internet über
http://dnb.d-nb.de abrufbar.

Satz in Palatino Linotype 10.0 Pt.

Satz, Coverentwurf und Produktion:
xenomoi Verlag e.K., Heinersdorfer Str. 16, D - 12209 Berlin
Tel.: 030 - 755 11 712 ▪ www.xenomoi.de ▪ info@xenomoi.de

Ernst Mach

Einleitung des Herausgebers

I.

Ernst Machs *Populär-wissenschaftliche Vorlesungen* (PWV), erstmals erschienen 1896 im Leipziger Verlag Johann Ambrosius Barth, zählen zu den sechs Hauptwerken des Naturforschers, Physikers und Philosophen Ernst Mach (1838 - 1916).[1] Sie stellen in einem Sammelband die von Mach selbst vorgeschlagene Zusammenführung seiner zahlreichen populären Vorträge und Schriften dar, die zugleich dessen öffentlichkeitsorientierte Arbeit seit seiner Berufung nach Graz als Professor für Mathematik und Physik (1864- 1867) und vor allem während seiner Tätigkeit an der Universität Prag auf dem Lehrstuhl für Experimentalphysik (1867 - 1895) repräsentiert.[2] Machs Antrittsvorlesung zur Übernahme des philosophischen Lehrstuhls für Geschichte und Theorie der induktiven Wissenschaften an der Universität Wien im Jahre 1895 ist in diesem Band ebenfalls enthalten.[3]

Die erste Auflage der PWV erschien allerdings zuerst in Englisch im Jahre 1895 unter dem Titel *Popular Scientific Lectures* (PSL) in Chicago bei Open Court Publishing Co., dem Jahr von Machs Berufung auf den Lehrstuhl für „Philosophie, insbesondere Geschichte und Theorie der induktiven Wissenschaften" an

1 Neben *Analyse der Empfindungen, Erkenntnis und Irrtum, Die Mechanik in ihrer Entwicklung, Die Prnzipien der Wärmelehre, Die Prinzipien der physikalischen Optik.* Die ersten drei Werke sind inzwischen in der hier laufenden Ernst Mach Studienausgabe im xenomoi Verlag (Berlin) erschienen.

2 Zu Machs Leben und Werk im Überblick: John T. Blackmore, *Ernst Mach. His Life, Work, and Influence.* Berkeley-Los Angeles-New York 1972; Friedrich Stadler, *Vom Positivismus zur „Wissenschaftlichen Weltauffassung".* Wien-München 1982; Rudolf Haller/Friedrich Stadler (Hrsg.), *Ernst Mach. Werk und Wirkung.* Wien 1988; Gereon Wolters, *Mach I, Mach II, Einstein und die Relativitätstheorie. Eine Fälschung und ihre Folgen.* Berlin-New York 1987; Erik Banks, *The Realistic Empiricism of Mach, James, and Russell: Neutral Monism Reconceived.* Cambridge University Press 2014.

3 „Über den Einfluss zufälliger Umstände auf die Entwicklung von Erfindungen und Entdeckungen", hier S. 235.

der Universität Wien. Sie versammelte 12 Aufsätze in der Übersetzung von Thomas J. McCormack (der auch Machs *Mechanik* übersetzte). Dieses Projekt wurde vom deutsch-amerikanischen Autor und Verleger Paul Carus (1852-1919) initiiert, den Mach seit 1888 persönlich kannte und mit dem er seitdem im Briefkontakt stand.[4] Carus begründete zusammen mit Edward C. Hegeler ein Verlagshaus, das die Zeitschriften *Open Court* und *The Monist* herausgab.[5]

Alle der in den PSL aufgenommenen Artikel sind zuvor in diesen beiden Journals erschienen[6] und Carus selbst schrieb wohlwollend im *Monist* über Machs Philosophie. Ebendort hatte Mach bereits 1890 optimistisch formuliert: „*The time seems ripe for the overthrow of all metaphysical philosophies. I contribute this article to your magazine in the confidence that America is the place where new views will be mostfully developed.*" [7]

Bereits die zweite englische Ausgabe der PSL aus dem Jahre 1897 wurde durch vier weitere Artikel ergänzt, und die dritte englische Auflage erfuhr ebenfalls eine Erweiterung durch einen Aufsatz über die Erscheinungen an fliegenden Projektilen. Die weiteren englischen Editionen von 1910 und 1943 sind Nachdrucke der dritten Auflage. Inzwischen sind die PSL auch frei im Internet

4 Joachim Thiele, *Wissenschaftliche Kommunikation. Die Korrespondenz Ernst Machs*. Kastellaun: Henn Verlag 1978, S.177-185.

5 Mit beiden stand Mach in einem regen Briefkontakt mit ca. 130 Briefen im Zeitraum 1888-1915. Hegeler begründete 1888 die Zeitschrift *The Monist* in La Salle, Illinois, die in der Folge von Paul Carus, Mary Hegeler Carus, Eugene Freeman, John Hospers und heute von Barry Smith hrsg. wurde/wird.

6 Zahlreiche Artikel von Mach sind ins Englische übersetzt und veröffentlicht worden: in *The Open Court. A Weekly devoted to the Religion of Science* (Chicago) erschienen 21 Artikel, in *The Monist. A Quaterly Magazine Devoted to the Philosophy of Science* (Chicago) waren es 11 Artikel. Die ersten englischen Veröffentlichungen waren allerdings schon 1865-66 im *Philosophical Magazine* (London) zu finden. In diesem Zusammenhang auch erwähnenswert: Floyd Ratcliff, *Mach Bands: Quantitative Studies on Neural Networks in the Retina* (San Francisco 1965) mit 6 diesbezüglichen Beiträgen Machs.

7 Paul Carus, "Professor Mach's Philosophy", in: *The Monist*, 16/3, 1906, pp.331-356; Ernst Mach, in: *The Monist* 1890, zit. nach Gerald Holton, *Science and Anti-Science*. Harvard Univ. Press 1993, p.5.

zugänglich[8] und werden noch als Paperback-Versionen (Nabu Press 2010 und Cambridge University Press 2014) angeboten.[9]

Die deutschsprachige Erstausgabe der PWV von 1896 beinhaltete ursprünglich 15 Vorlesungen, die in den nachfolgenden durchgesehenen Auflagen sukzessive vermehrt wurden: die zweite Auflage (1897) mit 15 Vorlesungen, die dritte Auflage (1903) noch mit 19 Vorlesungen, die vierte Auflage (1910) mit 26 Vorlesungen und schließlich die fünfte Auflage (1923) mit 33 Vorlesungen nach dem letzten Willen des Autors. Im Jahre 1987 erschien die bislang letzte deutsche Ausgabe in Printversion als Nachdruck der 5. Auflage (Leipzig 1923), versehen mit einer Einleitung von Adolf Hohenester und einem Vorwort von Friedrich Herneck als Band 5 in der von Karl Acham herausgegebenen Buchreihe „Klassische Studien zur sozialwissenschaftlichen Theorie, Weltanschauungslehre und Wissenschaftsforschung" (Wien-Köln-Graz: Böhlau).[10]

Machs Vorwort zur ersten Ausgabe 1895 liefert eine schöne Hintergrundinformation zu seiner damaligen Motivation und Zielvorstellung für diesen Sammelband, welches er auch in der deutschen Erstausgabe 1896 folgendermaßen formulierte:[11]

---

8 The Project Gutenberg EBook. Produced by Anna Hall, Albert Lászlo and the Online Distributed Proofreading Team.

9 Der erste Reprint mit folgender Beschreibung: *"The Austrian scientist Ernst Mach (1838-1916) carried out work of importance in many fields of enquiry, including physics, physiology, psychology and philosophy. Many significant thinkers, such as Ludwig Wittgenstein and Bertrand Russell, benefited from engaging with his ideas. Mach delivered the twelve lectures collected here between 1864 and 1894. This English translation by Thomas J. McCormack (1865-1932) appeared in 1895. Mach tackles a range of topics in an engaging style, demonstrating his abilities as both a researcher and a communicator. In the realm of the physical sciences, he discusses electrostatics, the conservation of energy, and the speed of light. He also addresses physiological matters, seeking to explain aspects of the hearing system and why humans have two eyes. In the final four lectures, he deals with the nature of scientific study. The Science of Mechanics (1893), Mach's historical and philosophical account, is also reissued in this series."*

10 Mit einem Anhang mit Titelblatt und Widmung der beiden ersten, 1865 in Graz publizierten Vorlesungen und Albert Einsteins Nachruf auf Mach (*Physikalische Zeitschrift* 7/1916)

11 Vgl. in diesem Buch S. XI. Die Übersetzung der bemerkenswerten Ausdrücke „Romantik" und „Poesie" erfolgte im Englischen mit „charm" und

„Populäre Vorlesungen können mit Rücksicht auf die vorausgesetzten Kenntnisse und die zur Verfügung stehende Zeit nur im bescheidenen Maße belehrend wirken. Dieselben müssen zu diesem Zweck leichtere Stoffe wählen und sich auf die Darstellung der einfachsten und wesentlichsten Punkte beschränken. Nichtsdestoweniger kann durch geeignete Wahl des Gegenstandes die Romantik *und* Poesie *der Forschung fühlbar gemacht werden. Hierzu ist nur nötig, dass man das Anziehende und Spannende eines Problems darlegt, und zeigt, wie durch das von einer unscheinbaren Aufklärung ausstrahlende Licht zuweilen weite Gebiete von Tatsachen erleuchtet werden … Auch durch den Nachweis der Gleichartigkeit des alltäglichen und wissenschaftlichen Denkens können solche Vorlesungen günstig wirken …"*

In diesen Formulierungen sind vor allem die Hinweise auf die Poesie der Forschung sowie der Zusammenhang von Alltag und Wissenschaft relevant, der sich durch das Lebenswerk Machs bis hin zu seiner letzten Buchpublikation *Kultur und Mechanik* (Stuttgart 1915) als roter thematischer Faden ziehen. Darüber hinaus manifestiert sich hierin auch Machs lebenslanges Streben nach Popularisierung naturwissenschaftlicher Kenntnisse, das sich beispielsweise in seinem Engagement in der universitären Volksbildung sowie in seinem Bekenntnis zur gesellschaftlichen Bedeutung wissenschaftlichen Wissens im Sinne seiner aufklärerisch-humanistischen Gesinnung spiegelte.[12] Dementsprechend schreibt er noch im Vorwort zur vierten, vermehrten Auflage angesichts seiner frühzeitigen Emeritierung nach einem 1898 erlittenen Schlaganfall, dass „ihm die Neigung, sich über allgemein interessierende Fragen mit dem Publikum auseinanderzusetzen, nicht abhanden gekommen" ist.[13]

„poetry". Dazu auch Rudolf Haller, „Poetische Phantasie und Sparsamkeit – Ernst Mach als Wissenschaftstheoretiker", in: Haller/Stadler, *Ernst Mach* a.a.O., S. 342-355.

12 Hans Altenhuber, *Universitäre Volksbildung in Österreich 1895-1937.* Wien 1995. Mach war ein überzeugter Förderer und Vortragender der Volkstümlichen Universitätsvorträge. Er gehörte deren Ausschuss an und unterstützte als späteres Mitglied des Herrenhauses die verstärkte Subventionierung dieser Einrichtung.

13 Vgl. in diesem Band S. XII.

II.

Die Entstehungsgeschichte der PWV dokumentiert die frühe Internationalisierung und Anerkennung Ernst Machs im angloamerikanischen Raum, speziell auch dessen beachtliches Interesse für den amerikanischen Pragmatismus, wie die Widmungen des Buches schon vermuten lassen:[14] die erste Auflage ist „Herrn Professor William James in Sympathie und Hochachtung gewidmet", nach dessen Tod im Jahre 1910 die weitere Auflage „Dem Andenken von William James", mit dem er seit dessen Besuch in Prag im Jahre 1882 bis 1909 im Briefkontakt gestanden war.[15] So bedankte sich Mach bei James für den Erhalt von dessen Buch *Pragmatism* und bekundete seine geistige Verwandtschaft mit dem Pragmatismus, ohne jemals selbst diesen Ausdruck verwendet zu haben.[16] Einige Jahre zuvor hatte James bereits über den Pragmatismus in Europa geschrieben:

„*Thus has arisen the Pragmatism of Pearson in England, of Mach in Austria, and of the somewhat more reluctant Poincaré in France, all of whom say that our sciences are but Denkmittel – 'true' in no other sense than of yielding a conceptual shorthand, economical for our descriptions.*"[17] Und 1905 schrieb er an Mach: "your Erkenntnis

---

14 Für einschlägige Recherchen zur Entstehungsgeschichte und zum Pragmatismus danke ich meinen Mitarbeitern Christoph Limbeck-Lilienau (Institut Wiener Kreis) und Bastian Stoppelkamp (Institut für Philosophie).

15 Thiele, *Wissenschaftliche Korrespondenz*, S. 168 ff. In einem Brief an seine Frau schrieb James über seinen Besuch bei Mach in Prag: „*As for Prague, veni, vidi, vici. I went there with much trepidation to do my social-scientific duty --- I heard Hering give a poor lecture, and Mach a beautiful one … Mach came to my hotel and I spent four hours walking and supping with him at this club, an unforgettable conversation. I don't think anyone ever gave me so strong an impression of pure intellectual genius. He apparently has read everything and thought about everything, and has an absolute simplicity of manner and winningness of smile.*" The Letters of William James, ed. by his son Henry James. Boston 1920. Cited after Hiebert, a.a.., p. XIII.

16 Mach an James, 28. Juni 1907. Nebenbei fragt er James um dessen Einverständnis zur Übersetzung dieses Buches durch seinen Freund Wilhelm Jerusalem.

17 William James, *Collected Essays and Reviews* (1920), p. 449 f.

& Irrtum fills me with joy and when I'm able to get to it I shall devour it greedly".[18] So überrascht es wenig, dass sich James mehrmals in seinen *Principles of Psychology* (1890), *Pragmatism* (1907), *The Meaning of Truth* (1909), *Some Problems of Philosophy* (1911) zustimmend auf Mach bezog, wobei der gemeinsame Rahmen durch den neutralen Monismus via Empirismus und Elementenlehre gegeben scheint.[19] Damit war Mach, bevor die PSL in Deutsch erschienen, eine bekannte internationale Größe in der englischsprachigen Gelehrtenwelt und konnte eine internationale Reputation erlangen, die im Zusammenhang mit der Entstehung und Entwicklung des Pragmatismus bislang wenig beachtet worden ist.[20] Das überrascht umso mehr, als alle seine Hauptwerke unmittelbar nach ihrem Erscheinen in englischer Sprache mit mehreren nachfolgenden Auflagen erschienen sind.[21] Außerdem haben Charles Sanders Peirce und Mach gemeinsam im *Monist* publiziert und John Dewey hat sich ebenfalls zustimmend auf Machs Theorie der Forschung bezogen. Mach wiederum verweist in seiner *Analyse der Empfindungen* mehrmals auf die Arbeiten von James, speziell im Kap. XIV [22], und in seinem Buch *Erkenntnis und Irrtum* (2. Aufl. 1906) werden die beiderseitigen Übereinstimmungen hinsichtlich psychologischer Probleme und Fragen bekräftigt.[23]

---

18 James an Mach, 9. August 1905, zit. nach Thiele, *Wissenschaftliche Kommunikation*, a.a.O., S. X. Weitere Wertschätzungen, aber auch kritische Kommentare finden sich in James' Anmerkungen zu Machs Büchern im Nachlass von James in der Houghton Library, Harvard University.

19 Dies wird bestätigt durch den James-Biografen R.B. Perry, *The Thought and Character of William James* (1935/ 1936), I p.586f. und II, p.462.

20 Vgl den Tagungsband *Logical Empiricism and Pragmatism*, ed. by Sami Pihlström, Friedrich Stadler und Niels Weidtmann (Springer), in Vorbereitung.

21 Vgl. Die detaillierte Übersicht in Mach, *Knowledge and Error*, a.a.O., pp. 370 ff.

22 „With regard to the idea of concepts of labor-saving instruments, the late Prof. William James directed in conversation my attention to points of agreements between my writings and his essay on 'The Sentiment of Rationality' ..."

23 Ernst Mach, *Knowledge and Error. Sketches on the Psychology of Enquiry*. With an Introduction by Erwin N. Hiebert. Dordrecht-Boston: Reidel 1976.

III.

Die vorliegende deutsche Neuauflage basiert auf der letzten noch von Mach autorisierten 5. Auflage 1923, die posthum von Machs Sohn Ludwig herausgegeben wurde, wie man dem letzten Vorwort entnehmen kann. Diese Ausgabe ist im Vergleich zur ersten englischen und deutschen Ausgabe wesentlich erweitert worden: Die erste deutsche Auflage von 1896 wurde gegenüber der englischen Edition bereits mit 12 Vorlesungen um drei Aufsätze erweitert: 4. (Zur Geschichte der Akustik), 8. (Bemerkungen zur Lehre vom räumlichen Sehen), und 14. (Über den Einfluss zufälliger Umstände auf die Entwickelung von Erfindungen und Entdeckungen). Die zweite Auflage 1897 blieb gegenüber der ersten unverändert, während in der dritten Auflage 1903 weitere vier Artikel aufgenommen wurden: 9. (Über wissenschaftliche Anwendungen der Photographie und Stereoskopie), 10. (Bemerkungen über wissenschaftliche Anwendungen der Photographie), 18. (Über Erscheinungen an fliegenden Projektilen), 19. (Über Orientierungsempfindungen), die beiden ersteren als neue Ergänzungen, die beiden letzteren bereits in der dritten englischen Auflage abgedruckt. Die vierte Auflage 1910 enthält bereits 26 Artikel und wurde gegenüber der dritten Auflage um weitere sieben Artikel erweitert: 20. (Beschreibung und Erklärung), 21. (Ein kinematisches Kuriosum), 22. (Der physische und psychische Anblick des Lebens), 23. (Zum physiologischen Verständnis der Begriffe), 24. (Werden Vorstellungen, Gedanken vererbt?), 25. (Leben und Erkennen), und 26. (Eine Betrachtung über Zeit und Raum). Die fünfte, hier abgedruckte, Auflage von 1923 umfasst schließlich 33 Artikel mit 7 Bildtafeln und ist daher um weitere sieben Beiträge von Mach ergänzt worden: 27. (Allerlei Erfinder und Entdecker), 28. (Das Paradoxe, das Wunderbare und das Gespenstische), 29. (Psychische Tätigkeit, insbesondere Phantasie, bei Mensch und Tier), 30. (Psychisches und organisches Leben), 31. (Sinnliche Elemente und naturwissenschaftliche Begriffe), 32. (Über den Zusammenhang von Physik und Psychologie), und 33. (Einige vergleichende tier- und menschenpsychologische Skizzen). Somit erkennen wir seit der ersten Auflage ein stetiges Anwachsen dieses Sammelbandes, was die starke Identifikation des Autors mit diesem Publikationsprojekt manifestiert, der noch für die posthume Edition 1923 konkrete Erweiterungen verfügte. Die meisten Artikel sind zuvor in Zeitschriften oder kleineren selbständigen Veröffentlichungen erschienen.[24]

Der vorliegende Sammelband ist ein Meisterstück einer Wissenschaftspopularisierung ohne Moralisierung und Simplifizierung. Der einfache Stil wirkt einladend unter Vermeidung von Trivialitäten und stellt ein beeindruckendes Werk wissenschaftlicher Prosa dar, das in seiner Art noch sehr selten anzutreffen ist. Die PWV stehen in der Tradition eines wissenschaftsfreundlichen Aufklärungsdenkens, das sich z.B. auch bei Hermann Helmholtz (über dessen Musiktheorie Mach 1866 eine Darstellung verfasste) und Ludwig Boltzmann findet.[25] Die Sammlung spiegelt natürlich auch den Kontext ihrer Zeit, manifestiert aber zugleich einen Zugang zu den Wissenschaften, der die historisch-genetische Betrachtungsweise betont und die gesellschaftliche Rolle der Forschung zwischen Alltag und Spezialistentum auch aus heutiger Sicht bereichert. Insofern kann man dieses Buch berechtigterweise als ein Manifest für das so genannte „Public Understanding of Science and Humanities" bezeichnen[26] und Mach als einen Pionier für eine Didaktik der Naturwissenschaften und eine integrierte Geschichte und Philosophie der Wissenschaften würdigen.[27]

---

24 Ein Quellenverzeichnis findet sich in Mach, *Populärwissenschaftliche Vorlesungen* 1987 a.a.O., S. XL ff.

25 Vgl. Ludwig Boltzmann, *Populäre Schriften*. Leipzig: Barth 1905; Hermann v. Helmholtz, *Vorträge und Reden*. Braunschweig: Vieweg 1884.

26 Michael Matthews, "Ernst Mach and Contemporary Science Education Reforms", in: Ders. (Ed.), *History, Philosophy, and Science Teaching: Selected Readings*. Toronto 1991; Manfred Euler, "Revitalizing Ernst Mach's Popular Scientific Lectures", in: *Science and Education* 2007, 16/6, S. 603-611.

27 Adolf Hohenester, "Ernst Mach als Didaktiker, Lehrbuch- und Lehrplan-

Zusammen mit seinen monografischen Hauptwerken wird mit der Neuauflage dieses Sammelbandes im Rahmen dieser Studienausgabe das beeindruckende Lebenswerk Machs weiter zugänglich gemacht. Abschließend sei Herrn Josef Pircher (Wien) für seine bewährte wertvolle redaktionelle Mitarbeit gedankt.

Wien, April 2014
Friedrich Stadler
(Universität Wien, Institut Wiener Kreis und Institut für Philosophie)

---

verfasser", in: Haller/Stadler, *Ernst Mach*, a.a.O., S.138-166; Friedrich Stadler, "History and Philosophy of Science. Zwischen Deskription und Konstruktion", in: *Berichte zur Wissenschaftsgeschichte* 3/2012, 217-238.

POPULÄR-WISSENSCHAFTLICHE VORLESUNGEN

VON

DR. E. MACH

WEIL. EMER. PROFESSOR AN DER UNIVERSITÄT WIEN

FÜNFTE VERMEHRTE UND DURCHGESEHENE AUFLAGE

MIT 77 ABBILDUNGEN IM TEXT UND 7 TAFELN

1 9 2 3

LEIPZIG · VERLAG VON JOHANN AMBROSIUS BARTH

Vorwort.

Ernst Mach

Die von der „Open Court Publishing Compagny" in Chicago i.J. 1895 veranstaltete Sammelausgabe meiner „Popular scientific lectures" in der vorzüglichen Übersetzung des Herrn Mc. Cormack hat der Verlagshandlung den Gedanken nahe gelegt, diese Sammlung auch in deutscher Sprache erscheinen zu lassen. Dieselbe ist in dieser Gestalt vermehrt um die Artikel 4, 9 und 14. Der Artikel 10 ist allein zuerst englisch erschienen in „The Monist", und stellt eine freie Bearbeitung vor eines Teiles meiner Schrift über die „Erhaltung der Arbeit" (Prag. Calve 1872), welche ich auf Wunsch des Herrn Dr. P. Carus, Herausgebers des „Monist", unternahm. Letztere Schrift, in welcher ich zuerst meinen Standpunkt in physikalischen Fragen darlegte, stellt nämlich in ihrer ursprünglichen Form allzu große Anforderungen an den Leser von populären Vorlesungen.

Die große Verschiedenheit der Artikel in Form, Geschmack, Stil, Stimmung und Ziel wird man entschuldigen, wenn man bedenkt, dass dieselben einen Zeitraum von mehr als dreißig Jahren umfassen. // VIII //

Im Übrigen kann ich hier nur die Worte wiederholen, welche die englische Ausgabe begleiteten:

„Populäre Vorlesungen können mit Rücksicht auf die vorausgesetzten Kenntnisse und die zur Verfügung stehende Zeit nur in bescheidenem Maße belehrend wirken. Dieselben müssen zu diesem Zweck leichtere Stoffe wählen und sich auf die Darlegung der einfachsten und wesentlichsten Punkte beschränken. Nichtsdestoweniger kann durch geeignete Wahl des Gegenstandes die *Romantik* und die *Poesie* der Forschung fühlbar gemacht werden. Hierzu ist nur nötig, dass man das Anziehende und Spannende eines Problems darlegt, und zeigt, wie durch das von einer unscheinbaren Aufklärung ausstrahlende Licht zuweilen weite Gebiete von Tatsachen erleuchtet werden."

„Auch durch den Nachweis der Gleichartigkeit des alltäglichen und des wissenschaftlichen Denkens können solche Vorlesungen günstig wirken. Das Publikum verliert hierdurch die Scheu vor wissenschaftlichen Fragen und gewinnt jenes Interesse an der Untersuchung, welche dem Forscher so förderlich ist. Diesem hingegen wird die Einsicht nahe gelegt, dass er mit seiner Arbeit nur einen kleinen Teil des allgemeinen Entwicklungsprozesses vorstellt, und dass die Ergebnisse der Forschung nicht nur ihm und einigen Fachgenossen, sondern dem Ganzen zugute kommen sollen."

Der deutsche Physiker wird in den nachfolgenden Artikeln und insbesondere in der erwähnten Schrift über „Erhaltung der Arbeit" manche Frage in früher Zeit erörtert finden, die später unter anderen Schlagworten von anderen Autoren be- // IX // handelt worden ist. Einige diese Fragen stehen in naher Beziehung zu der lebhaften Diskussion über „Energetik", welche sich auf der Naturforscherversammlung zu Lübeck entwickelt hat. Einen Grund, meinen Standpunkt zu ändern, habe ich aber aus dieser Diskussion nicht schöpfen können.

Wien, Februar 1896.

D. V.

Vorwort zur vierten Auflage.

Der Verfasser kann keine Vorlesungen mehr halten, doch ist ihm die Neigung, sich über allgemein interessierende Fragen mit dem Publikum auseinanderzusetzen, nicht abhanden gekommen. Möchten die letzten sieben Artikel, um welche diese Auflage vermehrt ist, freundliche Aufnahme finden und anregend wirken 1

Wien, Februar 1910.

D. V.

Inhalt

1.
Die Gestalten der Flüssigkeit.[1]

Was meinst Du wohl, lieber Euthyphron, was das Heilige sei und was das Gerechte und was das Gute? Ist das Heilige deshalb heilig, weil es die Götter lieben, oder sind die Götter deshalb heilig, weil sie das Heilige lieben? Solche und ähnliche leichte Fragen waren es, durch welche der weise Sokrates den Markt zu Athen unsicher machte, durch welche er namentlich naseweise junge Staatsmänner von der Last ihres eingebildeten Wissens befreite, indem er ihnen vorhielt wie verwirrt, unklar und widerspruchsvoll ihre Begriffe seien.

Sie kennen die Schicksale des zudringlichen Fragers. Die so genannte gute Gesellschaft zog sich auf der Promenade vor ihm zurück, nur Unwissende begleiteten ihn. Er trank zuletzt den Giftbecher, den man auch heute noch manchem Rezensenten seines Schlags – wenigstens wünscht.

Was wir aber von Sokrates gelernt haben, was uns geblieben, ist die wissenschaftliche Kritik. Jeder- // 2 // mann, der sich mit Wissenschaft beschäftigt, erkennt, wie schwankend und unbestimmt die Begriffe sind, welche er aus dem gewöhnlichen Leben mitgebracht, wie bei schärferer Betrachtung der Dinge scheinbare Unterschiede sich verwischen, neue Unterschiede hervortreten. Und eine fortwährende Veränderung, Entwicklung und Verdeutlichung der Begriffe weist die Geschichte der Wissenschaft selbst auf.

Bei dieser allgemeinen Betrachtung des Schwankens der Begriffe, welche sich bis zur Unbehaglichkeit steigern kann, wenn man bedenkt, dass sich dasselbe so ziemlich auf alles erstreckt, wollen wir nicht verweilen. Wir wollen vielmehr an einem naturwissenschaftlichen Beispiel sehen, wie sehr sich ein Ding än-

1 Vortrag, gehalten im deutschen Kasino zu Prag im Winter 1868.

dert, wenn man es immer genauer und genauer ansieht, und wie es hierbei eine immer bestimmtere Form annimmt.

Die meisten von Ihnen meinen wohl ganz gut zu wissen, was flüssig und was fest sei. Und gerade wer sich nie mit Physik beschäftigt hat, wird diese Frage für die leichteste halten. Der Physiker weiß, dass sie zu den schwierigsten gehört, und dass die Grenze zwischen fest und flüssig kaum anzugeben ist. Ich will hier nur die Versuche von Tresca[2] erwähnen, welche lehren, dass feste Körper, einem hohen Druck ausgesetzt, sich ganz wie Flüssigkeiten verhalten, z.B. in Form eines Strahles aus der Bodenöffnung des Gefäßes, in welchem sie enthalten sind, ausfließen können. Der vermeintliche Artunterschied zwischen „flüssig und fest“ wird hier zu einem bloßen Gradunterschied.

Wenn man sich gewöhnlich erlaubt, aus der Abplattung der Erde auf einen ehemals flüssigen // 3 // Zustand derselben zu schließen, so ist dies mit Rücksicht auf solche Tatsachen voreilig. Eine Kugel von einigen Zoll Durchmesser wird sich bei der Drehung freilich nur dann abplatten, wenn sie sehr weich, etwa aus frisch angemachtem Ton oder gar flüssig ist. Die Erde aber, sie mag aus dem festesten Gestein bestehen, muss sich durch ihre eigene ungeheure Last zerdrücken, und verhält sich dann notwendig wie eine Flüssigkeit. Auch die Höhe unserer Berge könnte nicht über eine gewisse Grenze wachsen, ohne dass sie eben zusammenbrechen müssten. Die Erde kann flüssig gewesen sein, aus der Abplattung folgt dies keineswegs.

Die Teilchen einer Flüssigkeit sind äußerst leicht verschiebbar; die Flüssigkeit schmiegt sich dem Gefäße genau an, sie hat keine eigentümliche Gestalt, wie Sie in der Schule gelernt haben. Indem sie sich in die Verhältnisse des Gefäßes bis in die feinsten Details hineinfindet, indem sie selbst an der Oberfläche, wo sie freies Spiel hätte, nichts zeigt, als das lächelnde, spiegelglatte, nichts sagende Antlitz, ist sie der vollendete Höfling unter den Naturkörpern.

---

2 [*] Henri Édouard Tresca (1814-1885), französischer Ingenieur

Die Flüssigkeit hat keine eigentümliche Gestalt! Wenigstens für den nicht, der flüchtig beobachtet. Wer aber bemerkt hat, dass ein Regentropfen rund und niemals eckig ist, der wird dieses Dogma nicht mehr so unbedingt glauben wollen.

Wir können von jedem Menschen, selbst dem charakterlosesten annehmen, dass er einen Charakter hätte, wenn es eben in dieser Welt nicht zu schwierig wäre. So hätte wohl auch die Flüssigkeit ihre eigene Gestalt, wenn es der Druck der // 4 // Verhältnisse gestattete, wenn sie nicht durch ihr eigenes Gewicht zerdrückt würde.

Ein müßiger Astronom hat einmal berechnet, dass in der Sonne, selbst abgesehen von der unbehaglichen Temperatur, keine Menschen bestehen könnten, weil sie daselbst unter ihrer eigenen Last zusammenbrechen würden. Die größere Masse des Weltkörpers bringt nämlich auch ein größeres Gewicht des Menschenkörpers auf demselben mit sich. Dagegen könnten wir im Monde, weil wir daselbst viel leichter wären, mit der uns eigenen Muskelkraft fast turmhohe Sprünge ohne Schwierigkeit ausführen. Plastische Kunstwerke aus Sirup gehören wohl auch im Monde zu den Fabeln. Doch zerfließt dort der Sirup wohl so langsam, dass man wenigstens zum Scherz einen Sirupmann ausführen könnte, wie bei uns einen Schneemann.

Wenn also auch bei uns die Flüssigkeiten keine eigentümliche Gestalt haben, vielleicht haben sie dieselbe im Monde oder auf einem noch kleineren und leichteren Weltkörper. Es handelt sich nur darum, die Schwere zu beseitigen, um die eigentümliche Gestalt der Flüssigkeit kennen zu lernen.

Diesen Gedanken hat Plateau[3] in Gent ausgeführt. Er taucht eine Flüssigkeit (Öl) in eine andere von gleichem (spezifischem) Gewicht in eine Mischung von Wasser und Weingeist. Das Öl verliert nun entsprechend dem Archimedesschen Prinzip in dieser Mischung sein ganzes Gewicht, es sinkt nicht mehr unter

3 [*] Joseph Antoine Ferdinand Plateau (1801-1883), belgisch-wallonischer Physiker

seiner eigenen Last zusammen, die gestaltenden Kräfte des Öls, wären sie auch noch so schwach, haben jetzt freies Spiel. //5//

In der Tat sehen wir jetzt zu unserer Überraschung, wie das Öl, statt sich in einer Schichte zu lagern, oder eine formlose Masse zu bilden, die Gestalt einer schönen, sehr vollkommenen Kugel annimmt, welche frei in der Mischung schwebt wie der Mond im Weltraum. Man kann so eine Kugel von mehreren Zoll Durchmesser aus Öl darstellen.

Bringt man in diese Ölkugel ein Scheibchen an einem Draht, so kann man den Draht zwischen den Fingern und damit die ganze Ölkugel in Drehung versetzen. Sie plattet sich hierbei ab, und man kann es sogar dahin bringen, dass sich von derselben ein Ring, ähnlich demjenigen des Saturnus, ablöst. Letzterer zerreißt schließlich, zerfällt in mehrere kleine Kugeln und gibt uns ungefähr ein Bild der Entstehung des Planetensystems nach der KANT'schen und LAPLACE'schen[4] Auffassung.

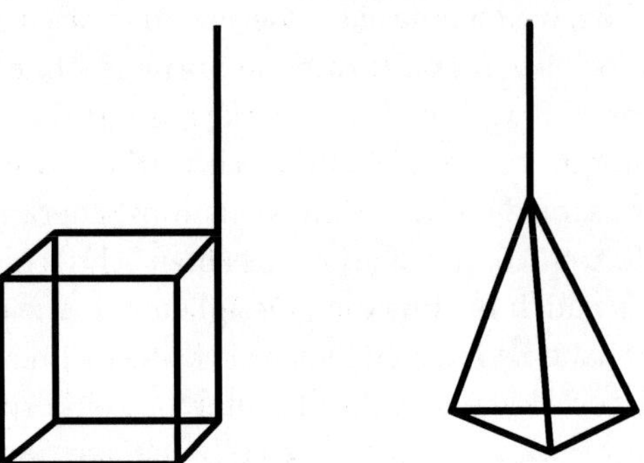

Fig. 1

Noch eigentümlicher werden die Erscheinungen, wenn man die gestaltenden Kräfte der Flüssigkeit // 6 // gewissermaßen stört, indem man einen festen Körper mit der Oberfläche der Flüssigkeit in Berührung bringt. Taucht man z. B. das Kantengerüst eines Würfels aus Draht in die Ölmasse, so legt sich diese

4 [*] Pierre-Simon (Marquis de) Laplace (1749-1827), französischer Mathematiker, Physiker und Astronom

überall an den Draht an. Reicht nun die Menge des Öls gerade hin, so erhält man einen Ölwürfel mit vollkommen ebenen Wänden. Ist zu viel oder zu wenig Öl vorhanden, so werden die Wände des Würfels bauchig, beziehungsweise hohl. Auf ganz ähnliche Weise kann man noch die verschiedensten geometrischen Figuren aus Öl herstellen, z. B. eine dreiseitige Pyramide oder einen Zylinder, indem man im letzteren Falle das Öl zwischen zwei Drahtringe fasst usw.

Interessant wird die Veränderung der Gestalt, die eintritt, sobald man von einem solchen Ölwürfel oder von der Ölpyramide fort und fort mit Hilfe eines Glasröhrchens etwas Öl wegsaugt. Der Draht hält das Öl fest. Die Figur wird im Innern immer schmächtiger, zuletzt ganz dünn. Sie besteht schließlich aus einer Anzahl dünner ebener Ölplättchen, welche von den Kanten des Würfels ausgehen und im Mittelpunkte in einem kleinen Tropfen Öl zusammenstoßen. Ähnlich bei der Pyramide.

Es liegt nun der Gedanke nahe, dass eine so dünne Flüssigkeitsfigur, die auch nur ein sehr geringes Gewicht hat, durch dieses nicht mehr zerdrückt werden kann, so wie eine kleine, weiche Tonkugel unter ihrem eigenen Gewicht auch nicht mehr leidet. Dann brauchen wir aber das Wasser-Weingeistgemisch nicht mehr zur Darstellung unserer Figuren, dann können wir sie im freien Luftraume //7// darstellen. Wirklich fand nun PLATEAU, dass die dünnen Figuren, oder wenigstens sehr ähnliche, sich einfach in Luft darstellen lassen, indem man die erwähnten Drahtnetze für einen Augenblick in Seifenlösung taucht und wieder herauszieht. Das Experiment ist nicht schwer. Die Figur bildet sich ohne Anstand von selbst. Die nachstehende Zeichnung vergegenwärtigt den Anblick, den man an dem Würfel- und Pyramidennetz erhält. Am Würfel gehen dünne, ebene Seifenhäutchen von den Kanten aus nach einem kleinen quadratischen Häutchen in der Mitte. An der Pyramide geht von jeder Kante ein Häutchen nach dem Mittelpunkte der Pyramide.

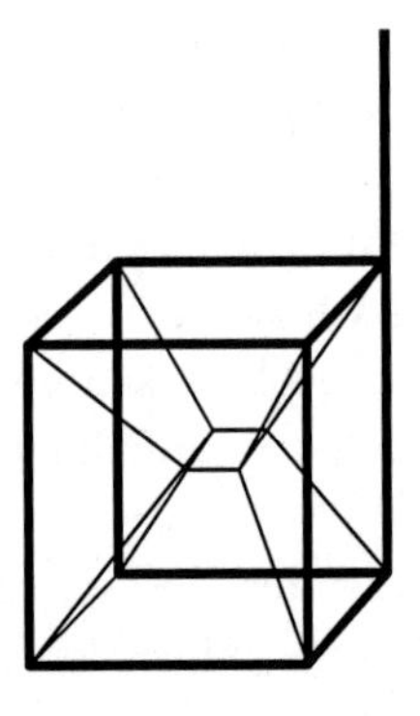
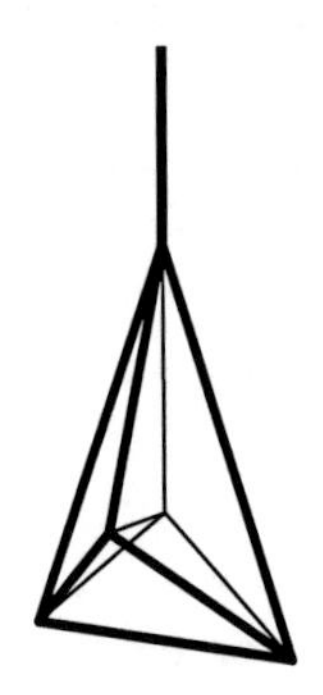

Fig. 2

Diese Figuren sind so schön, dass sie sich schwer entsprechend beschreiben lassen. Die hohe Regelmäßigkeit und geometrische Schärfe setzen jeden in Erstaunen, der sie zum ersten Male sieht. Leider sind sie nur von kurzer Dauer. Sie platzen beim // 8 // Trocknen der Lösung an der Luft, nachdem sie uns zuvor das brillanteste Farbenspiel vorgeführt haben, wie dies so die Art der Seifenblasen ist. Teils die Schönheit der Figuren, teils die Absicht, sie genauer zu untersuchen, erregt den Wunsch, sie zu fixieren. Dies gelingt sehr einfach. Man taucht die Drahtnetze statt in Seifenlösung in geschmolzenes reines Kolophonium oder in Leim. Beim Herausziehen bildet sich sofort die Figur und erstarrt an der Luft.

Es ist zu bemerken, dass auch die massiven Flüssigkeitsfiguren sich in der freien Luft darstellen lassen, wenn man sie nur von hinlänglich kleinem Gewichte, also mit recht kleinen Drahtnetzen darstellt. Verfertigt man sich z. B. aus sehr feinem Draht ein Würfelnetz von etwa 3 mm Seitenlänge, so braucht man dies nur einfach in Wasser zu tauchen, um ein massives kleines Wasserwürfelchen herauszuziehen. Mit etwas Löschpapier lässt sich leicht das überflüssige Wasser entfernen und das Würfelchen ebnen.

Noch eine einfache Art, die Figuren zu beobachten, lässt sich auffinden. Ein Tröpfchen Wasser auf einer befetteten Glasplatte zerfließt nicht mehr, wenn es klein genug ist, es plattet sich aber durch sein Gewicht, durch welches es gegen die Unterlage gepresst wird, etwas ab. Die Abplattung ist desto geringer, je kleiner der Tropfen. Je kleiner der Tropfen, desto mehr nähert er sich der Kugelform. Umgekehrt verlängert sich ein Tropfen, der an einem Stäbchen hängt, durch sein Gewicht. Die untersten Teile eines Tropfens auf der Unterlage werden gegen die Unterlage gepresst, die oberen // 9 // Teile gegen die unteren, weil letztere am Ausweichen gehindert sind. Fällt aber ein Tropfen frei herab, so bewegen sich alle Teile gleich schnell, keiner wird durch den anderen gehindert, keiner drückt also den anderen. Ein frei fallender Tropfen leidet also nicht unter seinem Gewicht, er verhält sich wie schwerelos, er nimmt die Kugelform an.

Wenn wir die Seifenhautfiguren, welche mit verschiedenen Drahtnetzen erzeugt wurden, überblicken, bemerken wir eine große Mannigfaltigkeit, die nichtsdestoweniger das Gemeinsame derselben nicht zu verdecken vermag.

„Alle Gestalten sind ähnlich, und keine gleichet der anderen;
Und so deutet das Chor auf ein geheimes Gesetz –"

PLATEAU hat dieses geheime Gesetz ermittelt. Es lässt sich zunächst ganz trocken in folgenden zwei Sätzen aussprechen:

1. Wo mehrere ebene Flüssigkeitshäutchen in der Figur zusammentreffen, sind sie stets drei an der Zahl, und je zwei bilden miteinander nahe gleiche Winkel.
2. Wo mehrere flüssige Kanten in der Figur zusammentreffen, sind sie stets vier an der Zahl, und je zwei derselben bilden miteinander nahe gleiche Winkel.

Das sind nun freilich zwei recht kuriose Paragraphen eines trostlosen Gesetzes, dessen Grund wir nicht recht einzusehen vermögen. Diese Bemerkung können wir aber oft auch an anderen Gesetzen machen. Nicht immer sind der Fassung des Gesetzes // 10 // die vernünftigen Motive des Gesetzgebers anzusehen. In der Tat lassen sich aber unsere beiden Paragraphen auf sehr einfache Gründe zurückführen. Werden nämlich diese Paragraphen genau befolgt, so kommt dies darauf hinaus, dass die Oberfläche der Flüssigkeit so klein ausfällt, als sie unter den gegebenen Umständen werden kann.

Wenn also ein äußerst intelligenter, mit allen Kniffen der höheren Mathematik ausgerüsteter Schneider sich die Aufgabe stellen würde, das Drahtnetz eines Würfels so mit Tuch zu überziehen, dass jeder Tuchlappen mit dem Draht und auch mit dem übrigen Tuch zusammenhängt, wenn er dies Geschäft mit der Nebenabsicht ausführen wollte, möglichst viel Stoff beiseite zu legen, so würde er keine andere Figur zustande bringen, als diejenige, welche sich auf dem Drahtnetz aus Seifenlösung von selbst bildet. Die Natur verfährt bei Bildung der Flüssigkeitsfiguren nach dem Prinzip eines habsüchtigen Schneiders, sie kümmert sich hierbei nicht um die Façon. Aber merkwürdig genug! Die schönste Façon bildet sich dabei von selbst.

Unsere erwähnten beiden Paragraphen gelten zunächst nur für die Seifenfiguren, sie finden selbstverständlich keine Anwendung auf die massiven Ölfiguren. Der Satz aber, dass die Oberfläche der Flüssigkeit so klein ausfällt, als sie unter den gegebenen Umständen werden kann, passt auf alle Flüssigkeitsfiguren. Wer nicht nur den Buchstaben, sondern die Motive des Gesetzes kennt, wird sich auch in Fällen zurechtfinden, in welchen der Buchstabe nicht mehr ganz passt. So ist es nun auch mit dem Prinzip der kleinsten Oberfläche. Es führt // 11 // uns überall richtig, auch wo die beiden erwähnten Paragraphen nicht mehr passen.

Es handelt sich nun zunächst darum, uns anschaulich zu machen, dass die Flüssigkeitsfiguren nach dem Prinzip der kleinsten Oberfläche zustande kommen. Das Öl auf unserer Drahtpyramide in dem Wasser-Weingeistgemisch haftet an den Drahtkanten, die es nicht verlassen kann, und die gegebene Ölmenge trachtet sich nun so zu formen, dass die Oberfläche hierbei möglichst klein ausfällt. Versuchen wir diese Verhältnisse nachzuahmen! Wir überziehen die Drahtpyramide mit einer Kautschukhaut, und an die Stelle des Drahtstiels setzen wir ein Röhrchen, welches ins Innere des von Kautschuk eingeschlossenen Raumes führt. Durch dieses Röhrchen können wir Luft einblasen oder aussaugen. Die vorhandene Luftmenge stellt uns die Menge des Öls vor, die gespannte Kautschukhaut aber, welche sich möglichst zusammenziehen will, und an den Drahtkanten haftet, repräsentiert die verkleinerungssüchtige Öloberfläche. Wirklich erhalten wir nun beim Einblasen und Ausziehen der Luft alle Ölpyramidenfiguren von der bauchigen bis zur hohlwandigen. Schließlich, wenn wir alle Luft aussaugen, präsentiert sich uns die Seifenfigur. Die Kautschukblätter klappen ganz aneinander, werden vollkommen eben und stoßen in vier scharfen Kanten im Mittelpunkte der Pyramide zusammen.

An den Seifenhäutchen lässt sich, wie Van der Mensbrugghe[5] gezeigt hat, das Verkleinerungsbestreben direkt nachweisen. Taucht man ein Draht- // 12 // quadrat mit einem Stiel in Seifenlösung, so erhält man an demselben eine schöne ebene Seifenhaut. Auf diese legen wir einen dünnen Faden (Kokonfaden), dessen beide Enden wir miteinander verknüpft haben.

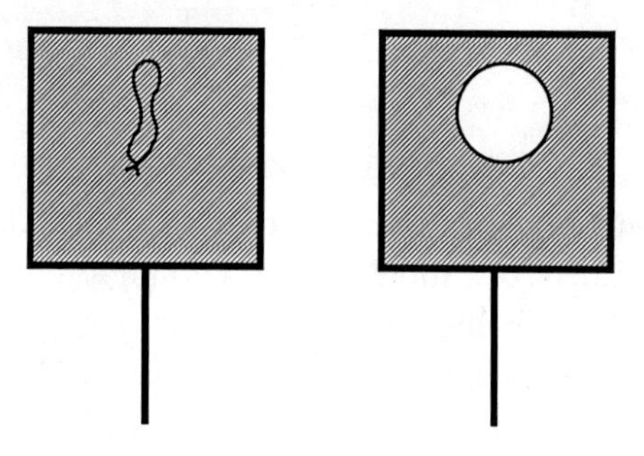

Fig. 4

Stößt man die vom Faden umschlossene Flüssigkeit durch, so erhalten wir eine Seifenhaut mit einem kreisförmigen Loch, dessen Grenze der Faden bildet, ähnlich einer Sparherdplatte. Indem der Rest der Haut sich möglichst verkleinert, wird bei der unveränderlichen Länge des Fadens das Loch möglichst groß, was nur bei der Kreisform erreicht ist.

5 [*] Gustave Van Der Mensbrugghe (1835-1911), belgischer Physiker

Nach dem Prinzip der kleinsten Oberfläche nimmt auch die frei schwebende Ölmasse die Kugelform an. Die Kugel ist die Form der kleinsten Oberfläche bei größtem Inhalt. Nähert sich doch ein Reisesack desto mehr der Kugelform, je mehr wir ihn füllen.

Wieso das Prinzip der kleinsten Oberfläche unsere beiden sonderbaren Paragraphen zur Folge haben kann, wollen wir uns an einem einfacheren Falle // 13 // aufklären. Denken wir uns über vier feste Rollen *a b c d* und durch zwei bewegliche Ringe *f g*, eine am Nagel *e* befestigte glatte Schnur gewunden, welche bei *h* mit einem Gewicht beschwert ist.

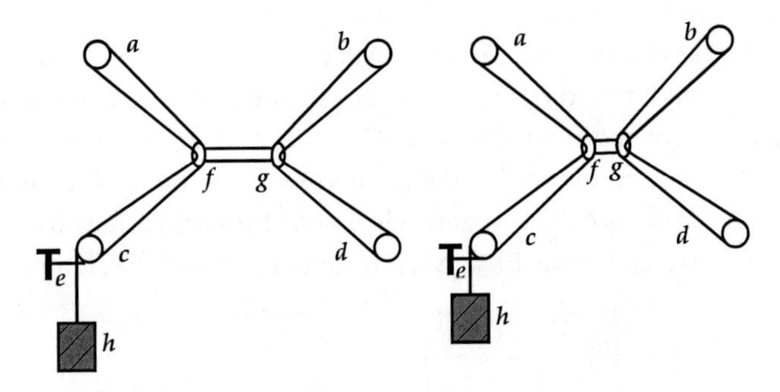

Fig. 5

Dies Gewicht hat nun kein anderes Bestreben, als zu fallen, also den Schnurteil *e h* möglichst zu verlängern, also den Rest der Schnur, der sich über die Rollen schlingt, möglichst zu verkürzen. Die Schnüre müssen mit den Rollen und vermöge der Ringe miteinander in Verbindung bleiben. Die Verhältnisse sind also ähnliche, wie bei den Flüssigkeitsfiguren. Das Ergebnis ist auch ein ähnliches. Wenn, wie in der Figur, vier Schnurpaare zusammenstoßen, so bleibt es nicht dabei. Das Verkürzungsbestreben der Schnur hat zur Folge, dass die Ringe auseinander treten, so zwar, dass jetzt überall nur drei Schnurpaare aneinander stoßen, und zwar je zwei unter gleichen Winkeln (von 120°). In der Tat ist bei dieser Anordnung die größtmögliche Verkürzung // 14 // der Schnur erreicht, wie sich elementar-geometrisch leicht nachweisen lässt.

Wir können hiernach das Zustandekommen der schönen und komplizierten Figuren durch das bloße Streben der Flüssigkeit nach einer kleinsten Oberfläche wohl einigermaßen begreifen. Eine weitere Frage ist aber die: Warum streben die Flüssigkeiten nach einer kleinsten Oberfläche?

Die Teilchen der Flüssigkeit haften aneinander. Die Tropfen, miteinander in Berührung gebracht, fließen zusammen. Wir können sagen, die Flüssigkeitsteilchen ziehen sich an. Dann suchen sie sich aber einander möglichst zu nähern. Die Teile, welche sich an der Oberfläche befinden, werden trachten, möglichst in das Innere der Masse einzudringen. Dieser Prozess kann erst beendigt sein, wenn die Oberfläche so klein geworden ist, als es unter den gegebenen Umständen möglich ist, wenn so wenige Teilchen als möglich an der Oberfläche zurückgeblieben, wenn so viele Teile als möglich ins Innere eingedrungen sind, wenn die Anziehungskräfte nichts mehr zu leisten übrig behalten haben.[6]

Der Kern des Prinzips der kleinsten Oberfläche, welches auf den ersten Blick ein recht ärmliches Prinzip zu sein scheint, liegt also in einem anderen, noch viel einfacheren Grundsatz, der sich etwa so anschaulich machen lässt. Wir können die Anziehungs- und Abstoßungskräfte der Natur als Absichten der Natur auffassen. Es ist ja der innere Druck, den wir vor einer Handlung fühlen, und den wir Absicht // 15 // nennen, endlich nicht so wesentlich verschieden von dem Drucke des Steines auf seine Unterlage oder dem Drucke des Magneten auf einen anderen, dass es unerlaubt sein müsste, für beide wenigstens in gewisser Rücksicht denselben Namen zu gebrauchen. Die Natur hat also die Absicht, das Eisen dem Magnete, den Stein dem Erdmittelpunkte zu nähern usw. Kann eine solche Absicht erreicht werden, so wird sie ausgeführt. Ohne aber Absichten zu erreichen, tut die Natur gar nichts. Darin verhält sie sich vollkommen wie ein guter Geschäftsmann.

6 Fast in allen gut durchgeführten Teilen der Physik spielen solche Maximum- oder Minimum-Aufgaben eine große Rolle.

Die Natur will die Gewichte tiefer bringen. Wir können ein Gewicht heben, indem wir ein anderes größeres dafür sinken lassen, oder indem wir eine andere stärkere Absicht der Natur befriedigen. Meinen wir aber die Natur schlau zu benützen, so stellt sich die Sache, näher betrachtet, immer anders. Denn immer hat sie uns benützt, um ihre Absichten zu erreichen.

Gleichgewicht, Ruhe besteht immer nur dann, wenn die Natur nichts in ihren Absichten erreichen kann, wenn die Kräfte der Natur so weit befriedigt sind, als dies unter den gegebenen Umständen möglich ist. So sind z. B. schwere Körper im Gleichgewicht, wenn der so genannte Schwerpunkt so tief wie möglich liegt, oder wenn so viel Gewicht, als es die Umstände erlauben, so tief wie möglich gesunken ist.

Man kann sich kaum des Gedankens erwehren, dass dieser Grundsatz auch außer dem Gebiete der so genannten unbelebten Natur seine Geltung hat. Gleichgewicht im Staate besteht auch dann, wenn die Absichten der Parteien so weit erreicht sind, // 16 // als es momentan möglich ist, oder wie man scherzweise in der Sprache der Physik sagen könnte, wenn die soziale potentielle Energie ein Minimum geworden ist.[7]

Sie sehen, unser geizig kaufmännisches Prinzip ist reich an Folgerungen. Ein Resultat der nüchternsten Forschung, ist es für die Physik so fruchtbar geworden, wie die trockenen Fragen des Sokrates für die Wissenschaft überhaupt. Erscheint auch das Prinzip zu wenig ideal, desto idealer sind dessen Früchte.

Und warum sollte sich auch die Wissenschaft eines solchen Prinzips schämen? Ist doch die Wissenschaft selbst nichts weiter als ein – Geschäft![8] Stellt sie sich doch die Aufgabe, mit möglichst wenig Arbeit, in möglichst kurzer Zeit, mit möglichst

7 Ähnliche Betrachtungen finden sich bei [Adolphe] Quételet, *Du systéme sociale* [*et les lois qui le régissent*. Paris 1848]

8 Die Wissenschaft selbst lässt sich als eine Maximum- und Minimum-Aufgabe betrachten, so wie das Geschäft eines Kaufmannes. Überhaupt ist die geistige Tätigkeit des Forschers nicht so sehr verschieden von jener des gewöhnlichen Lebens, als man sich dies gewöhnlich vorstellt.

wenigen Gedanken sogar, möglichst viel zu erwerben von der ewigen, unendlichen Wahrheit.[9]

9 Vgl. Artikel 13.

2.
Über die Corti'schen Fasern des Ohres.[1]

Wer das Reisen kennt, der weiß, dass die Wanderlust mit dem Wandern wächst. Wie schön muss sich wohl dies waldige Tal von jenem Hügel ausnehmen! Wo rieselt dieser klare Bach hin, der sich dort in dem Schilf verbirgt. Wenn ich nur wüsste, wie die Landschaft hinter jenem Berge aussieht. So denkt das Kind bei seinen ersten Ausflügen. So ergeht es auch dem Naturforscher.

Die ersten Fragen werden dem Forscher durch praktische Rücksichten aufgedrängt, die späteren nicht mehr. Zu diesen zieht ihn ein unwiderstehlicher Reiz, ein edleres Interesse, das weit über das materielle Bedürfnis hinausgeht. Betrachten wir einen besonderen Fall.

Seit geraumer Zeit fesselt die Einrichtung des Gehörorgans die Aufmerksamkeit der Anatomen. Eine bedeutende Anzahl wichtiger Entdeckungen wurde durch ihre Arbeit zu Tage gefördert, eine schöne Reihe von Tatsachen und Wahrheiten wurde // 18 // festgestellt. Allein mit diesen Tatsachen erschien eine Reihe von neuen merkwürdigen Rätseln.

Während die Lehre von der Organisation und den Verrichtungen des Auges bereits zu einer verhältnismäßig bedeutenden Klarheit gediehen ist, während gleichzeitig die Augenheilkunde eine Stufe erreicht hat, welche das vorige Jahrhundert kaum ahnen konnte, während der beobachtende Arzt mit Hilfe des Augenspiegels tief ins Innere des Auges eindringt, liegt die Theorie des Ohres zum Teil noch in einem ebenso geheimnisvollen als für den Forscher anziehenden Dunkel.

Nehmen Sie dies Ohrmodell in Augenschein! Schon bei jenem allgemein bekannten populären Teile, nach dessen Erstreckung in den Weltraum hinaus die Menge des Verstandes geschätzt

1 Populäre Vorlesung, gehalten i. J. 1864 zu Graz.

wird, schon bei der Ohrmuschel beginnen die Rätsel. Sie sehen hier eine Reihe zuweilen sehr zierlicher Windungen, deren Bedeutung man nicht genau anzugeben vermag. Und doch sind sie gewiss nicht ohne Grund da.

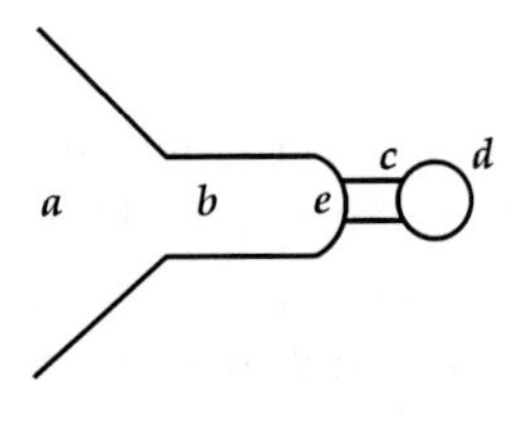

Fig. 6

Die Ohrmuschel (*a* in nebenstehendem Schema) führt den Schall in den mehrfach gekrümmten Gehörgang *b*, welcher durch eine dünne Haut, das so genannte Trommelfell *e* abgeschlossen ist. Dieses wird durch den Schall in Bewegung gesetzt und bewegt wieder eine Reihe kleiner sonderbar geformter Knöchelchen (*c*). Den Schluss bildet das Labyrinth (d). Es besteht aus einer Anzahl mit Flüssigkeit gefüllter Höhlen, in welche die unzähligen Fasern des Gehörnervs eingebettet sind. Durch die Schwingung der Knöchel- // 19 // chen *c* wird die Labyrinthflüssigkeit erschüttert und der Gehörnerv gereizt. Hier beginnt der Prozess des Hörens: Soviel ist festgestellt. Die Einzelheiten aber sind ebenso viele unerledigte Fragen.

Zu allen diesen Rätseln hat Marchese A. Corti[2] erst im Jahre 1851 ein neues hinzugefügt. Und merkwürdig, gerade dieses Rätsel ist es, welches wahrscheinlich die erste richtige Lösung erfahren hat. Dies wollen wir heute besprechen.

Corti fand nämlich in der Schnecke, einem Teil des Labyrinthes, eine große Anzahl skalenartig geordneter mit fast geometrischer Regelmäßigkeit nebeneinander gelagerter mikroskopischer Fasern. Kölliker[3] zählte derselben an 3.000. Max schultze[4] und Deiters[5] haben sie ebenfalls untersucht.

Die Beschreibung der Einzelheiten könnte Sie nur belästigen, ohne größere Klarheit in die Sache zu bringen. Ich ziehe

2 [*] Alfonso Marchese de Corti (1822–1876), italienischer Anatom
3 [*] Rudolf Albert (von) Kölliker (1817-1905), Schweizer Anatom und Physiologe
4 [*] Max Johann Sigismund Schultze (1825–1874), deutscher Anatom und Zoologe
5 [*] Otto Deiters (1834-1863), deutscher Neuroanatom

es deshalb vor, kurz zu sagen, was nach der Ansicht bedeutender Naturforscher wie HELMHOLTZ und FECHNER das Wesentliche an diesen CORTI'schen Fasern ist. Die Schnecke scheint eine große Anzahl elastischer Fasern von abgestufter Länge (Fig. 7) zu enthalten, an welchen die Zweige des Hörnervs hängen. Diese ungleich langen CORTI'schen Fasern müssen offenbar auch von ungleicher Elastizität und demnach auf verschiedene Töne gestimmt sein. Die Schnecke stellt also eine Art Klavier vor.

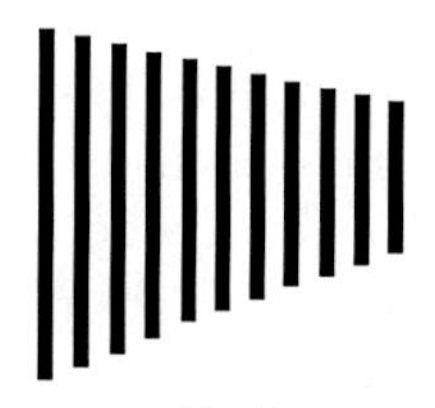

Fig. 7

Wozu mag nun diese Einrichtung, die sich sonst bei keinem anderen Sinnesorgan findet, taugen? Hängt sie nicht mit einer ebenso besonderen Eigenschaft des Ohres zusammen? Und in der Tat gibt // 20 // es eine solche. Sie wissen wohl, dass es möglich ist, in einer Symphonie die einzelnen Stimmen für sich zu verfolgen. Ja sogar in einer BACH'schen Fuge geht dies noch an, und dies ist doch schon ein tüchtiges Stück Arbeit. Aus einer Harmonie sowohl wie aus dem größten Tongewirre vermag das Ohr die einzelnen Tonbestandteile herauszuhören. Das musikalische Ohr analysiert jedes Tongemenge. Das Auge hat eine analoge Eigenschaft nicht. Wer vermöchte es z. B. dem Weiß anzusehen, ohne es auf dem Wege des physikalischen Experimentes erfahren zu haben, dass es durch Zusammensetzung aus einer Reihe von Farben entsteht. Sollten nun die beiden Dinge, die genannte Eigenschaft und die von CORTI entdeckte Einrichtung des Ohres wirklich zusammenhängen? Es ist sehr wahrscheinlich. Das Rätsel wird gelöst, wenn wir annehmen, dass jedem Ton von bestimmter Höhe eine besondere Faser des CORTI'schen Ohrklaviers und demnach ein besonderer an derselben hängender Nervenzweig entspricht.

Damit ich jedoch in den Stand gesetzt werde, Ihnen dies vollständig klar zu machen, muss ich bitten, mir einige Schritte durch das dürre Gebiet der Physik zu folgen.

Betrachten Sie ein Pendel. Aus der Gleichgewichtslage gebracht, etwa durch einen Stoß, fängt das Pendel an in einem bestimmten Takte zu schwingen, der von seiner Länge abhängt. Längere Pendel schwingen langsamer, kürzere rascher. Unser Pendel soll etwa einen Hin- und Hergang in einer Sekunde ausführen.

Das Pendel kann leicht auf doppelte Art in // 21 // heftige Schwingungen versetzt werden, entweder durch einen starken plötzlichen Stoß, oder durch eine Anzahl passend angebrachter kleiner Stöße. Wir bringen z. B. dem in der Gleichgewichtslage ruhenden Pendel einen ganz kleinen Stoß bei. Es führt dann eine sehr kleine Schwingung aus. Wenn es nun nach einer Sekunde zum dritten Mal die Gleichgewichtslage wieder passiert, geben wir demselben wieder einen ganz kleinen Stoß in der Richtung des ersten. Abermals nach einer Sekunde beim fünften Durchgang durch die Gleichgewichtslage stoßen wir wieder usw. – Sie sehen, bei einer solchen Operation werden unsere Stöße immer die bereits vorhandene Bewegung des Pendels unterstützen. Nach jedem kleinen Stoße wird es in seinen Schwingungen etwas weiter ausholen und endlich eine ganz beträchtliche Bewegung zeigen.[6]

Dies wird uns jedoch nicht immer gelingen. Es gelingt nur, wenn wir in demselben Takte stoßen, in welchem das Pendel selbst schwingen will. Würden wir z. B. den zweiten Stoß schon anbringen nach einer halben Sekunde und in gleicher Richtung wie den ersten Stoß, so müsste dieser der Bewegung des Pendels gerade entgegenwirken. Überhaupt ist leicht einzusehen, dass wir die Bewegung des Pendels desto mehr unterstützen, je mehr der Takt unserer kleinen Stöße dem eigenen Takte des Pendels gleichkommt. Stoßen wir in einem anderen Takte, als das Pendel schwingt, so befördern wir zwar auch in einigen Momenten // 22 // dessen Schwingung, in anderen aber hemmen wir dieselbe wieder. Der Effekt wird im Ganzen desto geringer, je mehr unse-

6 Dies Experiment mit den anschließenden Betrachtungen rührt von *Galilei* her

re Handbewegung von der Bewegung des Pendels verschieden ist.[7]

Was vom Pendel gilt, kann man von jedem schwingenden Körper sagen. Eine tönende Stimmgabel schwingt auch, sie schwingt rascher, wenn sie höher, langsamer, wenn sie tiefer ist. Unserem Stimm-A entsprechen etwa 450 Schwingungen in der Sekunde.

Ich stelle zwei genau gleiche Stimmgabeln mit Resonanzkästchen versehen auf den Tisch nebeneinander. Die eine Gabel schlage ich kräftig an, so dass sie einen starken Ton gibt, und erfasse sie alsbald wieder mit der Hand, um den Ton zu unterdrücken. Nichtsdestoweniger hören Sie den Ton ganz deutlich fortsingen, und durch Betasten können Sie sich überzeugen, dass nun die andere nicht angeschlagene Gabel schwingt.

Ich klebe dann etwas Wachs an die Zinken der // 23 // einen Gabel. Dadurch wird sie verstimmt, sie wird ein klein wenig tiefer. Wiederhole ich nun dasselbe Experiment mit den zwei ungleich hohen Gabeln, indem ich die eine Gabel anschlage und dieselbe mit der Hand erfasse, so verlischt in demselben Augenblicke der Ton, als ich die Gabel berühre.

Wie geht es nun bei diesen beiden Experimenten zu? – Ganz einfach! – Die schwingende Gabel bringt der Luft 450 Stöße in der Sekunde bei, welche sich bis zur anderen Gabel fortpflanzen. Ist die andere Gabel auf denselben Ton gestimmt, schwingt sie also für sich angeschlagen in demselben Takte, so genügen die ersteren Stöße, so gering sie auch sein mögen, um sie in leb-

---

7 [Bei genauer Überlegung stellt sich der Vorgang etwas komplizierter dar. Wenn die schwingende Bewegung gar keinem Widerstand unterliegt und die Erregung genau in dem Takte der Schwingung erfolgt, so kann die Schwingungsweite ins Unbegrenzte wachsen. Weicht der Takt, der erregenden Bewegung im geringsten von der Schwingungsdauer ab, so tritt nach einer Periode der Verstärkung, die von desto längerer Dauer ist, je kleiner jene Differenz ist, eine Periode der Abschwächung von gleicher Dauer ein. Dieser Wechsel wiederholt sich fort und fort, wie man am besten beobachtet, wenn man durch eine galvanisch tönende Stimmgabel eine zweite von etwas verschiedener Stimmung erregt. Je geringer der Unterschied der Stimmung, desto länger dauert die Phase der Anschwellung, und eine desto größere Schwingungsweite kann die erregte Gabel erreichen. 1902]

haftes Mitschwingen zu versetzen. Dies tritt nicht mehr ein, sobald der Schwingungstakt beider Gabeln etwas verschieden ist. Man mag noch so viele Gabeln anschlagen, die auf A gestimmte Gabel verhält sich gegen alle Töne gleichgültig, außer gegen ihren Eigenton oder demselben sehr nahe liegende Töne. Und wenn Sie 3, 4, 5... Gabeln zugleich anschlagen, so tönt die A-Gabel nur dann mit, wenn sich unter den angeschlagenen auch eine A-Gabel befindet. Sie wählt also unter den angegebenen Tönen denjenigen aus, welcher ihr entspricht.

Man kann dasselbe von allen Körpern behaupten, welche zu tönen vermögen. Trinkgläser klingen beim Klavierspiel auf den Anschlag bestimmter Töne, ebenso die Fensterscheiben. Die Erscheinung ist nicht ohne Analogie in anderen Gebieten. Denken Sie sich einen Hund, der auf den Namen Phylax hört; er liegt unter dem Tische. Sie sprechen von Herkules und Plato, Sie rufen alle Heldennamen, // 24 // die Ihnen einfallen. Der Hund rührt sich nicht, obgleich Ihnen eine ganz leise Bewegung seines Ohres andeutet das leise Mitschwingen seines Bewusstseins. Sowie Sie aber Phylax rufen, springt er Ihnen freudig entgegen. Die Stimmgabel ist ähnlich dem Hund; sie hört auf den Namen A.

Sie lächeln, meine Damen! – Sie rümpfen die Näschen – das Bild gefällt Ihnen nicht! – Ich kann noch mit einem anderen dienen. Zur Strafe sollen Sie's hören. Es ergeht Ihnen nicht besser als der Stimmgabel. Viele Herzen pochen Ihnen warm entgegen. Sie nehmen keine Notiz davon; Sie bleiben kalt. Das nützt Ihnen aber nichts; das wird sich rächen. Kommt nur einmal ein Herz, das so ganz im rechten Rhythmus schlägt, dann – hat auch Ihr Stündlein geschlagen. Dann schwingt auch Ihr Herz mit, Sie mögen wollen oder nicht. Dies Bild ist wenigstens nicht ganz neu, denn schon die Alten, wie die Philologen versichern, kannten – die Liebe.

Das für tönende Körper aufgestellte Gesetz des Mitschwingens erfährt eine gewisse Änderung für solche Körper, welche nicht selbst zu tönen vermögen. Solche Körper schwingen zwar viel schwächer, aber fast mit jedem Tone mit. Ein Zylinderhut tönt bekanntlich nicht. Wenn Sie aber im Konzert den Hut in der Hand halten, können Sie die ganze Symphonie nicht bloß hören, sondern auch mit den Fingern fühlen. Es ist wie bei den Menschen. Wer selbst den Ton anzugeben vermag, kümmert sich wenig um das Gerede der anderen. Der Charakterlose geht aber überall mit, der muss überall dabei sein, im Mäßigkeitsverein und beim Trink- // 25 // gelage – überall, wo es ein Komitee zu bilden gibt. Der Zylinderhut ist unter den Glocken, was der Charakterlose unter den Charakteren.[8]

Ein klangfähiger Körper tönt also jedes Mal mit, sobald sein Eigenton entweder allein oder zugleich mit anderen Tönen angegeben wird. Gehen wir nun einen Schritt weiter. Wie wird sich eine Gruppe von klangfähigen Körpern verhalten, welche ihren Tönhöhen nach eine Skale bilden? – Denken wir uns z. B. eine Reihe von Stäben oder Saiten (Fig. 8), welche auf die Töne *c d e f g*.... gestimmt sind. Es werde auf einem musikalischen Instrument der Akkord *c e g* angegeben. Jeder der Stäbe (Fig. 8) wird sich umsehen, ob in dem Akkorde sein Eigenton enthalten ist, und wenn er diesen findet, wird er mittönen. Der Stab *c* gibt also sofort den Ton *c*, der Stab *e* den Ton *e*, der Stab *g* den Ton *g*. Alle übrigen Stäbe bleiben in Ruhe, tönen nicht.

Fig. 8

Wir brauchen nach einem solchen Instrumente, wie das hier erdichtete, nicht lange zu suchen. Jedes Klavier ist ein solcher Apparat, an welchem sich das erwähnte Experiment in ganz auffallender Weise // 26 // ausführen lässt. Wir stellen zwei

8 [Finden die Schwingungen unter Widerstand statt, so vernichtet dieser nach einer Zeit, welche desto kürzer ist, je größer der Widerstand, nicht nur die Eigenbewegung der Schwingung, sondern auch die Wirkung der Impulse. Der Einfluss der Vergangenheit verschwindet desto rascher, je größer der Widerstand. Die Steigerung der Wirkung der Impulse ist also überhaupt auf eine kürzere Zeit beschränkt. Aber auch der Einfluss der Stimmungsdifferenz, welcher ebenfalls auf Summation in der Zeit beruht, kann sich nur in geringerem Grade bemerklich machen. 1902]

gleich gestimmte Klaviere nebeneinander. Das erste verwenden wir zur Tonerregung, das zweite lassen wir mitschwingen, nachdem wir die Dämpfung gehoben, und die Saiten also bewegungsfähig gemacht haben.

Jede Harmonie, die wir auf dem ersten Klavier kurz anschlagen, hören wir auf dem zweiten deutlich wiederklingen. Um nun nachzuweisen, dass es dieselben Saiten sind, die auf dem einen Klavier angeschlagen werden, und auf dem anderen wiederklingen, wiederholen wir das Experiment in etwas veränderter Weise. Wir lassen auch auf dem zweiten Klavier die Dämpfung nieder und halten auf diesem bloß die Tasten *c e g*, während wir auf dem ersten *c e g* kurz anschlagen. Die Harmonie *c e g* tönt auch jetzt in dem zweiten Klavier nach. Halten wir aber auf dem einen Klavier bloß *g*, indem wir auf dem anderen *c e g* anschlagen, so klingt bloß *g* nach. Es sind also die gleich gestimmten Saiten beider Klaviere, welche sich wechselseitig anregen.

Das Klavier vermag jeden Schall wiederzugeben, der sich aus seinen musikalischen Tönen zusammensetzen lässt. Es gibt z. B. einen Vokal, den man hinein singt, ganz deutlich zurück. Und wirklich hat die Physik nachgewiesen, dass die Vokale sich aus einfachen musikalischen Tönen darstellen lassen.

Sie sehen, dass in einem Klavier durch Erregung bestimmter Töne in der Luft sich mit mechanischer Notwendigkeit ganz bestimmte Bewegungen auslösen. Es ließe sich dies zu manchem netten Kunststückchen verwenden. Denken sie sich ein Kästchen, in welchem etwa eine Saite von bestimmter Tonhöhe gespannt wäre. Dieselbe gerät jedes Mal in Be- // 27 // wegung, so oft ihr Ton gesungen oder gepfiffen wird. Der heutigen Mechanik würde es nun nicht sonderlich schwer fallen, das Kästchen so einzurichten, dass die schwingende Saite etwa eine galvanische Kette schließt und das Schloss aufspringt. Nicht viel mehr Mühe könnte es kosten, ein Kästchen zu verfertigen, welches auf den Pfiff einer bestimmten Melodie sich öffnet. Ein Zauberwort! und die Riegel fallen! Da hätten wir denn ein neues

Vexierschloss; wieder ein Stück jener alten Märchenwelt, von welcher die Gegenwart bereits so viel verwirklicht hat, jener Märchenwelt, zu der CASELLIS[9] Telegraph, durch welchen man mit eigener Handschrift einfach in die Entfernung schreibt, den neuesten Beitrag liefert. Was würde wohl der gute alte HERODOT, der schon in Ägypten über manches den Kopf geschüttelt, zu allen diesen Dingen sagen? „*ἐμοὶ μὲν οὐ πιστά*", „mir kaum glaublich", so treuherzig wie damals, als er von der Umschiffung Afrikas hörte.

Ein neues Vexierschloss! – Wozu diese Erfindung? Ist doch der Mensch selbst ein solches Vexierschloss. Welche Reihe von Gedanken, Gefühlen, Empfindungen, werden nicht durch ein Wort angeregt. Hat doch jeder seine Zeit, da man ihm mit einem bloßen Namen das Blut zum Herzen treiben kann. Wer in einer Volksversammlung war, weiß die ungeheure Arbeit und Bewegung zu schätzen, welche ausgelöst wird durch die unschuldigen Worte: Freiheit, Gleichheit, Brüderlichkeit!

Kehren wir nun zu unserem ernsteren Gegenstande zurück. Betrachten wir wieder unser Klavier oder irgendeinen anderen klavierartigen Apparat. // 28 // Was leistet ein solches Instrument? Es zerlegt, es analysiert offenbar jedes in der Luft erregte Tongewirre in seine einzelnen Tonbestandteile, indem jeder Ton von einer a n d e r e n Saite aufgenommen wird: Es führt eine wahre Spektralanalyse des Schalls aus. Selbst der vollständig Taube könnte mit Hilfe eines Klaviers, indem er die Saiten betastet oder mit dem Mikroskop deren Schwingungen beobachtet, sofort die Schallbewegung in der Luft untersuchen und die einzelnen Töne angeben, welche erregt werden.

Das Ohr hat dieselbe Eigenschaft wie das Klavier. Das Ohr leistet der Seele, was das beobachtete Klavier dem Tauben leistet. Die Seele ohne Ohr ist ja taub. Der Taube mit dem Klavier dagegen hört gewissermaßen, nur freilich viel schlechter und schwerfälliger als mit dem Ohre. Auch das Ohr zerlegt den Schall in seine Tonbestandteile. Ich täusche mich nun auch ge-

9 [*] Giovanni Caselli (1815–1891), italienischer Physiker

wiss nicht, wenn ich annehme, dass Sie bereits ahnen, was es mit den CORTI'schen Fasern für eine Bewandtnis hat. Wir können uns die Sache recht einfach vorstellen. Ein Klavier benutzen wir zur Tonerregung, das zweite denken wir uns in das Ohr eines Beobachters, an die Stelle der CORTI'schen Fasern, welche ja wahrscheinlich einen ähnlichen Apparat vorstellen. An jeder Seite des Klaviers im Ohr soll eine besondere Faser der Gehörnerven hängen, so zwar, dass nur diese Faser gereizt wird, wenn die Saite in Schwingungen gerät. Schlagen wir nun auf dem äußeren Klavier einen Akkord an, so erklingt für jeden Ton desselben eine bestimmte Saite des inneren Klaviers, es werden so viele verschiedene Nervenfasern gereizt, als der Akkord Töne // 29 // hat. Die von verschiedenen Tönen herrührenden gleichzeitigen Eindrücke können sich auf diese Weise unvermischt erhalten und durch die Aufmerksamkeit gesondert werden. Es ist wie mit den fünf Fingern der Hand. Mit jedem Finger können Sie etwas anderes tasten. Das Ohr hat nun an 3000 solcher Finger und jeder ist für das Tasten eines anderen Tones bestimmt.[10] Unser Ohr ist ein Vexierschloss der erwähnten Art. Durch den Zaubergesang eines Tones springt es auf. Aber es ist ein ungemein sinnreiches Schloss. Nicht bloß ein Ton, jeder Ton bringt es zum Aufspringen, aber jeder anders. Auf jeden Ton antwortet es mit einer anderen Empfindung.

Mehr als einmal ist es in der Geschichte der Wissenschaft vorgekommen, dass eine Erscheinung durch die Theorie vorausgesagt und lange hernach erst der Beobachtung zugänglich wurde. LEVERRIER[11] hat die Existenz und den Ort des Planeten Neptun vorausbestimmt und erst später hat GALL[12] denselben an dem bestimmten Ort wirklich aufgefunden. HAMILTON[13] hat

10 Weitere Ausführungen, welche über den hier dargelegten Helmholtz'schen Gedanken hinausgehen, befinden sich in meinen *„Beiträgen zur Analyse der Empfindungen"*. Jena 1885. 9. Aufl. 1922.

11 [*] Urbain Jean Joseph Le Verrier (1811-1877), französischer Mathematiker und Astronom

12 [*] Johann Gottfried Galle (1812-1910), deutscher Astronom

13 [*] Sir William Rowan Hamilton (1805-1865), irischer Mathematiker und Physiker

die Erscheinung der sogenannten konischen Lichtbrechung theoretisch erschlossen und Lloyd[14] hat sie erst beobachtet. Ähnlich erging es nun auch der Helmholtz'schen Theorie der Corti'schen Fasern. Auch diese scheint durch die späteren Beobachtungen von V. Hensen[15] im Wesentlichen ihre Bestätigung erfahren zu haben. Die Krebse haben an ihrer freien Körperoberfläche Reihen von längeren // 30 // und kürzeren, dickeren und dünneren, mutmaßlich mit Hörnerven zusammenhängenden Härchen, welche gewissermaßen den Corti'schen Fasern entsprechen. Die Härchen sah Hensen bei Erregung von Tönen schwingen, und zwar gerieten bei verschiedenen Tönen auch verschiedene Haare in Schwingungen.

Ich habe die Tätigkeit des Naturforschers mit einer Wanderung verglichen. Wenn man einen neuen Hügel ersteigt, erhält man von der ganzen Gegend eine andere Ansicht. Wenn der Forscher die Erklärung eines Rätsels gefunden, so hat er damit eine Reihe anderer Rätsel gelöst.

Gewiss hat es Sie schon oft befremdet, dass man, die Skale singend und bei der Oktave anlangend, die Empfindung einer Wiederholung, nahezu dieselbe Empfindung hat wie beim Grundtone. Diese Erscheinung findet ihre Aufklärung in der dargelegten Ansicht über das Ohr. Und nicht nur diese Erscheinung, sondern die gesamten Gesetze der Harmonielehre lassen sich von hier aus mit bisher nicht geahnter Klarheit überschauen und begründen. Für heute muss ich mich jedoch mit der Andeutung dieser reizenden Aussichten begnügen. Die Betrachtung selbst würde uns zu weit führen in andere Wissensgebiete.

So muss ja auch der Naturforscher selbst sich Gewalt antun auf seinem Wege. Auch ihn zieht es fort von einem Wunder zum anderen, wie den Wanderer von Tal zu Tal, wie den Menschen überhaupt die Umstände aus einem Verhältnis des Lebens ins andere drängen. Er forscht nicht sowohl selbst, als er vielmehr geforscht wird. Aber er benütze die Zeit! und lasse den Blick

14 [*] Humphrey Lloyd (1800-1881), irischer Naturphilosoph
15 [*]Victor Hensen (1835–1924), deutscher Physiologe und Meeresbiologe

nicht planlos schweifen! // 31 // Denn bald erglänzt die Abendsonne, und ehe er die nächsten Wunder noch recht besehen, fasst ihn eine mächtige Hand und entführt ihn – in ein neues Reich der Rätsel.

Die Wissenschaft stand ehemals in einem anderen Verhältnis zur Poesie als heute. Die alten indischen Mathematiker schrieben ihre Lehrsätze in Versen und in ihren Rechnungsaufgaben blühten Lotosblumen, Rosen und Lilien, reizende Landschaften, Seen und Berge.

„Du schiffst auf einem See im Kahn. Eine Lilie ragt einen Schuh hoch über den Wasserspiegel hervor. Ein Lüftchen neigt sie, und sie verschwindet zwei Schuh von ihrem früheren Orte unter dem Wasser. Schnell, Mathematiker, sage mir, wie tief ist der See?"

So spricht ein alter indischer Gelehrter. Diese Poesie ist, und zwar mit Recht, aus der Wissenschaft verschwunden. Aber in ihren dürren Blättern, da weht eine andere Poesie, die sich schlecht genug beschreiben lässt für jenen, der sie nie empfunden. Wer diese Poesie ganz genießen will, der muss selbst Hand ans Werk legen, muss selbst forschen. Deshalb genug davon! Ich schätze mich glücklich, wenn Sie dieser kleine Ausflug in ein blütenreiches Tal der Physiologie nicht gereut, und wenn Sie die Überzeugung mit sich nehmen, dass man auch von der Wissenschaft ähnliches sagen kann, wie von der Poesie:

Wer das Dichten will verstehen,
Muss ins Land der Dichtung gehen;
Wer den Dichter will verstehen,
Muss in Dichters Lande gehen. // 32 //

3.
Die Erklärung der Harmonie.[1]

Wir besprechen heute ein Thema, vielleicht von etwas allgemeinerem Interesse: die Erklärung der Harmonie der Töne. Die ersten und einfachsten Erfahrungen über die Harmonie sind uralt. Nicht so die Erklärung der Gesetze. Diese wurde erst von der neuesten Zeit geliefert. Erlauben Sie mir einen historischen Rückblick.

Schon Pythagoras (540 – 500 v. Chr.) wusste, dass der Ton einer Saite von bestimmter Spannung in die Oktave umschlägt, wenn man die Saitenlänge auf die Hälfte, in die Quinte, wenn man sie auf zwei Dritteile verkürzt, und dass dann der erstere Grundton mit den beiden anderen konsoniert. Er wusste überhaupt, dass dieselbe Saite bei gleicher Spannung konsonierende Töne gibt, wenn man ihr nach und nach Längen erteilt, welche in sehr einfachen Zahlenverhältnissen stehen, sich etwa wie

1 : 2, 2 : 3, 3 : 4, 4 : 5 usw. verhalten.

Den Grund dieser Erscheinung vermochte Pytha- // 33 // goras nicht zu finden. Was haben die konsonierenden Töne mit den einfachen Zahlen zu tun? So würden wir heute fragen. Pythagoras aber muss dieser Umstand weniger befremdlich als unerklärlich vorgekommen sein. Er suchte in der Naivität der damaligen Forschung den Grund der Harmonie in dem geheimen wunderbaren Wesen der Zahlen. Dies hat wesentlich zur Entwicklung einer Zahlenmystik beigetragen, deren Spuren sich auch heute noch in den Traumbüchern finden und bei solchen Gelehrten, welche das Wunderbare der Klarheit vorziehen.

Euklides (300 v. Chr.) gab bereits eine Definition der Konsonanz und Dissonanz, wie wir sie den Worten nach heute kaum besser hinstellen könnten. Die Konsonanz zweier Töne, sagt er, sei die Mischung derselben, die Dissonanz hingegen die Unfä-

1 Populäre Vorlesung, gehalten i. J. 1864 zu Graz.

higkeit sich zu mischen, wodurch sie für das Gehör rauh werden. Wer die heutige Erklärung der Erscheinung kennt, hört sie sozusagen aus EUKLIDES Worten wiederklingen. Dennoch kannte er die wahre Erklärung der Harmonie nicht. Er war der Wahrheit unbewusst sehr nahe gekommen, ohne sie jedoch wirklich zu erfassen.

LEIBNIZ (1646-1716 n. Chr.) nahm die von seinen Vorgängern ungelöst zurückgelassene Frage wieder auf. Er wusste wohl, dass die Töne durch Schwingungen erregt werden, dass der Oktave doppelt so viele Schwingungen entsprechen als dem Grundtone. Ein leidenschaftlicher Liebhaber der Mathematik, wie er war, suchte er die Erklärung der Harmonie in dem geheimen Zählen und Vergleichen der einfachen Schwingungszahlen und in der geheimen Freude // 34 // der Seele an dieser Beschäftigung. Ja, wie denn aber – werden Sie sagen – wenn jemand gar nicht ahnt, dass die Töne Schwingungen sind, dann wird wohl das Zählen und auch die Freude am Zählen so geheim sein müssen, dass kein Mensch darum weiß! Was doch die Philosophen treiben! Die langweiligste Beschäftigung, das Zählen, zum Prinzip der Ästhetik zu machen! Sie haben mit diesen Gedanken so unrecht nicht, und doch hat auch LEIBNIZ gewiss nicht ganz Unsinniges gedacht, wenngleich sich schwer klarmachen lässt, was er unter seinem geheimen Zählen verstanden wissen wollte.

Ähnlich wie LEIBNIZ suchte der große EULER (1707-1783) die Quelle der Harmonie in der von der Seele mit Vergnügen wahrgenommenen Ordnung unter den Schwingungszahlen.

RAMEAU[2] und d'ALEMBERT (1717-1783) rückten der Wahrheit näher. Sie wussten, dass jeder musikalisch brauchbare Klang neben seinem Grundtone noch die Duodezime und die nächst höhere Terz hören lasse, dass ferner die Ähnlichkeit zwischen Grundton und Oktave allgemein auffalle. Hiernach musste ihnen das Hinzufügen der Oktave, Quinte, Terz usw. zum Grund-

2 [*] Jean-Philippe Rameau (1683-1764), französischer Komponist und Musiktheoretiker

tone als „natürlich" erscheinen. Allerdings hatten sie den richtigen Gesichtspunkt, allein mit der bloßen Natürlichkeit einer Erscheinung kann sich der Forscher nicht begnügen; denn gerade das Natürliche ist es, dessen Erklärung er sucht.

Rameaus Bemerkung schleppte sich nun durch die ganze neuere Zeit fort, ohne jedoch zur vollständigen Auffindung der Wahrheit zu führen. // 35 // Marx stellt sie an die Spitze seiner Kompositionslehre, ohne eine weitere Anwendung von derselben zu machen. Auch Goethe und Zelter[3] in ihrem Briefwechsel streifen sozusagen die Wahrheit. Letzterem ist Rameaus Ansicht bekannt. Sie werden nun gewiss erschrecken vor der Schwierigkeit dieses Problems, wenn ich Ihnen noch sage, dass bis auf die neueste Zeit selbst die Professoren der Physik keine Auskunft zu geben wussten, wenn sie um die Erklärung der Harmonie befragt wurden.

Erst kürzlich hat Helmholtz die Lösung der Frage gefunden.[4] Um Ihnen diese aber klar zu machen, muss ich einige Erfahrungssätze der Physik und Psychologie erwähnen.

1. Bei jedem Wahrnehmungsprozess, bei jeder Beobachtung, spielt die Aufmerksamkeit eine bedeutende Rolle. Nach Belegen hierfür brauchen wir nicht lange zu suchen. Sie erhalten ein Schreiben mit sehr schlechter Schrift; es will Ihnen nicht gelingen, dasselbe zu entziffern. Sie fassen bald diese, bald jene Linien zusammen, ohne dass sich daraus ein Buchstabe gestalten will. Erst wenn Sie Ihre Aufmerksamkeit auf Gruppen von Linien leiten, die wirklich zusammen gehören, ist das Lesen möglich. Schriften, die aus kleineren Figuren und Verzierungen bestehen, sind nur aus größerer Entfernung zu lesen, wenn die Aufmerksamkeit nicht mehr von den Gesamtkonturen auf die Einzelheiten abgelenkt wird. Ein schönes hierher gehöriges Beispiel geben die // 36 // bekannten Bilderscherze von Giuseppe

3 [*] Carl Friedrich Zelter (1758-1832), deutscher Musiker, Professor, Musikpädagoge, Komponist und Dirigent

4 Kritische Ausführungen über die Unvollständigkeit dieser Lösung enthalten meine „*Beiträge zur Analyse der Empfindungen*" Jena 1885. 9. Aufl. 1922. Vgl. auch den folgenden Artikel

Arcimboldo[5] im Erdgeschosse der Belvedere-Galerie zu Wien. Es sind dies symbolische Darstellungen des Wassers, Feuers usw., menschliche Köpfe, zusammengesetzt aus Wassertieren und Feuermaterial. Man sieht aus geringer Entfernung nur die Einzelheiten, welche die Aufmerksamkeit auf sich ziehen, aus größerer Entfernung hingegen nur die Gesamtfigur. Doch erwählt man leicht eine Distanz, bei der es keine Schwierigkeit hat, durch bloße willkürliche Leitung der Aufmerksamkeit bald die ganze Figur zu sehen, bald die kleineren Gestalten, aus welchen sie sich zusammensetzt. Häufig findet man ein Bild, das Grab Napoleons vorstellend. Das Grab ist von dunklen Bäumen umgeben, zwischen welchen der helle Himmel als Grund durchblickt. Man kann dieses Bild lange betrachten, ohne etwas anderes zu bemerken, als eben die Bäume. Plötzlich aber erblickt man die Gestalt Napoleons zwischen den Bäumen, wenn man nämlich unwillkürlich dem hellen Grunde die Aufmerksamkeit zuwendet. An diesem Falle sieht man am deutlichsten, welche wichtige Rolle die Aufmerksamkeit spielt. Dasselbe sinnliche Objekt kann durch ihr Zutun allein zu ganz verschiedenen Wahrnehmungen Veranlassung geben.

Schlage ich irgendeine Harmonie am Piano an, so können Sie durch die bloße Aufmerksamkeit jeden Ton derselben fixieren. Sie hören dann am deutlichsten diesen fixierten Ton und alle übrigen erscheinen als bloße Zugabe, welche nur die Klangfarbe des ersteren verändert. Der Eindruck derselben Harmonie verändert sich wesentlich, wenn // 37 // wir andern und andern Tönen unsere Aufmerksamkeit zuwenden.

Versuchen Sie eine beliebige Harmoniefolge und fixieren Sie z. B. einmal die Oberstimme *e*, dann den Bass *e* – *a*, so hören Sie dieselbe Harmoniefolge in beiden Fällen ganz verschieden. Im ersten Falle erhalten Sie den Eindruck, als ob der fixier-

Fig. 9

5 [*] Giuseppe Arcimboldo (1526-1593), italienischer Maler (Manierismus)

te Ton sich gleich bliebe und bloß seine Klangfarbe veränderte, im zweiten Falle hingegen scheint die ganze Klangmasse in die Tiefe zu steigen. Es gibt eine Kunst des Komponisten, die Aufmerksamkeit des Hörers zu leiten. Es gibt aber eben sowohl eine Kunst des Hörens, die auch nicht jedermanns Sache ist.

Der Klavierspieler kennt die merkwürdigen Effekte, welche man erzielt, wenn man von einer angeschlagenen Harmonie irgendeine Taste loslässt.

Fig. 10

Der Satz 1, auf dem Piano gespielt, klingt fast wie 2. Der Ton, welcher der losgelassenen Taste zunächst liegt, erklingt nach dem Loslassen der letzteren wie neu angeschlagen. Die Aufmerksamkeit, von der Oberstimme nicht mehr in Anspruch genommen, wird eben auf denselben hinübergeleitet.

Die Auflösung einer beliebigen Harmonie in die einzelnen Tonbestandteile vermag schon ein mäßig // 38 // geübtes musikalisches Ohr auszuführen. Bei fortschreitender Übung gelangt man noch weiter. Dann zerfällt der bisher für einfach gehaltene musikalische Klang in eine Reihe von Tönen. Schlägt man z. B. auf dem Piano 1 an, so hört man bei nötiger Anspannung der Aufmerksamkeit neben diesem starken Grundtone noch die schwächeren höheren Obertöne 2…7, also die Oktave, die Duodezime, die Doppeloktave, Terz, Quint und kleine Septime der Doppeloktave.

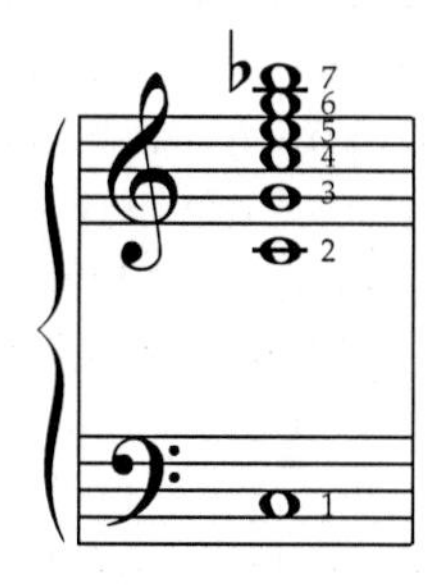

Fig. 11

Ganz dasselbe bemerkt man an jedem musikalisch verwendbaren Klange. Jeder lässt neben seinem Grundtone, freilich mehr oder weniger stark, noch die Oktave, Duodezime, Doppeloktave usw. hören. Namentlich ist dies leicht an den offenen und gedeckten Labialpfeifen der Orgel zu beobachten. Je nachdem nun gewisse Obertöne in einem Klange mehr oder weniger stark hervortreten, verändert sich die Klangfarbe, jene Eigentümlichkeit des Klanges, durch welche wir den Klang des Klaviers von jenem der Violine, der Klarinette usw. unterscheiden.

Am Piano lassen sich diese Obertöne sehr leicht auffallend hörbar machen. Schlage ich z. B. nach der letzten Notenangabe 1 kurz an, während ich nacheinander die Tasten 1, 2, 3, ... 7 bloß halte, so klingen nach dem Anschlag von 1 die Töne 2, 3, ... 7 fort, indem die vom Dämpfer befreiten Saiten ins Mitschwingen geraten.

Wie Sie wissen, ist dieses Mitschwingen der gleich gestimmten Saiten mit den Obertönen nicht // 39 // als Sympathie, sondern vielmehr als dürre mechanische Notwendigkeit aufzufassen. Man hat sich also das Mitschwingen nicht so zu denken, wie es ein geistreicher Feuilletonist sich vorgestellt hat, der von BEETHOVENS F-moll-Sonate Op. 2 eine schaurige Geschichte erzählt, welche ich Ihnen nicht vorenthalten will. „Auf der letzten Londoner Industrieausstellung spielten neunzehn Virtuosen die F-moll-Sonate auf demselben Piano. Als nun der zwanzigste Virtuose hintrat, um zur Abwechslung die F-moll-Sonate zu spielen, da begann das Klavier selbst, zum Schrecken aller Anwesenden, die Sonate von sich zu geben. Der eben anwesende Erzbischof von Canterbury musste ans Werk und den F-moll--Teufel austreiben."

Obgleich nun die besprochenen Obertöne bloß bei besonderer Aufmerksamkeit gehört werden, spielen sie doch die wichtigste Rolle bei Bildung der Klangfarbe sowohl, als auch bei der Konsonanz und Dissonanz der Klänge. Dies erscheint Ihnen vielleicht befremdlich. Wie soll das, was nur unter besonderen Umständen gehört wird, doch für das Hören überhaupt von solcher Bedeutung sein?

Ziehen Sie doch Ihre tägliche Erfahrung zu Rate. Wie viele Dinge gibt es, die Sie gar nicht bemerken, die Ihnen erst dann auffallen, wenn sie nicht mehr da sind. Ein Freund tritt zu Ihnen herein; Sie wissen nicht, welche Veränderung mit ihm vorgegangen. Erst nach längerer Musterung finden Sie, dass sein Haar geschoren sei. Es ist nicht schwer, den Verlag eines Werkes nach dem bloßen Druck zu erkennen, und doch vermag kaum jemand genau anzugeben, wodurch sich diese Typen von jenen // 40 // so auffallend unterscheiden. Oft erkannte ich ein gesuchtes Buch an einem Stückchen unbedruckten weißen Papiers, das unter dem Gewühle der übrigen Bücher hervorsah, und doch habe ich das Papier nie genau gemustert, wüsste auch nicht anzugeben, wodurch es von anderen Papieren so sehr verschieden ist.

Wir wollen also festhalten, dass jeder musikalisch verwendbare Klang neben seinem Grundtone noch die Oktave, Duodezime, Doppeloktave usw. als Obertöne hören lässt, und dass diese für das Zusammenwirken mehrerer Klänge von Wichtigkeit sind.

2. Es handelt sich nun noch um eine zweite Tatsache. Betrachten Sie eine Stimmgabel. Dieselbe gibt angeschlagen einen ganz glatten Ton. Schlagen Sie aber zu dieser Gabel eine zweite etwas höhere oder tiefere an, welche für sich allein ebenfalls einen ganz glatten Ton gibt, so hören Sie, sobald Sie beide Gabeln zusammen auf den Tisch stemmen oder beide vor das Ohr halten, keinen gleichmäßigen Ton mehr, sondern eine Anzahl von Tonstößen. Diese Tonstöße werden rascher, wenn der Unterschied der Tonhöhen größer wird. Man nennt diese Tonstöße, welche für das Ohr sehr unangenehm werden, wenn sie etwa 33 Mal in der Sekunde stattfinden, Schwebungen.

Immer, wenn von zwei gleichen Tönen einer gegen den anderen verstimmt wird, entstehen Schwebungen. Ihre Zahl wächst mit der Verstimmung und sie werden gleichzeitig unangenehmer. Diese Rauhigkeit erreicht ihr Maximum bei etwa 33 Schwebungen in der Sekunde. Bei weiterer Verstimmung // 41 // und noch größerer Zahl der Schwebungen nimmt dies Unangenehme wieder ab, so zwar, dass Töne, welche in ihrer Höhe bedeutend verschieden sind, keine beleidigenden Schwebungen mehr geben.

Um sich das Zustandekommen der Schwebungen einigermaßen klarzumachen, nehmen Sie zwei Metronome zur Hand und stellen dieselben nahezu gleich ein. Sie können geradezu beide gleich einstellen. Sie brauchen deshalb nicht zu fürchten, dass sie auch wirklich gleich schlagen. Die im Handel vorkommenden Metronome sind schlecht genug, um bei Einstellung auf gleiche Skalenteile merklich ungleiche Schläge zu geben. Setzen Sie nun diese etwas ungleich schlagenden Metronome in Gang, so bemerken Sie leicht, dass ihre Schläge abwechselnd bald aufeinander, bald zwischen einander fallen. Die Abwechslung ist desto rascher, je verschiedener der Takt beider Metronome. In Ermangelung von Metronomen führen Sie das Experiment mit zwei Taschenuhren aus.

Auf ähnliche Weise entstehen die Schwebungen. Die taktmäßigen Stöße zweier tönender Körper fallen bei ungleichen Tonhöhen bald aufeinander, bald zwischen einander, wobei sie sich abwechselnd verstärken und schwächen. Daher das stoßweise unangenehme Anschwellen des Tones.

Nachdem wir nun die Obertöne und die Schwebungen kennen gelernt, gehen wir zur Beantwortung unserer Hauptfrage über. Warum bewirken gewisse Tonhöhenverhältnisse einen angenehmen Zusammenklang, eine Konsonanz, andere einen unangenehmen, eine Dissonanz? Es scheint, dass alles Unangenehme des Zusammenklingens von den entstehenden Schwe- // 42 // bungen herrührt. Die Schwebungen sind nach Helmholtz die einzige Sünde, das einzige Böse in der harmonischen Musik. Konsonanz ist Zusammenklang ohne merkliche Schwebungen.

Um Ihnen dies recht anschaulich darzustellen, habe ich ein Modell konstruiert. Sie sehen in Fig. 12 eine Klaviatur. Oben an derselben befindet sich eine verschiebbare Leiste *aa* mit den Marken 1, 2…6. Bringe ich diese Leiste in irgendeine Stellung, etwa so, dass die Marke auf den Ton *c* der Klaviatur fällt, so bezeichnen, wie Sie sehen, die Marken 2, 3… 6 die Obertöne von *c*.

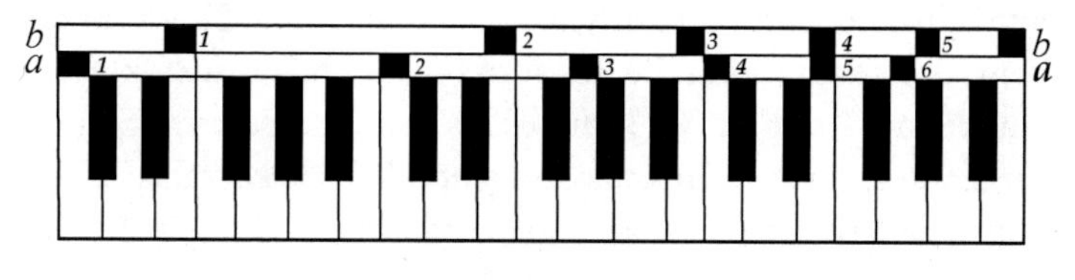

Figur 12

Dasselbe gilt, wenn die Leiste in eine andere Stellung gebracht wird. Eine zweite ganz gleiche Leiste *bb* zeigt dieselbe Eigenschaft. Beide Leisten in irgend zwei Stellungen bezeichnen nun durch ihre Marken alle Töne, welche bei dem Zusammenwirken der durch die Marke 1 bezeichneten Klänge ins Spiel kommen.

Beide Leisten auf denselben Grundton eingestellt, lassen erkennen, dass auch sämtliche Obertöne zusammenfallen. Es wird der eine Klang durch den anderen eben nur verstärkt. Die einzelnen Obertöne e i n e s Klanges liegen zu weit voneinander, um miteinander merkliche Schwebungen zu geben. Der zweite Klang fügt nichts Neues hinzu, demnach // 43 // auch keine neuen Schwebungen. Der Einklang ist die vollkommenste Konsonanz.

Verschieben wir eine Leiste gegen die andere, so bedeutet dies eine Verstimmung des einen Klanges. Alle Obertöne des einen Klanges fallen nun neben jene des anderen, es treten sofort Schwebungen auf, der Zusammenklang wird unangenehm, wir erhalten eine Dissonanz. Wenn wir mit der Verschiebung der einen Leiste fortfahren, so finden wir, dass im Allgemeinen die Obertöne immer nebeneinander fallen, immer Schwebungen und Dissonanzen veranlassen. Nur in ganz bestimmten Stellungen fallen die Obertöne beider Klänge zum Teil zusammen. Solche Stellungen bezeichnen eben einen höheren Grad des Wohlklanges, die konsonanten Intervalle.

Man kann diese konsonanten Intervalle leicht versuchsweise auffinden, wenn man Fig. 12 aus Papier ausschneidet und *bb* gegen *aa* verschiebt. Die vollkommensten Konsonanzen sind die Oktave und die Duodezime, weil bei diesen die Obertöne des einen Klanges ganz auf die des anderen fallen. Bei der Oktave z. B. fällt 1*b* auf 2*a*, 2*b* auf 4*a*, 3*b* auf 6*a*. Es können also keine Schwebungen entstehen. Konsonanzen sind also solche Zusammenklänge, welche nicht von unangenehmen Schwebungen begleitet sind.

Nur solche Klänge konsonieren, welche einen Teil ihrer Partialtöne gemeinsam haben. Natürlich wird man an solchen Klängen, auch wenn sie nacheinander angegeben werden, eine gewisse Verwandtschaft erkennen. Denn der folgende erregt eben, der gemeinsamen Obertöne wegen, zum Teil dieselbe Empfindung wie der vorhergehende. Am // 44 // auffallendsten ist dies bei der Oktave. Wenn die Skale bei der Oktave anlangt, glaubt man in der Tat den Grundton wieder zu hören. Die Grundlagen der Harmonie sind also auch jene der Melodie.

Konsonanz ist Zusammenklang ohne merkliche Schwebungen! Dieser Grundsatz genügt, um in die Lehren des Generalbasses eine wunderbare Ordnung und Konsequenz zu bringen. Die Kompendien der Harmonielehre, welche bisher an Feinheit der Logik – Gott sei's geklagt – den Kochbüchern wenig nachgaben, werden ungemein klar und einfach. Noch mehr! Viel von dem, was geniale Musiker wie PALESTRINA[6], MOZART, BEETHOVEN unbewusst richtig getroffen, worüber bisher kein Lehrbuch Rechenschaft zu geben vermochte, erfährt durch obigen Satz seine Begründung.

Und das Beste an dieser Theorie ist, dass sie den Stempel ihrer Wahrheit an sich trägt. Sie ist kein Hirngespinst. Jeder Musiker kann die Schwebungen selbst hören, welche die Obertöne der Klänge miteinander geben. Jeder Musiker kann sich überzeugen, dass man die Schwebungen ihrer Zahl und Rauhigkeit nach für einen beliebigen Fall vorausberechnen kann, und dass sie in dem Maße eintreten, als die Theorie es bestimmt.

---

6 [*] Giovanni Pierluigi da Palestrina (1514–1594), italienischer Komponist und Kirchenmusiker

Dies ist die von Helmholtz gegebene Beantwortung der von Pythagoras aufgeworfenen Frage, soweit sie sich nämlich mit jenen Mitteln darstellen lässt, die ich anwenden durfte. Ein langer Zeitraum liegt zwischen der Aufstellung der Frage und der Lösung. Mehr als einmal waren bedeutende Forscher näher an dieser Beantwortung, als sie selbst ahnten. Der Forscher sucht die Wahrheit. Ich weiß nicht, // 45 // ob die Wahrheit auch den Forscher sucht. Wäre dem aber so, dann würde die Geschichte der Wissenschaft lebhaft an das von Malern und Dichtern oft verewigte bekannte Stelldichein erinnern. Eine hohe Gartenmauer, rechts der Jüngling, links das Mädchen. Der Jüngling seufzt, das Mädchen seufzt! Beide warten. Beide ahnen nicht, wie nahe sie sich sind.

In der Tat, die Analogie gefällt mir. Die Wahrheit lässt sich zwar den Hof machen, allein sie verhält sich passiv. Sie führt wohl gar den Forscher an der Nase herum. Sie will verdient sein und verachtet den, der sie zu rasch erlangen will. Und wenn sich der eine den Kopf zerbricht, was schadet's – es kommt ein anderer – und die Wahrheit bleibt ja immer jung. Zwar scheint es mitunter, als ob sie ihrem Verehrer gewogen wäre, aber das eingestehen – niemals! Nur wenn die Wahrheit besonders gut aufgeräumt ist, wirft sie dem Verehrer einen Sonnenblick zu. Denn wenn ich gar nichts tue, denkt die Wahrheit – zuletzt erforscht mich der Kerl gar nicht mehr.

Dies eine Stückchen Wahrheit haben wir nun. Die kommt uns nicht mehr los! Wenn ich aber bedenke, was sie gekostet, wie viel Arbeit, wie viele Denkerleben, wie sich durch Jahrhunderte ein halber Gedanke fortgequält, bis er zum ganzen geworden, wenn ich bedenke, dass es die Mühe von mehr als zwei Jahrtausenden ist, welche aus meinem unscheinbaren Modell spricht, dann – ohne zu heucheln – gereut mich fast mein Scherz.

Und auch uns fehlt ja noch so viel. Wenn man einst nach einem Jahrtausend Stiefel, Zylinderhüte und Krinolinen, Klaviere und Bassgeigen aus dem // 46 // Schoß der Erde graben wird, aus dem jüngsten Alluvium, als Leitmuscheln des neunzehnten

Jahrhunderts, wenn man über diese wunderlichen Gebilde und unsere moderne Ringstraße Studien machen wird, wie heute über Steinaxt und Pfahlbau – dann wird man wohl nicht begreifen, wie wir an mancher großen Wahrheit so nahe sein konnten, ohne sie wirklich zu erfassen. Und so ist es ewig die ungelöste Dissonanz, ewig die trübende Septime, die uns überall entgegentönt; wir ahnen zwar, sie wird sich lösen, aber den reinen Dreiklang erleben wir nicht und – auch unsere Urenkel nicht.

Meine Damen! Wenn es Ihre reizende Lebensaufgabe ist, konfus zu machen, so ist die meinige, klar zu sein. Und da muss ich Ihnen denn eine kleine Sünde eingestehen, deren ich mich der Klarheit wegen schuldig gemacht. Ich habe Sie nämlich ein wenig belogen. Sie werden mir diese Lüge verzeihen, wenn ich sie sofort wieder reuig verbessere. Das Modell (Fig. 12) spricht nicht die volle Wahrheit, denn es ist für die so genannte temperierte Stimmung berechnet. Die Obertöne der Klänge aber sind nicht temperiert, sondern rein gestimmt. Durch diese kleine Unrichtigkeit fällt nun das Modell bedeutend einfacher aus. Dabei genügt es für die gewöhnlichen Zwecke vollständig, und wer an demselben seine Studien macht, darf keinen merklichen Irrtum befürchten.

Wenn Sie nun aber von mir die volle Wahrheit fordern würden, so könnte ich Ihnen diese nur in einer mathematischen Formel darstellen. Ich müsste die Kreide zur Hand nehmen und – pfui! – in Ihrer Gegenwart rechnen. Das könnten Sie mir übel nehmen. Es soll auch nicht geschehen. Ich habe mir vorgenommen, heute nicht mehr zu rechnen. Ich rechne heute auf gar nichts mehr, als auf Ihre Nachsicht, und diese werden Sie mir nicht versagen, wenn Sie bedenken, dass ich von meinem Rechte, Sie zu langweilen, doch einen beschränkten Gebrauch gemacht habe. Ich könnte ja noch länger sprechen, und bin demnach berechtigt, mit Lessings Epigramm zu schließen:

> Wenn Du von allem dem, was diese Blätter füllt,
> Mein Leser, nichts des Dankes wert gefunden;
> So sei mir wenigstens für das verbunden,
> Was ich zurück behielt. // 48 //

4.
Zur Geschichte der Akustik.[1]

Beim Suchen nach Arbeiten von AMONTONS[2] kamen mir einige Bände der Memoiren der Pariser Akademie aus den ersten Jahren des 18. Jahrhunderts in die Hände. Es ist schwer, das Vergnügen zu schildern, das man beim Durchblättern dieser Bände empfindet, indem man einige der wichtigsten Entdeckungen sozusagen miterlebt, indem man verschiedene Wissensgebiete von beinahe gänzlicher Unkenntnis bis zu fast vollständiger prinzipieller Klarheit sich entwickeln sieht.

Hier sollen nur die grundlegenden Untersuchungen von SAUVEUR[3] über Akustik besprochen werden, welche für den feinsinnigen Musiker, dem diese Blätter gewidmet sind[4], nicht ganz ohne Interesse sein werden. Mit Überraschung nimmt man wahr, wie außerordentlich nahe SAUVEUR dem Standpunkte war, welchen anderthalb Jahrhunderte später erst HELMHOLTZ vollständig gewonnen hat. // 49 //

Die „Histoire de l'Académie" von 1700, p. 131[5], teilt uns mit, dass es SAUVEUR gelungen sei, aus der Musik ein naturwissenschaftliches Forschungsobjekt zu machen, und dass er die betreffende neue Wissenschaft »Akustik« genannt habe. Auf fünf Blättern wird eine ganze Reihe von Entdeckungen erwähnt, welche in dem Bande des nächstfolgenden Jahres weiter erörtert werden.

Die einfachen Schwingungszahlenverhältnisse der Konsonanzen behandelt SAUVEUR als etwas allgemein Bekanntes.[6] Er

1 Dieser Artikel, welcher in den Mitteilungen der deutschen mathematischen Gesellschaft zu [recte: in] Prag (1892) [12-18] erschien, dient zur Erläuterung der vorigen.

2 [*] Guillaume Amontons (1663–1705), französischer Physiker

3 [*] Joseph Sauveur (1653–1716), französischer Theologe, Mediziner und Mathematiker

4 Prof. H[einrich] Durège (1821-1893), deutscher Mathematiker

5 [Siehe hierzu auch Anm. 12 der vorliegenden Ausgabe.]

6 Die folgende Darstellung ist aus den Bänden für 1700 (erschienen 1703) und

hofft durch weitere Untersuchungen die Hauptregeln der musikalischen Komposition zu ermitteln und in die »Metaphysik des Angenehmen«, als deren Hauptgesetz er die Verbindung der »Einfachheit mit der Mannigfaltigkeit« angibt, einzudringen. Ganz wie später noch Euler[7] hält er eine Konsonanz für desto besser, durch je kleinere ganze Zahlen das Schwingungsverhältnis ausgedrückt werden kann, weil, je kleiner diese Zahlen, desto häufiger die Schwingungen beider Töne koinzidieren und desto leichter aufzufassen sind. Als Grenze der Konsonanz gilt ihm das Verhältnis 5 : 6, wiewohl er sich nicht verhehlt, dass die Übung, die Schärfung der Aufmerksamkeit, die Gewohnheit, der Geschmack und sogar das Vorurteil bei dieser Frage mitspielt, dass dieselbe also keine rein naturwissenschaftliche ist.

Sauveurs Vorstellungen entwickeln sich nun // 50 // dadurch, dass er überall genauer quantitativ zu untersuchen strebt, als dies vorher geschehen war. Zunächst wünscht er einen fixen Ton von 100 Schwingungen als Grundlage der musikalischen Stimmung so zu bestimmen, dass derselbe jederzeit leicht dargestellt werden kann, da ihm die Fixierung der Stimmung durch die üblichen Stimmpfeifchen, deren Schwingungszahl unbekannt war, ungenügend erscheint. Nach Mersenne[8] (*Harmonie universelle.* [*Contenant la théorie et la pratique de la musique,* Paris] 1636) macht eine gegebene Saite von 17 Fuß Länge, mit 8 livres gespannt, 8 unmittelbar sichtbare Schwingungen in der Sekunde. Durch Verkleinerung der Länge in einem bestimmten Verhältnis kann man also eine in demselben Verhältnis vergrößerte Schwingungszahl erhalten. Doch scheint ihm dies Verfahren zu unsicher, und er verwendet zu dem bezeichneten Zwecke die den Orgelbauern seiner Zeit bekannten Schwebungen (battements), die er richtig

---

1701 (erschienen 1704) geschöpft und teils der „Histoire de l'Acacdémie", teils den „Memoiren" entnommen. Die späteren Arbeiten kommen hier weniger in Betracht

7 [Leonhard] Euler, *Tentamen novae theoriae musicae,* [*ex certissimis harmoniae principiis dilucide expositae.*] Petropoli 1739

8 [*] Marin Mersenne (1588–1648) französischer Geistlicher, Mathematiker und Naturforscher

durch das abwechselnde Koinzidieren und Alternieren gleicher Schwingungsphasen ungleich gestimmter Töne erklärt.[9] Jeder Koinzidenz entspricht eine Tonanschwellung und demnach der Zahl der Stöße in der Sekunde die Differenz der Schwingungszahlen. Stimmt man also zwei Orgelpfeifen zu einer dritten im Verhältnis der kleinen und großen Terz, so bilden erstere zueinander das Schwingungszahlenverhältnis 24 : 25, das heißt auf je 24 Schwingungen der tieferen fallen 25 der höheren und ein Tonstoß. Geben beide Pfeifen zusammen // 51 // vier Schwebungen in der Sekunde, so hat die höhere den fixen Ton von 100 Schwingungen. Die betreffende offene Pfeife hat dann die Länge von fünf Fuß. Hiermit sind auch die absoluten Schwingungszahlen aller übrigen Töne bestimmt.

Es ergibt sich sofort, dass die 8 Mal längere Pfeife von 40 Fuß die Schwingungszahl 12 1/2 gibt, welche Sauveur dem tiefsten hörbaren Ton zuschreibt, sowie dass die 64 Mal kürzere 6.400 Schwingungen ausführt, welche Zahl Sauveur für die obere Hörgrenze hält. Die Freude über die gelungene Zählung der »unwahrnehmbaren Schwingungen« bricht hier unverkennbar durch, und sie ist berechtigt, wenn man bedenkt, dass auch heute noch das Sauveur'sche Prinzip mit einer geringen Modifikation das feinste und einfachste Mittel ist zur genauen Bestimmung der Schwingungszahlen. Viel wichtiger war aber noch eine andere Beobachtung, die Sauveur beim Studium der Schwebungen machte, und auf die wir noch zurückkommen.

Saiten, deren Länge durch verschiebbare Stege abgeändert werden kann, sind bei den erwähnten Untersuchungen viel leichter zu handhaben als Pfeifen. Es war also natürlich, dass Sauveur sich bald mit Vorliebe dieses Mittels bediente.

Durch einen zufällig nicht vollkommen anliegenden Steg, welcher die Schwingungen nur unvollkommen hemmte, entdeckte er die harmonischen Obertöne der Saite zunächst durch

---

9 Als *Sauveur* das Schwebungsexperiment der Akademie vorführen wollte, gelang es nur sehr mangelhaft. [*Sur la determination d`un son fixe*, in:]Histoire de l'Académie [Royale des Sciences], Année 1700, p. 136. [134-143]

das Ohr, und erschloss hieraus die Abteilung derselben in Aliquotteile. Die gezupfte Saite gab z. B. die Duodezime ihres Grundtones, wenn der Steg in einem Dritteilungspunkte stand. Wahrscheinlich auf Vorschlag eines Akade- // 52 // mikers[10] wurden nun verschieden gefärbte Papierreiter auf die Knoten (*nœuds*) und Bäuche (*ventres*) gesetzt, und die Saitenteilung bei Angabe der zu ihrem Grundton (*son fondamental*) gehörigen Obertöne (*sons harmoniques*) war hiermit auch sichtbar gemacht. An die Stelle des hemmenden Steges trat bald die zweckentsprechendere Feder oder der Pinsel.

Bei diesen Versuchen beobachtete SAUVEUR auch das Mitschwingen einer Saite bei Erregung einer anderen gleich gestimmten, er fand auch, dass der Oberton einer Saite durch eine andere auf denselben gestimmte Saite ansprechen kann. Er ging noch weiter und fand, dass bei Erregung einer Saite an einer anderen ungleich gestimmten Saite der gemeinsame Oberton anspricht, z. B. bei Saiten von dem Schwingungszahlenverhältnis 3 : 4 der vierte der tieferen und der dritte der höheren. Es folgt hieraus unabweislich, dass die erregte Saite mit ihrem Grundton zugleich Obertöne gibt. Schon früher war SAUVEUR von anderen Beobachtern darauf aufmerksam gemacht worden, dass man bei fernen Musikinstrumenten, namentlich bei Nacht, die Obertöne heraushört.[11] Er selbst bespricht das gleichzeitige Erklingen der Obertöne und des Grundtones.[12] Dass er diesem Umstande nicht die gebührende Beachtung schenkt, wird, wie sich alsbald zeigt, für seine Theorie verhängnisvoll.

Bei Studium der Schwebungen macht SAUVEUR die Beobachtung, dass dieselben dem Ohr unan- // 53 // genehm seien. Er meint nun die Schwebungen nur dann gut zu hören, wenn

10 [*Sur un Nouveau Système de Musique*, in :] Histoire de l'Académie [Royale des Sciences], Année 1701, p. 134. [121-137]

11 [Principes d'acoustique et de musique ou Système général des intervalles des sons][, in:] Mémoires de l'Académie [Royale des Sciences], année 1701, p. 298 [recte: 299-366].

12 [Sur l'application des sons harmoniques aux jeux d'orgues] [in:] Histoire de l'Académie [Royale des Sciences, année 172, p.91 [90-92].

weniger als sechs in der Sekunde stattfinden. Schwebungen in größerer Zahl hält er für nicht gut beobachtbar und für nicht störend. Er versucht nun den Unterschied zwischen Konsonanz und Dissonanz auf die Schwebungen zurückzuführen. Hören wir ihn selbst.[13]

»Les battements ne plaisent pas à l'Oreille, à cause de l'inégalité du son, et l'on peut croire avec beaucoup d'apparence que ce qui rend les Octaves[14] si agréables, c'est qu'on n'y entend *jamais de battements.*

En suivant cette idée, on trouve que les accords dont on ne peut entendre les battements, sont justement ceux que les Musiciens traitent de Consonances, et que ceux dont les battements se font sentir, sont les Dissonances, et que quand un accord est Dissonance dans une certaine octave et Consonance dans une autre, c'est qu'il bat dans l'une, et qu'il ne bat pas dans l'autre. Aussi est il traité de Consonance imparfaite. Il est fort aisé par les principes de Mr. Sauveur qu'on a établi ici, de voir quels accords battent, et dans quelles Octaves au-dessus ou au-dessous du son fixe. Si cette hypothèse est vraie, elle découvrira la véritable source des Règles de la composition, inconnue jusqu'à présent à la Philosophie, qui s'en remettait presque entièrement au jugement de l'Oreille. Ces sortes de jugements naturels, quelque bizarres qu'ils paroissent quelquefois, // 54 // ne le sont point, ils ont des causes très réelles, dont la connaissance appartient à la Philosophie, pourvu qu'elle s'en puisse mettre en possession.«

Sauveur erkennt also richtig in den Schwebungen die Störung des Zusammenklanges, auf welche „mutmaßlich" alle Disharmonie zurückzuführen ist. Man sieht aber sofort, dass nach seiner Auffassung alle weiten Intervalle Konsonanzen, alle engen Dissonanzen sein müssten. Auch verkennt er die gänzliche prinzipielle Verschiedenheit seiner eingangs er-

13 Diese Stelle ist [dem Aufsatz «*Sur la determination d'un son fixe*»] der Histoire de l'Academie [Royale des Sciences], Année 1700, S. 139 [134-143] entnommen

14 Weil alle in der Musik gebräuchlichen Oktaven einen zu großen Schwingungszahlenunterschied darbieten

wähnten älteren Auffassung von der neuen, welche er vielmehr zu verwischen sucht.

R. Smith[15] referiert die Sauveur'sche Theorie und bemerkt den ersteren der zuvor erwähnten Mängel. Indem er selbst im Wesentlichen in der älteren Sauveur'schen, meist Euler zugeschriebenen Auffassung befangen bleibt, kommt er doch bei seiner Kritik der heutigen Ansicht wieder um einen kleinen Schritt näher, wie dies aus folgenden Stellen hervorgeht.[16]

»The truth is, this gentleman confounds the distinction between perfect and imperfect consonances, by comparing imperfect consonances which beat, because the succession of their short cycles[17] is // 55 // periodically confused and interrupted, with perfect ones which cannot beat, because the succession of their short cycles is never confused nor interrupted.

»The fluttering roughness above mentioned is perceivable in all other perfect consonances, in a smaller degree in proportion as their cycles are shorter and simpler, and their pitch is higher; and is of a different kind from the smother beats and undulations of tempered consonances; because we can alter the rate of the latter by altering the temperament, but not of former, the consonance being perfect at a given pitch: And because a judicious ear can often hear, at the same time, both the flutterings and the beats of a tempered consonance; sufficiently distinct from each other. –

»For nothing gives greater offence to the hearer, though ignorant of the cause of it, than those rapid, piercing beats of high

15 R[obert] Smith, *Harmonics or the philosophy of musical Sounds*. Cambridge 1749. Ich habe dieses Buch 1864 nur flüchtig sehen können und habe auf dasselbe in einer 1866 erschienenen Schrift (*Einleitung in die Helmholtz'sche Musiktheorie*, [*Populär für Musiker dargestellt*. Graz 1866]) aufmerksam gemacht. Erst vor drei Jahren bin ich dieser Schrift wieder habhaft geworden und konnte von deren Inhalt genauere Kenntnis nehmen.
[*] Robert Smith (1689-1768), englischer Mathematiker und Musiktheoretiker

16 *Harmonics*, p. 118 und p. 243.

17 „Short cycle" ist die Periode, nach welcher sich dieselben Phasen beider zusammenwirkenden Töne wiederholen.

and loud sounds, which make imperfect consonances with one another. And yet a few slow beats, like the slow undulations of a close shake now and then introduced, are far from being disagreeable.«

Smith ist also darüber im Klaren, dass außer den von Sauveur in Betracht gezogenen Schwebungen noch andere „Rauhigkeiten" existieren, und diese würden sich bei weiterer Untersuchung unter Festhalten des Sauveur'schen Gedankens als die Schwebungen der Obertöne enthüllt haben, womit die Theorie den Helmholtz'schen Standpunkt erreicht hätte.

Wenn wir die Unterschiede der Sauveur'schen Auffassung von der Helmholtz'schen überblicken, so finden wir folgendes: // 56 //

1. Die Ansicht, nach welcher die Konsonanz auf der häufigen regelmäßigen Koinzidenz der Schwingungen, auf der leichten Zählbarkeit derselben beruht, erscheint auf dem neuen Standpunkte als unzulässig. Wohl sind die einfachen Schwingungszahlenverhältnisse mathematische Merkmale der Konsonanz und physikalische Bedingungen derselben, da hieran die Koinzidenz der Obertöne mit ihren weiteren physikalischen und physiologischen Folgen gebunden ist. Allein eine physiologische oder psychologische Erklärung der Konsonanz ist hiermit nicht gegeben, schon deshalb nicht, weil in dem akustischen Nervenerregungsprozess nichts mehr von der Periodizität des Schallreizes zu finden ist.

2. In der Anerkennung der Schwebungen als Störungen der Konsonanz stimmen beide Theorien überein. Die Sauveur'sche Theorie berücksichtigt jedoch nicht, dass der Klang zusammengesetzt ist, und dass vorzugsweise durch die Schwebungen der Obertöne die Störungen des Zusammenklanges weiter Intervalle entstehen. Ferner hat Sauveur mit der Behauptung, dass die Zahl der Schwebungen weniger als sechs in der Sekunde betragen müsse, um Störungen zu bewirken, nicht das Richtige getroffen. Schon Smith weiß, dass sehr langsame Schwebungen nicht stören, und Helmholtz hat für das Maximum der Störung

eine viel höhere Zahl (33) gefunden. Endlich hat Sauveur keine Rücksicht darauf genommen, dass die Zahl der Schwebungen zwar mit der Verstimmung zunimmt, dafür aber die Stärke derselben abnimmt. Auf das Prinzip der spezifischen Energien und die Gesetze des Mitschwingens gestützt // 57 // findet die neue Theorie, dass zwei Luftbewegungen von gleicher Amplitude, aber verschiedener Periode, $a \sin(rt)$ und $a \sin[(r + \rho)(t + \tau)]$, *nicht* in gleicher Amplitude auf dasselbe Nervenendorgan übertragen werden können. Vielmehr spricht das Endorgan, welches auf die Periode r am meisten reagiert, auf die Periode $r + \rho$ schwächer an, so dass die beiden Amplituden im Verhältnis $a : \phi \cdot a$ stehen. Hierbei nimmt ϕ ab, wenn ρ wächst und wird = 1 für $\rho = 0$, so dass nur der Reizanteil $\phi \cdot a$ den Schwebungen unterliegt, $(1 - \phi)\, a$ aber ohne Störung glatt abfließt.

Darf man aus der Geschichte dieser Theorie eine Moral ziehen, so kann es in Anbetracht der Sauveur'schen Irrtümer, die so nahe an der Wahrheit liegen, nur die sein, auch der neuen Theorie gegenüber einige Vorsicht zu üben. Und in der Tat scheint hierzu Grund vorhanden zu sein.

Der Umstand, dass der Musiker niemals einen besser konsonierenden Akkord auf einem schlechter gestimmten Klavier mit einem weniger konsonanten auf einem guten Klavier verwechseln wird, obgleich die Rauhigkeit in beiden Fällen die gleiche sein kann, lehrt hinlänglich, dass der Grad der Rauhigkeit nicht die einzige Charakteristik einer Harmonie ist. Wie der Musiker weiß, sind die harmonischen Schönheiten einer Beethoven'schen Sonate selbst auf einem schlecht gestimmten Klavier schwer umzubringen; sie leiden hierbei kaum mehr als eine Raphael'sche Zeichnung in groben und rauhen Strichen ausgeführt. Das positive physiologisch-psychologische Merkmal, welches. eine Harmonie von der anderen unterscheidet, ist durch die Schwebungen nicht gegeben. Dieses Merkmal kann auch nicht darin // 58 // liegen, dass z. B. beim Erklingen der großen Terz der fünfte Partialton des tieferen Klanges mit dem vierten des höheren zusammenfällt. Dieses Merkmal hat ja nur Geltung für den untersuchenden abstrahierenden Verstand; wollte man dasselbe auch für die Empfindung als maßgebend ansehen, so würde man in einen fundamentalen Irrtum verfallen, der ganz analog wäre dem sub 1 angeführten.

Die positiven physiologischen Merkmale der Intervalle würden sich wahrscheinlich bald enthüllen, wenn es möglich wäre, den einzelnen tonempfindenden Organen unperiodische (z. B. galvanische) Reize zuzuführen, wobei also Schwebungen ganz wegfallen müssten. Leider kann ein derartiges Experiment kaum als ausführbar betrachtet werden. Die Zuführung von kurz dauernden, also ebenfalls schwebungslosen akustischen Reizen führt aber wieder den Übelstand einer nur ungenau bestimmten Tönhöhe mit sich.[18] // 59 //

18 Vgl. [Mach] *Beiträge zur Analyse der Empfindungen.* Jena 1885 [recte: 1886], S. 113 u. ff. [ab der 2. Auflage (1900) unter: *Die Analyse der Empfindungen und das Verhältnis des Physischen zum Psychischen*] 9. Aufl. [1922] S. 214 u. ff.

5.
Über die Geschwindigkeit des Lichtes.[1]

Wenn der Kriminalrichter einen recht feinen Schurken vor sich hat, der es wohl versteht, sich durchzulügen, so ist es seine Hauptaufgabe, ihm durch einige geschickte Fragen ein Geständnis abzupressen. In einem ähnlichen Falle fast scheint sich der Naturforscher der Natur gegenüber zu befinden. Zwar dürfte er sich hier nicht sowohl als Richter, wie vielmehr als Spion fühlen, aber das Ziel bleibt ziemlich dasselbe. Die geheimen Motive und Gesetze des Wirkens sind es, welche die Natur gestehen soll. Von der Schlauheit des Forschers hängt es ab, ob er etwas erfährt. Nicht ohne Grund hat also BACO VON VERULAM[2] die experimentelle Methode ein Befragen der Natur genannt. Die Kunst besteht darin, die Fragen so zu stellen, dass sie ohne Verletzung der Etikette nicht unbeantwortet bleiben können.

Betrachten Sie nun noch die zahlreichen Instrumente, Werkzeuge und Quälapparate, mit welchen // 60 // man der Natur forschend zu Leibe geht, und die des Dichterwortes spotten »was sie Dir nicht offenbaren mag, zwingst Du ihr nicht ab mit Hebeln und mit Schrauben« – betrachten Sie diese Apparate, und die Analogie mit der Tortur liegt nahe.

Die Auffassung der Natur, als der absichtlich verhüllten, die man nur mit Zwangsmitteln oder auf unredliche Weise entschleiern könne, lag manchem älteren Denker näher als uns. Ein griechischer Philosoph äußerte sich über die Naturforschung seiner Zeit und meinte, es könnte den Göttern nur unangenehm sein, wenn die Menschen das zu erspüren suchten, was jene ihnen nicht offenbaren wollten.[3] Freilich waren hiermit bei weitem nicht alle Zeitgenossen einverstanden. Spuren dieser An-

1 Vortrag, gehalten zu Graz i. J. 1866.
2 [*] Francis Bacon (1561-1626), englischer Philosoph
3 Xenophon, *Memorabil.* IV, 7 lässt den Sokrates sagen: *οὔτε γὰρ εὑρετὰ ἀνθρώποις αὐτὰ ἐνόμιζεν εἶναι, οὔτε χαρίζεσθαι θεοῖς ἂν ἡγεῖτο τὸν ζητοῦντα ἃ ἐχεῖνοι σαφηνίσαι οὐκ ἐβουλήζησαν.*

schauung finden sich auch heute noch. Im Ganzen jedoch sind wir nicht mehr so engherzig. Wir glauben nicht mehr, dass die Natur sich absichtlich verbirgt. Wir wissen jetzt aus der Geschichte der Wissenschaft, dass unsere Fragen zuweilen unsinnig gestellt sind, und dass deshalb keine Antwort erfolgen kann. Bald werden wir vielmehr sehen, wie der Mensch selbst mit seinem ganzen Denken und Forschen nichts ist als ein Stück Naturleben.

Mögen Sie nun die Instrumente des Physikers als Quäl- oder als Liebkosungsapparate auffassen, was Ihnen mehr zusagt, jedenfalls wird Sie ein Stückchen Geschichte dieser Werkzeuge interessieren, jedenfalls wird es Ihnen nicht unangenehm sein, zu // 61 // erfahren, welche eigentümlichen Schwierigkeiten zu so sonderbaren Formen der Apparate geführt haben.

Galilei (geb. 1564 zu Pisa – gest. 1642 zu Arcetri) war der erste, welcher sich die Frage vorlegte, wie groß wohl die Geschwindigkeit des Lichtes, d. h. wie viel Zeit nötig sei, damit ein irgendwo aufleuchtendes Licht in einer bestimmten Entfernung sichtbar werde.[4]

Die Methode, welche Galilei ersann, war ebenso einfach als natürlich. Zwei mit verdeckten Laternen versehene und geübte Beobachter sollten zur Nachtzeit in bedeutender Entfernung aufgestellt werden, der eine in *A*, der andere in *B*. *A* hatte den Auftrag, zu einer bestimmten Zeit seine Laterne abzudecken. Sobald dies *B* bemerkte, musste er das Gleiche tun. Nun ist klar,

A ——————— *B*

Fig. 13

dass die Zeit, welche *A* zählt von der Abdeckung der eigenen Laterne bis zum Sichtbarwerden der Laterne von *B*, diejenige ist, die das Licht benötigt, um von *A* nach *B* und von *B* nach *A* wieder zurückzukommen. Der Versuch wurde nie ausgeführt und konnte, wie Galilei selbst einsah, gar nicht gelingen.

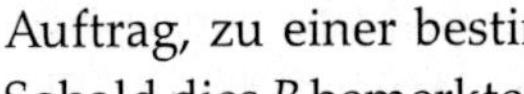

Wie wir heute wissen, geht nämlich das Licht viel zu rasch, um so beobachtet zu werden. Die Zeit zwischen der Ankunft

4 Galilei, *Discorsi e dimostrazione matematiche* Leyden 1638. Dialogo primo.

des Lichtes in B und der Wahrnehmung desselben durch den Beobachter, // 62 // die Zeit zwischen dem Entschluss und der Tat der Abdeckung der Laterne ist, wie wir heute wissen, unvergleichlich größer, als die Zeit, welche das Licht auf irdischen Strecken verweilt. Die Größe der Geschwindigkeit wird sofort ersichtlich, wenn man beachtet, dass ein Blitz in dunkler Nacht eine weit ausgedehnte Landschaft auf einmal sichtbar macht, während die einzelnen an verschiedenen Orten reflektierten Donnerschläge in beträchtlichen Zwischenzeiten das Ohr des Beobachters treffen.

Galileis Bemühungen um die Ermittlung der Lichtgeschwindigkeit blieben also bei seinen Lebzeiten erfolglos. Dennoch ist die spätere Geschichte der Messung der Lichtgeschwindigkeit eng verknüpft mit seinem Namen, denn er entdeckte mit dem von ihm konstruierten Fernrohr die vier Jupitertrabanten, und diese wurden das Mittel zur Bestimmung der Lichtgeschwindigkeit.

Die irdischen Räume waren zu klein für Galileis Versuch. Die Bestimmung gelang erst, als man die Räume des Planetensystems zu Hilfe nahm. Olof Römer (geb. 1644 zu Aarhuus – gest. 1710 zu Kopenhagen) war es, dem dies (1675 – 1676) gelang. Er beobachtete mit Cassini[5] auf der Pariser Sternwarte die Umläufe der Jupitermonde.

AB sei die Jupiterbahn. Es bedeute S die Sonne, E die Erde, J den Jupiter und T den ersten Trabanten. Wenn die Erde in E_1 steht, sieht man den Trabanten regelmäßig in den Schatten des Jupiters eintreten und kann aus dieser periodischen Verfinsterung die Umlaufszeit berechnen. Römer fand für dieselbe 42 Stunden 27 Minuten 33 Sekunden. Wenn nun die Erde in ihrer Bahn fortschreitend // 63 // über C bis E_2 kommt, so scheinen dabei die Umläufe des Trabanten langsamer zu werden, die Verfinsterungen treten etwas später ein. Die Verspätung der Verfinsterung, wenn die Erde in E_2 ist, beträgt 16 Minuten 26

5 [*] Giovanni Domenico Cassini (1625-1712), französischer Astronom und Mathematiker italienischer Herkunft

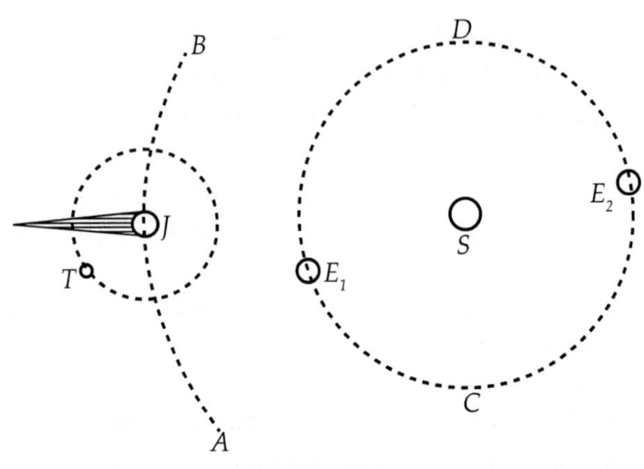

Fig. 14

Sekunden. Wenn die Erde wieder über *D* nach E_1 sich zurückbewegt, werden die Umläufe scheinbar wieder rascher, und sie erfolgen ebenso schnell wie früher, sobald die Erde in E_1 angelangt ist. Zu bemerken ist, dass der Jupiter bei einem Bahnumlauf der Erde seine Stelle nur wenig ändert. Römer erriet sofort, dass diese periodischen Veränderungen der Umlaufszeit nicht wirkliche, sondern bloß scheinbare sein können, welche mit der Lichtgeschwindigkeit zusammenhängen.

Machen wir uns die Erscheinung durch ein Bild klar. Wir erfahren durch die regelmäßige Post von dem Stande der politischen Ereignisse in einer Stadt. // 64 // Soweit wir auch von der Stadt entfernt sind, wir hören zwar von jedem Vorgange später, aber von allen gleich spät. Die Vorgänge erscheinen uns so rasch, als sie wirklich sind. Wenn wir nun aber reisen und uns dabei von der genannten Stadt entfernen, so hat jede folgende Nachricht einen längeren Weg zu uns zurückzulegen, und die Vorgänge erscheinen uns langsamer, als sie wirklich sind. Das Umgekehrte würde stattfinden, wenn wir uns nähern.

Ein Musikstück hört man in jeder Entfernung, solange man in Ruhe ist, in demselben Tempo. Das Tempo muss scheinbar rascher werden, wenn wir der Musikbande rasch entgegenfahren, langsamer, wenn wir schnell fortfahren.

Denken Sie sich ein gleichförmig um seinen Mittelpunkt gedrehtes Kreuz, z.B. Windmühlflügel. Das Kreuz erscheint Ihnen offenbar langsamer gedreht, wenn Sie sich sehr rasch von demselben entfernen. Denn die Lichtpost, welche Ihnen die Nachricht von den Stellungen des Kreuzes bringt, hat in jedem folgenden Moment einen längeren Weg zu Ihnen zurückzulegen.

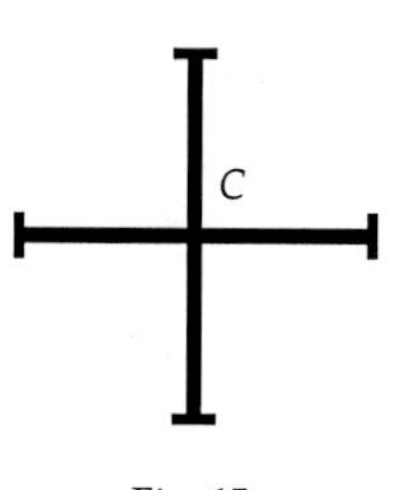

Fig. 15

Ähnlich muss es sich nun bei der Drehung (dem Umlauf) des Jupitertrabanten verhalten. Die größte Verspätung der Verfinsterung, während die Erde von E_1 nach E_2 geht, sich also um den Erdbahndurchmesser von Jupiter entfernt, entspricht offenbar der Zeit, welche das Licht zum Durchlaufen des Erdbahndurchmessers braucht. Der Erdbahndurchmesser ist bekannt, die Verspätung auch. Hieraus berechnet sich die Lichtgeschwindigkeit, // 65 // d. i. der vom Licht in einer Sekunde zurückgelegte Weg zu 42.000 geographischen Meilen oder 300 Kilometern.

Die Methode ist ähnlich jener Galileis. Nur sind die Mittel besser gewählt. Statt der kleinen Distanz verwenden wir den Erdbahndurchmesser (41 Millionen Meilen), die Stelle der ab- und zugedeckten Laterne vertritt der abwechselnd verfinsterte und aufleuchtende Jupitermond. Galilei konnte also seine Messung nicht ausführen, aber die Laterne hat er gefunden, mit der sie ausgeführt wurde.

Diese schöne Entdeckung wollte den Physikern bald nicht mehr genügen. Man suchte nach bequemeren Mitteln, die Lichtgeschwindigkeit auf der Erde zu messen. Man konnte dies tun, nachdem die Schwierigkeiten offen dalagen. Fizeau (geb. 1819 zu Paris) führte 1849 eine solche Messung aus.

Ich will versuchen, Ihnen das Wesen des Fizeau'schen Apparates klarzumachen. *S* sei eine am Rande mit Löchern versehene um ihren Mittelpunkt drehbare Scheibe. *L* sei eine Lichtquelle, welche ihr Licht auf die gegen die Achse der Scheibe um 45°

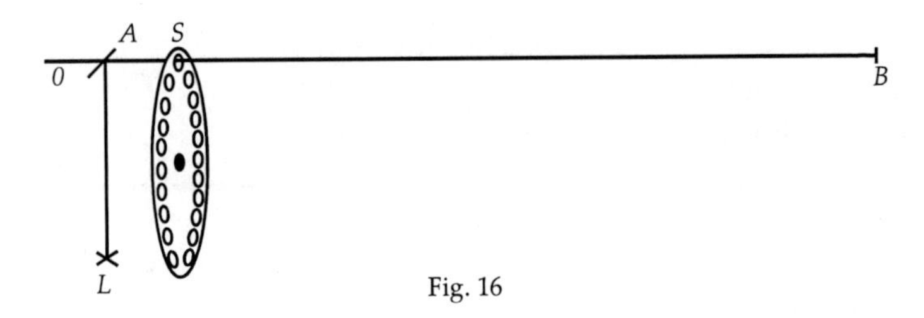

Fig. 16

geneigte unbelegte Glasplatte A sendet. Dieses wird dort reflektiert, geht durch ein // 66 // Loch der Scheibe hindurch senkrecht auf den Spiegel *B*, der etwa eine deutsche Meile weit von *S* aufgestellt ist. Vom Spiegel *B* wird das Licht abermals in sich zurückgeworfen, geht wieder durch das Loch in *S*, dann durch die Glasplatte in das Auge *O* des Beobachters. *O* sieht also das Spiegelbild der Lichtflamme *L* durch die Glasplatte und das Loch der Scheibe hindurch im Spiegel *B*.

Wenn nun die Scheibe in Drehung versetzt wird, so werden an die Stellen der Löcher abwechselnd die Zwischenräume treten, und das Auge *O* wird jetzt nur in Unterbrechungen das Lichtbild in *B* sehen. Bei rascherer Drehung werden jedoch diese Unterbrechungen für das Auge wieder unmerklich, und es sieht den Spiegel *B* gleichförmig erleuchtet.

Alles dies gilt jedoch nur für nicht sehr große Geschwindigkeiten der Scheibe, wenn nämlich das Licht, welches durch ein Loch in *S* nach *B* gegangen ist, bei seiner Rückkehr das Loch fast noch an derselben Stelle trifft und zum zweiten Male hindurch kommt. Denken Sie sich nun die Geschwindigkeit so weit gesteigert, dass das Licht bei seiner Rückkehr an der Stelle des Loches einen Zwischenraum vorfindet, so kann es nicht mehr zum Auge *O* hindurch. Man sieht dann den Spiegel *B* nur, wenn er kein Licht aussendet, sondern eben welches zu ihm hingeht; derselbe ist hingegen verdeckt, wenn Licht von ihm kommt. Der Spiegel wird also immer dunkel erscheinen.

Würde nun die Drehungsgeschwindigkeit noch weiter gesteigert, so könnte das durch ein Loch hindurchgegangene Licht bei seiner Rückkehr wohl nicht mehr dasselbe, dafür aber etwa das nächst- // 67 // folgende Loch antreffen und wieder zum Auge gelangen.

Es muss also bei fortwährend gesteigerter Rotationsgeschwindigkeit der Spiegel *B* abwechselnd hell und dunkel erscheinen. Offenbar kann man nun, wenn die Löcherzahl der Scheibe, die Umdrehungszahl in der Sekunde und der Weg *SB* bekannt ist, die Lichtgeschwindigkeit berechnen. Das Ergebnis stimmt mit dem Römer'schen.

Die Sache ist übrigens nicht ganz so einfach, wie ich sie dargestellt habe. Es muss dafür gesorgt werden, dass das Licht den meilenlangen Weg *SB* und zurück *BS* unzerstreut zurücklegt. Dies geschieht mit Hilfe von Fernrohren.

Sehen wir den Fizeau'schen Apparat etwas näher an, so finden wir in ihm einen alten Bekannten, die Disposition des Galilei'schen Versuches. *L* ist die Laterne, *A*, die rotierende durchlöcherte Scheibe, besorgt das regelmäßige Ab- und Zudecken derselben. Statt des ungeschickten Beobachters *B* finden wir den Spiegel *B*, der nun gewiss in dem Momente aufleuchtet, in welchem das Licht von *S* ankommt. Die Scheibe S, indem sie das rückkehrende Licht bald durchlässt, bald nicht, unterstützt nun den Beobachter *O*. Der Galilei'sche Versuch wird hier sozusagen unzählige Male in einer Sekunde ausgeführt, und das Gesamtergebnis lässt sich nun wirklich beobachten. Dürfte ich die Darwin'sche Theorie in diesem Gebiete anwenden, so würde ich sagen, der Fizeau'sche Apparat stammt von der Galilei'schen Laterne ab.

Eine noch feinere Methode zur Messung der Lichtgeschwindigkeit hat Foucault[6] angewandt, doch // 68 // würde uns die Beschreibung derselben hier zu weit führen.

Die Messung der Schallgeschwindigkeit gelingt nach der Galilei'schen Methode. Man hatte es also nicht nötig, sich weiter den Kopf zu zerbrechen. Der Gedanke aber, welcher durch die Not hervorgebracht war, griff nun Platz auch in diesem Gebiete.

---

6 [*] Jean Bernard Léon Foucault (1819–1868), französischer Physiker

KÖNIG[7] in Paris verfertigt einen Apparat zur Messung der Schallgeschwindigkeit, welcher an die FIZEAU'sche Methode erinnert. Die Vorrichtung ist sehr einfach. Sie besteht aus zwei elektrischen Schlagwerken, welche vollkommen gleichzeitig etwa Zehnteile von Sekunden schlagen. Stellt man beide Werke unmittelbar nebeneinander auf, so hört man überall, wo man auch stehen mag, die Schläge gleichzeitig. Stellt man sich aber neben dem einen Werke auf, und bringt das andere in größere Entfernung, so findet im Allgemeinen kein Zusammenfallen der Schläge mehr statt. Die entsprechenden Schläge des ferneren Werkes kommen durch den Schall später an. Es fällt z. B. der erste Schlag des ferneren Werkes unmittelbar nach dem ersten des nahen usw. Bei Vergrößerung der Distanz kann man es dahin bringen, dass wieder ein Zusammenfallen eintritt: Es fällt z. B. der erste Schlag des ferneren Werkes auf den zweiten des näheren, der zweite des ferneren auf den dritten des näheren usw. Schlagen nun die Werke Zehnteile von Sekunden, und man entfernt sie so lange, bis das erste Zusammenfallen der Schläge eintritt, so wird ihre Entfernung vom Schall offenbar in einem Zehnteil einer Sekunde zurückgelegt. // 69 //

Oft begegnen wir derselben Erscheinung wie hier, dass ein Gedanke Jahrhunderte braucht, um sich mühsam zu entwickeln; ist er aber einmal da, dann wuchert er sozusagen. Er macht sich's überall bequem, auch in solchen Köpfen, in welchen er niemals hätte wachsen können. Er ist einfach nicht mehr umzubringen.

Die Bestimmung der Lichtgeschwindigkeit ist nicht der einzige Fall, in welchem die unmittelbare Auffassung unserer Sinne zu langsam und schwerfällig wird. Das gewöhnliche Mittel, für die unmittelbare Beobachtung zu rasche Vorgänge zu studieren, besteht darin, dass man mit den zu untersuchenden Vorgängen andere bereits bekannte, ihrer Geschwindigkeit nach mit ihnen vergleichbare in Wechselwirkung setzt. Das Ergebnis ist meist sehr augenfällig und lässt auf die Art des noch unbekannten Vorganges schließen.

7 [*] Rudolph König (1832-1901), deutscher Akustiker

Die Fortpflanzungsgeschwindigkeit der Elektrizität lässt sich durch unmittelbares Beobachten nicht finden. WHEATSTONE[8] hat sie aber zu ermitteln versucht, indem er den elektrischen Funken in einem enorm rasch rotierenden Spiegel (von bekannter Geschwindigkeit) betrachtete.

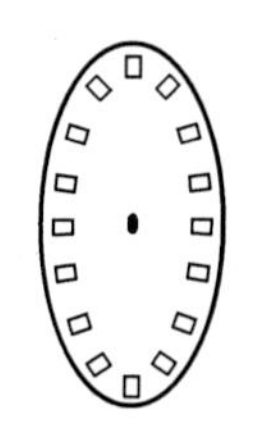

Fig. 17

Wenn man einen Stab irgendwie willkürlich hin- und herbewegt, so lässt die bloße Betrachtung nicht erkennen, wie schnell er sich in jedem Punkte seiner Bahn bewegt. Betrachten wir aber den Stab durch die Randlöcher einer rasch rotierenden Scheibe. Wir sehen dann den bewegten Stab nur in bestimmten Stellungen, wenn eben ein Loch vor dem Auge vorbeigeht. // 70 //

Die einzelnen Stabbilder verbleiben dem Auge einige Zeit. Wir meinen mehrere Stäbe zu sehen, etwa wie die unten folgende Zeichnung, Fig. 18, dies andeutet. Wenn nun die Löcher der Scheibe gleich weit abstehen und dieselbe gleichmäßig gedreht wurde, so sehen wir daraus deutlich, dass sich der Stab von *a* bis *b* langsam, schneller von *b* bis *c*, schneller von *c* bis *d*, am schnellsten von *d* bis *e* bewegt hat.

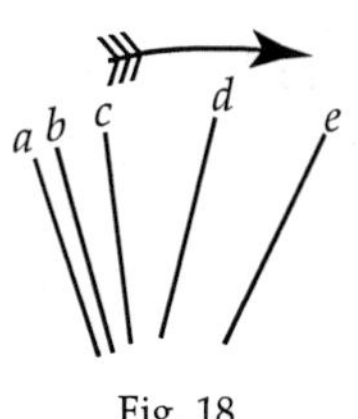

Fig. 18

Ein Wasserstrahl, der aus einem Gefäß ausfließt, erscheint ganz ruhig und gleichmäßig. Beleuchtet man ihn jedoch im Dunkeln nur momentan mit dem elektrischen Funken, so sieht man, dass der Strahl aus einzelnen Tropfen besteht. Indem diese Tropfen rasch fallen, verwischen sich ihre Bilder, und der Strahl erscheint gleichmäßig. Betrachten wir den Strahl durch die rotierende Scheibe. Die Scheibe würde so rasch gedreht, dass, während das zweite Loch an die Stelle des ersten tritt, auch der Tropfen 1 bis an die Stelle von 2, 2 an die Stelle von 3 usw. fällt. Dann sieht man immer an denselben Stellen Tropfen. Der Strahl scheint in Ruhe zu sein. Drehen wir nun die

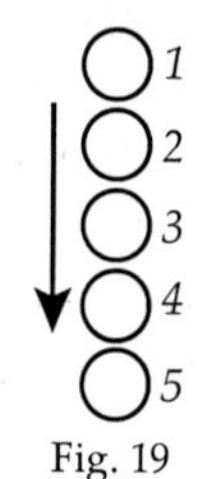

Fig. 19

8 [*] Sir Charles Wheatstone (1802-1875), britischer Physiker

Scheibe etwas langsamer, so wird, während das zweite Loch an die Stelle des ersten getreten ist, der Tropfen etwas unter 2, 2 etwas unter 3 gefallen sein usw. Wir werden durch jedes folgende Loch Tropfen an etwas tieferen Stellen sehen. Der Strahl erscheint langsam abwärts fließend.

Drehen wir nun aber die Scheibe schneller. // 71 // Dann kann, während das zweite Loch an die Stelle des ersten tritt, der Tropfen f nicht ganz an die Stelle von 2 gelangen, sondern wir finden ihn etwas über 2, 2 etwas über 3 usw. Wir sehen durch jedes folgende Loch Tropfen an etwas höheren Stellen. Es hat nun den Anschein, als ob der Strahl nach oben flösse, als ob die Tropfen aus dem unteren Gefäß in das obere aufsteigen würden.[9]

Sie merken, die Physik wird nach und nach furchtbar. Bald wird es der Physiker in seiner Macht haben, die Rolle des Krebses im Mohriner See zu spielen, die Kopisch[10] im folgenden Gedicht so schauerlich beschreibt.

Der große Krebs im Mohriner See

von Kopisch.

Die Stadt Mohrin hat immer acht,
Guckt in den See bei Tag und Nacht:
Kein gutes Christenkind erlebt's,
Dass los sich reißt der große Krebs!
Er ist im See mit Ketten geschlossen unten an,
Weil er dem ganzen Lande Verderben bringen kann!

Man sagt: er ist viel Meilen groß
Und wend't sich oft, und kommt er los,
So währt's nicht lang, er kommt ans Land,
Ihm leistet keiner Widerstand:
Und weil das Rückwärtsgehen bei Krebsen alter Brauch,
So muss dann alles mit ihm zurücke gehen auch.

9 Vgl. Artikel 10.

10 [*] August Kopisch (1799–1853), deutscher Dichter und Historienmaler

Das wird ein Rückwärtsgehen sein!
Steckt einer was ins Maul hinein,
So kehrt der Bissen, vor dem Kopf,
Zurück zum Teller und zum Topf!
Das Brot wird wieder zu Mehle, das Mehl wird wieder zu Korn –
Und alles hat beim Gehen den Rücken dann von vorn. // 72 //

Der Balken löst sich aus dem Haus
Und rauscht als Baum zum Wald hinaus;
Der Baum kriecht wieder in den Keim,
Der Ziegelstein wird wieder Leim,
Der Ochse wird zum Kalbe, das Kalb geht nach der Kuh,
Die Kuh wird auch zum Kalbe, so geht es immerzu!

Zur Blume kehrt zurück das Wachs,
Das Hemd am Leibe wird zu Flachs,
Der Flachs wird wieder blauer Lein
Und kriecht dann in den Acker ein.
Man sagt, beim Bürgermeister zuerst die Not beginnt,
Der wird von allen Leuten zuerst ein Päppelkind.

Dann muss der edle Rat daran,
Der wohlgewitzte Schreiber dann;
Die erbgesess'ne Bürgerschaft
Verliert gemach die Bürgerkraft.
Der Rektor in der Schule wird wie ein Schülerlein,
Kurz eines nach dem andern wird Kind und dumm und klein.

Und alles kehrt im Erdenschoß
Zurück zu Adams Erdenkloß.
Am längsten hält, was Flügel hat;
Doch wird zuletzt auch dieses matt:
Die Henne wird zum Küchlein, das Küchlein kriecht ins Ei,
Das schlägt der große Krebs dann mit seinem Schwanz entzwei!

Zum Glücke kommt's 'wohl nie soweit!
Noch blüht die Welt in Fröhlichkeit:
Die Obrigkeit hat wacker Acht,
Dass sich der Krebs nicht locker macht;
Auch für dies arme Liedchen wär' das ein schlechtes Glück:
Es lief vom Mund der Leute ins Tintenfass zurück.

Erlauben Sie mir nun einige allgemeine Betrachtungen. Sie haben schon bemerkt, dass einer ganzen Reihe von Apparaten zu verschiedenen Zwecken oft dasselbe Prinzip zu Grunde liegt. Häufig ist es eine ganz unscheinbare Idee, welche sehr fruchtbar wirkt // 73 // und in die physikalische Technik überall umgestaltend eingreift. Es ist hier eben nicht anders als im gewöhnlichen praktischen Leben.

Das Rad am Wagen erscheint uns ganz einfach und unbedeutend. Aber der Erfinder desselben war sicher ein Genie. Zufällig mochte vielleicht ein runder Baumstamm zu der Bemerkung geführt haben, wie leicht sich eine Last auf einer Walze fortbewegen lässt. Da scheint nun der Schritt von der einfach untergelegten Walze zur befestigten Walze, zum Rade, ein sehr bequemer. Uns freilich, da wir von Kindheit an das Rad kennen, scheint dies sehr leicht. Denken wir uns aber lebhaft in die Lage eines Menschen, der nie ein Rad gesehen hat, der erst das Rad erfinden soll, so werden wir anfangen, die Schwierigkeiten zu fühlen. Ja, es muss uns sogar zweifelhaft werden, ob ein Mensch dies zustande gebracht, ob nicht vielmehr Jahrhunderte nötig waren, um aus der Walze das erste Rad zu bilden.

Die Fortschrittsmänner, welche das erste Rad gebaut, nennt keine Geschichte, sie liegen weit hinaus über die historische Zeit. Keine Akademie hat sie gekrönt, kein Ingenieurverein zum Ehrenmitglied erwählt. Sie leben nur fort in den großartigen Wirkungen, die sie hervorgerufen. Nehmen Sie uns das Rad – und wenig wird von der Technik und Industrie der Neuzeit übrig bleiben. Es verschwindet alles. Vom Spinnrade bis zur Spinnfabrik, von der Drehbank bis zum Walzwerke, vom Schiebkarren bis zum Eisenbahnzuge, alles ist weg!

Dieselbe Bedeutung hat das Rad in der Wissenschaft. Die Drehapparate, als das einfachste Mittel, // 74 // rasche Bewegungen ohne bedeutende Ortsveränderung zu erzielen, spielen in allen Zweigen der Physik eine Rolle. Sie kennen WHEATSTONES rotierenden Spiegel, FIZEAUS gezahntes Rad, PLATEAUS durchlöcherte rotierende Scheiben usw. – Allen diesen Apparaten liegt dasselbe Prinzip zugrunde. Sie unterscheiden sich voneinander nicht mehr, als sich das Taschenmesser vom Messer des Anatomen, vom Messer des Winzers seinem Zweck nach unterscheiden muss. Fast dasselbe ließe sich über die Schraube sagen.

Es wird Ihnen wohl schon klar geworden sein, dass neue Gedanken nicht plötzlich entstehen. Die Gedanken bedürfen ihrer Zeit, zu keimen und zu wachsen, sich zu entwickeln wie jedes Naturwesen; denn der Mensch mit seinem Denken ist eben auch ein Stück Natur.

Langsam, allmählich und mühsam bildet sich ein Gedanke in den anderen um, wie es wahrscheinlich ist, dass eine Tierart allmählich in neue Arten übergeht. Viele Ideen erscheinen gleichzeitig. Sie kämpfen den Kampf ums Dasein nicht anders wie der Ichthyosaurus, der Brahmane und das Pferd.[11]

Wenige bleiben übrig, um sich rasch über alle Gebiete des Wissens auszubreiten, um sich abermals zu entwickeln, zu teilen und den Kampf von neuem zu beginnen. Wie manche längst überwundene, einer vergangenen Zeit angehörige Tierart noch fortlebt in abgelegenen Gegenden, wo sie von ihren Feinden nicht aufgestöbert werden konnte, // 75 // so finden wir auch längst überwundene Ideen noch fortlebend in manchen Köpfen. Wer sich genau beobachtet, muss gestehen, dass sich die Gedanken so hartnäckig um ihr Dasein wehren wie die Tiere. Wer möchte leugnen, dass manche überwundene Anschauungsweise noch lange in abseitigen Winkeln des Gehirnes fortspukt,

11 Vgl. Artikel 14.

die sich in die klaren Gedankenreihen nicht mehr hinauswagt? Welcher Forscher weiß nicht, dass er bei Umwandlung seiner Ideen den härtesten Kampf mit sich selbst zu bestehen hat?

Ähnliche Erscheinungen begegnen dem Naturforscher auf allen Wegen, in den unbedeutendsten Dingen. Was so ein rechter Naturforscher ist, der forscht überall, auch auf der Promenade, auch auf der Ringstraße. Wenn er nun nicht zu gelehrt ist, so bemerkt er, dass gewisse Dinge, wie etwa die Damenhüte, der Veränderung unterliegen. Ich habe über diesen Gegenstand keine besonderen Forschungen angestellt, aber eines ist mir erinnerlich, dass eine Form allmählich in die andere übergegangen. Man trug Hüte mit weit vorstehendem Rand. Tief darin, kaum mit einem Fernrohr erreichbar, lag das Antlitz der Schönen verborgen. Der Rand wurde immer kürzer, das Hütchen schrumpfte zur Ironie eines Hutes zusammen. Nun fängt oben ein mächtiges Dach an hervor zu wachsen und die Götter wissen, wie groß es noch werden soll. Es ist nicht anders bei den Damenhüten wie bei den Schmetterlingen, deren Formmannigfaltigkeit oft nur darauf beruht, dass ein kleiner Auswuchs am Flügel bei einer verwandten Art sich zu einem mächtigen Lappen entwickelt. Auch die Natur hat ihre Moden, sie währen // 76 // aber Jahrtausende. Ich könnte dies noch an manchem Beispiel, etwa an der Entstehung des Fracks, erläutern, wenn ich nicht fürchten müsste, dass meine Causerie zu ungemütlich wird.

Wir haben nun ein Stückchen Geschichte der Wissenschaft durchwandert! Was haben wir gelernt? Eine kleine, ich möchte sagen, unbedeutende Aufgabe, die Messung der Lichtgeschwindigkeit – und mehr als zwei Jahrhunderte haben an der Lösung derselben gearbeitet! – Drei der bedeutendsten Naturforscher, Galilei ein Italiener, Römer ein Däne und Fizeau ein Franzose, haben redlich die Mühe geteilt. Und so geht es bei unzähligen anderen Fragen. Wenn wir so die vielen Gedankenblüten betrachten, die alle welkend fallen müssen, bevor eine reift, dann lernen wir's erst recht verstehen, das ernste, aber wenig tröstliche Wort:

Viele sind berufen, aber wenige sind auserwählt.

So spricht jedes Blatt der Geschichte! Aber ist die Geschichte auch gerecht? Sind wirklich nur jene auserwählt, welche sie nennt? Haben die umsonst gelebt und gekämpft, die keinen Preis errungen?

Fast möcht' ich das bezweifeln. Jeder wird es bezweifeln, welcher die Gedankenqual der schlaflosen Nächte kennt, die, oft lange ohne Erfolg, endlich doch zum Ziele führt. Kein Gedanke wurde da umsonst gedacht, jeder, auch der unbedeutendste, der falsche sogar, der scheinbar unfruchtbarste diente dazu, den folgenden fruchtbaren vorzubereiten. Wie im Denken des Einzelnen nichts umsonst, so auch in jenem der Menschheit!

Galilei wollte die Lichtgeschwindigkeit messen. Er musste die Augen schließen, ohne dass es ihm gelungen war. Aber er hat wenigstens die Laterne gefunden, mit der es sein Nachfolger vermochte. Und so darf ich denn behaupten, dass wir alle, sofern wir nur wollen, an der künftigen Kultur arbeiten. Wenn wir nur alle das Rechte anstreben, alle sind wir dann berufen und alle sind wir auserwählt! // 78 //

6.
Wozu hat der Mensch zwei Augen?[1]

Wozu hat der Mensch zwei Augen?

Damit die schöne Symmetrie des Gesichtes nicht gestört werde, könnte vielleicht der Künstler antworten. Damit das zweite Auge einen Ersatz biete, wenn das erste verloren geht, sagt der vorsichtige Ökonom. Damit wir mit zwei Augen weinen können über die Sünden der Welt, meint der Frömmler. Das klingt eigentümlich. Sollten Sie aber mit dieser Frage gar an einen modernen Naturforscher geraten, so können Sie von Glück sagen, wenn Sie mit dem bloßen Schreck davonkommen. Entschuldigen Sie, mein Fräulein! spricht der mit strenger Miene, der Mensch hat seine Augen zu gar nichts; die Natur ist keine Person und daher auch nicht so ordinär, irgendwelche Zwecke zu verfolgen. Das ist noch nichts! Ich kannte einen Professor, der hielt seinen Schülern vor Entsetzen das Maul zu, wenn sie eine so unwissenschaftliche Frage stellen wollten.

Fragen Sie nun noch einen Toleranteren, fragen Sie mich. Ich weiß eigentlich nicht genau, wozu // 79 // der Mensch zwei Augen hat, ich glaube aber zum Teil auch dazu, dass ich Sie heute hier versammelt sehen, und mit Ihnen über dieses hübsche Thema sprechen kann.

Sie lächeln schon wieder ungläubig. Nun es ist dies schon eine jener Fragen, die hundert Weise zusammen nicht vollkommen zu beantworten vermögen. In der Tat, Sie haben bisher nur 5 Weise gehört und wollen gewiss von den übrigen 95 verschont bleiben. Dem ersten werden Sie einwenden, dass wir als Zyklopen einherschreitend uns ebenso hübsch ausnehmen würden; dem zweiten, dass wir nach seinem Prinzip noch besser 4 oder 8 Augen hätten und in dieser Hinsicht entschieden gegen die Spinnen zurückstehen; dem dritten, dass Sie nicht Lust haben zu weinen; dem vierten, dass das bloße Verbieten der Frage Ihre

1 Vortrag, gehalten zu Graz i. J. 1866.

Neugier mehr reizt als befriedigt, und um mich abzutun, sagen Sie, mein Vergnügen sei nicht so hoch anzuschlagen, um das Doppelauge bei allen Menschen seit dem Sündenfalle zu rechtfertigen. Weil Sie aber auch mit meiner kurzen und einleuchtenden Antwort nicht zufrieden sind, haben Sie sich die Folgen selbst zuzuschreiben. Sie müssen nun eine längere und gründlichere hören, so gut ich sie eben geben kann.

Da nun aber die naturwissenschaftliche Kirche einmal die Frage nach dem Wozu verbietet, so wollen wir, um ganz orthodox zu sein, so fragen: Der Mensch hat einmal zwei Augen; was kann er mit zwei Augen mehr sehen als mit einem?

——// 80 //

Erlauben Sie, dass ich Sie ein wenig spazieren führe! Wir befinden uns in einem Walde. Was ist es wohl, was den wirklichen Wald so vorteilhaft von einem noch so trefflich gemalten Walde unterscheidet, was ihn soviel reizender erscheinen lässt? Ist es die Lebendigkeit der Farben, die Licht-und Schattenverteilung? Ich glaube nicht. Es scheint mir im Gegenteil, als ob darin die Malerei sehr viel zu leisten vermöchte.

Die geschickte Hand des Malers kann uns mit einigen Pinselstrichen sehr plastische Gestalten vortäuschen. Noch mehr erreicht man mit Hilfe anderer Mittel. Photographien nach Reliefs sind so plastisch, dass man meint, die Erhöhungen und Vertiefungen greifen zu können. Eins aber vermag der Maler nie mit der Lebendigkeit: zu geben wie die Natur, – den Unterschied von nah und fern. Im wirklichen Walde sehen Sie deutlich, dass Sie einige Baumstämme greifen können, dass andere unerreichbar weit sind.

Das Bild des Malers ist starr. Das Bild des wirklichen Waldes ändert sich, wenn Sie die geringste Bewegung ausführen. Jetzt verbirgt sich ein Zweig hinter dem anderen. Jetzt tritt ein Baumstamm hervor, der durch den anderen verdeckt war.

Betrachten wir diesen Umstand etwas genauer. Wir bleiben zur Bequemlichkeit der Damen auf der Straße *I*, *II*. Rechts und links ist der Wald. Wenn wir bei *I* stehen, sehen wir etwa

3 Bäume (1, 2, 3) in einer Richtung, so dass der fernere immer durch den näheren gedeckt wird. So wie wir fortschreiten, ändert sich dies. Wir müssen von *II* aus nach dem fernsten Baume 3 nicht so weit umblicken als nach // 81 // dem näheren 2, und nach diesem wieder weniger als nach 1. Es scheinen also beim Fortschreiten die näheren Gegenstände gegen die ferneren zurückzubleiben, und zwar desto mehr, je näher sie sind. Sehr ferne Gegenstände, gegen welche man beim Fortgehen lange in fast derselben Richtung hinsehen muss, werden mitzugehen scheinen. So begleitet der Mond den Eisenbahnzug, welcher die Landschaft durchrast.

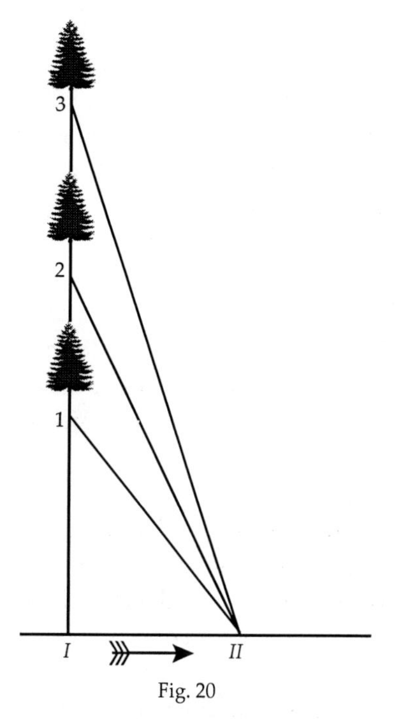

Fig. 20

Wenn wir nun irgendwo hinter einem Hügel zwei Baumwipfel hervorragen sehen, über deren Entfernung von uns wir im Unklaren sind, so können wir sehr leicht darüber entscheiden. Wir gehen nur einige Schritte etwa nach rechts, und welcher Wipfel nun mehr nach links zurückweicht, der ist der nähere. Ja, der Geometer könnte sogar aus der Größe des Zurückweichens die Entfernung bestimmen, ohne jemals zu den Bäumen hinzugelangen. Nichts anderes als die wissenschaftliche Ausbildung unserer Bemerkung ist es, welche das Messen der Entfernungen der Gestirne ermöglicht.

Also aus der Veränderung des Anblickes // 82 // beim Fortschreiten kann man die Entfernung der Gegenstände im Gesichtsfeld bemessen.

Streng genommen haben wir aber das Fortschreiten gar nicht nötig. Denn jeder Beobachter besteht eigentlich aus zwei Beobachtern. Der Mensch hat zwei Augen. Das rechte ist dem linken um einen kleinen Schritt nach rechts voraus. Beide Augen werden also verschiedene Bilder desselben Waldes erhalten. Das rechte Auge wird die näheren Bäume nach links verschoben sehen, und zwar desto mehr, je näher sie sind. Diese Verschiedenheit genügt, um die Entfernungen zu beurteilen.

In der Tat können Sie sich von folgenden Tatsachen leicht überzeugen:

1. Sie haben mit einem Auge (wenn Sie das andere schließen) ein sehr unsicheres Urteil über die Entfernung. Es gelingt Ihnen z. B. schwer, einen Stab durch einen vorgehaltenen Ring zu stecken, meist fahren Sie vor oder hinter demselben vorbei.

2. Sie sehen mit dem rechten Auge denselben Gegenstand anders als mit dem linken.

Stellen Sie einen Lampenschirm gerade vor sich auf den Tisch, mit der breiteren Seite nach unten, und betrachten Sie ihn von oben. Sie sehen mit dem rechten Auge das Bild 2, mit dem linken das Bild 1. – Stellen Sie hingegen den Schirm mit der weiteren Öffnung nach oben, so erhält das rechte Auge das Bild 4, das linke das Bild 3. Schon Euklid führt solche Bemerkungen an.

3. Endlich wissen Sie, dass mit beiden Augen die Entfernung leicht zu erkennen ist. Dies Er- // 83 // kennen muss also wohl aus der Zusammenwirkung der beiden Augen hervorgehen. In dem obigen Beispiele erscheinen uns die Öffnungen in den Bildern beider Augen gegeneinander verschoben, und diese Verschiebung genügt, um die eine Öffnung für näher zu halten als die andere.

Ich zweifle nicht daran, meine Damen, dass Sie schon sehr viele und feine Komplimente über Ihre Augen gehört haben, aber das hat Ihnen gewiss noch niemand gesagt, – ich weiß auch

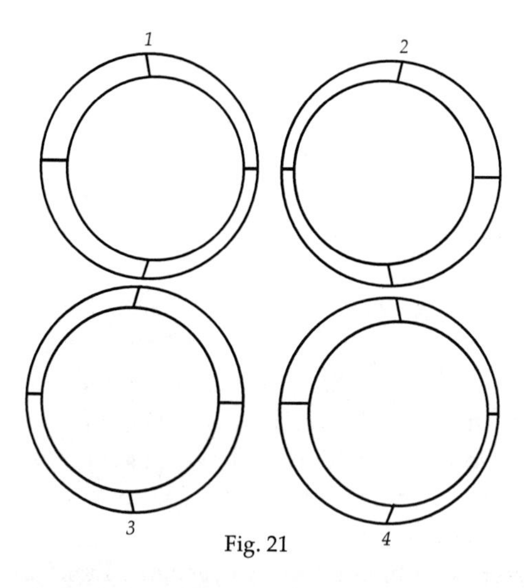

Fig. 21

nicht, ob es Ihnen schmeicheln wird – Sie haben in Ihren Augen, einerlei ob schwarz oder blau – kleine Geometer!

Sie wissen nichts davon? Ja, ich weiß eigentlich auch nichts. Aber es kann doch nicht gut anders // 84 // sein. Sie verstehen doch nicht viel von Geometrie? Ja, das geben Sie zu. Und mit Hilfe Ihrer beiden Augen messen Sie die Entfernungen? Das ist doch eine geometrische Aufgabe. Und die Auflösung dieser Aufgabe kennen Sie doch, denn Sie schätzen ja die Entfernungen. Wenn aber Sie die Aufgabe nicht lösen, so müssen das die kleinen Geometer in Ihren Augen heimlich tun, und Ihnen die Auflösung zuflüstern. Ich zweifle also nicht, dass es sehr flinke Kerlchen sind!

Was mich dabei wundert, bleibt nur, dass Sie von den Geometern nichts wissen. Vielleicht wissen aber auch die von Ihnen nichts. Vielleicht sind es so recht pünktliche Beamte, die sich um nichts kümmern als um ihr Bureau. Dann könnten wir aber die Herren ein wenig aufs Eis führen.

Bieten wir dem rechten Auge ein Bild, welches ganz so aussieht wie der Lampenschirm für das rechte Auge, und dem linken Auge ein Bild, welches aussieht wie der Lampenschirm für das linke Auge, so meinen wir in der Tat, den Lampenschirm körperlich vor uns zu sehen.

Sie kennen den Versuch! Wer Übung im Schielen hat, kann ihn gleich an der Figur anstellen, mit dem rechten Auge das rechte Bild, mit dem linken das linke Bild betrachten. In dieser Weise wurde das Experiment zuerst von Elliot[2] 1834 ausgeführt. Eine Vervollkommnung desselben ist das von Wheatstone[3] 1838 angegebene und von Brewster zu einem so populären und nützlichen Apparat umgestaltete Stereoskop.[4] // 85 //

Man kann sich durch das Stereoskop mit Hilfe der Photographie, indem man zwei Bilder desselben Gegenstandes von zwei verschiedenen Punkten (den beiden Augen entsprechend) aufnimmt, eine sehr klare räumliche Anschauung ferner Gegenden oder Gebäude verschaffen.

Das Stereoskop bietet aber noch mehr. Es kann Dinge zur Anschauung bringen, die man mit gleicher Klarheit an wirklichen Gegenständen nie sieht. Sie wissen, dass, wenn Sie beim Photographen nicht die gehörige Ruhe beobachten, Ihr Bildnis gleich einer indischen Gottheit mit mehreren Köpfen oder Armen ausgestattet erscheint, welche an jenen Stellen, wo sie sich überdecken, zuweilen beide mit gleicher Deutlichkeit erscheinen, so dass man das eine Bild durch das andere hindurchsieht. Wenn eine Person noch vor Beendigung der Aufnahme sich rasch entfernt, so erscheinen sofort auch die Gegenstände hinter derselben auf dem Bilde; die Person wird durchsichtig. Hierauf beruhen die photographischen Geistererscheinungen.

Man kann nun von dieser Bemerkung sehr nützliche Anwendungen machen. Wenn man eine Maschine z. B. stereoskopisch fotografiert und während der Operation einen Teil nach dem anderen entfernt (wobei natürlich die Aufnahme Unter-

---

2 [*] James Elliot, Mathematiklehrer in Edinburgh

3 [*] Sir Charles Wheatstone (1802-1875), britischer Physiker

4 Brewster, *The Stereoscope,* [*Its history, theory and construction, with its application to the fine and useful arts and to education*], London 1856. S. 18, 19, 56, 57.
[*] Sir David Brewster (1781-1868), schottischer Physiker

brechungen erleiden muss), so erhält man eine körperliche Durchsicht, in welcher auch das Ineinandergreifen sonst verdeckter Teile deutlich zur Anschauung kommt.[5]

Sie sehen, die Photographie macht riesige Fort- // 86 // schritte, und es ist große Gefahr, dass demnächst ein tückischer Photograph seine arglose Kundschaft in der Durchsicht mit allem, was das Herz birgt, und mit den geheimsten Gedanken aufnimmt. Welche Ruhe im Staate! Welch' reiche Ausbeute für die löbl. Polizei!

Durch die vereinigte Wirkung beider Augen gelangen wir also zur Kenntnis der Entfernungen und demnach auch der Körperformen. Erlauben Sie, dass ich noch andere hierher gehörige Erfahrungen bespreche, welche uns zum Verständnis gewisser Erscheinungen der Kulturgeschichte verhelfen werden.

Sie haben schon oft gehört und selbst bemerkt, dass fernere Gegenstände perspektivisch verkleinert erscheinen. In der Tat überzeugen Sie sich leicht, dass Sie das Bild eines wenige Schritte entfernten Menschen mit dem in geringer Entfernung vor dem Auge gehaltenen Finger verdecken können. Dennoch merken Sie gewöhnlich nichts von dieser Verkleinerung. Sie glauben im Gegenteil den Menschen am Ende des Saales ebenso groß zu sehen, wie in Ihrer unmittelbaren Nähe. Denn das Auge erkennt die Entfernung und schätzt dementsprechend fernere Gegenstände größer. Das Auge weiß sozusagen um die perspektivische Verkleinerung und lässt sich durch dieselbe nicht irreführen, auch wenn sein Besitzer nichts von derselben weiß. Wer versucht hat, nach der Natur zu zeichnen, hat die Schwierigkeit empfunden, welche diese übergroße Fertigkeit des Auges der perspektivischen Auffassung entgegensetzt. Erst wenn die Beurteilung der Entfernung unsicher // 87 // wird, wenn sie zu groß wird und das Maß abhanden kommt, oder wenn sie sich zu schnell ändert, tritt die Perspektive deutlich hervor.

5 Vgl. Artikel 9.

Wenn Sie auf einem rasch dahinbrausenden Eisenbahnzuge plötzlich Aussicht gewinnen, so sehen Sie wohl mitunter die Menschen auf einem Hügel als kleine zierliche Püppchen, weil Ihnen das Maß für die Entfernung fehlt. Die Steine am Eingang des Tunnels werden deutlich größer beim Einfahren, sie schrumpfen sichtlich zusammen beim Ausfahren.

Beide Augen wirken gewöhnlich zusammen. Da nun gewisse Ansichten sich sehr häufig wiederholen und immer zu ganz ähnlichen Entfernungsschätzungen führen, so müssen sich die Augen in der Auslegung eine besondere Fertigkeit erwerben. Diese Fertigkeit[6] wird wohl zuletzt so groß, dass auch schon ein Auge allein sich in der Auslegung versucht.

Erlauben Sie mir, dies durch ein Beispiel zu erläutern. Was kann Ihnen geläufiger sein, als die Fernsicht in eine Gasse? Wer hätte nicht schon erwartungsvoll mit beiden Augen in eine Gasse gesehen und die Tiefe derselben ermessen? Sie kommen nun in die Kunstausstellung und finden ein Bild, die Fernsicht in eine Gasse darstellend; der Künstler hat kein Lineal gespart, um die Perspektive richtig zu machen. Der Geometer in Ihrem linken Auge, der denkt: Ach, den Fall hab' ich ja schon hundertmal gerechnet, den weiß ich ja auswendig. Das ist eine Fernsicht in eine Gasse – // 88 // spricht er – da, wo die Häuser niedriger werden, ist das fernere Ende. Der Geometer im rechten Auge ist auch zu bequem, um seinen vielleicht mürrischen Kollegen zu fragen, und sagt dasselbe. Doch sofort erwacht wieder das Pflichtgefühl der pünktlichen Beamten, sie rechnen wirklich und finden, dass alle Punkte des Bildes gleich weit, d. h. auf e i n e m Blatt sind.

Was glauben Sie jetzt, die erste oder die zweite Aussage? Glauben Sie die erste, so sehen Sie deutlich eine Fernsicht, glauben Sie die zweite, so sehen Sie nichts als eine mit verzerrten Bildern bemalte Tafel.

Es scheint Ihnen Spaß, ein Bild zu betrachten und seine Perspektive zu verstehen. Und doch sind Jahrtausende vergangen,

6 Diese Fertigkeit ist durch die individuelle Erfahrung allein nicht erklärbar. Vgl. *„Analyse d. Empfindungen“*, 9. Aufl. 1922. S. 160 u. ff.

bevor die Menschheit diesen Spaß erlernt hat, und die meisten von Ihnen haben ihn erst durch die Erziehung erlernt.

Ich weiß mich sehr wohl zu erinnern, dass mir in einem Alter von etwa drei Jahren alle perspektivischen Zeichnungen als Zerrbilder der Gegenstände erschienen. Ich konnte nicht begreifen, warum der Maler den Tisch an der einen Seite so breit, an der andern so schmal dargestellt hat. Der wirkliche Tisch erschien mir ja am ferneren Ende ebenso breit als am näheren, weil mein Auge ohne mein Zutun rechnete. Dass aber das Bild des Tisches auf der Fläche nicht als bemalte Fläche zu sehen sei, sondern nur einen Tisch bedeute und ebenso in die Tiefe ausgelegt werden müsse, war ein Spaß, den ich nicht verstand. Ich tröste mich darüber, denn ganze Völker haben ihn auch nicht verstanden.

Es gibt naive Naturen, welche den Scheinmord auf der Bühne für einen wirklichen Mord, die Schein- // 89 // handlung für eine wirkliche Handlung halten, und welche den im Schauspiele Bedrängten entrüstet zu Hilfe eilen wollen. Andere können wieder nicht vergessen, dass die Kulissen nur gemalte Bäume sind, dass Richard III. bloß der Schauspieler M. ist, den sie schon öfter in Gesellschaft gesehen. Beide Fehler sind gleich groß.

Um ein Drama und ein Bild richtig zu betrachten, muss man wissen, dass beide Schein sind und etwas Wirkliches bedeuten. Es gehört dazu ein gewisses Übergewicht des geistigen inneren Lebens über das Sinnenleben, wobei das erstere durch den unmittelbaren Eindruck nicht mehr umgebracht wird. Es gehört dazu eine gewisse Freiheit, sich seinen Standpunkt selbst zu bestimmen, ein gewisser Humor, möchte ich sagen, der dem Kinde und jugendlichen Völkern entschieden fehlt.

Betrachten wir einige historische Tatsachen. Ich will nicht so gründlich sein, bei der Steinzeit zu beginnen, obgleich wir auch aus dieser Zeit Zeichnungen besitzen, die in der Perspektive sehr originell sind.

Wir betreten vielmehr die Grabhallen und Tempelruinen des alten Ägypten, die mit ihren zahllosen Reliefs und mit ihrer Farbenpracht den Jahrtausenden getrotzt haben. Ein reiches, buntes Leben geht uns hier auf. Wir finden die Ägypter in allen Verhältnissen des Lebens dargestellt. Was uns an diesen Bildern sofort auffällt, ist die Feinheit der technischen Ausführung. Die Konturen sind äußerst zart und scharf. Dagegen finden sich nur wenige grelle Farben ohne Mischung und Übergang. Der Schatten fehlt vollständig. Die Flächen sind gleichmäßig angestrichen. // 90 //

Schrecken erregend für das moderne Auge ist die Perspektive. Alle Figuren sind gleich groß, mit Ausnahme des Königs, der unverhältnismäßig vergrößert dargestellt wurde. Nahes und Fernes erscheint gleich groß. Eine perspektivische Verkürzung tritt nie ein. Ein Teich mit Wasservögeln wird in der Vertikalebene so dargestellt, als ob seine Wasserfläche wirklich vertikal wäre.

Die menschlichen Figuren sind so abgebildet, wie man sie nie sieht, die Beine von der Seite, das Gesicht im Profil. Die Brust liegt immer der ganzen Breite nach in der Zeichnungsebene. Der Kopf des Rindes erscheint im Profil, während die Hörner doch wieder in der Zeichnungsebene liegen. Das Prinzip, welches die Ägypter befolgten, ließe sich vielleicht am besten aussprechen, wenn man sagte: Die Figuren sind in die Zeichnungsebene gepresst wie die Pflanzen in einem Herbarium.

Die Sache erklärt sich einfach. Wenn die Ägypter gewohnt waren, mit beiden Augen unbefangen die Dinge zu betrachten, so konnte ihnen die Auslegung eines perspektivischen Bildes in den Raum nicht geläufig sein. Sie sahen alle Arme, Beine an den wirklichen Menschen in der natürlichen Länge. Die in die Ebene gepressten Figuren waren natürlich den Originalen in ihren Augen ähnlicher als perspektivische.

Man begreift dies noch besser, wenn man bedenkt, dass die Malerei aus dem Relief sich entwickelt hat. Die kleineren Unähnlichkeiten zwischen den gepressten Figuren und den Originalen mussten nach und nach allerdings zur perspektivischen Zeichnung hindrängen. Physiologisch ist die ägyptische // 91 // Malerei ebenso berechtigt als die Zeichnungen unserer Kinder es sind.

Einen kleinen Fortschritt gegen Ägypten bietet schon Assyrien. Die Reliefs, welche aus den Trümmerhügeln von Nimrod bei Mosul gewonnen wurden, sind im Ganzen den ägyptischen ähnlich. Sie sind uns vorzugsweise durch den verdienstvollen Layard[7] bekannt geworden.

In eine neue Phase tritt die Malerei bei den Chinesen. Dieselben haben ein entschiedenes Gefühl für Perspektive und für richtige Schattierung, ohne jedoch hierin sehr konsequent zu sein. Sie haben auch hier, wie es scheint, den Anfang gemacht, ohne weit zu kommen. Dem entspricht ihre Sprache, welche, wie jene der Kinder, sich noch nicht bis zur Grammatik entwickelt hat, oder welche vielmehr, nach moderner Auffassung, noch nicht bis zur Grammatik verfallen ist. Dem entspricht ihre Musik, die sich mit einer fünftönigen Leiter begnügt.

Die Wandgemälde zu Herculanum und Pompeji zeichnen sich nächst der Anmut der Zeichnung durch ein ausgesprochenes Gefühl für Perspektive und richtige Beleuchtung aus, doch sind sie durchaus nicht ängstlich in der Konstruktion. Auch hier finden wir Verkürzungen noch vermieden, und die Glieder werden dafür mitunter in eine unnatürliche Stellung gebracht, in welcher sie in ihrer ganzen Länge erscheinen. Häufiger zeigen sich Verkürzungen an bekleideten als an unbekleideten Figuren.

Das Verständnis dieser Erscheinungen ist mir zuerst an einigen einfachen Experimenten aufgegangen, welche lehren, wie verschieden man denselben Gegenstand je nach der willkürlichen Auf- // 92 // fassung sehen kann, wenn man einige Herrschaft über seine Sinne gewonnen hat.

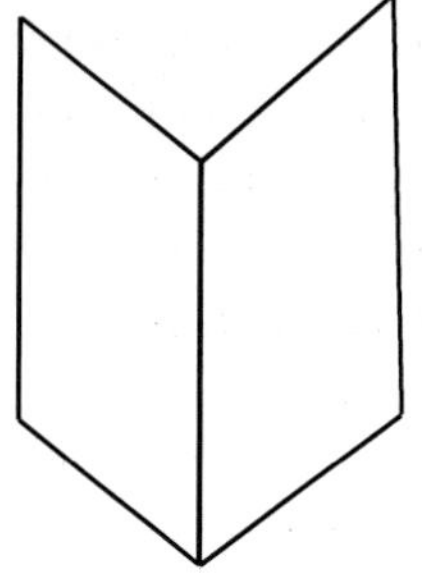

Fig. 22

Betrachten Sie die nebenstehende Zeichnung. Dieselbe kann ein geknick-

7 [*] Austen Henry Layard (1817–1894), erster britischer Amateur-Archäologe in Nimrud und Ninive, Schriftsteller, Abgeordneter und Diplomat

tes Blatt Papier vorstellen, welches Ihnen die hohle oder die erhabene Seite zukehrt. Sie können in dem einen und in dem anderen Sinne die Zeichnung auffassen, und sie wird Ihnen in beiden Fällen verschieden erscheinen.

Wenn Sie nun wirklich ein geknicktes Papier vor sich auf den Tisch stellen, mit der scharfen Kante Ihnen zugewandt, so können Sie bei der Betrachtung mit einem Auge das Blatt abwechselnd erhaben sehen, wie es wirklich ist, oder hohl. Dabei tritt nun eine merkwürdige Erscheinung auf. Wenn Sie das Blatt richtig sehen, hat weder die Beleuchtung noch die Form etwas Auffallendes. Sowie es umgebrochen erscheint, sehen Sie es perspektivisch verzerrt, das Licht und der Schatten erscheint viel heller, beziehungsweise dunkler, wie dick mit grellen Farben aufgetragen. Licht und Schatten sind nun unmotiviert; sie passen nicht mehr zur Körperform und werden viel auffallender.

Im gewöhnlichen Leben verwenden wir die Perspektive und Beleuchtung der gesehenen Gegenstände, um ihre Form und Lage zu erkennen. Wir bemerken dementsprechend die Lichter, Schatten und Verzerrungen nicht. Sie treten erst mit Macht ins Bewusstsein, wenn wir eine andere als die gewöhnliche räumliche Auslegung anwenden. Wenn man das ebene Bild einer Camera obscura betrachtet, erstaunt man über die Fülle der Lichter und die // 93 // Tiefe der Schatten, die man beide an den wirklichen Gegenständen kaum bemerkt.

In meiner frühesten Jugend erschienen mir alle Schatten und Lichter auf Bildern als unmotivierte Flecke. Als ich in früher Jugend zu zeichnen begann, hielt ich das Schattieren für eine bloße Manier. Ich porträtierte einmal den Herrn Pfarrer, einen Freund des Hauses, und schraffierte nicht aus Bedürfnis, sondern weil ich es an anderen Bildern so gesehen hatte, die Hälfte seines Gesichts ganz schwarz. Darob hatte ich eine harte Kritik von meiner Mutter zu bestehen, und mein tief verletzter Künstlerstolz ist wohl der Grund, dass mir diese Tatsachen so im Gedächtnis geblieben sind.

Sie sehen also, nicht bloß im Leben des Einzelnen, auch im Leben der Menschheit, in der Kulturgeschichte, erklärt sich manches aus der einfachen Tatsache, dass der Mensch zwei Augen hat.

Verändern Sie das Auge des Menschen, und Sie verändern seine Weltanschauung. Nachdem wir unsere näheren Verwandten, die Ägypter, Chinesen und Pfahlbauer besucht, sollen auch unsere fernen Verwandten, die Affen und andere Tiere nicht leer ausgehen. Wie ganz anders muss die Natur den Tieren erscheinen, welche mit wesentlich anderen Augen versehen sind als der Mensch, etwa den Insekten. Aber dies zur Anschauung zu bringen, darauf muss die Wissenschaft vorläufig verzichten, da wir die Wirkungsweise dieser Organe noch zu wenig kennen. Uns ist es schon ein Rätsel, wie den Menschen verwandteren Tieren die Natur entgegentritt, etwa den Vögeln, welche fast kein Ding // 94 // mit beiden Augen zugleich sehen, die im Gegenteil, weil die Augen zu beiden Seiten des Kopfes stehen, für jedes ein besonderes Gesichtsfeld haben.[8]

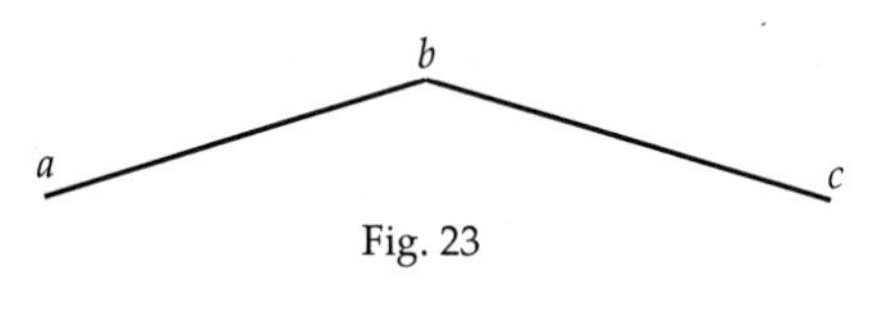

Fig. 23

Die Menschenseele ist eingesperrt in ihr Haus, in den Kopf; sie betrachtet sich die Natur durch ihre beiden Fenster, durch die Augen. Sie möchte nun gerne auch wissen, wie sich die Natur durch andere Fenster ansieht. Das scheint unerreichbar. Aber die Liebe zur Natur ist erfinderisch. Auch darin ist schon manches gelungen. Wenn ich einen Winkelspiegel vor mich hinstelle, welcher aus zwei wenig gegeneinander geneigten ebenen Spiegeln besteht, so sehe ich mein Gesicht zweimal. Im rechten Spiegel habe ich eine Ansicht von der rechten, im linken Spiegel eine Ansicht von der linken Seite. So sehe ich auch das Gesicht

8 Joh. Müller, *Vergleichende* [recte: *Zur vergleichenden*] *Physiologie des Gesichtssinnes* [*des Menschen und der Tiere, nebst einem Versuch über die Bewegungen der Augen und über den menschlichen Blick.*] Leipzig 1826, S. 99 u. ff.

einer vor mir stehenden Person mit dem rechten Auge mehr von rechts, mit dem linken mehr von links. Um aber von einem Gesicht so sehr verschiedene Ansichten zu erhalten wie in dem Winkelspiegel, müssten meine beiden Augen viel, viel weiter voneinander entfernt sein, als sie es wirklich sind.[9] Wenn ich nun mit dem rechten Auge auf das Bild im rechten Spiegel, mit dem linken auf das Bild im linken Spiegel schiele, so verhalte ich mich wie ein Riese mit ungeheurem // 95 // Kopf und weit abstehenden Augen. Dementsprechend ist der Eindruck, den mir mein Gesicht macht. Ich sehe es dann einfach und körperlich. Bei längerer Betrachtung wächst von Sekunde zu Sekunde das Relief, die Augenbrauen treten weit vor die Augen, die Nase scheint zu Schuhlänge anzuwachsen, der Schnurrbart tritt springbrunnenartig aus der Lippe hervor, die Zähne erscheinen unerreichbar weit hinter den Lippen. Das Schrecklichste bei der Erscheinung ist die Nase. Ich gedenke auf diesen einfachen Apparat ein Pivilegium zu nehmen und ihn der spanischen Regierung zur Verwendung in ihren Büros zu empfehlen.

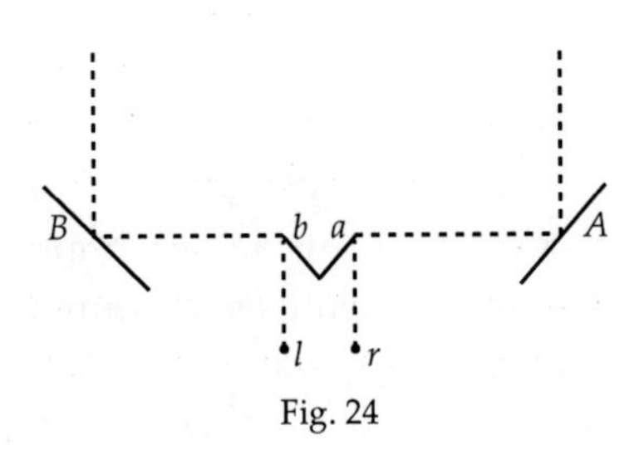

Fig. 24

Interessant in dieser Richtung ist das von HELMHOLTZ angegebene Telestereoskop. Man betrachtet eine Gegend, indem man mit dem rechten Auge durch den Spiegel a in den Spiegel *A* und mit dem linken durch *b* in den Spiegel *B* sieht. Die Spiegel *A* und *B* stehen weit voneinander ab. Man sieht wieder wie mit den weit abstehenden Augen eines Riesen. Alles erscheint verkleinert und genähert. Die fernen Berge sehen aus wie mit Moos bewachsene Steine, die zu ihren Füßen liegen. Dazwischen finden Sie das verkleinerte Modell einer Stadt, ein wahres Liliput. Sie möchten fast über den zarten Wald und die Stadt mit der Hand hinstreichen, wenn Sie nicht fürch-

9 Es wird hierbei angenommen, dass der Spiegel mir die hohle Seite zukehrt.

ten würden, dass Sie sich an den feinen nadelscharfen Turmspitzen stechen, oder dass dieselben knisternd abbrechen. Liliput ist keine Fabel, man //96// braucht nur SWIFFTS Augen, um dasselbe zu sehen, d. i. das Telestereoskop.

Denken Sie sich den umgekehrten Fall! Wir wären so klein, dass wir in einem Walde von Moos spazieren gehen könnten und unsere Augen wären entsprechend nahe aneinander. Die Moose würden uns baumartig erscheinen. Darauf kröche ungeheures, unförmliches, zuvor nie gesehenes Getier herum. Die Äste der Eiche aber, an deren Fuß der Mooswald liegt, den wir durchwandeln, erscheinen uns als unbewegliche, dunkle, verzweigte Wolken hoch an den Himmel gemalt, sowie etwa die Saturnbewohner ihren Ring sehen mögen. An den Stämmen des Mooswaldes finden wir mächtige durchsichtige, glänzende Kugeln von einigen Fuß im Durchmesser, die eigentümlich langsam im Winde wogen. Wir nähern uns neugierig und finden, dass diese Kugeln, in denen sich lustig einige Tiere herumtummeln, flüssig, dass sie Wasser sind. Noch eine unvorsichtige Berührung und – o weh-! – schon zieht eine unsichtbare Gewalt meinen Arm mächtig ins Innere der Kugel und hält mich unerbittlich fest! – Da hat einmal der Tautropfen mittels Kapillarität ein Menschlein aufgesogen, aus Rache dafür, dass der Mensch so viele Tropfen zum Frühstück aufsaugt. Du hättest auch wissen sollen, du kleines Naturforscherlein, dass bei der lumpig kleinen Masse, die du heute hast, mit der Kapillarität nicht zu spaßen ist.[10]

Der Schreck bei der Sache bringt mich zur Besinnung. Ich merke, dass ich zu idyllisch geworden //97// bin. Sie müssen mir verzeihen! Ein Stück Rasen, Moos- oder Erikawald mit seiner kleinen Bevölkerung hat für mich ungleich mehr Interesse als manches Stück Literatur mit seiner Vergötterung des Menschlichen. Hätte ich das Talent, Novellen zu schreiben, darin würde sicher nicht Hans und nicht Grete vorkommen. Auch an den Nil und in die Pharaonenzeit des alten Ägypten würde ich mein

10 Vgl. Artikel 10.

Paar nicht versetzen, obwohl schon eher als in die Gegenwart. Denn ich muss aufrichtig gestehen, ich hasse den historischen Schund, so interessant er als bloße Erscheinung ist, weil man ihn nicht bloß betrachten kann, weil man ihn auch fühlen muss, weil er uns mit höhnender Arroganz und unüberwunden entgegentritt.

Der Held meiner Novelle müsste ein Maikäfer sein, der sich im fünften Lebensjahre mit den neu gewachsenen Flügeln zum ersten Male frei in die Lüfte schwingt.[11] Es könnte in der Tat nicht schaden, wenn der Mensch seiner angeborenen und anerzogenen Beschränktheit dadurch zu Leibe ginge, dass er sich mit der Weltanschauung verwandter Wesen vertraut zu machen suchte. Er müsste dabei noch entschieden mehr gewinnen als der Kleinstädter, der, zum Weltumsegler geworden, die Anschauungen fremder Völker kennen gelernt hat.

Ich habe Sie nun auf mancherlei Wegen und Stegen so recht über Stock und Stein geführt, um Ihnen zu zeigen, wohin man überall durch konsequente Verfolgung einer einzigen naturwissenschaft- // 98 // lichen Tatsache gelangen kann. Die genauere Betrachtung der beiden Augen des Menschen hat uns nicht nur in das Kindesalter der Menschheit, sie hat uns auch über den Menschen hinausgeleitet.

Es ist Ihnen gewiss schon oft aufgefallen, dass man die Wissenschaften in zwei Klassen teilt, dass man die so genannten humanistischen, zur so genannten „höhern Bildung" gehörigen den Naturwissenschaften schroff gegenüberstellt.

Ich muss gestehen, ich glaube nicht an dieses Zweierlei der Wissenschaft. Ich glaube, dass diese Ansicht einer gereifteren Zeit ebenso naiv erscheinen wird, wie uns die Perspektivlosigkeit der ägyptischen Malerei. Sollte man wirklich aus einigen alten Töpfen und Pergamenten, die doch nur ein winziges Stückchen Natur sind, allein die „höhere Bildung" schöpfen,

11 Der Dichter der Maikäfer hat sich einstweilen gefunden. Vgl. J[oseph] V[iktor] Widmanns reizende „*Maikäferkomödie*". [Frauenfeld] 1897.

aus ihnen allein mehr lernen können als aus der ganzen übrigen Natur? Ich glaube, dass beide Wissenschaften nur Stücke derselben Wissenschaft sind, die an verschiedenen Enden begonnen haben. Wenn auch beide Enden noch als Montecchi und Capuletti sich gebärden, wenn sogar deren Diener aufeinander loshauen, so glaube ich, sie tun nur so spröde. Hier ist doch ein Romeo und dort eine Julia, welche hoffentlich mit minder tragischem Ausgang die beiden Häuser vereinigen werden.

Die Philologie hat mit der unbedingten Verehrung und Vergötterung der Griechen begonnen. Schon zieht sie andere Sprachen, andere Völker und deren Geschichte in den Bereich ihrer Untersuchungen; schon schließt sie, wenn auch noch vorsichtig, durch Vermittelung der vergleichenden Sprachforschung Freundschaft mit der Physiologie. // 99 //

Die Naturwissenschaft hat in der Hexenküche begonnen. Schon erstreckt sie sich über die organische und unorganische Welt, schon ragt sie mit der Physiologie der Sprachlaute, mit der Theorie der Sinne, wenn auch noch etwas naseweis, in das Gebiet des Geistigen hinein.

Kurz gesagt, wir lernen manches in uns nur verstehen durch den Blick nach außen, und umgekehrt. Jedes Objekt gehört beiden Wissenschaften an. Sie, meine Damen, sind gewiss sehr interessante und schwierige Probleme für den Psychologen. Sie sind aber auch recht hübsche Naturerscheinungen. Kirche und Staat sind Objekte des Historikers, nicht minder aber Naturerscheinungen, und zwar zum Teil recht sonderbare.

Wenn schon die historischen Wissenschaften den Blick erweitern, indem sie uns die Anschauungen verschiedener Völker vorführen, so tun dies in gewissem Sinne noch mehr die Naturwissenschaften. Indem sie den Menschen in dem All geradezu verschwinden lassen, geradezu vernichten, zwingen sie ihn, seinen unbefangenen Standpunkt außer sich zu nehmen, mit anderem als kleinbürgerlich menschlichem Maße zu messen.

Wenn Sie mich aber jetzt fragen würden: Wozu hat der Mensch zwei Augen? so müsste ich antworten: Damit er sich die Natur recht genau ansehe, damit er begreifen lerne, dass er selbst mit seinen richtigen und unrichtigen Ansichten, mit seiner *haute politique* bloß ein vergängliches Stück Naturerscheinung, dass er, mit Mephisto zu sprechen, ein Teil des Teils sei, und dass es gänzlich unbegründet,

> Wenn sich der Mensch, die kleine Narrenwelt,
> Gewöhnlich für ein Ganzes hält. // 100 //

7.
Die Symmetrie.[1]

Ein alter Philosoph meinte, die Leute, welche über die Natur des Mondes sich den Kopf zerbrechen, kämen ihm vor, wie Menschen, welche die Verfassung und Einrichtung einer fernen Stadt besprächen, von der sie doch kaum mehr als den bloßen Namen gehört haben. Der wahre Philosoph, sagt er, müsse seinen Blick nach Innen wenden, sich und seine Begriffe von Moral studieren, daraus würde er wirklichen Nutzen ziehen. Dieses alte Rezept, glücklich zu werden, ließe sich in die deutsche Philistersprache etwa so übersetzen: Bleibe im Lande und nähre dich redlich.

Wenn nun dieser Philosoph aufstehen und wieder unter uns wandeln könnte, so würde er sich wundern, wie ganz anders die Dinge heute liegen.

Die Bewegungen des Mondes und anderer Weltkörper sind genau bekannt. Die Kenntnis der Bewegungen unseres eigenen Körpers ist lange noch nicht so vollendet. Die Gebirge und Gegenden des Mondes sind in genauen Karten verzeichnet. Eben // 101 // fangen die Physiologen erst an, in den Gegenden unseres Hirns sich zurechtzufinden. Die chemische Beschaffenheit vieler Fixsterne ist bereits untersucht. Die chemischen Vorgänge des Tierkörpers sind viel kompliziertere und schwierigere Fragen. Die mécanique céleste ist da. Eine mécanique sociale oder eine mécanique morale von gleicher Zuverlässigkeit bleibt noch zu schreiben.

In der Tat, unser Philosoph würde eingestehen, dass wir Menschen Fortschritte gemacht haben. Allein wir haben sein Rezept nicht befolgt. Der Patient ist gesund geworden, er hat aber ungefähr das Gegenteil von dem getan, was der Herr Doktor verordnet hat.

Die Menschen sind nun von der ihnen entschieden widerratenen Reise in den Weltraum etwas klüger zurückgekehrt.

1 Vortrag, gehalten im deutschen Kasino zu Prag im Winter 1871.

Nachdem sie die einfachen großen Verhältnisse dort draußen im Reich kennen gelernt, fangen sie an, ihr kleines verzwacktes Ich mit kritischem Auge zu mustern. Es klingt absurd, ist aber wahr, nachdem wir über den Mond spekuliert, können wir an die Psychologie gehen. Wir mussten einfache und klare Ideen gewinnen, um uns in dem Komplizierten zurechtzufinden, und diese hat uns hauptsächlich die Astronomie verschafft.

Eine Schilderung der gewaltigen wissenschaftlichen Bewegung, welche, von der Naturwissenschaft ausgehend, sich in das Gebiet der Psychologie erstreckt, hier zu versuchen, wäre Vermessenheit. Ich will es nur wagen, Ihnen an einigen der einfachsten Beispiele zu zeigen, wie man, von den Erfahrungen der physischen Welt ausgehend, in das Gebiet der Psychologie und zwar zuerst in das // 102 // nächstliegende der Sinneswahrnehmung eindringen kann. Auch soll meine Ausführung keineswegs einen Maßstab für den Stand derartiger wissenschaftlicher Fragen abgeben.

Es ist eine bekannte Sache, dass manche Gegenstände gefällig erscheinen, andere nicht. Im allgemeinen gibt ein Produzieren nach einer bestimmten, konsequent festgehaltenen Regel etwas leidlich Hübsches. Wir sehen deshalb die Natur selbst, welche immer nach festen Regeln handelt, eine Menge solcher gefälliger Dinge hervorbringen. Täglich fallen dem Physiker in seinem Laboratorium die schönsten Schwingungsfiguren, Klangfiguren, Polarisationserscheinungen und Beugungsgestalten auf.

Eine Regel setzt immer eine Wiederholung voraus. Es spielt also die Wiederholung wohl eine Rolle im Angenehmen. Hiermit ist freilich das Wesen des Angenehmen nicht erschöpft. Die Wiederholung eines physikalischen Vorganges kann auch nur dann zur Quelle des Angenehmen werden, wenn sie mit einer Wiederholung der Empfindung verbunden ist.

Ein Beispiel dafür, dass Wiederholung der Empfindung angenehm sein kann, bietet das Schreibheft jedes Schuljungen, welches eine Fundgrube für dergleichen Dinge ist, und in der Tat nur eines Abbé Domenech[2] bedarf, um berühmt zu werden. Irgendeine noch so abgeschmackte Gestalt einige Male wiederholt und in eine Reihe gestellt, gibt immer ein leidliches Ornament.

Die angenehme Wirkung der Symmetrie beruht nun ebenfalls auf der Wiederholung der Emp- // 103 // findungen. Geben wir uns einen Augenblick diesem Gedanken hin, ohne zu glauben, dass wir damit das Wesen des Angenehmen oder gar des Schönen vollständig durchschauen.

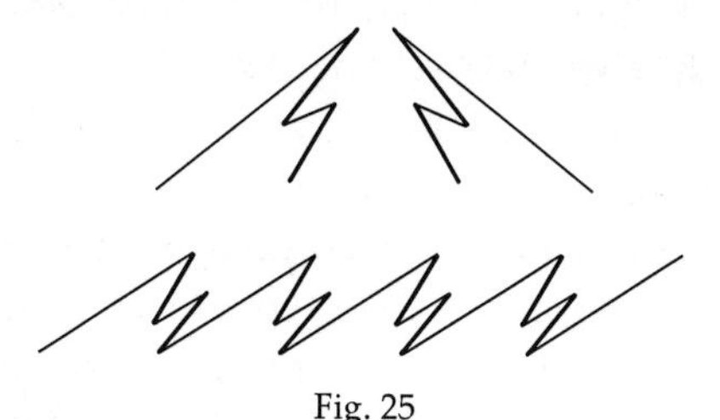

Fig. 25

Verschaffen wir uns zunächst eine deutlichere Vorstellung von der Symmetrie. Hierzu ziehe ich aber ein lebendiges Bild einer Definition vor. Sie wissen, dass das Spiegelbild eines Gegenstandes eine große Ähnlichkeit mit dem Gegenstande selbst hat. Alle Größenverhältnisse und Formen sind dieselben. Doch besteht zwischen dem Gegenstande und seinem Spiegelbild auch ein gewisser Unterschied.

Bringen Sie Ihre rechte Hand vor den Spiegel, so erblicken Sie in demselben eine linke Hand. Ihr rechter Handschuh ergänzt sich vor dem Spiegel zu einem Paare; denn Sie könnten nimmermehr das Spiegelbild zur Bekleidung der rechten, sondern nur der linken Hand benützen, wenn es Ihnen leibhaftig vorgelegt würde. Ebenso gibt Ihr rechtes Ohr als Spiegelbild ein linkes, und sehr leicht gelangen Sie zu der Einsicht, dass überhaupt die linke Körperhälfte als Spiegelbild der rechten gelten könnte. // 104 //

2 [*] Emmanuel-Henri-Dieudonné Domenech (1826-1886), französischer Abt, Missionar und Autor

So wie nun an die Stelle eines fehlenden rechten Ohres niemals ein linkes gesetzt werden könnte, man müsste denn, das Ohrläppchen nach oben oder die Öffnung der Ohrmuschel nach hinten gekehrt, das Ohr ansetzen; so kann auch trotz aller Formengleichheit das Spiegelbild eines Gegenstandes nicht den Gegenstand vertreten.[3]

Diese Verschiedenheit von Gegenstand und Spiegelbild hat einen einfachen Grund. Das Bild erscheint so weit hinter dem Spiegel, als der Gegenstand sich vor dem Spiegel befindet. Die Teile des Gegenstandes, welche gegen den Spiegel hin rücken, werden also auch im Bilde näher an die Spiegelebene heranrücken. Dadurch wird aber die Folge, die Ordnung der Teile im Spiegelbilde umgekehrt, wie man am besten an dem Bilde eines Uhrzifferblattes oder einer Schrift sieht.

Man kann nun leicht bemerken, dass, wenn man einen Punkt des Gegenstandes mit dem Spiegelbild desselben Punktes verbindet, diese Verbindungslinie senkrecht zum Spiegel ausfällt und durch denselben halbiert wird. Dies gilt für alle entsprechenden Punkte von Gegenstand und Spiegelbild.

Wenn man nun einen Gegenstand durch eine Ebene so in zwei Hälften zerlegen kann, dass jede Hälfte das Spiegelbild der anderen in der spiegelnden Teilungsebene sein könnte, so nennt man diesen Gegenstand symmetrisch und die erwähnte Teilungsebene die Symmetrieebene.

Ist die Symmetrieebene vertikal, so kann man // 105 // sagen, der Körper sei von vertikaler Symmetrie. Ein Beispiel dafür ist ein gotischer Dom.

Ist die Symmetrieebene horizontal, so wollen wir den betreffenden Gegenstand horizontal symmetrisch nennen. Eine Landschaft an einem See nebst ihrem Spiegelbilde in dem See ist ein System von horizontaler Symmetrie.

---

3 Kant hat zu einem anderen Zwecke (*Prolegomena zu einer jeden künftigen Metaphysik,* [*die als Wissenschaft wird auftreten können,* 1783]) auf diesen Fall hingewiesen.

Hier zeigt sich nun sofort ein bemerkenswerter Unterschied. Die vertikale Symmetrie eines gotischen Domes fällt uns sofort auf, während man am Rhein auf und ab reisen kann, ohne die Symmetrie zwischen Bild und Gegenstand recht gewahr zu werden. Die Vertikalsymmetrie ist gefällig, während die Horizontalsymmetrie gleichgültig ist, und nur von dem erfahrenen Auge bemerkt wird.

Woher kommt dieser Unterschied? Ich sage daher, dass die Vertikalsymmetrie eine Wiederholung derselben Empfindung bedingt, die Horizontalsymmetrie aber nicht. Dass dem so sei, will ich sofort nachweisen.

Betrachten wir folgende Buchstaben:

d b

q p

Es ist eine Müttern und Lehrern bekannte Tatsache, dass Kinder bei ihren ersten Schreib- und Leseversuchen d und b, ebenso q und p fort und fort verwechseln, nie hingegen d und q oder b und p. Nun sind d und b ebenso wie q und p die beiden Hälften einer vertikal symmetrischen, hingegen d und q, sowie b und p die beiden Hälften einer horizontal symmetrischen Figur. Zwischen den ersteren tritt Verwechslung ein, was nur zwischen // 106 // solchen Dingen möglich ist, welche gleiche oder ähnliche Empfindungen erregen.

Man findet häufig Figuren zur Garten- oder Salonverzierung, zwei Blumenträgerinnen, von welchen die eine in der rechten, die andere in der linken Hand den Blumenkorb trägt. Wenn man nun nicht sehr aufmerksam ist, verwechselt man diese Figuren fortwährend miteinander.

Während man die Umkehrung von rechts nach links meist gar nicht merkt, verhält sich das Auge nicht so gleichgültig gegen eine Umkehrung von oben nach unten. Ein von oben nach unten umgekehrtes menschliches Gesicht ist kaum als solches wieder zu erkennen und hat etwas durchaus Fremdes. Dies liegt nicht nur in der Ungewohnheit des Anblickes, denn es ist ebenso schwer, eine umgekehrte Arabeske, bei welcher die Gewohnheit gar nichts zu sagen hat, wieder zu erkennen. Hierauf beruhen die bekannten Scherze, welche man sich mit den Porträts unbeliebter Persönlichkeiten erlaubt, die man so zeichnet, dass bei aufrechter Stellung dieses Blattes sich ein getreues Konterfei, bei Umkehrung desselben aber irgendein populäres Tier präsentiert.

Es ist also Tatsache, die beiden Hälften einer vertikal symmetrischen Figur werden sehr leicht miteinander verwechselt und bedingen also wahrscheinlich sehr ähnliche Empfindungen. Es handelt sich also darum, anzugeben, warum die beiden Hälften einer vertikal symmetrischen Figur gleiche oder ähnliche Empfindungen hervorbringen. Die Antwort darauf ist die: Weil unser Sehapparat, bestehend aus zwei Augen, selbst vertikal symmetrisch ist. // 107 //

So ähnlich ein Auge auch äußerlich dem anderen ist, so sind sie doch nicht gleich. Das rechte Auge des Menschen kann die Stelle des linken nicht vertreten, sowenig wie wir unsere beiden Ohren oder Hände vertauschen können. Man kann künstlich die Rolle der beiden Augen vertauschen und befindet sich dann sofort in einer neuen ganz ungewohnten Welt. Alles Erhabene erscheint uns dann hohl und alles Hohle erhaben, das Fernere näher, das Nähere ferner usw.

Das linke Auge ist das Spiegelbild des rechten, und namentlich ist die Licht empfindende Netzhaut des linken Auges in allen ihren organischen Einrichtungen ein Spiegelbild der rechten Netzhaut.

Die Linse des Auges entwirft wie eine laterna magica ein Bild der Gegenstände auf der Netzhaut. Und Sie können sich nun die Licht empfindende Netzhaut mit ihren unzähligen Nerven wie eine Hand mit unzähligen Fingern denken, bestimmt, das Lichtbild zu tasten. Die Nervenenden sind nun wie die Finger verschieden. Die beiden Netzhäute verhalten sich wie eine rechte und linke tastende Hand.

Denken Sie sich etwa die rechte Hälfte eines T hier: Γ. Statt der beiden Netzhäute, auf welche beide dieses Bild fällt, denken Sie sich meine beiden ausgestreckten tastenden Hände. Das Γ mit der rechten Hand angefasst, gibt nun eine andere Empfindung, als mit der linken Hand gefasst, denn es kommt auch auf die tastenden Stellen an. Kehren wir nun dieses Zeichen von rechts nach links um (⅂) so gibt es nun dieselbe Empfindung in der linken Hand, die es früher in der rechten gab. Es wiederholt sich die Empfindung. // 108 //

Nehmen wir ein ganzes T, so löst die rechte Hälfte in der rechten Hand dieselbe Empfindung aus, welche die linke Hälfte in der linken Hand auslöst und umgekehrt.

Die symmetrische Figur gibt dieselbe Empfindung zweimal.

Stürze ich das T so: ⊢ oder kehre ich das halbe T nun etwa so: L, so kann ich, solange ich die Lage meiner Hände nicht wesentlich verändere, diese Betrachtung nicht mehr anwenden.

Die Netzhäute sind in der Tat ganz wie meine beiden Hände. Auch sie haben eine Art Daumen, wenngleich zu Tausenden und Zeigefinger, wenngleich wieder zu Tausenden, sagen wir etwa die Daumen nach der Nasen-, die übrigen Finger nach der Außenseite zu.

Ich hoffe, Ihnen hiermit vollständig klargemacht zu haben, wie die gefällige Wirkung der Symmetrie auf Wiederholung der Empfindung beruht, und wie ferner diese Wirkung bei symmetrischen Gestalten auch nur da eintritt, wo es eine Wiederholung der Empfindung gibt. Die angenehme Wirkung regelmäßiger Gestalten, der Vorzug, welcher den geraden Linien, namentlich den vertikalen und horizontalen vor beliebigen anderen eingeräumt wird, beruht auf einem ähnlichen Grunde. Die gerade Linie kann in horizontaler und in vertikaler Lage auf beiden Netzhäuten dasselbe Bild entwerfen, welches zudem auf einander symmetrisch entsprechende Stellen fällt. Hierauf beruht, wie es scheint, der psychologische Vorzug der Geraden vor der Krummen und nicht etwa auf der Eigenschaft, die Kürzeste zwischen zwei Punkten zu sein. Die Gerade wird, um es // 109 // kurz zu sagen, als symmetrisch zu sich selbst empfunden, sowie die Ebene. Das Krumme empfinden wir als Abweichung vom Geraden, als Abweichung von der Symmetrie.[4] Wenn nun auch von Geburt Einäugige ein gewisses Gefühl für Symmetrie haben, so ist dies allerdings ein Rätsel. Freilich kann das optische Symmetriegefühl, wenn auch zunächst durch die Augen erworben, nicht auf diese beschränkt bleiben. Es muss sich wohl auch noch in anderen Teilen des Organismus durch mehrtausendjährige Übung des Menschengeschlechtes festsetzen, und kann dann nicht mit dem Verlust des einen Auges sofort wieder verschwinden.

Alles das gründet sich aber doch im Ganzen, wie es scheint, auf die eigentümliche Struktur unserer Augen. Man sieht leicht ein, dass unsere Vorstellungen von schön und unschön sofort eine Veränderung erfahren müssten, wenn unsere Augen anders würden. Ist die ganze Betrachtung richtig, so wird man notwendig an dem so genannten ewig Schönen etwas irre. Es ist dann kaum zu glauben, dass die Kultur, welche dem Menschenleib ihren unverkennbaren Stempel aufprägt, nicht auch die Vorstellungen vom Schönen ändern sollte. Musste doch ehedem alles musikalisch Schöne sich in // 110 // dem engen Rahmen einer fünftönigen Leiter entwickeln.

Die Erscheinung, dass Wiederholung der Empfindungen angenehm wirkt, beschränkt sich nicht auf das Sichtbare. Der Musiker und Physiker wissen heute beide, dass die harmonische oder melodische Hinzufügung eines Klanges zu einem anderen dann angenehm berührt, wenn der neu hinzugefügte Klang einen Teil der Empfindung wiedergibt, welche der frühere erregt. Wenn ich zum Grundtone die Oktave hinzufüge, so höre ich in der Oktave einen Teil dessen, was im Grundtone zu hören ist. Dies hier genauer auszuführen, ist jedoch nicht mein Zweck. Wir wollen uns vielmehr für heute die Frage vorlegen, ob etwas

4 Der Umstand, dass man den ersten und zweiten Differentialquotienten einer Kurve unmittelbar sieht, die höheren aber nicht, erklärt sich einfach. Der erste gibt die Lage der Tangente, die Abweichung der Geraden von der Symmetrielage, der zweite die Abweichung der Kurve von den Geraden. — Es ist vielleicht nicht unnütz, hier zu bemerken, dass die gewöhnliche Prüfung des Lineals und ebener Platten (durch umgekehrtes Anlegen) in der Tat die Abweichung von der Symmetrie zu sich selbst ermittelt.

Ähnliches wie die Symmetrie der Gestalten nicht auch im Reiche der Töne vorkommt.

Betrachten Sie ein Klavier im Spiegel.

Sie werden leicht bemerken, dass Sie ein solches Klavier in Wirklichkeit noch nicht gesehen haben, denn es hat seine hohen Töne links, seine tiefen rechts. Ein solches Klavier wird nicht gebaut.

Wenn Sie nun an ein solches Spiegelklavier hintreten und in Ihrer gewöhnlichen Weise spielen wollten, so würde offenbar jeder Tonschritt, den Sie nach oben auszuführen meinen, ein ebenso großer Tonschritt nach unten sein. Der Effekt wäre nicht wenig überraschend.

Für den geübten Musiker, welcher gewöhnt ist, beim Anschlag bestimmter Tasten auch bestimmte Töne zu vernehmen, ist es schon ein sehr frappantes Schauspiel, dem Spieler im Spiegel zuzusehen und // 111 // zu beobachten, wie er gerade immer das Gegenteil von dem tut, was man hört.

Noch merkwürdiger aber wäre der Effekt, wenn Sie versuchen würden, auf dem Spiegelklavier eine Harmonie anzuschlagen. Für die Melodie ist es nicht einerlei, ob ich einen Tonschritt hinauf oder den gleichen hinab ausführe. Für die Harmonie kann ein so großer Unterschied durch die Umkehrung nicht entstehen. Ich behalte immer die gleiche Konsonanz, ob ich zu einem Grundton eine Ober- oder Unterterz hinzufüge. Nur die Ordnung der Intervalle einer Harmonie wird umgekehrt.

In der Tat, wenn wir auf dem Spiegelklavier einen Gang in Dur ausführen, vernehmen wir einen Klang in Moll und umgekehrt.

Es handelt sich nun darum, die besprochenen Experimente auszuführen. Statt nun auf dem Klavier im Spiegel zu spielen, was unmöglich ist, oder statt uns ein solches Klavier bauen zu lassen, was ziemlich kostspielig wäre, können wir unsere Versuche einfacher auf folgende Art anstellen:

1 . Wir spielen auf unserem gewöhnlichen Klavier, sehen in den Spiegel und spielen auf demselben Klavier nochmals, was

wir in dem Spiegel gesehen haben. Dadurch verwandeln wir alle Tonschritte nach oben in gleich große Tonschritte nach unten. Wir spielen einen Satz und dann den in Bezug auf die Tastatur symmetrischen Satz.

2. Wir legen unter das Notenblatt einen Spiegel, in welchem sich die Noten wie in einer Wasserfläche abbilden, und spielen aus dem Spiegel. Dadurch werden ebenfalls alle Schritte nach oben in gleich große Schritte nach unten umgekehrt. // 112 //

3. Wir kehren das Notenblatt um und lesen von rechts nach links und von unten nach oben. Hierbei haben wir alle Kreuze als b und alle b als Kreuze anzusehen, weil sie halben Linien und Zwischenräumen entsprechen. Außerdem kann man bei Verwendung des Notenblattes nur den Bassschlüssel gebrauchen, weil in diesem allein die Tonschritte bei der symmetrischen Umkehrung nicht verändert werden.

Aus den in der Notenbeilage S. 113 folgenden Beispielen können Sie den Effekt dieser Experimente entnehmen. Die obere Zeile enthält den einen, die untere Zeile den symmetrisch umgekehrten Satz.

Die Wirkung unseres Verfahrens lässt sich kurz bezeichnen. Die Melodie wird unkenntlich, die Harmonie erfährt eine Transposition aus Dur in Moll oder umgekehrt. Das Studium dieser interessanten Tatsache, welche den Physikern und Musikern bekannt ist, wurde in neuester Zeit wieder durch V. Öttingen angeregt.[5]

Obgleich ich nun in allen obigen Beispielen die Schritte nach oben in gleich große nach unten verkehrt, also wie man mit Recht sagen kann, zu jedem Satz den symmetrischen ausgeführt habe, so merkt das Ohr doch wenig oder nichts von Symmetrie. Die Umkehrung aus Dur in Moll ist die einzige Andeutung der Symmetrie, welche übrig bleibt. Die Symmetrie ist da für

5 A. v. Öttingen, *Harmoniesystem in dualer Entwicklung,* [*Studien zur Theorie der Musik*] Dorpat [und Leipzig] 1866.
[*] Arthur von Öttingen (1836-1920), deutsch-baltischer Physiker und Musiktheoretiker

7. Die Symmetrie

den Verstand, sie fehlt für die Empfindung. Für das Ohr gibt es keine Symmetrie, weil eine Umkehrung der Tonschritte // 113 // [siehe das Notenbeispiel auf der vorangehenden Seite] // 114 // keine Wiederholung der Empfindung bedingt. Hätten wir ein Ohr für die Höhe und eines für die Tiefe, wie wir ein Auge für rechts und eines für links haben, so würden sich auch symmetrische Tongebilde hierzu finden. Der Gegensatz von Dur und Moll beim Ohr entspricht einer Umkehrung von oben nach unten beim Auge, welche auch nur für den Verstand Symmetrie ist, aber nicht als solche empfunden wird.

Zur Vervollständigung des Ganzen will ich für den mathematisch unterrichteten Teil meiner verehrten Zuhörer noch eine kurze Bemerkung hinzufügen.

Unsere Notenschrift ist im Wesentlichen eine graphische Darstellung des Musikstückes in Form von Kurven, wobei die Zeit als Abszisse, der Logarithmus der Schwingungszahl als Ordinate aufgetragen wird. Die Abweichungen der Notenschrift von diesem Prinzip sind nur solche, welche entweder die Übersicht erleichtern, oder einen historischen Grund haben.

Wenn man nun noch bemerkt, dass auch die Empfindung der Tonhöhe proportional geht dem Logarithmus der Schwingungszahl, sowie dass die Tastenabstände den Differenzen der Logarithmen der Schwingungszahlen entsprechen: so liegt darin die Berechtigung, die im Spiegel gelesenen Harmonien und Melodien in gewissem Sinne symmetrisch zu den Originalen zu nennen.

Ich wollte Ihnen durch diese höchst fragmentarische Auseinandersetzung nur zu Gemüte führen, dass die Fortschritte der Naturwissenschaften für // 115 // jene Teile der Psychologie, die es nicht verschmäht haben, sich mit denselben in Beziehung zu setzen, nicht ohne Nutzen geblieben sind. Dafür fängt aber auch die Psychologie an, die mächtigen Anregungen, welche sie von der Naturwissenschaft erhalten hat, gleichsam wie zum Danke zurückzugeben.

Jene Theorien der Physik, welche alle Erscheinungen auf Bewegung und Gleichgewicht kleinster Teile zurückführen, die so genannten Molekulartheorien, sind durch die Fortschritte der Theorie der Sinne und des Raumes bereits etwas ins Schwanken geraten, und man kann sagen, dass ihre Tage gezählt seien.

Ich habe anderwärts zu zeigen versucht, dass die Tonreihe nichts weiter sei, als eine Art Raum, jedoch von einer einzigen (und zwar einseitigen) Dimension. Wenn nun jemand, der bloß hören würde, versuchen wollte, sich eine Weltanschauung in seinem linearen Raume zu entwickeln, so würde er damit beträchtlich zu kurz kommen, indem sein Raum nicht imstande wäre, die Vielseitigkeit der wirklichen Beziehungen zu fassen. Es ist aber nicht mehr berechtigt, wenn wir meinen, die gesamte Welt, auch soweit sie nicht gesehen werden kann, in den Raum unseres Auges pressen zu können. In diesem Falle befinden sich aber sämtliche Molekulartheorien. Wir besitzen einen Sinn, welcher in Bezug auf die Vielseitigkeit der Beziehungen, welche er fassen kann, reicher ist, als jeder andere. Es ist unser Verstand. Dieser steht über den Sinnen. Er allein ist imstande, eine dauerhafte und ausreichende Weltanschauung zu begründen. Die mechanische Weltanschauung hat seit GALILEI Gewaltiges geleistet. Doch wird sie // 116 // jetzt einem freieren Blicke Platz machen müssen.[6] Das hier weiter auszuführen, kann nicht meine Absicht sein.

Ich wollte Ihnen nur einen anderen Punkt klar machen. Jene Weisung unseres zitierten Philosophen, sich auf das Nächstliegende und Nützliche beim Forschen zu beschränken, welche in dem heutigen Ruf der Forscher nach Selbstbeschränkung und Teilung der Arbeit einigermaßen einen Widerklang findet – es ist nicht immer an der Zeit, sie zu befolgen. Wir quälen uns in unserer Stube vergebens ab, ein Werk zustande zu bringen, und die Mittel, es zu vollenden, liegen vielleicht vor der Türe.

---

6 Dieser wird von selbst dazu führen, dass man die Abhängigkeit der Naturerscheinungen voneinander statt räumlich und zeitlich durch bloße Zahlenbeziehungen ausdrücken wird. — Vgl. meine Note [*Bemerkungen über die Entwicklung der Raumvorstellungen*] in Fichtes Zeitschrift für Philosophie [Bd.49] 1866, [227-232] . Vgl. auch Artikel 13.

Muss der Forscher schon ein Schuster sein, der nur an seinem Leisten klopft, so darf er doch vielleicht ein Schuster sein wie HANS SACHS[7], der es nicht verschmäht, nach des Nachbars Werk zu sehen, und darüber seine Glossen zu machen. Dies zu meiner Entschuldigung, wenn ich mir für heute erlaubt, über meinen Leisten hinweg zu sehen.[8] // 117 //

7 [*] Hans Sachs (1494-1576) deutscher Spruchdichter und Dramatiker

8 Weitere Ausführungen über die hier besprochenen Probleme finden sich in meiner Schrift: „Beiträge zur Analyse der Empfindungen". Jena 1885. 9. Aufl. 1922. Auch J[acques] P. [recte: Louis] Soret, „*Sur* [recte: *Des conditions physiques de*] *la perception du beau*" (Genève 1892), betrachtet die Wiederholung als ein Prinzip der Ästhetik. *Sorets* Ausführungen über Ästhetik sind weitläufiger als die meinigen. In Bezug auf die psychologische und physiologische Begründung des Prinzips glaube ich jedoch tiefer gegangen zu sein. — Zum ersten Mal wurden die hier dargelegten Gedanken ausgesprochen in dem folgenden Artikel 8.

8.
Bemerkungen zur Lehre vom räumlichen Sehen.[1]

Nach HERBART[2] beruht das räumliche Sehen auf Reproduktionsreihen. Natürlich sind hierbei, wenn dies richtig ist, die Größen der Reste, mit welchen die Vorstellungen verschmolzen sind (die Verschmelzungshilfen) von wesentlichem Einfluss. Da ferner die Verschmelzungen erst zustande kommen müssen, bevor sie da sind, und da bei ihrem Entstehen die Hemmungsverhältnisse ins Spiel kommen, so hängt schließlich, die zufällige Zeitfolge, in welcher die Vorstellungen gegeben werden, abgerechnet, bei der räumlichen Wahrnehmung alles von den Gegensätzen und Verwandtschaften, kurz von den Qualitäten der Vorstellungen ab, welche in Reihen eingehen.

Sehen wir zu, wie sich diese Theorie den speziellen Tatsachen gegenüber verhält.

1. Wenn nur sich durchkreuzende Reihen, vor- und rückwärts durchlaufend, zum Entstehen der // 118 // räumlichen Wahrnehmung nötig sind, warum finden sich nicht Analoga derselben bei allen Sinnen?

2. Warum messen wir Verschiedenfarbiges, Buntes, mit einem Raummaß? Wie erkennen wir Verschiedenfarbiges als gleich groß? Woher nehmen wir überhaupt das Raummaß und was ist dieses?

3. Woher kommt es, dass gleiche verschiedenfarbige Gestalten sich gegenseitig reproduzieren und als gleich erkannt werden?

An diesen Schwierigkeiten sei es genug! HERBART vermag sie nach seiner Theorie nicht zu lösen. Der Unbefangene wird sofort einsehen, dass dessen „Hemmung wegen der Gestalt" und

---

1 Dieser Artikel, welcher zur historischen Erläuterung des vorigen dient, erschien in Fichtes „Zeitschrift für Philosophie [und philosophische Kritik]" i.J. 1865 [Bd.46, 1-5].

2 [*] Johann Friedrich Herbart (1776–1841), deutscher Philosoph, Psychologe und Pädagoge

„Begünstigung wegen der Gestalt" einfach unmöglich ist. Man überlege das HERBART'sche Beispiel von den roten und schwarzen Buchstaben.

Die Verschmelzungshilfe ist sozusagen ein Pass, der auf den Namen und die Person der Vorstellung lautet. Eine Vorstellung, welche mit einer anderen verschmolzen ist, kann nicht alle anderen qualitativ verschiedenen reproduzieren, bloß weil diese untereinander in gleicher Weise verschmolzen sind. Zwei qualitativ verschiedene Reihen reproduzieren sich gewiss nicht deshalb, weil sie dieselbe Folge der Verschmelzungsgrade darbieten.

Wenn es feststeht, dass nur Gleichzeitiges und Gleiches sich reproduziert, ein Prinzip der HERBART'schen Psychologie, welches selbst der genaueste Empirist nicht bezweifeln wird, so bleibt nichts übrig, als die Theorie der räumlichen Wahrnehmung zu modifizieren, oder für sie ein neues Prinzip in der eben angedeuteten Weise zu erfinden, wozu sich schwerlich jemand entschließen wird. Das neue // 119 // Prinzip würde nämlich nebenbei die ganze Psychologie in die gräulichste Verwirrung stürzen.

Was nun die Modifikation betrifft, so kann man darüber nicht leicht in Zweifel sein, wie dieselbe in Anbetracht der Tatsachen nach HERBARTS eigenen Prinzipien durchzuführen sei. Wenn zwei verschiedenfarbige gleiche Gestalten sich reproduzieren und als gleich erkannt werden, so ist dies nur durch in beiden Vorstellungsreihen enthaltene qualitativ gleiche Vorstellungen möglich. Die Farben sind verschieden. Es müssen also an die Farben von diesen unabhängige gleiche Vorstellungen geknüpft sein. Wir brauchen nicht lange nach ihnen zu suchen, es sind die gleichen Folgen von Muskelgefühlen des Auges bei beiden Gestalten. Man könnte sagen, wir gelangen zum räumlichen Sehen, indem sich die Lichtempfindungen in ein Register von abgestuften Muskelempfindungen einordnen.[3]

Nur einige Betrachtungen, welche die Rolle der Muskelempfindungen wahrscheinlich machen. Der Muskelapparat eines

3 Vgl. Cornelius, *Über das Sehen* — [Wilhelm] Wundt, [*Beiträge zur*] *Theorie der Sinneswahrnehmung*. [Leipzig, 1862]

Auges ist unsymmetrisch. Beide Augen zusammen bilden ein System von vertikaler Symmetrie. Hieraus erklärt sich schon manches.

1. Die Lage einer Gestalt hat Einfluss auf ihre Betrachtung. Es kommen je nach der Lage bei der Betrachtung verschiedene Muskelempfindungen ins Spiel, der Eindruck wird ein anderer. Um verkehrte Buchstaben als solche zu erkennen, dazu gehört lange Erfahrung. Der beste Beweis hierfür // 120 // sind die Buchstaben d, b, p, q, welche durch dieselbe Figur in verschiedenen Lagen dargestellt und dennoch als verschieden festgehalten werden.[4]

2. Dem aufmerksamen Beobachter entgeht es nicht, dass aus denselben Gründen, sogar bei derselben Figur und Lage noch der Fixationspunkt von Einfluss ist. Die Figur scheint sich während der Betrachtung zu ändern. Ein achteckiger Stern z. B., den man konstruiert, indem man konsequent in einem regulären Achteck die 1. Ecke mit der 4., die 4. mit der 7. usw., immer zwei Ecken übergehend verbindet, hat, je nachdem man ihn fixiert, abwechselnd bald einen mehr architektonischen, bald einen freieren Charakter. Vertikale und horizontale Linien werden stets anders aufgefasst als schiefe.

3. Dass wir die vertikale Symmetrie als etwas Besonderes bevorzugen, während wir die horizontale Symmetrie unmittelbar gar nicht erkennen, hat in der vertikalen Symmetrie des Augenmuskelapparates seinen Grund. Die linke Hälfte *a* einer vertikal symmetrischen Figur löst in dem linken Auge dieselben Muskelgefühle aus, wie die rechte Hälfte *b* in dem rechten. Das Angenehme der Symmetrie hat zunächst in der Wiederholung der Muskelgefühle seinen Grund. Dass hier eine Wiederholung stattfindet, welche sogar zur Verwechslung führen kann, beweist nächst der Theorie die Tatsache, welche

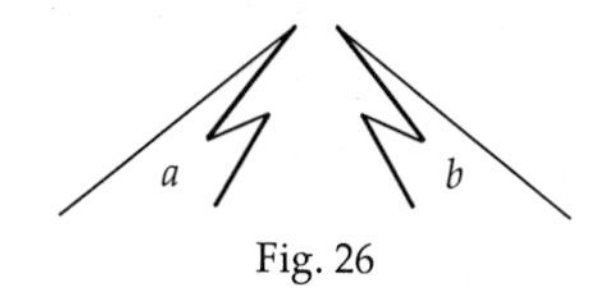

Fig. 26

4 Vgl. Mach, *Über das Sehen von Lagen und Winkeln* [*durch Bewegungen des Auges*], Sitzungsber. der Wiener Akademie [Bd. 43] 1861 [215-222].

jedem, *quem dii oderunt,* // 121 // bekannt ist, dass Kinder häufig Figuren von rechts nach links (nie von oben nach unten) verkehren, z. B. ε statt 3 schreiben, bis sie endlich den geringen Unterschied doch merken. Dass aber die Wiederholung von Muskelgefühlen angenehm sein kann, lehrt *c* in Figur 27. Wie man sich leicht klarmachen kann, bieten vertikale und horizontale Gerade den symmetrischen Figuren ähnliche Verhältnisse, die sofort gestört werden, wenn man die Lage der Linie schief wählt. Man vergleiche, was HELMHOLTZ über die Wiederholung und das Zusammenfallen der Partialtöne sagt.

c

Fig. 27

Es sei erlaubt, hier eine allgemeinere Bemerkung anzuknüpfen. Es ist eine ganz allgemeine Erscheinung in der Psychologie, dass gewisse qualitativ ganz verschiedene Reihen von Vorstellungen sich gegenseitig wach rufen, gegenseitig reproduzieren, in gewisser Beziehung doch als gleich oder ähnlich erscheinen. Wir sagen von solchen Reihen, sie seien von gleicher oder ähnlicher Form, indem wir die abstrahierte Gleichheit Form nennen.

1. Von räumlichen Gestalten haben wir bereits gesprochen.
2. Wir nennen 2 Melodien gleich, wenn sie dieselbe Folge von Tonhöhenverhältnissen darbieten, die absolute Tonhöhe (die Tonart) mag noch so verschieden sein. Wir können die Melodien so wählen, dass nicht einmal zwei Partialtöne von Klängen in beiden gemeinschaftlich sind. Doch erkennen wir die Melodien als gleich. Ja wir merken uns die // 122 // Melodieform sogar leichter und erkennen sie leichter wieder, als die Tonart (die absolute Tonhöhe), in der sie gespielt wurde.
3. Wir erkennen an zwei Melodien den gleichen Rhythmus, die Melodien mögen sonst noch so verschieden sein. Wir merken und erkennen den Rhythmus sogar leichter als die absolute Zeitdauer (das Tempo).

Diese Beispiele mögen genügen. In allen diesen und allen ähnlichen Fällen kann das Wiedererkennen und die Gleichheit nicht auf den Qualitäten der Vorstellungen beruhen, denn diese sind verschieden. Andererseits ist das Wiedererkennen, den Prinzipien der Psychologie zufolge, doch nur nach Vorstellungen gleicher Qualität möglich. Also gibt es keinen anderen Ausweg, als wir denken uns die qualitativ ungleichen Vorstellungen zweier Reihen notwendig mit irgendwelchen qualitativ gleichen verbunden.

Wie in gleichen verschiedenfarbigen Gestalten gleiche Muskelgefühle auftreten müssen, damit die Gestalten als gleich erkannt werden, so müssen auch allen Formen überhaupt, man könnte auch sagen, allen Abstraktionen, Vorstellungen von eigentümlicher Qualität zugrunde liegen. Dies gilt für den Raum und die Gestalt so gut wie für die Zeit, den Rhythmus, die Tonhöhe, die Melodieform, die Intensität usw. Aber woher soll die Psychologie alle diese Qualitäten nehmen? Keine Sorge darum! Sie werden sich alle so gut finden wie die Muskelempfindungen für die Raumtheorie. Der Organismus ist vorläufig noch reich genug, um nach dieser Richtung die Auslagen der Psychologie zu decken, und es wäre Zeit, mit der „körperlichen // 123 // Resonanz", welche die Psychologie so gern im Munde führt, einmal Ernst zu machen.

Verschiedene psychische Qualitäten scheinen untereinander in einem sehr engen Zusammenhange zu stehen. Spezielle Untersuchungen hierüber, sowie der Nachweis, dass diese Bemerkung sich für die Physik verwerten lässt, sollen später folgen.[5] // 124 //

5 Vgl. Mach, *Zur Theorie des Gehörorgans.* Sitzungsber. der Wiener Akad. [recte: Kaiserlichen Akademie der Wissenschaften (Wien), mathematisch-naturwissenschaftliche Klasse, Bd. 48] 1863 [283-300] — *über einige Erscheinungen der physiolog. Akustik.* [recte: *Über einige der physiologischen Akustik angehörige Erscheinungen*] Ebendaselbst 1864 [Bd. 50, 342-362].

9.
Über wissenschaftliche Anwendungen der Photographie und Stereoskopie.[1]

Bei Gelegenheit einer Untersuchung über den Effekt räumlich verteilter Lichtreize auf die Netzhaut, deren Resultate für die physiologische Optik und die Beleuchtungskonstruktionen der darstellenden Geometrie verwertbar sind, fühlte ich das Bedürfnis, mir unveränderliche Flächen zu verschaffen, deren Lichtintensität von Stelle zu Stelle nach einem beliebigen Gesetz variiert. Ich erhielt dieselben, indem ich mit schwarzen und weißen Sektoren von beliebiger Form bemalte Scheiben und Zylinder in der Rotation photographierte, nachdem ich durch photometrische Bestimmungen mich zuvor überzeugt, dass solche rotierende Körper auf das photographische Papier nach demselben Gesetz wirken, welches PLATEAU[2] für ihre Wirkung auf die Netzhaut aufgestellt hat.[3] // 125 //

Der photographische Effekt an irgendeiner Stelle der präparierten Platte hängt hiernach nur von der Bestrahlungszeit und von der Bestrahlungsintensität ab, und ist beiden nahezu proportional. Man kann also schon a priori erwarten, dass mehrere Bilder, welche nacheinander auf dieselbe Platte fallen, solange noch kein Punkt vollständig ausgewertet ist, sich einfach summieren und übereinander legen werden wie elementare Bewegungen.[4] Das

1 Dieser Artikel, welcher aus den Sitzungsberichten der Wiener Akademie math.-naturw. Kl. II. Abt., Juni 1866 abgedruckt ist, dient zur Erläuterung des Artikels 6.

2 [*] Joseph Antoine Ferdinand Plateau (1801-1883), belgisch-wallonischer Physiker

3 In der Tat wurde ich durch diese theoretischen Betrachtungen zu meinen Versuchen geführt, bevor mir noch die hierher gehörigen Erfahrungen bekannt waren, die sich den praktischen Photographen natürlich leicht zufällig präsentieren mussten.

4 Auf diese Weise könnte man auch schöne Musterflächen für die Beleuchtungskonstruktionen der darstellenden Geometrie theoretisch konstruieren.

Auge vermag in gewissen Fällen, deren nähere Bezeichnung nicht hierher gehört, diese Bilder getrennt wahrzunehmen. Namentlich sind es Linearzeichnungen von verschiedener Farbe oder Helligkeit, welche selbst dann noch gut unterschieden werden, wenn sie in eine Ebene fallen.

Die angeführten Bemerkungen bilden die wissenschaftliche Grundlage für das Verfahren, welches man zur photographischen Darstellung der so genannten Geistererscheinungen anwendet.

Ich verfiel noch auf eine andere Anwendung, die ich, trotzdem dass sie sehr nahe liegt, für neu halten muss, da ich weder in der Literatur noch durch mündliche Nachfragen bei Sachverständigen darüber etwas erfahren konnte. Ich photographiere einen Körper, z. B. einen Würfel, stereoskopisch und stelle //126// während der Operation einen anderen, z. B. ein Tetraeder, an den Ort des Würfels. Dann sehe ich im Stereoskopbilde beide Körper durchsichtig und sich durchdringend.

Man kann diesen Erfolg des Experimentes wieder von vornherein erwarten. Denn es ist bekannt, dass man durch ein unbelegtes Planglas, welches man zwischen zwei Körper, Würfel und Tetraeder z.B. bringt, scheinbar den Effekt hervorbringen kann, als ob beide Körper durchsichtig wären und sich durchdringen würden. Selbst die feinsten Details beider Körper stören sich also nicht in ihrer Wirkung auf das Auge, sobald ihre Netzhautbilder nur verschiedenen Raumpunkten entsprechen. Für die Photographie ist es nun einerlei, ob die beiden Bilder nacheinander oder gleichzeitig auf dieselbe Platte fallen, immer summieren sie sich. Das Verhalten der Augen aber einem solchen Stereoskop-bilde gegenüber erklärt sich einfach aus dem W e t t s t r e i t d e r S e h f e l d e r. Die beiden Bilder des momentan fixierten Raumpunktes überwiegen alle anderen, weil sie sich sehr ähnlich sind und zu keinem Wettstreit Veranlassung geben.

Die Unterstützung, welche solche Stereoskopbilder bei dem Studium der Stereometrie, der deskriptiven und der Steinerschen Geometrie gewähren, ist unmittelbar klar. Das dreiseitige

Prisma, welches sich in drei gleiche Pyramiden zerfällen lässt, kann weder durch eine Planzeichnung, noch durch ein Modell so anschaulich gemacht werden, wie durch ein durchsichtiges Stereoskopbild. Um die sich durchdringenden Kegel, Zylinder und windschiefen Flächen für die Zwecke der deskriptiven // 127 // Geometrie darzustellen, hätte man einfach Fäden oder Drähte vor dem Stereoskop-Apparate so zu bewegen, dass die sämtlichen Flächen, die sie durchdringen sollen, nacheinander beschrieben werden.

Sehr nette Resultate erhält man, wenn man den bewegten Faden in einem dunklen Raume mit intermittierendem Licht beleuchtet. Das Zimmer wird verfinstert und vor der Öffnung des Fensterladens eine mit Ausschnitten versehene rotierende Scheibe aufgestellt.

Vorzüglich eignet sich die Methode zur Darstellung von Maschinenansichten. Man nimmt eine Maschine stereoskopisch auf, unterbricht die Operation, entfernt einige Maschinenteile, welche andere verdecken, und photographiert dann auf derselben unveränderten Platte weiter. Eine solche Ansicht leistet oft mehr als eine Perspektivzeichnung oder Projektionen oder selbst ein Modell. Dass man auch rotierende Körper stereoskopisch aufnehmen könne, versteht sich nach dem vorigen von selbst.

Die Versuche, die ich bisher ausgeführt, fielen sämtlich so schön und nett aus, dass man erwarten kann, die Methode werde auch bei Darstellung anatomischer Präparate gute Dienste leisten.[5] Nehmen wir z. B. das Schläfenbein auf und setzen während der Operation des Photographierens einen Abguss der Höhlen des Gehörorgans an die passende Stelle, // 128 // so sehen wir in dem Stereoskopbilde das Schläfenbein durchsichtig und in demselben die Höhlen des Gehörorgans. – Durch mehrmalige

5 Ich habe während des Druckes dieser Notiz erfahren, dass *Brewster* stereoskopische Geistererscheinungen dargestellt hat. Dagegen scheint noch niemand anatomische Präparate in dieser Art fotografiert zu haben. (Brewster, *The stereoscope*, [*Its history, theory and construction, with its application to the fine and useful arts and to education*. London 1856] p. 175, 205.)

Aufnahme ließe sich wohl ein Stereoskopbild einer Extremität herstellen, in welchem man die Knochen, die Nerven, die Blutgefäße und die Muskel durchsichtig, sich durchdringend, und von einer durchsichtigen Haut überkleidet erblicken würde. So viel kann kein Präparat bieten. Ja selbst ein durchsichtiges Modell bleibt hier zurück, weil die Lichtbrechung der Medien störend ins Spiel tritt. Kurz, es würde gar nichts geben, was dem Chirurgen ein so unauslöschliches Bild einprägen könnte, wie die stereoskopische Darstellung.

Diese vielleicht etwas idyllisch erscheinenden Erwartungen werden fast noch übertroffen durch den Erfolg des einzigen Versuches, den ich bisher mit einem anatomischen Präparate ausführen konnte. Ein menschlicher Schädel mit abgesägtem Schädeldach wurde photographiert mit und ohne Dach. Im Stereoskopbilde sieht man nun durch das durchsichtige Schädeldach, an dem gleichwohl alle Details sehr deutlich und plastisch sind, hindurch auf die ebenso deutliche Schädelbasis. Der Anblick ist wahrhaft klassisch. Ich beehre mich gleichzeitig der hohen k. Akademie dieses Bild vorzulegen.[6]

Eine Anwendung des S t e r e o s k o p s, welche sehr nahe liegt und bisher noch nicht ausgeführt ist, wäre die zur Schätzung oder Messung von Raum- // 129 // größen. Bringt man einen beliebigen Körper und etwa das Drahtmodell eines Kubikfußes, der in Kubikzoll abgeteilt ist, nebeneinander und dazwischen ein unbelegtes Planglas, so scheint der Kubikfuß den Körper zu durchdringen und es ist nicht schwer, Schätzungen oder Messungen an dem Körper auf diese Weise vorzunehmen.

Ähnlich muss es nun sein, wenn man durch ein solches kubisches Netz, welches stereoskopisch auf Glas abgebildet ist, in den Raum hinaussieht. Es werden dann die Gegenstände einfach von diesem Netz durchdrungen. Es hat dies eine kleine Schwierigkeit, die übrigens gehoben werden kann. Die Linsen des Stereoskop-Apparates sollen nämlich nur die Netzzeich-

6 Seither habe ich auch eine sehr schöne und instruktive stereoskopische Durchsicht des gesamten Gehörorgans durch vier Aufnahmen dargestellt.

nung, nicht aber die Gegenstände im Raum affizieren. Dies kann erreicht werden durch eine Disposition, die durch nebenstehende Zeichnung erläutert wird.

Zwei unbelegte Plangläser werden durch *a b* und *a c* im Durchschnitt dargestellt, *b d* und *e c* sind Linsen, die sich an die Kästchen *b h i d* und *c g f e* anschließen, welche mit den beiden, die stereoskopischen Netzzeichnungen tragenden Glastafeln *h i* und *g f* endigen. Sehen nun die beiden Augen *O* und *O'* durch die Plangläser *a b* und *ac* in den Raum *A* hinüber, so spiegeln sich in diesen gleichzeitig die Linsen und die Stereoskopbilder und der Effekt ist ganz derselbe, als ob zwar die Stereoskopbilder, nicht aber die Gegenstände im Raum *A* durch die Linsen gesehen würden. // 130 //

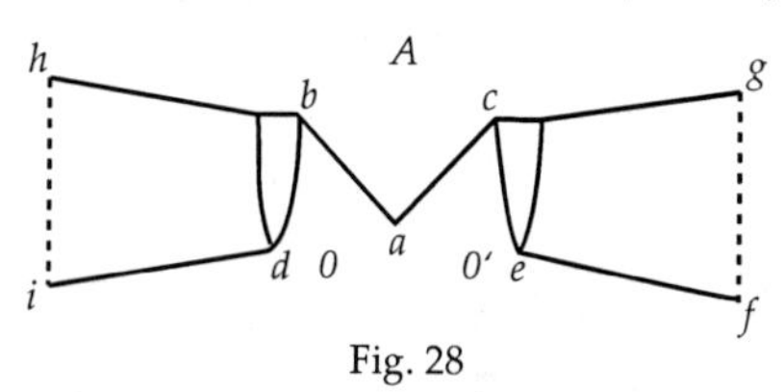

Fig. 28

Die Verbindung mit dem Telestereoskop wäre für manche Fülle zweckmäßig.[7] // 131 //

---

7 [Es hat über dreißig Jahre gewährt, bevor die hier mit voller Deutlichkeit ausgesprochene Idee in der Technik Verwendung gefunden hat. — Auch die Durchsichtsstereoskopien, deren Herstellung in manchen Fällen durch *Röntgens* große Entdeckung so sehr erleichtert wird, haben kaum noch ausgiebige Anwendung gefunden. Vgl. meinen Artikel „*On the stereoscopic application of Roentgens rays*". (The Monist [Vol.6 Nr.)], April 1896 [321-323]) Deutsch [*Durchsicht-Stereoskopbilder mit Röntgenstrahlen*], mit Verbesserung der Übersetzungsfehler, im Jahrgang 1896 der Wiener elektrotechnischen Zeitschrift [recte: Zeitschrift für Elektrotechnik, 359-361]. 1902.]

In der beigegebenen Tafel 1 sind zwei solcher Durchsichtsstereoskopien reproduziert.

Ein Zylinder, ein Kegel und eine Kugel wurden nacheinander auf ein und derselben (Collodium-) Platte unter konstanten Lichtverhältnissen bei genau gleichen Expositionszeiten stereoskopisch aufgenommen. Da die Kegelachse genau an Stelle der Achse des vorher aufgenommenen Zylinders usw. zu liegen kam, erscheinen die Körper, deren Holzstruktur gut erkennbar ist, konaxial ineinander geschachtelt.

Ein in der Medianebene durchschnittener Schädel des Prager Anatomischen Institutes wurde mit zur Platten- (also auch zur Tafel-)Ebene parallelem Schnitt stereoskopisch aufgenommen, und zwar zunächst die linke

---

Schädelhälfte mit ihrer Konkavität; nach Bedeckung der Objektive wurde die rechte Schädelhälfte aufgesetzt und zu Ende exponiert.

Im Stereoskop blickt man durch die rechte Seite (Hemisphäre) in das Schädelinnere. Deutlich sieht man die zackige Kontur der Squama des rechten Schläfenbeines und über dem Arcus zygomaticus die durchschnittene Sella turcica.

Besonders schön und instruktiv sind die Bilder, wenn die einzelnen Aufnahmen auf getrennten Zelluloidplatten hergestellt, und diese Originale im Stereoskop möglichst bei Kontakt der Schichten schwach gegeneinander verschoben werden. Sofort entwirren sich die kompliziertesten anatomischen Einzelheiten. Von einer Wiedergabe solcher getrennter Aufnahmen auf Seidenpapier musste Abstand genommen werden, da in der Struktur des Papiers alle Feinheiten untergehen.

Auf technische Einzelheiten bei der Herstellung dieser Photographien kann nicht eingegangen werden; sie wurden mir vor langen Jahren durch das überaus freundliche Entgegenkommen von Herrn Dr. *R. Schüttauf* ermöglicht.

Die ganz vortreffliche Reproduktion in kornlosem Duplexlichtdruck stammt von *J. B. Obernetter* in München. L. M. 1923.

10.
Bemerkungen über wissenschaftliche Anwendungen der Photographie.[1]

Es wird nicht bestritten, dass alle wissenschaftliche Erkenntnis von der sinnlichen Anschauung ausgeht. Und in welcher Weise die sinnliche Anschauung durch die graphischen Künste überhaupt, insbesondere durch die Photographie (mit Einschluss der Stereoskopie) unterstützt wird, braucht hier ebenfalls nicht weiter auseinandergesetzt zu werden.

Aber die Kraft der sinnlichen Anschauung kann durch die graphischen Künste noch sehr gesteigert und der Spielraum derselben noch bedeutend erweitert werden. Wenn wir eine große Anzahl physikalischer Beobachtungsdaten gesammelt haben, so haben wir dieselben allerdings aus der direkten sinnlichen Anschauung geschöpft, allein dieselbe musste am Einzelnen haften bleiben. Wie groß ist dagegen der Reichtum, die Weite, die Verdichtung der Anschauung, wenn wir die Gesamtheit der Beobachtungsdaten durch eine Kurve darstellen! // 132 //

Und wie sehr wird hierdurch die intellektuelle Verwertung erleichtert! Registrierapparate und Registriermethoden werden in der Physik, in der Meteorologie, ja fast in allen Naturwissenschaften angewandt und vielfach findet die Photographie hierbei ihre Verwertung. Wie viel insbesondere Marey[2] zur Entwicklung der Registriermethoden beigetragen hat, ist allgemein bekannt.

Selbst in Fällen, in welchen die unmittelbare sinnliche Anschauung gar nichts zu leisten vermag, können für dieselbe und für die graphischen Künste durch entsprechende Mittel

1 Aus Eders Jahrbuch für Photographie [und Reproduktionstechnik] (1888) [284-286] zur Erläuterung der Artikel 5 und 6 abgedruckt.

2 [*] Étienne-Jules Marey (1830-1904), französischer Physiologe, Erfinder und Fotopionier

neue Gebiete eröffnet werden. Das Mikroskop und seine Leistungen, welche wesentlich auf dem Prinzip der Raumvergrößerung beruhen, werden allgemein bewundert. Seltener denkt man daran, wie wichtig auch das entgegengesetzte Prinzip ist, das der Raumverkleinerung. Zu einer klaren Vorstellung der Verteilung von Land und Meer auf unserer Erde würden wir wohl durch unmittelbare sinnliche Anschauung, durch die weitesten Reisen niemals gelangen, einfach weil das Objekt für unser Gesichtsfeld zu groß, stets eine nur schwerfällige intellektuelle Zusammenfassung der einzelnen Teile zu einem Ganzen zulässt. Die Karte drängt das Bild der ganzen Erde in unser Gesichtsfeld zusammen. Was ist die geographische Beschreibung Libyens durch einen Augenzeugen, durch Herodot[3], gegen die Vorstellung eines Schulknaben, der die Karte von Afrika gegenwärtig hat!

Die einzelnen Phasen einer Bewegung, die für unsere unmittelbare Anschauung zu rasch verläuft, fixieren wir durch Momentphotographie und // 133 // können dann dieselben in beliebig langsamer Folge unserer Anschauung vorführen. Die Leistungen von Anschütz[4], die Analyse des Vogelflugs durch Marey, die Momentbilder von fliegenden Projektilen samt den eingeleiteten Luftbewegungen, sind passende Beispiele und erläutern das Prinzip der Zeitvergrößerung, welches in diesen Fällen zur Anwendung kommt.

Hat man mit periodischen Bewegungen zu tun, so kann man die so genannte stroboskopische Methode anwenden, welche ebenfalls auf dem Prinzip der Zeitvergrößerung beruht und selbstverständlich auch Verwertung der Photographie zulässt. Die Bewegungen einer schwingenden Stimmgabel *G* von z. B. 100 Schwingungen per Sekunde lassen sich wegen der zu großen Geschwindigkeit nicht direkt beobachten. Blicken wir aber

3 [*] Herodot von Halikarnass (490/480 v. Chr. - 424 v. Chr.), griechischer Historiker

4 [*] Ottomar Anschütz (1846-1907) deutscher Fotograf und ein Pionier der Fototechnik, Serienfotografie und Kinematografie.

auf die Gabel durch eine rotierende Scheibe *S*, welche 100 Spalten per Sekunde vor dem Auge vorbeiführt, so sehen wir die Gabel immer nach Ablauf einer Schwingung immer in derselben Phase, also scheinbar ruhig. Gehen aber nur 99 Spalten per Sekunde am Auge vorbei, so führt die Gabel, während 1 und 2 ihren Platz tauschen, eine Schwingung und fast noch $1/100$ mehr (genau $1/99$) aus. Beim Blick durch die Spalte 3 ist die Gabel um $2/99$ einet Schwingung vorgeschritten usw., so dass nach dem Vorbeigang von 99 Spalten (die erste nicht gerechnet), also in einer Sekunde, die Stimmgabel genau eine scheinbare Schwingung ausgeführt hat, während sie in Wirklichkeit 100 vollführt hat. Die Zeit ist also für den Beobachter 100 mal vergrößert. Es ist dem Fachmann gegenüber unnötig auseinanderzusetzen, // 134 // wie nach dem stroboskopischen Verfahren Momentbilder gewonnen werden können, die in einer stroboskopischen Trommel zur langsamen Reproduktion einer ihrer Schnelligkeit wegen direkt unwahrnehmbaren Bewegung verwendbar sind. (Vgl. MACH, Optisch - Akustische Versuche. Die spektrale und stroboskopische Untersuchung tönender Körper. Prag, Calve 1873.)

Sollte nicht auch das Prinzip der Zeitverkleinerung von Wert sein? In der Tat, denken wir uns die Wachstumsstadien einer Pflanze[5], die Entwicklungsstadien eines Embryo, die Glieder des DARWIN'schen Stammbaumes der Tierreihe photographisch fixiert und in einer raschen Folge sich verdrängender „Nebelbilder" vorgeführt! Welchen auch intellektuell stärkenden Eindruck müsste das hervorbringen! Die Bilder eines Menschen

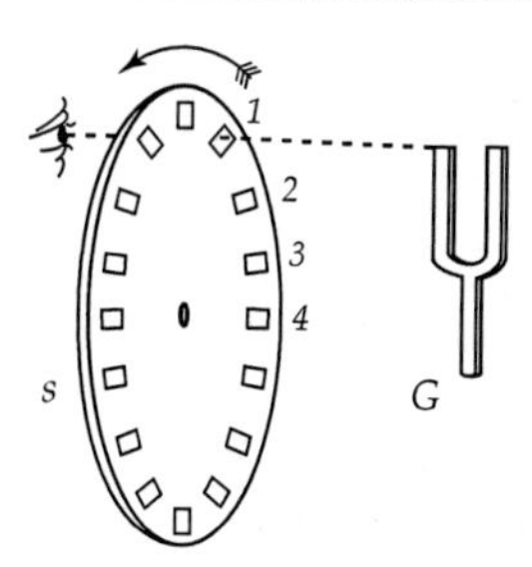

Fig. 29

5 [Praktisch ausgeführt wurde der Versuch, das Wachstum einer Pflanze in dieser Weise darzustellen, von meinem Sohne Med. Dr. *Ludwig Mach*. Vgl. dessen Artikel: *„Über das Prinzip der Zeitverkürzung in der Serienphotographie"*. (Scoliks photogr. Rundschau, April 1893, S. 121-127.) — 1902.]

von der Wiege an, in seiner aufsteigenden Entwicklung und dann in seinem Verfall bis ins Greisenalter in wenigen Sekunden so vorgeführt, müssten ästhetisch und ethisch großartig wirken.

Dass uns dabei auch neue Einsichten aufleuchten würden, ist kaum zu bezweifeln. Wäre denn ein KEPLER nötig gewesen, zu erraten, dass die Planeten in Ellipsen um die Sonne sich bewegen, wenn diese Bewegung räumlich und zeitlich verkleinert, sozusagen im Modell, anschaulich vorgelegen hätte? Freilich war diese Erkenntnis schwieriger aus einzelnen Beobachtungsdaten stückweise intellektuell zusammenzusetzen.

Vielleicht tragen diese Bemerkungen dazu bei, die Überzeugung zu befestigen, dass die hier berührten Fragen nicht allein von praktischem und industriellem, sondern auch von philosophischem Interesse sind.

11.
Über die Grundbegriffe der Elektrostatik (Menge, Potential, Kapazität usw.)[1]

Es wurde mir die Aufgabe zuteil, vor Ihnen die quantitativen Grundbegriffe der Elektrostatik: „Elektrizitätsmenge“, „Potential“, „Kapazität“ in allgemein verständlicher Weise zu entwickeln. Es wäre nicht schwierig, selbst in dem Rahmen einer Stunde, die Augen durch zahlreiche schöne Experimente zu beschäftigen, und die Phantasie mit mannigfaltigen Vorstellungen zu erfüllen. Allein von einer klaren und mühelosen Übersicht der Tatsachen wären wir dann noch weit entfernt. Noch würde uns das Mittel fehlen, die Tatsachen in Gedanken genau nachzubilden, was für den Theoretiker und Praktiker von gleicher Wichtigkeit ist. Dieses Mittel sind eben die Maßbegriffe der Elektrizitätslehre.

Solange nur wenige vereinzelte Forscher sich mit einem Gebiete beschäftigen, solange jeder Versuch noch leicht wiederholt werden kann, genügt wohl eine Fixierung der gesammelten Erfahrungen durch // 137 // eine oberflächliche Beschreibung. Anders verhält es sich, wenn jeder die Erfahrungen vieler verwerten muss, wie dies der Fall ist, sobald die Wissenschaft eine breite Basis gewonnen hat, und noch mehr, sobald sie anfängt, einem wichtigen Zweige der Technik Nahrung zu geben und umgekehrt aus dem praktischen Leben wieder in großartiger Weise Erfahrungen zu schöpfen. Dann müssen die Tatsachen so beschrieben werden, dass jeder und allerorten dieselben aus wenigen leicht zu beschaffenden Elementen in Gedanken genau zusammensetzen, und nach dieser Beschreibung reproduzieren kann; dies geschieht mit Hilfe der Maßbegriffe und der internationalen Maße.

---

1 Vortrag, gehalten auf der internationalen Elektrizitäts-Ausstellung zu Wien am 4. September 1883.

Die in dieser Richtung in der Periode der rein wissenschaftlichen Entwicklung namentlich durch COULOMB (1784)[2], GAUSS (1833)[3] und WEBER[4] begonnene Arbeit wurde mächtig gefördert durch die Bedürfnisse der großen technischen Unternehmungen, die sich besonders seit der Legung des ersten transatlantischen Kabels fühlbar machten, und wurde glanzvoll der Vollendung entgegengeführt durch die Arbeiten der British Association (1861) und des Pariser Kongresses (1881), namentlich durch die Bemühungen von Sir WILLIAM THOMSON. (Lord KELVIN.)[5]

Es versteht sich, dass ich Sie in der mir zugemessenen Zeit nicht alle die langen und gewundenen Pfade führen kann, welche die Wissenschaft wirklich eingeschlagen hat, dass es nicht möglich ist, bei jedem Schritt an alle die kleinen Vorsichten zur Vermeidung von Fehltritten zu erinnern, welche die früheren Schritte uns gelehrt haben. Ich muss mich vielmehr // 138 // mit den einfachsten und rohesten Mitteln behelfen. Die kürzesten Wege von den Tatsachen zu den Begriffen will ich Sie führen, wobei es mir allerdings nicht möglich sein wird, allen den Kreuz- und Quergedanken, die sich beim Anblick der Seitenwege einstellen können, ja einstellen müssen, zuvorzukommen.

Wir betrachten zwei kleine, gleiche, leichte, frei aufgehängte Körperchen (Fig. 30), die wir entweder durch Reibung mit einem dritten Körper oder durch Berührung mit einem schon elektrischen Körper „elektrisieren". Sofort zeigt sich eine abstoßende Kraft, welche die beiden Körperchen voneinander (der Wirkung der Schwere entgegen) entfernt. Diese Kraft vermöchte dieselbe mechanische Arbeit wieder zu leisten, durch deren Aufwendung sie entstanden ist.[6]

2 [*] Charles Augustin de Coulomb (1736-1806), französischer Physiker

3 [*] Johann Carl Friedrich Gauß (1777-1855), deutscher Mathematiker, Astronom, Geodät und Physiker

4 [*] Wilhelm Weber (1804-1891), deutscher Physiker

5 [*] William Thomson, Lord Kelvin (1824-1907), britischer Physiker

6 Würden die beiden Körper ungleichnamig elektrisiert, so würden sie

Coulomb hat sich nun durch sehr umständliche Versuche mit Hilfe der Drehwaage überzeugt, dass, wenn jene Körperchen bei einem Abstande von 2 cm z. B. sich etwa mit derselben Kraft abstoßen, mit welcher ein Milligrammgewicht zur Erde zu fallen strebt, dass sie dann bei der Hälfte der Entfernung, bei 1 cm, mit 4 Milligramm, und bei verdoppeltem Abstande, bei 4 cm, mit nur 1/4 Milligramm sich abstoßen. Er fand, dass die elektrische Kraft verkehrt proportional dem Quadrat der Entfernung wirkt.

Stellen wir uns nun vor, wir hätten ein Mittel, // 139 // die elektrische Abstoßung durch Gewichte zu messen, welches einfache Mittel z. B. die elektrischen Pendel selbst sind, so können wir folgende Beobachtungen machen.

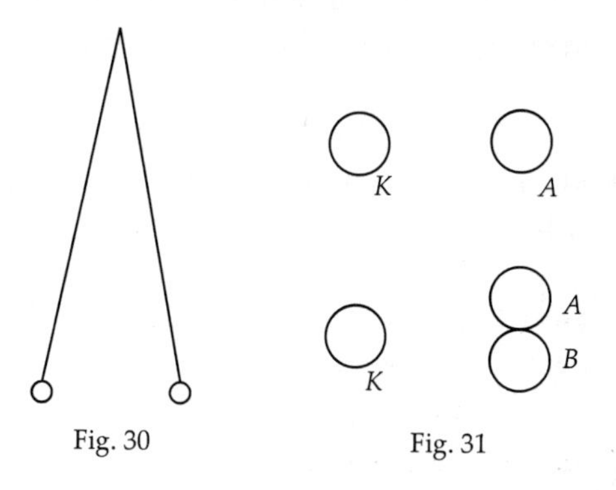

Fig. 30 Fig. 31

Der Körper *A* (Fig. 31), wird von dem Körper *K* bei 2 cm Entfernung etwa mit 1 Milligramm Druck abgestoßen. Berühren wir nun *A* mit einem gleichen Körper *B*, so geht die Hälfte dieser Abstoßungskraft an denselben über. Sowohl *A* als *B* werden nun bei 2 cm Entfernung von *K* nur mit je ½ Milligramm, beide zusammen aber wieder mit 1 Milligramm abgestoßen. Die Teilung der elektrischen Kraft unter die sich berührenden Körper ist eine Tatsache. Eine keineswegs notwendige aber nützliche Zutat ist es, wenn wir uns vorstellen, in dem Körper *A* sei eine elektrische Flüssigkeit vorhanden, an deren Men-

anziehend aufeinander wirken.

ge die elektrische Kraft gebunden ist, welche zur Hälfte nach *B* überfließt. Denn an die Stelle der neuen physikalischen Vorstellung tritt hiermit eine uns längst geläufige, welche wie von selbst in den gewohnten Bahnen abläuft. // 140 //

Entsprechend dieser Vorstellung bezeichnen wir als die Elektrizitätsmenge Eins nach dem sehr allgemein angenommenen Centimeter-Gramme-Sekundensystem (CGS) diejenige, welche auf eine gleiche Menge in der Entfernung von 1 cm, mit der Krafteinheit, d. h. mit einer Kraft abstoßend wirkt, welche der Masse von 1 g in der Sekunde einen Geschwindigkeitszuwachs von 1 cm erteilt. Da eine Grammmasse durch die Erdschwere einen Geschwindigkeitszuwachs von etwa 981 cm in der Sekunde erhält, so wird sie hiernach mit 981 cm (oder rund 1000) Krafteinheiten des CentimeterGramme-Sekundensystems angezogen, und ein Milligrammgewicht strebt ungefähr mit einer Krafteinheit dieses Systems zur Erde zu fallen.

Hiernach kann man sich leicht eine anschauliche Vorstellung von der Einheit der Elektrizitätsmenge verschaffen. Zwei je ein Gramm schwere kleine Körperchen *K* sollen an 5 m langen, fast gewichtslosen vertikalen Fäden so aufgehängt sein, dass sie sich berühren. Werden beide gleich stark elektrisch, und entfernen sie sich hierbei um 1 cm voneinander, so entspricht die Ladung eines jeden der elektrostatischen Einheit der Elektrizitätsmenge; denn die Abstoßung hält dann der Schwerkraftkomponente von rund 1 Milligramm das Gleichgewicht, welche die Körperchen einander zu nähern strebt.

Vertikal unter einem an einer Waage äquilibrierten, sehr kleinen Kügelchen befindet sich ein zweites in 1 cm Entfernung. Werden beide gleich elektrisiert, so wird das Kügelchen an der Waage durch die Abstoßung scheinbar leichter. Stellt ein Zuleggewicht von 1 Milligramm das Gleichgewicht her, so enthält // 141 // jedes Kügelchen rund die elektrostatische Einheit der Elektrizitätsmenge.

Mit Rücksicht darauf, dass dieselben elektrischen Körper in verschiedener Entfernung verschiedene Kräfte aufeinander ausüben, könnte man an dem dargelegten Maß der Menge Anstoß nehmen. Was ist das für eine Menge, die bald mehr, bald weniger wiegt, wenn man so sagen darf? Allein diese scheinbare Abweichung von der gewöhnlichen Mengenbestimmung im bürgerlichen Leben durch das Gewicht ist vielmehr, genau betrachtet, eine Übereinstimmung. Auch eine schwere Masse wird auf einem hohen Berg schwächer zur Erde gezogen als im Meeresniveau, und wir können von einer Bestimmung des Niveaus nur deshalb Umgang nehmen, weil wir den Körper mit dem Gewichtssatz ohnehin immer nur in demselben Niveau vergleichen.

Würden wir aber von den beiden gleichen Gewichten, welche sich an einer Waage das Gleichgewicht halten, das eine dem Erdmittelpunkte merklich nähern, indem wir dasselbe an einem sehr langen Faden aufhängen, wie dies Prof. v. JOLLY[7] in München ausgedacht hat, so würden wir diesem letztereren ein entsprechendes Übergewicht verschaffen.

Denken wir uns zwei verschiedene elektrische Flüssigkeiten, die positive und die negative, von derartiger Beschaffenheit, dass die Teile dieser beiden Flüssigkeiten sich gegenseitig verkehrt quadratisch anziehen, jene derselben Flüssigkeit aber nach demselben Gesetz gegenseitig abstoßen, denken wir uns in unelektrischen Körpern beide Flüssigkeiten in gleichen Mengen gleichmäßig verteilt, dagegen in elektrischen Körpern die eine der beiden im Über- // 142 // schuss, denken wir uns ferner in Leitern die Flüssigkeiten frei beweglich, in Nichtleitern unbeweglich, so haben wir die von COULOMB zu mathematischer Schärfe entwickelte Vorstellung. Wir brauchen uns nur dieser Vorstellung hinzugeben, so sehen wir im Geiste die Flüssigkeitsteilchen eines etwa positiv geladenen Leiters, sich möglichst voneinander entfernend, alle nach der Oberfläche des Leiters wandern, dort die vorspringenden Teile und Spitzen aufsuchen, bis hierbei die größtmögliche Arbeit geleistet ist. Bei Vergrößerung der Oberfläche sehen wir eine Zerstreuung, bei

7 [*] Philipp von Jolly (1809-1884), deutscher Physiker

Verkleinerung derselben eine Verdichtung der Teilchen. In einem zweiten, dem ersteren angenäherten unelektrischen Leiter, sehen wir sofort die beiden Flüssigkeiten sich trennen, die positive auf der abgekehrten, die negative auf der zugekehrten Seite der Oberfläche sich sammeln. Darin, dass diese Vorstellung alle nach und nach durch mühsame Beobachtung gefundenen Tatsachen anschaulich und wie von selbst reproduziert, liegt ihr Vorteil und ihr wissenschaftlicher Wert. Allerdings ist hiermit auch ihr Wert erschöpft, und wir dürften nicht etwa nach den beiden hypothetischen Flüssigkeiten, die wir ja nur hinzugedacht haben, in der Natur suchen, ohne auf Abwege zu geraten. Die Coulomb'sche Vorstellung kann durch eine gänzlich andere, wie z. B. die Faraday'sche ersetzt werden. Und das Richtigste bleibt es immer, nachdem die Übersicht gewonnen ist, auf das Tatsächliche, auf die elektrischen Kräfte zurückzugehen.

Wir wollen uns nun zunächst mit der Vorstellung der Elektrizitätsmenge und der Art, dieselbe bequem zu messen oder zu schätzen, vertraut machen. // 143 //

Wir denken uns eine gewöhnliche Leydener-Flasche, Fig. 32, deren innere und äußere Belegung mit leitenden, etwa 1 cm voneinander abstehenden Funkenkugeln verbunden ist. Lädt man die innere Belegung mit der Elektrizitätsmenge + *q*, so tritt auf der äußeren Belegung durch das Glas hindurch eine Verteilung ein. Eine der Menge + *q*, fast gleiche[8] positive Menge fließt in die

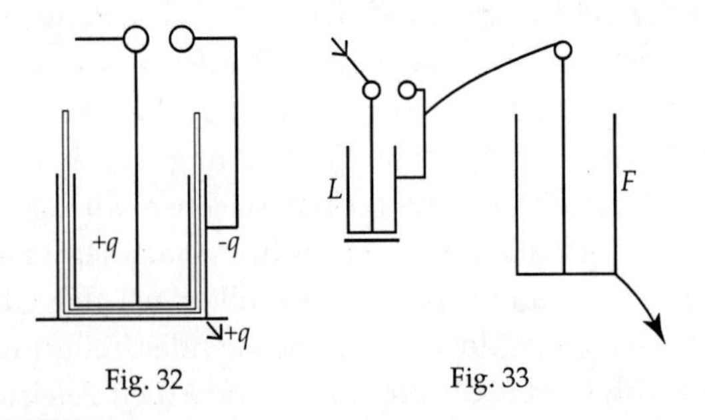

Fig. 32 Fig. 33

8 Die abfließende Menge ist tatsächlich etwas kleiner als q. Sie wäre der Menge q nur dann gleich, wenn die innere Belegung der Flasche von der äußeren ganz eingeschlossen wäre.

Erde ab, während die entsprechende – q auf der äußeren Belegung bleibt. Die Funkenkugeln enthalten von diesen Mengen ihren Anteil, und wenn die Menge q eben groß genug ist, tritt eine Durchbrechung der isolierenden Luft zwischen den Kugeln und eine Selbstentladung der Flasche ein. Zur Selbstentladung der Flasche bei bestimmter Distanz und Größe der Funkenkugeln gehört jedesmal die Ladung durch die bestimmte Elektrizitätsmenge q.

Isolieren wir nun die äußere Belegung der eben beschriebenen LANE'schen Maßflasche L, und setzen // 144 // dieselbe mit der inneren Belegung einer außen abgeleiteten Flasche F in Verbindung (Fig. 33). Jedes Mal, wenn L mit + q geladen wird, tritt auch + q auf die innere Belegung von F, und eine Selbstentladung der Flasche L, die nun wieder leer ist, findet statt. Die Zahl der Entladungen der Flasche L gibt also ein Maß der Menge, welche in die Flasche F geladen wurde, und wenn man nach 1, 2, 3… Selbstentladungen von L die Flasche F entlädt, kann man sich

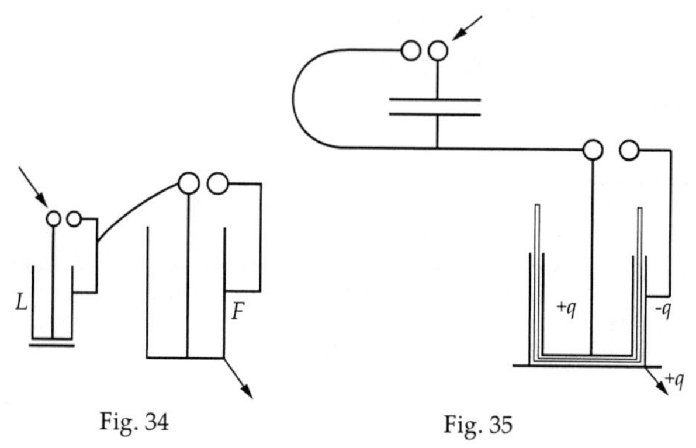

Fig. 34 Fig. 35

von der entsprechenden sukzessiven Vermehrung ihrer Ladung überzeugen. Versehen wir die Flasche F mit gleich großen und gleich weit abstehenden Funkenkugeln zur Selbstentladung wie die Flasche L (Fig. 34).

Finden wir dann z.B., dass fünf Entladungen der Maßflasche stattfinden, bevor eine Selbstentladung der Flasche F eintritt, so sagt dies, dass die Flasche F bei gleichem Abstand der Funkenkugeln, bei gleicher Schlagweite, die fünffache Elektrizitätsmenge zu // 145 // fassen vermag wie *L*, dass sie die fünffache Kapazität hat.[9]

Wir wollen nun die Maßflasche *L*, mit welcher wir sozusagen in die Flasche F einmessen, durch eine FRANKLIN'SCHE Tafel aus zwei parallelen ebenen Metallplatten ersetzen (Fig. 35), welche nur durch Luft getrennt sind. Genügen nun beispielsweise 3o Selbstentladungen der Tafel, um die Flasche zu füllen , so sind hierzu etwa 10 Entladungen hinreichend, wenn man den Luftraum zwischen den beiden Platten durch einen eingeschobenen Schwefelkuchen ausfüllt. Die Kapazität der FRANKLIN'SCHEN Tafel aus Schwefel ist also etwa dreimal größer, als jene eines gleich geformten und gleich großen Luftkondensators oder, wie man sich auszudrücken pflegt, das spezifische Induktionsvermögen des Schwefels (jenes der Luft als Einheit genommen) ist etwa 3.[10] // 146 // Wir sind hier auf eine sehr einfache Tatsache gestoßen, welche uns die Bedeutung der Zahl, die man Dielektrizitätskonstante oder spezifisches Induktionsvermögen nennt, und deren Kenntnis für die Theorie unterseeischer Kabel so wichtig ist, nahe legt.

---

9 Genau ist dies allerdings nicht richtig. Zunächst ist zu bemerken, dass sich die Fläche *L* zugleich mit der Maschinenelektrode entladen muss. Die Flasche *F* hingegen wird immer zugleich mit der äußeren Belegung der Flasche *L* entladen. Nennt man also die Kapazität der Maschinenelektrode *E*, die der Maßflasche *L*, die Kapazität der äußeren Belegung von *L* aber *A*, und jene der Hauptflasche *F*, so würde dem Beispiel im Text die Gleichung entsprechen: $\frac{F+A}{L+E} = 5$. Eine weitere Störung der Genauigkeit bringen die Entladungsrückstände mit sich.

10 Mit Rücksicht auf die in [der vorangehenden] Anmerkung angedeuteten Korrektionen erhielt ich für die Dielektrizitätskonstante des Schwefels die Zahl 3.2, welche mit den durch feinere Methoden gewonnenen Zahlen genügend übereinstimmt. Genau genommen müsste man eigentlich die beiden Kondensatorplatten einmal ganz in Luft, das andere Mal ganz in Schwefel versenken, wenn das Kapazitätsverhältnis der Dielektrizitätskonstante entsprechen sollte. In Wirklichkeit ist aber der Fehler, der dadurch entsteht, dass man nur eine Schwefelplatte einschiebt, welche den Raum zwischen den beiden Platten genau ausfüllt, nicht von Belang.

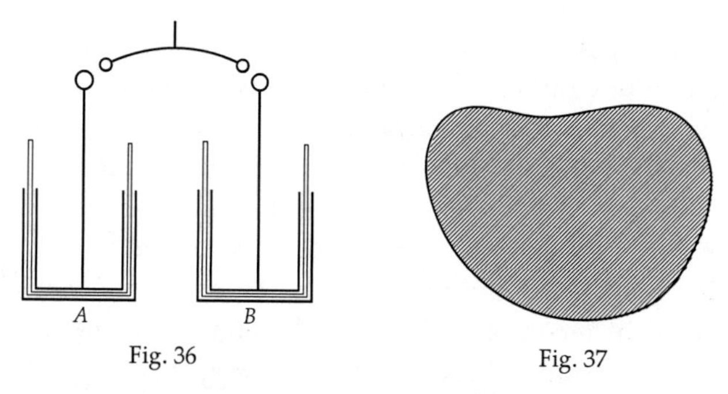

Fig. 36 Fig. 37

Wir betrachten eine Flasche *A*, welche mit einer gewissen Elektrizitätsmenge geladen ist. Wir können die Flasche direkt entladen. Wir können aber auch die Flasche *A* (Fig. 36) teilweise in eine Flasche *B* entladen, indem wir die gleichnamigen Belegungen miteinander verbinden. Ein Teil der Elektrizitätsmenge geht hierbei unter Funkenbildung in die Flasche *B* über und wir finden nun beide Flaschen geladen.

Dass die Vorstellung einer unveränderlichen Elektrizitätsmenge als Ausdruck einer reinen Tatsache betrachtet werden kann, sehen wir auf folgende Art. Wir denken uns einen beliebigen elektrischen Leiter, Fig. 37, der isoliert ist, zerschneiden ihn in eine große Anzahl kleiner Stückchen und bringen die- // 147 // selben mit einer isolierten Zange auf 1 cm Entfernung von einem elektrischen Körper, der auf einen gleichen, gleich beschaffenen in derselben Distanz die Krafteinheit ausübt. Die Kräfte, welche der letztere Körper auf die einzelnen Leiterstücke ausübt, zählen wir zusammen. Diese Kraftsumme ist nichts anderes als die Elektrizitätsmenge des ganzen Leiters. Sie bleibt immer dieselbe, ob wir die Form und Größe des Leiters ändern, ob wir ihn einem anderen elektrischen Leiter nähern oder entfernen, solange wir nur den Leiter isoliert lassen, d. h. nicht entladen.

Auch von einer anderen Seite her scheint sich für die Vorstellung der Elektrizitätsmenge eine reelle Basis zu ergeben. Wenn durch eine Säule von angesäuertem Wasser ein Strom, also nach unserer Vorstellung eine bestimmte Elektrizitätsmenge per Sekunde hindurchgeht, so wird mit dem positiven Strom Wasserstoff, gegen den Strom Sauerstoff an den Enden der Säule ausgeschieden. Für eine bestimmte Elektrizitätsmenge erscheint eine bestimmte Sauerstoffmenge. Man kann sich die Wassersäule als eine Wasserstoffsäule und eine Sauerstoffsäule denken, die sich durcheinander hindurchschieben, und kann sagen, der elektrische Strom ist ein chemischer Strom und umgekehrt. Wenngleich diese Vorstellung im Gebiete der statischen Elektrizität und bei nicht zersetzbaren Leitern schwerer festzuhalten ist, so ist ihre weitere Entwicklung doch keineswegs aussichtslos.

Die Vorstellung der Elektrizitätsmenge ist also keineswegs eine so luftige, wie es scheinen könnte, sondern dieselbe vermag uns mit Sicherheit durch // 148 // die Mannigfaltigkeit der Erscheinungen zu leiten, und wird uns durch die Tatsachen in beinahe greifbarer Weise nahe gelegt. Wir können die elektrische Kraft in einem Körper aufsammeln, mit einem Körper dem anderen zumessen, aus einem Körper in den anderen überführen, so, wie wir Flüssigkeit in einem Gefäß aufsammeln, mit einem Gefäß in ein anderes einmessen, aus einem in das andere übergießen können.

Zur Beurteilung mechanischer Vorgänge hat sich an der Hand der Erfahrung ein Maßbegriff als vorteilhaft erwiesen, der mit dem Namen A r b e i t bezeichnet wird. Eine Maschine gerät nur dann in Bewegung, wenn die an derselben wirksamen Kräfte Arbeit leisten können.

Betrachten wir z. B. ein Wellrad (Fig. 38) mit den Halbmessern 1 und 2 m, an welchen beziehungs- // 149 // weise die Gewichte 2 und 1 Kilo angebracht sind. Drehen wir das Wellrad, so sehen wir etwa das Kilogewicht um 2 m sinken, während das Zweikilogewicht um 1 m steigt. Es ist auf beiden Seiten das Produkt

$$\overset{\text{kg}}{1} \times \overset{\text{m}}{2} = \overset{\text{kg}}{2} \times \overset{\text{m}}{1}$$

gleich. Solange dieses Produkt beiderseits gleich ist, bewegt sich das Wellrad nicht von selbst. Wählen wir aber die Belastungen

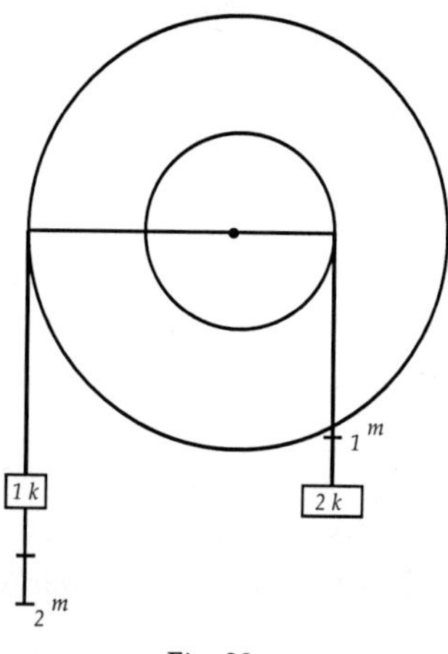

Fig. 38

oder die Halbmesser so, dass das Produkt Kilo × Meter bei einer Verschiebung auf der einen Seite einen Überschuss erhält, so wird diese Seite sinken. Das Produkt ist also charakteristisch für den mechanischen Vorgang, und ist eben deshalb mit einem besonderen Namen belegt, Arbeit genannt worden.

Bei allen mechanischen Vorgängen, und da alle physikalischen Vorgänge eine mechanische Seite darbieten, bei allen physikalischen Prozessen, spielt die Arbeit eine maßgebende Rolle. Auch die elektrischen Kräfte bringen nur solche Veränderungen hervor, bei welchen Arbeit geleistet wird. Insofern bei den elektrischen Erscheinungen Kräfte ins Spiel kommen, reichen sie ja, mögen sie sonst was immer sein, ins Gebiet der Mechanik hinein und fügen sich den in diesem Gebiete geltenden Gesetzen. Als Maß der Arbeit betrachtet man also das Produkt aus der Kraft in den Wirkungsweg derselben, und in dem CGS-System gilt als Arbeitseinheit die Wirkung einer Kraft, welche einer Grammmasse in der Sekunde einen Geschwindigkeitszuwachs von 1cm erteilt auf 1cm Wegstrecke, also rund etwa die Wirkung eines Milligrammgewichtsdruckes auf 1cm Wegstrecke. // 150 //

Von einem positiv geladenen Körper wird Elektrizität, den Abstoßungskräften folgend und Arbeit leistend, wenn eine leitende Verbindung besteht, zur Erde abfließen. An einen negativ geladenen Körper gibt umgekehrt unter denselben Umständen die Erde positive Elektrizität ab. Die elektrische Arbeit, welche bei der Wechselwirkung eines Körpers mit der Erde möglich ist, charakterisiert den elektrischen Zustand des ersteren. Wir wollen die Arbeit, welche wir auf die Einheit der positiven Elektrizitätsmenge aufwenden, wenn wir dieselbe von der Erde zu dem Körper K hinaufschaffen, das Potential des Körpers *K* nennen.[11]

Wir schreiben dem Körper *K* im CGS-System das Potential + 1 zu, wenn wir die Arbeitseinheit aufwenden müssen, um die positive elektrostatische Einheit der Elektrizitätsmenge von der Erde zu ihm hinaufzuschaffen, das Potential - 1, wenn wir bei derselben Prozedur die Arbeitseinheit gewinnen, das Potential 0, wenn hierbei keine Arbeit geleistet wird. // 151 //

Den verschiedenen Teilen desselben im elektrischen Gleichgewicht befindlichen Leiters entspricht dasselbe Potential, denn andernfalls würde die Elektrizität, Arbeit leistend in diesem Leiter sich bewegen und es bestünde noch kein Gleichgewicht. Verschiedene Leiter von gleichem Potential, in leitende Verbindung gebracht, bieten keinen Austausch von Elektrizität dar, ebenso wenig als bei sich berührenden Körpern von gleicher Temperatur ein Wärmeaustausch oder bei verbundenen Gefäßen von gleichem Flüssigkeitsdruck ein Flüssigkeitsaustausch stattfindet.

---

11 Da diese Definition in ihrer einfachen Form zu Missverständnissen Anlass geben kann, werden derselben gewöhnlich noch Erläuterungen hinzugefügt. Es ist nämlich klar, dass man keine Elektrizitätsmenge auf *K* hinaufschaffen kann, ohne die Verteilung auf *K* und das Potential auf *K* zu ändern. Man hat sich demnach die Ladungen an *K* festgehalten zu denken und eine so kleine Menge hinaufzuführen, dass durch dieselbe keine merkliche Änderung entsteht. Nimmt man die aufgewendete Arbeit so vielmal als jene kleine Menge in der Einheit aufgeht, so erhält man das Potential. — Kurz und scharf lässt sich das Potential eines Körpers *K* in folgender Weise definieren. Wendet man das Arbeitselement $d\,W$ auf, um das Element $d\,Q$ der positiven Menge von der Erde auf den Leiter zu fördern, so ist das Potential des Leiters *K* gegeben durch $V = \frac{dW}{dQ}$.

Nur zwischen Leitern verschiedenen Potentials findet ein Austausch der Elektrizität statt, und bei Leitern von gegebener Form und Lage ist eine bestimmte Potentialdifferenz notwendig, damit zwischen denselben ein die isolierende Luft durchbrechender Funke überspringt.

Je zwei verbundene Leiter nehmen sofort dasselbe Potential an, und hiermit ist das Mittel gegeben, das Potential eines Leiters mit Hilfe eines anderen hierzu geeigneten, eines so genannten Elektrometers, ebenso zu bestimmen, wie man die Temperatur eines Körpers mit dem Thermometer bestimmt. Die auf diese Weise gewonnenen Potentialwerte der Körper erleichtern, wie dies nach dem Besprochenen einleuchtet, ungemein das Urteil über deren elektrisches Verhalten.

Denken wir uns einen positiv geladenen Leiter. Verdoppeln wir alle elektrischen Kräfte, welche derselbe auf einen mit der Einheit geladenen Punkt ausübt, d. h. verdoppeln wir an jeder Stelle die Menge, verdoppeln wir also auch die Gesamtladung, so besteht ersichtlich das Gleichgewicht fort. Führen // 152 // wir aber nun die positive elektrostatische Einheit dem Leiter zu, so haben wir überall die doppelten Abstoßungskräfte zu überwinden wie zuvor, wir haben die doppelte Arbeit aufzuwenden, das Potential hat sich mit der Ladung des Leiters verdoppelt, Ladung und Potential sind einander proportional. Wir können also die gesamte Menge der Elektrizität eines Leiters mit Q, das Potential desselben mit V bezeichnend, schreiben: $Q = CV$, wobei also C eine Konstante bedeutet, deren Bedeutung sich ergibt, wenn wir bedenken, dass $C = \frac{Q}{V}$ ist. Dividieren wir aber die Anzahl der Mengeneinheiten eines Leiters durch die Anzahl seiner Potentialeinheiten, so erfahren wir, welche Menge auf die Einheit des Potentials entfällt. Wir nennen nun die betreffende Zahl C die Kapazität des Leiters, und haben somit an Stelle der relativen eine absolute Bestimmung der Kapazität gesetzt.[12]

12 Zwischen den Begriffen „Wärmekapazität" und „elektrische Kapazität" besteht eine gewisse Übereinstimmung, doch darf auch der Unterschied

In einfachen Fällen lässt sich nun der Zusammen- // 153 // hang zwischen Ladung, Potential und Kapazität ohne Schwierigkeit ermitteln. Der Leiter sei z. B. eine Kugel vom Radius r frei in einem großen Luftraum. Dann verteilt sich die Ladung q, da keine anderen Leiter in der Nähe sind, gleichmäßig auf ihrer Oberfläche, und einfache geometrische Betrachtungen ergeben für das Potential den Ausdruck $V = \frac{q}{r}$. Hiernach ist also $\frac{q}{V} = r$, d. h. die Kapazität wird durch den Radius, und zwar im CGS-System in Zentimetern gemessen.[13] Es ist auch klar, da ein Potential eine Menge durch eine Länge dividiert ist, so muss eine Menge, durch ein Potential dividiert, eine Länge sein.

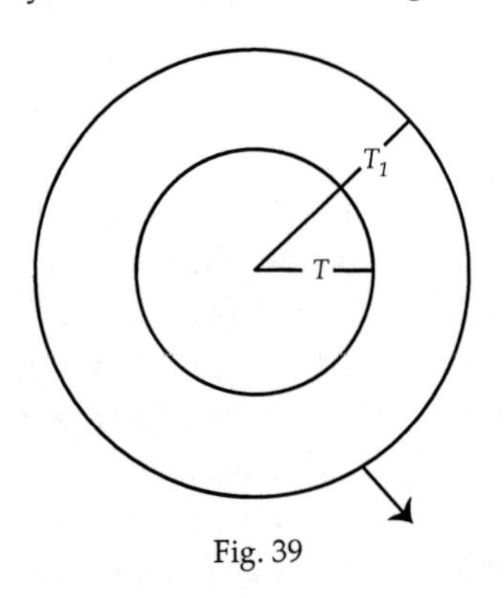

Fig. 39

Denken wir uns (Fig. 39) eine Flasche aus zwei konzentrischen leitenden Kugelflächen von den Radien r und r_1 gebildet, welche nur Luft zwischen sich enthalten. Leitet man die äußere Kugel zur Erde

beider Begriffe nicht außer Acht gelassen werden. Die Wärmekapazität eines Körpers hängt nur von ihm selbst ab. Die elektrische Kapazität eines Körpers K wird aber durch alle Nachbarkörper beeinflusst, indem auch die Ladung dieser Körper das Potential von K ändern kann. Um demnach dem Begriff Kapazität (C) des Körpers K einen unzweideutigen Sinn zu geben, versteht man unter C das Verhältnis $\frac{Q}{V}$ für den Körper K bei einer gegebenen Lage aller Nachbarkörper und Ableitung aller benachbarten Leiter zur Erde. In den für die Praxis wichtigen Fällen gestaltet sich die Sache viel einfacher. Die Kapazität einer Flasche z. B., deren innere Belegung durch die äußere abgeleitete fast umschlossen ist, wird durch geladene oder ungeladene Nebenleiter nicht merklich beeinflusst.

13 Diese Formeln ergeben sich sehr leicht aus dem *Newton*`schen Satze, dass eine homogene Kugelschicht, deren Elemente verkehrt quadratisch wirken, auf einen inneren Punkt gar keine Kraft ausübt, auf einen äußeren aber wie die im Kugelmittelpunkt vereinigte Masse wirkt. Aus demselben Satz fließen auch noch die zunächst folgenden Formeln. Eine elementare Ableitung findet sich bei Mach, *Leitfaden der Physik* [*für Studierende*]. Prag 1891. S. 198.

ab und lädt die innere durch einen dünnen, durch die erstere isoliert hindurch geführten Draht mit der Menge Q, so ist V = $\frac{r_1 - r}{r_1 r} Q$, und die Kapazität in diesem Falle $\frac{r_1 r}{r_1 - r}$, also wenn z. B. $r = 16$, $r_1 = 19$, nahe = 100 cm. // 154 //

Diese einfachen Fälle wollen wir nun benützen, um das Prinzip der Kapazitätsbestimmung und der Potentialbestimmung zu erläutern. Zunächst ist klar, dass wir die Flasche aus konzen-

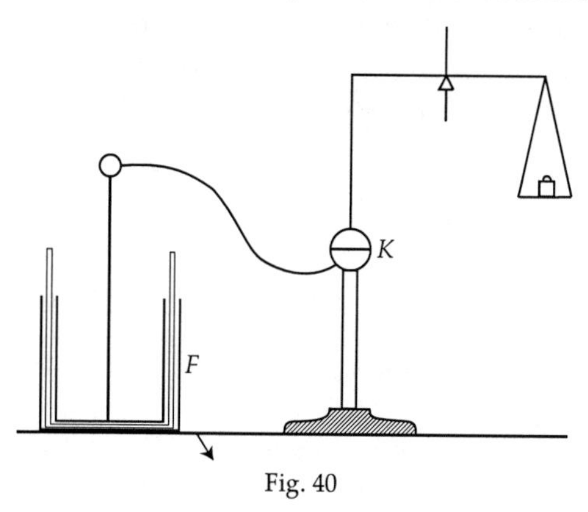

Fig. 40

trischen Kugeln von bekannter Kapazität als Maßflasche benutzen, und mit Hilfe derselben in der bereits dargelegten Weise die Kapazität einer vorgelegten Flasche *F* ermitteln können. Wir finden z. B., dass 37 Entladungen dieser Maßflasche von der Kapazität 100 die vorliegende Flasche zu gleicher Schlagweite, das ist zu gleichem Potential laden. Demnach ist die Kapazität der vorliegenden Flasche 3.700 cm. Die große Batterie des Prager physikalischen Institutes, welche aus 16 solchen nahe gleichen Flaschen besteht, hat demnach eine Kapazität von etwas mehr als 50.000 cm, also dieselbe Kapazität wie eine frei im Luftraum schwebende // 155 // Kugel von mehr als 1 km Durchmesser. Diese Bemerkung kann uns den großen Vorteil nahe legen, welchen Leydener-Flaschen bei Aufspeicherung von Elektrizität gewöhnlichen Konduktoren gegenüber gewähren. In der Tat unterscheiden sich Flaschen von einfachen Konduktoren, wie schon FARADAY wusste, wesentlich nur durch die große Kapazität.

Zum Zwecke der Potentialbestimmung denken wir uns die innere Belegung einer Flasche F, deren äußere Belegung abgeleitet ist, durch einen dünnen langen Draht mit einer leitenden Kugel K verbunden, welche in einem Luftraume frei aufgestellt ist, gegen dessen Dimensionen der Kugelradius verschwindet (Fig. 40). Die Flasche und die Kugel nehmen sofort gleiches Potential an. Auf der Kugeloberfläche aber befindet sich, wenn dieselbe von allen anderen Leitern weit genug entfernt ist, eine gleichmäßige Schicht von Elektrizität. Enthält die Kugel vom Radius r die Ladung q, so ist $V = \frac{q}{r}$ ihr Potential. Ist nun die obere Kugelhälfte abgeschnitten und an einer Waage, an deren Balken sie mit Seidenfäden befestigt ist, äquilibriert, so wird die obere Hälfte von der unteren mit der Kraft $P = \frac{q^2}{8r^2} = \frac{1}{8}V^2$ abgestoßen. Diese Abstoßung P kann durch ein Zuleggewicht ausgeglichen und folglich bestimmt werden. Das Potential ist dann $V = \sqrt{8P}$.[14] // 156 //

Dass das Potential der Wurzel aus der Kraft proportional geht, ist leicht einzusehen. Bei doppeltem oder dreifachem Po-

---

14 Die Energie einer mit der Menge q geladenen Kugel vom Halbmesser r ist $\frac{1}{2} \cdot \frac{q^2}{r}$. Dehnt sich der Radius um dr, so findet hierbei ein Energieverlust statt, und die geleistete Arbeit ist $\frac{1}{2} \cdot \frac{q^2}{r}\, dr$. Nennt man p den gleichmäßigen elektrischen Druck auf die Oberflächeneinheit der Kugel, so ist die betreffende Arbeit auch $4\,r^2 \pi\, p\, d\, r$, demnach $p = \frac{1}{8} \cdot \frac{q^2}{r^2 \pi r^2}$. Die Halbkugel, von, allen Seiten demselben Oberflächendruck etwa in einer Flüssigkeit ausgesetzt, wäre im Gleichgewicht. Demnach haben wir den Druck p auf die Fläche des größten Kreises wirken zu lassen, um die Wirkung auf die Waage zu erhalten, welche ist $r^2 \pi p \frac{1}{8} \cdot \frac{q^2}{r^2} = \frac{1}{8} V^2$.

tential ist die Ladung aller Teile verdoppelt oder verdreifacht, demnach ihre gegenseitige Abstoßungswirkung schon vervierfacht, verneunfacht.

Betrachten wir ein besonderes Beispiel. Ich will auf der Kugel das Potential 40 herstellen. Welches Übergewicht muss ich der Kugelhälfte in Grammen geben, damit der Abstoßungskraft eben das Gleichgewicht gehalten wird? Da ein Grammgewicht etwa 1.000 Krafteinheiten entspricht, so haben wir folgende einfache Rechnung $40 \times 40 = 8 \times 1.000 \cdot x$, wobei x die Anzahl der Gramm bedeutet. Es ist rund $x = 0{,}2$ Gramm. Ich lade die Flasche. Es erfolgt der Ausschlag, ich habe das Potential 40 erreicht oder eigentlich überschritten und Sie sehen, wenn ich die Flasche entlade, den zugehörigen Funken.[15] // 157 //

Die Schlagweite zwischen den Funkenkugeln einer Maschine wächst mit der Potentialdifferenz, wenn auch nicht proportional derselben. Die Schlagweite wächst rascher als die Potentialdifferenz. Bei einem Abstand der Funkenkugeln von 1 cm an dieser Maschine ist die Potentialdifferenz 110. Man kann sie leicht auf das Zehnfache bringen. Und welche bedeutende Potentialdifferenzen in der Natur vorkommen, sieht man daraus, dass die Schlagweite der Blitze bei Gewittern nach Kilometern zählt. Die Potentialdifferenzen bei galvanischen Batterien sind bedeutend kleiner, als jene an unserer Maschine, denn erst einige hundert Elemente geben einen Funken von mikroskopischer Schlagweite.

Wir wollen nun die gewonnenen Begriffe benützen, um eine andere wichtige Bezeichnung der elektrischen und mechani-

15 Die eben angegebene Disposition ist aus mehreren Gründen zur wirklichen Messung des Potentials nicht geeignet. Das *Thomson*'sche absolute Elektrometer beruht auf einer sinnreichen Modifikation der elektrischen Waage von *Harris* und *Volta*. Von zwei großen planparallelen Platten ist die eine zur Erde abgeleitet, die andere auf das zu messende Potential gebracht. Ein kleines bewegliches Flächenstück f der letzteren hängt an der Waage zur Bestimmung der Attraktion P. Bei dem Plattenabstand D ergibt sich $V = D\sqrt{\frac{8\pi P}{f}}$.

schen Vorgänge zu beleuchten. Wir wollen untersuchen, welche potentielle Energie oder welcher Arbeitsvorrat in einem geladenen Leiter, z. B. in einer Flasche, enthalten ist.

Schafft man eine Elektrizitätsmenge auf einen Leiter, oder ohne Bild gesprochen, erzeugt man durch Arbeit elektrische Kraft an einem Leiter, so vermag diese Kraft die Arbeit wiederzugeben, durch welche sie entstanden ist. Wie groß ist nun die Energie oder Arbeitsfähigkeit eines Leiters von bekannter Ladung Q und bekanntem Potential V?

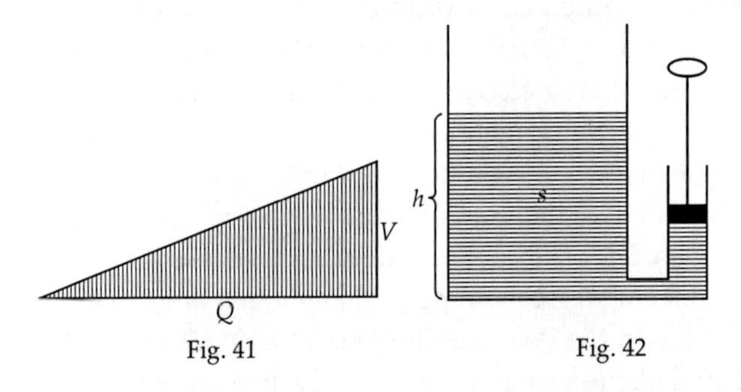

Fig. 41 Fig. 42

Wir denken uns die genannte Ladung Q in sehr kleine Teile q, q_1, q_2 ... geteilt, und dieselben nacheinander auf den Leiter geschafft. Die erste sehr kleine Menge q gelangt ohne merkliche Arbeit // 158 // hinauf, erzeugt aber ein kleines Potential V_1. Zur Förderung der zweiten Menge brauchen wir dann schon die Arbeit q_1V_1 und analog für die folgenden Mengen die Arbeiten q_2V_2, q_3V_3 usw. Da nun das Potential den zugeführten Mengen selbst proportional bis V ansteigt, so ergibt sich entsprechend unserer graphischen Darstellung (Fig. 41) die Gesamtarbeit

$$W = \frac{1}{2}QV,$$

welche der gesamten Energie des geladenen Leiters entspricht. Mit Rücksicht auf die Gleichung $Q = CV$, worin C die Kapazität bedeutet, können wir auch sagen

$$W = \frac{1}{2}CV^2 \text{ oder } W = \frac{Q^2}{2C}.$$

Es wird vielleicht nützlich sein, den ausgeführten Gedanken noch durch eine Analogie aus dem Gebiete der Mechanik zu erläutern.

Wenn wir eine Flüssigkeitsmenge Q allmählich in ein zylindrisches Gefäß pumpen (Fig. 42), so steigt in diesem das Niveau ebenso allmählich. Je mehr wir schon ein- // 159 // gepumpt haben, mit desto größerem Druck müssen wir weiterpumpen, oder auf ein desto höheres Niveau müssen wir die Flüssigkeit heben. Die aufgespeicherte Arbeit wird wieder verwendbar, wenn das Flüssigkeitsgewicht Q, welches bis zum Niveau h reicht, wieder ausfließt. Die Arbeit W entspricht dem Fall des ganzen Flüssigkeitsgewichts Q um die mittlere Höhe $\frac{h}{2}$, oder um die Schwerpunktshöhe. Es ist

$$W = \frac{1}{2} Qh \, .$$

Und weil $Q = Kh$, d. h. weil das Flüssigkeitsgewicht und die Höhe h proportional sind, ist auch

$$W = \frac{1}{2} Kh^2 \text{ und } W = \frac{Q^2}{2K} \, .$$

Betrachten wir als spezielles Beispiel unsere Flasche.
Die Kapazität ist C = 3.700,
das Potential $V = 110$, demnach
die Menge $Q = CV = 407.000$ elektrostatische Einheiten,
und die Energie $W = \frac{1}{2} QV = 22.385.000$ CGS-Arbeitseinheiten.

Diese Arbeitseinheit des CGS-Systems liegt unserm Gefühl fern und ist für uns wenig anschaulich, da wir gewohnt sind, mit Gewichten zu operieren. Nehmen wir demnach als Arbeitseinheit ein Grammzentimeter, welche dem Druck eines Grammgewichtes auf die Wegstrecke von 1 cm entspricht, und welche rund 1.000 Mal größer ist als die vorher zugrunde gelegte Einheit, so wird unsere Zahl rund 1.000 Mal // 160 // kleiner. Und übergehen wir zu dem praktisch so geläufigen Kilogrammmeter als Arbeitseinheit, so ist dies wegen der 100 Mal größeren

Wegstrecke und dem 1.000 Mal größeren Gewicht, das wir nun zugrunde legen, 100.000 Mal größer. Die Zahl für die Arbeit fällt also 100.000 Mal kleiner aus, und wird rund 0,22 Kilogrammmeter. Wir können uns von dieser Arbeit sofort eine anschauliche Vorstellung verschaffen, wenn wir ein Kilogrammgewicht 22 cm tief fallen lassen.

Diese Arbeit wird also bei Ladung der Flasche geleistet, und kommt bei Entladung derselben nach Umständen teils als Schall, teils als mechanische Durchbrechung von Isolatoren, teils als Licht und Wärme usw. zum Vorschein.

Die erwähnte große Batterie des physikalischen Institutes aus 16 Flaschen zu gleichem Potential geladen, liefert, obgleich der Entladungseffekt imposant ist, doch nur eine Gesamtarbeit von etwa 3 Kilogrammmeter.

Bei Entwicklung der eben dargelegten Gedanken sind wir durchaus nicht auf den von uns eingeschlagenen Weg beschränkt, welcher nur als ein zur Orientierung vorzugsweise geeigneter gewählt wurde. Der Zusammenhang unter den physikalischen Erscheinungen ist vielmehr ein so mannigfacher, dass man derselben Sache auf sehr verschiedene Weise beikommen kann. Namentlich hängen die elektrischen Erscheinungen mit allen übrigen so innig zusammen, dass man die Elektrizitätslehre billig die Lehre vom Zusammenhang der physikalischen Erscheinungen nennen könnte, was Ihnen die // 161 // folgenden Vorträge ohne Zweifel recht nahe legen werden.

Was insbesondere das Prinzip der Erhaltung der Energie betrifft, welches die elektrischen mit den mechanischen Erscheinungen verknüpft, so möchte ich noch kurz auf zwei Wege aufmerksam machen, diesen Zusammenhang zu verfolgen.

Professor Rosetti hat vor einigen Jahren an einer durch Gewicht betriebenen Influenzmaschine, die er abwechselnd in elektrischem und unelektrischem Zustande mit gleicher Geschwindigkeit in Gang setzte, in beiden Fällen die aufgewendete mechanische Arbeit bestimmt, und war dadurch in den Stand gesetzt, die nach Abzug der Reibungsarbeit rein auf Elektrizitätsentwicklung entfallende mechanische Arbeit zu ermitteln.

Ich selbst habe den Versuch in modifizierter, und wie ich glaube, in vorteilhafter Form angestellt. Anstatt nämlich die Reibungsarbeit besonders zu bestimmen, habe ich den Apparat so eingerichtet, dass sie bei der Messung von selbst ausfällt, und gar nicht beachtet zu werden braucht. Die so genannte fixe Scheibe der Maschine, deren Rotationsachse vertikal steht, ist ähnlich wie ein Kronleuchter an drei gleich langen vertikalen Fäden von der Länge l und dem Achsenabstand r aufgehängt. Nur wenn die Maschine erregt ist, erhält diese Scheibe, welche einen PRONY'schen Zaun vorstellt, durch die Wechselwirkung mit der rotierenden Scheibe eine Ablenkung a und ein Drehungsmoment, welches durch $D = \frac{Pr^2}{l} a$ ausgedrückt ist, wenn P das //162 // Scheibengewicht ist.[16] Der Winkel a wird durch einen auf die Scheibe gesetzten Spiegel bestimmt. Die bei n Umdrehungen aufgewendete Arbeit ist durch $2n\pi D$ gegeben.

Schließt man die Maschine in sich, wie es ROSETTI getan hat, so erhält man einen kontinuierlichen Strom, der alle Eigenschaften eines sehr schwachen galvanischen Stromes hat, z. B. an einem eingeschalteten Multiplikator einen Ausschlag erzeugt usw. Man kann nun direkt die zur Instandhaltung dieses Stromes aufgewendete mechanische Arbeit ermitteln.

Ladet man mit Hilfe der Maschine eine Flasche, so entspricht die Energie derselben, welche zur Funkenbildung, zur Durchbrechung von Isolatoren usw. verwendet werden kann, nur einem Teil der aufgewendeten mechanischen Arbeit, indem ein anderer Teil im Schließungsbogen verbraucht wird. Es ist ein Bild der Kraft- oder richtiger der Arbeitsübertragung, welches diese Maschine mit eingeschalteter Flasche im Kleinen darbietet. Und in der Tat gelten hier ähnliche Gesetze für den

16 Dieses Drehungsmoment muss noch wegen der elektrischen Attraktion der erregten Scheiben korrigiert werden. Dies erreicht man, indem man das Scheibengewicht durch Zuleggewichte ändert, und noch eine Winkelablesung macht.

ökonomischen Koeffizienten, wie sie für die großen Dynamomaschinen Platz greifen.[17] // 163 //

Ein anderes Mittel zur Untersuchung der elektrischen Energie ist die Umwandlung derselben in Wärme. Riess[18] hat derartige Versuche mit Hilfe seines elektrischen Luftthermometers ausgeführt, und zwar vor langer Zeit schon (1838), als die mechanische Wärmetheorie noch nicht so populär war wie heute.

Wird die Entladung durch einen durch die Kugel des Luftthermometers gezogenen feinen Draht geleitet, so lässt sich eine Wärmeentwicklung nachweisen, welche dem schon erwähnten Ausdruck $W = \frac{1}{2} QV$ proportional geht. Wenn es nun auch noch nicht gelungen ist, die gesamte Energie auf diese Weise in messbare Wärme umzuwandeln, // 164 // weil ein Teil in dem Funken in der Luft außerhalb des Thermometers verbleibt, so spricht doch alles dafür, dass die gesamte in allen Leiterteilen und Entladungswegen schließlich entwickelte Wärme das Äquivalent der Arbeit $\frac{1}{2} QV$ sei.

Es kommt hierbei auch gar nicht darauf an, ob die elektrische

---

17 In unserem Experiment verhält sich die Flasche wie ein Akkumulator, der durch eine Dynamomaschine geladen wird. Welches Verhältnis zwischen der aufgewendeten und nutzbaren Arbeit besteht, wird durch folgende einfache Darstellung ersichtlich. Die *Holtz*'sche Maschine H, Fig. 43, lade eine Maßflasche L, welche nach n Entladungen mit der Menge q und dem Potential v, die Flasche F mit der Menge Q zum Potential V geladen hat. Die Energie der Maßflaschenentladungen ist verloren, und jene der Flasche F allein übrig. Demnach ist das Verhältnis der nutzbaren zur überhaupt aufgewendeten Arbeit:

$$\frac{\frac{1}{2}QV}{\frac{1}{2}QV + \frac{n}{2}qv}$$ und, weil $Q = nq$, [Figur 43]

auch $\frac{V}{V+v}$. Schaltet man nun auch keine Maßflasche ein, so sind doch die Maschinenteile und Zuleitungsdrähte selbst solche Maßflaschen und es besteht die Formel fort $\frac{V}{V+\sum v}$, in welcher $\sum v$ die Summe aller hintereinander geschalteten Potentialdifferenzen im Schließungskreise bedeutet.

18 [*] Peter Theophil Rieß (1804-1883), deutscher Physiker

Energie auf einmal oder teilweise, nach und nach, umgewandelt wird. Wenn z. B. von zwei gleichen Flaschen die eine mit der Menge Q zum Potential V geladen ist, so ist die vorhandene Energie $\frac{1}{2}QV$. Entlädt man die Flasche in die andere, so sinkt wegen der doppelten Kapazität V auf $\frac{V}{2}$. Es verbleibt also die Energie $\frac{1}{4}QV$, während $\frac{1}{4}QV$ im Entladungsfunken in Wärme umgewandelt wurde. Der Rest ist aber in beiden Flaschen gleich verteilt, so dass jede bei ihrer Entladung noch $\frac{1}{8}$ QV in Wärme umzusetzen vermag.

Wir haben die Elektrizität in der beschränkten Erscheinungsform besprochen, welche den Forschern vor Volta[19] allein bekannt war und die man, vielleicht nicht ganz glücklich, statische Elektrizität oder Spannungselektrizität genannt hat. Es versteht sich aber, dass die Natur der Elektrizität überall eine und dieselbe ist, dass ein wesentlicher Unterschied zwischen statischer und galvanischer Elektrizität nicht besteht. Nur die quantitativen Umstände sind // 165 // in beiden Gebieten so sehr verschieden, dass in dem zweiten ganz neue Seiten der Erscheinung, wie z. B. die magnetischen Wirkungen deutlich hervortreten können, welche in dem ersten unbemerkt blieben, während umgekehrt wieder die statischen Anziehungen und Abstoßungen in dem zweiten Gebiete fast verschwinden. In der Tat kann man die magnetische Wirkung des Entladungsstromes einer Influenzmaschine leicht am Multiplikator nachweisen, doch hätte man schwerlich an diesem Strome die magnetische Wirkung entdecken können. Die statischen Fernwirkungen der Polldrähte eines galvanischen Elementes wären ebenfalls kaum zu beobachten, wenn die Erscheinung nicht schon von anderer Seite her in auffallender Form bekannt wäre.

Wollte man die beiden Gebiete in den Hauptzügen charakterisieren, so würde man sagen, dass in dem ersteren hohe Po-

19 [*] Alessandro Volta (1745–1827), italienischer Physiker

tentiale und kleine Mengen, in dem letzteren kleine Potentiale und große Mengen ins Spiel kommen. Eine sich entladende Flasche und ein galvanisches Element verhalten sich etwa wie eine Windbüchse und ein Orgelblasebalg. Erstere gibt plötzlich unter sehr hohem Druck eine kleine Luftquantität, letzterer allmählich unter sehr geringem Druck eine große Luftquantität frei.

Es würde zwar prinzipiell nichts im Wege stehen, auch im Gebiet der galvanischen Elektrizität die elektrostatischen Maße festzuhalten, und z. B. die Stromstärke zu messen durch die Zahl der elektrostatischen Einheiten, welche in der Sekunde den Querschnitt passieren, allein dies wäre in doppelter Hinsicht unpraktisch. Erstens würde man die magnetischen Anhaltspunkte der Messung, welche der Strom // 166 // bequem darbietet, unbeachtet lassen, und dafür eine Messung setzen, die sich an dem Strom nur schwer und mit geringer Genauigkeit ausführen lässt. Zweitens würde man eine viel zu kleine Einheit anwenden und dadurch in dieselbe Verlegenheit kommen, wie ein Astronom, der die Himmelsräume in Metern, statt in Erdradien und Erdbahnhalbmessern ausmessen wollte, denn der Strom, welcher nach magnetischem Maße (in CGS) die Einheit darstellt, fördert etwa 30.000.000.000 (30 Tausend Millionen) elektrostatischer Einheiten in der Sekunde durch den Querschnitt. Deshalb müssen hier andere Maße zugrunde gelegt werden. Dies auseinanderzusetzen gehört aber nicht mehr zu meiner Aufgabe.[20] // 167 //

---

20 [Es liegt die Bemerkung nahe, dass man mit *jedem* der Begriffe Q, V, W *unmittelbar* an die Beobachtung anknüpfen kann. Die beiden anderen Begriffe lassen sich dann durch den als Fundamentalbegriff gewählten und die nötigen Konstanten ausdrücken. *Coulomb* geht von dem Mengenbegriff, *Cavendish* von dem Potentialbegriff aus, während *Rieß* (allerdings nicht mit vollem Bewusstsein) an den Energiebegriff anknüpft. Des letzteren Luftthermometer ist eigentlich ein Funken*kalorimeter*, welches sich mit Vorteil in die Form des *Bunsen*'schen Eiskalometers bringen ließe, und das dann wohl noch zu anderen Untersuchungen (Schmelz- und Dampfwärme der Metalle usw.) dienen könnte. Man befreit sich von Zufälligkeiten der Auffassung, indem man sich die Folgen einer Änderung der historischen Reihenfolge voneinander unabhängiger Entdeckungen vergegenwärtigt. Vgl. „[*Die Geschichte und die Wurzel des Satzes von der*] *Erhaltung der Arbeit*",

[Prag 1872], „[Die] *Mechanik* [*in ihrer Entwickelung. Historisch-kritisch dargestellt*]" [Leipzig 1883] und den folgenden Artikel 12. - 1902.]

12.
Über das Prinzip der Erhaltung der Energie[1]

In einem durch seine liebenswürdige Einfachheit und Klarheit ausgezeichneten populären Vortrag, den JOULE[2] im Jahre 1847 gehalten hat[3], setzt dieser berühmte Physiker auseinander, dass die lebendige Kraft, die ein schwerer Körper im Fall durch eine gewisse Höhe erlangt hat, welche derselbe in Form der beibehaltenen Geschwindigkeit mit sich führt, das Äquivalent der Attraktion durch den Fallraum ist, und dass es „absurd" wäre, anzunehmen, jene lebendige Kraft könnte zerstört werden, ohne dieses Äquivalent wieder zu erstatten. Er fügt dann hinzu: "You will therefore be surprised to hear that until very recently the universal opinion has been that living force could be absolutely and irrevocably destroyed at any one's option." Nehmen wir hinzu, dass heute, nach 47 Jahren, das Gesetz der // 168 // Erhaltung der Energie, soweit die Kultur reicht, als eine vollkommen ausgemachte Wahrheit gilt, und auf allen Gebieten der Naturwissenschaft die reichsten Anwendungen erfährt.

Das Schicksal aller bedeutenden Aufklärungen ist ein sehr ähnliches. Beim ersten Auftreten werden dieselben von der Mehrzahl der Menschen für Irrtümer gehalten. So wurde J. R. Mayers[4] Arbeit über das Energieprinzip (1842[5]) von dem ersten physikalischen Journal Deutschlands[6] zurückgewiesen, HELM-

1 Dieser Artikel, eine freie Bearbeitung eines Teiles meiner Schrift über „[*Die Geschichte und die Wurzel des Satzes von der*] *Erhaltung der Arbeit*", [Prag 1872], erschien zuerst englisch [*On the principle oft the conservation of energy*] in „The Monist". Vol. V [Nr.1 1894] p. 22[-54].

2 [*] James Prescott Joule (1818-1889), britischer Physiker

3 *On Matter, Living Force, and Heat.* [In:] Joule, *Scientific Papers*. London 1884. [Vol.] I. p. 265[-276].

4 [*] Julius Robert von Mayer (1814-1878), Deutscher Arzt und Physiker

5 [*Bemerkungen über die Kräfte der unbelebten Natur*. In: Justus Liebigs Annalen der Chemie, Bd.42 Nr.2, 233-240]

6 [*] Poggendorfs Annalen der Physik und Chemie

HOLTZ'[7] Abhandlung erging es (1847[8]) nicht besser, und auch Joule scheint nach einer Andeutung von PLAYFAIR[9] mit seiner ersten Publikation (1843[10]) auf Schwierigkeiten gestoßen zu sein. Allmählich aber erkennt man, dass die neue Ansicht längst wohl vorbereitet und spruchreif war, nur dass wenige bevorzugte Geister das weit früher wahrgenommen hatten, als die anderen, wodurch sich eben die Opposition der Majorität ergab. Mit dem Nachweis der Fruchtbarkeit der neuen Ansicht, mit ihrem Erfolg, wächst das Vertrauen zu derselben. Die Majorität der Menschen, welche die Ansicht verwendet, kann auf das gründliche Studium derselben nicht eingehen; sie nimmt den Erfolg für die Begründung. So kann es geschehen, dass eine Ansicht, welche die bedeutendsten Entdeckungen herbeigeführt hat, wie die BLACK'sche Wärmestofftheorie, zu einer späteren Zeit auf einem Gebiet, wo sie nicht zutrifft, ein Hemmnis des Fortschrittes wird, indem dieselbe die Menschen geradezu blind macht gegen Tatsachen, welche der beliebten Theorie nicht entsprechen. Soll eine Theorie vor dieser zweifelhaften Rolle bewahrt werden, so müssen // 169// von Zeit zu Zeit die Gründe und Motive ihrer Entwicklung und ihres Bestehens auf das Genaueste untersucht werden.

Durch mechanische Arbeit können die verschiedensten physikalischen (thermischen, elektrischen, chemischen usw.) Veränderungen eingeleitet werden. Werden dieselben rückgängig, so erstatten sie die mechanische Arbeit wieder, genau in dem Betrage, welcher zur Erzeugung des rückgängig gewordenen Teiles nötig war. Darin besteht der Satz der Erhaltung der Energie. Für das unzerstörbare Etwas, als dessen Maß die mechanische Arbeit gilt, ist allmählich der Name Energie in Ge-

---

7 [*] Hermann von Helmholtz (1821-1894), deutscher Physiologe und Physiker

8 [*Über die Erhaltung der Kraft. Eine physikalische Abhandlung,* vorgetragen in einer Sitzung der physikalischen Gesellschaft zu Berlin am 23. Juli 1847]

9 [*] Lyon Playfair, 1. Baron Playfair (1818-1898), britischer Chemiker und Politiker.

10 [*On the calorific effects of magneto-electricity, and on the mechanical value of heat.* In: The London, Edinburgh, and Dublin Philosophical Magazine and Journal of Science, Series 3 Vol. 23 Nr. CLII, 263-276]

brauch gekommen.[11] Wie sind wir zu dieser Einsicht gelangt? Aus welchen Quellen haben wir dieselbe geschöpft? Diese Frage ist nicht nur an sich von dem höchsten Interesse, sondern auch aus dem oben berührten Grunde.

Die Meinungen über die Grundlagen des Energiegesetzes gehen heute noch sehr weit auseinander. Manche führen den Energiesatz auf die Unmöglichkeit eines *perpetuum mobile* zurück, welche sie entweder als durch die Erfahrung hinlänglich erwiesen oder gar als selbstverständlich betrachten. Im Gebiete der bloßen Mechanik ist die Unmöglichkeit des *perpetuum mobile,* d. h. der fortwährenden Produktion von Arbeit ohne bleibende Veränderung leicht darzutun. Geht man also von der Ansicht aus, dass alle physikalischen Vorgänge lediglich mechanische Vorgänge, Be- // 170 // wegungen der Moleküle und Atome sind, so begreift man, auf Grund dieser mechanischen Auffassung der Physik, auch die Unmöglichkeit des *perpetuum mobile* in dem ganzen physikalischen Gebiet. Diese Auffassung zählt gegenwärtig wohl die meisten Anhänger. Andere Forscher lassen wieder nur eine durchaus experimentelle Begründung des Energiegesetzes gelten.

Es wird sich in dem folgenden zeigen, dass alle berührten Momente bei Entwicklung der fraglichen Ansicht tatsächlich mitgewirkt haben, dass aber dabei außerdem ein bisher wenig beachtetes logisches und ein rein formales Bedürfnis eine ganz wesentliche Rolle gespielt hat.

1. Der Satz vom ausgeschlossenen perpetuum mobile

Das Energiegesetz in seiner modernen Form ist zwar mit dem Satze vom ausgeschlossenen *perpetuum mobile* nicht identisch, doch steht es zu demselben in naher Beziehung. Letzterer Satz aber ist keineswegs neu, denn er hat auf mechanischem Gebiet schon vor Jahrhunderten die bedeutendsten Denker bei ihren

11 Derselbe scheint zuerst von *Th. Young* auf dem Gebiete der Mechanik eingeführt zu sein.

Forschungen geleitet. Es sei gestattet, dies durch einige historische Beispiele zu begründen:

S. Stevinus, *hypomnemata mathematica* Tom. IV *de statica.* Leyden 1605 p. 34 beschäftigt sich mit dem Gleichgewicht auf der schiefen Ebene.

An einem dreiseitigen Prisma *ABC* (Fig. 44 im Durchschnitte dargestellt), dessen eine Seite *AB* horizontal ist, hängt eine geschlossene Schnur, an welcher sich 14 gleich schwere Kugeln gleichförmig // 171 // verteilt befinden. Da man sich den unteren symmetrischen Teil der Schnur *ADC* wegdenken kann, so schließt Stevin[12], dass die vier Kugeln auf *AB* den zwei Kugeln auf *AC* das Gleichgewicht halten. Denn wäre das Gleichgewicht in einem Momente gestört, so könnte es nie bestehen, die Schnur müsste immer in demselben Sinne kreisen, wir hätten ein *perpetuum mobile.*

„Und gesetzt es sei dies, so würde die Reihe der Kugeln oder der Kranz (die Kette) dieselbe Lage haben wie zuvor, und aus demselben Grunde würden die acht Kugeln links gewichtiger sein, als jene sechs rechts; deshalb würden wieder jene acht sinken, jene sechs steigen, und diese Kugeln würden von selbst eine ewige Bewegung bewirken, was falsch ist."[13]

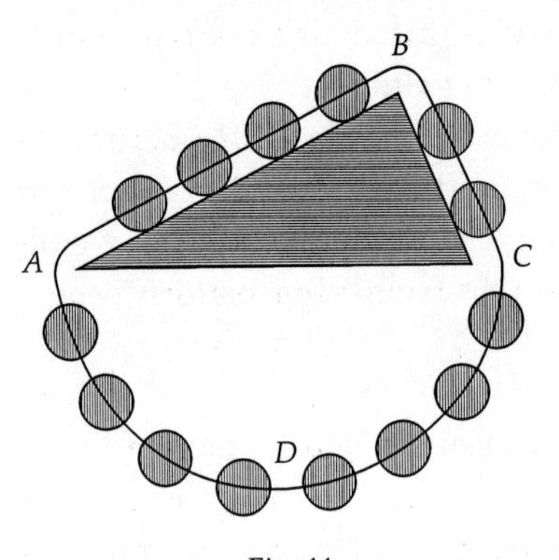

Fig. 44

Hieraus leitet nun Stevin leicht die Gleichgewichtsgesetze für die schiefe Ebene und sehr viele andere fruchtbare Folgerungen ab.

12 [*] Simon Stevin (1548/49-1620), flämischer Mathematiker, Physiker und Ingenieur

13 „Atqui hoc si sit, globorum series sive corona eundem situm cum priore habebit, eademque de causa octo globi sinistri ponderosiores erunt sex dextris, ideoque rursus octo illi descendent, sex illi ascendent, istique globi ex sese continuum et aeternum motum efficient, quod est falsum."

In dem Abschnitt Hydrostatik desselben Werkes p. 114 stellt STEVIN den Satz auf:

„Eine gegebene Wassermasse behält ihren gegebenen Ort innerhalb des Wassers."[14] // 172 //

Dieser Satz wird an Fig. 45 so bewiesen:

„*A* also (wenn dies auf irgendeine natürliche Weise geschehen könnte) behalte den eingeräumten Ort nicht, sondern falle nach *D*; dies angenommen sinkt das *A* nachfolgende Wasser vermöge derselben Ursache nach *D*, und dasselbe wird wieder von anderem vertrieben, und so wird dieses Wasser (da dieselbe Ursache fortbesteht) eine beständige Bewegung eingehen, was absurd wäre."[15]

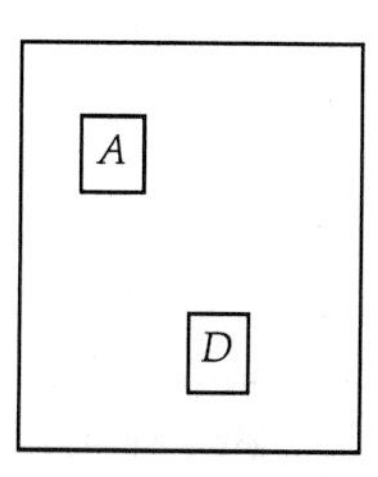

Fig. 45

Hieraus werden nun sämtliche Sätze der Hydrostatik abgeleitet. Bei dieser Gelegenheit entwickelt STEVIN auch zuerst den für die moderne analytische Mechanik so fruchtbaren Gedanken, nach welchem das Gleichgewicht eines Systems durch Hinzufügung fester Verbindungen nicht gestört wird. Bekanntlich leitet man heute z. B. den Satz der Erhaltung des Schwerpunktes aus dem D'ALEMBERT'schen Prinzip mit Hilfe jener Bemerkung her.

Wenn wir gegenwärtig die STEVIN'schen Demonstrationen reproduzieren würden, so müssten wir sie freilich etwas verändern. Uns macht es keine Schwierigkeit bei hinweggedachten Widerständen die Kette auf seinem Prisma in endloser gleichförmiger Bewegung vorzustellen. Dagegen würden wir gegen die Annahme einer beschleunigten Bewegung oder auch gegen die einer gleich- // 173 // förmigen bei nicht beseitigten Widerständen protestieren. Auch ließe sich zur größeren Schärfe des

14 „Aquam datam, datum sibi intra aquam locum servare."

15 „A igitur (si ullo modo per naturam fieri possit), locum sibi tributum non servato, ac delabatur in *D*; quibus positis aqua quae ipsi *A* succedit eandem ob causam deffluet in *D*, eademque ab alia instinc expelletur, atque adeo aqua haec (cum ubique eadem ratio sit) motum instituet perpetuum, quod absurdum fuerit."

Beweises die Kugelkette durch eine schwere gleichförmige vollkommen biegsame Schnur ersetzen.

Dies ändert nichts an dem historischen Wert der STEVIN'schen Betrachtungen. Es ist Tatsache, STEVIN leitet anscheinend viel einfachere Wahrheiten aus dem Prinzip des unmöglichen *perpetuum mobile* ab.

In dem Gedankengang, welcher Galilei zu seinen Entdeckungen führt, spielt der Satz eine bedeutende Rolle, dass ein Körper durch die im Falle erlangte Geschwindigkeit gerade so hoch steigen kann, als er herabgefallen ist. Dieser Satz, der bei Galilei oft und mit großer Klarheit auftritt, ist doch nur eine andere Form des Prinzips vom ausgeschlossenen *perpetuum mobile*, wie wir dies bei Huygens[16] sehen werden.

GALILEI hat bekanntlich das Gesetz der gleichförmig beschleunigten Fallbewegung durch Spekulation als das „einfachste und natürlichste" gefunden, nachdem er zuvor ein anderes angenommen und wieder fallen gelassen hatte. Um aber sein Fallgesetz zu prüfen, stellte er Versuche über den Fall auf der schiefen Ebene an, wobei er die Fallzeiten durch die Gewichte des aus einem Gefäße in feinem Strahle ausfließenden Wassers bestimmte. Hierbei nimmt er nun als Grundsatz an, dass die auf der schiefen Ebene erlangte Geschwindigkeit immer der vertikalen Fallhöhe entspricht, was für ihn daraus hervorgeht, dass der auf einer schiefen Ebene gefallene Körper auf einer anderen beliebig geneigten mit seiner Geschwindigkeit immer nur zur gleichen Vertikalhöhe aufsteigen kann. Der Satz über die // 174 // Steighöhe hat ihn, wie es scheint, auch auf das Trägheitsgesetz geführt. Hören wir seine eigene geistvolle Auseinandersetzung im dialogo terzo. *Opere*. Padova 1744 Tom. III.

S. 96 heißt es:

„Ich nehme an, die Geschwindigkeiten, welche dasselbe Bewegliche im Fall auf schiefen Ebenen verschiedener Neigung

16 [*] Christiaan Huygens (1629–1695), niederländischer Astronom, Mathematiker und Physiker

erreicht, seien gleich, wenn die vertikalen Fallhöhen gleich sind.“[17]

Hierzu lässt er SALVIATI im Dialog bemerken:

„Ihr sprecht sehr überzeugend, aber über die Wahrscheinlichkeit hinaus will ich durch ein Experiment die Überzeugung so steigern, dass wenig zu einem strengen Beweis fehlen soll. Denkt Euch, dieses Blatt sei eine vertikale Wand, und an einem daselbst befestigten Nagel hänge an einem vertikalen Faden *AB* von 2 oder 3 Ellen eine Bleikugel von 1 oder 2 Unzen, und an der Wand zeichnet eine zu dem von der Wand ungefähr 2 Zoll entfernten *AB* senkrechte (horizontale) Gerade, führt Ihr dann den Faden *AB* mit der Kugel nach *AC* und lasst die Kugel frei, so seht Ihr dieselbe zunächst fallen, den Bogen *CBD* beschreibend, und soviel die Grenze *B* //175// überschreiten, dass durch den Bogen *BD* laufend dieselbe fast zur Geraden *CD* aufsteigt, indem ein kleiner Zwischenraum übrig bleibt, so viel als vom Widerstand der Luft und des Fadens herrührt. Hieraus können wir schließen, dass der durch den Fall im Punkte *B* erlangte Schwung genügend sei, um durch einen gleichen Bogen zur selben Höhe aufzusteigen; nach wiederholter Ausführung des Versuches wollen wir in der Wand bei *E* einen Nagel einschlagen, oder bei *F*, 5 oder 6 Finger breit nach vorn, damit der Faden *AC*, wenn er mit der Kugel wieder nach *CB* kommt und *B* erreicht, beim Nagel *E* festgehalten, und die

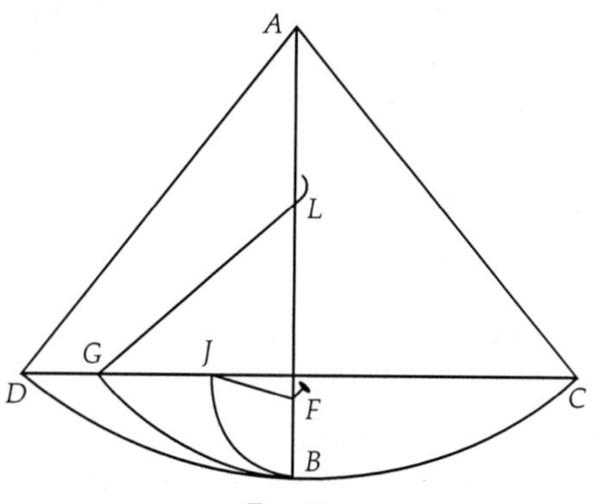

Fig. 44

17 „Accipio, gradus velocitatis eiusdem mobilis super diversas planorum inclinationes acquisitos tunc esse aequales, cum eorundem planorum elevationes aequales sint.“

Kugel genötigt werde, den Bogen *BC* um *E* zu beschreiben, wobei wir sehen werden, was dieselbe Geschwindigkeit leistet, die vorher denselben Körper durch den Bogen *BD* zur Horizontalen *CD* beförderte. Nun, meine Herren, werdet Ihr mit Vergnügen bemerken, dass die Kugel im Punkte *G* den Horizont erreicht, und dasselbe geschieht, wenn das Hindernis sich tiefer befindet, wie bei *F*, wobei die Kugel den Bogen *BJ* beschreibt, den Aufstieg stets im Horizont *CD* beendend, und wenn der hemmende Nagel so tief läge, dass der Rest des Fadens nicht mehr den Horizont *CD* erreichen kann (was eintritt, wenn er näher an *B* als am Durchschnitt von *AB* mit *CD* liegt), so überhüpft der Faden den Nagel und wickelt sich herum. Dieser Versuch lässt keinen Zweifel über die Wahrheit des aufgestellten Satzes. Denn, da die Bögen *CB, DB* einander gleich sind und symmetrisch liegen, so wird das beim Fall durch den Bogen *CB* erlangte Moment ebenso groß sein, wie die Wirkung durch den Bogen *DB*; aber das // 176 // in *B* erlangte, durch *CB* hindurch erzeugte Moment vermag denselben Körper durch den Bogen *BD* zu heben; folglich wird auch das beim Sinken durch *DB* erzeugte Moment gleich sein demjenigen, welches denselben Körper vorher von *B* bis *D* führen konnte, so dass allgemein jedes beim Sinken erzeugte Moment gleich demjenigen ist, welches den Körper durch denselben Bogen zu erheben imstande ist: aber alle Momente, die den Körper durch die Bögen *BD, BG, BF* heben konnten, sind einander gleich, da sie stets im Fall durch *CB* entstanden waren, wie der Versuch lehrt: folglich sind auch alle Momente, welche im Fall durch die Bögen *DB, GB, FB* entstehen, einander gleich."[18] // 177 //

18 Voi molto probabilmente discorrete, ma oltre al veri simile voglio con una esperienza crescer tanto la probabilità, che poco gli manchi all' agguagliarsi ad una ben necessaria dimostrazione. Figuratevi questo foglio essere una parete eretta al orizzonte, e da un chiodo fitto in essa pendere una palla di piombo d'un'oncia, o due, sospesa dal sottil filo *AB* lungo due, o tre braccia perpendicolare all' orizzonte, e nella parete segnate una linea orizzontale *DC* segante a squadra il perpendicolo *AB*, il quale sia lontano dalla parete due dita in circa, trasferendo pol il filo *AB* colla palla in *AC*, lasciata essa palla in libertà, la quale primieramente vedrete scendere descrivendo l'arco

Die über das Pendel gemachte Bemerkung überträgt sich sofort auf die schiefe Ebene und führt zum Trägheitsgesetz. Es heißt S. 124:

„Es steht bereits fest, dass ein Bewegliches aus der Ruhe in *A* durch *AB* herabsteigend dem Zeitzuwachs entsprechende Geschwindigkeitenerlangt:dassaberderGeschwindigkeitsgrad in *B* der größte und unveränderlich eingepflanzt sei, wenn nämlich die Ursache einer neuen Beschleunigung oder Ver- // 178 // zögerung beseitigt ist: einer Beschleunigung, sage ich, wenn dasselbe weiter auf der ausgedehnten Ebene fortschreitet; einer

---

CBD, e di tanto trapassare il termine *B*, che scorrendo per l'arco *BD*, sormonterà fino quasi alla segnata parallela *CD*, restando di per vernirvi per piccolissimo intervallo toltogli il precisamente arrivarvi dall' impedimento dell'aria, e del filo. Dal che possiamo veracemente concludere, che l'impeto acquistato nel punto *B* dalla palla nello scendere per l'arco *CB*, fu tanto, che bastò a risospingersi per un simile arco *BD* alla medesima altezza; fatta, e piú volte reiterata cotale esperienza, voglio, che fiechiamo nella parete rasente al perpendicolo *AB* un chiodo come in E ovvero in *F*, che sporga in fuori cinque, o sei dita, e questo acciocche il filo *AC* tornando come prima a riportar la palla *C* per l'arco *CD*, giunta che ella sia in *B*, intoppando il filo nel chiodo *E*, sia costretta a camminare per la circonferenza *BG* descritta intorno al centro *E*, dal che vedremo quello, che potrá far quel medesimo impeto, che dianzi concepizo nel medesimo termine B, sospinse l'istesso mobile per l'arco *ED* all'altezza dell'orizzontale *CD*. Ora, Signori, voi vedrete con gusto condursi la palla all'orizzontale, nel punto *G*, e l'istesso accadere, l'intoppo si metesse più basso come in *F*, dove la palla descriverebbe l'arco *BJ*, terminando sempre la sua salita precisamente nella linea *CD*, e quando l'intoppo del chiodo fusse tanto basso, che l'avanzo del filo sotto di lui non arivasse all'altezza di *CD* (il che accaderebbe, quando fusse piú vicino al punto B, che al segamento dell' AB coll' orizzontale *CD*), allora il filo cavalcherebbe il chiodo, e segli avolgerebbe intorno. Questa esperienza non lascia luogo di dubitare della veritá del supposto: imperocché essendo li due archi *CB*, *DB* equali e similmento posti, l'acquisto di momento fatto per la scesa nell'arco *CB* e il medesimo, che il fatto per la scesa dell'arco *DB*; ma il momento acquistato in *B* per l'arco *CB* e potente a risospingere in su il medesimo mobile per l'arco *BD*; adunque anco il momento acquistato nella scesa *DB* e eguale a quello, che sospigne l'istesso mobile pel medesimo arco da *B* in *D*, sicche universalmente ogni momento acquistato per la scesa dun arco e eguale a quello, che pub far risalire l'istesso mobile pel medisimo arco: ma i momenti tutti che fanno risalire per tutti gli archi *BD*, *BG*, *BJ* sono eguali, poiché son fatti dal istesso medesimo momento acquistato per la scesa *GB*, come mostra l'esperienza: adunque tutti i momenti, che si acquistano per le scese negli archi *JB*, *GB*, *JB* sono eguali.

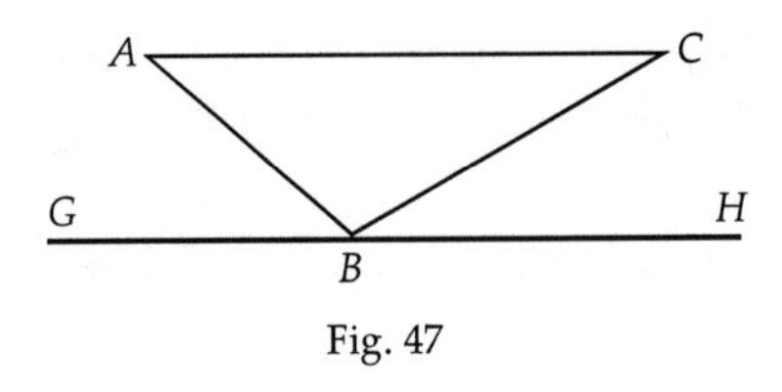

Fig. 47

Verzögerung aber, wenn es auf die ansteigende Ebene *BC* abgeleitet wird: auf der Horizontalen *GH* aber wird die gleichförmige Bewegung je nach der von *A* nach *B* erlangten Geschwindigkeit ins Unendliche fortbestehen."[19]

Huygens, in allen Stücken ein Nachfolger Galileis, fasst das Trägheitsgesetz schärfer und verallgemeinert den für Galilei so fruchtbar gewordenen Satz über die Steighöhe. Letzteren verwendet er zur Lösung des Problems vom Schwingungsmittelpunkt und spricht sich darüber vollkommen klar aus, dass der Satz über die Steighöhe identisch sei mit dem Satze vom ausgeschlossenen *perpetuum mobile*.

Es folgen die wichtigen Stellen: Huygens, *Horologium* [*oscillatorium sive de motu pendularium*, Paris 1673], zweiter Teil. Hypothesen:

„Wenn die Schwere nicht wäre, und wenn die Luft die Bewegung der Körper nicht hindern würde, würde jeder derselben die einmal angenommene Bewegung mit gleich bleibender Geschwindigkeit längs einer geraden Linie fortsetzen."[20] // 179 //

Horologium. Vierter Teil. Über den Schwingungsmittelpunkt:

„Wenn beliebige schwere Körper durch ihr Gewicht in Bewegung geraten, kann der gemeinsame Schwerpunkt derselben nicht höher steigen, als er zu Anfang sich befand."

19 Constat jam, quod mobile ex quiete in *A* descendens per *AB*, gradus acquirit velocitatis juxta temporis ipsius incrementum: gradum vero in *B* esse maximum acquisitorum, et suapte natura imutabiliter impressum, sublatis scilicet causis accelerationis novae, auf retardationis: acccleration is inquam, si adhuc super extenso piano ulterius progrederetur; retardationis vero, dum super planum acclivc *BG* fit reflexio: in horizontali autem *GH* aequabilis motus juxta gradum velocitatis ex *A* in *B* acquisitae in infinitum extenderetur.

20 Si gravitas non esset, neque aër motui corporum officeret, unumquodque eorum, acceptum semel motum continuaturum velocitate aequabili, secundum lineam rectam.

„Wir werden zeigen, dass diese Voraussetzung, obgleich sie bedenklich scheinen könnte, nichts anderes besagt als das, was nie jemand bezweifelt hat, dass die schweren Körper sich nicht (von selbst) aufwärts bewegen. – Und wenn dies die Erfinder neuer Konstruktionen zu benützen verständen, welche in irrigem Streben ein *perpetuum mobile* herzustellen suchen, würden sie leicht ihre Fehler erkennen und einsehen, dass diese Sache auf mechanischem Wege nicht möglich sei."[21]

Eine jesuitische *reservatio mentalis* ist vielleicht in den Worten „mechanica ratione" angedeutet. Man könnte hiernach glauben, dass Huygens ein nichtmechanisches *perpetuum mobile* für möglich hält.

Klarer wird die Verallgemeinerung des Galilei'- // 180 // schen Satzes noch in Propos. IV desselben Abschnittes ausgesprochen:

„Wenn ein beliebiges aus mehreren schweren Körpern bestehendes Pendel aus der Ruhe freigelassen einen beliebigen Teil einer Schwingung ausgeführt hat, und man denkt sich nachher bei aufgelösten Verbindungen die Geschwindigkeiten aufwärts gekehrt, und die Körper so hoch als möglich aufgestiegen, so wird, nachdem dies geschehen, der gemeinsame Schwerpunkt so hoch gestiegen sein, als derselbe sich zu Anfang der Bewegung befand."[22]

Auf letzteren Satz nun, welcher eine Verallgemeinerung ist des von Galilei für eine Masse aufgestellten für ein System von

---

21 Horologii pars quarta. De centro oscillationis: Si pondera quotlibet, vi gravitatis suae, moveri incipiant; non posse centrum gravitatis ex ipsis compositae altius, quam ubi incipiente motu reperiebatur, ascendere.

Ipsa vero hypothesis nostra quominus scrupulum moveat; nihil aliud sibi velle ostendemus, quam quod nemo unquam negavit, gravia nempe sursum non ferri. — Et sane, si hac eadem uti scirent novorum operum machinatores, qui motum perpetuum irrito conatu moliuntur, facile suos ipsi errores deprehenderent, intelligerentque rem eam mechanica ratione haud quaquam possibilem esse.

22 Si pendulum e pluribus ponderibus compositum, atque e quiete dimissum, partem quamcunque oscillationis integrae confecerit, atque inde porro intelligantur pondera ejus singula, relicto communi vinculo, celeritates acquisitas sursum convertere, ac quousque possunt ascendere; hoc facto centrum gravitatis ex omnibus compositae, ad eandem altitudinem reversum erit, quam ante inceptam oscillationem obtinebat.

Massen, und den man nach der HUYGENS'schen Erläuterung als das Prinzip des ausgeschlossenen *perpetuum mobile* erkennt, gründet HUYGENS die Theorie des Schwingungsmittelpunktes. LAGRANGE[23] nennt dieses Prinzip prekär und freut sich, dass es Jakob BERNOULLI 1681 gelungen sei, die Theorie des Schwingungsmittelpunktes auf die Hebelgesetze zurückzuführen, die ihm klarer scheinen. An demselben Problem versuchen sich fast alle bedeutenden Forscher des 17. und 18. Jahrhunderts, und es führt zuletzt in Vereinigung mit dem Prinzip der virtuellen Geschwindigkeit zu dem von D'ALEMBERT[24] (traité de dynamique, [Paris] 1743) aufgestellten, vorher schon in etwas anderer Form von EULER[25] und HERMANN verwendeten Prinzip.

Außerdem wird der Huygens'sche Satz über die Steighöhe zur Grundlage des Gesetzes der Erhaltung der lebendigen Kraft und des Satzes der Erhaltung der Kraft überhaupt, wie er von Joh. und Dan. BERNOULLI[26] aufgestellt und namentlich von letzterem in seiner Hydrodynamik so fruchtbar verwendet wird. Diese BERNOULLI'schen Sätze unterscheiden sich nur in der Form des Ausdruckes von der späteren Lagrange'schen Aufstellung.

Die Art, wie TORRICELLI[27] sein berühmtes Ausflusstheorem für Flüssigkeiten gefunden hat, führt wieder auf denselben Satz. Torricelli nahm an, dass die aus der Bodenöffnung des Gefäßes strömende Flüssigkeit vermöge ihrer Ausflussgeschwindigkeit nicht höher steigen könne, als sie im Gefäße steht.

Betrachten wir noch einen der reinen Mechanik angehörigen Punkt, die Geschichte des Prinzips der virtuellen Bewegung. Das Prinzip wurde nicht, wie man gewöhnlich sagt, und wie auch LAGRANGE behauptet, von GALILEI, sondern jedenfalls

---

23 [*] Joseph-Louis Lagrange (1736-1813), italienischer Mathematiker und Astronom

24 [*] Jean-Baptiste le Rond d'Alembert (1717-1783), französischer Mathematiker, Physiker und Philosoph

25 [*] Leonhard Euler (1707-1749), Schweizer Mathematiker

26 [*] Johann (I) Bernoulli (1667-1748), Schweizer Mediziner und Mathematiker Daniel (I) Bernoulli (1700-1782), Schweizer Mediziner, Mathematiker und Physiker, Sohn des ersteren

27 [*] Evangelista Torricelli (1608-1647), italienischer Physiker und Mathematiker

schon früher von STEVIN aufgestellt. In seiner Trochleostatica des oben zitierten Werkes p. 172 sagt er:

„Es sei bemerkt, dass hier das statische Axiom gelte: Wie der Weg des Wirkenden zum Weg des Leidenden, so die Kraft des Leidenden zur Kraft des Wirkenden."[28] // 182 //

GALILEI bemerkt, wie bekannt, die Gültigkeit des Prinzips bei Betrachtung der einfachen Maschinen und leitet auch die Gleichgewichtsgesetze der Flüssigkeiten aus demselben ab.

TORRICELLI führt das Prinzip auf Schwerpunkteigenschaften zurück. Soll an einer einfachen Maschine, an welcher wir uns Kraft und Last durch angehängte Gewichte vertreten denken, Gleichgewicht bestehen, so darf der gemeinsame Schwerpunkt der aufgelegten Lasten nicht sinken. Umgekehrt, wenn der Schwerpunkt nicht sinken kann, besteht Gleichgewicht, weil die schweren Körper nicht von selbst aufwärts steigen. In dieser Form ist also das Prinzip der virtuellen Geschwindigkeit identisch mit dem HUYGENS'schen Prinzip der Unmöglichkeit des *perpetuum mobile*.

Joh. Bernoulli erkennt zuerst 1717 in einem Briefe an Varignon[29] die allgemeine Bedeutung des Prinzips der virtuellen Bewegung für beliebige Systeme.

LAGRANGE endlich gibt einen allgemeinen Beweis des Prinzips und gründet darauf seine ganze analytische Mechanik. Aber dieser allgemeine Beweis stützt sich im Grunde doch nur auf die HUYGENS'sche und TORRICELLI'sche Bemerkung.

LAGRANGE denkt sich bekanntlich in den Richtungen der am System wirksamen Kräfte eine Art einfacher Flaschenzüge, windet eine Schnur durch alle diese Flaschenzüge durch, und hängt schließlich am Ende derselben eine Last an, welche ein gemeinschaftliches Maß sämtlicher am System wirksamer Kräfte ist. Die Elementzahl jedes einzelnen Flaschenzuges kann nun

---

28 „Notare autem hic illud staticum axioma etiam locum habere :
„Ut spatium agentis ad spatium patientis
Sic potentia patientis ad potentiam agentis."

29 [*] Pierre de Varignon (1654-1722), französischer Mathematiker und Physiker

leicht so gewählt werden, dass die // 183 // betreffende Kraft in der Tat durch denselben ersetzt wird. Dann ist es klar, dass, wenn die angehängte Endlast nicht sinken kann, Gleichgewicht besteht, weil schwere Körper nicht von selbst aufwärts steigen.

Wenn man nicht so weit geht, sondern der TORRICELLI'schen Betrachtung näher bleiben will, so kann man sich jede Einzelkraft des Systems durch eine besondere Last ersetzt denken, die an einer Schnur hängt, welche über eine in der Richtung der Kraft liegende Rolle führt und am Angriffspunkte der Kraft befestigt ist. Gleichgewicht besteht dann, wenn der gemeinsame Schwerpunkt der sämtlichen Lasten nicht sinken kann. Die Grundannahme dieses Beweises ist offenbar die Unmöglichkeit des *perpetuum mobile*.

LAGRANGE hat sich vielfach bemüht, einen von fremdartigen Elementen freien und vollständig befriedigenden Beweis zu liefern, ohne dass ihm dies ganz gelungen wäre. Auch andere nach ihm dürften nicht glücklicher gewesen sein.

So ruht nun die ganze Mechanik auf einem Gedanken, der, wenn auch nicht zweifelhaft, so doch fremdartig und den übrigen Grundsätzen und Axiomen der Mechanik nicht ebenbürtig scheint. Jeder, der Mechanik treibt, fühlt einmal die Unbehaglichkeit dieses Zustandes, jeder wünscht sie beseitigt, selten wird sie durch Worte ausgedrückt. Und so findet sich der strebsame Jünger der Wissenschaft hoch erfreut, wenn er einmal bei einem Meister wie POINSOT[30] in seiner „théorie général de l'équilibre et du mouvement des systèmes"[31] folgende Stelle liest, in welcher er sich über die analytische Mechanik ausspricht: // 184 //

„Indessen, da man in diesem Werke von Anfang an nur daran dachte, die schöne Entwicklung der Mechanik zu betrachten, welche ganz aus einer Formel zu fließen schien, glaubte man natürlich, dass die Wissenschaft fertig sei, und dass nichts übrig sei, als das Prinzip der virtuellen Geschwindigkeiten zu beweisen.

30 [*] M. Louis Poinsot (1777-1859), französischer Mathematiker
31 [In: Journal de l'École polytechnique, Cahier 13 1806, 206-241]

Aber diese Untersuchung brachte alle Schwierigkeiten zurück, welche man eben durch das Prinzip überwunden hatte. Dieses allgemeine Gesetz, in welches sich verschwommene Ideen von unendlich kleinen Bewegungen und Gleichgewichtsstörungen einmengen, verdunkelte sich gewissermaßen bei näherer Prüfung; und da das Buch von LAGRANGE keine Klarheit mehr zeigte als in dem Gang der Rechnungen, sah man bald, dass das Gewölke über den Entwicklungen nur darum gehoben schien, weil es gewissermaßen über den Anfängen dieser Wissenschaft gesammelt war."

„Der allgemeine Beweis des Prinzips der virtuellen Geschwindigkeiten kommt eigentlich darauf hinaus, die ganze Mechanik auf einer anderen Grundlage aufzubauen: Denn der Beweis eines Gesetzes, welches die ganze Wissenschaft umfasst, kann nichts anderes sein, als die Zurückführung dieser Wissenschaft auf ein anderes ebenso allgemeines aber einleuchtendes oder wenigstens einfacheres Gesetz, welches also das erstere unnötig macht."[32] // 185 //

Das Prinzip der virtuellen Bewegung b e w e i s e n heißt also nach POINSOT die ganze Mechanik n e u machen.

---

32 „Cependant, comme dans cet ouvrage on ne fut d'abord attentif qu'à, considérer ce beau développement de la mécanique qui semblait sortir tout entière d'une seule et même formule, on crut naturellement que la science était faite, et qu'il ne restait plus qu'à chercher la démonstration du principe des vitesses virtuelles. Mais cette recherche ramena toutes les difficultés qu'on avait franchies par le principe même. Cette loi si générale, ou se mêlent des idées vagues et étrangères de mouvements infinement petits et de perturbation d'équilibre, ne fit en quelque sorte que s'obscurcir à l'examen: et le livre de Lagrange n'offrant plus alors rien de clair que la marche des calculs, on vit bien que les nuages n'avaient paru levé sur le cours de la mécanique que parce qu'ils étaient, pour ainsi dire, rassemblés à l'origine même de cette science.

Une démonstration générale du principe des vitesses virtuelles devait au fond revenir à établir la mécanique entière sur une autre base: car la démonstration d'une loi qui embrasse toute une science ne peut être autre chose que la réduction de cette science à une autre loi aussi générale, mais évidente, ou du moins plus simple que la première, et qui partant la rende inutile."

Ein anderer dem Mathematiker unbehaglicher Umstand ist der, dass in dem historischen Zustande, in welchem sich die Mechanik gegenwärtig befindet, die Dynamik sich auf die Statik gründet, während man doch wünschen muss, dass in einer Wissenschaft, die auf deduktive Vollendung Anspruch macht, die spezielleren statischen Sätze sich mit Leichtigkeit aus den allgemeineren dynamischen ableiten lassen.

Diesem Wunsche gibt auch wieder ein großer Meister, nämlich GAUSS, Ausdruck bei Gelegenheit der Aufstellung seines Prinzips des kleinsten Zwanges (Crelles Journal IV. Bd. S. 233[33]) mit folgenden Worten: „So sehr es in der Ordnung ist, dass bei der allmählichen Ausbildung der Wissenschaft und bei der Belehrung des Individuums das Leichtere dem Schwereren, das Einfachere dem Verwickelteren, das Besondere dem Allgemeinen vorangeht, so // 186 // fordert doch der Geist, einmal auf dem höheren Standpunkt angelangt, den umgekehrten Gang, wobei die ganze Statik nur als ein specieller Fall der Mechanik erscheine.“ Das GAUSS'sche Prinzip ist nun allerdings ein allgemeines, nur schade, dass es nicht unmittelbar einzusehen, und dass GAUSS es wieder mit Hilfe des D'ALEMBERT'schen Prinzips abgeleitet hat, wodurch alles wieder beim Alten bleibt.

Woher kommt nun diese sonderbare Rolle, die das Prinzip der virtuellen Bewegung in der Mechanik spielt? Ich will vorläufig nur dies darauf antworten. Es würde mir schwer fallen, die Verschiedenheit des Eindruckes zu beschreiben, den der LAGRANGE'sche Beweis des Prinzips auf mich machte, als ich ihn das erste Mal als Student, und als ich ihn später wieder vornahm, nachdem ich historische Studien gemacht hatte. Früher erschien mir der Beweis abgeschmackt, namentlich durch seine Rollen und Schnüre, die mir nicht in die mathematische Betrachtung passten, und deren Wirkung ich lieber aus dem Prinzipe selbst erkannt hätte, statt sie als bekannt vorauszusetzen. Nachdem ich aber die Geschichte studiert, kann ich mir keine schönere Ableitung denken.

---

33 [*Über ein neues allgemeines Grundgesetz der Mechanik*, 1829, 232-235]

In der Tat ist es durch die ganze Mechanik dasselbe Prinzip des ausgeschlossenen *perpetuum mobile,* welches fast alles verrichtet, das LAGRANGE missfällt, und das er doch selbst bei seiner Ableitung wenigstens versteckt benützen muss. Geben wir diesem Prinzip seine richtige Stellung und Fassung, so wird das Paradoxe natürlich.

Das Prinzip des ausgeschlossenen *perpetuum mobile* ist also gewiss keine neue Entdeckung; es // 187 // leitet 300 Jahren die größten Forscher. Das Prinzip kann sich aber auch nicht eigentlich auf mechanische Einsichten gründen. Denn lange vor dem Ausbau der Mechanik besteht schon die Überzeugung von der Richtigkeit desselben, und diese wirkt eben bei dem Ausbau mit. Diese überzeugende Kraft muss also allgemeinere und tiefere Wurzeln haben. Wir kommen auf diesen Punkt zurück.

2. *Die mechanische Physik.*

Es kann nicht in Abrede gestellt werden, dass von Demokrit an bis auf die neueste Zeit ein unverkennbares Streben nach einer mechanischen Erklärung aller physikalischen Vorgänge besteht. Sehen wir von älteren unklaren Äußerungen auch ganz ab, so lesen wir doch bei HUYGENS[34] folgendes:

„Man darf nicht daran zweifeln, dass das Licht in der Bewegung irgendeines Stoffes besteht. Denn sei es, dass man seine Entstehung betrachtet, so findet man, dass es hier auf Erden vorzüglich durch Feuer und Flamme erzeugt wird, welche ohne Zweifel Körper in heftiger Bewegung enthalten, weil sie mehrere der härtesten Körper auflösen und schmelzen; sei es, dass man dessen Wirkungen betrachtet, so sieht man, dass das durch Hohlspiegel gesammelte Licht die Fähigkeit hat, wie Feuer zu brennen, d. h. dass es die Teile der Körper trennt, was sicherlich eine Bewegung andeutet, wenigstens in der wahren Philosophie, welche alle natürlichen Wirkungen auf mechanische Ursachen zurückführt. Denn das muss nach meiner // 188 // Mei-

34 *Traité de la lumière.* A Leide 1690 p. 2.

nung geschehen, wenn man nicht jede Hoffnung, etwas in der Physik zu begreifen, aufgeben will."[35]

S. CARNOT[36], indem er das Prinzip des ausgeschlossenen *perpetuum mobile* in die Wärmelehre einführt, entschuldigt sich folgendermaßen:

„Man wird vielleicht einwenden, dass das *perpetuum mobile,* welches nur für mechanische Vorgänge als unmöglich erwiesen ist, bei Anwendung von Wärme oder Elektrizität vielleicht möglich ist; aber kann man denn die Erscheinungen der Wärme oder der Elektrizität als etwas anderes auffassen, denn als Bewegungen gewisser Körper, und müssen sie als solche nicht den allgemeinen Gesetzen der Mechanik genügen?"[37]

Diese Beispiele, welche sich durch Zitate aus der // 189 // neuesten Zeit ins Endlose vermehren ließen, zeigen, dass ein Streben, alles mechanisch aufzufassen, wirklich besteht. Und dieses Streben ist auch erklärlich. Die mechanischen Vorgänge als einfache Bewegungen in Raum und Zeit sind der Beobachtung und Verfolgung mit Hilfe unserer höchst organisierten Sinne

---

35 L'on ne saurait douter que la lumière ne consiste dans le *mouvement* de certaine matière. Car soit qu'on regarde sa production, on trouve qu'ici sur la terre c'est principalement le feu et la flamme qui l'engendrent, lesquels contient sans doute des corps qui sont dans un mouvement rapide, puis qu'ils dissolvent et fondent plusieurs autres corps des plus solides ; soit qu'on regarde ses effets, on voit que quand la lumière est ramassée, comme par des miroirs concaves, elle a la vertu de brûler comme le feu, c'est-à-dire qu'elle désunit les parties des corps; ce qui marque assurément du *mouvement,* au moins dans la *vraie* Philosophie, dans laquelle on conçoit la cause de tous les effets naturels par des raisons de *mécanique.* Ce qu'il faut faire à mon avis, ou bien renoncer à toute espérance de jamais ne rien comprendre dans la Physique.

36 *Sour* [recte: *Réflexions sur*] *la puissance motrice du feu* [*et sur les machines propres à développer cette puissance*]. Paris 1824.
[*] Nicolas Léonard Sadi Carnot (1796-1832), französischer Physiker und Ingenieur

37 „On objectera peut-être ici que le mouvement perpétuel, montré impossible *par les seules actions mécaniques,* ne l'est peut-être pas lorsqu'on emploie l'influence soit de la *chaleur,* soit de l'électricité; mais peut-on concevoir les phénomènes de la chaleur et de l'électricité comme dus à autre chose qu'à des *mouvements quelconques des corps,* et comme tels ne doivent-ils pas être soumis aux lois générales de la mécanique?"

am besten zugänglich. Die mechanischen Vorgänge reproduzieren wir fast mühelos in unserer Phantasie. Der Druck als bewegungseinleitender Umstand ist uns aus täglicher Übung wohlbekannt. Alle Änderungen, welche das Individuum persönlich in seiner Umgebung, oder die Menschheit auf dem Wege der Technik in der Welt hervorbringt, sind durch Bewegungen vermittelt. Wie sollte uns also die Bewegung nicht als der wichtigste physikalische Faktor erscheinen?

Es gelingt auch an allen physikalischen Vorgängen mechanische Eigenschaften zu entdecken. Die tönende Glocke zittert, der erhitzte Körper dehnt sich aus, der elektrische Körper zieht andere an. Warum sollte man also nicht versuchen, alle Vorgänge bei der uns geläufigsten, der Beobachtung und Messung leichter zugänglichen mechanischen Seite zu fassen? Es ist auch nichts gegen den Versuch einzuwenden, die mechanischen Eigenschaften der physikalischen Vorgänge durch mechanische Analogien zu erläutern.

Die moderne Physik ist aber in dieser Richtung allerdings sehr weit gegangen. Der Standpunkt, den Wundt[38] in seiner sehr ansprechenden Schrift „[Über] die physikalischen Axiome"[39] zum Ausdruck bringt, möchte wohl von der Mehrzahl der Physiker geteilt werden. // 190 //

Wundt führt folgende Axiome der Physik an:

1. Alle Ursachen in der Natur sind Bewegungsursachen.
2. Jede Bewegungsursache liegt außerhalb des Bewegten.
3. Alle Bewegungsursachen wirken in der Richtung der geraden Verbindungslinie.
4. Die Wirkung jeder Ursache verharrt.
5. Jeder Wirkung entspricht eine gleiche Gegenwirkung.
6. Jede Wirkung ist äquivalent der Ursache.

Man könnte sich mit diesen Sätzen als Grundsätzen der Mechanik befreunden. Wenn dieselben aber als Axiome der Phy-

38 [*] Wilhelm Wundt (1832–1920), Physiologe, Philosoph und Psychologe
39 [*und ihre Beziehung zum Kausalprinzip. Ein Kapitel aus einer Philosophie der Naturwissenschaften*, Erlangen 1866]

sik aufgestellt werden, so entspricht dies eigentlich einer Negierung aller Vorgänge mit Ausnahme der Bewegung. Alle Veränderungen in der Natur sind nach WUNDT bloße Ortsveränderungen, alle Ursachen sind Bewegungsursachen (a.a.O. S. 26). Wollten wir auf die philosophische Begründung, die WUNDT für seine Ansicht gibt, eingehen, so würde uns dies tief in die Spekulationen der Eleaten und Herbartianer hineinführen. Die Ortsveränderung, meint WUNDT, sei die einzige Veränderung eines Dinges, wobei dieses identisch bleibt. Ändert sich ein Ding qualitativ, so müsste man sich vielmehr vorstellen, dass ein Ding vergeht und ein anderes entsteht, was mit der Vorstellung von der Identität des beobachteten Wesens und von der Unzerstörbarkeit der Materie nicht zusammen zu reimen ist. Wir brauchen uns aber nur zu erinnern, dass die Eleaten Schwierigkeiten ganz derselben Art in der Bewegung gefunden haben. Kann man denn nicht auch denken, dass ein Ding // 191 // an einem Orte vergeht und an einem anderen ein gleiches entsteht?

Wissen wir denn im Grunde genommen mehr davon, warum ein Körper einen Ort verlässt und an einem anderen auftaucht, als wie so ein kalter Körper warm wird? Gesetzt auch, wir verstünden die mechanischen Vorgänge vollständig, könnten und dürften wir deshalb andere Vorgänge, die wir nicht verstehen, aus der Welt schaffen? Nach diesem Prinzip wäre es wirklich das einfachste, die Existenz der ganzen Welt zu leugnen. Die Eleaten sind eigentlich dahin gelangt, und die Herbartianer waren nicht weit von diesem Ziel.

Die Physik, in dieser Weise behandelt, liefert uns nun ein Schema, in dem wir die wirkliche Welt kaum wieder erkennen. Und in der Tat erscheint Menschen, welche sich dieser Ansicht durch einige Jahre hingegeben haben, die Sinnenwelt, von welcher, als einer wohl vertrauten Sache, sie ausgegangen waren, plötzlich als das größte — „Welträtsel".

So erklärlich es also auch ist, dass man bestrebt war, alle physikalischen Vorgänge „auf Bewegungen der Atome zurückzuführen", so muss man doch sagen, dass dies ein chimärisches Ideal ist. Dasselbe hat in populären Vorlesungen oft als effektvolles Programm gedient. In dem Arbeitsraume des ernsten Forschers hat es kaum eine wesentliche Funktion gehabt.

Was in mechanischer Physik wirklich geleistet worden ist, besteht entweder in Erläuterung physikalischer Vorgänge durch uns geläufigere mechanische Analogien, wofür die Theorien // 192 // des Lichtes und der Elektrizität, oder in der genauen quantitativen Ermittelung des Zusammenhanges mechanischer Vorgänge mit anderen physikalischen Prozessen, wofür die der Thermodynamik angehörigen Arbeiten Beispiele bieten.

3. Das Energieprinzip in der Physik.

Nur die Erfahrung kann uns darüber belehren, dass durch mechanische Vorgänge andere physikalische Wandlungen bedingt sind, und umgekehrt. Durch die Erfindung der Dampfmaschine und deren technische Bedeutung wurde die Aufmerksamkeit zuerst auf den Zusammenhang mechanischer Vorgänge (insbesondere der Arbeitsleistung) mit Wärmezustandsänderungen gelenkt. Das technische Interesse mit dem Bedürfnis nach wissenschaftlicher Klarheit vereinigten sich in dem Kopfe von S. Carnot, und führten zu der merkwürdigen Entwicklung, deren Ergebnis die Thermodynamik ist. Es ist nur ein historischer Zufall, dass diese Gedankenentwicklung nicht an die Elektrotechnik anknüpfen konnte.

Bei der Untersuchung darüber, wie viel Arbeit im Maximum eine Wärmemaschine überhaupt, und eine Dampfmaschine insbesondere, mit einem bestimmten Aufwand an Verbrennungswärme leisten kann, lässt sich Carnot durch mechanische Analogien leiten. Ein Körper kann Arbeit leisten, indem er sich durch Erwärmung unter Druck ausdehnt. Hierzu muss derselbe aber von einem wärmeren Körper Wärme empfangen. Die Wärme muss also, um Arbeit zu leisten, von einem wärmeren zu // 193 // einem kälteren Körper übergehen, ebenso wie das Wasser von einem höheren Niveau auf ein tiefes sinken muss, um die Mühle in Bewegung zu setzen. Temperaturdifferenzen stellen also ebenso Arbeitskräfte vor wie Höhendifferenzen schwerer Körper.

Carnot erdenkt einen idealen Prozess, bei welchem gar keine Wärme nutzlos (ohne Arbeitsleistung) abfließt. Dieser liefert also mit gegebenem Wärmeaufwand das Arbeitsmaximum. Das Analogon ist ein Mühlrad, welches auf einem höheren Niveau Wasser schöpft, das in demselben ohne einen Tropfen Verlust sehr langsam auf ein tieferes Niveau herabsinkt. Der Prozess hat das Eigentümliche, dass mit dem Aufwand derselben Arbeitsleistung das Wasser wieder genau auf die ursprüngliche Höhe geschafft werden kann. Diese Eigenschaft der Umkehrbarkeit kommt auch dem Carnot'schen Prozess zu. Auch dieser kann bei Aufwand derselben Arbeitsleistung umgekehrt, und hierbei die Wärme wieder auf das ursprüngliche Temperaturniveau geschafft werden.

Würde es zwei verschiedene umkehrbare Prozesse A, B geben, derart, dass in A eine von der Temperatur t_1 auf die niedere Temperatur t_2 abfließende Wärmemenge Q eine Arbeit W, in B aber unter denselben Umständen eine größere Arbeit $W+W^1$ ergäbe, so könnte man B im angegebenen Sinne und A im umgekehrten Sinne zu einem Prozess verbinden. Hierbei würde A die durch B herbeigeführte Wärmeänderung rückgängig machen, und einen sozusagen aus nichts gewonnenen Arbeitsüberschuss W^1 übrig lassen. Diese Kombination würde ein *perpetuum mobile* vorstellen. // 194 //

In dem Gefühl nun, dass wenig darauf ankommt, ob die mechanischen Gesetze unmittelbar oder auf einem Umwege (durch Wärmevorgänge) durchbrochen werden, in der Überzeugung von dem allgemeinen gesetzmäßigen Naturzusammenhang, schließt hier Carnot zum ersten Mal auf dem Gebiet der allgemeinen Physik das *perpetuum mobile* aus. Dann aber kann die Arbeitsgröße W, welche durch Übergang von einer Wärmemenge Q von t_1 auf t_2 gewonnen werden kann, gar nicht von der Natur der Stoffe und auch nicht von der Art des Prozesses (sofern derselbe nur verlustlos), sondern nur von den Temperaturen t_1 und t_2 abhängen.

Dieser wichtige Satz ist durch die Spezialuntersuchungen von CARNOT selbst (1824[40]), von CLAPEYRON (1834[41]) und von WILLIAM THOMSON (1849[42]) aufs vollständigste bestätigt worden. Derselbe ist ohne irgend eine Annahme über die Natur der Wärme durch Ausschluss des *perpetuum mobile* gewonnen. CARNOT hat allerdings die BLACK'sche Ansicht festgehalten, nach welcher die gesamte Wärmemenge unveränderlich ist, doch ist, soweit die Untersuchung bisher betrachtet wurde, die Entscheidung hierüber belanglos. Schon der CARNOT'sche Satz hat zu den merkwürdigsten Ergebnissen geführt. W. THOMSON (Lord KELVIN) (1848[43]) hat auf denselben den genialen Gedanken einer absoluten (allgemein vergleichbaren) Temperaturskala gegründet. JAMES THOMSON (1849[44]) hat sich einen CARNOT'schen Prozess mit unter Druck frierendem und daher Arbeit leistendem Wasser // 195 // vorgestellt. Er hat hierbei erkannt, dass durch den Druck je einer Atmosphäre der Gefrierpunkt um 0,0075 ° Celsius erniedrigt wird. Dies sei nur als Beispiel erwähnt.

Zwei Dezennien nach CARNOTS Publikation wurde durch J. R. MAYER und J. P. JOULE ein weiterer Fortschritt herbeigeführt.

40 [*Réflexions sur la puissance motrice du feu et sur les machines propres à développer cette puissance*, Paris 1824]

41 [*Puissance motrice de la chaleur*, in: Journal de l'École Royale Polytechnique, Tome XIV, 153-190]

42 [*An account of Carnot's Theory of the Motive Power of Heat - with numerical results deduced from Regnault's experiments on steam*. Transactions of the Edinburg Royal Society, Vol. XVI, 541-574]

43 [*On an absolute thermometric scale founded on Carnot's theory of the motive power of heat, and calculated from Regnault's observations* Math. and Phys. Papers vol. 1 1848, 100-106]

44 [*Theoretical considerations on the effects of pressure in lowering the freezing point of water*, read 2nd January 1849, Trans. Royal Soc. Edinburgh, 16 1849, 575-580]

MAYER beobachtete als Arzt in holländischen Diensten bei Gelegenheit von Aderlässen auf Java eine auffallende Röte des venösen Blutes. Er brachte dies nach LIEBIGS[45] Theorie der animalen Wärme mit dem geringeren Wärmeverlust in dem wärmeren Klima und mit dem geringeren Verbrauch an organischem Brennstoff in Zusammenhang. Die gesamte Wärmeausgabe eines sich ruhig verhaltenden Menschen musste der gesamten Verbrennungswärme entsprechen. Da aber alle organischen Leistungen, auch die mechanischen, auf Rechnung der Verbrennungswärme gesetzt werden mussten, so musste eine Beziehung zwischen mechanischer Leistung und Wärmeverbrauch bestehen.

JOULE ging von ganz ähnlichen Überlegungen über die galvanische Batterie aus. Die dem Zinkverbrauch entsprechende Verbindungswärme kann in der galvanischen Zelle zum Vorschein kommen. Kommt ein Strom zustande, so tritt ein Teil dieser Wärme in dem Stromleiter auf. Ein eingeschalteter Wasserzersetzungsapparat bringt einen Teil dieser Wärme zum Verschwinden; dieselbe kommt aber bei Verbrennung des gebildeten Knallgases wieder zum Vorschein. Treibt der Strom einen Elektromotor, so verschwindet wieder ein Teil der Wärme, der aber bei Aufzehrung der Arbeit durch Reibung // 196 // wieder zum Vorschein kommt. Auch JOULE erscheint also sowohl die erzeugte Wärme als auch die erzeugte Arbeit an einen Stoffverbrauch gebunden. Es liegt demnach sowohl MAYER als JOULE nahe, Wärme und Arbeit als gleichartige Größen anzusehen, welche so zusammenhängen, dass stets in der einen Form zum Vorschein kommt, was in der anderen verschwindet. Es geht daraus eine substanzielle Auffassung der Wärme und der Arbeit hervor, und schließlich eine substanzielle Auffassung der Energie überhaupt. Hierbei wird als Energie jede physikalische Zustandsänderung angesehen, deren Vernichtung Arbeit (oder äquivalente Wärme) erzeugt. Elektrische Ladung z. B. ist Energie.

45 [*] Justus Liebig (1803-1873), deutscher Chemiker

MAYER hat (1842) aus den damals allgemein bekannten physikalischen Zahlen berechnet, dass durch das Verschwinden einer Kilogrammkalorie 365 Kilogrammmeter Arbeit erzeugt werden können, und umgekehrt. JOULE hingegen hat durch eine große Reihe feiner und mannigfaltiger Versuche, die 1843 beginnt, das mechanische Äquivalent der Kilogrammkalorie schließlich viel genauer zu 425 Kilogrammmeter bestimmt.

Schätzt man jede physikalische Zustandsänderung nach der mechanischen Arbeit, welche beim Verschwinden derselben geleistet werden kann, und nennt dieses Maß Energie, so kann man alle physikalischen Zustandsänderungen, so verschiedenartig dieselben sein mögen, mit demselben gemeinsamen Maß messen und sagen: Die Summe aller Energien bleibt konstant. Dies ist die Form, welche das Prinzip vom ausgeschlossenen // 197 // *perpetuum mobile* bei seiner Erweiterung über die ganze Physik durch MAYER, JOULE, HELMHOLTZ und W. THOMSON (Lord KELVIN) angenommen hat.

Nachdem nachgewiesen war, dass Wärme verschwinden muss, wenn auf Kosten derselben mechanische Arbeit geleistet werden soll, konnte der CARNOT'sche Satz nicht mehr als ein vollständiger Ausdruck der Tatsachen angesehen werden. Die Vervollständigung desselben hat zuerst CLAUSIUS[46] (1850[47]) – [W.] THOMSON folgte 1851[48] nach – angegeben. Dieselbe lautet: Wenn eine Wärmemenge Q' bei einem umkehrbaren Prozess in Arbeit verwandelt wird, so sinkt eine andere Wärmemenge Q von der absoluten[49] Temperatur T_1 auf die absolute Temperatur

46 [*] Rudolf Clausius (1822-1888), deutscher Physiker

47 [*Über die bewegende Kraft der Wärme und die Gesetze, welche sich daraus für die Wärmelehre selbst ableiten lassen*. In: Poggendorfs Annalen, Bd.79 1850, 368-397, 500-524]

48 [William Thomson, *On the Dynamical Theory of Heat, with Numerical Results Deduced from Mr Joule's Equivalent of a Thermal Unit, and M. Regnault's Observations on Steam.* In: Transactions of the Royal Society, March 1851, Vol 20, 261-268; 289-298]]

49 Darunter versteht man die Celsiustemperatur von 273° unter dem Eispunkt gerechnet.

T_2. Hierbei hängt Q' nur von Q, T_1, T_2 ab, ist dagegen von den angewendeten Stoffen und von der Art des Prozesses (sofern derselbe überhaupt verlustlos) unabhängig. Infolge des letzteren Umstandes genügt es, die Beziehung für einen physikalisch wohlbekannten Stoff (z. B. ein Gas) und einen bestimmten beliebig einfachen Prozess zu bestimmen. Dieselbe ist zugleich die allgemein gültige. Auf diesem Wege findet man

$$\frac{Q'}{Q'+Q} = \frac{T_1 - T_2}{T_1} \ldots 1,$$

d. h. der Quotient aus der in Arbeit verwandelten (nutzbaren) Wärme Q' und der Summe der verwandelten und übergeführten (der gesamten verbrauchten) Wärme, der so genannte ökonomische Koeffizient des Prozesses ist: $\frac{T_1 - T_2}{T_1}$. // 198 //

4. Die Vorstellungen über die Wärme.

Wenn ein kalter Körper mit einem warmen Körper in Berührung kommt, bemerkt man, dass der erstere sich erwärmt, der letztere sich abkühlt. Man kann sagen, dass der eine Körper auf Kosten des anderen sich erwärmt. Dies legt die Vorstellung von einem Etwas, von einem Wärmestoff nahe, welcher aus dem einen Körper in den anderen übergeht. Kommen zwei Wassermassen, m und m' von ungleicher Temperatur miteinander in Berührung, so zeigt es sich, dass bei raschem Temperaturausgleich deren gegenseitige Temperaturänderungen u und u' den Massen umgekehrt proportioniert, und von entgegengesetztem Zeichen sind, so dass die algebraische Summe der Produkte ist

$$M u + m'u' = o.$$

Black hat die für die Beurteilung des Vorganges maßgebenden Produkte m u, m'u' Wärmemengen genannt. Man kann sich dieselben mit Black[50] sehr anschaulich als Maße von Stoffmengen vorstellen. Wesentlich ist aber nicht dieses Bild, sondern

50 [*] Joseph Black (1728-1799), schottischer Physiker und Chemiker

wesentlich ist die Unveränderlichkeit jener Produktensummen bei bloßen Leitungsvorgängen. Wenn irgendwo eine Wärmemenge verschwindet, erscheint anderswo dafür eine gleich große. Das Festhalten dieser Vorstellung führt zur Entdeckung der spezifischen Wärme. Schließlich erkennt BLACK, dass für eine verschwundene Wärmemenge auch etwas anderes, nämlich Schmelzung oder Verdampfung einer gewissen Stoffmenge erscheinen kann. Er hält die liebgewordene Vorstellung hier mit einer gewissen Freiheit noch fest, // 199 // und betrachtet die verschwundene Wärmemenge als noch vorhanden, aber als latent.

Die allgemein geläufige Vorstellung vom Wärmestoff wurde durch die Arbeiten von MAYER und JOULE mächtig erschüttert. Wenn die Wärmemenge vermehrt und vermindert werden kann, sagte man, kann die Wärme kein Stoff, sondern sie muss Bewegung sein. Dieser nebensächliche Satz ist viel populärer geworden als die ganze übrige Energielehre. Wir können uns jedoch überzeugen, dass die Bewegungsvorstellung der Wärme gegenwärtig so unwesentlich ist, als es vorher die Stoffvorstellung war.

Die beiden Vorstellungen sind lediglich durch zufällige historische Umstände gefördert oder gehemmt worden. Daraus, dass der Wärmemenge ein mechanisches Äquivalent entspricht, folgt noch nicht, dass die Wärme kein Stoff ist.

Dies wollen wir uns durch folgende Frage, die aufgeweckte Anfänger zuweilen an mich gerichtet haben, deutlich machen. Gibt es ein mechanisches Äquivalent der Elektrizität, so wie es ein mechanisches Äquivalent der Wärme gibt? Ja und nein! Es gibt kein mechanisches Äquivalent der Elektrizitätsmenge, wie es ein Äquivalent der Wärmemenge gibt, weil dieselbe Elektrizitätsmenge einen sehr verschiedenen Arbeitswert hat, je nach den Umständen, unter welchen sie erscheint; es gibt aber ein mechanisches Äquivalent der elektrischen Energie.

Fügen wir noch eine Frage hinzu. Gibt es ein mechanisches Äquivalent des Wassers? Ein Äquivalent der Wassermenge nicht, wohl aber des Wassergewichtes × Fallhöhe desselben. // 200 //

Wenn eine Leydener-Flasche entladen wird und dabei Arbeit leistet, so stellen wir uns nicht vor, dass die Elektrizitätsmenge verschwindet, indem sie Arbeit leistet, wir nehmen vielmehr an, dass die Elektrizitäten nur in eine andere Lage kommen, indem sich gleiche Quantitäten positiver und negativer miteinander vereinigen.

Woher kommt nun diese Verschiedenheit unserer Vorstellung bei der Wärme und bei der Elektrizität? Sie hat lediglich historische Gründe, ist vollständig konventionell, ja was noch mehr besagt, vollständig gleichgültig. Es sei mir erlaubt, dies zu begründen.

Coulomb konstruierte 1785 seine Drehwaage, durch welche er in den Stand gesetzt wurde, die Abstoßung elektrisierter Körper zu messen. Gesetzt, wir hätten zwei kleine Kugeln A und B, welche durchaus gleichförmig elektrisch sind. Diese werden bei einer bestimmten Entfernung r ihrer Mittelpunkte eine gewisse Abstoßung p aufeinander ausüben. Wir bringen nun mit B einen Körper C in Berührung, lassen beide gleichförmig elektrisch werden und messen dann die Abstoßung von B gegen A und von C gegen A bei derselben Distanz r. Die Summe dieser Abstoßungen wird nun wieder p sein. Es ist also etwas bei dieser Teilung konstant geblieben, die Abstoßung. Schreiben wir nun diese Wirkung einem Agens, einem Stoff zu, so schließen wir ungezwungen auf die Konstanz desselben.

Riess konstruierte 1838 sein elektrisches Luftthermometer. Dasselbe gibt ein Maß für die durch eine Flaschenentladung produzierte Wärmemenge. Diese Wärmemenge ist nicht der nach Coulomb'-schen Maß in der Flasche enthaltenen Elektrizitäts- // 201 // menge proportional, sondern wenn q diese Menge und s ein von der Oberfläche, Form und Glasdicke der Flasche abhängiger Faktor ist, proportional $\frac{q^2}{s}$, oder kurz proportional der Energie der geladenen Flasche. Wenn wir nun eine Flasche einmal vollständig durch das Thermometer entladen, so erhalten wir eine gewisse Wärmemenge W. Entladen wir aber durch das Thermometer in eine andere Flasche, so erhalten wir weniger als *W*. Den Rest können wir aber noch erhalten, wenn wir nun beide Flaschen vollständig durch das Luftthermometer entladen, und er wird wieder proportional sein der Energie dieser beiden Flaschen. Bei der ersten unvollständigen Entladung ist also ein Teil der Wirkungsfähigkeit der Elektrizität verloren gegangen.

Wenn eine Flaschenladung Wärme produziert, so ändert sich ihre Energie und ihr Wert nach dem Riess'schen Thermometer nimmt ab. Die Menge nach dem Coulomb'schen Maße jedoch bleibt unverändert.

Nun stellen wir uns einmal vor, das Riess'sche Thermometer wäre früher erfunden worden, als die Coulomb'sche Drehwaage, was uns nicht schwer fallen kann, da ja beide Erfindungen voneinander unabhängig sind. Was wäre natürlicher gewesen, als dass man die Menge der in einer Flasche enthaltenen Elektrizität nach der im Thermometer produzierten Wärme geschätzt hätte? Dann würde aber diese so genannte Elektrizitätsmenge sich vermindern bei Produktion von Wärme oder Arbeitsleistung, während sie jetzt unverändert bleibt; dann würde also die Elektrizität kein Stoff, sondern Bewegung // 202 // sein, während sie jetzt noch ein Stoff ist. Es hat also bloß einen historischen und ganz zufälligen konventionellen Grund, wenn wir über die Elektrizität anders denken als über die Wärme.

So ist es auch mit anderen physikalischen Dingen. Das Wasser verschwindet nicht bei Arbeitsleistungen. Warum? Weil wir die Menge des Wassers mit der Waage messen, ähnlich wie die Elektrizität. Denken wir aber, der Arbeitswert des Wassers würde Menge genannt, und müsste also, etwa mit der Mühle, statt mit der Waage gemessen werden, so würde diese Menge in dem Maße verschwinden, als sie Arbeit leistet. – Nun wird man sich leicht vorstellen können, dass mancher Stoff nicht so leicht greifbar wäre wie das Wasser. Wir würden dann die eine Art der Messung mit der Waage gar nicht ausführen können, während uns manche andere Messweisen unbenommen blieben. Bei der Wärme ist nun das historisch festgesetzte Maß der „Menge" zufällig der Arbeitswert der Wärme. Daher verschwindet er auch, wenn Arbeit geleistet wird. Dass die Wärme kein Stoff sei, folgt hieraus ebenso wenig wie das Gegenteil.

Hätte jemand Lust, sich auch heute noch die Wärme als Stoff zu denken, so könnte man ihm dieses Vergnügen immerhin gestatten. Er brauchte ja nur zu denken, dass dasjenige, was wir Wärmemenge nennen, die Energie eines Stoffes sei, dessen Menge unverändert bleibt, während die Energie sich ändert. In der Tat würden wir nach der Analogie der übrigen physikalischen Bezeichnungen viel besser Wärmeenergie anstatt Wärmemenge sagen.

Wenn wir also die Entdeckung anstaunen, dass // 203 // Wärme Bewegung sei, so staunen wir etwas an, was nie entdeckt worden ist. Es ist vollständig gleichgültig und hat nicht den geringsten wissenschaftlichen Wert, ob wir uns die Wärme als einen Stoff denken oder nicht.

Die Wärme verhält sich eben in manchen Beziehungen wie ein Stoff, in anderen wieder nicht. Die Wärme ist im Dampf so latent, wie der Sauerstoff im Wasser.

5. Die Konformität im Verhalten der Energien.

Die vorausgehenden Betrachtungen gewinnen an Klarheit durch Beachtung der Konformität im Verhalten aller Energien, auf welche ich vor langer Zeit aufmerksam gemacht habe.[51] Ein Gewicht P auf einer Höhe H_1 stellt eine Energie $W_1 = PH_1$, vor. Lassen wir dasselbe auf die kleinere Höhe H_2 sinken, wobei Arbeit geleistet und diese zur Erzeugung von lebendiger Kraft, Wärme, elektrischer Ladung usw. verwendet, kurz umgewan-

51 Ich habe zuerst hierauf hingewiesen in meiner Schrift „*Über die* [recte: *Die Geschichte und die Wurzel des Satzes von der*] *Erhaltung der Arbeit*" Prag 1872. -- Auf die Analogie von mechanischer und thermischer Energie hatte schon vorher *Zeuner* aufmerksam gemacht. — Weitere Ausführungen habe ich gegeben in: *Geschichte und Kritik des Carnot'schen Wärmegesetzes*. Sitzungsberichte der Wiener Akademie [recte: der kaiserlichen Akademie der Wissenschaften]. [Mathematisch-Naturwissenschaftliche Klasse, Bd. 101, Abteilung II] Dezember 1892. [1589-1612]— Man vgl. auch die Ausführungen der modernen „Energetiker": *Helm, Ostwald* u. a.

delt wird, so ist noch die Energie $W_2 = PH_2$ übrig. Es besteht nun die Gleichung

$$\frac{W_1}{H_1} = \frac{W_2}{H_2} \ldots 2.$$

Oder wenn man die umgewandelte Energie mit // 204 // $W' = W_1 - W_2$ die auf das niedere Niveau übergeführte mit $W = W_2$ bezeichnet

$$\frac{W'}{W'+W} = \frac{H_1 - H_2}{H_1} \ldots 3,$$

eine Gleichung, welche 1 (auf S. 197) ganz analog ist. Die betreffende Eigenschaft ist also durchaus nicht der Wärme eigentümlich. Die Gleichung 2 gibt die Beziehung der dem höheren Niveau entnommenen, und der an das tiefere Niveau abgegebenen (zurückbleibenden) Energie; sie besagt, dass diese Energien den Niveauhöhen proportional sind. Eine der Gleichung 2 analoge lässt sich für jede Energieform aufstellen, und demnach lässt sich auch die der Gleichung 3, beziehungsweise 1 entsprechende für jede Form als gültig ansehen. Für die Elektrizität z. B. bedeuten H_1, H_2 die Potentiale.

Wenn man zum ersten Mal die hier dargelegte Übereinstimmung in dem Umwandlungsgesetz der Energien bemerkt, so erscheint dieselbe überraschend und unerwartet, da man den Grund derselben nicht sofort sieht. Demjenigen aber, der das vergleichend-historische Verfahren befolgt, kann dieser Grund nicht lange verborgen bleiben.

Die mechanische Arbeit ist seit GALILEI, wenngleich lange ohne den jetzt gebräuchlichen Namen, ein Grundbegriff der Mechanik und ein wichtiger Begriff der Technik. Die gegenseitige Umwandlung von Arbeit in lebendige Kraft, und umgekehrt, legt die Energieauffassung nahe, welche HUYGENS zuerst in ausgiebiger Weise verwendet, obgleich erst TH. YOUNG den Namen Energie gebraucht. Nimmt man die Unveränderlichkeit des Gewichtes (eigentlich // 205 // der Masse) hinzu, so liegt es in Bezug auf die mechanische Energie schon in der Definition, dass die Arbeitsfähigkeit oder (potentielle) Energie eines Gewichtes proportional der Niveauhöhe (im geometrischen Sinne) ist, und dass dieselbe beim Sinken, bei der Umwandlung, proportional der Niveauhöhe abnimmt. Das Nullniveau ist hierbei ganz willkürlich. Hiermit ist also die Gleichung 2, aus welcher die übrigen Formen folgen, gegeben.

Bedenkt man den großen Vorsprung der Entwicklung, den die Mechanik vor den übrigen Gebieten der Physik hatte, so ist es nicht wunderbar, dass man die Begriffe der ersteren überall, wo es anging, anzuwenden suchte. So wurde z. B. der Begriff der Masse in dem Begriff der Elektrizitätsmenge von Coulomb nachgebildet. Bei weiterer Entwicklung der Elektrizitätslehre wurde ebenso in der Potentialtheorie der Arbeitsbegriff sofort angewendet, und es wurde die elektrische Niveauhöhe durch die Arbeit der auf dieselbe gebrachten Mengeneinheit gemessen. Damit ist nun auch für die elektrische Energie ebenfalls die obige Gleichung mit allen Konsequenzen gegeben. Ähnlich ging es mit den anderen Energien.

Als besonderer Fall erscheint jedoch die Wärmeenergie. Dass die Wärme eine Energie ist, konnte nur durch die eigenartigen besprochenen Erfahrungen gefunden werden. Das Maß dieser Energie durch die Black'sche Wärmemenge hängt aber an zufälligen Umständen. Zunächst bedingt die zufällige geringe Veränderlichkeit der Wärmekapazität c mit der Temperatur und die zufällige geringe Abweichung der gebräuchlichen Thermometerskalen von der Gas- // 206 // spannungsskala, dass der Begriff Wärmemenge aufgestellt werden kann, und dass die einer Temperaturdifferenz t entsprechende Wärmemenge ct der Wärmeenergie wirklich nahezu proportional ist. Es ist ein ganz zufälliger historischer Umstand, dass Amontons[52] auf den Einfall kam, die Temperatur durch die Gasspannung zu messen. An die Arbeit der Wärme dachte er hierbei gewiss nicht.[53] Hier-

52 [*] Guillaume Amontons (1663–1705), französischer Physiker

53 Mit Bewusstsein ist die Übereinstimmung zwischen Temperatur und Arbeitsniveau erst durch *W. Thomson* (1848, 1851) [vgl. Fußnoten 164, 169] hergestellt worden.

durch werden aber die Temperaturzahlen den Gasspannungen, also den Gasarbeiten, bei sonst gleichen Volumenänderungen, proportional. So kommt es, dass die Temperaturhöhen und die Arbeitsniveauhöhen einander wieder proportioniert sind.

Wären von den Gasspannungen stark abweichende Merkmale des Wärmezustandes gewählt worden, so hätte dies Verhältnis sehr kompliziert ausfallen können, und die eingangs betrachtete Übereinstimmung zwischen der Wärme und den anderen Energien würde nicht bestehen. Es ist sehr lehrreich, dies zu überlegen.

So liegt also in der Konformität des Verhaltens der Energien kein Naturgesetz, sondern dieselbe ist vielmehr durch die Gleichförmigkeit unserer Auffassung bedingt, und teilweise auch Glückssache.

6. Die Unterschiede der Energien und die Grenzen des Energieprinzips.

Von jeder Wärmemenge Q, welche bei einem umkehrbaren (verlustlosen) Prozess zwischen den // 207 // absoluten Temperaturen T_1, T_2 Arbeit leistet, wird nur der Bruchteil $\frac{T_1 - T_2}{T_1}$ in Arbeit verwandelt, während der Rest auf das niedere Temperaturniveau T_2 übergeführt wird. Dieser übergeführte Teil kann mit dem Aufwand der geleisteten Arbeit durch Umkehrung des Prozesses wieder auf das Niveau T_2 hinaufgeschafft werden. Ist jedoch der Prozess nicht umkehrbar, so fließt mehr Wärme als im vorigen Fall auf das niedere Niveau über, und der Mehrbetrag kann nicht mehr ohne einen besonderen Aufwand auf T_2 geschafft werden. W. Thomson hat deshalb darauf aufmerksam gemacht, dass bei allen nicht umkehrbaren, also bei allen wirklichen Wärmeprozessen Wärmemengen für die mechanische Arbeit verloren gehen, dass also eine Zerstreuung oder Verwüstung von mechanischer Energie stattfindet. Wärme wird immer nur teilweise in Arbeit, Arbeit aber oft ganz in Wärme umgewandelt. Es besteht also eine Tendenz zur Verminderung der mechanischen Energie und zur Vermehrung der Wärmeenergie in der Welt.

Für einen einfachen verlustlosen geschlossenen Kreisprozess, bei welchem die Wärmemenge Q_1 dem Niveau T_1 entzogen und dem Niveau T_2 die Menge Q_2 abgegeben wird, besteht entsprechend der Gleichung 2 die Beziehung $\frac{-Q_1}{T_1} + \frac{Q_2}{T_2} = 0$.

Für beliebig zusammengesetzte umkehrbare Kreisprozesse findet CLAUSIUS analog die algebraische Summe $\sum \frac{Q}{T} = 0$, // 208 // und wenn die Temperatur sich kontinuierlich ändert

$$\int \frac{dQ}{T} = 0 \ldots 4.$$

Hierbei werden die einem Niveau entzogenen Wärmemengenelemente negativ, die mitgeteilten positiv gerechnet. Ist der Prozess nicht umkehrbar, so wächst bei demselben der Ausdruck 4, welchen CLAUSIUS[54] Entropie nennt. In Wirklichkeit ist dies immer der Fall, und CLAUSIUS sieht sich zu dem Ausspruch gedrängt:

1. Die Energie der Welt bleibt konstant.
2. Die Entropie der Welt strebt einem Maximum zu.

Hat man die Konformität im Verhalten verschiedener Energien erkannt, so muss die hier erwähnte Eigenheit der Wärmeenergie auffallen. Woher kommt dieselbe, da doch jede Energie im Allgemeinen nur teilweise in eine andere Form übergeht, gerade so wie die Wärmeenergie? Die Aufklärung liegt in folgendem:

Jede Umwandlung einer Energieart A ist an einen Potentialfall dieser Energieart gebunden, auch für die Wärme. Während aber für die anderen Energiearten mit dem Potentialfall auch umgekehrt eine Umwandlung und daher ein Verlust an Energie der im Potential sinkenden Energieart verbunden ist, verhält sich die Wärme anders. Die Wärme kann einen Potentialfall erleiden, ohne – wenigstens nach der üblichen Schätzung – einen Energieverlust zu erfahren. Sinkt ein Gewicht, so muss es notwendig kinetische Energie, oder Wärme oder

54 [*] Rudolf Clausius (1822-1888), deutscher Physiker

eine andere Energie erzeugen. Auch eine elektrische Ladung kann einen Potentialfall nicht ohne Energie- // 209 // verlust, d. h. ohne Umwandlung erfahren. Die Wärme hingegen kann mit Temperaturfall auf einen Körper von größerer Kapazität übergehen und dieselbe Wärmeenergie bleiben, solange man nämlich jede Wärmemenge als Energie betrachtet. Das ist es, was der Wärme neben ihrer Energieeigenschaft in vielen Fällen den Charakter eines (materiellen) Stoffes, einer Menge gibt.

Betrachtet man die Sache unbefangen, so muss man sich fragen, ob es überhaupt einen wissenschaftlichen Sinn und Zweck hat, eine Wärmemenge, die man nicht mehr in mechanische Arbeit verwandeln kann (z. B. die Wärme eines abgeschlossenen durchaus gleichmäßig temperierten Körpersystems), noch als eine Energie anzusehen. Sicherlich spielt in diesem Fall das Energieprinzip eine ganz müßige Rolle, die ihm nur durch die Gewohnheit zugeteilt wird. Trotz der Anerkennung der Zerstreuung oder Verwüstung der mechanischen Energie, trotz der Entropievermehrung das Energieprinzip aufrecht halten, heißt also ungefähr sich dieselbe Freiheit erlauben, die Black sich gestattet hat, indem er die Schmelzwärme als noch vorhanden, aber als latent ansah.

Es sei noch gestattet zu bemerken, dass die Ausdrücke „Energie der Welt" und „Entropie der Welt" etwas von Scholastik an sich haben. Energie und Entropie sind Maßbegriffe. Welchen Sinn kann es haben, diese Begriffe auf einen Fall anzuwenden, auf welchen dieselben eben nicht anwendbar, in welchem deren Werte unbestimmbar sind?

Könnte man die Entropie der Welt wirklich bestimmen, so würde dieselbe das eigentliche absolute // 210 // Zeitmaß vorstellen. Es wird so am besten ersichtlich, dass es nur eine Tautologie ist, wenn man sagt: Die Entropie der Welt wächst mit der Zeit. Dass gewisse Veränderungen nur in einem bestimmten Sinne stattfinden, und die Tatsache der Zeit, fällt eben in Eins zusammen.

7. Die Quellen des Energieprinzips.

Wir sind nun vorbereitet, um die Frage nach den Quellen des Energieprinzips zu beantworten. Alle Naturerkenntnis stammt in letzter Linie aus der Erfahrung. In diesem Sinne haben also diejenigen Recht, welche auch das Energieprinzip als ein Ergebnis der Erfahrung ansehen.

Die Erfahrung lehrt, dass die sinnlichen Elemente α, β, γ, δ..., in welche die Welt zerlegt werden kann, der Veränderung unterworfen sind, und sie lehrt ferner, dass gewisse dieser Elemente an andere Elemente gebunden sind, so dass sie miteinander auftreten und verschwinden, oder dass das Auftreten der Elemente der einen Art an das Verschwinden der Elemente der anderen Art geknüpft ist. Wir wollen hier die Begriffe Ursache und Wirkung ihrer Verschwommenheit und Vieldeutigkeit wegen vermeiden. Das Ergebnis der Erfahrung lässt sich so ausdrücken, dass man sagt: Die sinnlichen Elemente der Welt (α, β, γ, δ...) erweisen sich abhängig voneinander. Man denkt sich diese gegenseitige Abhängigkeit am besten so, wie man sich in der Geometrie etwa die gegenseitige Abhängigkeit der Seiten und Winkel eines // 211 // Dreieckes vorstellt, nur weitaus mannigfaltiger und komplizierter.

Als Beispiel mag eine Gasmasse dienen, welche in einem Zylinder ein bestimmtes Volumen (α) einnimmt, das wir durch Druck (β) auf den Stempel ändern, während wir den Zylinder mit der Hand befühlen und eine Wärmeempfindung (γ) erhalten. Vergrößerung des Druckes verkleinert das Volumen und steigert die Wärmeempfindung.

Die verschiedenen Tatsachen der Erfahrung. gleichen sich nicht vollständig. Die gemeinsamen sinnlichen Elemente derselben treten durch einen Abstraktionsprozess hervor und prägen sich der Erinnerung ein. Dadurch kommt es zum Ausdruck des Übereinstimmenden ganzer Gruppen von Tatsachen. Schon der einfachste Satz, den wir aussprechen können, ist dem Wesen der Sprache gemäß eine solche Abstraktion. Aber auch den Unterschieden verwandter Tatsachen muss Rechnung getragen werden. Tatsachen können sich so nahe stehen, dass sie dieselbe Art der $\alpha, \beta, \gamma \ldots$ enthalten, und dass sich das α, β, γ der einen von jener der anderen nur durch die Zahl der gleichen Teile unterscheidet, in die es zerlegt werden kann. Gelingt es dann Ableitungsregeln der Maßzahlen der $\alpha, \beta, \gamma \ldots$ auseinander anzugeben, so hat man den allgemeinsten und zugleich den allen Unterschieden einer Gruppe von Tatsachen entsprechenden Ausdruck. Dies ist das Ziel der quantitativen Untersuchung.

Ist dieses Ziel erreicht, so hat man gefunden, dass zwischen den $\alpha, \beta, \gamma \ldots$ einer Gruppe von Tatsachen, beziehungsweise zwischen deren Maß- // 212 // zahlen eine Anzahl Gleichungen besteht. Die Tatsache der Veränderung bringt es mit sich, dass die Zahl dieser Gleichungen geringer sein muss als die Zahl der $\alpha, \beta, \gamma \ldots$ Ist erstere um Eins kleiner als letztere, so ist ein Teil der $\alpha, \beta, \gamma \ldots$ durch den anderen eindeutig bestimmt.

Das Aufsuchen von Beziehungen der letzteren Art ist das wichtigste Ergebnis der experimentellen Spezialforschung, weil wir dadurch in den Stand gesetzt werden, teilweise gegebene Tatsachen in Gedanken zu ergänzen. Es ist selbstverständlich, dass nur die Erfahrung darüber Aufschluss geben kann, dass zwischen den $\alpha, \beta, \gamma \ldots$ überhaupt Beziehungen bestehen und welcher Art dieselben sind.

Ferner kann nur die Erfahrung lehren, dass solche Beziehungen zwischen den $\alpha, \beta, \gamma \ldots$ bestehen, dass eingetretene Änderungen derselben wieder rückgängig werden können. Ohne diesen Umstand würde, wie leicht ersichtlich, jeder Anlass zur Aufstellung des Energieprinzips wegfallen. In der Erfahrung liegt also die letzte Quelle aller Naturerkenntnis und somit in diesem Sinne auch jene des Energieprinzips.

Dies schließt aber nicht aus, dass das Energieprinzip auch eine logische Wurzel hat, wie sich dies sogleich zeigen wird.

Nehmen wir auf Grund der Erfahrung an, eine Gruppe von sinnlichen Elementen $\alpha, \beta, \gamma\ldots$ bestimme eindeutig eine andere Gruppe $\lambda, \mu, \nu\ldots$ Die Erfahrung lehre ferner, dass Änderungen von $\alpha, \beta, \gamma\ldots$ wieder rückgängig werden können. Dann ist es eine logische Folge hiervon, dass jedes Mal, wenn $\alpha, \beta,$ // 213 // $\gamma\ldots$ dieselben Werte annimmt, dies auch bei $\lambda, \mu, \nu\ldots$ der Fall ist, oder, dass bloß periodische Änderungen von $\alpha, \beta, \gamma\ldots$ keine bleibende Änderung von $\lambda, \mu, \nu\ldots$ zur Folge haben können. Ist die Gruppe $\lambda, \mu, \nu\ldots$ eine mechanische, so ist hiermit das *perpetuum mobile* ausgeschlossen.

Man wird sagen, das sei nur ein Zirkelschluss, und dies sei ohne weiteres zugegeben. Allein psychologisch ist die Situation doch eine wesentlich andere, ob ich nur an die eindeutige Bestimmtheit und Umkehrbarkeit der Vorgänge denke, oder ob ich das *perpetuum mobile* ausschließe. Die Aufmerksamkeit hat in beiden Fällen eine verschiedene Richtung und verbreitet Licht über verschiedene Seiten der Sache, die allerdings logisch notwendig zusammenhängen.

Sicherlich hat das feste logische Gefüge der Gedanken der großen Forscher (STEVIN, GALILEI), welches bewusst oder instinktiv durch das feine Gefühl für die leisesten Widersprüche getragen wird, keinen anderen Zweck, als den Gedanken sozusagen einen Grad der Freiheit und damit eine Möglichkeit des Irrtums zu benehmen. Hiermit ist also die logische Wurzel des Satzes vom ausgeschlossenen *perpetuum mobile* angegeben, d. i. jene allgemeine Überzeugung, welche selbst vor dem Ausbau der Mechanik bestand und bei demselben mitwirkte.

Es ist eine natürliche Sache, dass das Prinzip des ausgeschlossenen *perpetuum mobile* zuerst auf dem einfacheren Gebiet der reinen Mechanik zur Anerkennung gelangt ist. Zur Übertragung desselben // 214 // auf das Gesamtgebiet der Physik hat allerdings die Vorstellung beigetragen, dass alle physikalischen Erscheinungen eigentlich mechanische Vorgänge seien. Die obige Entwicklung zeigt aber, wie wenig wesentlich diese Vorstellung ist Es kommt vielmehr auf die Erkenntnis des allgemeinen Naturzusammenhanges an. Ist dieser festgestellt, so sieht man (mit Carnot), dass es nicht von Belang ist, ob die mechanischen Gesetze unmittelbar oder auf einem Umwege durchbrochen werden.

Das Prinzip des ausgeschlossenen *perpetuum mobile* steht dem modernen Energieprinzip zwar sehr nahe, es ist mit demselben aber nicht identisch, denn letzteres ergibt sich aus ersterem nur durch eine besondere formale Auffassung. Das *perpetuum mobile* kann man nach obiger Darlegung ausschließen, ohne den Begriff Arbeit anzuwenden oder auch nur zu kennen. Das moderne Energieprinzip ergibt sich erst durch eine substanzielle Auffassung der Arbeit und jeder physikalischen Zustandsänderung, welche, indem sie rückgängig wird, Arbeit erzeugt. Das starke Bedürfnis nach einer solchen Auffassung, welche durchaus nicht notwendig, aber formal sehr bequem und anschaulich ist, tritt bei J. R. Mayer und Joule hervor. Es wurde schon bemerkt, dass beiden Forschern diese Auffassung sehr nahegelegt wurde durch die Bemerkung, dass sowohl die Wärmeerzeugung als die mechanische Arbeitsleistung an einen Stoffaufwand gebunden ist. Mayer sagt: „Ex nihilo nil fit", und an einer anderen Stelle: Die Erschaffung oder Vernichtung einer Kraft (Arbeit) liegt außer dem Bereich menschlichen // 215 // Wirkens. Bei Joule finden wir die Stelle: „It is manifestly absurd to suppose that the powers with which God has endowed matter can be destroyed." Man hat in solchen Sätzen den Versuch einer metaphysischen Begründung der Energielehre sehen wollen. Ich sehe in denselben lediglich das formale Bedürfnis nach einer anschaulichen, übersichtlichen, einfachen Rechnung, welches sich im praktischen Leben entwickelt hat, und das man nun, so gut es geht, auf das Gebiet der Wissenschaft überträgt. In der Tat schreibt Mayer an Griesinger[55]: „Fragst Du mich endlich, wie ich auf den ganzen Handel gekommen, so ist die einfache Antwort die: auf meiner Seereise mit dem Studium der Physiologie

55 [Jacob Weyrauch (Hrsg.), *Julius Robert Mayer, Kleinere Schriften und Briefe. Nebst Mitteilungen aus seinem Leben*, Stuttgart 1893]

mich fast ausschließlich beschäftigend, fand ich die neue Lehre aus dem zureichenden Grunde, weil ich das Bedürfnis derselben lebhaft erkannte." …

Die substanzielle Auffassung der Arbeit (Energie) ist keineswegs eine notwendige, und es fehlt auch viel daran, dass mit dem Bedürfnis nach einer solchen Auffassung auch schon die Aufgabe gelöst wäre. Vielmehr sehen wir, wie MAYER sich bemüht, nach und nach seinem Bedürfnis zu entsprechen. Er hält zuerst die Bewegungsquantität (mv) für äquivalent der Arbeit, und verfällt erst später auf die lebendige Kraft. Im Gebiete der Elektrizität vermag er den der Arbeit äquivalenten Ausdruck nicht anzugeben; dies geschieht erst später durch HELMHOLTZ. Das formale Bedürfnis ist also zuerst vorhanden, und die Naturauffassung wird demselben erst allmählich angepasst. // 216 //

Die Bloßlegung der experimentellen, logischen und formalen Wurzel des heutigen Energieprinzips dürfte wesentlich zur Beseitigung der Mystik beitragen, welche diesem Prinzip noch anhaftet. In Bezug auf unser formales Bedürfnis nach der einfachsten anschaulichsten substanziellen Auffassung der Vorgänge in unserer Umgebung bleibt es eine offene Frage, wieweit die Natur demselben entspricht, oder wieweit wir demselben entsprechen können. Nach einer der obigen Ausführungen scheint es, dass die Substanzauffassung des Energieprinzips ebenso wie die BLACK'sche Substanzauffassung der Wärme ihre natürlichen Grenzen in den Tatsachen hat, über welche hinaus sie nur künstlich festgehalten werden kann. // 217 //

13. Die ökonomische Natur der physikalischen Forschung.[1]

Wenn das Denken mit seinen begrenzten Mitteln versucht, das reiche Leben der Welt wiederzuspiegeln, von dem es selbst nur ein kleiner Teil ist, und das zu erschöpfen es niemals hoffen kann, so hat es alle Ursache, mit seinen Kräften sparsam umzugehen. Daher der Drang der Philosophie aller Zeiten, mit wenigen organisch gegliederten Gedanken die Grundzüge der Wirklichkeit zu umfassen. „Das Leben versteht den Tod nicht, und der Tod versteht das Leben nicht." So spricht ein alter Philosoph. Gleichwohl war man, die Summe des Unbegreiflichen zu mindern, unablässig bemüht, den Tod durch das Leben und das Leben durch den Tod zu verstehen.

Von menschlich empfindenden Dämonen erfüllt finden wir die Natur bei den alten Kulturvölkern. Die animistische Naturansicht, wie sie der Kultur- // 218 // forscher TYLOR[2] treffend und bezeichnend genannt hat, teilt der Fetischneger des heutigen Afrika im wesentlichen mit den hoch stehenden Völkern des Altertums. Nie hat sich diese Auffassung ganz verloren. Nicht der jüdische, nicht der christliche Monotheismus haben sie jemals vollständig überwunden. Sie nimmt sogar drohende pathologische Dimensionen an im Hexen- und Aberglauben des 16. und 17. Jahrhunderts, in der Zeit des Aufschwunges der Naturwissenschaft. Während STEVIN, KEPLER und GALILEI bedächtig Stein an Stein fügen zu dem heutigen Bau der Naturwissenschaft, zieht man voll Grausamkeit und Entsetzen zu Felde, mit Folter und Feuerbrand, gegen die Teufel, die überall hervorlugen. Ja auch heute noch, abgesehen von allen Überlebseln

---

1 Vortrag, gehalten in der feierlichen Sitzung der kaiserlichen Akademie der Wissenschaften zu Wien am 25. Mai 1882. — Vgl. „[*Die Geschichte und die Wurzel des Satzes von der*] *Erhaltung der Arbeit*", ferner „*Mechanik*" und Artikel 1, insbesondere S. 16.

2 *Die Anfänge der Kultur.* [*Untersuchungen über die Entwicklung der Mythologie, Philosophie, Religion, Kunst und Sitte*] Leipzig. Winters Verlag 1873.

aus jener Zeit, abgesehen von allen Spuren des Fetischismus in unseren physikalischen Begriffen,[3] leben diese Vorstellungen noch fort, wenn auch halb latent und verschüchtert in dem wüsten Treiben der modernen Spiritisten.

Neben dieser animistischen Anschauung erhebt sich zeitweilig in verschiedenen Formen, von Demokrit bis zur Gegenwart, mit dem gleichen Anspruch, die Welt allein zu begreifen, die Ansicht, die wir allgemeinverständlich die physikalisch-mechanische nennen wollen. Dass dieselbe heute die erste Stimme hat, dass sie die Ideale und den Charakter unserer Zeit bestimmt, kann nicht zweifelhaft sein. Es war eine große ernüchternde Kulturbewegung, durch welche die Menschheit im 18. Jahrhundert zur vollen Besinnung kam. Sie schuf das // 219 // leuchtende Vorbild eines menschenwürdigen Daseins zur Überwindung der alten Barbarei auf praktischem Gebiete; sie schuf die Kritik der reinen Vernunft, welche die begrifflichen Truggestalten der alten Metaphysik ins Reich der Schatten verwies; sie drückte der physikalisch-mechanischen Naturansicht die Zügel in die Hand, die sie heute führt.

Wie ein begeisterter Toast auf die wissenschaftliche Arbeit des 18. Jahrhunderts klingen uns die oft angeführten Worte des großen Laplace[4]: „Eine Intelligenz, welcher für einen Augenblick alle Kräfte der Natur und die gegenseitigen Lagen aller Massen gegeben würden, wenn sie im übrigen umfassend genug wäre, diese Angaben der Analyse zu unterwerfen, könnte mit derselben Formel die Bewegung der größten Massen und der kleinsten Atome begreifen; nichts wäre ungewiss für sie, die Zukunft und die Vergangenheit läge offen vor ihren Augen." Laplace hat nachweislich bei seinen Worten auch an die Atome des Gehirns gedacht. Ausdrücklicher noch haben dies manche seiner Nachfolger getan, und im Ganzen möchte das

---

3 *Tylor*, a.a.O.

4 *Essai philosophique sur les probabilités.* 6me ed. Paris 1840, S. 4. In dieser Formulierung fehlt die notwendige Berücksichtigung der Anfangsgeschwindigkeiten.

Laplace'sche Ideal der überwiegenden Mehrzahl der heutigen Naturforscher kaum fremd sein.

Freudig gönnen wir dem Schöpfer der *mécanique céleste* das erhebende Gefühl, welches ihm die mächtig wachsende Aufklärung erregt, der auch wir unsere geistige Freiheit danken. Allein heute bei ruhigem Gemüt und vor neue Arbeit gestellt, ziemt es der physikalischen Forschung, sich durch Erkenntnis // 220 // ihrer Natur vor Selbsttäuschung zu schützen, um dafür aber desto sicherer ihre wahren Ziele verfolgen zu können. Wenn ich nun in der folgenden Erörterung, für die ich mir Ihre geneigte Aufmerksamkeit erbitte, zuweilen die engeren Grenzen meines Faches überschreite und auf befreundetes Nachbargebiet übertrete, so wird es mir gewiss zur Entschuldigung dienen, dass der Stoff allen Gebieten gemeinsam und scharfe unverrückbare Marksteine überhaupt nicht gelegt sind.

Der Glaube an geheime Zaubermächte in der Natur ist allmählich geschwunden; dafür hat sich aber ein neuer Glaube verbreitet, jener an die Zaubergewalt der Wissenschaft. Wirft doch diese, und nicht wie eine launische Fee nur dem Begünstigten, sondern der ganzen Menschheit, Schätze in den Schoß, wie sie kein Märchen erträumen konnte. Kein Wunder also, wenn ferner stehende Verehrer ihr zutrauen, dass sie imstande sei, unergründliche, unseren Sinnen unzugängliche Tiefen der Natur zu erschließen. Sie aber, die zur Erhellung in die Welt gekommen, kann jedes mystische Dunkel, jeden prunkvollen Schein, dessen sie zur Rechtfertigung ihrer Ziele und zum Schmucke ihrer offen daliegenden Leistungen nicht bedarf, ruhig von sich weisen.

Am besten werden die bescheidenen Anfänge der Wissenschaft uns deren einfaches, sich stets gleich bleibendes Wesen enthüllen. Halbbewusst und unwillkürlich erwirbt der Mensch seine ersten Naturerkenntnisse, indem er instinktiv die Tatsachen in Gedanken nachbildet und vorbildet, indem er die trägere Erfahrung durch den schnelleren beweglichen // 221 // Gedanken ergänzt, zunächst nur zu seinem materiellen Vorteile.

Er konstruiert wie das Tier zum Geräusch im Gestrüppe den Feind, den er fürchtet, zur Schale den Kern der Frucht, welchen er sucht, nicht anders, als wir zur Spektrallinie den Stoff, zur Reibung des Glases den elektrischen Funken in Gedanken vorbilden. Die Kenntnis der Kausalität in dieser Form reicht gewiss tief unter die Stufe, welche SCHOPENHAUERS Lieblingshund einnimmt, dem er diese Kenntnis zuschrieb. Sie reicht wohl durch die ganze Tierwelt und bestätigt das Wort des kräftigen Denkers von dem Willen, der sich den Intellekt für seine Zwecke schuf. Diese ersten psychischen Funktionen wurzeln in der Ökonomie des Organismus nicht minder fest als Bewegung und Verdauung. Dass wir in denselben auch die elementare Macht einer längst geübten logischen und physiologischen Handlung fühlen, die wir als Erbstück von unseren Vorfahren überkommen haben, wer wollte das leugnen?

Diese ersten Erkenntnisakte bilden auch heute noch die stärkste Grundlage alles wissenschaftlichen Denkens. Unsere instinktiven Kenntnisse, wie wir sie kurz nennen wollen, treten uns eben vermöge der Überzeugung, dass wir bewusst und willkürlich nichts zu denselben beigetragen haben, mit einer Autorität und logischen Gewalt entgegen, die bewusst und willkürlich erworbene Kenntnisse aus wohlbekannter Quelle und von leicht erprobter Fehlbarkeit niemals erreichen. Alle so genannten Axiome sind solche instinktive Erkenntnisse. Nicht das mit Bewusstsein Erworbene allein, sondern der stärkste intellektuelle Instinkt, verbunden mit be- // 222 // deutender begrifflicher Kraft, machen den großen Forscher aus. Die wichtigsten Fortschritte haben sich stets ergeben, wenn es gelang, instinktiv längst Erkanntes in klare begriffliche, also mitteilbare Form zu bringen, und so dem bleibenden Eigentume der Menschheit hinzuzulegen. Durch NEWTONS Satz der Gleichheit von Druck und Gegendruck, dessen Gültigkeit jeder gefühlt, den aber vor ihm niemand begrifflich gefasst hat, wurde die Mechanik mit einem Mal auf eine höhere Stufe gehoben. Leicht ließe sich die

Behauptung noch an den wissenschaftlichen Taten von STEVIN, S. CARNOT, FARADAY, J. R. MAYER u. a. historisch rechtfertigen.

Was wir besprochen, betrifft den Boden, dem die Wissenschaft entsprießt. Ihre eigentlichen Anfänge treten erst auf in der Gesellschaft, und besonders im Handwerk, mit der Notwendigkeit der Mitteilung von Erfahrung. Erst da, wie dies mancher Autor schon empfunden, ergibt sich der Zwang, die wichtigen und wesentlichen Züge einer Erfahrung zum Zwecke der Bezeichnung und Übertragung sich klar zum Bewusstsein zu bringen. Was wir Unterricht nennen, bezweckt lediglich Ersparnis an Erfahrung eines Menschen durch jene eines anderen.

Die wunderbarste Ökonomie der Mitteilung liegt in der Sprache. Dem gegossenen Letternsatze vergleichbar, welcher, die Wiederholung der Schriftzüge ersparend, den verschiedensten Zwecken dient, den wenigen Lauten ähnlich, aus denen die verschiedensten Worte sich bilden, sind die Worte selbst. Mosaikartig setzt die Sprache und das mit ihr in Wechselbeziehung stehende begriffliche Denken das Wichtigste fixierend, das Gleichgültige über- // 223 // sehend, die starren Bilder der flüssigen Welt zusammen, mit einem Opfer an Genauigkeit und Treue zwar, dafür aber mit Ersparnis an Mitteln und Arbeit. Wie der Klavierspieler mit e i n m a l vorbereiteten Tönen, erregt der Redner im Hörer e i n m a l für viele Fälle vorbereitete Gedanken, die mit großer Geläufigkeit und geringer Mühe dem Rufe folgen.

Die Grundsätze, welche der ausgezeichnete Wirtschaftsforscher E. HERRMANN[5] für die Ökonomie der Technik als gültig betrachtet, sie finden auch volle Anwendung auf dem Gebiete der gemeinen und der wissenschaftlichen Begriffe. Gesteigert ist natürlich die Ökonomie der Sprache in der wissenschaftlichen Terminologie. Und was die Ökonomie der schriftlichen Mitteilung betrifft, so ist kaum zu zweifeln, dass eben die Wissenschaft den schönen alten Traum der Philosophen von einer internationalen Universalbegriffsschrift verwirklichen wird.

5 [*] Emanuel Herrmann (1839-1902), österreichischer Nationalökonom, Erfinder der Postkarte

Nicht mehr allzu ferne liegt diese Zeit. Die Zahlenzeichen, die Zeichen der mathematischen Analyse, die chemischen Symbole, die musikalische Notenschrift, der sich eine entsprechende Farbenschrift leicht zur Seite stellen ließe, die BRÜCKE'sche phonetische Schrift sind wichtige Anfänge. Sie werden, konsequent erweitert und verbunden mit dem, was die schon vorhandene chinesische Begriffsschrift lehrt, jedes besondere Erfinden und Dekretieren einer Universalschrift überflüssig machen.[6] // 224 //

Die wissenschaftliche Mitteilung enthält stets die Beschreibung, d.i. die Nachbildung einer Erfahrung in Gedanken, welche Erfahrung ersetzen und demnach ersparen soll. Die Arbeit des Unterrichts und des Lernens selbst wieder zu sparen, entsteht die zusammenfassende Beschreibung. Nichts anderes sind die Naturgesetze. Wenn wir uns etwa den Wert der Schwerebeschleunigung und das GALILEI'sche Fallgesetz merken, so besitzen wir eine sehr einfache und kompendiöse Anweisung, alle vorkommenden Fallbewegungen in Gedanken nachzubilden. Eine solche Formel ist ein vollständiger Ersatz für eine noch so ausgedehnte Tabelle, die vermöge der Formel jeden Augenblick in leichtester Weise hergestellt werden kann, ohne das Gedächtnis im Geringsten zu belasten.

Die verschiedenen Fälle der Lichtbrechung könnte kein Gedächtnis fassen. Merken wir uns aber die Brechungsexponenten für die vorkommenden Paare von Medien und das bekannte Sinusgesetz, so können wir jeden beliebigen Fall der Brechung ohne Schwierigkeit in Gedanken nachbilden oder ergänzen. Der Vorteil besteht in der Entlastung des Gedächtnisses, welche noch durch schriftliche Aufbewahrung der Konstanten unter-

6 [Es versteht sich, dass die Ausführung des *Leibniz*'schen Gedankens einer Pasigraphie oder allgemeinen Ideographie ein hinreichend klares und bestimmtes Begriffssystem von genügender Entwicklung zur Voraussetzung hat. Darin besteht eben die größte Schwierigkeit. In dem Maße als sich mit dem Wachstum der Wissenschaft diese Voraussetzung erfüllt, wird die Pasigraphie ausführbar. Und in der Tat hat *G. Peano* in Turin für das Gebiet der Mathematik eine Ideographie begründet. Vgl. hierüber den Bericht von *L. Couturat* [*Compte-rendu critique de Peano, „Formulaire de mathématiques"*] im Bulletin des Sciences Mathématiques [1901, 141-159] — 1902.]

stützt wird. Mehr als den umfassenden und verdichteten Bericht über Tatsachen enthält ein solches Naturgesetz nicht. Ja, es enthält im Gegenteil immer weniger als die Tatsache selbst, weil dasselbe nicht // 225 // die ganze Tatsache, sondern nur die für uns wichtige Seite derselben nachbildet, indem absichtlich oder notgedrungen von Vollständigkeit abgesehen wird. Die Naturgesetze sind intellektuellen, teils beweglichen, teils stereotypen Letternsätzen höherer Ordnung vergleichbar, welche letztere bei neuen Auflagen von Erfahrung oft auch hinderlich werden können.

Wenn wir ein Gebiet von Tatsachen zum ersten Mal überschauen, erscheint es uns mannigfaltig, ungleichförmig, verworren und widerspruchsvoll. Es gelingt zunächst nur, jede einzelne Tatsache ohne Zusammenhang mit den übrigen festzuhalten. Das Gebiet ist uns, wie wir sagen, *unklar*. Nach und nach finden wir die einfachen sich gleich bleibenden Elemente der Mosaik, aus welchen sich das ganze Gebiet in Gedanken zusammensetzen lässt. Sind wir nun soweit gelangt, überall in der Mannigfaltigkeit *dieselben* Tatsachen wieder zu erkennen, so fühlen wir uns in dem Gebiete nicht mehr fremd, wir überschauen es ohne Anstrengung, es ist für uns *erklärt*.

Erlauben Sie mir eine Erläuterung durch ein Beispiel. Kaum haben wir die geradlinige Fortpflanzung des Lichtes erfasst, stößt sich der gewohnte Lauf der Gedanken an der Brechung und Beugung. Kaum glauben wir mit einem Brechungsexponenten auszukommen, so sehen wir, dass für jede Farbe ein *besonderer* nötig ist. Haben wir uns daran gewöhnt, dass Licht zu Licht gefügt die Helligkeit vergrößert, bemerken wir plötzlich einen Fall der Verdunklung. Schließlich erkennt man aber in der überwältigenden Mannigfaltigkeit der Lichterschei- // 226 // nungen überall die Tatsache der räumlichen und zeitlichen Periodizität des Lichtes und dessen von dem Stoffe und der Periode abhängige Fortpflanzungsgeschwindigkeit. Dieses Ziel, ein Gebiet mit dem geringsten Aufwand zu überschauen und alle

Tatsachen durch einen Gedankenprozess nachzubilden, kann mit vollem Recht ein ökonomisches genannt werden.

Am meisten ausgebildet ist die Gedankenökonomie in jener Wissenschaft, welche die höchste formelle Entwicklung erlangt hat, welche auch die Naturwissenschaft so häufig zur Hilfe heranzieht, in der Mathematik. So sonderbar es klingen mag, die Stärke der Mathematik beruht auf der Vermeidung aller unnötigen Gedanken, auf der größten Sparsamkeit der Denkoperationen. Schon die Ordnungszeichen, welche wir Zahlen nennen, bilden ein System von wunderbarer Einfachheit und Sparsamkeit. Wenn wir beim Multiplizieren einer mehrstelligen Zahl durch Benützung des Einmaleins die Resultate schon ausgeführter Zähloperationen verwenden, statt sie jedes Mal zu wiederholen, wenn wir bei Gebrauch von Logarithmentafeln neu auszuführende Zähloperationen durch längst ausgeführte ersetzen und ersparen, wenn wir Determinanten verwenden, statt die Lösung eines Gleichungssystems immer von neuem zu beginnen, wenn wir neue Integralausdrücke in altbekannte zerlegen, so sehen wir hierin nur ein schwaches Abbild der geistigen Tätigkeit eines LAGRANGE oder CAUCHY[7], der mit dem Scharfblick eines Feldherrn für neu auszuführende Operationen ganze Scharen schon ausgeführter eintreten lässt. Man wird keinen Widerspruch erheben, wenn // 227 // wir sagen, die elementarste wie die höchste Mathematik sei ökonomisch geordnete, für den Gebrauch bereitliegende Zählerfahrung.

In der Algebra führen wir soweit als möglich formgleiche Zähloperationen ein für allemal aus, so dass nur ein Rest von Arbeit für jeden besonderen Fall übrig bleibt. Die Verwendung der algebraischen und analytischen Zeichen, die nur Symbole von auszuführenden Operationen sind, entsteht durch die Bemerkung, dass man den Kopf entlasten, für wichtigere, schwierigere Funktionen sparen, und einen Teil der sich mechanisch wiederholenden Arbeit der Hand übertragen kann. Nur eine Konsequenz dieser Methode, welche den ökonomischen Cha-

7 [*] Augustin Louis Cauchy (1789–1857), französischer Mathematiker

rakter derselben bezeichnet, ist die Konstruktion von Rechenmaschinen. Der Erfinder einer solchen, der Mathematiker Babbage[8], war wohl der erste, der dies Verhältnis klar erkannt und, wenn auch nur flüchtig, in seinem Werke über Maschinen- und Fabrikwesen berührt hat.

Wer Mathematik treibt, den kann zuweilen das unbehagliche Gefühl überkommen, als ob seine Wissenschaft, ja sein Schreibstift, ihn selbst an Klugheit überträfe, ein Eindruck, dessen selbst der große EULER nach seinem Geständnis sich nicht immer erwehren konnte. Eine gewisse Berechtigung hat dieses Gefühl, wenn wir bedenken, mit wie vielen fremden oft vor Jahrhunderten gefassten Gedanken wir in geläufigster Weise operieren. Es ist wirklich teilweise eine fremde Intelligenz, die uns in der Wissenschaft gegenübersteht. Mit der Erkenntnis dieses Sachverhaltes erlischt aber wieder das Mystische und Magische des Eindruckes, zumal wir jeden // 228 // der fremden Gedanken, sobald wir nur wollen, nachzudenken vermögen.

Physik ist ökonomisch geordnete Erfahrung. Nicht nur die Übersicht des schon Erworbenen wird durch diese Ordnung ermöglicht, auch die Lücken und wünschenswerten Ergänzungen treten wie in einer guten Wirtschaft klar hervor. Die Physik teilt mit der Mathematik die zusammenfassende Beschreibung, die kurze kompendiöse, doch jede Verwechslung ausschließende Bezeichnung der Begriffe, deren mancher wieder viele andere enthält, ohne dass unser Kopf dadurch belästigt erscheint. Jeden Augenblick aber kann der reiche Inhalt hervorgeholt, und bis zu voller sinnlicher Klarheit entwickelt, werden. Welche Menge geordneter, zum Gebrauch bereit liegender Gedanken fasst z. B. der Begriff Potential in sich. Kein Wunder also, dass mit Begriffen, die so viele fertige Arbeit schon enthalten, schließlich einfach zu operieren ist.

Aus der Ökonomie der Selbsterhaltung wachsen also die ersten Erkenntnisse hervor. Die Mitteilung häuft die Erfahrungen

8 [*] Charles Babbage (1791–1871); englischer Mathematiker, Philosoph, Erfinder und Ökonom

vieler Individuen, die aber irgendeinmal wirklich gemacht werden mussten, in einem auf. Sowohl die Mitteilung als das Bedürfnis des Einzelnen, seine Erfahrungssumme mit dem kleinsten Gedankenaufwand zu beherrschen, zwingt zu ökonomischer Ordnung. Hiermit ist aber auch die ganze rätselhafte Macht der Wissenschaft erschöpft. Im Einzelnen vermag sie uns nichts zu bieten, was nicht jeder in genügend langer Zeit auch ohne alle Methode finden könnte. Jede mathematische Aufgabe könnte durch direktes Zählen gelöst werden. Es gibt aber Zähloperationen, die gegen- // 229 // wärtig in wenigen Minuten vollführt werden, welche aber ohne Methode vorzunehmen die Lebensdauer eines Menschen bei weitem nicht reichen würde. So wie ein Mensch allein auf seine Arbeit angewiesen, niemals ein merkliches Vermögen sammeln würde, sondern die Ansammlung der Arbeit vieler Menschen in einer Hand die Bedingung von Reichtum und Macht ist, so kann auch in endlicher Zeit und bei endlicher Kraft nur durch ausgesuchte Sparsamkeit in Gedanken, durch Häufung der ökonomisch geordneten Erfahrung Tausender in einem Kopfe ein nennenswertes Wissen erlangt werden. So ist also alles, was Zauberei scheinen könnte, wie es ja genügend oft im bürgerlichen Leben auch vorkommt, nichts als vortreffliche Wirtschaft. Die Wirtschaft der Wissenschaft hat aber vor jeder anderen das voraus, dass durch Häufung ihrer Reichtümer niemand den geringsten Verlust erleidet. Darin liegt ihr Segen, ihre befreiende, erlösende Kraft.

Die Erkenntnis der ökonomischen Natur der Wissenschaft im Allgemeinen mag uns nun behilflich sein, einige physikalische Begriffe leichter zu würdigen.

Was wir Ursache und Wirkung nennen, sind hervorstechende Merkmale einer Erfahrung, die für unsere Gedankennachbildung wichtig sind. Ihre Bedeutung blasst ab, und geht auf andere neue Merkmale über, sobald eine Erfahrung geläufig wird. Tritt uns die Verbindung solcher Merkmale mit dem Eindruck der Notwendigkeit entgegen, so liegt dies nur daran, dass uns die Einschaltung längst bekannter // 230 // Zwischenglieder, die also eine höhere Autorität für uns haben, oft gelungen ist. Die fertige Erfahrung im Setzen der Gedankenmosaike, mit welcher wir jedem neuen Fall entgegenkommen, hat KANT einen angeborenen Verstandesbegriff genannt.

Die imposantesten Sätze der Physik, lösen wir sie in ihre Elemente auf, unterscheiden sich in nichts von den beschreibenden Sätzen des Naturhistorikers. Die Frage nach dem „warum", die überall zweckmäßig ist, wo es sich um Aufklärung eines Widerspruchs handelt, kann wie jede zweckmäßige Gewohnheit auch über den Zweck hinausgehen, und gestellt werden, wo nichts mehr zu verstehen ist.

Wollten wir der Natur die Eigenschaft zuschreiben, unter gleichen Umständen gleiche Erfolge hervorzubringen, so wüssten wir diese gleichen Umstände nicht zu finden. Die Natur ist nur einmal da. Nur unser schematisches Nachbilden erzeugt gleiche Fälle. Nur in diesem existiert also die Abhängigkeit gewisser Merkmale voneinander.

Alle unsere Bemühungen, die Welt in Gedanken abzuspiegeln wären fruchtlos, wenn es nicht gelänge, in dem bunten Wechsel Bleibendes zu finden. Daher das Drängen nach dem Substanzbegriff, dessen Quelle von jener der modernen Ideen über die Erhaltung der Energie nicht verschieden ist. Die Geschichte der Physik liefert für diesen Trieb auf fast allen Gebieten zahlreiche Beispiele, und die liebenswürdigen Äußerungen derselben lassen sich bis in die Kinderstube verfolgen. „Wo kommt das Licht hin, wenn es gelöscht wird und nicht mehr in der Stube ist?" So fragt das Kind. Das plötzliche Schrumpfen eines Wasserstoffballons // 231 // ist dem Kinde unfassbar; es sucht überall nach dem großen Körper, der eben noch da war. „Wo kommt die Wärme her?" „Wo kommt die Wärme hin?" Solche Kinderfragen im Munde reifer Männer bestimmen Charakter des Jahrhunderts.

Wenn wir in Gedanken einen Körper lostrennen von der wechselnden Umgebung, in welcher sich derselbe bewegt, so scheiden wir eigentlich nur eine Empfindungsgruppe von verhältnismäßig größerer *Beständigkeit*, an welche wir unser Denken anklammern, aus dem Gewoge der Empfindungen aus. Eine absolute Unveränderlichkeit hat diese Gruppe nicht. Bald dieses, bald jenes Glied derselben verschwindet und kommt, erscheint verändert, und kehrt eigentlich in voller Gleichheit niemals wieder. Doch ist die Summe der bleibenden Glieder gegenüber den veränderlichen, namentlich wenn wir auf die Stetigkeit des Übergangs achten, immer so groß, dass sie uns zur Anerkennung des Körpers als *desselben* vorerst genügend erscheint. Weil wir aus der Gruppe jedes einzelne Glied ausscheiden können, ohne dass der Körper aufhört, für uns derselbe zu sein, können wir leicht glauben, dass auch bei Ausscheidung *aller* noch etwas übrig bliebe, außer jenen Gliedern. So kann es kommen, dass wir den Gedanken einer von ihren Merkmalen verschiedenen Substanz, eines „Dinges an sich", fassen, für dessen Eigenschaften die Empfindungen Symbole sein sollen. Umgekehrt müssen wir vielmehr sagen, dass Körper oder Dinge abkürzende Gedankensymbole für Gruppen von Empfindungen sind, Symbole, die außerhalb unseres Denkens nicht existieren. So wird auch jeder Kaufmann das Etikett einer Kiste als Sym- // 232 // bol des Wareninhaltes betrachten und nicht umgekehrt. Er wird dem Inhalt, nicht aber dem Etikett realen Wert beilegen. Dieselbe Sparsamkeit, die uns veranlasst, eine Gruppe aufzulösen und für deren auch in anderen Gruppen enthaltene Bestandteile *besondere* Symbole zu setzen, kann uns auch treiben, durch *ein* Symbol die ganze Gruppe zu bezeichnen.

Auf den alten ägyptischen Monumenten sehen wir Abbildungen, die nicht *einer* Gesichtswahrnehmung entsprechen, sondern aus verschiedenen Wahrnehmungen zusammengesetzt sind. Die Köpfe und die Beine der Figuren erscheinen im Profil, die Kopfbedeckung und die Brust von vorn gesehen usw. Es ist sozusagen ein mittlerer Anblick, in welchem der Künstler das ihm Wichtige festgehalten, das Gleichgültige vernachlässigt hat. Wir können den auf den Tempelwänden versteinerten

Vorgang bei den Zeichnungen unserer Kinder lebendig wahrnehmen und das Analogon desselben bei der Begriffsbildung in unseren Köpfen beobachten. Nur in dieser Geläufigkeit des Übersehens dürfen wir von e i n e m Körper sprechen. Sagen wir von einem Würfel, wir hätten dessen Ecken abgestutzt, obgleich er nun kein Würfel mehr ist, so beruht dies auf der natürlichen Sparsamkeit, welche es vorzieht, der fertigen geläufigen Vorstellung eine Korrektur hinzuzufügen, statt eine gänzlich neue zu bilden. Alles Urteilen beruht auf diesem Vorgang.

Die Malerei der Ägypter und Kinder kann dem kritischen Blicke nicht standhalten. Dasselbe begegnet der rohen Vorstellung eines Körpers. Der Physiker, welcher einen Körper sich biegen, aus- // 233 // dehnen, schmelzen und verdampfen sieht, zerlegt ihn in kleinere bleibende Teile, der Chemiker spaltet ihn in Elemente. Allein auch ein solches Element, wie das Natrium, ist nicht unveränderlich. Aus der weichen, silbern glänzenden Masse wird bei Erwärmung eine flüssige, die bei größerer Hitze unter Luftabschluss in einen vor der Natriumlampe violetten Dampf sich verwandelt, und bei weiterer Erwärmung selbst mit gelbem Licht glüht. Wenn immer noch der Name Natrium festgehalten wird, so geschieht dies wegen der Stetigkeit des Überganges und aus notwendiger Sparsamkeit. Der Dampf kann sich kondensieren, und das weiße Metall ist wieder da. Ja, sogar nachdem das Metall, auf Wasser gelegt, in Natriumhydroxid übergegangen, können bei geeigneter Behandlung die gänzlich verschwundenen Eigenschaften wieder zum Vorschein kommen, wie ein Körper, der bei der Bewegung eine Zeitlang hinter einer Säule verborgen war, wieder sichtbar werden kann. Es ist nun ohne Zweifel sehr zweckmäßig, den Namen und Gedanken für eine Gruppe von Eigenschaften, wo dieselben hervortreten können, stets bereit zu halten. Mehr als ein ökonomisch abkürzendes Symbol für alle jene Erscheinungen ist aber dieser Name und Gedanke nicht. Es wäre ein leeres Wort für jenen, dem er nicht eine ganze Reihe wohlgeordneter sinnlicher Eindrücke wachriefe. Und ähnliches gilt von den Molekülen und Atomen, in welche das chemische Element noch zerlegt wird.

Zwar pflegt man die Erhaltung des Gewichtes oder genauer die Erhaltung der Masse als einen direkten Nachweis der Beständigkeit der Materie // 234 // anzusehen. Allein dieser Nachweis verflüchtigt sich, wenn wir auf den Grund gehen, in eine solche Menge von instrumentalen und intellektuellen Operationen, dass er gewissermaßen nur eine Gleichung konstatiert, welcher unsere Vorstellungen, Tatsachen nachbildend, zu genügen haben. Den dunklen Klumpen, den wir unwillkürlich hinzudenken, suchen wir vergebens außerhalb unseres Denkens.[9]

So ist es also überall der rohe Substanzbegriff, der sich unbemerkt in die Wissenschaft einschleicht, der sich immer als unzulänglich erweist und sich auf immer kleinere Teile der Welt zurückziehen muss. Die niedere Stufe wird eben nicht entbehrlich durch die höhere, welche auf dieselbe gebaut ist, sowie durch die großartigsten Transportmittel die einfachste Lokomotion, das Gehen, nicht überflüssig geworden ist. Dem Physiker muss der Körper als eine durch Raumempfindungen verknüpfte Summe von Licht- und Tastempfindungen, wenn er nach demselben greifen will, so geläufig sein als dem Tiere, welches seine Beute hascht. Der Jünger der Erkenntnistheorie darf aber, wie der Geologe und Astronom von den Bildungen, die vor seinen Augen vorgehen, zurückschließen auf jene, die er fertig vorfindet.

Alle physikalischen Sätze und Begriffe sind gekürzte Anweisungen, die oft selbst wieder andere Anweisungen eingeschlossen enthalten, auf ökonomisch geordnete, zum Gebrauch bereit liegende Erfahrungen. Die Kürze kann solchen Anweisungen, // 235 // deren Inhalt nur selten vollkommen hervorgeholt wird, zuweilen den Anschein von selbständigen Wesen geben. Mit

9 Unter dem Schlagwort: „[Die] *Überwindung des wissenschaftlichen Materialismus.* [Vortrag, gehalten in der dritten allgemeinen Sitzung der Versammlung der Gesellschaft Deutscher Naturforscher und Ärzte zu Lübeck am 20. Sept. 1895]" wurden später verwandte Gedanken von *W. Ostwald* dargelegt.

den poetischen Mythen, wie sie z.B. über die alles gebärende und alles wieder verschlingende Zeit bestehen, wollen wir uns hier natürlich nicht beschäftigen. Wir wollen uns nur erinnern, dass NEWTON noch von einer absoluten, von allen Erscheinungen unabhängigen Zeit, wie auch von einem absoluten Raum spricht, über welche Anschauungen selbst KANT nicht hinausgekommen ist, und die heute noch zuweilen ernstlich erörtert werden. Für den Naturforscher ist jede zeitliche Bestimmung die abgekürzte Bezeichnung der Abhängigkeit einer Erscheinung von einer andern, und durchaus nichts weiter. Wenn wir sagen, die Beschleunigung eines frei fallenden Körpers betrage 9,810 Meter in der Sekunde, so heißt das, die Geschwindigkeit des Körpers gegen den Erdmittelpunkt ist um 9,810 Meter größer, wenn die Erde $^1/_{86400}$ ihrer Umdrehung mehr vollführt hat, was selbst wieder nur durch ihre Beziehung zu andern Himmelskörpern erkannt werden kann. In der Geschwindigkeit liegt wieder nur eine Beziehung der Lage des Körpers zur Lage der Erde.[10] Wir können alle Erscheinungen statt auf die Erde auf eine Uhr oder selbst auf unsere innere Zeitempfindung beziehen. Weil nun ein Zusammenhang aller besteht, und jede das Maß der übrigen sein kann, entsteht leicht die Täuschung, als ob die Zeit unabhängig von allen noch einen Sinn hätte.[11] // 236 //

Unser Forschen geht nach den Gleichungen, welche zwischen den Elementen der Erscheinungen bestehen. Die Gleichung der Ellipse drückt die allgemeinere denkbare Beziehung zwischen den Koordinaten aus, von welchen nur die reellen Werte einen geometrischen Sinn haben. So drücken auch die Gleichungen zwischen den Erscheinungselementen eine

10 Es wird hierdurch klar, dass alle so genannten Elementargesetze doch immer eine Beziehung auf das Ganze enthalten.

11 Würde man einwenden, dass wir es bemerken könnten, und das Zeitmaß nicht verlieren müssten, sondern etwa die Schwingungsdauer der Natriumlichtwellen an die Stelle setzen könnten, wenn die Rotationsgeschwindigkeit der Erde Schwankungen unterläge, so wäre damit nur dargetan, dass wir aus praktischen Gründen diejenige Erscheinung wählen, welche als *einfachstes* gemeinschaftliches Maß der übrigen dienen kann.

allgemeinere mathematisch denkbare Beziehung aus; allein nur ein bestimmter Sinn der Änderung mancher Werte ist physikalisch zulässig. So wie in der Ellipse nur gewisse der Gleichung entsprechende Werte, so kommen in der Welt nur gewisse *Wertänderungen* vor. Die Körper werden stets gegen die Erde beschleunigt, die Temperaturdifferenzen werden, sich selbst überlassen, stets *kleiner* usw. Auch in Bezug auf den uns gegebenen Raum haben bekanntlich mathematische und physiologische Untersuchungen gelehrt, dass derselbe ein *wirklicher* unter vielen *denkbaren* Fällen ist, über dessen Eigentümlichkeiten nur die Erfahrung uns belehren kann. Die aufklärende Kraft dieses Gedankens kann nicht in Abrede gestellt werden, so monströs auch die Anwendungen sein mögen, die von demselben gemacht worden sind.

Versuchen wir nun die Ergebnisse unserer Umschau zusammenzufassen. In dem ökonomischen Schematisieren der Wissenschaft liegt die Stärke, // 237 // aber auch der Mangel derselben. Die Tatsachen werden immer mit einem Opfer an Vollständigkeit dargestellt, nicht genauer, als dies unseren augenblicklichen Bedürfnissen entspricht. Die Inkongruenz zwischen Denken und Erfahrung wird also fortbestehen, solange beide nebeneinander hergehen; sie wird nur stetig vermindert.

In Wirklichkeit handelt es sich immer nur um die Ergänzung einer teilweise vorliegenden Erfahrung, um Ableitung eines Erscheinungsteiles aus einem anderen. Unsere Vorstellungen müssen sich hierbei direkt auf Empfindungen stützen. Wir nennen dies Messen. So wie die Entstehung, so ist auch die Anwendung der Wissenschaft an eine große Beständigkeit unserer Umgebung gebunden. Was sie uns lehrt, ist gegenseitige Abhängigkeit. Absolute Prophezeiungen haben also keinen wissenschaftlichen Sinn. Mit großen Veränderungen im Himmelsraum würden wir unser Raum- und Zeitkoordinatensystem zugleich verlieren.

Wenn der Geometer die Form einer Kurve erfassen will, so zerlegt er sie zuvor in kleine geradlinige Elemente. Er weiß aber wohl, dass dieselben nur ein vorübergehendes willkürliches Mittel sind, stückweise zu erfassen, was auf einmal nicht gelingen will. Ist das Gesetz der Kurve gefunden, denkt er nicht mehr an ihre Elemente. So würde es auch der Naturwissenschaft nicht ziemen, in ihren selbstgeschaffenen veränderlichen ökonomischen Mitteln, den Molekülen und Atomen, Realitäten hinter den Erscheinungen zu sehen, vergessend der jüngst erworbenen weisen Besonnenheit ihrer kühneren Schwester, der Philosophie, eine mecha- // 238 // nische Mythologie zu setzen an die Stelle der animistischen oder metaphysischen, und damit vermeintliche Probleme zu schaffen. Das Atom mag immerhin ein Mittel bleiben, die Erscheinungen darzustellen, wie die Funktionen der Mathematik. Allmählich aber mit dem Wachsen der intellektuellen Erziehung an ihrem Stoff, verlässt die Naturwissenschaft das Mosaikspiel mit Steinchen und sucht die Grenzen und Formen des Bettes zu erfassen, in welchem der lebendige Strom der Erscheinungen fließt. Den sparsamsten, einfachsten begrifflichen Ausdruck der Tatsachen erkennt sie als ihr Ziel.

Nun stellen wir uns noch die Frage, ob dieselbe Methode der Forschung, welche wir bisher stillschweigend als auf die physikalische Welt beschränkt angesehen haben, auch an das Gebiet des Psychischen hinanreicht. Dem Naturforscher erscheint diese Frage unnötig. Die physikalischen und die psychologischen Lehren entspringen in ganz gleicher Weise instinktiven Erkenntnissen. Wir lesen aus den Handlungen und Mienen der Menschen ihre Gedanken ab, ohne zu wissen wie. So wie wir das Benehmen einer Magnetnadel dem Strom gegenüber vorbilden, indem wir uns den AMPÈRE'schen Schwimmer in demselben denken, so bilden wir die Handlungen der Menschen in Gedanken vor, indem wir mit ihrem Körper verbunden Empfindungen, Gefühle und Willen ähnlich den unsrigen annehmen. Was wir da instinktiv treiben, müsste uns als der feinste wissenschaftliche Kunstgriff erscheinen, welcher an Bedeutung und genialer Konzeption die Ampère'sche // 239 // Schwimmerregel weit hinter sich ließe, wenn nicht jedes Kind unbewusst ihn finden würde. Es kann sich also nur darum handeln, wissenschaftlich d. h. begrifflich zu fassen, was uns ohnehin geläufig ist. Und darin ist allerdings sehr viel zu tun. Eine ganze Kette von Tatsachen ist zu enthüllen zwischen der Physik der Miene und Bewegung einerseits, der Empfindung und dem Gedanken andererseits.

„Wie sollte es aber möglich sein, aus den Atombewegungen des Hirns die Empfindung zu erklären?" So hören wir fragen. Gewiss wird dies nie gelingen, sowenig als aus dem Brechungsgesetz jemals das Leuchten und Wärmen des Lichtes folgen wird. Wir brauchen eben das Fehlen einer sinnreichen Antwort auf solche Fragen nicht zu bedauern. Es liegt gar kein Problem vor. Mit Erstaunen bemerkt das Kind, welches über die Brüstung der Stadtmauer in den tiefen Wallgraben hinabblickt, unten die Menschen, und den verbindenden Torweg nicht kennend, begreift es nicht, wie sie von der hohen Mauer da herabkommen konnten. So ist es auch mit den physikalischen Begriffen. An unseren Abstraktionen können wir in die Psychologie zwar nicht hinauf – wohl aber hinunterklettern.

Sehen wir uns den Sachverhalt unbefangen an. Die Welt besteht aus Farben, Tönen, Wärmen, Drücken, Räumen, Zeiten usw., die wir *jetzt* nicht *Empfindungen* und nicht *Erscheinungen* nennen wollen, weil in beiden Namen schon eine einseitige, willkürliche Theorie liegt. Wir nennen sie einfach *Elemente*. Die Erfassung des Flusses dieser Elemente, ob mittelbar oder unmittelbar, ist das eigentliche Ziel der Naturwissenschaft. Solange // 240 // wir uns, den eigenen Körper nicht beachtend, mit der *gegenseitigen* Abhängigkeit jener Gruppen von Elementen beschäftigen, welche die *fremden* Körper, Menschen und Tiere eingeschlossen, ausmachen, bleiben wir Physiker. Wir untersuchen z. B. die Änderung der roten Farbe eines Körpers durch Änderung der Beleuchtung. Sobald wir aber den besonderen Einfluss jener Elemente auf dieses Rot betrachten, welche unseren Körper ausmachen, der sich durch die bekannte Perspektive mit unsichtbarem Kopf auszeichnet, sind wir im Gebiete der physiologischen Psychologie. Wir schließen die Augen, und das Rot mit der ganzen sichtbaren Welt ist weg. So liegt in dem Wahrnehmungsfelde eines jeden Sinnes ein Teil, welcher auf alle übrigen einen anderen und stärkeren Einfluss übt, als jene aufeinander. Hiermit ist aber auch alles gesagt. Mit Rücksicht darauf bezeichnen wir alle Elemente, sofern wir sie als abhängig von jenem besonderen Teil (unserem Körper) betrachten, als Empfindungen. Dass die Welt unsere Empfindung sei, ist in diesem Sinne nicht zweifelhaft. Außer dieser vorübergehenden Auffassung aber ein System fürs Leben zu machen, dessen Sklaven wir bleiben, werden wir so wenig haben, als der Mathematiker, wenn er eine vorher konstant gesetzte Reihe von Variablen einer Funktion nun variabel werden lässt, oder wenn er die unabhängig Variablen tauscht, obgleich ihm dies mitunter überraschende Ansichten verschafft.[12] // 241 //

Sieht man die Sache so naiv an, so erscheint es nicht zweifelhaft, dass die Methode der psychologischen Physiologie nur die physikalische sein kann, ja dass diese Wissenschaft selbst zu einem Teil der Physik wird. Der Stoff dieser Wissenschaft ist von jenem der Physik nicht verschieden. Sie wird die Beziehung der Empfindungen zur Physik unseres Körpers zweifellos ermitteln. Schon haben wir durch ein Mitglied dieser Akademie erfahren, dass der sechsfachen Mannigfaltigkeit der Farbenempfindungen aller Wahrscheinlichkeit nach eine sechsfache Mannigfaltigkeit des chemischen Prozesses der Sehsinnsubstanz, der dreifachen Mannigfaltigkeit der Raumempfindungen

12 Den hier dargelegten Standpunkt nehme ich seit etwa 2 Dezennien ein, und habe ihn in verschiedenen Schriften („*Erhaltung der Arbeit*, 1872", „*Gestalten der Flüssigkeit*, 1872", „*Bewegungsempfindungen*, 1875") festgehalten. Er liegt nicht den Philosophen, wohl aber der Mehrzahl der Naturforscher recht fern. Umso mehr bedaure ich, dass Titel und Verfasser einer kleinen Schrift, welche mit meinen Ansichten sogar in vielen Einzelheiten zusammentraf, und die ich in einer Zeit stürmischer Beschäftigung (1879-1880) flüchtig gesehen zu haben glaube, meinem Gedächtnis so entschwunden sind, dass alle Versuche, sie wieder zu ermitteln, bisher erfolglos blieben.

eine dreifache Mannigfaltigkeit des physiologischen Prozesses entspricht. Die Bahnen der Reflexe und des Willens werden verfolgt und aufgedeckt; welche Gegend des Hirns der Sprache, welche der Lokomotion dient, wird ermittelt. Was dann noch an unserem Körper hängt, die Gedanken, wird schon eine prinzipiell neue Schwierigkeit nicht mehr schaffen. Wird einmal die Erfahrung diese Tatsachen klargelegt und die Wissenschaft sie ökonomisch übersichtlich geordnet haben, dann ist nicht zu zweifeln, dass wir sie auch verstehen werden. Denn ein anderes Verstehen, als Beherrschung des Tatsächlichen in Gedanken hat es nie gegeben. // 242 // Die Wissenschaft schafft nicht eine Tatsache aus der anderen, sie ordnet aber die bekannten.

Betrachten wir nun noch etwas näher die psychologisch-physiologische Forschung. Wir haben eine ganz klare Vorstellung davon, wie ein Körper sich im Raume seiner Umgebung bewegt. Unser optisches Gesichtsfeld ist uns sehr geläufig. Wir wissen aber gewöhnlich nicht anzugeben, wie wir zu einem Gedanken gekommen, aus welcher Ecke des intellektuellen Gesichtsfeldes er hereingebrochen, noch durch welche Stelle der Impuls zu einer Bewegung hinausgesendet worden. Dieses geistige Gesichtsfeld werden wir auch durch Selbstbeobachtung allein nie kennen lernen. Die Selbstbeobachtung im Verein mit der physiologischen Forschung, welche den physikalischen Zusammenhängen nachgeht, kann dieses Gesichtsfeld klar vor uns legen, und wird damit unseren inneren Menschen erst eigentlich offenbaren.

Die Naturwissenschaft oder die Physik im weitesten Sinne lehrt uns die stärksten Zusammenhänge von Gruppen von Elementen kennen. Auf die einzelnen Bestandteile dieser Gruppen dürfen wir vorerst nicht zu viel achten, wenn wir ein fassbares Ganzes behalten wollen. Die Physik gibt, weil ihr dies leichter wird, statt der Gleichungen zwischen den Urvariablen, Gleichungen zwischen Funktionen derselben. Die psychologische Physiologie lehrt von dem Körper das Sichtbare, Hörbare, Tastbare absondern, wobei sie, von der Physik kräftig unterstützt, dieses wieder reichlich vergilt, wie schon aus der Einteilung der physikalischen Kapitel zu ersehen ist. Das Sichtbare löst die Physiologie weiter in Licht- und Raum- // 243 // empfindungen, erstere wieder in die Farben, letztere ebenfalls in ihre Bestandteile; die Geräusche löst sie in Klänge, diese in Töne auf usw. Ohne Zweifel kann diese Analyse noch sehr viel weiter geführt werden, als es schon geschehen ist. Es wird schließlich sogar möglich sein, das Gemeinsame, welches sehr abstrakten und doch bestimmten logischen Handlungen von gleicher Form zugrunde liegt, das der scharfsinnige Jurist und Mathematiker mit solcher Sicherheit herausfühlt, wo der Unkundige nur leere Worte hört, ebenfalls aufzuweisen. Die Physiologie wird uns mit einem Worte die eigentlichen realen Elemente der Welt aufschließen. Die physiologische Psychologie verhält sich also zur Physik im weitesten Sinne ähnlich wie die Chemie zur Physik im engeren Sinne. Weitaus größer als die gegenseitige Unterstützung der Physik und Chemie wird jene sein, welche Naturwissenschaft und Psychologie sich leisten werden, und die aus diesem Wechselverkehr sich ergebenden Aufschlüsse werden jene der heutigen mechanischen Physik wohl weit hinter sich lassen.

Mit welchen Begriffen wir die Welt umfassen werden, wenn der geschlossene Ring der physikalischen und psychologischen Tatsachen vor uns liegen wird, von dem wir gegenwärtig nur zwei getrennte Stücke sehen, lässt sich zu Anfang der Arbeit natürlich nicht sagen. Die Männer werden sich finden, die das Recht erkennen, und den Mut haben werden, statt die verschlungenen Pfade des logischen historischen Zufalls nachzuwandeln, die geraden Wege zu den Höhen einzuschlagen, von welchen aus der ganze Strom der Tatsachen sich überschauen // 244 // lässt. Ob dann der Begriff, den wir heute Materie nennen, über den gewöhnlichen Handgebrauch hinaus noch eine wissenschaftliche Bedeutung haben wird, wissen wir nicht. Gewiss wird man sich aber wundern, wie uns Farben und Töne, die uns doch am nächsten liegen, in unserer physikalischen Welt von

Atomen plötzlich abhanden kommen konnten, wie wir auf einmal erstaunt sein konnten, dass das, was da draußen so trocken klappert und pocht, drinnen im Kopfe leuchtet und singt, wie wir fragen konnten, wieso die Materie empfinden kann, d. h. also, wieso ein Gedankensymbol für eine Gruppe von Empfindungen empfindet?

In scharfen Linien vermögen wir die Wissenschaft der Zukunft nicht zu zeichnen. Allein ahnen können wir, dass dann die harte Scheidewand zwischen dem Menschen und der Welt allmählich verschwinden wird, dass die Menschen nicht nur sich, sondern der ganzen organischen und auch der so genannten leblosen Natur mit weniger Selbstsucht und einem wärmeren Gefühl gegenüberstehen werden. Eine solche Ahnung mochte wohl vor 2.000 Jahren den großen chinesischen Philosophen Licius ergreifen, als er auf altes menschliches Gebein deutend, in dem durch die Begriffsschrift diktierten Lapidarstil zu seinen Schülern die Worte sprach: „Nur diese und ich haben die Erkenntnis, dass wir weder leben noch tot sind." // 245 //

14.
Über Umbildung und Anpassung im naturwissenschaftlichen Denken.[1]

Als GALILEI zu Ende des 16. Jahrhunderts, mit vornehmer Nichtachtung der dialektischen Künste und der sophistischen Feinheiten der Gelehrtenschulen dieser Zeit, sein helles Auge der Natur zuwandte, um von ihr seine Gedanken umbilden zu lassen, anstatt sie in die Fesseln seiner Vorurteile schlagen zu wollen, da fühlte man alsbald auch in // 246 // fachlich fern stehenden Kreisen, ja in Schichten der Gesellschaft, welche sonst nur in negativer Weise auf die Wissenschaft Rücksicht zu nehmen pflegen, die gewaltige Veränderung, welche sich hiermit im menschlichen Denken vollzog.

Und groß genug war diese Veränderung! Teils als unmittelbare Folge der GALILEI'schen Gedanken, teils als Ergebnis des eben auflebenden frischen Sinnes für Naturbeobachtung, der GALILEI gelehrt hatte, an der Betrachtung des fallenden Steines selbst seine Begriffe über den Fall zu bilden, sehen wir von 1600 –1700, im Keime wenigstens, fast alles entstehen, was in unserer Naturwissenschaft und Technik eine Rolle spielt, was in den beiden folgenden Jahrhunderten die Physiognomie der Erde so bedeutend umgestaltet hat, was heute sich so mächtig

---

1 Rede gehalten bei Antritt des Rektorates der deutschen Universität Prag am 18. Oktober 1883. — Vgl. Artikel 5 und *„Mechanik"*.

Der in den folgenden Zeilen dargelegte Gedanke ist im Wesentlichen weder neu noch fern liegend. Ich selbst habe ihn schon 1866 und auch später mehrmals berührt, ohne ihn jedoch zum Hauptthema einer Untersuchung zu machen (vgl. Artikel 5). Auch von anderen ist diese Idee jedenfalls schon behandelt worden; sie liegt eben in der Luft. Da aber manche meiner Detailausführungen auch in der unvollständigen Form, in welcher sie durch den Vortrag und die Tageblätter bekannt geworden sind, einigen Anklang gefunden haben, so habe ich mich, gegen meine anfängliche Absicht, doch zur Publikation entschlossen. Auf das Gebiet der Biologie wünsche ich hiermit nicht überzugreifen. Man sehe in meinen Worten nur den Ausdruck des Umstandes, dass dem Einflusse einer bedeutenden und weit tragenden Idee sich niemand zu entziehen vermag.

fortentwickelt. Während GALILEI noch ohne ein nennenswertes Werkzeug seine Untersuchungen beginnt, in einfachster Weise durch ausfließendes Wasser die Zeit misst, sehen wir alsbald das Fernrohr, das Mikroskop, das Barometer, das Thermometer, die Luftpumpe, die Dampfmaschine, die Pendeluhr, die Elektrisiermaschine in voller Tätigkeit. Die grundlegenden Sätze der Dynamik, der Optik, der Wärme- und Elektrizitätslehre, alle enthüllen sich in dem einen Jahrhundert nach GALILEI.

Dürfen wir unserem Gefühl trauen, so ist die Bewegung, welche durch die bedeutenden Biologen der letzten hundert Jahre vorbereitet, und durch den kürzlich verstorbenen großen Forscher DARWIN wachgerufen wurde, kaum von geringerer Bedeutung. GALILEI schärfte den Sinn für die einfacheren Er- // 247 // scheinungsformen der unorganischen Natur. Mit gleicher Schlichtheit und Unbefangenheit wie GALILEI, ohne Aufwand technisch-wissenschaftlicher Mittel, ohne Mikroskop, ohne physikalisches und chemisches Experiment, nur durch die Kraft des Gedankens und der Beobachtung erfasst DARWIN eine neue Eigenschaft der organischen Natur, die wir kurz deren Plastizität[2] nennen wollen. Mit gleicher // 248 // Energie wie GALILEI verfolgt er seinen Weg, mit gleicher Aufrichtigkeit und Wahr-

2 Auf den ersten Blick scheinen sich die gleichzeitigen Annahmen der Vererbungs- und Anpassungsfähigkeit zu widersprechen, und wirklich schließt eine starke Tendenz zur Vererbung eine große Fähigkeit der Anpassung aus. Denkt man sich aber den Organismus ähnlich wie eine plastische Masse, welche die von früheren Einwirkungen herrührende Form so lange beibehält, bis neue Einwirkungen dieselbe abändern, so stellt die *eine* Eigenschaft der Plastizität sowohl die Vererbungs- als die Anpassungsfähigkeit dar. Ähnlich verhält sich ein Stahlstück von bedeutender magnetischer Koerzitivkraft, indem es seinen Magnetismus so lange beibehält, bis eine neue Kraft denselben verändert, ähnlich auch eine bewegte Masse, welche die vom vorigen Zeitteilchen ererbte Geschwindigkeit beibehält, wenn dieselbe nicht durch eine augenblickliche Beschleunigung abgeändert wird. In Bezug auf das letztere Beispiel schien die *Abänderung* selbstverständlich, und die Auffindung der *Trägheit* war das Überraschende, während umgekehrt im *Darwin*'schen Falle die *Vererbung* als selbstverständlich angesehen wurde, und die *Abänderung* als das Neue erschien.

Vollkommen zutreffende Ansichten können natürlich nur durch das Studium der von Darwin betonten Tatsachen selbst, und nicht durch diese Analogien allein gewonnen werden, von welchen ich die auf die Bewe-

heitsliebe zeigt er die Stärke und den Mangel seiner Beweise, mit taktvoller Ruhe vermeidet er jede außerwissenschaftliche Diskussion, und erwirbt sich die Achtung der Anhänger sowohl als der Gegner.

Noch sind keine drei[3] Dezennien verflossen, seit DARWIN die Grundzüge seiner Entwicklungslehre ausgesprochen hat, und schon sehen wir diesen Gedanken auf allen, selbst fernliegenden Gebieten Wurzel fassen. Überall, in den historischen, in den Sprachwissenschaften, selbst in den physikalischen Wissenschaften hören wir die Schlagworte: Vererbung, Anpassung, Auslese. Man spricht vom Kampf ums Dasein unter den Himmelskörpern, vom Kampf ums Dasein unter den Molekülen.[4]

Wie von Galilei nach allen Richtungen Anregungen ausstrahlten, z. B. von seinem Schüler BORELLI[5] die exakte medizinische Schule begründet wurde, aus welcher selbst bedeutende Mathematiker hervorgingen, so belebt jetzt der Darwin'sche Gedanke alle Forschungsgebiete. Zwar besteht die Natur nicht aus zwei getrennten Stücken, dem organischen und dem unorganischen, die etwa nach gänzlich verschiedener Methode behandelt werden müssten, aber viele Seiten hat die Natur. Sie ist wie ein mannigfaltig zu einem Knoten verschlungener Faden, dessen Verlauf bald von dieser, bald von // 249 // jener bloßliegenden Schlinge aus verfolgt werden kann, und nie darf man

---

gung bezügliche, wenn ich nicht irre, zuerst von meinem Freunde Ingenieur *J. Popper* (in Wien) im Gespräche gehört habe.

Viele Forscher betrachten die Stabilität der Art als etwas Ausgemachtes, und stellen derselben die *Darwin*'sche „Theorie" gegenüber. Doch ist die Stabilität der Art eben auch eine „Theorie". Wie wesentlichen Umwandlungen übrigens die *Darwin*'schen Ansichten entgegengehen, sehen wir an den Arbeiten von *Wallace* und besonders an der Schrift von W.H. Rolph (*Biologische Probleme.* [*Zugleich als Versuch einer rationellen Ethik*] Leipzig 1882). Leider zählt der letztere geniale Forscher nicht mehr zu den Lebenden.

3 [1883 geschrieben. 1895.]

4 Vgl. Pfaundler, [*Der „Kampf ums Dasein" unter d. Molekülen. Ein weiterer Beitrag zur chemischen Statik*] [In:] Pogg[endorfs] Ann[alen] [der Physik und Chemie], Jubelband 1874. S. 181 [recte: 182-198]

5 [*] Giovanni Alfonso Borelli (1608–1679), italienischer Physiker und Astronom

glauben – dies haben auf beschränkterem Gebiet die Physiker Von FARADAY und R. MAYER gelernt –, dass das Fortschreiten auf einmal eingeschlagener Bahn allein alle Aufklärung bedingt.

Ob nun von den DARWIN'schen Gedanken auf den verschiedenen Gebieten viel oder wenig haltbar und fruchtbar bleiben wird, werden die Spezialforscher der betreffenden Fächer in Zukunft zu prüfen und zu entscheiden haben. Mir mag es nur erlaubt sein, an dieser Stätte, welche der *universitas literarum* angehört, die ja in die Förderung des freieren Wechselverkehrs der Wissenschaften mit Recht ihren Stolz setzt, das Wachstum der Naturerkenntnis im Lichte der Entwicklungslehre zu betrachten. Denn die Erkenntnis ist eine Äußerung der organischen Natur. Und wenn auch Gedanken in ihrer Eigenart sich nicht in jeder Beziehung wie gesonderte Lebewesen verhalten können, wenn auch jede gewaltsame Vergleichung hier vermieden werden soll, der allgemeine Zug der Entwicklung und Umbildung muss, sofern DARWIN einen richtigen Blick getan, auch an ihnen hervortreten.

Von dem reichhaltigen Thema der Vererbung von Gedanken, oder vielmehr der Vererbung der Stimmung für bestimmte Vorstellungen, will ich hier absehen.[6] Es würde mir auch nicht zukommen, Betrachtungen über die psychische Entwicklung über- // 250 // haupt anzustellen, wie sie SPENCER[7] und manche moderne Zoopsychologen mit mehr oder weniger Glück weitläufig ausgeführt haben. Ebenso soll der Kampf und die natürliche Auslese, die unter den wissenschaftlichen Theorien in der Literatur Platz greift,[8] unberücksichtigt bleiben. Nur Umbildungsprozesse solcher Art wollen wir in Augenschein nehmen, wie sie jeder Lernende leicht an sich selbst beobachten kann.

---

6 Schöne Ausführungen über diesen Punkt finden sich bei Hering, *„Über das Gedächtnis als eine allgemeine Funktion der organisierten Materie"*. Almanach der Wiener Akademie, 1870. [258] Wien 1870 [Nachdruck in: *Fünf Reden*, Leipzig 1921, 5–31]. —Vgl. Dubois, *Über die Übung*. Berlin 1881.

7 Spencer, *The principles of psychology*. London 1872.

8 Vgl. Artikel 5 besonders S. 72-75.

Wenn ein Sohn der Wildnis, der mit feinen Sinnen die Fährten seiner Jagdtiere aufzuspüren und zu unterscheiden, der mit Schlauheit seinen Feind zu überlisten weiß, der sich in seinem Kreise vortrefflich zurechtfindet, einer ungewöhnlichen Naturerscheinung oder einem Erzeugnis unserer technischen Kultur begegnet, so steht er diesen Dingen machtlos und ratlos gegenüber. Er versteht sie nicht. Versucht er sie zu begreifen, so missdeutet er sie. Der verfinsterte Mond wird ihm von einem Dämon geplagt; die pustende Lokomotive ist ihm ein lebendes Ungeheuer; das einer Sendung beigegebene Begleitschreiben, welches seine Naschhaftigkeit verriet, ist ihm ein bewusstes Wesen, das unter einen Stein gelegt wird, wenn es gilt, eine neue Missetat unbeobachtet auszuführen. Das Rechnen erscheint ihm, wie selbst noch in den arabischen Märchen, als Punktierkunst,[9] die alle Geheimnisse zu enthüllen vermag. Und in unsere sozialen Verhältnisse // 251 // versetzt, führt er, wie VOLTAIRES *„ingénu"*, nach unseren Begriffen vollends die tollsten Streiche aus.

Anders der Mensch, welcher die moderne Kultur in sich aufgenommen hat. Er sieht den Mond in seiner Bahn zeitweilig in den Erdschatten eintreten. Er fühlt in Gedanken die Erwärmung des Wassers im Kessel der Lokomotive, er fühlt zugleich die wachsende Spannung, welche den Kolben fortschiebt. Wo er nicht unmittelbar folgen kann, greift er nach Maßstab und Logarithmentafel, die seine Gedanken stützen und entlasten, ohne sie zu beherrschen. Die Meinungen der Menschen, welchen er nicht zustimmen kann, sind ihm doch bekannt, und er weiß ihnen zu begegnen.

Worin besteht nun der Unterschied zwischen beiden Menschen? Der Gedankenlauf des ersteren entspricht nicht den Dingen, die er sieht. Er wird auf Schritt und Tritt überrascht. Die Gedanken des zweiten folgen den Erscheinungen, und eilen ihnen voraus, sie sind dem größeren Beobachtungs- und Wirkungskreis angepasst, er denkt sich die Dinge wie sie sind. Wie

9 Vgl. z. B. G. Weil, *Tausend und eine Nacht*. [*Arabische Erzählungen*] 2. Ausgabe [1865] [Bd.] III, S. 154.

sollte auch ein Wesen, dessen Sinne immer nach dem Feinde spähen müssen, dessen ganze Aufmerksamkeit und Kraft durch das Beschaffen der Nahrung in Anspruch genommen wird, den Blick in die Ferne richten können? Dies wird erst möglich, wenn uns unsere Mitmenschen einen Teil der Sorge ums Dasein abnehmen. Dann gewinnen wir die Freiheit der Beobachtung, und leider auch oft jene Einseitigkeit, welche uns die Hilfe der Gesellschaft missachten lehrt.

Wenn wir in einem bestimmten Kreise von Tatsachen uns bewegen, welche mit Gleichförmigkeit // 252 // wiederkehren, so passen sich unsere Gedanken alsbald der Umgebung so an, dass sie dieselbe unwillkürlich abbilden. Der auf die Hand drückende Stein fällt, losgelassen, nicht nur wirklich, sondern auch in Gedanken zu Boden, das Eisen fliegt auch in der Vorstellung dem Magnete zu, erwärmt sich auch in der Phantasie am Feuer.

Der Trieb zur Vervollständigung der halbbeobachteten Tatsache in Gedanken entspringt, wie wir wohl fühlen, nicht der einzelnen Tatsache, er liegt, wie wir ebenfalls wissen, auch nicht in unserem Willen, er scheint uns vielmehr als eine fremde Macht, als ein Gesetz gegenüberzustehen, welches Gedanken und Tatsachen treibt.

Dass wir mit Hilfe eines solchen Gesetzes prophezeien können, beweist eigentlich nur die, für eine derartige Gedankenanpassung hinreichende Gleichförmigkeit unserer Umgebung. In dem Zwange, der die Gedanken treibt, und in der Möglichkeit der Prophezeiung liegt ja durchaus noch nicht die Notwendigkeit des Zutreffens. In der Tat müssen wir ja jedes Mal das Eintreffen einer Prophezeiung erst abwarten. Und Mängel derselben werden immer bemerklich, nur sind sie klein in Gebieten von so großer Stabilität, wie etwa die Astronomie.

Wo unsere Gedanken den Tatsachen mit Leichtigkeit folgen, wo wir den Verlauf einer Erscheinung vorausfühlen, ist es natürlich, zu glauben, dass letztere sich nach den Gedanken richten müsse. Der Glaube an die geheimnisvolle Macht, Kausalität genannt, welche Gedanken und Tatsachen in Übereinstimmung hält, wird aber bei dem sehr erschüttert, der zum ersten Mal ein neues Erfahrungsgebiet be- // 253 // tritt, z. B. die sonderbare Wechselwirkung elektrischer Ströme und Magnete, oder die Wechselwirkung von Strömen wahrnimmt, die so aller Mechanik zu spotten scheint. Er fühlt sich von seiner Prophetengabe sofort verlassen, und nimmt in dieses neue Gebiet nichts mit, als die Hoffnung, auch diesem seine Gedanken bald anzupassen. Wenn jemand zu einem Knochen mit dem Gefühl der größten Sicherheit den Rest des Skelettes, oder zu einem teilweise verdeckten Schmetterlingsflügel eben den verdeckten Teil errät, so sehen wir darin nichts Metaphysisches, während die Gedankenanpassungen des Physikers an den dynamisch-zeitlichen Verlauf der Tatsachen, die doch ganz von derselben Art sind, wohl nur ihres hohen praktischen Wertes wegen, einen besonderen metaphysischen Nimbus erhalten.[10]

Überlegen wir nun was vorgeht, wenn der Beobachtungskreis, dem unsere Gedanken angepasst sind, sich erweitert. Wir sahen oft die schweren Körper, wenn die Unterlage wich, sinken; wir sahen wohl auch, dass ein schwerer sinkender Körper einen leichteren in die Höhe drängte. Nun werden wir plötzlich gewahr, wie ein leichter Körper, etwa an // 254 // einem Hebel, einen anderen von viel größerem Gewichte hebt. Die gewohnten Gedanken fordern ihr Recht, die neue Tatsache fordert es auch. In diesem Widerstreit der Gedanken und Tatsachen entsteht das Problem, aus dieser teilweisen Inkongruenz entspringt die Frage: „Warum?“ Mit der neuerlichen Anpassung an den erweiterten Beobachtungskreis, in unserem Beispiele mit der

10 Ich weiß wohl, dass dem Streben, sich bei der Naturforschung auf das *Tatsächliche* zu beschränken, der Vorwurf einer übertriebenen Furcht vor „metaphysischen Gespenstern“ entgegengehalten wird. Ich möchte aber nicht unbemerkt lassen, dass unter allen Gespenstern, nach dem Unheil zu urteilen, das sie angerichtet haben, die metaphysischen allein keine Fabel sind. — Es soll übrigens nicht in Abrede gestellt werden, dass manche Denkformen nicht erst vom Individuum erworben, sondern durch die Entwicklung der Art vorgebildet oder doch vorbereitet sind, in dem Sinne wie dies *Spencer, Häckel, Hering* u. a. sich vorgestellt haben, und wie ich selbst gelegentlich angedeutet habe.

Annahme der Gewohnheit, in allen Fällen auf die mechanische Arbeit zu achten, verschwindet das Problem, d. h. es ist gelöst.

Das Kind, dessen Sinne eben erwachen, kennt kein Problem. Die farbige Blume, die klingende Glocke, alles ist ihm neu, und doch wird es durch nichts überrascht. Der vollendete Philister, der nur an seine gewohnte Beschäftigung denkt, hat auch kein Problem. Alles geht ja seinen bestimmten Lauf, und was etwa einmal verkehrt geht, ist höchstens ein Kuriosum, nicht wert, dass man es beachtet. Wirklich hat, wo die Tatsachen uns nach allen Seiten geläufig werden, die Frage „warum" ihr Recht verloren. Der entwicklungsfähige junge Mensch aber, der eine Summe von Denkgewohnheit in sich aufgenommen hat, und der stets noch Neues und Ungewohntes wahrnimmt, hat den Kopf voll von Problemen, und des Fragens nach dem „warum" ist kein Ende.

Was also das naturwissenschaftliche Denken am meisten fördert, ist die allmähliche Erweiterung der Erfahrung. Das Gewohnte bemerken wir kaum, es erhält seinen intellektuellen Wert eigentlich erst im Gegensatze zu dem Neuen. Was wir zu Hause kaum sehen, entzückt uns in wenig veränderter Ge- // 255 // stalt auf der Reise. Die Sonne scheint da heller, die Blumen blühen frischer, die Menschen blicken fröhlicher. Und zurückgekehrt finden wir auch unsere Heimat wieder bemerkenswerter.

Von dem Neuen, von dem Ungewöhnlichen, von dem Unverstandenen geht aller Reiz zur Umbildung der Gedanken aus. Wunderbar erscheint das Neue dem, dessen ganzes Denken hierdurch erschüttert wird und in gefährliches Schwanken gerät. Allein das Wunder liegt niemals in der Tatsache, sondern immer nur im Beobachter. Der stärkere intellektuelle Charakter strebt sofort nach einer entsprechenden Umbildung der Gedanken, ohne dieselben ganz aus ihrer Bahn drängen zu lassen. So wird die Wissenschaft zur natürlichen Feindin des Wunderbaren, und das erregte Erstaunen weicht bald einer ruhigen Aufklärung und Enttäuschung.

Betrachten wir nun einen solchen Umwandlungsprozess der Gedanken im Einzelnen. Das Sinken der schweren Körper erscheint als gewöhnlich und selbstverständlich. Bemerkt man aber, dass das Holz auf dem Wasser schwimmt, die Flamme, der Rauch in der Luft aufsteigen, so wirkt der Gegensatz dieser Tatsachen. Eine alte Lehre sucht dieselben zu erfassen, indem sie das dem Menschen Geläufigste, den Willen, in die Körper verlegt, und sagt, dass jedes Ding seinen Ort suche, das schwere unten, das leichte oben. Bald zeigt es sich aber, dass selbst der Rauch ein Gewicht hat, dass auch er seinen Ort unten sucht, dass er von der abwärts strebenden Luft nur aufwärts gedrängt wird, wie das Holz vom Wasser, weil dieses stärker ist.

Wir sehen nun einen geworfenen Körper. Er // 256 // steigt auf. Wie kommt es, dass er seinen Ort nicht mehr sucht? Warum nimmt die Geschwindigkeit seiner „gewaltsamen" Bewegung ab, während jene des „natürlichen" Falles zunimmt? Folgen wir aufmerksam beiden Tatsachen, so löst sich das Problem von selbst. Wir sehen mit GALILEI in beiden Fällen dieselbe Geschwindigkeitszunahme gegen die Erde. Also nicht ein Ort, sondern eine Beschleunigung gegen die Erde ist dem Körper angewiesen.

Durch diesen Gedanken werden die Bewegungen schwerer Körper vollkommen geläufig. Die neue Denkgewohnheit festhaltend, sieht nun NEWTON den Mond und die Planeten ähnlich geworfenen Körper sich bewegen, aber doch mit Eigentümlichkeiten, die ihn nötigen, diese Denkgewohnheit abermals etwas abzuändern. Die Weltkörper, oder vielmehr deren Teile, halten keine konstante Beschleunigung gegeneinander ein, sie „ziehen sich an" im verkehrt quadratischen Verhältnisse der Entfernung und im direkten der Massen.

Diese Vorstellung, welche jene der irdischen schweren Körper als besonderen Fall enthält, ist nun auch sehr verschieden von der, von welcher wir ausgingen. Wie beschränkt war jene, und welcher Fülle von Tatsachen ist diese angepasst. Und doch steckt in der „Anziehung" noch etwas von dem „Suchen des

Ortes". Und töricht wäre es, diese „Anziehungsvorstellung", welche unsere Gedanken in so längst geläufige Bahnen leitet, welche wie die historische Wurzel der NEWTON'schen Anschauung anhaftet, als müsste dieselbe eine Andeutung ihres Stammbaumes bei sich führen, ängstlich vermeiden // 257 // zu wollen. So fallen die genialsten Gedanken nicht vom Himmel, sie entstehen vielmehr aus schon vorhandenen.

Ähnlich ist der Lichtstrahl zuerst eine unterschiedslose Gerade. Er wird dann zur Projektilbahn, zu einem Bündel von Bahnen unzähliger verschiedener Projektilarten. Er wird periodisch, erhält zuletzt verschiedene Seiten, und verliert schließlich sogar wieder die geradlinige Bewegung.

Der elektrische Strom ist zunächst der Strom einer hypothetischen Flüssigkeit. Bald verknüpft sich mit dieser Vorstellung jene eines chemischen Stromes, eines an die Strombahn gebundenen elektrischen, magnetischen und anisotropen optischen Feldes. Und je reicher die Vorstellung den Tatsachen folgen wird, desto geeigneter ist sie auch, ihnen gelegentlich voraus zu eilen.

Derartige Anpassungsprozesse haben keinen nachweisbaren Anfang, denn jedes Problem, welches den Reiz zu neuer Anpassung liefert, setzt schon eine feste Denkgewohnheit voraus. Sie haben aber auch kein absehbares Ende, sofern die Erfahrung kein solches hat. So steht also die Wissenschaft mitten in dem Entwicklungsprozess, den sie zweckmäßig zu leiten und zu fördern, aber nicht zu ersetzen vermag. Eine Wissenschaft, nach deren Prinzipien der Unerfahrene die Welt der Erfahrung, ohne sie zu kennen, konstruieren könnte, ist undenkbar. Ebenso wohl könnte man erwarten, mit Hilfe der bloßen Theorie, und ohne musikalische Erfahrung, ein großer Musiker oder, nach Anleitung eines Lehrbuches, ein Maler zu werden.

Lassen wir die Geschichte eines schon geläufigen // 258 // Gedankens an uns vorbeiziehen, so können wir den ganzen Wert seines Wachstums nicht mehr richtig abschätzen. Wie wesentliche organische Umwandlungen stattgefunden haben, erkennen wir nur an der erschütternden Beschränktheit, mit welcher zuweilen gleichzeitig lebende große Forscher einander gegenüberstehen. HUYGENS' optische Wellenlehre ist einem NEWTON, und NEWTONS Ansicht der allgemeinen Schwere einem HUYGENS unfassbar. Und nach einem Jahrhundert haben beide gelernt, sich selbst in unbedeutenden Köpfen zu vertragen.

Die freiwillig wachsenden Gedankenneubildungen bahnbrechender Menschen, welche mit kindlicher Naivität die Reife des Mannes verbinden, nehmen eben keine fremde Dressur an, und sind nicht mit dem Denken zu vergleichen, das hypnotisch den Schatten folgt, welche das fremde Wort in unser Bewusstsein wirft.

Eben die Ideen, welche durch die ältere Erfahrung am geläufigsten geworden sind, drängen sich, nach Selbsterhaltung ringend, in die Auffassung jeder neuen Erfahrung ein, und eben sie werden von der notwendigen Umwandlung ergriffen. Die Methode, neue, unverstandene Erscheinungen durch Hypothesen zu erklären, beruht gänzlich auf diesem Vorgang. Indem wir, statt ganz neue Vorstellungen über die Bewegung der Himmelskörper, über das Flutphänomen zu bilden, uns die Teile der Weltkörper gegeneinander schwer denken, indem wir ferner ebenso die elektrischen Körper mit sich anziehenden und abstoßenden Flüssigkeiten beladen, oder den isolierenden Raum zwischen denselben in elastischer Spannung uns denken, ersetzen wir, so- // 259 // weit als möglich, die neuen Vorstellungen durch anschauliche, längst geläufige, welche teilweise mühelos in ihren Bahnen ablaufen, teilweise allerdings sich umgestalten müssen. So kann auch das Tier für jede neue Funktion, die ihm sein Schicksal aufträgt, nicht neue Glieder bilden, es muss vielmehr die vorhandenen benützen. Dem Wirbeltiere, welches fliegen oder schwimmen lernen will, wächst kein neues drittes Extremitätenpaar für diesen Zweck; es wird im Gegenteil eines der vorhandenen hierzu umgestaltet.

Die Hypothesenbildung ist also nicht das Ergebnis einer künstlichen wissenschaftlichen Methode, sie geht vielmehr ganz unbewusst schon in der Kindheit der Wissenschaft vor sich. Hypothesen werden auch später erst nachteilig und dem Fortschritte gefährlich, sobald man ihnen mehr traut, als den Tatsachen selbst, und ihren Inhalt für realer hält, als diese, sobald man, dieselben starr festhaltend, die erworbenen Gedanken gegen die noch zu erwerbenden überschätzt.

Die Erweiterung des Gesichtskreises, mag die Natur wirklich ihr Antlitz ändern, und uns neue Tatsachen darbieten, oder mag dieselbe auch nur von einer absichtlichen oder unwillkürlichen Wendung des Blickes herrühren, treibt die Gedanken zur Umbildung. In der Tat lassen sich die mannigfaltigen von John Stuart Mill[11] aufgezählten Methoden der Naturforschung, der absichtlichen Gedankenanpassung, jene der Beobachtung sowohl, als jene des Experimentes, als Formen einer Grundmethode, der Methode der Veränderung erkennen. Durch Veränderung der Umstände lernt // 260 // der Naturforscher. Die Methode ist aber keineswegs auf den eigentlichen Naturforscher beschränkt. Auch der Historiker, der Philosoph, der Jurist, der Mathematiker, der Ästhetiker,[12] der Künstler klärt und entwickelt seine Ideen, indem er aus dem reichen Schatze der Erinnerung gleichartige und doch verschiedene Fälle hervorhebt, indem er in Gedanken beobachtet und experimentiert. Selbst wenn alle sinnliche Erfahrung plötzlich ein Ende hätte, würden die Erlebnisse früherer Tage in wechselnder Stellung in unserem Bewusstsein sich begegnen, und es würde der Prozess fortdauern, welcher im Gegensatze zur Anpassung der Gedanken an die Tatsachen der eigentlichen Theorie angehört, die Anpassung der Gedanken aneinander.

Die Methode der Veränderung führt uns gleichartige Fälle von Tatsachen vor, welche teilweise gemeinschaftliche, teilweise verschiedene Bestandteile enthalten. Nur bei Vergleichung verschiedener Fälle der Lichtbrechung mit wechselnden Einfallswinkeln kann das Gemeinsame, die Konstanz des

11 [*] John Stuart Mill (1806-1873), englischer Philosoph und Ökonom
12 Vgl. z. B. Schiller, *„Zerstreute Betrachtungen über verschiedene ästhetische Gegenstände"*. [In: Neue Thalia, Bd.4 1793, 115-180]

Brechungsexponenten hervortreten, und nur bei Vergleichung der Brechung verschiedener Farben kann auch der Unterschied, die Ungleichheit der Brechungsexponenten, die Aufmerksamkeit auf sich ziehen. Die durch die Veränderung bedingte Vergleichung leitet die Aufmerksamkeit zu den höchsten Abstraktionen und zu den feinsten Distinktionen zugleich.

Ohne Zweifel vermag auch das Tier das Gleichartige und Verschiedene zweier Fälle zu erkennen. Durch ein Geräusch wird sein Bewusstsein geweckt, // 261 // und sein Bewegungszentrum stellt sich in Bereitschaft. Der Anblick des Geräusche erregenden Wesens wird wahrscheinlich je nach seiner Größe Flucht oder Verfolgung auslösen, und die feineren Unterschiede im letzteren Falle werden die Art des Angriffs bestimmen. Nur der Mensch aber erlangt die Fertigkeit der willkürlichen und bewussten Vergleichung, dass er mit seiner Abstraktion einerseits bis zum Satze der Erhaltung der Masse und der Erhaltung der Energie sich erheben, und andererseits im nächsten Augenblick die Gruppierung der Eisenlinien im Spektrum beobachten kann. Indem er die Objekte seines Vorstellungslebens so behandelt, wachsen seine Begriffe dem Nervensystem selbst entsprechend zu einem weit verzweigten, organisch gegliederten Baume aus, an welchem er jeden Ast in seine feinsten Ausläufer verfolgen kann, um nach Bedürfnis von da an wieder zum Stamme zurückzukehren.

Der englische Forscher Whewell hat behauptet, dass zur Entwicklung der Naturwissenschaft zwei Faktoren zusammenwirken müssten: Ideen und Beobachtungen. Ideen allein verflüchtigen sich zur Spekulation, Beobachtungen allein liefern kein organisches Wissen. In der Tat sehen wir, wie es auf die Fähigkeit ankommt, vorhandene Ideen neuen Beobachtungen anzupassen. Zu große Nachgiebigkeit gegen jede neue Tatsache lässt gar keine feste Denkgewohnheit aufkommen. Zu starre Denkgewohnheiten werden der freien Beobachtung hinderlich. Im Kampfe, im Kompromiss des Urteils mit dem Vorurteile, wenn man so sagen, darf, wächst unsere Einsicht. // 262 //

Ein gewohntes Urteil, ohne vorausgegangene Prüfung auf einen neuen Fall angewandt, nennen wir Vorurteil. Wer kennt nicht dessen furchtbare Gewalt! Seltener denken wir daran, wie wichtig und nützlich das Vorurteil sein kann. Sowie niemand physisch bestehen könnte, wenn er die Blutbewegung, die Atmung, die Verdauung seines Körpers durch willkürliche, vorbedachte Handlungen einleiten und imstande halten müsste, so könnte auch niemand intellektuell bestehen, wenn er genötigt wäre, alles was ihm vorkommt zu beurteilen, anstatt sich vielfach durch sein Vorurteil leiten zu lassen. Das Vorurteil ist eine Art Reflexbewegung im Gebiete der Intelligenz.

Auf Vorurteilen, d. h. auf nicht jedes Mal auf ihre Anwendbarkeit geprüften Gewohnheitsurteilen, beruht ein guter Teil der Überlegungen und Handgriffe des Naturforschers, auf Vorurteilen beruht die Mehrzahl der Handlungen der Gesellschaft. Mit dem plötzlichen Erlöschen aller Vorurteile würde sie selbst sich ratlos auflösen. Und eine tiefe Kenntnis der Macht der intellektuellen Gewohnheit hat jener Fürst verraten, der seine den rückständigen Sold ungestüm fordernde Leibgarde durch das übliche Kommandowort zum Abzuge zwang, wohl wissend, dass sie diesem nicht widerstehen würde.

Erst wenn die Divergenz zwischen dem gewohnten Urteile und den Tatsachen zu groß wird, verfällt der Forscher einer empfindlichen Täuschung. Im praktischen Leben des Einzelnen und der Gesellschaft treten dann jene tragischen Verwicklungen und Katastrophen ein, in welchen der Mensch, die Gewohnheit über das Leben statt in den Dienst des- // 263 // selben stellend, ein Opfer seines Irrtums wird. Es kann eben dieselbe Macht, welche uns geistig fördert, nährt und erhält, unter anderen Umständen uns wieder täuschen und vernichten.

Die Gedanken sind nicht das ganze Leben. Sie sind nur wie eine flüchtige leuchtende Blüte, bestimmt, die Wege des Willens zu erhellen. Aber das feinste Reagens auf unsere organische Entwicklung sind unsere Gedanken. Und die Umwandlung, die wir durch dieselben an uns gewahr werden, wird uns keine Theorie bestreiten können, noch haben wir nötig, uns dieselbe erst beweisen zu lassen. Sie ist uns unmittelbar gewiss.

So erscheint uns die Gedankenumwandlung, die wir betrachtet haben, als ein Teil der allgemeinen Lebensentwicklung, der Anpassung an einen wachsenden Wirkungskreis. Ein Felsstück strebt zur Erde. Es muss Jahrtausende warten, bis die Unterlage weicht. Ein Strauch, der an dessen Fuße wächst, richtet sich schon nach Sommer und Winter. Der Fuchs, welcher der Schwere entgegen bergan schleicht, weil er oben Beute wittert, wirkt freier schon als beide. Unser Arm reicht noch viel weiter, und an uns geht umgekehrt kaum etwas spurlos vorüber, was Wichtiges in Asien oder Afrika sich ereignet. Wie viel von dem Leben anderer Menschen, von ihrer Lust und ihrem Schmerz, ihrem Glück und ihrem Elend, spielt in uns hinein, wenn wir nur um uns blicken, wenn wir nur auf moderne Lektüre uns beschränken. Wie viel mehr erleben wir, wenn wir mit Herodot[13] das alte Ägypten be- // 264 // reisen, durch die Straßen von Pompeji wandern, uns in die düstere Zeit der Kreuzzüge und Kinderfahrten, in die heitere Blütezeit der italienischen Kunst versetzen, jetzt mit einem Molière'schen Arzt und darauf mit Diderot und d'Alembert Bekanntschaft machen. Wie viel fremdes Leben, wie viel Stimmung, wie viel Willen nehmen wir durch Dichtung und Musik auf. Und wenn auch alles dies die Saiten unserer Leidenschaften nur leise berührt, wie den Greis die Erinnerung der Jugend anweht, teilweise haben wir's doch miterlebt. Wie erweitert sich hierbei das Ich, und wie klein wird doch die Person! Die egoistischen Systeme des Optimismus und Pessimismus sehen wir zugleich mit ihrem kleinlichen Stimmungsmaßstab versinken. Wir fühlen, dass im wechselnden Inhalt des Bewusstseins die wahren Perlen des Daseins liegen, und dass die Person nur ist wie ein gleichgültiger symbolischer Faden, an dem sie aufgereiht sind.[14]

---

13 [*] Herodot (485 v. Chr. - 425 v.Chr.), griechischer Völkerkundler, Geograph und Historiker

14 Wir dürfen uns nicht darüber täuschen, dass das Glück anderer Menschen

So wollen wir uns und jeden unserer Begriffe als ein Ergebnis und als ein Objekt zugleich der allgemeinen Entwicklung betrachten, um rüstig und // 265 // unbehindert fortzuschreiten auf den Wegen, welche die Zukunft uns eröffnen wird.[15] // 266 //

---

ein sehr bedeutender und wesentlicher Teil des unserigen ist. Es ist ein gemeinschaftliches Kapital, das von dem Einzelnen nicht geschaffen werden kann, und mit ihm nicht stirbt. Die schematische Abgrenzung des Ich, welche nur für die rohesten praktischen Zwecke notwendig ist und ausreicht, lässt sich hier nicht aufrecht halten. Die ganze Menschheit ist wie *ein* Polypenstock. Die materiellen organischen Verbindungen der Individuen, welche die Freiheit der Bewegung und Entwicklung nur gehindert hätten, sind zwar *abgerissen*, allein ihr *Zweck*, der psychische Zusammenhang, ist durch die hierdurch ermöglichte reichere Ausbildung in viel höherem Maße erreicht worden.

15 C. E. von Baer, der nachmalige Gegner Darwins und *Häckels*, hat in zwei wunderbaren Reden („Das allgemeinste Gesetz der Natur in aller Entwicklung" [In: *Reden, gehalten in wissenschaftlichen Versammlungen und kleinere Aufsätze vermischten Inhalts*, St. Petersburg 1864; 35-74] und „*Welche Auffassung der lebenden Natur ist die richtige, und wie ist diese Auffassung auf die Entomologie anzuwenden?* [*Und wie ist diese Auffassung auf die Entomologie anzuwenden?*]" [Zur Eröffnung der Russischen entomologischen Gesellschaft im Oktober 1860 gesprochen. In: ebd., 237-284]) die Beschränktheit der Ansicht dargelegt, welche das Tier in seinem momentanen Zustand als ein Abgeschlossenes, Fertiges auffasst, anstatt dasselbe als eine Phase in der Reihe seiner Entwicklungsformen, und die Art selbst als eine Phase der Entwicklung der Tierwelt überhaupt zu betrachten.

15.
Über das Prinzip der Vergleichung in der Physik.[1]

Als KIRCHHOFF[2] vor 20 Jahren die Aufgabe der Mechanik dahin feststellte: „die in der Natur vor sich gehenden Bewegungen vollständig und auf die einfachste Weise zu beschreiben", brachte er mit diesem Ausspruch eine eigentümliche Wirkung hervor. Noch 14 Jahre später konnte BOLTZMANN[3] in dem lebensvollen Bilde, das er von dem großen Forscher gezeichnet hat, von dem allgemeinen Staunen[4] über diese neue Behandlungs- // 267 // weise der Mechanik sprechen, und noch heute erscheinen erkenntniskritische Abhandlungen, welche deutlich zeigen, wie schwer man sich mit diesem Standpunkte abfindet. Doch gab es eine bescheidene kleine Zahl von Naturforschern, welchen sich Kirchhoff mit jenen wenigen Worten sofort als ein willkommener und mächtiger Bundesgenosse auf erkenntniskritischem Gebiet offenbarte.

Woran mag es nun liegen, dass man dem philosophischen Gedanken des Forschers so widerstrebend nachgibt, dessen

---

1 Vortrag, gehalten auf der Naturforscherversammlung zu Wien 1894.

2 [*] Gustav Robert Kirchhoff (1824–1887), deutscher Physiker

3 [*] Ludwig Eduard Boltzmann (1844-1906), österreichischer Physiker und Philosoph

4 Ich konnte mich an jenem Staunen nicht beteiligen, denn ich hatte schon in meiner 1872 erschienenen Schrift „Über die Erhaltung der Arbeit" die Ansicht vertreten, dass es der Naturforschung durchaus nur auf den ökonomischen Ausdruck des Tatsächlichen ankommt. Aber *neu* war dieser Satz auch damals nicht. Denn wenn wir auch von der praktischen Betätigung dieser Ansicht bei *Galilei* und von *Newtons* Wort: „hypotheses non fingo" absehen wollen, so sagt doch *J. R. Mayer* ausdrücklich: „Ist einmal eine Tatsache nach allen ihren Seiten hin bekannt, so ist sie eben damit erklärt, und die Aufgabe der Wissenschaft ist beendigt" ([verfasst] 1850) [*Bemerkungen über das mechanische Äquivalent der Wärme*, abgedruckt in: *Die Mechanik der Wärme in gesammelten Schriften*. Stuttgart 1867, 235-294]. Wie sehr aber schon *Adam Smith* im 18. Jahrhundert in seinen Gedanken über die Wissenschaft sich in verwandten Bahnen bewegt hat, hat kürzlich *Mc. Cormack* gezeigt. (*An Episode in the history of Philosophy*. The Open Court. 1895 No. 397 [4450-4454]) [1895]. Vgl. auch: [Mach] *Die Mechanik in ihrer Entwicklung*. 8. Aufl. 1921. und Artikel 13.

naturwissenschaftlichen Erfolgen niemand die freudige Bewunderung versagen kann? Wohl liegt es zunächst daran, dass in der rastlosen Tagesarbeit, die auf Erwerbung neuer Wissensschätze ausgeht, nur wenige Forscher Zeit und Muße finden, den gewaltigen psychischen Prozess selbst, durch welchen die Wissenschaft wächst, genauer zu erörtern. Dann aber ist es auch unvermeidlich, dass in den lapidaren KIRCHHOFF'schen Ausdruck nicht manches hineingelegt wird, was derselbe nicht meint, und dass andererseits nicht manches in demselben vermisst wird, was bisher als ein wesentliches Merkmal der wissenschaftlichen Erkenntnis gegolten hat. Was soll uns eine bloße Beschreibung? Wo bleibt die Erklärung, die Einsicht in den kausalen Zusammenhang?

Gestatten Sie mir für einen Augenblick, nicht die Ergebnisse der Wissenschaft, sondern die // 268 // Art ihres Wachstums schlicht und unbefangen zu betrachten. Wir kennen eine einzige Quelle unmittelbarer Offenbarung von naturwissenschaftlichen Tatsachen – unsere Sinne. Wie wenig aber das zu bedeuten hätte, was der Einzelne auf diesem Wege allein in Erfahrung bringen könnte, wäre er auf sich angewiesen, und müsste jeder von vorn beginnen, davon kann uns kaum jene Naturwissenschaft eine genug demütigende Vorstellung geben, die wir in einem abgelegenen Negerdorfe Zentralafrikas antreffen möchten, denn dort ist schon jenes wirkliche Wunder der Gedankenübertragung tätig, gegen welches das Spiritistenwunder nur eine Spottgeburt ist, die sprachliche Mitteilung. Nehmen wir hinzu, dass wir mit Hilfe der bekannten Zauberzeichen, welche unsere Bibliotheken bewahren, über Jahrzehnte, Jahrhunderte und Jahrtausende hinweg, VON FARADAY bis GALILEI und ARCHIMEDES unsere großen Toten zitieren können, die uns nicht mit zweifelhaften, höhnenden Orakelsprüchen abfertigen, sondern das Beste sagen, was sie wissen, so fühlen wir, welch' gewaltiger, wesentlicher Faktor beim Aufbau der Wissenschaft die Mitteilung ist. Nicht das, was der feine Naturbeobachter oder Menschenkenner an halbbewussten Konjekturen in seinem Innern birgt, sondern nur was er klar genug besitzt, um es mitteilen zu können, gehört der Wissenschaft an.

Wie aber fangen wir das an, eine neu gewonnene Erfahrung, eine eben beobachtete Tatsache mitzuteilen? So wie der deutlich unterscheidbare Lockruf, Warnungsruf, Angriffsruf der Herdentiere ein unwillkürlich entstandenes Zeichen für eine überein- // 269 // stimmende gemeinsame Beobachtung oder Tätigkeit trotz der Mannigfaltigkeit des Anlasses ist, der hiermit schon den Keim des Begriffes enthält, so sind auch die Worte der nur viel weiter spezialisierten Menschensprache Namen oder Zeichen für allgemein bekannte, gemeinsam beobachtbare und beobachtete Tatsachen. Folgt also die Vorstellung zunächst passiv der neuen Tatsache, so muss letztere alsbald selbsttätig in Gedanken aus bereits allgemein bekannten, gemeinsam beobachteten Tatsachen aufgebaut oder dargestellt werden. Die Erinnerung ist stets bereit, solche bekannte Tatsachen, welche der neuen ähnlich sind, d. h. in gewissen Merkmalen mit derselben übereinstimmen, zur Vergleichung darzubieten, und ermöglicht so zunächst das elementare innere Urteil, dem bald das ausgesprochene folgt.

Die Vergleichung ist es, welche, indem sie die Mitteilung überhaupt ermöglicht, zugleich das mächtigste innere Lebenselement der Wissenschaft darstellt. Der Zoologe sieht in den Knochen der Flughaut der Fledermaus Finger, vergleicht die Schädelknochen mit Wirbeln, die Embryonen verschiedener Organismen miteinander, und die Entwicklungsstadien desselben Organismus untereinander. Der Geograph erblickt in dem Gardasee einen Fjord, in dem Aralsee eine im Vertrocknen begriffene Lake. Der Sprachforscher vergleicht verschiedene Sprachen und die Gebilde derselben Sprache. Wenn es nicht üblich ist, von vergleichender Physik zu sprechen, wie man von vergleichender Anatomie spricht, so liegt dies nur daran, dass bei einer mehr aktiven experimentellen Wissenschaft // 270 //

die Aufmerksamkeit von dem kontemplativen Element allzu sehr abgelenkt wird. Die Physik lebt und wächst aber, wie jede andere Wissenschaft, durch die Vergleichung.

Die Art, in welcher das Ergebnis der Vergleichung in der Mitteilung Ausdruck findet, ist allerdings eine sehr verschiedene: Wenn wir sagen, die Farben des Spektrums seien rot, gelb, grün, blau, violett, so mögen diese Bezeichnungen von der Technik des Tätowierens herstammen, oder sie mögen später die Bedeutung gewonnen haben, die Farben seien jene der Rose, Zitrone, des Blattes, der Kornblume, des Veilchens. Durch die häufige Anwendung solcher Vergleichungen unter mannigfaltigen Umständen haben sich aber den übereinstimmenden Merkmalen gegenüber die wechselnden so verwischt, dass erstere eine selbständige, von jedem Objekt, jeder Verbindung, unabhängige, wie man sagt, abstrakte oder begriffliche Bedeutung gewonnen haben. Niemand denkt mehr bei dem Worte „rot" an eine andere Übereinstimmung mit der Rose als jene der Farbe, bei dem Worte „gerade" an eine andere Eigenschaft der gespannten Schnur, als die durchaus gleiche Richtung. So sind auch die Zahlen, ursprünglich die Namen der Finger, Hände und Füße, welche als Ordnungszeichen der mannigfaltigsten Objekte benützt wurden, zu abstrakten Begriffen geworden. Eine sprachliche Mitteilung über eine Tatsache, die nur diese rein begrifflichen Mittel verwendet, wollen wir eine direkte Beschreibung nennen. // 271 //

Die direkte Beschreibung einer etwas umfangreicheren Tatsache ist eine mühsame Arbeit, selbst dann, wenn die hierzu nötigen Begriffe bereits voll entwickelt sind. Welche Erleichterung muss es also gewähren, wenn man einfach sagen kann, eine in Betracht gezogene Tatsache *A* verhalte sich nicht in einem einzelnen Merkmal, sondern in vielen oder allen Stücken wie eine bereits bekannte Tatsache *B*. Der Mond verhält sich wie ein gegen die Erde schwerer Körper, das Licht wie eine Wellenbewegung oder elektrische Schwingung, der Magnet wie mit gravitierenden Flüssigkeiten beladen usw. Wir nennen eine solche Beschreibung, in welcher wir uns gewissermaßen auf eine bereits anderwärts gegebene oder auch erst genauer auszuführende berufen, naturgemäß eine indirekte Beschreibung. Es bleibt uns unbenommen, dieselbe allmählich durch eine direkte zu ergänzen, zu korrigieren oder ganz zu ersetzen. Man sieht unschwer, dass das, was wir eine Theorie oder eine theoretische Idee nennen, in die Kategorie der indirekten Beschreibung fällt.

Was ist nun eine theoretische Idee? Woher haben wir sie? Was leistet sie uns? Warum scheint sie uns höher zu stehen, als die bloße Festhaltung einer Tatsache, einer Beobachtung? Auch hier ist einfach Erinnerung und Vergleichung im Spiel. Nun tritt uns hier aus unserer Erinnerung, statt eines einzelnen Zuges von Ähnlichkeit, ein ganzes System von Zügen, eine wohlbekannte Physiognomie entgegen, durch welche die neue Tatsache uns plötzlich zu einer wohlver- // 272 // trauten wird. Ja die Idee kann mehr bieten, als wir in der neuen Tatsache augenblicklich noch sehen, sie kann dieselbe erweitern und bereichern mit Zügen, welche erst zu suchen wir veranlasst werden, und die sich oft wirklich finden. Diese Rapidität der Wissenserweiterung ist es, welche der Theorie einen quantitativen Vorzug vor der einfachen Beobachtung gibt, während jene sich von dieser qualitativ weder in der Art der Entstehung noch in dem Endergebnis wesentlich unterscheidet.

Aber die Annahme einer Theorie schließt immer auch eine Gefahr ein. Denn die Theorie setzt in Gedanken an die Stelle einer Tatsache A doch immer eine andere, einfachere oder uns geläufigere B, welche die erstere gedanklich in gewisser Beziehung vertreten kann, aber eben weil sie eine andere ist, in anderer Beziehung doch wieder gewiss nicht vertreten kann. Wird nun darauf, wie es leicht geschieht, nicht genug geachtet, so kann die fruchtbarste Theorie gelegentlich auch ein Hemmnis der Forschung werden. So hat die Emissionstheorie, indem sie den Physiker gewöhnte, die Projektilbahn der „Lichtteilchen“ als unterschiedslose Gerade zu fassen, die Erkenntnis der Periodizität des Lichtes nachweislich erschwert. Indem Huygens an die Stelle des Lichtes in der Vorstellung den ihm vertrauteren Schall treten lässt, erscheint ihm das Licht vielfach als ein Bekanntes, jedoch als ein doppelt Fremdes in Bezug auf die Polarisation, welche den ihm allein bekannten longitudinalen Schallwellen fehlt. So vermag er die Tatsache der Polarisation, die ihm vor Augen liegt, nicht begrifflich zu fassen, während Newton, seine Gedanken einfach der Beobachtung anpassend, die // 273 // Frage stellt: „Annon radiorum luminis diversa sunt latera?“ mit welcher die Polarisation ein Jahrhundert vor MALUS[5] begrifflich gefasst oder direkt beschrieben ist. Reicht hingegen die Übereinstimmung zwischen einer Tatsache und der dieselbe theoretisch vertretenden weiter als der Theoretiker anfänglich voraussetzte, so kann er hierdurch zu unerwarteten Entdeckungen geführt werden, wofür die konische Refraktion, die Zirkularpolarisation durch Totalreflexion, die Hertz'schen Schwingungen nahe liegende Beispiele liefern, welche zu den obigen im Gegensatz stehen.

Vielleicht gewinnen wir noch an Einblick in diese Verhältnisse, wenn wir die Entwicklung einer oder der anderen Theorie mehr im Einzelnen verfolgen. Betrachten wir ein magnetisches Stahlstück neben einem sonst gleich beschaffenen unmagnetischen. Während letzteres sich gegen Eisenfeile gleichgültig verhält, zieht ersteres dieselbe an. Auch wenn die Eisenfeile nicht vorhanden ist, müssen wir uns das magnetische Stück in einem anderen Zustand denken, als das unmagnetische. Denn dass das bloße Hinzubringen der Eisenfeile nicht die Erscheinung der Anziehung bedingt, zeigt ja das andere unmagnetische Stück. Der naive Mensch, dem sich zur Vergleichung sein eigener Wille als bekannteste Kraftquelle darbietet, denkt sich in dem Magnet eine Art Geist. Das Verhalten eines heißen oder eines elektrischen Körpers legt ähnliche Gedanken

5 [*] Louis Malus (1775–1812), französischer Ingenieur und Physiker

nahe. Dies ist der Standpunkt der ältesten Theorie, des Fetischismus, den die Forscher des frühen Mittelalters noch nicht überwunden hatten, und der mit seinen letzten Spuren, mit der Vorstellung von // 274 // den Kräften, noch in unsere heutige Physik herüberragt. Das dramatische Element braucht also, wie wir sehen, in einer naturwissenschaftlichen Beschreibung ebenso wenig zu fehlen, wie in einem spannenden Roman.

Wird bei weiterer Beobachtung etwa bemerkt, dass ein kalter Körper an einem heißen sich sozusagen auf Kosten des letzteren erwärmt, dass ferner bei gleichartigen Körpern der kältere, etwa von doppelter Masse, nur halb soviel Temperaturgrade gewinnt, als der heißere von einfacher Masse verliert, so entsteht ein ganz neuer Eindruck. Der dämonische Charakter der Tatsache verschwindet, denn der vermeintliche Geist wirkt nicht nach Willkür, sondern nach festen Gesetzen. Dafür tritt aber instinktiv der Eindruck eines Stoffes hervor, der teilweise aus dem einen Körper in den anderen überfließt, dessen Gesamtmenge aber, darstellbar durch die Summe der Produkte der Massen und der zugehörigen Temperaturänderungen, konstant bleibt. Black ist zuerst von dieser Ähnlichkeit des Wärmevorganges mit einer Stoffbewegung überwältigt worden, und hat unter Leitung derselben die spezifische Wärme, die Verflüssigungs- und Verdampfungswärme entdeckt. Allein durch diese Erfolge gestärkt, ist nun die Stoffvorstellung dem weiteren Fortschritt hemmend in den Weg getreten. Sie hat die Nachfolger Blacks geblendet und verhindert, die durch Anwendung des Feuerbohrers längst bekannte, offenkundige Tatsache zu sehen, dass Wärme durch Reibung erzeugt wird. Wie fruchtbar die Vorstellung für Black war, ein wie hilfreiches Bild sie auch heute noch jedem // 275 // Lernenden auf dem Black'schen Spezialgebiet ist, bleibende und allgemeine Gültigkeit als Theorie konnte sie nicht in Anspruch nehmen. Das begrifflich Wesentliche derselben aber, die Konstanz der erwähnten Produktensumme, behält seinen Wert, und kann als direkte Beschreibung der Black'schen Tatsachen angesehen werden.

Es ist eine natürliche Sache, dass jene Theorien, welche sich ganz ungesucht von selbst, sozusagen instinktiv, aufdrängen, am mächtigsten wirken, die Gedanken mit sich fortreißen und die stärkste Selbsterhaltung zeigen.[6] Andererseits kann man auch beobachten, wie sehr dieselben an Kraft verlieren, sobald sie kritisch durchschaut werden. Mit Stoff haben wir unausgesetzt zu tun, dessen Verhalten hat sich unserem Denken fest eingeprägt, unsere lebhaftesten anschaulichsten Erinnerungen knüpfen sich an denselben. So darf es uns nicht allzu sehr wundern, dass Robert Mayer und Joule, welche die Black'sche Stoffvorstellung endgültig vernichtet haben, dieselbe Stoffvorstellung in abstrakterer Form und modifiziert auf einem viel umfassenderen Gebiet wieder einführen.

Auch hier liegen die psychologischen Umstände klar vor uns, welche der neuen Vorstellung ihre Gewalt gegeben haben. Durch die auffallende Röte des venösen Blutes im tropischen Klima wird Mayer aufmerksam auf die geringere Ausgabe an Eigenwärme und den entsprechend geringeren Stoffverbrauch des Menschenleibes in diesem Klima. Allein da jede Leistung des Menschenleibes, auch die mecha- // 276 // nische Arbeit, an Stoffverbrauch gebunden ist, und Arbeit durch Reibung Wärme entwickeln kann, so erscheinen Wärme und Arbeit als gleichartig, und zwischen beiden muss eine Proportionalbeziehung bestehen. Zwar nicht jede einzelne Post, aber die passend gezählte Summe beider, als an einen proportionalen Stoffverbrauch gebunden, erscheint selbst substanziell.

Durch ganz analoge Betrachtungen, die an die Ökonomie des galvanischen Elementes anknüpfen, ist Joule zu seiner Auffassung gekommen; er findet auf experimentellem Wege die Summe der Stromwärme, der Verbrennungswärme des entwickelten Knallgases, der passend gezählten elektromagnetischen Stromarbeit, kurz aller Batterieleistungen an die proportionale Zinkkonsumtion gebunden. Demnach hat diese Summe selbst substanziellen Charakter.

---

6 Vgl. 5, S. 74 und 14, S. 258.

MAYER wurde von der gewonnenen Ansicht so ergriffen, dass ihm die Unzerstörbarkeit der Kraft, nach unserer Terminologie der Arbeit, a priori einleuchtend schien. „Die Erschaffung und die Vernichtung einer Kraft – sagt er – liegt außer dem Bereich menschlichen Denkens und Wirkens." Auch JOULE äußert sich ähnlich und meint: „Es ist offenbar absurd, anzunehmen, dass die Kräfte, welche Gott der Materie verliehen hat, eher zerstört als geschaffen werden könnten." Man hat auf Grund solcher Äußerungen merkwürdigerweise zwar nicht JOULE, wohl aber MAYER zu einem Metaphysiker gestempelt. Wir können aber dessen wohl sicher sein, dass beide Männer halb unbewusst nur dem starken formalen Bedürfnis nach der neuen einfachen Auffassung Ausdruck gegeben haben, und // 277 // dass beide recht betroffen gewesen wären, wenn man ihnen vorgeschlagen hätte, etwa durch einen Philosophenkongress oder eine kirchliche Synode über die Zulässigkeit ihres Prinzips entscheiden zu lassen. Diese beiden Männer verhielten sich übrigens bei aller Übereinstimmung höchst verschieden. Während MAYER das formale Bedürfnis mit der größten instinktiven Gewalt des Genies, man möchte sagen mit einer Art von Fanatismus, vertritt, wobei ihm auch die begriffliche Kraft nicht fehlt, vor allen anderen Forschern das mechanische Äquivalent der Wärme aus längst bekannten, allgemein zur Verfügung stehenden Zahlen zu berechnen und ein die ganze Physik und Physiologie umfassendes Programm für die neue Lehre aufzustellen, wendet sich JOULE der eingehenden Begründung derselben durch wunderbar angelegte und meisterhaft ausgeführte Experimente auf allen Gebieten der Physik zu. Bald nimmt auch HELMHOLTZ in seiner ganz selbständigen und eigenartigen Weise die Frage in Angriff. Nächst der fachlichen Virtuosität, mit welcher dieser alle noch unerledigten Punkte des MAYER'schen Programms und noch andere Aufgaben zu bewältigen weiß, tritt uns hier die volle kritische Klarheit des 26 jährigen Mannes überraschend entgegen. Seiner Darstellung fehlt das Ungestüm, der Impetus der MAYER'schen. Ihm ist das Prinzip der Energieerhaltung kein a priori einleuchtender Satz. Was folgt, wenn er besteht? In dieser hypothetischen Frageform bewältigt er seinen Stoff.

Ich muss gestehen, ich habe immer den ästhetischen und ethischen Geschmack mancher unserer Zeitgenossen bewundert, welche aus diesem Ver- // 278 // hältnisse gehässige nationale und personale Fragen zu schmieden wussten, anstatt das Glück zu preisen, das mehrere solche Menschen zugleich wirken ließ, und anstatt sich an der so lehrreichen und für uns so fruchtbringenden Verschiedenheit bedeutender intellektueller Individualitäten zu erfreuen.

Wir wissen, dass bei Entwicklung des Energieprinzips noch eine theoretische Vorstellung wirksam war, von der sich MAYER allerdings ganz frei zu halten wusste, nämlich die, dass die Wärme und auch die übrigen physikalischen Vorgänge auf Bewegung beruhen. Ist einmal das Energieprinzip gefunden, so spielen diese Hilfs- und Durchgangstheorien keine wesentliche Rolle mehr, und wir können das Prinzip, sowie das BLACK'sche, als einen Beitrag zur direkten Beschreibung eines umfassenden Gebietes von Tatsachen ansehen.

Es möchte nach diesen Betrachtungen nicht nur ratsam, sondern sogar geboten erscheinen, ohne bei der Forschung die wirksame Hilfe theoretischer Ideen zu verschmähen, doch in dem Maße, als man mit den neuen Tatsachen vertraut wird, allmählich an die Stelle der indirekten die direkte Beschreibung treten zu lassen, welche nichts Unwesentliches mehr enthält und sich lediglich auf die begriffliche Fassung der Tatsachen beschränkt. Fast muss man sagen, dass die mit einem gewissen Anflug von Herablassung so genannten beschreibenden Naturwissenschaften an Wissenschaftlichkeit die noch kürzlich sehr üblichen physikalischen Darstellungen überholt haben. Allerdings ist hier mitunter aus der Not eine Tugend geworden.

—— // 279 //

Wir müssen zugestehen, dass wir außerstande sind, jede Tatsache sofort direkt zu beschreiben. Wir müssten vielmehr mutlos zusammensinken, würde uns der ganze Reichtum der

Tatsachen, den wir nach und nach kennen lernen, auf einmal geboten. Glücklicherweise fällt uns zunächst nur Vereinzeltes, Ungewöhnliches auf, welches wir, mit dem Alltäglichen vergleichend, uns näher bringen. Hierbei entwickeln sich die Begriffe der gewöhnlichen Verkehrssprache. Mannigfaltiger und zahlreicher werden dann die Vergleichungen, umfassender die verglichenen Tatsachengebiete, entsprechend allgemeiner und abstrakter die gewonnenen Begriffe, welche die direkte Beschreibung ermöglichen.

Erst wird uns der freie Fall der Körper vertraut. Die Begriffe Kraft, Masse, Arbeit werden in geeigneter Modifikation auf die elektrischen und magnetischen Erscheinungen übertragen. Der Wasserstrom soll Fourier[7] das erste anschauliche Bild für den Wärmestrom geliefert haben. Ein besonderer, von Taylor[8] untersuchter Fall der Saitenschwingung erklärt ihm einen besonderen Fall der Wärmeleitung. Ähnlich wie Dan. Bernoulli und Euler die mannigfaltigsten Saitenschwingungen aus Taylor'schen Fällen, setzt Fourier die mannigfaltigsten Wärmebewegungen analog aus einfachen Leitungsfällen zusammen, und diese Methode verbreitet sich über die ganze Physik. Ohm[9] bildet seine Vorstellung vom elektrischen Strom jener Fouriers nach. Dieser schließt sich auch Ficks[10] Theorie der Diffusion an. In analoger Weise entwickelt sich eine Vorstellung vom magnetischen Strom. Alle Arten von stationären Strömungen // 280 // lassen nun gemeinsame Züge erkennen, und selbst der volle Gleichgewichtszustand in einem ausgedehnten Medium teilt diese Züge mit dem dynamischen Gleichgewichtszustand, der stationären Strömung. Soweit abliegende Dinge wie die magnetischen Kraftlinien eines elektrischen Stromes und die Stromlinien eines reibungslosen Flüssigkeitswirbels treten dadurch in ein eigentümliches Ähnlichkeitsverhältnis. Der Be-

7 [*] Joseph Fourier (1768–1830), französischer Mathematiker und Physiker
8 [*] Brook Taylor (1685-1731), britischer Mathematiker
9 [*] Georg Simon Ohm (1789-1854), deutscher Physiker
10 [*] Adolf Fick(1829-1901), deutscher Physiologe

griff Potential, ursprünglich für ein eng begrenztes Gebiet aufgestellt, nimmt eine umfassende Anwendbarkeit an. An sich so unähnliche Dinge wie Druck, Temperatur, elektromotorische Kraft zeigen nun doch eine Übereinstimmung in ihrem Verhältnis zu den daraus in bestimmter Weise abgeleiteten Begriffen: Druckgefälle, Temperaturgefälle, Potentialgefälle und zu den ferneren: Flüssigkeits-, Wärme-, elektrische Stromstärke. Eine solche Beziehung von Begriffssystemen, in welcher sowohl die Unähnlichkeit je zweier homologer Begriffe als auch die Übereinstimmung in den logischen Verhältnissen je zweier homologer Begriffspaare zum klaren Bewusstsein kommt, pflegen wir eine Analogie zu nennen. Dieselbe ist ein wirksames Mittel, heterogene Tatsachengebiete durch einheitliche Auffassung zu bewältigen. Es zeigt sich hier deutlich der Weg, auf dem sich eine allgemeine, alle Gebiete umfassende physikalische Phänomenologie entwickeln wird.

Bei dem geschilderten Vorgang gewinnen wir nun erst dasjenige, was zur direkten Beschreibung großer Tatsachengebiete unentbehrlich ist, den weit reichenden *abstrakten Begriff.* Und da muss ich mir die schulmeisterliche, aber unerlässliche Frage // 281 // erlauben: Was ist ein *Begriff?* Ist derselbe eine verschwommene, aber doch immer noch *anschauliche* Vorstellung? Nein! Nur in den einfachsten Fällen wird sich diese als *Begleiterscheinung* einstellen. Man denke etwa an den Begriff „*Selbstinduktionskoeffizient*" und suche nach der anschaulichen Vorstellung. Oder ist der Begriff etwa ein bloßes Wort? Die Annahme dieses verzweifelten Gedankens, der kürzlich von geachteter mathematischer Seite[11] wirklich geäußert worden ist, würde uns nur um ein Jahrtausend zurück in die tiefste Scholastik stürzen. Wir müssen denselben also ablehnen.

Die Aufklärung liegt nahe. Wir dürfen nicht denken, dass die *Empfindung* ein rein passiver Vorgang ist. Die niedersten

11 Paul du Bois-Reymond, *Über die Grundlagen der Erkenntnis* [*in den exakten Wissenschaften: nach einer hinterlassenen Handschrift*]. Tübingen 1890, S. 80.

Organismen antworten auf dieselbe mit einer einfachen Reflexbewegung, indem sie die herankommende Beute verschlingen. Bei höheren Organismen findet der zentripetale Reiz im Nervensystem Hemmungen und Förderungen, welche den zentrifugalen Prozess modifizieren. Bei noch höheren Organismen kann – bei Prüfung und Verfolgung der Beute – der berührte Prozess eine ganze Reihe von Zirkelbewegungen durchlaufen, bevor derselbe zu einem relativen Stillstand gelangt. Auch unser Leben spielt sich in analogen Prozessen ab, und alles, was wir Wissenschaft nennen, können wir als Teile, als Zwischenglieder solcher Prozesse ansehen.

Es wird nun nicht mehr befremden, wenn ich //282// sage: Die Definition eines Begriffes, und, falls sie geläufig ist, schon der Name des Begriffes, ist ein Impuls zu einer genau bestimmten, oft komplizierten, prüfenden, vergleichenden oder konstruierenden Tätigkeit, deren meist sinnliches Ergebnis ein Glied des Begriffsumfangs ist. Es kommt nicht darauf an, ob der Begriff nur die Aufmerksamkeit auf einen bestimmten Sinn (Gesicht) oder die Seite eines Sinnes (Farbe, Form) hinlenkt, oder eine umständliche Handlung auslöst, ferner auch nicht darauf, ob die Tätigkeit (chemische, anatomische, mathematische Operation) muskulär, oder gar technisch, oder endlich nur in der Phantasie ausgeführt, oder gar nur angedeutet wird. Der Begriff ist für den Naturforscher, was die Note für den Klavierspieler. Der geübte Mathematiker oder Physiker liest eine Abhandlung so, wie der Musiker eine Partitur liest. So wie aber der Klavierspieler seine Finger einzeln und kombiniert erst bewegen lernen muss, um dann der Note fast unbewusst Folge zu leisten, so muss auch der Physiker und Mathematiker eine lange Lehrzeit durchmachen, bevor er die mannigfaltigen feinen Innervationen seiner Muskeln und seiner Phantasie, wenn ich so sagen darf, beherrscht. Wie oft führt der Anfänger in Mathematik oder Physik anderes, mehr oder weniger aus, als er soll, oder stellt sich anderes vor. Trifft er aber nach der nötigen Übung auf den „Selbstinduktionskoeffizienten", so weiß er sofort, was das Wort von ihm will. Wohlgeübte Tätigkeiten, die sich aus der Notwendigkeit der Vergleichung und Darstellung der Tatsachen durcheinander ergeben haben, sind also der Kern der Be- // 283 // griffe. Will ja auch sowohl die positive wie die philosophische Sprachforschung gefunden haben, dass alle Wurzeln durchaus Begriffe, und ursprünglich durchaus nur muskuläre Tätigkeiten bedeuten. Und nun wird uns auch die zögernde Zustimmung der Physiker zu Kirchhoffs Satz verständlich. Die konnten ja fühlen, was alles an Einzelarbeit, Einzeltheorie und Fertigkeit erworben sein muss, bevor das Ideal der direkten Beschreibung verwirklicht werden kann.

Es sei nun das Ideal für ein Tatsachengebiet erreicht. Leistet die Beschreibung alles, was der Forscher verlangen kann? Ich glaube ja! Die Beschreibung ist ein Aufbau der Tatsachen in Gedanken, welcher in den experimentellen Wissenschaften oft die Möglichkeit einer wirklichen Darstellung begründet. Für den Physiker insbesondere sind die Maßeinheiten die Bausteine, die Begriffe die Bauanweisung, die Tatsachen das Bauergebnis. Unser Gedankengebilde ist uns ein fast vollständiger Ersatz der Tatsache, an welchem wir alle Eigenschaften derselben ermitteln können. Nicht am schlechtesten kennen wir das, was wir selbst herzustellen wissen.

Man verlangt von der Wissenschaft, dass sie zu prophezeien verstehe, und auch Hertz[12] gebraucht diesen Ausdruck in seiner nachgelassenen Mechanik. Der Ausdruck, obgleich nahe liegend, ist jedoch zu eng. Der Geologe, Paläontologe, zuweilen der Astronom, immer der Historiker, Kulturforscher, Sprachforscher prophezeien, sozusagen, nach rückwärts. Die deskriptiven Wissenschaften, ebenso wie // 284 // die Geometrie, die Mathematik prophezeien nicht vor- und nicht rückwärts sondern suchen zu den Bedingungen das Bedingte. Sagen wir lieber: Die Wissenschaft hat teilweise vorliegende Tatsachen in Gedanken zu ergänzen. Dies wird durch die Beschreibung

12 [*] Heinrich Rudolf Hertz (1857-1894), deutscher Physiker

ermöglicht, denn diese setzt Abhängigkeit der beschreibenden Elemente voneinander voraus, da ja sonst nichts beschrieben wäre.

Man sagt, dass die Beschreibung das Kausalitätsbedürfnis unbefriedigt lässt. Wirklich glaubt man Bewegungen besser zu verstehen, wenn man sich die ziehenden Kräfte vorstellt, und doch leisten die tatsächlichen Beschleunigungen mehr, ohne Überflüssiges einzuführen. Ich hoffe, dass die künftige Naturwissenschaft die Begriffe Ursache und Wirkung, die wohl nicht für mich allein einen starken Zug von Fetischismus haben, ihrer formalen Unklarheit wegen beseitigen wird. Es empfiehlt sich vielmehr, die begrifflichen Bestimmungselemente einer Tatsache als abhängig voneinander anzusehen, einfach in dem rein logischen Sinne, wie dies der Mathematiker, etwa der Geometer, tut. Die Kräfte treten uns ja durch Vergleich mit dem Willen näher; vielleicht wird aber der Wille noch klarer durch den Vergleich mit der Massenbeschleunigung.

Fragen wir uns aufs Gewissen, wann uns eine Tatsache klar ist, so müssen wir sagen, dann, wenn wir dieselbe durch recht einfache, uns geläufige Gedankenoperationen, etwa Bildung von Beschleunigungen, geometrische Summation derselben usw., nachbilden können. Diese Anforderung an die Ein- // 285 // fachheit ist selbstredend für den Sachkundigen eine andere, als für den Anfänger. Ersterem genügt die Beschreibung durch ein System von Differentialgleichungen, während letzterer den allmählichen Aufbau aus Elementargesetzen fordert. Ersterer durchschaut sofort den Zusammenhang beider Darstellungen. Es soll natürlich nicht in Abrede gestellt werden, dass, sozusagen, der künstlerische Wert sachlich gleichwertiger Beschreibungen ein sehr verschiedener sein kann.

Am schwersten werden Fernerstehende zu überzeugen sein, dass die großen allgemeinen Gesetze der Physik für beliebige Massensysteme, elektrische, magnetische Systeme usw. von Beschreibungen nicht wesentlich verschieden seien. Die Physik befindet sich da vielen Wissenschaften gegenüber in einem leicht darzulegenden Vorteil. Wenn z. B. ein Anatom, die übereinstimmenden und unterscheidenden Merkmale der Tiere aufsuchend, zu einer immer feineren und feineren Klassifikation gelangt, so sind die einzelnen Tatsachen, welche die letzten Glieder des Systems darstellen, doch so verschieden, dass dieselben einzeln gemerkt werden müssen. Man denke z. B. an die gemeinsamen Merkmale der Wirbeltiere, die Klassencharaktere der Säuger und Vögel einerseits, der Fische andererseits, an den doppelten Blutkreislauf einerseits, den einfachen andererseits. Es bleiben schließlich immer isolierte Tatsachen übrig, die untereinander nur eine geringe Ähnlichkeit aufweisen.

Eine der Physik viel verwandtere Wissenschaft, die Chemie, befindet sich oft in einer ähnlichen // 286 // Lage. Die sprungweise Änderung der qualitativen Eigenschaften, die vielleicht durch die geringe Stabilität der Zwischenzustände bedingt ist, die geringe Ähnlichkeit der koordinierten Tatsachen der Chemie, erschweren die Behandlung. Körperpaare von verschiedenen qualitativen Eigenschaften verbinden sich in verschiedenen Massenverhältnissen; ein Zusammenhang zwischen ersteren und letzteren ist aber zunächst nicht wahrzunehmen.

Die Physik hingegen zeigt uns ganze große Gebiete qualitativ gleichartiger Tatsachen, die sich nur durch die Zahl der gleichen Teile, in welche deren Merkmale zerlegbar sind, also nur quantitativ unterscheiden. Auch wo wir mit Qualitäten (Farben und Tönen) zu tun haben, stehen uns quantitative Merkmale derselben zur Verfügung. Hier ist die Klassifikation eine so einfache Aufgabe, dass sie als solche meist gar nicht zum Bewusstsein kommt, und selbst bei unendlich feinen Abstufungen, bei einem Kontinuum von Tatsachen, liegt das Zahlensystem im voraus bereit, beliebig weit zu folgen. Die koordinierten Tatsachen sind hier sehr ähnlich und verwandt, ebenso deren Beschreibungen, welche in einer Bestimmung der Maßzahlen gewisser Merkmale durch jene anderer Merkmale mittels geläufiger Rechnungsoperationen, d. i. Ableitungsprozesse bestehen. Hier kann also das Gemeinsame aller Beschreibungen gefunden, damit eine zusammenfassende Beschreibung oder eine Herstellungsregel für alle Einzelbeschreibungen angegeben werden, die wir eben das Gesetz nennen. Allgemein bekannte Beispiele sind die Formeln für den freien Fall, den Wurf, die // 287 // Zentralbewegung usw. Leistet also die Physik mit ihren Methoden scheinbar soviel mehr, als andere Wissenschaften, so müssen wir andererseits bedenken, dass dieselbe in gewissem Sinne auch weitaus einfachere Aufgaben vorfindet.

Die übrigen Wissenschaften, deren Tatsachen ja auch eine physikalische Seite darbieten, werden die Physik um diese günstigere Stellung nicht zu beneiden haben, denn deren ganzer Erwerb kommt schließlich ihnen wieder zugute. Aber auch auf andere Weise kann und soll sich dieses Leistungsverhältnis ändern. Die Chemie hat es ganz wohl verstanden, sich der Methoden der Physik in ihrer Art zu bemächtigen. Von älteren Versuchen abgesehen, sind die periodischen Reihen von L. Meyer[13] und Mendelejeff[14] ein geniales und erfolgreiches Mittel, ein übersichtliches System von Tatsachen herzustellen, welches, sich allmählich vervollständigend, fast ein Kontinuum von Tatsachen ersetzen wird. Und durch das Studium der Lösungen, der Dissoziation, überhaupt der Vorgänge, welche wirklich ein Kontinuum von Fällen darbieten, haben die Methoden der Thermodynamik Eingang in die Chemie gefunden. So dürfen wir auch hoffen, dass vielleicht einmal ein Mathematiker, welcher das Tatsachenkontinuum der Embryologie auf sich wirken lässt, dem die Paläontologen der Zukunft vielleicht mehr Schaltformen und Abzweigungsformen zwischen dem Saurier der Vorwelt und dem Vogel der Gegenwart vorführen können, als dies jetzt mit dem vereinzelten Pterodaktylus, Archaeopteryx, Ichthyornis usw. geschieht, dass dieser uns durch Variation einiger Parameter wie in einem flüssigen Nebelbild // 288 // die

13 [*] Lothar Meyer (1830-1895), deutscher Arzt und Chemiker
14 [*] Dmitri Iwanowitsch Mendelejew (1834-1907), russischer Chemiker

eine Form in die andere überführt, so wie wir einen Kegelschnitt in den anderen umwandeln.[15]

Denken wir nun an KIRCHHOFFS Worte zurück, so werden wir uns über deren Bedeutung leicht verständigen. Gebaut kann nicht werden ohne Bausteine, Mörtel, Gerüst und Baufertigkeit. Doch aber ist der Wunsch wohlbegründet, den fertigen, nun auf sich beruhenden Bau dem künftigen Geschlecht ohne Verunstaltung durch das Gerüst zu zeigen. Es ist der reine logisch-ästhetische Sinn des Mathematikers, der aus KIRCHHOFF spricht. Seinem Ideal streben neuere Darstellungen der Physik wirklich zu, und dasselbe ist auch uns verständlich. Ein schlechtes didaktisches Kunststück aber wäre es allerdings, wollte man Baumeister bilden, indem man sagt: Sieh hier einen Prachtbau, willst du auch bauen, so gehe hin, und tue desgleichen.

Die Schranken zwischen Fach und Fach, welche Arbeitsteilung und Vertiefung ermöglichen, und die uns doch so frostig und philisterhaft anmuten, werden allmählich schwinden. Brücke auf Brücke wird geschlagen. Inhalt und Methoden selbst der abliegendsten Fächer treten in Vergleichung. Wenn nach 100 Jahren die Naturforscherversammlung einmal tagt, dürfen wir erwarten, dass sie in höherem // 289 // Sinne als heute eine Einheit darstellen wird, nicht nur der Gesinnung und dem Ziele, sondern auch der Methode nach. Fördernd für diese Wandlung muss es aber sein, wenn wir uns die innere Verwandtschaft aller Forschung gegenwärtig halten, welche KIRCHHOFF mit so klassischer Einfachheit zu bezeichnen wusste. // 290 //

15 [Dieser Mathematiker hat sich recht bald in der Person des genialen, weit über sein Fach ausblickenden Astronomen Schiaparelli gefunden. Vgl. J. V. Schiaparelli, *Studio comparativo tra le forme organiche naturali e le forme geometriche pure.* [In: Peregrinazioni antropologiche e fisiche] U. Hoepli. Milano 1898. [266-367] — 1902.]

16.
Über den Einfluss zufälliger Umstände auf die Entwicklung von Erfindungen und Entdeckungen.[1]

Den naiven hoffnungsfrohen Anfängen des Denkens jugendlicher Völker und Menschen ist es eigentümlich, dass beim ersten Schein des Gelingens alle Probleme für lösbar und an der Wurzel fassbar gehalten werden. So glaubt der Weise von MILET[2], indem er die Pflanze dem Feuchten entkeimen sieht, die ganze Natur verstanden zu haben; so meint auch der Denker von SAMOS[3], weil bestimmte Zahlen den Längen harmonischer Saiten entsprechen, mit den Zahlen das Wesen der Welt erschöpfen zu können. Philosophie und Wissenschaft sind in dieser Zeit nur Eins. Reichere Erfahrung deckt aber bald die Irrtümer auf, erzeugt die Kritik, und führt zur Teilung, Verzweigung der Wissenschaft.

Da nun aber gleichwohl eine allgemeine Umschau // 291 // in der Welt dem Menschen Bedürfnis bleibt, so trennt sich, demselben zu entsprechen, die Philosophie von der Spezialforschung. Noch öfter finden wir zwar beide in einer gewaltigen Persönlichkeit wie DESCARTES oder LEIBNIZ vereinigt. Weiter und weiter gehen aber deren Wege im Allgemeinen auseinander. Und kann sich zeitweilig die Philosophie soweit der Spezialforschung entfremden, dass sie meint, aus bloßen Kinderstubenerfahrungen die Welt aufbauen zu dürfen, so hält dagegen der Spezialforscher den Knoten des Welträtsels für lösbar von der einzigen Schlinge aus, vor der er steht, und die er in riesiger perspektivischer Vergrößerung vor sich sieht. Er hält jede weitere Umschau für unmöglich oder gar für überflüssig, nicht eingedenk des VOLTAIRE'schen Wortes, das hier mehr als irgendwo zutrifft: „Le superflu – chose très necessaire".

---

1 Rede, gehalten bei Übernahme der Professur für Philosophie (Geschichte und Theorie der induktiven Wissenschaft) an der Universität Wien am 25. Oktober 1895.

2 [*] Thales von Milet (um 624 v. Chr.-um 546 v. Chr.), griechischer Philosoph

3 [*] Pythagoras von Samos (um 570 v. Chr.-510 v.Chr), griechischer Philosoph

Wahr ist ja, dass wegen Unzulänglichkeit der Bausteine die Geschichte der Philosophie größtenteils eine Geschichte des Irrtums darstellt, und darstellen muss. Nicht undankbar aber sollen wir vergessen, dass die Keime der Gedanken, welche die Spezialforschung heute noch durchleuchten, wie die Lehre vom Irrationalen, die Erhaltungsideen, die Entwicklungslehre, die Idee der spezifischen Energien u. a. sich in weit entlegene Zeiten auf philosophische Quellen zurückverfolgen lassen. Es ist auch gar nicht gleichgültig, ob ein Mensch den Versuch der Orientierung in der Welt mit Erkenntnis der Unzulänglichkeit der Mittel aufgeschoben, aufgegeben, oder ob er denselben gar nie unternommen hat. Diese Unterlassung rächt sich ja dadurch, dass der // 292 // Spezialist auf seinem engeren Gebiet in dieselben Fehler wieder verfällt, welche die Philosophie längst als solche erkannt hat. So finden wir wirklich in der Physik und Physiologie namentlich der ersten Hälfte unseres Jahrhunderts Gedankengebilde, welche an naiver Ungeniertheit jenen der Ionischen Schule, oder den Platonischen Ideen, oder dem berüchtigten ontologischen Beweis u. a. auf ein Haar gleichen.

Dies Verhältnis scheint sich nun allmählich doch ändern zu wollen. Hat sich die heutige Philosophie bescheidenere erreichbare Ziele gesetzt, steht sie der Spezialforschung nicht mehr abhold gegenüber, nimmt sie sogar eifrig an derselben teil, so sind andererseits die Spezialwissenschaften, Mathematik und Physik nicht minder als die historischen, die Sprachwissenschaften sehr philosophisch geworden. Der vorgefundene Stoff wird nicht mehr kritiklos hingenommen; man sieht sich nach den Nachbargebieten um, aus welchen derselbe herrührt. Die einzelnen Spezialgebiete streben nach gegenseitigem Anschluss. So bricht sich allmählich auch unter den Philosophen die Überzeugung Bahn, dass alle Philosophie nur in einer gegenseitigen kritischen Ergänzung, Durchdringung und Vereinigung der Spezialwissenschaften zu einem einheitlichen Ganzen bestehen kann. Wie das Blut, den Leib zu nähren, sich in zahllose Kapillaren teilt, um dann aber doch wieder im Herzen sich zu sammeln, so wird auch in der Wissenschaft der Zukunft alles Wissen in einen einheitlichen Strom mehr und mehr zusammenfließen.

Diese der heutigen Generation nicht mehr fremde Auffassung denke ich zu vertreten. Hoffen Sie also // 293 // nicht, oder fürchten Sie nicht, dass ich Systeme vor Ihnen bauen werde. Ich bleibe Naturforscher. Erwarten Sie aber auch nicht, dass ich auch nur alle Gebiete der Naturforschung durchstreife. Nur auf dem mir vertrauten Gebiet kann ich ja versuchen, Führer zu sein, und nur da kann ich einen kleinen Teil der bezeichneten Arbeit fördern helfen. Wenn es mir gelingt, Ihnen die Beziehungen der Physik, Psychologie und Erkenntniskritik so nahe zu legen, dass Sie aus jedem dieser Gebiete für jedes Nutzen und Zuwachs an Klarheit gewinnen, werde ich meine Arbeit für keine vergebliche halten. Um aber an einem Beispiel zu zeigen, wie ich mir solche Untersuchungen meinen Vorstellungen und Kräften gemäß geführt denke, bespreche ich heute, natürlich nur in Form einer Skizze, einen besonderen begrenzten Stoff: Den Einfluss zufälliger Umstände auf die Entwicklung von Erfindungen und Entdeckungen.

Wenn man von einem Menschen sagt, er habe das Pulver nicht erfunden, meint man damit seine Fähigkeiten in eine recht ungünstige Beleuchtung zu stellen. Der Ausdruck ist kaum glücklich gewählt, da wohl an keiner Erfindung das vorsorgliche Denken einen geringeren, und der glückliche Zufall einen größeren Anteil gehabt haben mag, als gerade an dieser. Dürfen wir aber die Leistung eines Erfinders überhaupt unterschätzen, weil ihm der Zufall behilflich war? HUYGENS, der so viel entdeckt und erfunden hat, dass wir ihm wohl ein Urteil in diesen Dingen zutrauen können, weist dem Zufall eine gewichtige Rolle zu, indem er sagt, dass er den für einen übermenschlichen Genius halten // 294 // müsste, welcher das Fernrohr ohne Begünstigung durch den Zufall erfunden hätte.[4]

4 „Quod si quis tanta industria exstitisset, ut ex naturae principiis et geometria hanc rem eruere potuisset, eum ego supra mortalium sortem ingenio valuisse dicendum crederem. Sed hoc tantum abest, ut fortuito reperti arti-

Der mitten in die Kultur gestellte Mensch findet sich von einer Menge der wunderbarsten Erfindungen umgeben, wenn er nur die Mittel der Befriedigung der alltäglichen Bedürfnisse beachtet. Versetzt er sich in die Zeit *vor* Erfindung dieser Mittel, und versucht er deren Entstehung ernstlich zu begreifen, so müssen ihm die Geisteskräfte der Vorfahren, welche *solches* geschaffen haben, zunächst aber unglaublich große, der antiken Sage gemäß als fast *göttliche* erscheinen. Sein Erstaunen wird aber beträchtlich gedämpft durch die ernüchternden, aufklärenden und die Vorzeit doch so poetisch durchleuchtenden Enthüllungen der Kulturforschung, welche vielfach nachzuweisen vermag, wie langsam, in wie unscheinbaren kleinen Schritten, jene Erfindungen entstanden sind.

Eine kleine Vertiefung im Boden, in welcher Feuer angemacht wird, ist der ursprüngliche Ofen. Das Fleisch des erlegten Tieres, mit Wasser in dessen Haut getan, wird durch eingelegte erhitzte Steine gekocht. Auch in Holzgefäßen wird dieses Steinekochen geübt. Ausgehöhlte Kürbisse werden durch Tonüberzug vor dem Verbrennen geschützt. So entsteht *zufällig* aus gebranntem Ton der umschließende Topf, welcher den Kürbis selbst überflüssig macht, der aber noch lange über den Kürbis, // 295 // oder in ein Korbgeflecht hinein geformt wird, bevor die Töpferkunst endlich selbständig auftritt. Auch dann behält sie noch, gewissermaßen als Ursprungszeugnis, das gefleckt ähnliche Ornament bei. So lernt also der Mensch durch zufällige, d. h. außer seiner Absicht, Voraussicht und Macht liegende Umstände, allmählich vorteilhaftere Wege zur Befriedigung seiner Bedürfnisse kennen. Wie hätte auch ein Mensch ohne Hilfe des Zufalls voraussehen sollen, dass Ton, in der üblichen Weise behandelt, ein brauchbares Kochgefäß liefern würde?

Die meisten der in die Kulturanfänge fallenden Erfindungen – Sprache, Schrift, Geld u. a. eingeschlossen – konnten schon deshalb nicht Ergebnis absichtlichen planmäßigen Nachden-

---

ficii rationem non adhuc satis explicari potuerint viri doctissimi." Hugenii Dioptrica (de telescopiis).

kens sein, weil man von deren Wert und Bedeutung eben erst durch den Gebrauch eine Vorstellung gewinnen konnte. Die Erfindung der Brücke mag durch einen quer über den Gießbach gestürzten Baumstamm, jene des Werkzeugs durch einen beim Aufschlagen von Früchten zufällig in die Hand geratenen Stein eingeleitet worden sein. Auch der Gebrauch des Feuers wird wohl dort begonnen und von dort aus sich verbreitet haben, wo Vulkanausbrüche, heiße Quellen, brennende Gasausströmungen, Blitzschläge Gelegenheit boten, dessen Eigenschaften in ruhiger Beobachtung kennen und benützen zu lernen. Nun erst konnte der etwa beim Durchbohren eines Holzstückes gefundene Feuerbohrer in seiner Bedeutung als Zündvorrichtung gewürdigt werden. Phantastisch und unglaublich klingt ja die von einem großen Forscher geäußerte Ansicht, welche die Erfindung des Feuerbohrers durch eine religiöse Zeremonie // 296 // entstehen lässt. Und sowenig werden wir von der Erfindung des Feuerbohrers erst den Gebrauch des Feuers ableiten wollen, wie etwa von der Erfindung der Zündhölzchen. Denn sicherlich entspricht nur der umgekehrte Weg der Wahrheit.[5]

Ähnliche zum Teil noch in tiefes Dunkel gehüllte Vorgänge begründen den Übergang der Völker vom Jäger- zum Nomadenleben und zum Ackerbau.[6] Wir wollen die Beispiele nicht häufen und nur noch bemerken, dass dieselben Erscheinun-

---

5 Dies schließt nicht aus, dass der Feuerbohrer nachher bei der Verehrung des Feuers oder der Sonne eine Rolle gespielt hat. — [Ich freue mich, meine auf Grund psychologischer Erwägungen gefassten Ansichten über diese Dinge in Übereinstimmung zu finden mit den Ausführungen von K. von den Steinen („*Unter den Naturvölkern Zentral-Brasiliens. [Reiseschilderung und Ergebnisse der Zweiten Schingú-Expedition 1887 – 1888]*" Berlin 1897. S. 214-218). Derselbe nimmt etwa folgende Stufen an: 1. Benutzung des zufällig in der Natur vorgefundenen Feuers, 2. Pflege und Erhaltung desselben 3. Verbreitung und Übertragung desselben (durch Brände und glimmenden *Zunder*), 4. Erfindung des Feuerbohrers bei *Beschaffung* des *Zunders*. — Das genannte Buch tritt auch manchen anderen Vorurteilen wirksam entgegen. — 1902.]

6 Vgl. hierüber die höchst interessante Mitteilung von [Paul] Carus, *The philosophy of the tool. [A lecture delivered on Tuesday, July 18th 1893, before the Department of manual and art education of the World's congress auxiliary]* Chicago 1893.

gen in der historischen Zeit, in der Zeit der großen technischen Erfindungen wiederkehren, und dass auch über diese teilweise recht abenteuerliche Vorstellungen verbreitet sind, welche dem Zufall einen ungebührlich übertriebenen, psychologisch unmöglichen Einfluss einräumen. Die Beobachtung des aus dem Teekessel entweichenden, mit dem Deckel klappernden Dampfes soll zu Erfindung der Dampfmaschine geführt haben. Man denke an den Abstand zwischen diesem Schauspiel und der Vor- // 297 // stellung einer großen Kraftleistung des Dampfes für einen Menschen, der die Dampfmaschine eben noch nicht kennt! Wenn aber ein Ingenieur, der schon Pumpen gebaut hat, eine zum Trocknen erhitzte noch mit Dampf erfüllte Flasche zufällig mit der Mündung ins Wasser taucht, und nun dieses heftig in die Flasche hineinstürzend sich erhebt, dann liegt wohl der Gedanke recht nahe, auf diesen Vorgang eine bequeme vorteilhafte Dampfsaugpumpe zu gründen, welche sich in psychologisch möglichen, ja nahe liegenden unscheinbaren kleinen Schritten allmählich in die WATT'sche Dampfmaschine umwandelt.

Wenn nun auch dem Menschen die wichtigsten Erfindungen in von ihm unbeabsichtigter Weise durch den Zufall recht nahe gelegt werden, so kann doch der Zufall allein keine Erfindung zustande bringen. Der Mensch verhält sich hierbei keineswegs untätig. Auch der erste Töpfer im Urwald muss etwas von einem Genius in sich fühlen. Er muss die neue Tatsache beachten, die für ihn vorteilhafte Seite derselben erschauen und erkennen, und verstehen, dieselbe als Mittel zu seinem Zweck zu verwenden. Er muss das Neue unterscheiden, seinem Gedächtnis einfügen, mit seinem übrigen Denken verbinden und verweben. Kurz er muss die Fähigkeit haben, Erfahrungen zu machen.

Man könnte die Fähigkeit, Erfahrungen zu machen, geradezu als das Maß der Intelligenz ansehen. Dieselbe ist beträchtlich verschieden bei Menschen desselben Stammes und wächst gewaltig, wenn wir, bei den niederen Tieren beginnend, dem

Menschen // 298 // uns nähern. Erstere sind fast ganz auf ihre mit der Organisation ererbten Reflextätigkeiten angewiesen, individueller Erfahrungen fast ganz unfähig, und bei ihren einfachen Lebensbedingungen derselben auch kaum bedürftig. Die Reusenschnecke nähert sich immer wieder der Fleisch fressenden Aktinie, so oft sie auch mit Nesselfäden beworfen zusammenzuckt, als ob sie kein Gedächtnis für den Schmerz hätte.[7] Dieselbe Spinne lässt sich wiederholt durch Berührung des Netzes mit der schwingenden Stimmgabel hervorlocken; die Motte fliegt wieder der Flamme zu, an welcher sie sich schon verbrannt hat; der Taubenschwanz stößt unzählige Mal gegen die gemalten Rosen der Tapetenwand[8], ähnlich dem bedauerlichen verzweifelten Denker, der dasselbe unlösbare Scheinproblem immer wieder in derselben Weise angreift. Fast so planlos wie MAXWELL'sche Gasmoleküle und fast ebenso unvernünftig kommen die Fliegen angeflogen, und bleiben, dem Lichten und Freien zustrebend, an der Glastafel des halb geöffneten Fensters gefangen, indem sie den Weg um den schmalen Rahmen herum nicht zu finden vermögen. Der Hecht aber, der im Aquarium von Ellritzen durch eine Glastafel getrennt ist, merkt doch schon nach einigen Monaten, nachdem er sich halb zu Tode gestoßen, dass er diese Fische nicht ungestraft angreifen darf. Er lässt sie nunmehr auch nach Entfernung der Scheidewand in Ruhe, verschlingt aber sofort jeden fremden // 299 // neu eingebrachten Fisch. Schon den Zugvögeln müssen wir ein bedeutendes Gedächtnis zuschreiben, welches wahrscheinlich wegen Wegfalls störender Gedanken so präzis wirkt wie jenes mancher Kretins. Allgemein bekannt ist aber die Abrichtungsfähigkeit der höheren Wirbeltiere, in welcher sich deren Fähigkeit, Erfahrungen zu machen, deutlich ausspricht.

Ein stark entwickeltes mechanisches Gedächtnis, welches dagewesene Situationen lebhaft und treu wiederholend

7 Möbius, [*Die Bewegungen der Tiere und ihr psychischer Horizont*. In: Schriften des] Naturwiss. Verein f. Schleswig-Holstein. [Bd.1] Kiel 1873. [111-131] S.113 ff.

8 Die Beobachtung über den Taubenschwanz verdanke ich Herrn Prof. [Berthold] *Hatschek* [Zoologe, Professor in Prag und Wien].

ins Bewusstsein zurückruft, wird genügen, eine bestimmte besondere Gefahr zu vermeiden, eine bestimmte besondere günstige Gelegenheit zu benützen. Zur Entwicklung einer Erfindung wird dasselbe nicht ausreichen. Hierzu gehören längere Vorstellungsreihen, die Erregung verschiedener Vorstellungsreihen durcheinander, ein stärkerer, vielfacher mannigfaltiger Zusammenhang des gesamten Gedächtnisinhaltes, ein durch den Gebrauch gesteigertes mächtigeres und empfindlicheres psychisches Leben. Der Mensch kommt an einen unüberschreitbaren Gießbach, der ihm ein schweres Hemmnis ist. Er erinnert sich, dass er einen solchen auf einem umgestürzten Baum schon überschritten hat. In der Nähe sind Bäume. Umgestürzte Bäume hat er schon bewegt. Er hat auch Bäume schon gefällt, und sie waren dann beweglich. Zur Fällung hat er scharfe Steine benutzt. Er sucht einen solchen Stein, und indem er die in Erinnerung gekommenen Situationen, welche sämtlich durch das eine starke Interesse der Überschreitung des Gießbaches lebendig gehalten werden, in umge- //300 //kehrter Ordnung herbeiführt, erfindet er die Brücke.

Dass die höheren Wirbeltiere in bescheidenem Maße ihr Verhalten den Umständen anpassen, ist nicht zweifelhaft. Wenn sie keinen merklichen Fortschritt durch Aufsammlung von Erfindungen zeigen, so erklärt sich dies hinreichend durch einen Grad- oder Intensitätsunterschied ihrer Intelligenz dem Menschen gegenüber; die Annahme eines Artunterschiedes ist Newtons Forschungsprinzip gemäß unnötig. Wer nur einen minimalen Betrag täglich erspart, hat demjenigen gegenüber einen unabsehbaren Vorteil, der denselben Betrag täglich verliert, oder auch den gewonnenen nur nicht dauernd zu erhalten vermag. Ein kleiner quantitativer Unterschied erklärt hier einen gewaltigen Unterschied des Aufschwungs.

Dasselbe, was für die vorhistorische Zeit gilt, gilt auch für die historische, und was von der Erfindung gesagt wurde, lässt sich fast wörtlich in Bezug auf die Entdeckung wiederholen; denn beide unterscheiden sich nur durch den Gebrauch, der von einer neuen Erkenntnis gemacht wird. Immer handelt es sich um den neu erschauten Zusammenhang neuer oder schon bekannter sinnlicher oder begrifflicher Eigenschaften. Es findet sich z.B., dass ein Stoff, der eine chemische Reaktion *A* gibt, auch eine Reaktion *B* auslöst; dient dieser Fund lediglich zur Förderung der Einsicht, zur Erlösung von einer intellektuellen Unbehaglichkeit, so liegt eine Entdeckung vor, eine Erfindung hingegen, wenn wir den Stoff von der Reaktion *A* benützen, um die gewünschte Re- // 301 // aktion *B* zu praktischen Zwecken herbeizuführen, zur Befreiung von einer materiellen Unbehaglichkeit. Der Ausdruck „Neuauffindung des Zusammenhanges von Reaktionen" ist umfassend genug, um Entdeckungen und Erfindungen auf allen Gebieten zu charakterisieren. Derselbe umfasst den Pythagoreischen Satz, welcher die Verbindung einer geometrischen mit einer arithmetischen Reaktion enthält, die NEWTON'sche Entdeckung des Zusammenhanges der KEPLER'schen Bewegung mit dem verkehrt quadratischen Gesetz ebenso gut, wie das Auffinden einer kleinen Konstruktionsänderung an einem Werkzeug oder einer zweckdienlichen Manipulationsänderung in der Färberei.

Die Erschließung neuer, bislang unbekannter Tatsachengebiete kann nur durch zufällige Umstände herbeigeführt werden, unter welchen eben die gewöhnlich unbemerkten Tatsachen merklich werden. Die Leistung des Entdeckers liegt hier in der scharfen Aufmerksamkeit, welche das Ungewöhnliche des Vorkommnisses und der bedingenden Umstände schon in den Spuren wahrnimmt,[9] und die Wege erkennt, auf welchen man zur vollen Beobachtung gelangt.

Hierher gehören die ersten Wahrnehmungen über die elektrischen und magnetischen Erscheinungen, die Interferenzbeobachtung GRIMALDIS[10], ARAGOS[11] Bemerkung der stärkeren

9 Vgl. [Johann Ignaz] Hoppe, [*Das*] *Entdecken und Finden.* [*Ein Beitrag zur Lehre von der empirischen Forschung,* Freiburg i. B.] 1870.

10 [*] Francesco Maria Grimaldi (1618-1663), italienischer Physiker und Mathematiker

11 [*] Dominique Francois Jean Arago (1786-1853), französischer Physiker

Dämpfung der in einer Kupferhülse schwingenden Magnetnadel gegenüber jener in einer Pappschachtel, FOUCAULTS[12] Be- //302 // obachtung der stabilen Schwingungsebene eines auf der Drehbank rotierenden zufällig angestoßenen Stabes, MAYERS Beachtung der Röte des venösen Blutes in den Tropen, KIRCHHOFFS Beobachtung der Verstärkung der D-Linie des Sonnenspektrums durch eine vorgesetzte Kochsalzlampe, SCHÖNBEINS[13] Entdeckung des Ozons durch den Phosphorgeruch beim Durchschlagen von elektrischen Funken durch die Luft u. a. m. Alle diese Tatsachen, von welchen viele gewiss oft gesehen wurden, bevor man sie beachtete, sind Beispiele der Einleitung folgenschwerer Entdeckungen durch zufällige Umstände, und setzen zugleich die Bedeutung der gespannten Aufmerksamkeit in ein helles Licht.

Aber nicht nur bei Einleitung, sondern auch bei Fortführung einer Untersuchung können ohne die Absicht des Forschers mitwirkende Umstände sehr einflussreich werden. DUFAY[14] erkennt so die Existenz zweier elektrischer Zustände, während er das Verhalten des einen von ihm vorausgesetzten verfolgt. FRESNEL[15] findet durch Zufall, dass die auf einem matten Glas abgefassten Interferenzstreifen weit besser in der freien Luft zu sehen sind. Die Beugungserscheinung zweier Spalten fällt beträchtlich anders aus als FRAUNHOFER[16] erwartet, und er wird in Verfolgung dieses Umstandes zur Entdeckung der wichtigen Gitterspektren geführt. Die Faraday'sche Induktionserscheinung weicht wesentlich ab von der Ausgangsvorstellung, die seine Versuche veranlasst hat, und gerade diese Abweichung stellt die eigentliche Entdeckung vor.

---

und Politiker

12 [*] Jean Bernard Léon Foucault (1819-1868), französischer Physiker

13 [*] Christian Friedrich Schönbein (1799-1868), deutscher Chemiker

14 [*] Charles Francois de Cisternay Dufay (1698-1739), französischer Naturforscher und Superintendent des Jardin de Roi (Paris)

15 [*] Augustin Jean Fresnel (1788-1828), französischer Physiker

16 [*] Joseph Fraunhofer (1787-1826), deutscher Optiker und Physiker

Jeder hat schon über irgendetwas nachgedacht. Jeder kann diese großen Beispiele durch kleinere // 303 // selbst erlebte vermehren. Ich will statt vieler nur eines anführen. Zufällig einmal beim Durchfahren einer Eisenbahnkurve bemerkte ich die bedeutende scheinbare Schiefstellung der Häuser und Bäume. Dies belehrte mich, dass die Richtung der totalen physikalischen Massenbeschleunigung physiologisch als Vertikale reagiert. Indem ich zunächst nur dies in einem großen Rotationsapparat genauer erproben wollte, führten mich die Nebenerscheinungen auf die Empfindung der Winkelbeschleunigung, den Drehschwindel, die FLOURENS'schen[17] Versuche der Durchschneidung der Bogengänge u. a., woraus sich allmählich die alsbald auch von BREUER[18] und BROWN[19] vertretenen Vorstellungen über Orientierungsempfindungen ergaben, die, erst so vielfach bestritten, jetzt so vielfach als richtig anerkannt werden, und welche noch in letzter Zeit durch BREUERS Untersuchungen über die „macula acustica" und KREIDLS[20] Versuche mit magnetisch orientierbaren Krebsen in so interessanter Weise bereichert worden sind. Nicht Missachtung des Zufalls, sondern zweckmäßige und zielbewusste Benützung desselben wird der Forschung förderlich sein.

Je stärker der psychische Zusammenhang der gesamten Erinnerungsbilder je nach Individuum und Stimmung, desto fruchtbringender kann dieselbe zufällige Beobachtung werden. Galilei kennt das Gewicht der Luft, er kennt auch die „Resistenz des Vakuums", sowohl in Gewicht als auch in der Höhe einer Wassersäule ausgedrückt. Allein diese Gedanken bleiben in seinem Kopfe nebeneinander. Erst TORRICELLI variiert das spezifische Gewicht der Druck messenden Flüssigkeit, und dadurch erst tritt // 304 // die Luft selbst in die Reihe der drückenden Flüssigkeiten ein. Die Umkehrung der Spektrallinien ist

17 [*] Marie-Jean-Pierre Flourens (1794-1867), französischer Physiologe.
18 [*] Josef Breuer (1842-1925), österreichischer Arzt, Physiologe und Philosoph
19 [*] Alexander Crum Brown (1838-1922), schottischer Chemiker
20 [*] Alois Kreidl (1864-1928), österreichischer Physiologe

von Kirchhoff wiederholt gesehen und auch mechanisch erklärt worden. Die Spur des Zusammenhanges mit Wärmefragen hat aber nur sein feiner Geist bemerkt, und ihm allein enthüllt sich in ausdauernder Arbeit die weit reichende Bedeutung der Tatsache für das bewegliche Gleichgewicht der Wärme. Nächst dem schon vorhandenen vielfachen organischen Zusammenhang des gesamten Gedächtnisinhaltes, welcher den Forscher kennzeichnet, wird es vor allem das starke Interesse für ein bestimmtes Ziel, für eine Idee sein, welche die noch nicht geknüpften günstigen Gedankenverbindungen schlägt, indem jene Idee bei allem sich hervordrängt, was tagsüber gesehen und gedacht wird, zu allem in Beziehung tritt. So findet Bradley[21], lebhaft mit der Aberration beschäftigt, deren Erklärung durch ein ganz unscheinbares Erlebnis beim Übersetzen der Themse. Wir dürfen also wohl fragen, ob der Zufall dem Forscher, oder der Forscher dem Zufall zu Erfolg verhilft?

Niemand denke daran, ein größeres Problem zu lösen, von dem er nicht so ganz erfüllt ist, dass alles andere für ihn Nebensache wird. Bei einer flüchtigen Begegnung Mayers mit Jolly zu Heidelberg äußert letzterer zweifelnd, dass ja das Wasser durch Schütteln sich erwärmen müsste, wenn Mayers Ansicht richtig wäre. Mayer entfernt sich ohne ein Wort zu sagen. Nach mehreren Wochen tritt er, von Jolly nicht mehr erkannt, bei diesem ein mit den Worten: „Es ischt aso!" Erst durch einige Wechselreden erfährt Jolly, was Mayer sagen // 305 // will. Der Vorfall bedarf keiner weiteren Erläuterung.[22]

Auch wer von sinnlichen Eindrücken abgeschlossen nur seinen Gedanken nachhängt, kann einer Vorstellung begegnen, welche sein ganzes Denken in neue Bahnen leitet. Ein psychischer Zufall war es dann, ein Gedankenerlebnis im Gegensatz zum physischen, dem er diese sozusagen am Nachbild der Welt auf deduktivem Wege gemachte Entdeckung, anstatt einer experimentellen, verdankt. Eine rein experimentelle

21 [*] James Bradley (1693-1762), englischer Geistlicher und Astronom

22 Nach einer mündlichen, brieflich wiederholten Mitteilung *Jollys*.

Forschung gibt es übrigens nicht, denn wir experimentieren, wie GAUSS sagt, eigentlich immer mit unseren Gedanken. Und gerade der stetige, berichtigende Wechsel, die innige Berührung von Experiment und Deduktion, wie sie GALILEI in den Dialogen, NEWTON in der Optik pflegt und übt, begründet die glückliche Fruchtbarkeit der modernen Naturforschung gegenüber der antiken, in welcher feine Beobachtung und starkes Denken zuweilen fast wie zwei Fremde nebeneinander herschreiten.

Den Eintritt eines günstigen physischen Zufalls müssen wir abwarten. Der Verlauf unserer Gedanken unterliegt dem Assoziationsgesetz. Bei sehr armer Erfahrung würde dieses nur eine einfache Reproduktion bestimmter sinnlicher Erlebnisse zur Folge haben. Ist aber durch reiche Erfahrung das psychische Leben stark und vielseitig in Anspruch genommen worden, so ist jedes Vorstellungselement mit so vielen anderen so verknüpft, dass der // 306 // wirkliche Verlauf der Gedanken durch ganz geringe zufällig ausschlaggebende, oft kaum bemerkte Nebenumstände beeinflusst und bestimmt wird. Nun kann der Prozess, den wir als Phantasie bezeichnen, seine vielgestaltigen Gebilde von endloser Mannigfaltigkeit zutage fördern. Was können wir aber tun, um diesen Prozess zu leiten, da wir doch das Verknüpfungsgesetz der Vorstellungen nicht in der Hand haben? Fragen wir lieber: Welchen Einfluss kann eine starke, immer wiederkehrende Vorstellung auf den Verlauf der übrigen nehmen? Die Antwort liegt nach dem Vorigen schon in der Frage. Die Idee beherrscht eben das Denken des Forschers, nicht umgekehrt.

Versuchen wir nun, in den Vorgang der Entdeckung noch etwas näheren Einblick zu gewinnen. Der Zustand des Entdeckers ist, wie W. JAMES[23] treffend bemerkt, nicht unähnlich der Situation desjenigen, der sich auf etwas Vergessenes zu besinnen sucht. Beide fühlen eine Lücke, kennen aber nur ungefähr die Natur des Vermissten. Treffe ich z. B. in Gesellschaft einen wohlbekannten freundlichen Mann, dessen Namen mir

23 [*] William James (1842-1910), amerikanischer Psychologe und Philosoph

entfallen, der aber die schreckliche Forderung ausspricht, ihn irgendwo vorzustellen, so suche ich nach LICHTENBERGS[24] Anweisung im Alphabet zuerst den Anfangsbuchstaben des Namens. Eine eigentümliche Sympathie hält mich beim G fest. Probeweise füge ich den nächsten Buchstaben hinzu, und bleibe beim e. Bevor ich den dritten Buchstaben r noch wirklich versucht habe, tönt schon der Name „Gerson" voll in mein Ohr, und ich bin von meiner Pein befreit. – Bei einem Ausgang hatte ich eine Begegnung und er- // 307 // hielt eine Mitteilung. Zu Hause angelangt hatte ich über Wichtigerem alles vergessen. Missmutig und vergebens sinne ich hin und her. Endlich merke ich, dass ich in Gedanken meinen Weg nochmals gehe. An der betreffenden Straßenecke steht der Mann wieder vor mir, und wiederholt seine Mitteilung. Hier treten also nach und nach alle Vorstellungen ins Bewusstsein, welche mit der vermissten verbunden sein können, und ziehen schließlich diese selbst ans Licht. Besonders in dem ersten Fall ist – wenn die Erfahrung einmal gemacht ist, und als bleibender methodischer Gewinn dem Denken sich eingeprägt hat – ein systematisches Verfahren leicht ausführbar, da man schon weiß, dass ein Name aus einer gegebenen begrenzten Zahl von Lauten bestehen muss. Zugleich sieht man aber, dass doch die Kombinationsarbeit ins Ungeheure wachsen würde, wenn der Name etwas länger, und die Stimmung für denselben nur mehr schwach wäre.

Nicht ohne Grund pflegt man zu sagen, der Forscher habe ein Rätsel gelöst. Jede geometrische Konstruktionsaufgabe lässt sich in die Rätselform kleiden: „Was ist das für ein Ding *M*, welches die Eigenschaften *A*, *B*, *C* hat?" „Was ist das für ein Kreis, der die Geraden *A*, *B* und letztere in einem Punkt *C* berührt?" Die beiden ersten Bedingungen führen unserer Phantasie die Schar der Kreise vor, deren Mittelpunkte in den Symmetralen von *A*, *B* liegen. Die dritte Bedingung erinnert uns an die Kreise mit den Mittelpunkten in der durch *C* auf *B* errichteten Senkrechten. Das gemeinsame Glied oder die gemeinsamen

24 [*] Georg Christoph Lichtenberg (1742-1799), deutscher Mathematiker

Glieder dieser Vorstellungsreihen lösen das Rätsel, er- // 308 // füllen die Aufgabe. Ein beliebiges Sach- oder Worträtsel leitet einen ähnlichen Prozess ein, nur wird die Erinnerung in vielen Richtungen in Anspruch genommen, und reichere, weniger klar geordnete Gebiete von Vorstellungen sind zu überschauen. Der Unterschied zwischen der Situation des konstruierenden Geometers und jener des Technikers oder Naturforschers, welcher vor einem Problem steht, ist nur der, dass ersterer sich auf einem vollkommen bekannten Gebiet bewegt, während letztere sich mit diesem weit über das gewöhnliche Maß hinaus erst näher vertraut machen müssen. Der Techniker verfolgt hierbei mit gegebenen Mitteln wenigstens noch ein bestimmtes Ziel, während selbst letzteres dem Naturforscher zuweilen nur in allgemeinen Umrissen vorschweben kann. Oft hat er sogar das Rätsel erst zu formulieren. Oft ergibt sich erst mit der Erreichung des Ziels die vollständigere Übersicht, welche ein systematisches Vorgehen ermöglicht hätte. Hier bleibt also dem Glück und Instinkt viel mehr überlassen.

Unwesentlich ist es für den bezeichneten Prozess, ob derselbe in einem Kopfe rasch abläuft, oder im Laufe der Jahrhunderte durch eine lange Reihe von Denkerleben sich fortspinnt. Wie das ein Rätsel lösende Wort zu diesem, verhält sich die heutige Vorstellung vom Licht zu den von GRIMALDI, RÖMER[25], HUYGENS, NEWTON, YOUNG[26], MALUS und FRESNEL gefundenen Tatsachen, und erst mit Hilfe dieser allmählich entwickelten Vorstellung vermögen wir das große Gebiet besser zu durchblicken.

Zu den Aufklärungen, welche Kulturforschung und vergleichende Psychologie uns liefern, bilden // 309 // die Mitteilungen großer Forscher und Künstler eine willkommene Ergänzung. Forscher und Künstler dürfen wir sagen, denn JOHANNES MÜLLER und LIEBIG haben es mutig ausgesprochen, dass ein tiefgehender Unterschied zwischen dem Wirken beider nicht besteht. Sollen wir LEONARDO DA VINCI für einen Forscher oder für einen

25 [*] Olaf Christensen Rømer (1644-1710), dänischer Astronom
26 [*] Thomas Young (1773-1829), englischer Augenarzt und Physiker

Künstler halten? Baut der Künstler aus wenigen Motiven sein Werk auf, so hat der Forscher die Motive zu erschauen, welche die Wirklichkeit durchdringen. Ist ein Forscher wie LAGRANGE oder FOURIER gewissermaßen Künstler in der Darstellung seiner Ergebnisse, so ist ein Künstler wie SHAKESPEARE oder RUYSDAEL Forscher in dem Schauen, welches seinem Schaffen vorhergehen muss.

NEWTON, über seine Arbeitsmethode befragt, wusste nichts zu sagen, als dass er oft und oft über dieselbe Sache nachgedacht habe; ähnlich äußern sich D'ALEMBERT, HELMHOLTZ u. a. – Forscher und Künstler empfehlen die ausdauernde Arbeit. Wenn nun bei diesem wiederholten Überschauen eines Gebietes, welches dem günstigen Zufall Gelegenheit schafft, alles zur Stimmung oder herrschenden Idee Passende lebhafter geworden, alles Unpassende allmählich so in den Schatten gedrängt worden ist, dass es sich nicht mehr hervorwagt, dann kann unter den Gebilden, welche die frei sich selbst überlassene halluzinatorische Phantasie in reichem Strome hervorzaubert, plötzlich einmal dasjenige hell aufleuchten, welches der herrschenden Idee, Stimmung oder Absicht vollkommen entspricht.[27] Es gewinnt dann // 310 // den Anschein, als ob d a s j e n i g e Ergebnis eines Schöpfungsaktes wäre, was sich in Wirklichkeit langsam durch eine allmähliche Auslese ergeben hat. So ist es wohl zu verstehen, wenn NEWTON, MOZART, R. WAGNER sagen, Gedanken, Melodien, Harmonien seien ihnen zugeströmt, und sie hätten einfach das Richtige behalten. Auch das Genie geht gewiss, bewusst oder instinktiv, überall systematisch vor, wo dies ausführbar ist; aber dasselbe wird in feinem Vorgefühl manche Arbeit gar nicht beginnen, oder nach flüchtigem Versuch aufgeben, mit welcher der Unbegabte fruchtlos sich abmüht. So bringt dasselbe in mäßiger Zeit zustande, wofür das Leben des gewöhnlichen Menschen weitaus nicht reichen würde.[28]

---

27 [Die Rolle des Zufalls bei der künstlerischen Erfindung behandelt in vorzüglicher Weise P. Souriau, *Theorie de l'Invention*, Paris, 1881 – 1902.]

28 Ich weiß nicht, ob *Swifts* Akademie der Projektemacher in Lagado, in wel-

Wir werden kaum fehl gehen, wenn wir in dem Genie eine vielleicht nur geringe Abweichung von der mittleren menschlichen Begabung sehen – eine // 311 // etwas größere Reaktionsempfindlichkeit und Reaktionsgeschwindigkeit des Hirns. Mögen dann derartige Menschen, welche ihrem Triebe folgend einer Idee so große Opfer bringen, statt ihren materiellen Vorteil zu suchen, dem Vollblutphilister immerhin als rechte Narren erscheinen, schwerlich werden wir mit Lombroso[29] das Genie geradezu als eine Krankheit ansehen dürfen, wenn leider auch wahr bleiben wird, dass ein empfindlicheres Hirn, ein gebrechlicheres Gebilde, auch leichter einer Krankheit verfällt.

Was C. G. J. Jacobi[30] von der mathematischen Wissenschaft sagt, dass dieselbe langsam wächst, und nur spät auf vielen Irrwegen und Umwegen zur Wahrheit gelangt, dass alles wohl vorbereitet sein muss, damit endlich zur bestimmten Zeit die neue Wahrheit wie durch eine göttliche Notwendigkeit getrieben hervortritt[31] – alles das gilt von jeder Wissenschaft. Wir staunen oft, wie zuweilen durch ein Jahrhundert die bedeutendsten

---

cher durch eine Art Würfelspiel mit Worten große Entdeckungen und Erfindungen gemacht werden, eine Satire sein soll auf *Francis Bacons* Methode, mit Hilfe von (durch Schreiber angelegten) Übersichtstabellen Entdekkungen zu machen. Übel angebracht wäre dieselbe nicht. — *E. Capitaines* Schrift *„Das Wesen des Erfindens* [*eine Erklärung der schöpferischen Geistestätigkeit an Beispielen planmäßiger Aufstellung und Lösung erfinderischer Aufgaben*]" [Leipzig 1895], welche im Text nicht mehr berücksichtigt werden konnte, sei hier erwähnt. Die Schrift zeugt von einem aufrichtigen Streben nach Aufklärung und enthält *viel Gutes*. Allerdings hätte sich der Verfasser durch weitere Umschau überzeugen können, dass es um die Einsicht in den Vorgang des Erfindens und um die Schärfe der wissenschaftlichen Begriffe nicht so schlimm steht, als er annimmt. Die Leistungsfähigkeit systematischer und mechanischer Prozeduren als Hilfsmittel der Erfindung dürfte aber der Verfasser *sehr* überschätzen.

29 [*] Cesare Lombroso (1835-1909), italienischer Arzt, Professor der gerichtlichen Medizin und Psychiatrie

30 [*] Carl Gustav Jacob Jacobi (1804-1851), deutscher Mathematiker

31 „Crescunt disciplinae lente tardeque; per varios errores sero pervenitur ad veritatem. Omnia praeparata esse debent diuturno et assiduo labore ad introitum veritatis novae. Jam illa certo temporis momento divina quadam necessitate coacta emerget." Zitiert bei Simony, [*Gemeinfassliche, leicht kontrollierbare Lösung der Aufgabe:*] *„In ein ringförmiges Band einen Knoten zu machen"* [*und verwandter merkwürdiger Probleme*] Wien 1881. S. 41.

Denker zusammenwirken müssen, um eine Einsicht zu gewinnen, die wir in wenigen Stunden uns aneignen können, und die, einmal bekannt, unter glücklichen Umständen sehr leicht zu gewinnen scheint. Gedemütigt lernen wir daraus, wie selbst der bedeutende Mensch mehr für das tägliche Leben als für die Forschung geschaffen ist. Wie viel auch er dem Zufall dankt, d. h. gerade jenem eigentümlichen Zu- // 312 // sammentreffen des physischen und psychischen Lebens, in welchem eben die stets fortschreitende, unvollkommene, unvollendbare Anpassung des letzteren an ersteres deutlich zum Ausdruck kommt, das haben wir heute betrachtet. Jacobis poetischer Gedanke von einer in der Wissenschaft wirkenden göttlichen Notwendigkeit wird für uns nichts an Erhabenheit verlieren, wenn wir in dieser Notwendigkeit dieselbe erkennen, die alles Unhaltbare zerstört und alles Lebensfähige fördert. Denn größer, erhabener und auch poetischer als alle Dichtung ist die Wirklichkeit und die Wahrheit. // 313 //

17.
Über den relativen Bildungswert der philologischen und der mathematisch-naturwissenschaftlichen Unterrichtsfächer der höheren Schulen.[1]

Zu den wunderlichsten Vorschlägen, deren Ausführung Maupertuis[2], der bekannte Präsident der Berliner Akademie, seinen Zeitgenossen ans Herz gelegt hat, gehört wohl jener der Gründung einer Stadt, in welcher (zum Nutzen und

---

1 Die nachfolgenden Ausführungen sind im Wesentlichen dem Entwurf eines Vortrages entnommen, welchen ich 1881 auf der Naturforscherversammlung zu Salzburg hätte halten sollen, der aber wegen Kollision mit der Pariser Ausstellung nicht zustande kam. In der Einleitung zu meinen 1883 gehaltenen Vorlesungen „Über den physikalischen Unterricht an der Mittelschule" kam ich nochmals auf denselben Stoff zurück, doch gab mir erst die freundliche Einladung des deutschen Realschulmännervereins Gelegenheit, meine Gedanken vor einem weiteren Kreise in der Versammlung zu Dortmund am 16. April 1886 darzulegen. Dieser äußere Anlass, ohne welchen es zu einer Publikation wohl nicht gekommen wäre, bringt es auch mit sich, dass meine Ausführungen zunächst nur die deutschen Schulen betreffen, und dass sie auf die österreichischen nicht ohne die übrigens nahe liegenden Modifikationen zu übertragen sind.

Indem ich hier einer starken und vor langer Zeit gefassten persönlichen Überzeugung Ausdruck gebe, kann es mir nur willkommen sein, dass dieselbe vielfach zu den Ansichten stimmt, die Paulsen (*Geschichte des gelehrten Unterrichts [auf den deutschen Schulen und Universitäten vom Ausgang des Mittelalters bis zur Gegenwart: mit besonderer Rücksicht auf den klassischen Unterricht]*, Leipzig 1885) und [Raoul] Frary (*La question du latin*, Paris Cerf. 1885) in ihrer Weise dargelegt haben. Es kommt mir hier durchaus nicht darauf an, viel Neues zu sagen, sondern vielmehr darauf, nach meinen Kräften zur Einleitung der unausbleiblichen Bewegung auf dem Gebiete des Schulwesens beizutragen. Diese Bewegung wird nach der Ansicht erfahrener Schulmänner zunächst dazu führen, das *Griechische* einerseits und die Mathematik andererseits für *fakultative Unterrichtsgegenstände* der *Oberklassen* des Gymnasiums zu erklären. (Vgl. Anm. S. 348 die vorzüglichen Einrichtungen in Dänemark.) Die eigentliche Kluft zwischen dem humanistischen Gymnasium und dem (deutschen) Realgymnasium wäre hierdurch überbrückt, und die übrigen unvermeidlichen Wandlungen würden sich dann relativ ruhig und lautlos vollziehen. *Prag*, im Mai 1886.

2 Maupertuis, *Oeuvres*. Dresden 1752. S. 339

[*] Pierre Louis Moreau de Maupertuis (1698-1759), französischer Mathematiker, Astronom und Philosoph

zur Ausbildung der studierenden Jugend) ausschließlich lateinisch gesprochen werden sollte. Diese lateinische Stadt ist ein frommer Wunsch geblieben. Doch bestehen seit Jahrhunderten lateinisch-griechische Häuser, in welchen unsere Kinder einen guten Teil ihrer Tage // 314 // verbringen, und deren Atmosphäre sie auch außerhalb dieser Zeit unausgesetzt umgibt.

Seit Jahrhunderten wird der Unterricht in den antiken Sprachen gepflegt. Seit Jahrhunderten wird die Notwendigkeit desselben von einer Seite behauptet, von der anderen bestritten. Energischer als je erheben sich jetzt wieder bedeutende Stimmen gegen das Übergewicht des Unterrichtes in den alten Sprachen und für eine mehr zeitgemäße Erziehung, namentlich für eine ausgiebigere Berücksichtigung der Mathematik und der Naturwissenschaften.

Wenn ich nun, freundlicher und ehrenvoller Aufforderung folgend, hier über den relativen Bildungs- // 315 // wert der philologischen und der mathematisch-naturwissenschaftlichen Unterrichtsfächer der höheren Schulen spreche, so sehe ich die Rechtfertigung hierfür in der Pflicht und der Notwendigkeit für jeden Lehrenden, sich nach seinen Erfahrungen über diese wichtige Frage eine Meinung zu bilden, und etwa noch in dem besonderen Umstande, dass ich selbst in meiner Jugend nur kurze Zeit (unmittelbar vor dem Übertritt auf die Universität) dem Einfluss einer öffentlichen Schule ausgesetzt war, somit die Wirkung sehr verschiedener Unterrichtsweisen an mir selbst beobachten konnte.

Indem wir nun daran gehen, zu überschauen, was die Vertreter des philologischen Unterrichtes zugunsten desselben anführen, und was die naturwissenschaftlichen Fächer dagegen für sich geltend machen können, befinden wir uns den ersteren Argumenten gegenüber in einiger Verlegenheit. Denn sehr verschieden waren diese zu verschiedenen Zeiten, und auch heute sind sie sehr mannigfaltig, wie es nicht anders sein kann, wenn man für etwas Bestehendes, das man eben um jeden Preis halten will, alles anführt, was sich nur auftreiben lässt. Wir werden manches finden, was ersichtlich nur ausgesprochen wurde, um dem Nichtwissenden zu imponieren, manches wieder, was in redlichster Absicht vorgebracht, auch der tatsächlichen Begründung nicht ganz entbehrt. Eine leidliche Übersicht der berührten Argumente erhalten wir, wenn wir zuerst diejenigen betrachten, welche sich an die historischen Umstände der Einführung des philologischen Unterrichtes knüpfen, nachher jene, die sich wie zufällige spätere neue Funde hinzugesellten.

—— // 316 //

Der Lateinunterricht wurde, wie dies PAULSEN[3] eingehend dargelegt hat, durch die römische Kirche mit dem christlichen Glauben eingeführt. Mit der lateinischen Sprache zugleich wurden die spärlichen und dürftigen Überreste der antiken Wissenschaft überliefert. Wer sich diese Bildung – damals die einzige nennenswerte – erwerben wollte, für den war die lateinische Sprache das einzige und notwendige Mittel; er musste lateinisch lernen, um zu den Gebildeten zu zählen.

Der große Einfluss der römischen Kirche hat mancherlei Wirkungen hervorgebracht. Zu den jedermann willkommenen Wirkungen rechnen wir wohl ohne Widerspruch die Herstellung einer gewissen Uniformität unter den Völkern, eines internationalen Verkehrs durch die lateinische Sprache, der das Zusammenarbeiten der Völker an der gemeinsamen Kulturaufgabe im 15.– 18. Jahrhundert wesentlich gefördert hat. Lange war so die lateinische Sprache die Gelehrtensprache und der Lateinunterricht der Weg zur allgemeinen Bildung, welches Schlagwort noch immer festgehalten wird, obgleich es längst nicht mehr passt.

Für den Gelehrtenstand als solchen mag es bedauerlich bleiben, dass die lateinische Sprache aufgehört hat, das allgemeine internationale Verkehrsmittel zu sein. Wenn man aber die Unhaltbarkeit der lateinischen Sprache in dieser Funktion durch ihre Unfähigkeit zu erklären versucht, den vielen neuen Ge-

3 F. Paulsen, *Geschichte des gelehrten Unterrichts*. [a.a.O] Leipzig 1885. [*] Friedrich Paulsen (1846-1908), deutscher Pädagoge und Philosoph

danken und Begriffen zu folgen, welche im Entwicklungsgange der Wissenschaft sich er- // 317 // geben haben, so halte ich diese Auffassung entschieden für falsch. Nicht leicht hat ein moderner Forscher die Naturwissenschaft mit so vielen neuen Begriffen bereichert wie NEWTON, und doch wusste er dieselben ganz korrekt und scharf in lateinischer Sprache zu bezeichnen. Wäre die erwähnte Auffassung richtig, so würde sie eben auch für jede lebende Sprache gelten. Jede Sprache muss sich neuen Ideen erst anpassen.

Viel eher dürfte die lateinische Sprache durch den Einfluss des Adels, der bequemen vornehmen Herren, aus der wissenschaftlichen Literatur verdrängt worden sein. Indem diese Herren die Ergebnisse der schönen und wissenschaftlichen Literatur mitgenießen wollten, ohne das schwerfällige Mittel der lateinischen Sprache, erwiesen sie aber auch dem Volke einen wesentlichen Dienst. Denn mit der Beschränkung der Kenntnis der gelehrten Literatur auf eine Kaste war es nun vorbei, und darin liegt vielleicht der wichtigste moderne Fortschritt. Niemand wird nun heute, nachdem der internationale Verkehr sich auch trotz der Mehrheit der modernen Kultursprachen erhalten und gesteigert hat, an Wiedereinführung der lateinischen Sprache denken.[4] // 318 //

Wie sehr auch die antiken Sprachen die Fähigkeit besitzen, neuen Begriffen zu folgen, ergibt sich aus dem Umstande, dass die überwiegende Mehrzahl unserer wissenschaftlichen Begriffe als Überlebsel aus jener Zeit des lateinischen interna-

4 Es liegt eine eigentümliche Ironie des Schicksals darin, dass, während Leibniz nach einem *neuen* universellen sprachlichen Verkehrsmittel suchte, die lateinische Sprache, welche diesem Zweck noch am besten genügte, mehr und mehr außer Gebrauch kam, und dass gerade Leibniz selbst nicht am wenigsten dazu beigetragen hat.

[Auf den wissenschaftlichen Kongressen, welche 1900 zu Paris getagt haben, ist das lebhafte Bedürfnis nach einem internationalen Verständigungsmittel lebhaft empfunden worden, und hat zur Bildung der „Délégation pour l'Adoption d'une langue auxiliaire internationale" geführt, welche diese Aufgabe zu lösen hofft. Vgl. L. Couturat, *„Über die internationale Hilfssprache"* in *Ostwalds* Annalen der Naturphilosophie Bd. I, 1902, 218-239.]

tionalen Verkehrs lateinische und griechische Bezeichnungen tragen, und noch vielfach neu erhalten. Wollte man aber aus der Existenz und dem Gebrauch solcher Termini die Notwendigkeit ableiten, auch heute noch lateinisch und griechisch zu lernen, für jeden, der sie gebraucht, so müsste diese Folgerung doch als eine sehr weitgehende erscheinen. Alle Bezeichnungen, ob sie passend oder unpassend sind – und es gibt in der Wissenschaft genug unpassende und ungeheuerliche – beruhen auf Übereinkunft. Dass man an das Zeichen genau die bezeichnete Vorstellung knüpfe, darauf kommt es an. Es wird wenig daran liegen, ob jemand das Wort: Telegraph, Tangente; Ellipse, Evolute usw. philologisch richtig ableiten kann, wenn ihm nur beim Gebrauch des Wortes der richtige Begriff gegenwärtig ist. Kennt er andererseits die Ableitung noch so gut, so nützt ihm dieselbe gar nichts ohne die richtige Vorstellung. Man versuche doch, sich von einem guten Durchschnittsphilologen einige Zeilen aus NEWTONS „Prinzipien" oder aus HUYGENS' „Horologium" übersetzen zu lassen, und man wird sofort sehen, welche höchst untergeordnete Rolle in diesen Dingen die bloße Sprachkenntnis spielt. Jeder Name bleibt eben ein Schall ohne den // 319 // zugehörigen Gedanken. Die Mode lateinische und griechische Termini zu verwenden – denn nicht anders kann man's nennen – hat ihren natürlichen historischen Grund, sie konnte auch nicht plötzlich verschwinden, ist aber schon sehr im Abnehmen begriffen. Die Bezeichnungen: Gas, Ohm, Ampère, Volt usw. sind auch international, aber nicht mehr lateinisch und griechisch. Von einer Notwendigkeit Lateinisch oder Griechisch zu lernen aus dem angeführten Grunde, noch dazu mit einem Zeitaufwand von 8-10 Jahren, kann doch nur der sprechen, welcher die gleichgültige und zufällige Hülle für wichtiger hält, als den sachlichen Inhalt. Kann denn über solche Dinge nicht ein Wörterbuch in wenigen Sekunden Aufschluss geben?[5] // 320 //

5 Es wird überhaupt dadurch viel gesündigt, dass man das menschliche Hirn missbraucht und mit Dingen belastet, welche viel zweckmäßiger

Es kann kein Zweifel bestehen, dass unsere *moderne* Kultur an die *antike* angeknüpft hat, dass dies sogar mehrmals stattgefunden hat, dass vor Jahrhunderten die Überreste der antiken Kultur die *einzige* überhaupt in Europa vorhandene Kultur darstellten. *Damals* war gewiss die philologische Bildung die *allgemeine* Bildung, die *höhere* Bildung, die *ideale* Bildung, denn sie war die *einzige* Bildung. Wenn aber jetzt für dieselbe noch der gleiche Anspruch erhoben wird, so muss dieser als durchaus ungerechtfertigt mit aller Entschiedenheit zurückgewiesen werden. Denn unsere Kultur ist doch allmählich eine ganz selbständige geworden; sie hat sich weit über die antike erhoben, und überhaupt eine ganz *neue* Richtung eingeschlagen. Ihr Schwerpunkt liegt in der mathematisch-naturwissenschaftlichen Aufklärung, die nicht nur die Technik, sondern nach und nach alle Gebiete, selbst die philosophischen und historischen Wissenschaften, die Sozial- und Sprachwissenschaften durchdringt. Was an Spuren antiker Anschauungen in der Philosophie, im Rechtsleben, in Kunst und Wissenschaft noch zu finden ist, wirkt mehr hemmend als fördernd, und wird sich gegenüber der Entwicklung unserer eigenen Ansichten auf die Dauer nicht halten können.

Es steht also den Philologen schlecht an, wenn sie *sich* noch immer für die vorzugsweise Gebildeten halten, wenn sie je-

---

und besser in *Büchern* verwahrt bleiben, wo man sie jederzeit finden kann. — Herr Amtsrichter *Hartwich* (aus Düsseldorf) schrieb mir jüngst: „Eine Menge Wörter sind sogar noch vollkommen lateinisch oder griechisch und werden von an und für sich sehr gebildeten Leuten, die aber zufällig die alten Sprachen nicht erlernt haben, mit vollem Verständnis angewandt: so z. B. das Wort ‚Dynastie' ... Das Kind, respektive der Mensch, erlernt solche Wörter als Bestandteile des *‚Sprachschatzes'*, gleichsam als Teile der *Muttersprache*, gerade so wie die Wörter ‚Vater, Mutter, Brot, Milch'. Weiß denn ein gewöhnlicher Sterblicher die Etymologie *dieser deutschen Worte*? Bedurfte es nicht der fast unglaublichen Arbeitskraft der Gebrüder Grimm, um wenigstens einiges Licht in das Werden und Wachsen unserer Muttersprache zu bringen? — Und bedienen sich nicht jeden Augenblick unzählige so genannte *humanistisch Gebildete* einer Menge von Fremdwörtern, deren Ursprung sie nicht kennen ? Nur wenige halten es der Mühe wert, im Fremdwörterbuch nachzuschlagen, obgleich sie mit Vorliebe behaupten, man müsste die alten Sprachen ‚schon der Etymologie wegen' erlernen."

den, der nicht Lateinisch und Griechisch versteht, für ungebildet erklären, sich darüber beschweren, dass man mit ihm kein Gespräch führen könne usw. Die ergötzlichsten Geschichten werden da als Beleg der mangelhaften // 321 // Bildung mancher Naturforscher und Techniker in Umlauf gesetzt. Ein namhafter Naturforscher z. B. soll ein Collegium publicum mit der Bezeichnung „frustra" angekündigt, ein Insekten sammelnder Ingenieur erzählt haben, dass er „Etymologie" treibe. Es ist richtig, ähnliche Vorkommnisse verursachen uns, je nach Stimmung oder Naturell, eine Gänsehaut oder eine heftige Erschütterung der Lachmuskel. Im nächsten Augenblicke müssen wir uns aber doch sagen, dass wir da nur einem kindischen Vorurteil unterlegen sind. Ein Mangel an Takt allerdings, nicht aber ein Mangel an Bildung, spricht sich in dem Gebrauch solcher halbverstandener Bezeichnungen aus. Jeder, der aufrichtig ist, wird eingestehen, dass manches Gebiet existiert, über welches er besser schweigt. Wir wollen auch nicht so boshaft sein, den Spieß umzudrehen, und hier die Frage zu erörtern, welchen Eindruck etwa die Philologen auf den Naturforscher oder Ingenieur machen, wenn von Naturwissenschaft die Rede ist? Ob sich da nicht manche sehr heitere Geschichte ergeben würde, zugleich von tief ernster Bedeutung, welche die mitgeteilten mehr als kompensieren möchte?

Diese gegenseitige Härte des Urteils, auf die wir da gestoßen sind, kann uns übrigens zum Bewusstsein bringen, wie wenig verbreitet noch eine wirkliche allgemeine Bildung ist. Es liegt in dieser Urteilsweise etwas von dem beschränkten mittelalterlichen Standesprotzentum, für welches je nach dem Standpunkt des Urteilenden der Mensch beim Gelehrten, beim Soldaten oder beim Baron anfängt. Ja, gestehen wir's, es liegt wenig Sinn für die ganze Aufgabe der Menschheit, wenig Verständnis für die // 322 // gegenseitige Hilfeleistung bei der Kulturarbeit, wenig freier Blick, wenig allgemeine Bildung darin!

Die Kenntnis des Lateinischen (und teilweise auch jene des Griechischen) bleibt ein Bedürfnis für die Angehörigen jener Berufszweige, welche noch stärker an die antike Kultur anknüpfen, also für Juristen, Theologen und Philologen, für Historiker, sowie überhaupt für die geringe Zahl derjenigen, zu welchen auch ich mich zeitweilig rechnen muss, die aus der lateinischen Literatur der verflossenen Jahrhunderte schöpfen wollen.[6] Dass aber deshalb unsere ganze nach höherer Bildung strebende Jugend in so unmäßiger Weise Lateinisch und Griechisch treiben muss, dass deshalb die angehenden Mediziner und Naturforscher mangelhaft gebildet, ja verbildet, an die Hochschule kommen müssen, dass sie nur von jener Schule kommen dürfen, welche ihnen nicht die nötige Vorbildung zu geben vermag, das sind doch etwas starke Folgerungen.

Nachdem auch die Umstände, welche dem lateinischen und griechischen Unterricht seine hohe Bedeutung gegeben hatten, längst nicht mehr wirksam waren, wurde doch wie natürlich der einmal hergebrachte Unterricht festgehalten. Es konnte auch // 323 // nicht fehlen, dass mancherlei Wirkungen dieses Unterrichtes, gute und schlimme, an die bei Einführung desselben niemand gedacht hatte, sich einstellten und beobachtet wurden. Ebenso natürlich betonten diejenigen, welche an der Erhaltung dieses Unterrichtes ein starkes Interesse hatten, weil sie nur diesen kannten, oder von demselben lebten, oder aus irgendeinem anderen Grunde, die guten Wirkungen dieses Unterrichtes. Sie hoben dieselben so hervor, als wären sie mit Vorbedacht erzielt worden, und nur auf diesem Wege zu erzielen.

Ein wirklicher Vorteil, der sich durch den richtig geleiteten philologischen Unterricht für die Jugend ergeben könnte, würde in der Erschließung des reichen Inhaltes der antiken Literatur, in der Bekanntschaft mit der Weltanschauung zwei-

6 Ich würde als Nichtjurist nicht gewagt haben, zu sagen, dass das Studium des Griechischen für den Juristen unnötig sei; doch ist diese Ansicht bei der dem Vortrage folgenden Debatte von sehr sachverständiger Seite vertreten worden. Hiernach würde die auf einem (deutschen) Realgymnasium erworbene Vorbildung *auch für den angehenden Juristen* genügen, und nur für Theologen und Philologen unzureichend sein.

er hoch stehender Völker bestehen. Wer die griechischen und römischen Autoren gelesen und verstanden hat, hat mehr erlebt, als derjenige, der auf die Eindrücke der Gegenwart beschränkt bleibt. Er sieht, wie die Menschen unter anderen Umständen ganz anders über dieselben Dinge urteilen, als heute. Er wird selbst freier urteilen. Ja die griechischen und römischen Autoren sind wirklich eine reiche Quelle der Erfrischung, der Aufklärung und des Genusses nach des Tages Arbeit, und stets wird der Einzelne, sowie die europäische Menschheit, denselben dankbar bleiben. Wer würde nicht gern der Irrfahrten des Odysseus sich erinnern, wer nicht gern der naiven Erzählung Herodots lauschen? Wer könnte es bereuen, Platons Dialoge kennen gelernt, oder Lucians göttlichen Humor verkostet zu haben? Wer wollte durch Ciceros Briefe, durch Plautus // 324 // und Terentius nicht ins antike Privatleben geblickt haben? Wem wären Suetons Schilderungen nicht unvergesslich? Ja wer wollte überhaupt ein Wissen von sich werfen, das er einmal erworben hat?

Aber wer nur aus diesen Quellen schöpft, wer nur diese Bildung kennt, hat allerdings kein Recht über den Wert einer anderen abzusprechen. Als Forschungsobjekt für Einzelne ist ja diese Literatur äußerst wertvoll, ob aber als fast einziges Unterrichtsmittel für die Jugend, das ist eine andere Frage.

Gibt es nicht noch andere Völker, andere Literaturen, von welchen wir zu lernen haben? Ist nicht die Natur selbst unsere höchste Lehrmeisterin? Sollen uns die Griechen mit ihrer beschränkten kleinstädtischen Anschauung, in welcher sie alles in „Griechen und Barbaren“ einteilen, mit ihrem Aberglauben, mit ihrem ewigen Orakelbefragen immer die höchsten Muster bleiben? Aristoteles mit seiner Unfähigkeit von Tatsachen zu lernen, mit seiner Wortwissenschaft, Platon mit seinem schwerfälligen schleppenden Dialog, mit seiner unfruchtbaren, oft kindlichen Dialektik, sind sie unübertrefflich?[7] // 325 //

7 Wenn ich an dieser Stelle die *Schattenseiten* der Schriften des Platon und Aristoteles hervorhebe, die mir bei Lektüre vorzugsweise in *deutscher*

Die Römer mit ihrer Wort- und silbenreichen prahlenden prunkvollen Äußerlichkeit und Gefühllosigkeit, mit ihrer beschränkten Philisterphilosophie, mit ihrer wütenden Sinnlichkeit, mit ihrer in Tier- und Menschenhetzen schwelgenden grausamen Wollust, mit ihrem rücksichtslosen Missbrauchen und Ausbeuten der Menschen, sind sie nachahmenswerte Muster? Oder soll vielleicht unsere Naturwissenschaft an Plinius sich erbauen, der Hebammen als Gewährsmänner zitiert, und der selbst auf ihrem Standpunkt steht?

Und wenn eine Bekanntschaft mit der antiken Welt wirklich erzielt würde, so möchte man sich mit dem philologischen Unterricht noch abfinden. Allein Worte und Formen sind es und Formen und Worte, die der Jugend immer wieder geboten werden. Und alles, was daneben noch getrieben werden kann, verfällt derselben trostlosen Methode, und wird zur Wissenschaft aus Worten, zum bloßen gehaltlosen Gedächtniskram.

Ja wirklich, man fühlt sich zurück versetzt um ein Jahrtausend, in die dumpfe Klosterzelle des Mittelalters! Das muss anders werden! Man kann die Anschauungen der Griechen und Römer auf einem kürzeren Wege kennen lernen, als durch den Verstand betäubendes 8 bis 10jähriges Deklinieren, Konjugieren, Analysieren und Extemporieren. Es gibt auch jetzt schon Gebildete genug, welche mit Hilfe guter Übersetzungen lebendigere, klarere und umfassendere Ansichten über das klassische // 326 // Altertum erworben haben als unsere Gymnasialabiturienten.[8]

Übersetzung aufgefallen sind – denn das Griechische ist mir nicht mehr geläufig genug –, so denke ich natürlich nicht daran, hiermit die großen Verdienste und die hohe *historische* Bedeutung beider Männer herabsetzen zu wollen. Allerdings darf man die Bedeutung dieser Männer nicht nach dem Umstande messen, dass unsere spekulative Philosophie sich noch zum großen Teil in *ihren* Gedankenbahnen bewegt. Vielleicht folgt daraus eher, dass dieses Gebiet seit Jahrtausenden *sehr geringe Fortschritte* gemacht hat. War doch auch die *Naturwissenschaft* durch Jahrhunderte in Aristotelischen Gedanken befangen, und verdankt sie doch ihren Aufschwung wesentlich dem Abschütteln dieser Fesseln!

8 Ich will durchaus nicht behaupten, dass man *ganz denselben* Gewinn aus einem griechischen Autor zieht, ob man denselben im Original oder in der

Die Griechen und Römer sind für die moderne Zeit einfach zwei Objekte der Archäologie und Geschichtsforschung wie alle andern. Führt man sie der Jugend in frischer und anschaulicher Weise und nicht bloß in Worten und Silben vor, so wird die Wirkung nicht ausbleiben. Ganz anders genießt man auch die Griechen, wenn man nach dem Studium der modernen Kulturforschung an dieselben herankommt. Anders liest man manches Kapitel im Herodot, wenn man mit Naturwissenschaft ausgerüstet, mit Kenntnissen über die Steinzeit und den Pfahlbau daran geht. Was die Philologie zu leisten vorgibt, das wird ein zureichender historischer Unterricht, der freilich nicht bloß Namen und Zahlen, patriotisch und konfessionell gefärbte Dynastie- und Kriegsgeschichte bieten darf, sondern wahre Kulturgeschichte sein muss, der Jugend in viel ausgiebigerer Weise wirklich leisten.

Die Anschauung ist noch sehr verbreitet, dass alle „höhere ideale Bildung", alle Erweiterung der Weltanschauung durch philologische und etwa noch durch historische Studien gewonnen werde, dass dagegen die Mathematik und die Naturwissen- //327// schaften wegen ihres Nutzens nicht zu vernachlässigen seien. Ich kann dieser Ansicht durchaus nicht zustimmen. Es wäre auch sonderbar, wenn der Mensch aus einigen alten Topfscherben, beschriebenen Steinen und Pergamentblättern, die doch auch nur ein Stückchen Natur sind, mehr lernen, mehr geistige Nahrung schöpfen könnte, als aus der ganzen übrigen Natur. Gewiss geht den Menschen zunächst der Mensch an, aber doch nicht allein.

Wenn wir den Menschen nicht als Mittelpunkt der Welt ansehen, wenn uns die Erde als ein um die Sonne geschwungener Kreisel erscheint, der mit dieser in unendliche Ferne fliegt,

---

Übersetzung liest. Die Differenz aber, der Mehrgewinn im ersteren Fall, scheint mir, und wohl den meisten Menschen, welche nicht Fachphilologen werden wollen, mit einem Zeitaufwand von 8 Jahren *viel zu teuer* erkauft.

wenn wir in Fix-sternweiten dieselben Stoffe antreffen wie auf der Erde, überall in der Natur denselben Vorgängen begegnen, von welchen das Leben des Menschen nur ein verschwindender gleichartiger Teil ist, so liegt hierin auch eine Erweiterung der Weltanschauung, auch eine Erhebung, auch eine Poesie! Vielleicht liegt hierin Größeres und Bedeutenderes, als in dem Brüllen des verwundeten Ares, in der reizenden Insel der Kalypso, dem Okeanos, der die Erde umfließt. Über den relativen Wert beider Gedankengebiete, beider Poesien, darf nur der sprechen, der beide kennt!

Der „Nutzen" der Naturwissenschaft ist gewissermaßen nur ein Nebenprodukt des geistigen Aufschwungs, der sie erzeugt hat. Doch darf ihn niemand unterschätzen, der sich die Verwirklichung der orientalischen Märchenwelt durch unsere moderne Technik willig gefallen lässt, am wenigsten derjenige, dem diese Schätze ohne sein Zutun, un- // 328 // verstanden, wie aus der „vierten Dimension", zufallen.

Auch das darf man nicht glauben, dass die Naturwissenschaft etwa nur dem Techniker nützt. Ihr Einfluss durchdringt alle unsere Verhältnisse, unser ganzes Leben, ihre Anschauungen werden also auch überall maßgebend. Wie ganz anders wird auch der Jurist, der Staatsmann, der Nationalökonom urteilen, welcher sich z. B. nur lebhaft gegenwärtig hält, dass eine Quadratmeile fruchtbarsten Landes mit der alljährlich verbrauchten Sonnenwärme nur eine ganz bestimmte begrenzte Menschenzahl zu ernähren vermag, welche durch keine Kunst, keine Wissenschaft weiter gesteigert werden kann. Gar manche volkswirtschaftliche Theorie, die mit luftigen Begriffen neue Bahnen bricht, natürlich wieder nur in der Luft, wird ihm vor dieser Einsicht hinfällig.

Sehr gern betonen die Lobredner des philologischen Unterrichts die Geschmacksbildung, welche durch Beschäftigung mit den antiken Mustern erzielt wird. Ich gestehe aufrichtig, dass dies für mich etwas Empörendes hat. Also um den Geschmack zu bilden, muss die Jugend ein Dezennium opfern! Der Luxus geht also dem Notwendigsten vor! Hat die künftige Generation angesichts der schwierigen Probleme, angesichts der sozialen Fragen, welchen sie an Verstand und Gemüt gekräftigt entgegen gehen sollte, wirklich nichts Wichtigeres zu tun?

Nehmen wir aber die Aufgabe an! Lässt sich der Geschmack nach Rezepten bilden? Ändert sich nicht das Schönheitsideal? Ist es nicht eine gewaltige // 329 // Verkehrtheit, sich künstlich in die Bewunderung von Dingen hineinzuzwingen, die bei allem historischen Interesse, bei aller Schönheit im einzelnen, unserm übrigen Denken und Sinnen, wenn wir überhaupt ein eigenes haben, doch vielfach fremd gegenüberstehen? Eine wirkliche Nation hat ihren eigenen Geschmack, und holt ihn nicht bei anderen. Und jeder einzelne volle Mensch hat seinen eigenen Geschmack.[9]

Und worauf kommt es bei dieser Geschmacksbildung hinaus? Auf Aneignung des persönlichen Stils einiger Autoren! Was würden wir nun von einem Volke halten, das etwa nach 1.000 Jahren seine Jugend zwingen würde, sich durch vieljährige Übung in den geschraubten oder überladenen Stil eines gewandten Advokaten oder Reichstagsabgeordneten der Gegenwart einzuleben? Würden wir ihm nicht mit Recht Geschmacklosigkeit vorwerfen?

---

9 „Die Versuchung", – schreibt Herr Amtsrichter Hartwich – „den ‚Geschmack' der Alten für so ‚erhaben' und ‚unübertrefflich' zu halten, scheint mir wesentlich darin ihren Grund zu haben, dass die Alten in der Darstellung des Nackten allerdings unübertrefflich dastehen; erstens schufen sie durch unausgesetzte Pflege des menschlichen Körpers *herrliche Modelle* und zweitens hatten sie diese Modelle in ihren ‚Gymnasien' und bei ihren Festspielen *stets vor Augen*; kein Wunder, dass ihre Statuen noch heute unser Staunen erregen; denn die Form, das *Ideal* des *menschlichen Körpers*, hat sich im Laufe der Jahrhunderte *nicht verändert*. Ganz anders steht es aber mit den *geistigen* Idealen; diese ändern sich von Jahrhundert zu Jahrhundert, ja von Jahrzehnt zu Jahrzehnt! Es ist nun zu natürlich , dass man das *Anschaulichste*, nämlich die Werke der *Bildhauerkunst*, unbewusst als allgemeinen Maßstab für den *hoch entwickelten* Geschmack der Alten anlegt, ein Fehlschluss, vor dem man nach meiner Ansicht nicht genug warnen kann."

Die üble Wirkung dieser vermeintlichen Ge- // 330 // schmacksbildung äußert sich auch oft genug. Wenn ein junger Gelehrter das Niederschreiben einer wissenschaftlichen Arbeit für ein Advokatenkunststück hält, statt einfach die Tatsachen und die Wahrheit unverhüllt darzulegen, so sitzt er unbewusst auf der Schulbank, und vertritt unbewusst den römischen Standpunkt, auf dem das Ausarbeiten von Reden als wissenschaftliche (!) Beschäftigung erscheint.

Nicht unterschätzen wollen wir die Entwicklung des Sprachgefühls und das gesteigerte Verständnis der Muttersprache, welches durch philologische Studien erzielt wird. Durch die Beschäftigung mit einer fremden Sprache, namentlich mit einer von der Muttersprache sehr verschiedenen, ergibt sich eine Sonderung der sprachlichen Zeichen und Formen von dem bezeichneten Gedanken. Die sich am nächsten entsprechenden Worte verschiedener Sprachen koinzidieren nicht genau mit denselben Vorstellungen, sondern treffen etwas verschiedene Seiten derselben Sache, auf welche eben durch das Sprachstudium die Aufmerksamkeit hingelenkt wird. Dass aber das Studium des Lateinischen und Griechischen das erfolgreichste und natürlichste oder gar das einzige Mittel sei, diesen Zweck zu erreichen, dürfen wir deshalb noch nicht behaupten. Wer sich einmal das Vergnügen macht, in einer chinesischen Grammatik zu blättern, wer sich die Sprech- und Denkweise eines Volkes klar zu machen sucht, welches nicht bis zur Lautanalyse fortschreitet, sondern bei der Silbenanalyse stehen bleibt, welchem daher unsere Buchstaben- // 331 // schrift das merkwürdigste Rätsel ist, welches durch wenige Silben mit geänderter Betonung und Stellung alle seine reichen und tiefen Gedanken ausdrückt, dem gehen vielleicht noch andere Lichter auf über das Verhältnis von Sprechen und Denken. Soll aber vielleicht unsere Jugend deshalb Chinesisch treiben? Gewiss nicht! Aber auch mit dem Lateinischen soll sie wenigstens nicht in dem Maße belastet werden, als es geschieht.

Es ist ein sehr schönes Kunststück, einen lateinischen Gedanken möglichst sinngetreu und sprachgetreu deutsch wiederzugeben – für den Übersetzer. Wir werden auch dem Übersetzer hierfür sehr dankbar sein, aber von jedem gebildeten Menschen dieses Kunststück zu verlangen, ohne Rücksicht auf die Opfer an Zeit und Mühe, ist unvernünftig. Eben deshalb wird, wie die Pädagogen selbst zugestehen, dieses Ziel auch nur unvollkommen erreicht, nur bei einzelnen Schülern, bei besonderer Anlage und andauernder Beschäftigung. Ohne also die hohe Wichtigkeit des Studiums der antiken Sprachen als Fachstudium in Abrede zu stellen, glauben wir doch, dass das zur allgemeinen Bildung gehörige Sprachbewusstsein auf andere Art gewonnen werden kann, und gewonnen werden soll. Wären wir denn wirklich so ganz verloren, wenn etwa die Griechen gar nicht vor uns gelebt hätten?

Wir müssen ja mit unseren Forderungen sogar etwas weiter gehen, als die Vertreter der klassischen Philologie. Wir müssen wünschen, dass ein gebildeter Mensch sich eine dem Standpunkte der Wissenschaft einigermaßen entsprechende Vorstellung // 332 // von dem Wesen und Wert der Sprache, von der Sprachbildung, von dem Bedeutungswechsel der Wurzeln, von dem Verfall ständiger Redensarten zu grammatischen Formen, kurz, von den sehr aufklärenden Ergebnissen der modernen vergleichenden Sprachwissenschaft aneigne. Man sollte meinen, dass dies durch ein vertieftes Studium der Muttersprache und der nächst verwandten Sprachen, nachher älterer Sprachen, von denen jene abstammen, zu erreichen wäre. Wer mir einwendet, dass dies zu schwierig ist, und zu weit führt, dem rate ich, neben eine deutsche Bibel einmal eine holländische, dänische und schwedische zu legen, und nur einige Zeilen zu vergleichen; er wird erstaunen über die Fülle von Anregungen.[10]

10 Im Anfang schuf Gott Himmel und Erde. Und die Erde war wüste und leer, und es war finster auf der Tiefe; und der Geist Gottes schwebte auf dem Wasser. — (Holländisch.) In het begin schiep God den hemel en de aarde. De aarde nu was woest en ledig, en duisternis was op den afgrond; en de Geest Gods zwefde op de wateren. — (Dänisch.) I Begyndelsen skabte Gud

Ich bin sogar der Meinung, dass auf diesem Wege allein der Sprachunterricht zu einem wirklich förderlichen, fruchtbaren, vernünftigen und aufklärenden werden kann. Mancher meiner Zuhörer erinnert sich vielleicht noch aus seiner Jugend der aufheiternden erwärmenden Wirkung, ähnlich jener eines Sonnenblicks an trübem Tage, welche die spärlichen und schüchternen sprachvergleichenden Bemerkungen der CURTIUS'schen // 333 // griechischen Grammatik in die öde geistlose Silbenstecherei brachten.

[Um jedem Missverständnis zu begegnen, muss ich hier nochmals hervorheben, dass meine Ausführungen nicht gegen die philologische Forschung, sondern nur gegen die Gymnasialpädagogik und Gymnasialdidaktik gerichtet sind. Die Entzifferung der Hieroglypheninschrift von Rosette oder der Keilschrift von Behistun erscheint mir als eine ebenso große Geistestat, wie irgendeine bedeutende naturwissenschaftliche Entdeckung. Solche Leistungen sind aber überhaupt erst möglich geworden durch die Erziehung in der Schule der klassischen Philologie, abgesehen davon, dass die dort entwickelte Kunst der Entzifferung, die Kunst zwischen den Zeilen zu lesen, und aus den leisesten Andeutungen auf den psychischen Zustand des Schreibers Konjekturen zu machen, an sich in keiner Weise unterschätzt werden darf. – 1895.]

Der wesentlichste Erfolg, welcher bei der gegenwärtigen Art, das Studium der antiken Sprachen zu treiben, wirklich noch erzielt wird, ist an die Beschäftigung mit der komplizierten Grammatik derselben gebunden. Er besteht in der Schärfung der Aufmerksamkeit und in der Übung des Urteils durch Subsumieren besonderer Fälle unter allgemeine Regeln, und durch Unterscheiden verschiedener Fälle voneinander. Selbst-

---

Himmelen og Jorden. Og Jorden var ode og tim, og der var morkt ovenover Afgrundeu, og Guds Aand svoevede ovenover Vandene. — (Schwedisch.) I begynnelsen skapade Gud Himmel och Jord. Och Jorden war öde och tom, och mörker war pä djupet, och Guds Ande swäfde öfwer wattnet.

verständlich kann dasselbe Resultat auf mancherlei andere Art, z.B. durch irgendein schwieriges Kartenspiel erreicht werden. Jede Wissenschaft, so auch die Mathematik und die // 334 // Naturwissenschaften, leisten in Bezug auf Übung des Urteils dasselbe, wo nicht mehr. Hierzu kommt noch, dass der Stoff dieser Wissenschaften für die Jugend ein viel höheres Interesse hat, wodurch die Aufmerksamkeit von selbst gefesselt wird, und dass dieselben noch in anderen Richtungen aufklärend und nützlich wirken, in welchen die Grammatik gar nichts leisten kann. Wem wäre es an sich nicht gänzlich gleichgültig, ob man im Genitiv Pluralis „hominum" oder „hominorum" sagt, so interessant dies auch für den Sprachforscher sein mag. Und wer wollte es bestreiten, dass das Kausalitätsbedürfnis durch die Naturwissenschaften und nicht durch die Grammatik geweckt wird?

Den günstigen Einfluss, den auch das Studium der lateinischen und griechischen Grammatik auf die Schärfung des Urteils ausübt, stellen wir also durchaus nicht in Abrede. Insofern nun die Beschäftigung mit dem Wort an sich die Klarheit und Schärfe des Ausdrucks besonders fördern muss, insofern auch das Lateinische und Griechische für manche Berufszweige noch nicht ganz entbehrlich ist, räumen wir diesen Lehrstoffen gern einen Platz in der Schule ein, wünschen aber die ihnen ungebührlich zugemessene Zeit, welche sie in ganz ungerechtfertigter Weise anderen fruchtbareren Disziplinen entziehen, schon jetzt bedeutend beschränkt. Dass aber das Lateinische und Griechische als allgemeine Bildungsmittel sich auf die Dauer nicht halten werden, davon sind wir überzeugt. Sie werden sich in die Stube des Gelehrten, des Fachphilologen zurückziehen, und allmählich den mo- // 335 // dernen Sprachen und der modernen Sprachwissenschaft Platz machen.

Schon Locke[11] hat die übertriebenen Vorstellungen von dem engen Zusammenhange von Denken und Sprechen, von Logik und Grammatik auf ihr richtiges Maß zurückgeführt und neue-

11 [*] John Locke (1632–1704), englischer Philosoph

re Forscher haben seine Ansicht noch fester begründet. Wie wenig eine komplizierte Grammatik mit der Feinheit der Gedanken zu tun hat, beweisen die Italiener und Franzosen, welche, obgleich sie den grammatischen Luxus der Römer fast gänzlich abgeworfen haben, doch an Feinheit der Gedanken gegen dieselben nicht zurückstehen, und deren poetische und namentlich wissenschaftliche Literatur, wie wohl niemand bestreiten wird, sich mit der römischen messen kann.

Überblicken wir noch einmal die Argumente, welche für den Unterricht in den antiken Sprachen in die Waagschale geworfen werden, so müssen wir sagen, dass dieselben großenteils überhaupt nicht mehr gelten. Soweit aber die Ziele, welche dieser Unterricht verfolgen könnte, noch erstrebenswert sind, erscheinen sie uns als zu beschränkt, als ebenso einseitig und beschränkt aber auch die Mittel, welche verwendet werden. Fast als einziges unbestreitbares Ergebnis dieses Unterrichts werden wir eine größere Gewandtheit und Genauigkeit im Ausdruck zu betrachten haben. Wollte man boshaft sein, so könnte man sagen, dass unsere Gymnasien erwachsene Menschen erziehen, die sprechen und schreiben können, aber leider nicht viel zu berichten wissen. Von dem freien umfassenden Blick, von der // 336 // gerühmten allgemeinen Bildung, welche dieser Unterricht erzeugen soll, werden wir kaum im Ernst sprechen können. Vielleicht würde diese Bildung richtiger die einseitige oder beschränkte heißen.

Wir haben schon bei Betrachtung des Sprachunterrichts einige Seitenblicke auf die Mathematik und auf die Naturwissenschaften geworfen. Stellen wir uns nun noch die Frage, ob diese als Unterrichtsfächer nicht manches leisten können, was auf keine andere Weise zu erzielen ist. Ich werde zunächst auf keinen Widerspruch stoßen, wenn ich sage, dass der Mensch ohne eine wenigstens elementare mathematische und naturwissenschaftliche Bildung ein Fremdling bleibt in der Welt, in welcher er lebt, ein Fremdling in der Kultur der Zeit, die ihn trägt. Was ihm in der Natur oder in der Technik begegnet, spricht ihn entweder gar nicht an, weil er kein Ohr und kein Auge dafür hat, oder es spricht zu ihm in einer unverständlichen Sprache.

Das sachliche Verständnis der Welt und der Kultur ist aber nicht die einzige Wirkung des Studiums der Mathematik und der Naturwissenschaften. Viel wichtiger für die Vorbereitungsschule ist die formale Bildung durch diese Fächer, die Kräftigung des Verstandes und Urteils, die Übung der Anschauung. Die Mathematik, die Physik, die Chemie und die so genannten beschreibenden Naturwissenschaften verhalten sich in dieser Richtung so ähnlich, dass wir dieselben in der Betrachtung, einzelne Punkte abgerechnet, gar nicht zu trennen brauchen.

——// 337 //

Die für ein ersprießliches Denken so notwendige Folgerichtigkeit und Stetigkeit der Vorstellungen wird vorzugsweise durch die Mathematik, die Fähigkeit mit den Vorstellungen den Tatsachen zu folgen, d. h. zu beobachten oder Erfahrungen zu sammeln, vorzugsweise durch die Naturwissenschaften gefördert. Ob wir nun aber bemerken, dass die Seiten und Winkel eines Dreieckes in gewisser Weise voneinander abhängen, dass ein gleichschenkliges Dreieck gewisse Symmetrieeigenschaften hat, oder ob wir die Ablenkung der Magnetnadel durch den elektrischen Strom, die Auflösung des Zinks in verdünnter Schwefelsäure wahrnehmen, ob wir bemerken, dass die Flügel der Tagfalter unten, die Vorderflügel der Nachtfalter oben unscheinbar gefärbt sind, überall gehen wir von Beobachtungen, von intuitiven Erkenntnissen aus. Das Gebiet der Beobachtungen ist etwas kleiner und näher liegend in der Mathematik, etwas reicher und weiter, aber schwieriger zu durchmessen in den Naturwissenschaften. Doch müssen wir vor allem anderen in jedem dieser Gebiete beobachten lernen. Die philosophische Frage ist hier für uns von keiner Bedeutung, ob etwa die intuitiven Erkenntnisse der Mathematik von besonderer Art seien. Gewiss kann nun die Beobachtung auch an sprachlichem Stoffe geübt werden. Niemand wird aber bezweifeln, dass die konkreten lebendigen Bilder, welche in den vorher bezeichneten Gebieten auftreten, ganz anders anziehend auf den jugendlichen Geist wirken werden, als die abstrakten Schattengestalten, welche der sprachliche Stoff bietet, und denen die Aufmerk- // 338 // samkeit gewiss nicht so spontan und also nicht mit gleich großem Erfolg sich zuwenden wird.[12]

Haben wir durch Beobachtung verschiedene Eigenschaften etwa eines geometrischen oder eines Naturgebildes gefunden, so bemerken wir in vielen Fällen eine gegenseitige Abhängigkeit dieser Eigenschaften voneinander. In keinem Gebiete drängt sich nun diese Abhängigkeit (wie etwa Gleichschenkligkeit und Gleichheit der Winkel an der Grundlinie des Dreiecks, Zusammenhang von Druck und Bewegung) so deutlich auf, nirgends wird die Notwendigkeit und Beständigkeit dieser Abhängigkeit so bemerklich, wie in den bezeichneten Gebieten. Daher die Stetigkeit und Folgerichtigkeit der Vorstellungen, welche man sich durch Beschäftigung mit diesen Gebieten erwirbt. Die relative Einfachheit und Übersichtlichkeit geometrischer und physikalischer Verhältnisse wirkt hier sehr fördernd. Verhältnisse von ähnlicher Einfachheit finden sich auf den Gebieten nicht, welche der sprachliche Unterricht zu erschließen vermag. Mancher dürfte sich schon gewundert haben, wie wenig Achtung vor den Begriffen Ursache und Wirkung und deren Verhältnis bei Vertretern der philologischen Fachgruppe zuweilen gefunden wird. Die Erklärung mag wohl darin liegen, dass das ihnen geläufige analoge Verhältnis von Motiv und Handlung lange nicht die übersichtliche Einfachheit und Bestimmtheit darbietet, wie das erstere.

Die vollständige Übersicht aller möglichen // 339 // Fälle, die daraus hervorgehende ökonomische Ordnung und

12 Vgl. die vortreffliche Ausführung von [Alexandre] Herzen (*De renseignement secondaire dans la suisse romande.* Lausanne 1886).

organische Verbindung der Gedanken, welche jedem, der sie einmal gekostet hat, zu einem bleibenden Bedürfnis wird, das er in jedem neuen Gebiet zu befriedigen strebt, kann sich nur bei der relativen Einfachheit des mathematischen und naturwissenschaftlichen Stoffes in gleichem Maße entwickeln.

Wenn eine Reihe von Tatsachen mit einer Reihe von anderen Tatsachen in scheinbaren Widerstreit gerät, und dadurch ein Problem auftritt, so besteht die Lösung gewöhnlich nur in einer verfeinerten Unterscheidung, in einer vervollständigten Übersicht der Tatsachen, wie dies z. B. an der NEWTON'schen Lösung des Dispersionsproblems sich sofort erläutern lässt. Wenn eine neue mathematische oder naturwissenschaftliche Tatsache bewiesen oder erklärt wird, so beruht dies wieder nur auf der Darlegung des Zusammenhanges der neuen Tatsache mit schon bekannten. Dass z. B. der Kreisradius sechsmal in der Peripherie aufgetragen werden kann, wird erklärt oder bewiesen durch Zerlegung des dem Kreise eingeschriebenen regulären Sechseckes in gleichseitige Dreiecke. Dass die in einem Stromleiter in der Sekunde entwickelte Wärmemenge mit der Verdoppelung der Stromstärke sich vervierfacht, erklären wir durch das zur doppelten Stromstärke gehörige doppelte Potentialgefälle und die ebenfalls zugehörige doppelte durchfließende Menge, mit einem Wort durch die Vervierfachung der zugehörigen Arbeit. Erklärung und direkter Beweis sind nicht wesentlich voneinander verschieden. // 340 //

Wer eine geometrische, physikalische oder technische Aufgabe wissenschaftlich löst, bemerkt leicht, dass sein Verfahren ein durch die ökonomische Übersicht ermöglichtes methodisches Suchen in Gedanken ist, ein vereinfachtes zielbewusstes Suchen, zum Unterschied von dem planlosen unwissenschaftlichen Probieren. Der Geometer z. B., der einen zwei gegebene Gerade berührenden Kreis zu konstruieren hat, überblickt die Symmetrieverhältnisse der gesuchten Konstruktion, und sucht den Kreismittelpunkt nur mehr in der Symmetrielinie der gegebenen Geraden. Wer ein Dreieck mit zwei gegebenen Winkeln und gegebener Seitensumme sucht, überblickt die Formbestimmtheit des Dreiecks, und sucht nur mehr in einer gewissen Reihe formgleicher Dreiecke. So macht sich unter den verschiedensten Umständen die Einfachheit und Durchdringbarkeit des mathematisch-naturwissenschaftlichen Stoffes fühlbar, und fördert die Übung und das Selbstvertrauen im Gebrauch des Verstandes.

Ohne Zweifel wird sich durch den mathematisch-naturwissenschaftlichen Unterricht noch viel mehr erreichen lassen, als jetzt schon erreicht wird, wenn noch eine etwas natürlichere Methode in Gebrauch kommt. Hierzu gehört, dass die Jugend nicht durch verfrühte Abstraktion verdorben wird, sondern den Stoff durch die Anschauung kennen lernt, bevor sie mit demselben denkend zu arbeiten hat. Eine zweckentsprechende Ansammlung von geometrischer Erfahrung würde z. B. durch das geometrische Zeichnen und durch das Herstellen von Modellen gewonnen. An die Stelle der unfrucht- // 341 // baren nur für einen beschränkten Zweck passenden Euklid'schen Methode muss eine freiere und mehr bewusste treten, wie dies schon Hankel betont hat.[13] Werden nun etwa bei Wiederholung des geometrischen Stoffes, wenn dieser selbst keine Schwierigkeiten mehr bereitet, die allgemeineren Gesichtspunkte, die Grundsätze des wissenschaftlichen Verfahrens hervorgehoben, und zum Bewusstsein gebracht, wie dies V. Nagel,[14] J. K. Becker,[15] Mann[16] u. a. in vorzüglicher Weise getan haben, so kann eine frucht-

13 [Zur] *Geschichte der Mathematik [in Altertum und Mittelalter]*. Leipzig 1874.

14 *Geometrische Analysis. [Eine systematische Anleitung zur Auflösung von Aufgaben aus der ebenen Geometrie auf reingeometrischem Wege; für die höheren Klassen der Gymnasien und Realschulen*] Ulm 1886.
[*] Christian Heinrich von Nagel (1803-1882), deutscher Mathematiker

15 In seinen mathematischen Elementarbüchern. [Johann Karl Becker, *Lehrbuch der Elementar-Mathematik für den Schulgebrauch*, Berlin 1877. Drs., *Lehrbuch der Elementar-Geometrie fur den Schulgebrauch / von Johann Karl Becker*, Berlin 1977]

16 *Abhandlungen aus dem Gebiete der Mathematik*, Würzburg 1883.
[*] Friedrich Mann (1825-1906), deutscher Mathematiker und Physiker

bringende Wirkung nicht ausbleiben. Ebenso muss auch der naturwissenschaftliche Lehrstoff durch Anschauung und Experiment bekannt sein, bevor eine tiefere denkende Erfassung desselben versucht wird. Auch hier werden die allgemeineren Gesichtspunkte zuletzt hervorzuheben sein.

In diesem Kreise habe ich wohl nicht nötig, weiter darzulegen, dass Mathematik und Naturwissenschaften berechtigte Bildungselemente sind, was ja selbst die Philologen, mit einigem Widerstreben allerdings, schon zugeben. Hier kann ich vielleicht sogar auf Zustimmung rechnen, wenn ich sage, dass Mathematik und Naturwissenschaften als Unterrichtsfächer für sich allein eine ausgiebigere materielle und formale Bildung, eine mehr zeitgemäße, eine allgemeinere Bildung erzeugen, als die philologischen Fächer für sich allein. // 342 //

Wie soll nun dieser Anschauung in dem Lehrplan der Mittelschulen Rechnung getragen werden? Mir scheint es unzweifelhaft, dass die Realschule und das Realgymnasium, welche den sprachlichen Unterricht nicht vernachlässigen, dem mittleren Menschen eine zweckmäßigere Bildung geben als das Gymnasium, wenn auch erstere als Vorbildungsschulen für angehende Theologen und Philologen zurzeit nicht für zureichend gehalten werden.[17] Die Gymnasien sind zu einseitig. An diesen ist zunächst zu modifizieren; mit diesen allein wollen wir uns hier, um nicht weitläufig zu werden, einen Augenblick beschäftigen. Vielleicht möchte auch eine zweckmäßige Vorbereitungsschule allen Bedürfnissen genügen.

Sollen wir nun in den Gymnasien die Lehrstunden, welche wir zur Verfügung haben, oder welche wir etwa den Philologen noch abringen können, mit möglichst viel und möglichst

17 Es ist hier nur von den *deutschen* Realschulen i. O. und von den deutschen Realgymnasien die Rede. Die *österreichischen* Realschulen, welche die antiken Sprachen *gar nicht* berücksichtigen, können selbstverständlich als Vorbildungsschalen für Juristen, Theologen usw. nicht in Betracht kommen.

mannigfaltigem, mathematisch-naturwissenschaftlichem Stoff ausfüllen? Erwarten Sie keine solchen Vorschläge von mir. Niemand wird sie vorbringen, der sich selbst mit naturwissenschaftlichem Denken beschäftigt hat. Gedanken lassen sich anregen und befruchten, wie ein Feld durch Sonnenschein und Regen befruchtet wird. Gedanken lassen sich aber nicht durch Häufung von Stoff und Unterrichtsstunden, überhaupt nicht nach Rezepten herausheten // 343 // und herausdressieren; sie wollen freiwillig wachsen. Gedanken lassen sich auch ebenso wenig über ein gewisses Maß in einem Kopf anhäufen, als der Ertrag eines Feldes unbegrenzt gesteigert werden kann.

Ich glaube, dass der für eine zweckmäßige Bildung zureichende Lehrstoff, welcher allen Zöglingen einer Vorbereitungsschule gemeinsam geboten werden muss, sehr bescheiden ist. Hätte ich den nötigen Einfluss, so würde ich mit voller Beruhigung, und in der Überzeugung das Beste zu tun, zunächst in den Unterklassen den gesamten Unterrichtsstoff in den philologisch-historischen und in den mathematisch-naturwissenschaftlichen Fächern bedeutend reduzieren; ich würde die Zahl der Schulstunden und die Arbeitszeit außer der Schule bedeutend einschränken. Ich bin nicht mit vielen Schulmännern der Meinung, dass 10 Arbeitsstunden täglich für einen Knaben nicht zu viel seien. Ich bin überzeugt, dass die reifen Männer, die so gelassen dieses Wort aussprechen, selbst nicht imstande sind, täglich durch so lange Zeit einem ihnen neuen Stoff z. B. elementarer Mathematik oder Physik, die Aufmerksamkeit mit Erfolg zuzuwenden, und ich bitte jeden, der das Gegenteil glaubt, an sich die Probe zu machen. Das Lernen, sowie das Unterrichten, ist keine Büroarbeit, die nach der schon geläufigen Schablone lange fortgesetzt werden kann. Und auch solche Arbeit ermüdet endlich. Soll der junge Mensch nicht abgestumpft und erschöpft auf die Hochschule kommen, soll er nicht in der Vorbereitungsschule seine Lebenskraft // 344 // ausgeben, die er daselbst doch zu sammeln hat, so muss hier eine bedeutende Änderung eintreten. Sehe ich auch von den schädlichen Folgen der Überbürdung in leiblicher Beziehung hier ganz ab, so erscheinen mir die Nachteile für den Verstand schon furchtbar.

Ich kenne nichts Schrecklicheres als die armen Menschen, die zu viel gelernt haben. Statt des gesunden kräftigen Urteils, welches sich vielleicht eingestellt hätte, wenn sie nichts gelernt hätten, schleichen ihre Gedanken ängstlich und hypnotisch einigen Worten, Sätzen und Formeln nach, immer auf denselben Wegen. Was sie besitzen, ist ein Spinnengewebe von Gedanken, zu schwach, um sich darauf zu stützen, aber kompliziert genug, um zu verwirren.

Wie soll nun aber eine bessere mathematisch-naturwissenschaftliche Erziehung mit Verminderung des Stoffes vereinigt werden? Ich glaube einfach durch Aufgeben des systematischen Unterrichts, wenigstens soweit er für alle Zöglinge gemeinsam ist. Es scheint mir keine Notwendigkeit, dass aus der Mittelschule Menschen hervorgehen, welche kleine Philologen, zugleich aber auch kleine Mathematiker, Physiker, Botaniker sind; ja ich sehe gar nicht die Möglichkeit eines solchen Ergebnisses. Ich sehe in dem Streben nach diesem Resultat, in welchem jeder für sein Fach allen anderen gegenüber eine Ausnahmestellung wünscht, den Hauptfehler unserer Schuleinrichtung. Ich wäre zufrieden, wenn jeder Jüngling einige wenige mathematische oder naturwissenschaftliche Entdeckungen sozusagen mit erlebt, und in ihre // 345 // weiteren Konsequenzen verfolgt hätte. Der Unterricht würde sich da vorzüglich und natürlich an die ausgewählte Lektüre der großen naturwissenschaftlichen Klassiker anschließen.[18] Die wenigen

18 Ich denke hier an eine zweckmäßige Zusammenstellung von Lesestücken aus den Schriften von *Galilei, Huygens, Newton* usw. Die Wahl lässt sich leicht so treffen, dass von einer ernstlichen Schwierigkeit nicht die Rede sein kann. Der Inhalt würde mit den Schülern durchgesprochen und durchexperimentiert. *Diesen* Unterricht allein würden in den Oberklassen jene Schüler erhalten, welche auf einen systematischen Unterricht in den Naturwissenschaften nicht reflektieren. Diesen Reformvorschlag bringe ich hier nicht zum ersten Mal vor. Ich zweifle übrigens nicht, dass man auf so

kräftigen und klaren Ideen könnten in den Köpfen ablagern, gründlich verarbeitet werden, und die Jugend würde uns gewiss ein anderes Bild bieten.

Was soll z. B. die Belastung eines jungen Kopfes mit allen botanischen Einzelheiten? Wer nur unter Leitung des Lehrers einmal gesammelt hat, dem tritt statt Indifferentem überall Bekanntes oder Unbekanntes entgegen, wodurch er angeregt wird; er hat einen bleibenden Gewinn. Ich spreche hier nur die Ansicht eines befreundeten sachverständigen Schulmannes aus. Es ist auch gar nicht nötig, dass alles, was in der Schule vorgebracht wurde, auch gelernt werde. Das Beste, was wir gelernt haben, und was uns fürs Leben geblieben ist, ist uns nie- // 346 // mals abexaminiert worden. Wie kann der Verstand gedeihen, wenn Stoff auf Stoff gehäuft, und auf Unverdautes noch Neues aufgeladen wird? Es handelt sich ja gar nicht um Anhäufung von positivem Wissen, sondern vielmehr um geistige Übung. Es scheint ferner unnötig, dass in jeder Schule genau dasselbe getrieben werde. Ein philologisches, ein historisches, ein mathematisches und ein naturwissenschaftliches Fach als gemeinsame Unterrichtsgegenstände für alle Zöglinge können für die geistige Entwicklung alles leisten. Die gegenseitige Anregung müsste im Gegenteil durch eine größere Mannigfaltigkeit der positiven Bildung der Menschen wesentlich gefördert werden. Die Uniformierung passt ja gewiss vortrefflich fürs Militär, für die Köpfe taugt sie aber gar nicht. Das hat schon Karl V. erfahren, und man hätte es nicht wieder vergessen sollen. Lehrer und Schüler bedürfen im Gegenteil eines beträchtlichen

radikale Änderungen nur langsam eingehen wird. – Mein vor Jahren (1876) gemachter Vorschlag, die mathematisch-naturwissenschaftlichen Klassiker durch neue Ausgaben zugänglicher zu machen, oder wenigstens durch eine Chrestomathie der Jugend zu erschließen, wurde von einer berühmten Verlagsbuchhandlung damals als buchhändlerisch gänzlich aussichtslos bezeichnet. Derselbe ist seither einerseits durch die *Ostwald*'schen Ausgaben [*Ostwalds Klassiker der exakten Wissenschaften*, 1889 gegründete Reihe, die bis heute in loser Reihenfolge erscheint] die Neudrucke von *Mayer* und *Müller* usw., andererseits durch das Buch von *Dannemann* verwirklicht worden.

individuellen Spielraumes, wenn sie leistungsfähig sein sollen.

Ich bin mit Joh. Karl Becker der Meinung, dass von jedem Fache genau festgestellt werden muss, welchen Nutzen sein Studium gewährt, und wie viel von demselben für jeden nötig ist. Was über dieses Maß hinausgeht, müsste, aus den Unterklassen wenigstens, unbedingt verbannt werden. In Bezug auf Mathematik scheint mir Becker[19] diese Aufgabe gelöst zu haben.

Etwas anders stellt sich die Forderung in Bezug auf die Oberklassen. Auch hier braucht der allen Zöglingen gemeinsame Lehrstoff ein be- // 347 // scheidenes Maß nicht zu überschreiten. Allein bei den vielen Kenntnissen, welche ein junger Mann heutzutage für seinen Beruf erwerben muss, geht es nicht mehr an, dass ein Dezennium der Jugend mit bloßen Präludien vergeudet werde. Die Oberklassen müssen eine wirkliche ausgiebige Vorbereitung für das Berufsstudium geben, und sollen nicht bloß nach den Bedürfnissen der künftigen Juristen, Theologen und Philologen zugeschnitten sein. Natürlich wäre es aber sinnlos und unmöglich, denselben Menschen zugleich für die verschiedensten Berufszweige ausgiebig vorzubereiten. Die Schule würde da, wie schon Lichtenberg fürchtete, nichts erzielen, als eine Auslese der Abrichtungsfähigsten, und gerade die größten Spezialtalente, die sich nicht jede beliebige Dressur gefallen lassen, würden von der Wettbewerbung ausgeschlossen. Demnach muss in den Oberklassen notwendig eine gewisse Lernfreiheit eingeführt werden, vermöge welcher es jedem, der über die Wahl seines Berufes sich klar ist, freisteht, sich vorzugsweise dem Studium der philologisch-historischen oder der mathematisch-naturwissenschaftlichen Fächer zu widmen. Dann kann der gegenwärtig behandelte Stoff beibehalten, in manchen Fällen vielleicht noch zweckmäßig vermehrt werden,[20] ohne dass eine größere Belastung // 348

19 *Die Mathematik als Lehrgegenstand des Gymnasiums*. Berlin 1883.

20 So unzweckmäßig es ist, dass auch die künftigen Mediziner und Naturforscher der Theologen und Philologen wegen mit dem Griechischen belastet werden, so unzweckmäßig wäre es, die Theologen und Philologen der Mediziner wegen etwa zum Studium der analytischen Geometrie anzuhalten.

// des Schülers durch viele Fächer oder eine Vermehrung der Stundenzahl nötig wird. Bei mehr homogener Arbeit steigt auch die Leistungsfähigkeit des Schülers, indem ein Teil der Arbeit den anderen stützt, statt ihn zu behindern. Wählt aber ein junger Mann später noch einen anderen Beruf, dann ist es seine Sache, das ihm Fehlende nachzuholen. Der Gesellschaft wird es gewiss nicht schaden, und sie wird es nicht als Unglück empfinden, wenn etwa mathematisch gebildete Philologen und Juristen, oder philologisch gebildete Naturforscher auftauchen.[21]

Übrigens kann ich nicht glauben, dass dem Mediziner, wenn er nur sonst im quantitativen Denken geübt ist, die Unkenntnis der analytischen Geometrie ernstlich hinderlich werden könnte. Einen besonderen Erfolg kann man an den Abiturienten der österreichischen Gymnasien, die ja alle analytische Geometrie getrieben haben, im Allgemeinen nicht wahrnehmen.

21 Direktor Dr. *Krumme* in Braunschweig hat mich im Gespräch aufmerksam gemacht, dass das hier vorgeschlagene Prinzip der *beschränkten Lernfreiheit* an den *dänischen* Gelehrtenschulen, die unseren Gymnasien entsprechen, bereits mit bestem Erfolg *durchgeführt* ist. Die *dänischen* Gelehrtenschulen sind *sechsklassige Einheitsschulen* mit *Bifurkation* der beiden oberen Klassen. Ich entnehme Krummes „pädagogischem Archiv" 1883 S.544 [C.H. Metger, *Die Gelehrtenschulen Dänemarks*. Jahrgang 25, 537-544] den Lehrplan der beiden oberen Klassen. In der folgenden Tabelle bedeutet SG die sprachlich-geschichtliche, MN die mathematisch-naturwissenschaftliche Abteilung und G die beiden Abteilungen gemeinsamen Unterrichtsgegenstände.

	V. Klasse			VI. Klasse			Summe d. Stunden	
	SG	G	MN	SG	G	MN	SG	MN
Dänisch	–	4	–	–	4	–	8	8
Deutsch und Englisch	–	2	–	–	2	–	4	4
Französisch	–	3	–	–	3	–	6	6
Lateinisch	9	–	–	8	–	–	17	–
Griechisch	6	–	–	6	–	–	12	–
Geschichte	–	3	–	–	4	–	7	7
Mathematik und Zeichnen	–	–	10	–	–	10	–	20
Naturlehre	3	–	5	3	–	5	6	10
	18	12	15	17	13	15	60	55

Die in derselben Richtung interessante Schulordnung in Norwegen ist

---

Die Einsicht ist schon sehr verbreitet, dass die lateinisch-griechische Bildung längst nicht mehr dem allgemeinen Bedürfnis entspricht, dass es eine mehr zeitgemäße, eine allgemeinere Bildung gibt. Mit dem Namen allgemeine Bildung wird allerdings viel Missbrauch getrieben. Eine wirkliche allgemeine Bildung ist gewiss sehr selten. Die Schule ist wohl kaum imstande diese zu bieten; sie kann dem Schüler höchstens // 349 // das Bedürfnis nach derselben ins Herz legen. Seine Sache ist es dann, sich je nach seinen Kräften eine mehr oder weniger allgemeine Bildung zu verschaffen. Es wäre wohl auch recht schwer, zurzeit eine jedermann zufriedenstellende Definition der allgemeinen Bildung zu geben, noch schwerer eine solche, welche etwa für 100 Jahre vorhalten würde. Das Bildungsideal ist eben sehr verschieden. Dem Einen scheint „selbst durch einen frühen Tod" die Kenntnis des klassischen Altertums nicht zu teuer erkauft. Wir haben auch nichts dagegen, dass dieser und seine Gesinnungsgenossen ihr Ideal in ihrer Weise verfolgen. Dagegen wollen wir aber energisch protestieren, dass solche Bildungsideale an unseren Kindern verwirklicht werden. Ein anderer, PLATON z.B., stellt wieder in der Geo- // 350 // metrie unwissende Menschen auf die Stufe der Tiere.[22] Hätten solche beschränkte Urteile die Macht der Zauberin Kirke, dann würde mancher, der sich vielleicht mit Recht für sehr gebildet hält, eine nicht sehr schmeichelhafte Verwandlung an sich verspüren. Suchen wir also mit unserem Unterrichtswesen den Bedürfnissen der Gegenwart gerecht zu werden, und schaffen wir keine Vorurteile für die Zukunft!

Wie kommt es doch, müssen wir uns fragen, dass etwas so Unzeitgemäßes, wie die Gymnasialeinrichtung, sich so lange

etwas zu kompliziert, um sie hier kurz darzulegen. Näheres hierüber [*P. Döring, Die gesetzlichen Bestimmungen über das höhere Schulwesens Norwegens*] im „Pädagog. Archiv" [Jahrgang 26] 1884. S.497 [-505]

22 Vgl. M. Cantor, [*Vorlesungen über*] *Geschichte der Mathematik.* [*Von der ältesten Zeit bis zum Jahre 1200 n. Chr.*] Leipzig 1880. I. Bd. S.193

gegen die öffentliche Meinung halten konnte? Die Antwort ist einfach. Die Schulen waren erst eine Unternehmung der Kirche, nachher, seit der Reformationszeit, eine Staatsunternehmung. Solche große Unternehmungen bieten manche Vorteile. Dem Unterricht können Mittel zugeführt werden, wie sie eine Privatunternehmung (wenigstens in Europa) kaum auftreiben würde. Es kann in vielen Schulen nach demselben Plan gearbeitet, und dadurch ein Experiment im Großen angestellt werden, das sonst wieder unmöglich wäre. Ein einzelner Mann, der eben Einfluss und Einsicht hat, kann unter diesen Umständen Bedeutendes in Förderung des Unterrichtes leisten.

Allein die Sache hat auch ihre Kehrseite. Die eben im Staate herrschende Partei arbeitet für sich, benutzt die Schule für sich. Jede Konkurrenz ist ausgeschlossen, ja jeder ausgiebige Versuch einer Verbesserung ist unmöglich, wenn der Staat nicht // 351 // selbst ihn unternimmt, oder wenigstens duldet. Durch die Uniformität der Volkserziehung wird ein einmal geltendes Vorurteil in Permanenz erklärt. Die höchste Intelligenz und der kräftigste Wille vermöchte nicht, dasselbe auf einmal zu brechen. Ja, da alles dieser Anschauung angepasst ist, so wäre eine plötzliche Wandlung auch materiell unmöglich. Eben die beiden, den Staat fast noch allein regierenden Stände, die Juristen und Theologen, kennen nur die einseitige, vorwiegend philologische Bildung, welche sie in der Staatsschule erworben haben, und wollen nur diese geachtet und geschätzt wissen. Andere nehmen aus Leichtgläubigkeit diese Meinung an. Andere beugen sich, ihren eigenen Wert für die Gesellschaft unterschätzend, vor der Macht der herrschenden Meinung. Wieder andere affektieren die Meinung der herrschenden Stände, um mit diesen auf gleicher Stufe der Achtung zu bleiben, sogar gegen ihre bessere Überzeugung. Ich will keine Beschuldigung aussprechen, muss aber doch gestehen, dass mir das Verhalten der Ärzte gegenüber der Berechtigungsfrage der Realschulabiturienten zuweilen diesen Eindruck gemacht hat. Bedenken wir endlich, dass ein einflussreicher Staatsmann selbst innerhalb der Schranken, welche Gesetz und öffentliche Meinung ihm ziehen, dem Unterricht auch sehr schaden kann, indem er seine einseitige Ansicht für unfehlbar hält, und dieselbe in rücksichtsloser, unduldsamer Weise zur Geltung bringt, was nicht nur geschehen kann, sondern wiederholt wirklich geschehen ist,[23] so sehen wir das Staatsmonopol doch mit etwas anderen // 352 // Augen an. Und darüber können wir nicht im Zweifel bleiben, dass die Gymnasien in ihrer gegenwärtigen Form längst nicht mehr bestehen würden, wenn der Staat sie nicht gehalten hätte.

Diese Dinge müssen sich nun ändern. Sie werden sich nicht von selbst, nicht ohne unser kräftiges Zutun und jedenfalls nur langsam ändern. Der Weg ist aber vorgezeichnet. Die Volksvertretung muss auf die Schulgesetzgebung größeren und stärkeren Einfluss nehmen. Dazu müssen aber die hierher gehörigen Fragen vielfach öffentlich und mit Freimut erörtert werden, damit sich die Ansichten klären. Alle die, welche die Unzulänglichkeit des Bestehenden erkennen, müssen sich zu einem großen Bunde vereinigen, damit ihre Meinung Nachdruck erhalte, und die einzelne Stimme nicht ungehört verhalle.

Meine Herren! Kürzlich habe ich in einer vortrefflichen Reisebeschreibung gelesen, dass die Chinesen nur ungern von Politik sprechen. Ein derartiges Gespräch wird gewöhnlich mit der Bemerkung abgebrochen: „Darum mögen sich diejenigen kümmern, die es angeht, und die dafür bezahlt sind.“ Es will mir nun scheinen, dass es nicht nur den Staat, sondern auch jeden von uns sehr stark angeht, wie unsere Kinder in den öffentlichen Schulen auf unsere Kosten erzogen werden.

---

23 Vgl. Paulsen, a.a.O. S. 607. 688.

Nachtrag.

[Seit Abhaltung des vorstehenden Vortrages (1886) hat sich manches in erfreulicher Weise geändert. Die Vertreter der klassischen Philologie betonen zwar in Versammlungen noch immer durch Reso- // 353 // lutionen ihren Standpunkt, allein die Logik der Tatsachen macht sich dennoch geltend, und drängt sogar Staatsmänner, auch gegen ihr Gefühl und gegen die Traditionen ihrer Erziehung, in öffentlichen Reden für die Förderung der Realschulen und technischen Hochschulen, kurz für die Wertschätzung der mathematisch - naturwissenschaftlichen Bildung einzutreten. Wenn wir auch dem Zugeständnis des Ingenieur- und Doktortitels an die Techniker keine zu große Bedeutung zuschreiben, eine abgerungene Anerkennung der Gleichwertigkeit aller Wissenschaft liegt doch in demselben. Vielleicht dürfen wir auch erwarten, dass in nicht zu ferner Zeit das mittelalterliche Zunftwesen, welches ja im Gewerbe glücklich überwunden ist, endlich auch aus dem wissenschaftlichen Leben allmählich ganz verschwindet. Hoffentlich wird dann der Mensch nicht mehr nach einer abgesessenen Schulbank oder nach einem Diplom, sondern nach seinen Leistungen gelten. Hiermit werden auch die raffiniert ausgedachten Schranken fallen, durch welche wissbegierige begabte reifere Menschen, welche den systematischen Weg verfehlt haben, in barbarischer Weise von Bildungsmitteln, Bildungsstätten und gelehrten Berufen ferngehalten werden. Die ‚University Extension' mit ihren unerwarteten Erfolgen ist ein kleiner Anfang hierzu.

In dem Vortrag durfte ich den Boden des Bestehenden nicht verlassen. Für weitere Ausblicke bot sich nur wenig Anlass. Ich möchte jedoch bei dieser Gelegenheit Farbe bekennen in Bezug auf meine Bildungs- und Unterrichtsideale, wenn auch die Verwirklichung derselben noch in ferner Zukunft liegt. Ich denke mir die künftigen Bildungsanstalten, // 354 // von der niedersten bis zur höchsten, als vom Staate ganz unabhängige Privatunternehmungen. Dieselben werden vom Staate nicht erhalten, dieser verleiht ihnen auch keinerlei behördliche Vollmachten, sie unterliegen dafür aber auch keinerlei Bevormundung. Ihr Erfolg hängt bei der freien Konkurrenz ganz von deren Leistung und der Gegenleistung des sie benützenden Publikums ab; sie werden höchstens, wie in Amerika, durch Stiftungen gefördert. Dass das Publikum die nötige Reife habe, und den Wert des Wissens schätzen könne, ist eine Voraussetzung, die sich endlich von selbst erfüllen muss. Der Zutritt zu diesen Anstalten steht jedem frei, und jeder hat für die nötige Vorbildung selbst zu sorgen. Dies schließt nicht aus, dass der Staat nach wie vor seine Prüfungskommissionen aufstellt, um sich und seine Bürger vor Schaden zu schützen. Die geeignetsten Wege zur Erwerbung des Wissens und der Bildung zu entdecken kann aber nicht die Aufgabe der Staatsbehörde sein. Dies muss der freien Konkurrenz der Unterrichtenden vorbehalten bleiben.

Wichtig scheint es mir, dass die Fach- und Berufsbildung viel früher beginne, als es gegenwärtig üblich ist. Die Masse der für den Beruf zu erwerbenden Spezialkenntnisse, die eben nur in der Jugend leicht angeeignet wird, rechtfertigt dies hinreichend. Es muss aber auch wesentlich zur Charakterbildung beitragen, wenn der junge Mensch frühzeitig den Ernst und die Verantwortlichkeit des Lebens kennen lernt. Die Erwerbung einer umfassenderen allgemeinen Bildung, für welche der Gymnasiast seinem physischen Alter nach nicht reif ist, da ihm das Wichtigste und Aufklärendste ver- // 355 // schwiegen werden muss, fällt zweckmäßig dem Erwachsenen als eigene Angelegenheit zu. Der Erwachsene lernt ja bei den heutigen Behelfen manches spielend und sich unterhaltend, was den Gymnasiasten lange Zeit und viel Überwindung kostet.

Auch das Bildungsniveau und die Berufswahl der Frauen soll in keiner Weise beschränkt werden. Die Hindernisse, die man aus Besorgnis vor der Konkurrenz und dem Einfluss der Frauen hier auftürmt, werden auf die Dauer dem nivellierenden Zug der

Zeit nicht widerstehen. Diese Bewegung kann man verzögern, aber nicht aufhalten, und niemand wird viel Ehre davon haben, der es versucht. Die Gefahr dieser Wandlung wird gewiss übertrieben und überschätzt. Was für ein Unglück soll daraus entstehen, wenn die Frauen, welche doch gewiss in der Konsumtion der Güter mit uns konkurrieren, auch an unserer Arbeit teilnehmen? Die Natur wird mit dem Problem des Gleichgewichts der Geschlechter schon zustande kommen. Ohne bedeutenden Einfluss auf alle, selbst politische Verhältnisse ist die Frau auch jetzt nicht. Wer wollte aber den Einfluss einer Frau, welche den Ernst des Lebens und der Arbeit kennen gelernt hat, nicht jenem einer kulturell minderwertigen Frau vorziehen? Die unkultivierte Frau pflegt und bewahrt sorgfältig jede Art von hergebrachtem Aberglauben, bis zur Furcht vor der Zahl 13 und vor dem verschütteten Salz, überträgt denselben gewissenhaft auf die künftige Generation, und ist auch jederzeit das dankbarste Angriffsobjekt für alle Rückschrittsbestrebungen. Wie soll die Menschheit sicher fortschreiten, solange nicht einmal die Hälfte derselben auf erhellten Wegen wandelt! – 1902] // 356 //

18.
Über Erscheinungen an fliegenden Projektilen.[1]

Die Menschen fühlen sich heutzutage verpflichtet, zuweilen für recht fragwürdige Ziele und Ideale sich gegenseitig in kürzester Zeit möglichst viele Löcher in den Leib zu schießen. Und ein anderes Ideal, welches zu den vorgenannten meist in schärfstem Gegensatze steht, gebietet ihnen zugleich, diese Löcher von kleinstem Kaliber herzustellen, und die hergestellten möglichst rasch wieder zu stopfen und zu heilen.

Da unter diesen Umständen das Schießen, und was daran hängt, in unserem heutigen Leben eine sehr wichtige, wo nicht die wichtigste Sache ist, werden Sie vielleicht Ihr Interesse für eine Stunde einigen Versuchen zuwenden wollen, welche zwar nicht in kriegerischer, wohl aber in wissenschaftlicher Absicht unternommen worden sind, und welche über die Vorgänge beim Schießen einige Aufklärung geben.

Die heutige Naturwissenschaft ist bestrebt, ihr Weltbild nicht auf Spekulationen, sondern nach Mög- // 357 // lichkeit auf beobachtete Tatsachen aufzubauen: sie prüft ihre Konstruktionen wieder durch die Beobachtung. Jede neu beobachtete Tatsache ergänzt dieses Weltbild, und jede Abweichung einer Konstruktion von der Beobachtung macht auf eine Unvollkommenheit, auf eine Lücke desselben aufmerksam. Das Gesehene wird durch das Gedachte, welches selbst nur das Ergebnis des vorher Gesehenen ist, geprüft und ergänzt. Es hat deshalb einen besonderen Reiz, das, was man nur theoretisch erschlossen hat, oder theoretisch vermutet, der Prüfung durch die Beobachtung unmittelbar zugänglich, d. h. wahrnehmbar zu machen.

Als ich im Jahre 1881 in Paris einem Vortrage des belgischen Ballistikers Melsens[2] zuhörte, welcher die Vermutung aus-

1 Vortrag, gehalten den 10. November 1897 im Wiener Verein zur Verbreitung naturwissenschaftlicher Kenntnisse.

2 [*] Louis Melsen (1814-1886), belgischer Physiker und Chemiker

sprach, dass Projektile von hoher Geschwindigkeit Massen von verdichteter Luft vor sich herführen, welche an den getroffenen Körpern nach seiner Meinung gewisse bekannte explosionsartige Wirkungen hervorbringen sollten, entstand in mir der Wunsch, diese Vorstellungen durch das Experiment zu prüfen und den Vorgang, wenn derselbe besteht, wahrnehmbar zu machen. Der Wunsch war umso lebhafter, als ich mir sagen konnte, dass alle Mittel, denselben zu erfüllen, schon bereit lagen, und als ich dieselben zum Teil schon bei anderen Arbeiten angewandt und erprobt hatte.

Machen wir uns zunächst die Schwierigkeiten klar, die wir bei Verfolgung dieses Zieles zu überwinden haben. Es soll das mit vielen hundert Metersekunden Geschwindigkeit bewegte Projektil samt den Veränderungen, welche es in der umgebenden Luft hervorbringt, beobachtet werden. // 358 //

Schon der undurchsichtige feste Körper, das Projektil, ist unter solchen Umständen nur ausnahmsweise sichtbar, nur wenn es von bedeutender Größe ist, und wenn wir die Flugbahn in starker perspektivischer Verkürzung sehen, so dass die Geschwindigkeit scheinbar sehr vermindert ist. Wir sehen ein größeres Projektil recht gut, wenn wir hinter dem Geschütz stehend in der Flugbahn visieren, oder in dem weniger behaglichen Fall, wenn das Projektil auf uns zukommt. Dennoch gibt es da ein sehr einfaches und radikales Mittel, sehr rasch bewegte Körper so bequem zu beobachten, als ob dieselben an irgendeiner Stelle ihrer Bahn ruhend fest gebannt wären. Es ist dies die Beleuchtung durch den lichtstarken elektrischen Flaschenfunken von äußerst kurzer Dauer, natürlich im dunklen Raum. Da nun aber zur vollständigen Auffassung eines Bildes eine gewisse nicht unbeträchtliche Zeit nötig ist, so wird man natürlich vorziehen, die Momentphotographie zur Fixierung dieses Bildes von äußerst kurzer Dauer anzuwenden, welches man dann in aller Bequemlichkeit betrachten und analysieren kann. Diese Mittel sind nun wirklich in der nachher anzugebenden Weise verwendet worden.

Zu dieser Schwierigkeit kommt in Bezug auf die Luft noch eine andere, größere. Die Luft ist gewöhnlich überhaupt nicht sichtbar, auch wenn sie ruht. Nun soll aber noch sehr rasch bewegte Luft sichtbar gemacht werden.

Damit ein Körper sichtbar sei, muss derselbe entweder selbst Licht aussenden, leuchten, oder das auf denselben fallende Licht irgendwie beeinflussen, dasselbe ganz oder teilweise aufnehmen, absorbieren, // 359 // oder ablenkend, also reflektierend oder brechend auf dasselbe wirken. Man kann die Luft nicht wie eine Flamme sehen, denn sie leuchtet nur ausnahmsweise, etwa in einer GEISSLER'schen Röhre. Die Luft ist sehr durchsichtig und farblos; man kann sie also auch nicht so sehen wie einen dunklen oder farbigen Körper, nicht so wie Chlorgas, Brom- oder Joddampf. Die Luft hat endlich einen so kleinen Brechungsexponenten, eine so geringe ablenkende Wirkung auf das Licht, dass diese gewöhnlich ganz unmerklich ist.

Ein Glasstab in der Luft oder im Wasser ist sichtbar. Derselbe ist aber fast unsichtbar in einer Mischung von Benzol und Schwefelkohlenstoff, welche denselben mittleren Brechungsexponenten hat wie das Glas. Glaspulver in derselben Mischung zeigt eine lebhafte Farbe, weil die Gleichheit des Exponenten wegen der Farbenzerstreuung nur für eine Farbe zutrifft, welche ungehindert durch die Mischung geht, während die anderen Farben zahlreiche Reflexionen erleiden.[3]

Wasser in Wasser, Alkohol in Alkohol ist unsichtbar. Mischt man aber Alkohol mit Wasser, so sieht man sofort die Flocken des Alkohols im Wasser, oder umgekehrt. So sieht man nun unter günstigen Umständen doch auch die Luft. Man sieht ein Flimmern und Zittern der Gegenstände, wenn man dieselben über ein von der Sonne beschienenes erhitztes Dach hinweg betrachtet, oder über einen der Kohlenöfen hin, die zur Asphaltierung der Straße dienen. Da mischen sich eben // 360 // Flocken

3 Christiansen, [*Untersuchungen über die optischen Eigenschaften von fein verteilten Körpern.* In:] Wiedemanns Annalen [der Physik und Chemie, Bd.] XXIII [Heft 10] S. 298 [-306] (1884), XXIV [Heft 3] S. 439 [-446] (1885).

von heißer und kalter Luft von merklich verschiedener Lichtablenkung.

In ähnlicher Weise erkennt man in ungleichmäßigem Glase die stärker ablenkenden Teile, die Schlieren, in der weniger ablenkenden Masse. Solche Gläser sind für optische Zwecke unbrauchbar. Man hat deshalb der Untersuchung derselben zum Zwecke der Ausscheidung besondere Aufmerksamkeit zugewendet, und dadurch hat sich eben die feine Untersuchungsmethode, die Schlierenmethode, entwickelt, welche für unseren Zweck geeignet ist.

Schon Huygens hat zur Erkennung der Schlieren die angeschliffenen Gläser in schiefer Beleuchtung, zuweilen aus größerer Entfernung, um der Wirkung der Ablenkung Raum zu geben, betrachtet, und hat dann mit Hilfe eines Fernrohres beobachtet. Zur höchsten Vollkommenheit ist die Schlierenmethode durch Toepler[4] entwickelt worden, der folgendes Verfahren anwendet.

Eine kleine Lichtquelle *a* (Fig. 48) beleuchtet eine Linse *L*, welche von ersterer ein kleines Bild *b* entwirft. Stellt man das Auge so, dass dieses Bild in dessen Pupille fällt, so scheint jetzt die ganze Linse, wenn sie vollkommen ist, gleichmäßig erleuchtet, weil alle Stellen derselben Strahlen ins Auge senden.

Grobe Fehler der Form oder der Gleichmäßigkeit des Glases werden nur dann sichtbar, wenn die Ablenkungen so stark ausfallen, dass das Licht mancher Stellen neben der Pupille vorbeigeht. Blendet man aber das Bild b mit dem Rande eines kleinen Schirmes mehr oder weniger ab, so sieht man nun auf der in abgeschwächter Helligkeit er- // 361 // scheinenden Linse jene Stellen heller, deren Licht etwa durch stärkere Ablenkung noch neben

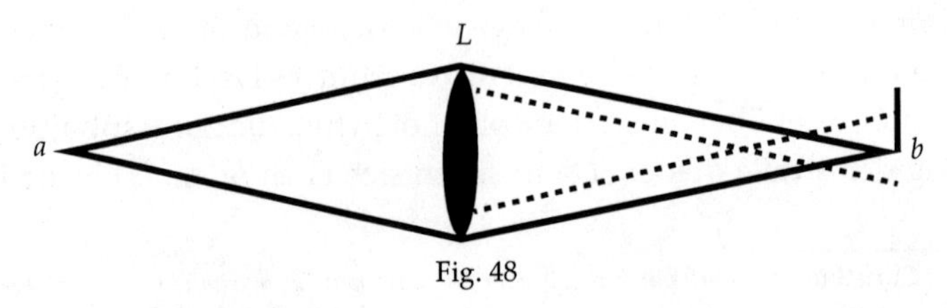

Fig. 48

4 [*] August Toepler (1836–1912), deutscher Physiker

der Blendung ins Auge gelangt, jene aber dunkler, welche infolge entgegen gesetzter Ablenkung ihr Licht auf die Blendung senden. Dieser Kunstgriff der Abblendung, welchen schon FOUCAULT[5] bei Untersuchung der Spiegelfehler angewendet hatte, erhöht die Empfindlichkeit der Untersuchung ungemein. Dieselbe wird noch weiter erhöht durch Toeplers Anwendung eines Fernrohres hinter der Blendung. So vereinigt also Toeplers Methode die Vorzüge des Huygens'schen und des Foucault'schen Verfahrens.

Diese Methode ist nun so empfindlich, dass selbst geringe Ungleichmäßigkeiten der Luft in der Umgebung der Linse zum deutlichen Ausdruck kommen, was ich nur durch ein Beispiel erläutern will.

Ich stelle eine Kerze vor die Linse *L* und eine zweite Linse *M* so, dass die Kerzenflamme auf dem Schirm *S* abgebildet wird. Sobald in den Sammelpunkt *b* des von *a* ausgehenden Lichtes die Blendung eingeschoben wird, sehen Sie die Abbildung der durch die Kerzenflamme in der Luft eingeleiteten Dichtenänderungen und Bewegungen auf dem Schirm hervortreten. Von der Stellung der // 362 // Blendung *b* hängt die Deutlichkeit der ganzen Erscheinung ab. Beseitigung von *b* macht alles undeutlich. Bei Ausschaltung der Lichtquelle *a* sehen wir bloß das Bild der Kerzenflamme auf dem Schirm *S*. Nehmen wir nun die Flamme weg und lassen *a* leuchten, so erscheint der Schirm *S* gleichmäßig hell.[6]

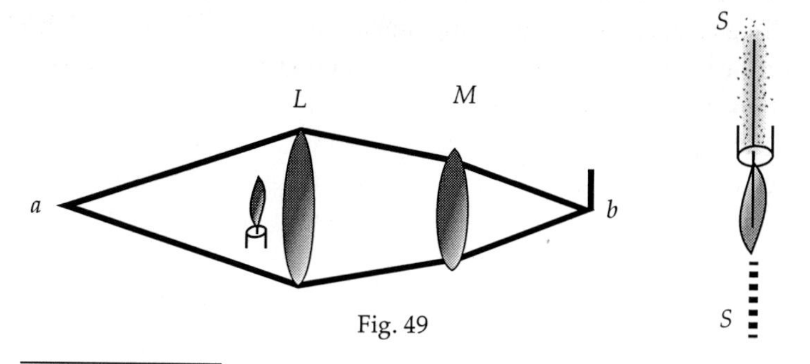

Fig. 49

5 [*] Jean Bernard Léon Foucault (1819-1868), französischer Physiker

6 Die zu diesen Demonstrationsexperimenten nötigen achromatischen Lin-

Nachdem Toepler lange vergebens versucht hatte, die durch Schallbewegungen in der Luft erregten Ungleichmäßigkeiten nach diesem Prinzip sichtbar zu machen, führten ihm glückliche Umstände bei Untersuchung der elektrischen Funken solche Schallwellen vor. Die von den elektrischen Funken in der Luft erregten, den Knall begleitenden, Wellen sind nämlich kurz und kräftig genug, um nach diesem Verfahren sichtbar zu werden.

So sieht man, wie durch sorgfältige Beachtung der Spuren einer Erscheinung und durch sehr allmähliche zweckmäßige kleine Abänderungen der Umstände und der Methoden schließlich höchst überraschende Resultate erzielt werden können. Wer //363 // z. B. nur die Erscheinung am geriebenen Bernstein und die elektrische Straßenbeleuchtung ohne die in kleinen Schritten von der einen Tatsache zur anderen überführenden Zwischenglieder kennt, dem werden diese beiden Tatsachen einander so fremdartig erscheinen als etwa Saurier und Vogel dem gewöhnlichen Beobachter, dem die embryologischen, anatomischen und paläontologischen Zwischenglieder unbekannt sind. Der Wert des Zusammenarbeitens der Forscher durch Jahrhunderte, von welchen jeder an die Arbeit der Vorgänger anknüpfen und dieselbe fortführen kann, wird an solchen Beispielen zum klaren Bewusstsein gebracht. Und diese Erkenntnis zerstört in aufklärender Art dem Zuschauer den Eindruck des Wunderbaren, und schützt zugleich in heilsamer Weise den Arbeiter der Wissenschaft vor Überhebung. Ich muss auch noch die ernüchternde Bemerkung hinzufügen, dass alle Kunst vergebens wäre, wenn nicht die Natur selbst wenigstens schwache Fäden darbieten würde, welche von einem verborgenen Vorgang in das Gebiet des Beobachtbaren führen. So dürfen wir uns also nicht wundern, dass einmal unter besonders günstigen Umständen z. B. eine sehr kräftige, durch einige hundert Pfund explodierendes Dynamit erregte Schallwelle im Sonnenschein einen di-

---

sen und Apparate hat Herr K. Fritsch (vorm. Prokesch) mit dankenswerter Freundlichkeit zur Verfügung gestellt.

rekt beobachtbaren Schatten wirft, wie Boys[7] kürzlich berichtet hat. Wären die Schallwellen absolut ohne Einfluss auf das Licht, so könnte dies nicht vorkommen, aber alle unsere Künste wären dann auch vergebens. So ist auch die Erscheinung am Projektil, die ich Ihnen zeigen werde, allerdings in sehr unvollkommener Weise von dem französischen Ballistiker Journée // 364 // gelegentlich gesehen worden, indem derselbe einfach mit einem Fernrohr einem Projektil nachvisierte, wie ja auch unsere Kerzenschlieren schwach unmittelbar sichtbar sind, und bei hellem Sonnenschein sich schattenhaft auf einer gleichmäßigen weißen Wand abbilden.

Momentbeleuchtung durch den elektrischen Funken, Schlierenmethode und photographische Fixierung sind nun die Hilfsmittel, welche zur Erreichung unseres Zieles führen.

Im Sommer 1884 stellte ich meine ersten Versuche mit einer Scheibenpistole an, indem ich durch das Feld einer Schlierenaufstellung schoss, und dafür sorgte, dass das Projektil, während sich dasselbe im Felde befand, einen beleuchtenden Flaschenfunken auslöste, welcher dieses Bild im photographischen Apparat fixierte. Das Bild des Projektils erhielt ich ohne Schwierigkeiten sofort. Auch sehr zarte Bilder von Schallwellen (Funkenwellen) konnte ich mit Hilfe der damals noch etwas mangelhaften Trockenplatten leicht gewinnen. Eine vom Projektil erzeugte Luftverdichtung zeigte sich aber nicht. Ich untersuchte die Geschwindigkeit des Projektils und fand dieselbe zu 240 Metersekunden, also beträchtlich kleiner als die Schallgeschwindigkeit. Es war mir nun alsbald klar, dass unter diesen Umständen keine merkliche Verdichtung entstehen kann, da ja eine solche mit der Schallgeschwindigkeit (340 Metersekunden) fortschreitet, also dem Projektil vorauseilt und entflieht.

Von der Existenz des vermuteten Vorganges bei einer 340 Metersekunden überschreitenden Projektilgeschwindigkeit war ich aber so fest überzeugt, dass // 365 // ich Herrn Profes-

7 [*] Charles Boys (1855–1944), englischer Physiker

sor Dr. SALCHER[8] in Fiume bat, einen solchen Versuch mit hoher Projektilgeschwindigkeit anzustellen. Im Sommer 1886 führte Salcher mit Professor Riegler in einem von der Leitung der k. k. Marineakademie zur Verfügung gestellten passenden Raume, ganz entsprechend meiner eigenen früheren Versuchsanordnung, solche Versuche aus, und das erwartete Ergebnis war auch sofort da. Die Erscheinung stimmte sogar der Form nach mit der Skizze, die ich voraus entworfen hatte. Bei weiteren Versuchen traten noch neue unerwartete Züge hinzu.

Es wäre nun unbillig gewesen, als Ergebnis dieser ersten Versuche gleich sehr vollkommene und in allen Teilen deutliche Bilder zu verlangen. Genug, dass der Erfolg nun gesichert war, und dass ich überzeugt sein konnte, weitere Arbeit und weiteren Aufwand nicht nutzlos zu verlieren. Hierfür bleibe ich beiden Herren zu großem Dank verpflichtet.

Die hohe Marinesektion des k. k. Kriegsministeriums stellte nun SALCIIER cinc Kanonc für cinigc Schüssc in Pola zur Verfügung, und ich selbst folgte mit meinem Sohne, damals Student der Medizin, einer freundlichen Einladung der Firma KRUPP nach Meppen, wo wir mit einem für Versuche im Freien, auf dem Schießplatze, unvermeidlichen Aufwande von Apparaten einige Versuche ausführten, die sämtlich schon leidlich gute und vollständige Bilder lieferten. Es wurden hierbei einige kleine Fortschritte erzielt. Die auf den Schießplätzen gemachten Erfahrungen befestigen aber die Überzeugung, dass wirklich gute Resultate nur bei sorg- // 366 // fältigster Ausführung der Versuche in einem zu diesem Zwecke gut adaptierten Laboratorium zu erzielen seien. Es kommt auch hierbei gar nicht auf die Kostspieligkeit der Mittel an, indem z. B. die Größe des Projektils gar nicht maßgebend ist. Bei gleichen Projektilgeschwindigkeiten sind nämlich die Ergebnisse durchaus gleichartig, ob die Projektile groß oder klein sind. Die Veränderung der Anfangsgeschwindigkeit durch Veränderung der Ladung und des Projektilgewichtes hat man aber bei Laboratoriumsversuchen ganz

8 [*] Peter Salcher (1848-1928), österreichischer Physiker

in der Hand, sobald man sich einmal darauf eingerichtet hat. Solche Versuche habe ich nun in meinem Prager Laboratorium teils in Gemeinschaft mit meinem Sohne ausgeführt, teils sind dieselben später von diesem allein ausgeführt worden. Letztere sind die vollkommensten, und nur von diesen soll hier ausführlicher gesprochen werden.[9]

Denken Sie sich also eine Aufstellung für Schlierenbeobachtungen, natürlich im Dunkelzimmer.

Damit die Beschreibung nicht zu kompliziert werde, will ich mich auf das Wesentliche beschränken, und feinere Einzelheiten, welche mehr für die Technik des Versuches von Belang sind, als für das Verständnis, weglassen. Das Projektil fliegt also durch das Feld des Schlierenapparates; es wird, während sich dasselbe in der Mitte des Feldes befindet, ein Beleuchtungsfunken ausgelöst, und das Bild wird durch die photographische Kammer hinter der Blendung fixiert. Bei den letzten und // 367 // besten Versuchen war die Linse *L* durch einen sphärischen Glassilberspiegel von K. Fritsch[10] (vorm. Prokesch[11]) in Wien

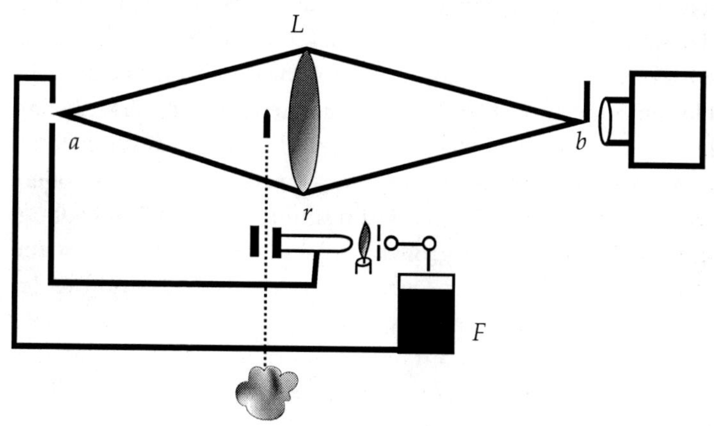

Fig. 50

9 Ich habe dankend hervorzuheben, dass zahlreiche österreichische Offiziere diese Versuche privatim gefördert haben. Vgl. auch die Studien in den Sitzungsber. d. Wiener Akademie (1875-1897).

10 [*] Karl Fritsch (1855-1926), österreichischer Optiker und Mechaniker

11 [*] Wenzel Prokesch, österreichischer Optiker und Fotopionier

ersetzt, wodurch die Aufstellung natürlich etwas komplizierter wurde, als sie hier dargestellt ist. Die Funkenauslösung war anfänglich ungemein einfach. Das gut gezielte Projektil ging im Felde zwischen zwei vertikalen, isoliert gespannten Drähten hindurch, welche mit den Belegungen einer Leydener-Flasche verbunden waren, und löste, den Zwischenraum der Drähte ausfüllend, die Entladung der Flasche aus. Der Schließungsbogen hatte aber noch eine zweite Unterbrechung a in der Achse des Schlierenapparates, welche den Beleuchtungsfunken lieferte, dessen Bild auf die Blendung b fiel. Diese Drähte im Felde, welche mancherlei Störungen verursachten, wurden später vermieden. Das Projektil fliegt bei der neuen Aufstellung durch einen mit Papier verklebten Holzring, in welchem es einen Luftstoß erzeugt, der als Schallwelle mit der Schallgeschwindigkeit von un- // 368 // gefähr 340 Metersekunden in dem Rohr r forteilt, eine am Ende desselben stehende Kerzenflamme durch die Bohrung eines elektrischen Schirmes herauswirft, und so die Flaschenentladung einleitet. Die Rohrlänge ist so abgeglichen, dass die Entladung eintritt, sobald das Projektil sich in der Mitte des nun reinen und freien Gesichtsfeldes befindet. Wir wollen auch davon absehen, dass, zur Sicherung des Erfolges, durch die Flamme eine große Flasche F entladen wird, welche erst die Entladung einer kleinen Flasche von sehr kurzer Entladungsdauer zum Zwecke der Beleuchtung des Projektils einleitet. Größere Flaschen haben nämlich schon eine merkliche Entladungsdauer und liefern wegen der großen Projektilgeschwindigkeit schon etwas verwischte Bilder. Durch die sparsame Verwendung des Lichtes im Schlierenapparat, und durch den Umstand, dass hierbei viel mehr Licht auf die photographische Platte gelangt, als ohne diese Anordnung, kann man mit unglaublich kleinen Funken schöne, kräftige und zugleich scharfe Bilder erzielen. Die Konturen der Bilder erscheinen als sehr feine, scharfe, sehr nahe aneinander liegende Doppellinien. Aus dem Abstand derselben und aus der Projektilgeschwindigkeit ergibt sich eine Beleuchtungsdauer oder Funkendauer von 1/800.000 einer Sekunde. Es liegt nun auch auf der Hand, warum analoge Versuche mit mechanischen Momentverschlüssen kein nennenswertes Resultat liefern konnten.

Betrachten wir nun ein Projektilbild zunächst in der schematischen Fig. 51 und nachher in der photographischen Aufnahme Fig. 52, welche ich nach einem Originalnegativ auf den Schirm projiziere. // 369 //

Das letztere Bild entspricht einem Schusse mit dem österreichischen Mannlichergewehr. Wenn ich nicht sagen würde, was das Bild vorstellt, so könnten Sie wohl glauben, dass es das Bild ist eines rasch auf dem Wasser dahinfahrenden Bootes, aus der Vogelperspektive aufgenommen. Vorn sehen sie die Bugwelle *ww*, hinter dem Körper eine Erscheinung *kk*, welche dem Kielwasser mit seinen Wirbeln sehr ähnlich sieht. In der Tat ist der helle, hyperbelähnliche Bogen am Scheitel des Projektils eine Luftverdichtungswelle, die ganz analog ist der Bugwelle eines Schiffes, nur dass erstere keine Oberflächenwelle ist. Sie

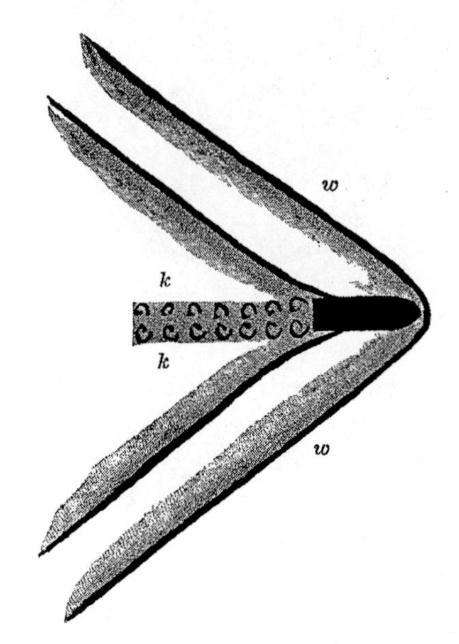

Fig. 51

entsteht im Luftraume und umgibt // 370 // das Projektil glockenförmig von allen Seiten. Die Welle wird in derselben Weise sichtbar wie bei den vorher angestellten Versuchen die warme Lufthülle, welche die Kerzenflamme umschließt. Und der Zylinder aus durch Reibung erwärmter Luft, welche das Projektil in Form von Wirbelringen abgestreift hat, entspricht in der Tat dem Kielwasser.

So, wie nun ein langsam bewegtes Boot keine Bugwelle zeigt, und so, wie diese erst dann auftritt, wenn das Boot sich mit ei-

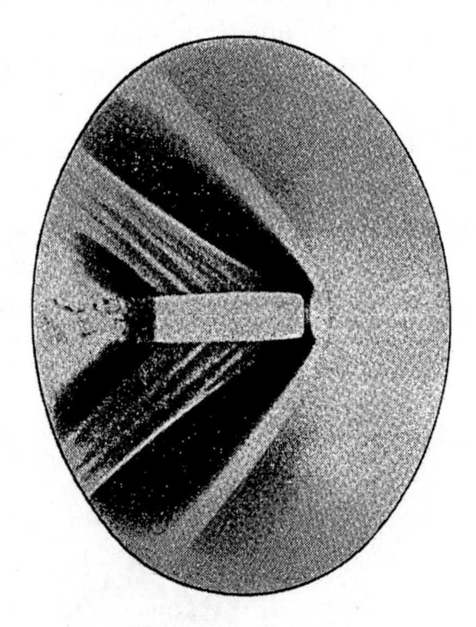

Fig. 52

ner Geschwindigkeit bewegt, die größer ist als die Fortpflanzungsgeschwindigkeit der Wasserwellen, so kann man auch vor dem Projektil keine Verdichtungswelle sehen, solange die Projektilgeschwindigkeit kleiner ist als die Fortpflanzungsgeschwindigkeit des Schalls. Erreicht // 371 // und übersteigt aber die Projektilgeschwindigkeit diesen Wert, so nimmt die Kopfwelle, wie wir sie nennen wollen, zusehends an Mächtigkeit zu, und zugleich wird dieselbe immer gestreckter, d. h. der Winkel der Konturen der Welle mit der Flugrichtung wird immer kleiner, gerade so wie beim Wachsen der Bootsgeschwindigkeit etwas Ähnliches geschieht. In der Tat kann man nach einem in der dargelegten Weise gewonnenen Momentbild die Projektilgeschwindigkeit ungefähr abschätzen.

Die Erklärung der Bugwelle und der Kopfwelle beruht auf demselben schon von HUYGENS verwendeten Prinzip. Denken Sie sich Steinchen in regelmäßigem Takte ins Wasser geworfen, so dass alle getroffenen Stellen in gerader Linie liegen, und dass jede später getroffene Stelle um ein bestimmtes Stück weiter

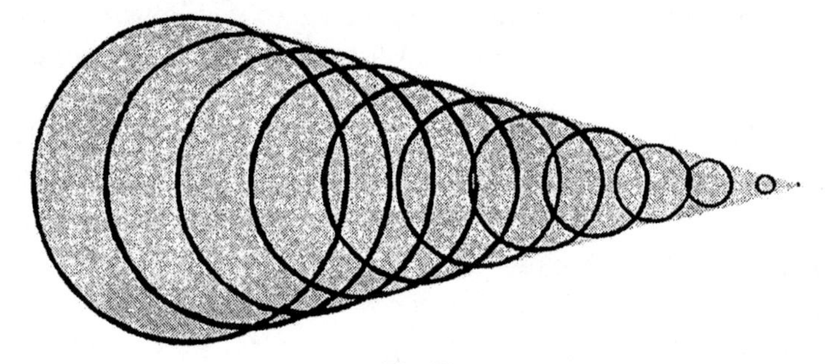

Fig. 53

nach rechts liegt. Die zuerst getroffenen Stellen werden dann die am weitesten ausgebreiteten Wellenkreise liefern, und alle zusammen werden, wo sie am dichtesten zusammentreffen, einen Wulst darstellen, der eben der Bugwelle gleicht. Die Ähnlichkeit wird umso größer werden, je kleinere Steinchen wir wählen, und je rascher wir dieselben ein- // 372 // ander folgen lassen. Taucht man einen Stab ins Wasser, und führt denselben an der Oberfläche hin, so findet das Steinchenwerfen, sozusagen, ununterbrochen statt, und man hat eine wirkliche Bugwelle. Setzen wir Verdichtungswellen der Luft an die Stelle der Oberflächenwellen des Wassers, so haben wir die Projektilkopfwelle.

Sie können nun sagen: Es ist ja recht schön und interessant, ein Projektil im Flug zu beobachten, was kann man aber praktisch damit anfangen?

Darauf antwortete ich: Kriegführen kann man mit photographierten Projektilen allerdings nicht! So musste ich oft auch meinen medizinischen Zuhörern sagen, wenn sie sich sofort nach dem praktischen Wert einer physikalischen Beobachtung erkundigten: Kurieren, meine Herren, kann man damit nicht! Ähnlich musste ich einmal auf die Frage antworten, wieviel Physik in einer Müllerschule gelehrt werden müsse, wenn man sich auf das für den Müller Unentbehrliche beschränken wolle. Ich musste sagen: Der Müller wird stets so viel Physik brauchen, als er wissen wird. Ein Wissen, das man nicht besitzt, kann man natürlich nicht verwenden.

Sehen wir von dem allgemeinen Umstand ab, dass jeder wissenschaftliche Fortschritt, jede Aufklärung, jede Erweiterung oder Berichtigung unserer Kenntnisse des Tatsächlichen im Allgemeinen, auch eine bessere Grundlage für die praktische Betätigung gibt. Fragen wir insbesondere: Können wir aus der genaueren Kenntnis der Vorgänge in der Umgebung des Projektils gar keinen Vorteil ziehen? // 373 //

Fig. 54

Jeder Physiker, der sich mit Schallwellen beschäftigt, der die Bilder derselben fixiert hat, wird an der Schallwellennatur der Luftverdichtung am Projektilkopf nicht zweifeln. Wir nannten diese Verdichtung deshalb auch ohne weiteres die Kopfwelle. Steht nun dies fest, so erweist sich die Vorstellung von MELSENS, nach welcher das Projektil Massen von Luft mit sich führt, und in die getroffenen Körper einpresst, als nicht mehr haltbar.

Eine fortschreitende Schallwelle ist keine fortschreitende Masse, sondern eine fortschreitende Bewegungsform, ebenso wie die Wasserwelle oder die Welle in einem Kornfeld nur eine fortschreitende Bewegungsform, keine Fortführung von Wasser oder Korn ist.

Durch Lichtinterferenzversuche, auf die ich hier nicht näher eingehen kann, deren Ergebnis aber in der schematischen Fig. 54 dargestellt ist, hat es sich // 374 // überdies gezeigt, dass die glockenförmige Kopfwelle eine recht dünne Schale ist, und dass die Verdichtungen derselben recht mäßige sind, welche $^2/_{10}$ einer Atmosphäre kaum überschreiten.

Von Explosionswirkungen durch Luftdruck in dem vom Projektil getroffenen Körper kann also nicht die Rede sein. Die Erscheinungen an Schusswunden z. B. sind also nicht so aufzufassen, wie MELSENS[12] und BUSCH[13], sondern so wie KOCHER[14] und REGER[15] es getan haben, als Druckwirkungen des Projektils selbst.

Wie gering die Rolle ist, welche die Luftreibung, das vermeintliche Mitreißen der Luft bei der Projektilbewegung, spielt,

---

12 [L. Melsens, *Über einige Wirkungen des Eindringens der Geschoße in verschiedene Medien, und über die Unmöglichkeit einer Schmelzung der Bleikugeln in den durch Schusswaffen hervorgebrachten Wunden.* In: Polytechnisches Journal, Bd. 205 Nr. XVII, 1872, 36-39]

13 [W. Busch, *Über die Schussfrakturen, welche das Chassepotgewehr bei Schüssen aus großer Nähe hervorbringt.* In: Archiv für klinische Chirurgie XVI ferner: Fortsetzung der Mitteilungen über Schießversuche, ebd. XVII und XVIII]

14 [Th. Kocher, *Über Schusswunden; die Wirkungsweise der modernen kleinen Gewehrprojektile*, 1880 *Zur Lehre von den Schusswunden durch Kleinkalibergeschoße*, 1895]

15 [*Die Gewehrschusswunden der Neuzeit*, Straßburg 1884 und *Neue Beobachtungen über Gewehrschusswunden.* In: Deutsche militärisch-ärztliche Zeitschrift, 1887 Heft 4, 151]

lehrt ein einfacher Versuch. Man fixiert das Bild des Projektils, während dasselbe eine Flamme, also sichtbares Gas durchdringt. Die Flamme wird nicht etwa zerrissen und deformiert, sondern glatt und rein durchbohrt, wie ein fester Körper. In- und außerhalb der Flamme sieht man die Konturen der Kopfwelle. Das Flackern, Auslöschen usw. erfolgt erst, nachdem das Projektil längst hindurch ist, durch die nacheilenden Pulvergase oder die vor denselben liegende Luft.

Der Physiker, welcher die Kopfwelle ansieht, und die Schallwellennatur derselben erkennt, sieht zugleich, dass dieselbe von derselben Art ist, wie die kurzen kräftigen Funkenwellen, dass dieselbe eine Knallwelle ist. Immer also, wenn ein Teil der Kopfwelle das Ohr erreicht, wird dieses einen Knall vernehmen. Es wird den Anschein haben, als ob das Projektil den Knall mit sich führen würde. Außer diesem Knall, welcher mit der Projektilge- // 375 // schwindigkeit forteilt, die gewöhnlich größer ist als die Schallgeschwindigkeit, wird noch der Knall der Pulvergase zu hören sein, der mit der gewöhnlichen Schallgeschwindigkeit fortschreitet. Man hört also zwei zeitlich getrennte Explosionen. Der Umstand, dass diese Tatsache längere Zeit von den Praktikern verkannt wurde, als sie aber erkannt war, zuweilen eine recht abenteuerliche Erklärung fand, und dass schließlich meine Meinung doch als die richtige angenommen wurde, scheint mir hinreichend zu beweisen, dass Untersuchungen wie die hier besprochenen auch in praktischer Beziehung nicht ganz überflüssig sind. Dass die Blitz- und Knallerscheinungen zur Schätzung der Entfernung feuernder Batterien benützt werden, ist bekannt, und selbstverständlich ist es ferner, dass eine unklare theoretische Auffassung der Vorgänge auch der Richtigkeit der praktischen Schätzung Eintrag tun würde.

Es mag jedem, der es zum ersten Mal hört, recht auffallend scheinen, dass ein Schuss einen doppelten Knall, und zwar von zwei verschiedenen Fortpflanzungsgeschwindigkeiten auslöst. Die Überlegung aber, welche uns lehrt, dass Projektile, deren Geschwindigkeit kleiner ist als die Schallgeschwindigkeit, keine Kopfwellen erzeugen, weil jeder auf die Luft ausgeübte Impuls mit der Schallgeschwindigkeit fort-, also vorauseilt, klärt uns, konsequent fortgeführt, auch über den vorerwähnten sonderbaren Umstand auf. Bewegt sich das Projektil schneller, als der Schall fortgeht, so kann die Luft vor demselben nicht rasch genug ausweichen. Dieselbe wird verdichtet und erwärmt, und hiermit steigt bekanntlich die Schallgeschwindigkeit, bis die // 376 // Kopfwelle ebenso rasch fortschreitet als das Projektil, so dass die Ursache einer weiteren Steigerung der Wellengeschwindigkeit wegfällt. Würde eine solche Welle sich selbst überlassen, so würde sie sich verlängern und in eine gewöhnliche, langsamer fortschreitende Schallwelle übergehen. Das Projektil ist aber hinter ihr her, erhält sie auf ihrer Dichte und Geschwindigkeit. Selbst wenn das Projektil einen Karton oder ein Brett durchdringt, welches die Kopfwelle abfasst und

Fig. 54

zurückhält, tritt, wie die Fig. 55 lehrt, an der durchdringenden Spitze sofort wieder eine neu gebildete, um nicht zu sagen junge, Kopfwelle auf. An dem Karton kann man die Reflexion und Beugung, an einer Flamme die Brechung // 377 // der Kopfwelle beobachten, so dass kein Zweifel an deren Natur übrig bleibt.

Erlauben Sie mir, das Wichtigste von dem eben Gesagten noch durch ein schematisches Bild zu erläutern, welches nach älteren, weniger vollkommenen Photographien gezeichnet ist. In diesem Bild Fig. 56 sehen Sie das Projektil, welches eben den Gewehrlauf verlassen hat, und einen Draht berührend, die Funkenbeleuchtung auslöst. Sie sehen an der Spitze schon die Anfänge einer kräftigen Kopfwelle, vor derselben aber einen durchsichtigen pilzförmigen Klumpen. Es ist die vor dem Projektil aus dem Laufe ausgestoßene Luft. Bogenförmige Schallwellen. Knallwellen, welche aber bald vom Projektil überholt werden, gehen ebenfalls vom Laufe aus. Hinter dem Projektil aber dringt der undurchsichtige Pilz der Pulvergase hervor.

Es ist kaum nötig zu bemerken, dass man nach dieser Methode auch andere auf die Ballistik bezügliche Fragen, z. B. die Bewegung der Lafette während des Schusses usw. studieren kann.

Ein hervorragender französischer Artillerist, Herr Gossot, hat die hier dargelegten Vorstellungen über die Kopfwelle in anderer Weise verwertet. Man pflegt die Geschossgeschwindigkeiten zu bestimmen, indem man an verschiedenen Stationen aufgestellte Drahtgitter vom Geschoß zerreißen, und dadurch elektromagnetische Zeitsignale auf fallenden Schienen oder gedrehten Trommeln auslösen lässt. Gossot ließ diese Signale direkt durch den Stoß der Kopfwelle auslösen, ersparte dadurch die Drahtgitter und war außerdem imstande selbst bei großen Elevationen, bei hochgehenden Geschossen, noch Geschwindig- // 378 // keiten zu messen, also in Fällen, in welchen die Anwendung der Drahtgitter ganz ausgeschlossen ist.

Die Gesetze des Widerstandes der Flüssigkeiten und der Luft bilden eine sehr verwickelte Frage. Man kann sich ja das Problem in sehr einfacher Weise zurechtphilosophieren, und hat dies ja gelegentlich getan. Derselbe Körper, mit 2-, 3-... facher Geschwindigkeit bewegt, verdrängt in derselben Zeit die 2-, 3-... fache Flüssigkeits- oder Luftmasse, und erteilt derselben zudem die 2-, 3-... fache Geschwindigkeit. Hierzu ist aber die 4-, 9-... fache Kraft nötig. Der Widerstand wächst also mit dem Quadrat der Geschwindigkeit.

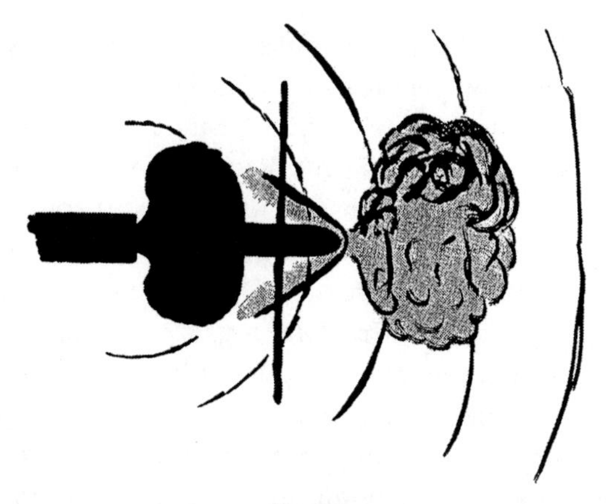

Fig. 56

Das sieht sehr schön, einfach und einleuchtend aus. Allein die Praxis will von dieser einfachen Theorie nichts wissen; sie sagt vielmehr, dass, wenn man die Geschwindigkeit steigert, sich das Gesetz // 379 // des Widerstandes ändert. Für jeden Spielraum der Geschwindigkeit ist das Gesetz ein anderes.

Die Studien des genialen englischen Schiffsbau-Ingenieurs Froude[16] haben in diese Frage Aufklärung gebracht. Froude hat gezeigt, dass der Widerstand durch eine Kombination sehr verschiedenartiger Vorgänge bedingt ist. Ein bewegtes Schiff erfährt im Wasser Reibung, es erregt Wirbel und erzeugt außerdem noch Wellen, welche ins Weite gehen. Jeder dieser Vorgänge hängt in anderer Weise von der Geschwindigkeit ab, und es ist also kein Wunder, wenn das Widerstandsgesetz kein einfaches ist.

Die hier dargelegten Beobachtungen legen ganz analoge Betrachtungen in Bezug auf die Projektile nahe. Auch hier haben wir Reibung, Wirbelbildung und Wellenerregung. Wir werden uns also nicht wundern, wenn wir kein einfaches Gesetz des Luftwiderstandes finden, und werden nicht befremdet sein, wenn die Praxis lehrt, dass das Widerstandsgesetz sich wesentlich ändert,

16 [*] William Froude (1810–1879), englischer Schiffbauingenieur und Forscher auf dem Gebiet der Hydrodynamik

sobald die Projektilgeschwindigkeit die Schallgeschwindigkeit überschreitet, denn gerade da tritt das eine Element des Widerstandes, die Wellenbildung überhaupt erst in Wirksamkeit.

Niemand zweifelt, dass ein spitzes Geschoß mit geringerem Widerstande die Luft durchschneidet. Dass für spitze Geschosse die Kopfwelle schwächer ist, lehren auch die Photographien. Es ist nun nicht unmöglich, dass Geschoßformen erdacht werden, welche geringere Wirbelbildung usw. bedingen, und dass man auf photographischem Wege die betreffenden Vorgänge studiert. Ich glaube nach den wenigen // 380 // Versuchen, die ich in dieser Richtung angestellt habe, allerdings nicht, dass man bei hohen Geschwindigkeiten durch Änderung der Geschossform noch viel erzielen wird, doch bin ich dieser Frage nicht näher getreten.

Solche Untersuchungen werden übrigens der artilleristischen Praxis ebenso gewiss wenigstens nicht schaden, als in großem Maßstabe unternommene Experimente der Artilleristen der Physik sicher nützen werden.

Wer Gelegenheit hat, die heutigen Geschütze und Geschoße in ihrer Vollkommenheit, in der Gewalt und Präzision ihrer Wirkung kennen zu lernen, der muss gestehen, dass in diesen Objekten eine bedeutende technische und eine hohe wissenschaftliche Leistung verkörpert ist. Man kann sich diesem Eindruck so sehr hingeben, dass man zeitweilig ganz vergisst, welchem furchtbaren Zwecke diese Vorrichtungen dienen.

Erlauben Sie mir, bevor wir uns trennen, nur noch einige Worte über diesen Kontrast. Der bedeutendste Krieger und Schweiger unserer Zeit hat behauptet, der ewige Friede sei ein Traum und nicht einmal ein schöner Traum.[17] Wir dürfen ja dem großen Menschenkenner ein Urteil in diesen Fragen zutrauen, und können die Furcht des Soldaten vor Versumpfung durch allzu langen Frieden begreifen. Es gehört aber doch ein starker Glaube an die Unüberwindlichkeit mittelalterlicher Barbarei dazu, keine

17 [*] Helmuth Karl Bernhard von Moltke (1800-1891), preußischer Generalfeldmarschall

wesentliche Verbesserung der internationalen Verhältnisse zu hoffen und zu erwarten. Denken wir an unsere Vorfahren, an die Zeit des Faustrechtes zurück, da innerhalb desselben //381// Landes und Staates brutaler Angriff und ebenso brutale Selbsthilfe allgemein waren. Diese Zustände wurden so drückend, dass schließlich die verschiedensten Umstände dazu drängten, denselben ein Ende zu machen. Und die Kanone hat hierbei sogar das meiste getan. Das Faustrecht war hiermit allerdings nicht so rasch aus der Welt geschafft; es war zunächst nur in andere Fäuste übergegangen. Wir dürfen uns ja auch keinen Rousseau'schen Illusionen hingeben. Rechtsfragen werden in gewissem Sinne immer auch Machtfragen bleiben. Es kommt nur sehr darauf an, wer die Macht in den Händen hat. Ist doch selbst in den Vereinigten Staaten, wo jeder grundsätzlich das gleiche Recht hat, nach J. B. STALLOS[18] treffender Bemerkung, der Stimmzettel nur ein Surrogat für den Knüttel. Sie wissen ja, dass auch manche unserer Mitbürger gar sehr noch das Echte lieben. Sehr, sehr langsam, mit fortschreitender Kultur, nimmt aber der Verkehr der Menschen doch mildere Formen an, und niemand, der die „liebe, gute alte Zeit" kennt, wird sie in Wirklichkeit je zurückwünschen, so schön sie sich auch dichten und malen lässt.

Im Verkehr der Völker besteht nun das alte rohe Faustrecht noch. Weil aber dieser Zustand die intellektuellen, moralischen und materiellen Mittel der Völker schon aufs äußerste in Anspruch nimmt, kaum eine geringere Last im Frieden als im Kriege, kaum eine leichtere für den Sieger als für den Besiegten, wird derselbe immer unerträglicher. Die denkende Erwägung ist zum Glück auch nicht mehr das ausschließliche Eigentum derjenigen, welche sich bescheiden die obersten Zehntausend nennen. Wie // 382 // überall wird auch hier das Übel *selbst* die intellektuellen und ethischen Kräfte wecken, welche geeignet sind, dasselbe zu mindern. Mag immerhin der Rassen- und Nationalitätenhass noch so gewaltig toben, dennoch wird der Ver-

18 [*] John (Johann) Bernard (Bernhard) Stallo (1823-1900), deutsch-amerikanischer Jurist, Naturwissenschaftler und Philosoph

kehr der Völker zusehends ausgedehnter und inniger. Neben den die Völker trennenden Fragen treten nacheinander, immer deutlicher und stärker, die großen gemeinsamen Ziele hervor, welche alle Kräfte der Menschen der Zukunft vollauf in Anspruch nehmen werden.[19] // 383 //

19 [Der internationale Verkehr macht stetig erfreuliche Fortschritte. Als ein solcher ist die Verbindung der Göttinger, Leipziger, Münchner und Wiener Akademie der Wissenschaften zu bezeichnen, welche auf Anregung von Berliner und Wiener Gelehrten entstanden ist, und die auf Vorschlag der Londoner Royal Society sich zu einer internationalen Vereinigung der Akademien erweitert hat. Allerdings kann eine derartige Verbindung bei weitem nicht alle die Aufgaben lösen, welche ihr in der edelsten Absicht F[ranz] Kemény (*Entwurf einer internationalen Gesamtakademie: „Weltakademie"*. Leipzig 1901) übertragen möchte. Namentlich von einer Verwirklichung der Friedensidee sind wir noch recht weit entfernt. Man wird in dieser Richtung zunächst von allen den Menschen nichts zu erwarten haben, welche im Hader der Völker ihren Vorteil finden. Erinnern wir uns ferner der Tatsache, dass 1870 bei Ausbruch des Krieges das Interesse der „höheren" Schichten der Gesellschaft sich äußerte durch Ausschreibung hoher Preise für den ersten erschossenen Franzosen und den ersten erschossenen Deutschen. Die frevelhaft mutwillige Auffassung des Krieges als Sport und zugleich die furchtbare Missachtung der am schwersten betroffenen großen Massen des fremden und eigenen Volkes, des armen Bauernjungen und Fabrikarbeiters, tritt hier mit Grauen erregender Deutlichkeit hervor. Man übertrage diese „vornehme" Denkweise mutatis mutandis auf die besitzlosen Klassen, und versuche es – aber aufrichtig – über die Folgen entrüstet zu sein. Betrachten wir endlich die Menge der Menschen des Mittelstandes, welche ihr vermeintliches Recht, oder auch ihr wohlbewusstes Unrecht aufs Äußerste, wo möglich bis zur Vernichtung des Gegners oder Konkurrenten zu verfolgen suchen. Es kann doch nur empörend wirken, wenn diese für den allgemeinen Frieden plädieren. Zur Verwirklichung dieser Idee fehlt vor allem die ideale ethische Erziehung und Gesinnung, die nur die gesittete Familie zu entwickeln vermag. Der Staat kann dies nicht leisten; der verhält sich als Egoist. Allmähliche Milderung dieses Zustandes dürfen wir von einem nivellierenden Verkehr innerhalb eines Volkes und von inniger Berührung der jungen Generation verschiedener Völker erhoffen. Vielleicht ermöglicht es die fortschreitende Erleichterung des Reisens, dass auch weniger bemittelte Familien verschiedener Nationen zeitweilig, etwa für die Dauer der Ferien, ohne zu große Kosten häufiger ihre Kinder austauschen. Wie wenig die Friedensidee in praktischer Beziehung gefördert worden ist, hat sich in Südafrika und China gezeigt, unmittelbar nach dem Versuch, ein internationales Schiedsgericht zu begründen. Doch sind alle, welche diesen Gedanken auch nur theoretisch oder akademisch gefördert, und weitere Fortschritte vorbereitet haben, des größten Dankes der künftigen Geschlechter sicher. — 1902.]

19.
Über Orientierungsempfindungen.[1]

Durch die Zusammenwirkung einer Reihe von Forschern, unter welchen vor allen Goltz in Straßburg und Breuer in Wien zu nennen sind, hat sich im Laufe des verflossenen Vierteljahrhunderts unsere Kenntnis wesentlich erweitert bezüglich der Mittel, durch welche wir uns über unsere Lage und Bewegung im Raume orientieren. Es ist Ihnen ja schon durch Herrn Prof. Obersteiner die physiologische Seite der Vorgänge dargelegt worden, mit welchen unsere Bewegungsempfindungen oder, allgemeiner gesprochen, unsere Orientierungsempfindungen zusammenhängen. Ich werde mir heute erlauben, vorwiegend die physikalische Seite der Sache zu beleuchten. In der Tat bin ich selbst durch Beachtung ganz einfacher und allgemein bekannter physikalischer Tatsachen, indem ich ohne irgendwelche Gelehrsamkeit auf dem Gebiete der Physiologie nur unbefangen meinen Gedanken nachging, auf dieses Untersuchungsgebiet gelangt, und ich glaube, dass dieser ganz voraussetzungslose Weg, wenn Sie meiner Erzählung folgen wollen, auch für die meisten von Ihnen der gangbarste sein wird. // 385 //

Für den einfachen Menschen von gesundem Sinn konnte es nie zweifelhaft sein, dass ein Druck, eine Kraft nötig sei, um einen Körper in bestimmter Richtung in Bewegung zu setzen, und ebenso ein entgegengesetzter Druck, um den in Bewegung begriffenen Körper plötzlich aufzuhalten. Wenn auch das Trägheitsgesetz erst durch Galilei schärfer formuliert worden ist, so kannten doch schon lange vorher Männer wie Leonardo da Vinci, Rabelais u. a. die betreffende Tatsache und erläuterten dieselbe gelegentlich durch treffende Beispiele. Leonardo weiß, dass man aus einer Säule von Brettspielsteinen durch ei-

1 Vortrag, gehalten den 24. Februar 1897 im Wiener Verein zur Verbreitung naturwissenschaftlicher Kenntnisse.

nen scharfen Schlag mit einem Lineal einen einzelnen Stein herausschlagen kann, ohne die Säule zu zerstören. Der Versuch mit der Münze auf dem Becherdeckel, welche in den Becher fällt, sobald der Deckel rasch weggezogen wird, ist, so wie ähnliche Versuche, gewiss uralt.

Bei Galilei gewinnt die erwähnte Erfahrung eine größere Kraft und Klarheit. In dem berühmten Dialog über das Kopernikanische System, der ihn die Freiheit gekostet hat, erläutert er die Flutwelle in unglücklicher, aber im Prinzip doch richtiger Weise durch eine mit Wasser gefüllte, hin- und hergeschwungene Schüssel. Den Aristotelikern seiner Zeit, welche die Fallbewegung eines schweren Körpers durch Darauflegen eines anderen zu beschleunigen meinten, hält er vor, dass ein Körper von dem darauf liegenden nur dann beschleunigt werden kann, wenn derselbe ersteren am Fallen hindert. Einen fallenden Körper durch einen darauf liegenden drücken zu wollen, sei so unsinnig, wie einen Mann mit der Lanze treffen wollen, der //386 // dieser mit der gleichen Geschwindigkeit entflieht. Schon dies wenige von Physik kann vieles unserem Verständnis näher bringen. Sie kennen die eigentümliche Empfindung, die man im Fallen hat, wenn man etwa vom Sprungbrett aus größerer Höhe ins Wasser springt, die in geringerem Maße auch im Lift bei Beginn der Abwärtsbewegung oder auch in der Schaukel eintritt. Der gegenseitige Gewichtsdruck der Teile unseres Leibes, der ja wohl in irgendeiner Weise empfunden wird, verschwindet im freien Fall oder wird doch vermindert bei Beginn des Sinkens im Lift. Eine ähnliche Empfindung müsste auftreten, wenn wir etwa plötzlich auf den Mond mit seiner kleinen Fallbeschleunigung versetzt würden. Indem ich (1866) bei einem physikalischen Anlass auf diese Betrachtungen geführt wurde, und auch die Veränderungen des Blutdruckes in den erwähnten Fällen ins Auge fasste, traf ich, ohne es zu wissen, in manchen Punkten mit Wollaston und Purkinje[2] zusammen.

---

2 [*] Jan Evangelista Purkyne (1787-1869), tschechischer Experimentalphysiologe

Ersterer hatte schon 1810 in seiner „Croonian lecture" über die „sea sickness" gesprochen und dieselbe auf Änderungen des Blutdruckes bezogen, letzterer hatte (1820-1826) seiner Erklärung des Drehschwindels ähnliche Betrachtungen zugrunde gelegt.[3]

Newton hatte es zuerst in voller Allgemeinheit ausgesprochen, dass ein Körper die Geschwindigkeit und Richtung seiner Bewegung nur durch Einwirkung einer Kraft, also nur durch Mitwir- // 387 // kung eines anderen Körpers zu ändern vermag. Eine erst von Euler ausdrücklich gezogene Folgerung hieraus ist die, dass ein Körper nicht von selbst, sondern wieder nur durch Kräfte und andere Körper in Drehung geraten, oder die vorhandene Drehung aufgeben kann. Drehen Sie z.B. Ihre geöffnete abgelaufene Taschenuhr frei in der Hand hin und her. Die Unruhe bleibt gegen jede raschere Drehung zurück, sogar gegen die elastische Kraft der Unruhefeder, welche sich als zu schwach erweist, die Unruhe ganz mitzunehmen.

Bedenken wir nun, dass immer, ob wir uns selbst etwa mit Hilfe unserer Beine bewegen, oder ob wir von einem Fuhrwerk, einem Boot mitgeführt werden, zunächst nur ein Teil unseres Leibes unmittelbar, der andere aber durch diesen bewegt wird. Wir erkennen dann, dass hierbei immer Drucke, Züge, Spannungen dieser Körperteile gegeneinander entstehen, die Empfindungen auslösen, durch welche die fortschreitenden oder drehenden Bewegungen, in die wir geraten, sich bemerklich machen.[4] Es ist aber eine natürliche Sache, dass diese uns so

---

3 Wollaston, Phil. Transact. Royal. Soc. London , 1810 [1-15]. Daselbst beschreibt und erklärt W. auch das Muskelgeräusch. Auf diese Arbeit wurde ich erst kürzlich durch Dr. *W. Pauli* aufmerksam gemacht. – Purkinje, [*Beiträge zur näheren Kenntniss des Schwindels aus heautognostischen Daten*] Prager Medizin. Jahrbücher [recte: Medizinische Jahrbücher des kaiserlich-königlichen öesterreichischen Staates], Bd. 6, Wien 1820 [79-125]

4 Ebenso wirken manche äußere Kräfte nicht gleich auf alle Teile der Erde, und die inneren Kräfte, welche Deformationen herbeiführen, wirken unmittelbar zunächst nur auf begrenzte Teile. Wäre die Erde ein empfindendes Wesen, so würde ihr die Flutwelle und andere Vorgänge ähnliche Empfindungen verursachen wie uns unsere Bewegung. Vielleicht hängen auch die kleinen Änderungen der Polhöhe, welche man

geläufigen Empfindungen wenig Beachtung finden, und dass sie die Aufmerksamkeit erst auf sich ziehen, wenn dieselben unter beson- // 388 // deren Umständen, in unerwarteter Weise, oder in ungewöhnlicher Stärke auftreten.

So ist auch meine Aufmerksamkeit einmal durch die Empfindung beim Fallen, dann aber noch durch ein anderes eigentümliches Vorkommnis erregt worden. Ich durchfuhr eine Eisenbahnkurve von starker Krümmung und sah nun plötzlich alle Bäume, Häuser, Fabriksschlote an der Bahn nicht mehr lotrecht, sondern auffallend schief stehen. Was mir bis dahin so selbstverständlich erschienen war, dass wir das Lot so gut und scharf von jeder anderen Richtung unterscheiden, war mir mit einemmal rätselhaft. Wieso kann mir dieselbe Richtung einmal lotrecht erscheinen, ein andermal nicht? W o d u r c h zeichnet sich das Lot für uns aus? (Vgl. Fig. 57.)

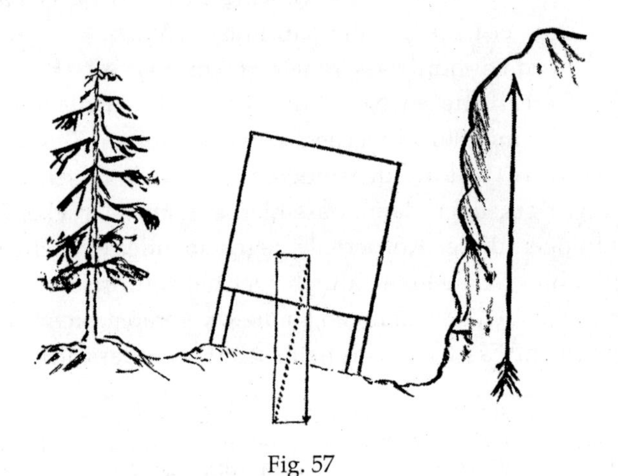

Fig. 57

Die Schiene wird auf der konvexen (erhabenen) Seite der Bahn höher gelegt, um trotz der Fliehkraft die Standfestigkeit

gegenwärtig studiert, mit unausgesetzten kleinen Deformationen des Zentralellipsoids zusammen, welche durch seismische Vorgänge bedingt sind.

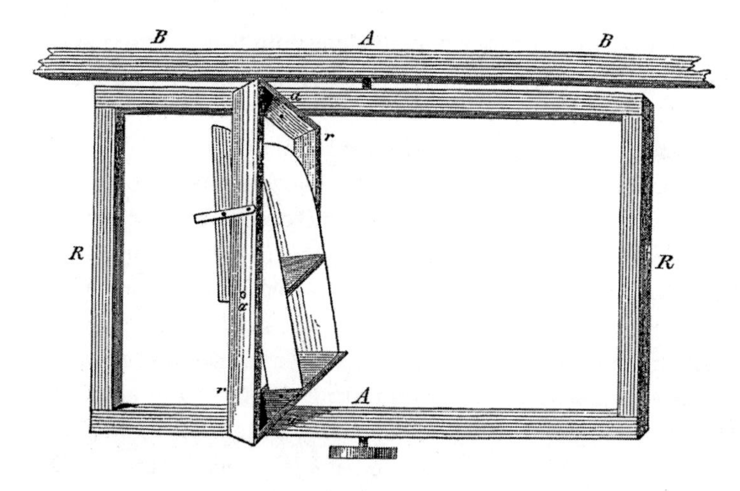

Fig. 58

des Wagens zu sichern, so // 389 // zwar, dass die Zusammenwirkung der Schwerkraft und Fliehkraft wieder eine zur Schienenebene senkrechte Kraft ergibt.

Nehmen wir nun an, dass wir die Richtung der gesamten Massenbeschleunigung, woher dieselbe auch rühren mag, unter allen Umständen in irgendeiner Weise als Lotrechte empfinden, so // 390 // werden die gewöhnlichen und die ungewöhnlichen Erscheinungen in gleicher Weise verständlich.[5]

Ich hatte nun das Bedürfnis, die gewonnene Ansicht in bequemerer Weise und genauer auf die Probe zu stellen, als dies bei einer Eisenbahnfahrt möglich ist, bei welcher man die maßgebenden Umstände nicht in der Hand, nicht nach Belieben abändern kann. Zu diesem Zwecke wurde eine einfache Vorrichtung hergestellt, die hier in Fig. 58 dargestellt ist.

In einem an den Zimmerwänden befestigten großen Rahmen *B* dreht sich um eine lotrechte Achse *A A* ein zweiter *R* und in

5 Für die beliebte Erklärungsweise durch unbewusste Schlüsse ist die Sache ungemein einfach. Man hält den Wagen für vertikal und schließt daher „unbewusst" auf die Schiefstellung der Bäume. Allerdings würde das Gegenteil, dass man die Bäume für vertikal hält, und auf die Schiefstellung des Wagens schließt, nach dieser Theorie ebenso klar sein.

diesem ein dritter *r*, der in beliebiger Entfernung und Stellung von der Achse fest oder beweglich angebracht ist und einen Stuhl für den Beobachter trägt.

Der Beobachter setzt sich in den Stuhl und wird zur Vermeidung aller Störungen seines Urteils ganz in einen Papierkasten eingeschlossen. Wird derselbe nun mit dem Rahmen *r* in gleichmäßige Umdrehung versetzt, so fühlt und sieht er den Beginn der Drehung nach Sinn und Ausmaß sehr deutlich, obgleich zur Beurteilung des Vorganges jeder äußere sichtbare oder greifbare Anhaltspunkt fehlt. Bei gleichmäßiger Fortsetzung der Bewegung verschwindet die Empfindung der Drehung allmählich ganz, man meint ruhig zu stehen. Befindet // 391 // sich aber *r* außer der Drehungsachse, so tritt gleich bei Beginn der Drehung eine auffallende, scheinbare, fühlbare und sichtbare Neigung des ganzen Papierkastens auf, geringer bei langsamer, größer bei rascherer Drehung, welche so lange verbleibt, als die Drehung währt. Diese Schiefstellung nimmt man mit zwingender Gewalt wahr, obgleich wieder alle äußeren Anhaltspunkte für das Urteil fehlen. Sitzt z. B. der Beobachter so, dass er nach der Achse hinblickt, so hält er den Kasten für stark nach hinten übergeneigt, wie es sein muss, wenn die Richtung der Gesamtkraft als Lot empfunden wird. Ähnlich verhält es sich bei anderen Stellungen des Beobachters.[6]

Als ich nun bei einem solchen Versuch nach längerer Drehung, die ich nicht mehr wahrnahm, den Apparat plötzlich anhalten ließ, fühlte und sah ich mich samt dem Kasten sofort in lebhafter Gegendrehung begriffen, obgleich ich wusste, dass nun alles in Ruhe sei, und obgleich wieder jeder äußere Anhaltspunkt für eine Bewegungsvorstellung fehlte. Diese Er-

---

6 Man bemerkt, dass die Denkweise und Versuchsweise, in die ich da geriet, sehr verwandt ist derjenigen, die Knight [*On the inverted action of the alburnous vessels of trees*], Philosoph. Transactions [of the Royal Society of London] (9. Jänner 1806) [293-304], zur Erkenntnis und Untersuchung des Geotropismus der Pflanzen führte. Die Beziehungen zwischen pflanzlichem und tierischem Geotropismus sind in neuerer Zeit von J. Loeb eingehend erörtert worden.

scheinungen sollte jeder kennen lernen, der die Existenz von Bewegungsempfindungen leugnet. Hätte NEWTON dieselben gekannt und erfahren, wie man sich im Raume gedreht und verstellt glaubt, ohne doch irgendwelche festliegende Körper als Anhaltspunkte zu haben, so würde ihn dies in // 392 // seinen unglücklichen Spekulationen über den absoluten Raum sicherlich noch bestärkt haben.

Die Empfindung der Gegendrehung nach dem Anhalten des Rotationsapparates nimmt langsam und allmählich ab. Als ich aber während dieses Vorganges zufällig einmal den Kopf neigte, neigte sich mit diesem zugleich auch in demselben Sinne und Ausmaß die Achse der scheinbaren Drehung. Es war also klar: die Beschleunigung oder Verzögerung der Drehung wird empfunden. Die Beschleunigung wirkt als Reiz. Die Empfindung dauert aber, wie fast alle Empfindungen, mit allmählicher Abnahme merklich länger als der Reiz. Daher die lange scheinbare Drehung nach dem Anhalten des Apparates. Das Organ aber, welches diese nachdauernde Empfindung vermittelt, muss im Kopfe seinen Sitz haben, sonst könnte mit dem Kopfe die Achse der scheinbaren Drehung sich nicht mitbewegen.

Wenn ich nun sagen wollte, es sei mir im Augenblick dieser letzteren Beobachtungen ein Licht aufgegangen, so wäre das nicht zutreffend. Ich müsste sagen, eine ganze Illumination sei mir aufgegangen. Mir fielen meine Jugenderfahrungen über den Drehschwindel ein. Ich erinnerte mich der FLOURENS'schen Versuche der Durchschneidung der Bogengänge des Ohrlabyrinthes an Tauben und Kaninchen, wobei dieser Forscher dem Drehschwindel ähnliche Erscheinungen beobachtet hatte, welche er aber, befangen in der akustischen Auffassung des Labyrinthes, lieber als den Ausdruck schmerzhafter Gehörsstörungen deutete. Ich erkannte, dass ein Forscher wie GOLTZ nicht ganz, aber fast ins // 393 // Schwarze getroffen hatte mit seiner Auffassung des Bogengangapparates. GOLTZ, der durch seine glückliche Art, unbekümmert um Herkömmliches, sich nur von seinen Gedanken leiten zu lassen, uns so vielfach aufzuklären wusste, hatte auf Grund von Versuchen schon 1870 den Ausspruch getan: „Ob die Bogengänge Gehörorgane sind, bleibt dahingestellt. Außerdem aber bilden sie eine Vorrichtung, welche der Erhaltung des Gleichgewichtes dient. Sie sind sozusagen Sinnesorgane für das Gleichgewicht des Kopfes und mittelbar des ganzen Körpers". Ich erinnerte mich des von RITTER und PURKINJE beobachteten galvanischen Schwindels bei Durchleitung des Stromes quer durch den Kopf, wobei die Versuchspersonen nach der Kathode umzusinken meinen. Der Versuch wurde sofort wiederholt, und etwas später (1874) konnte ich denselben objektiv an Fischen demonstrieren, welche im Stromfeld wie auf Kommando alle in demselben Sinne sich seitwärts legten.[7] Die MÜLLER'sche Lehre von den spezifischen Energien schien mir nun alle diese alten und neuen Beobachtungen in einen einfachen Zusammenhang zu bringen.

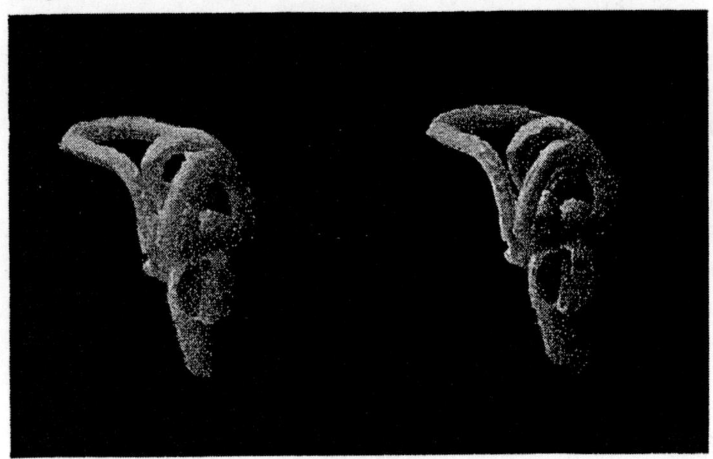

Fig. 59

7 Dieser Versuch ist wohl verwandt mit dem ein Dezennium später von L. Hermann beschriebenen „galvanotropischen" Versuch (an Froschlarven) [*Weitere Untersuchungen über das Verhalten der Froschlarven im galvanischen Strome.* In: Pflügers Archiv für die gesamte Physiologie des Menschen und der Tiere, Bd.39 1886, 414-419] Vgl. darüber meine Bemerkung [über L. Hermanns galvanotropischen Versuch] im Anzeiger der [kaiserlichen] Akademie der Wissenschaften, 1886, Nr. 21 [201-202]. Neuere Versuche über Galvanotropismus rühren von J. Loeb her.

In der Tat, denken wir uns das Gehörlabyrinth mit seinen drei zueinander senkrechten Bogengangebenen (vgl. Fig. 59), deren rätselhafte Stellung man ja schon in jeder möglichen und unmöglichen Weise aufzuklären versucht hat. Denken wir uns die Nerven // 394 // der Ampullen (Erweiterungen) der Bogengänge mit der Eigenschaft ausgestattet, auf jeden beliebigen Reiz mit einer Drehempfindung zu antworten, sowie etwa die Nerven der Netzhaut des Auges auf Druck, elektrischen, chemischen Reiz, immer nur mit Licht- // 395 // empfindung antworten, stellen wir uns ferner vor, dass der gewöhnliche Reiz der Ampullennerven durch die Trägheit des Bogenganginhaltes ausgeübt wird, welcher bei entsprechenden Drehungen in der Ebene des Bogenganges zurückbleibt, oder doch das Bestreben hat zurückzubleiben, und folglich einen Druck ausübt. Man sieht, dass dann alle die einzelnen Tatsachen, welche ohne diese Auffassung als ebenso viele verschiedene Sonderbarkeiten erscheinen, aus diesem einen Gesichtspunkt klar und verständlich werden.

Ich hatte nun die Freude, dass unmittelbar nach meiner Mitteilung, in welcher ich diesen Gedanken dargelegt hatte[8], eine Mitteilung von Breuer erschien[9], welcher durch ganz andere Methoden zu Ergebnissen gelangt war, die in allen wesentlichen Punkten mit den meinigen übereinstimmten. Einige Wochen später kam auch Crum Brown in Edinburgh, dessen Wege den meinigen näher lagen. Breuers Arbeit war weit reicher an physiologischen Erfahrungen als die meinige, und insbesonders hatte er viel eingehender die Mitwirkung der reflektorischen Bewegungen und Orientierung der Augen bei den fraglichen Erscheinungen untersucht.[10] Außerdem waren Versuche,

8 [*Physikalische Versuche über den Gleichgewichtssinn des Menschen*] [recte: Sitzungsberichte der] Wiener Akad. [der Wissenschaften, mathematisch-naturwissenschaftliche Klasse, Bd. 68, 1874] [vorgelegt am:] 6. November 1873.

9 [Beide Mitteilungen abgedruckt in: Mach, *Grundlinien der Bewegungsempfindungen*, 1874, 97-102] – [*Über die Bogengänge des Labyrinths*. Sitzung der k.k.] Gesellschaft der Ärzte, 14. November 1873.

10 Ich habe zu letzterer Frage noch in meiner „*Analyse der Empfindungen*", 1885, S. 56, einen Beitrag geliefert. Vgl. 9. Aufl. 1922, S. 101 u. f.

die ich in meiner Mitteilung als Probe der Richtigkeit der dargelegten Auffassung vorgeschlagen hatte, von BREUER schon ausgeführt. Auch um die weitere Bearbeitung des Gebietes hat // 396 // sich BREUER die größten Verdienste erworben. In physikalischer Beziehung war natürlich meine Arbeit vollständiger.

Um das Verhalten des Bogengangapparates zu veranschaulichen, habe ich hier eine kleine Vorrichtung (Fig. 60) hergestellt. Die große drehbare Scheibe stellt den knöchernen, mit dem Kopfe fest verbundenen Bogengang, die auf ersterer frei

Fig. 60

drehbare kleinere Scheibe den beweglichen, teilweise flüssigen Bogenganginhalt vor. Bei jeder Drehung der größeren Scheibe bleibt, wie Sie sehen, zunächst die kleinere Scheibe zurück. Ich muss lange drehen, // 397 // bevor die letztere durch die Reibung endlich mitgenommen wird. Halte ich aber dann die größere Scheibe an, so sehen Sie, wie die kleinere Scheibe die ursprüngliche Drehung fortsetzt.

Nehmen Sie nun an, dass eine Drehung der kleineren Scheibe, etwa im Sinne des Uhrzeigers, die Empfindung einer Drehung im entgegengesetzten Sinne auslösen würde, und umgekehrt, so verstehen Sie schon einen guten Teil der dargelegten Tatsachen. Dieselben bleiben auch verständlich, wenn die kleinere Scheibe sich nicht wirklich ausgiebig dreht, sondern etwa durch eine elastische Feder festgehalten wird, deren Spannung eine Empfindung auslöst. Solcher Vorrichtungen denken Sie sich nun drei, mit drei zueinander senkrechten Drehungsebenen zu einem Apparat verbunden. Diesem gesamten Apparat kann dann keine Drehung erteilt werden, ohne dass dieselbe durch die kleinen beweglichen oder an Federn befestigten Scheiben angezeigt wird. Sowohl das rechte wie das linke Ohr denken Sie sich mit einer derartigen Vorrichtung ausgestattet. Dieselbe entspricht dem Bogengangapparat, den Sie in Fig. 59 in einem Stereoskopbild für das Ohr der Taube dargestellt sehen.

Von den vielen Versuchen, die ich an mir selbst angestellt habe, und deren Ausfall nach der dargelegten Auffassung, nach dem Verhalten des Modells, also nach den Regeln der Mechanik vorausgesagt werden konnte, sei nur einer angeführt. Ich bringe in dem Rahmen *R* meines Rotationsapparates ein waagrechtes Brett an, lege mich auf dasselbe, etwa auf das rechte, Ohr hin, und lasse die Vorrichtung gleichmäßig drehen. Sobald ich // 398 // die Drehung nicht mehr empfinde, wende ich mich auf das linke Ohr um, und sofort tritt die Empfindung der Drehung in aller Lebhaftigkeit wieder auf. Der Versuch kann beliebig oft wiederholt werden. Selbst eine geringe Kopfwendung genügt zur jedesmaligen Auffrischung der Drehempfindung, welche bei vollkommen ruhiger Lage alsbald ganz verschwindet.

Wir wollen den Vorgang am Modell nachahmen. Ich drehe die größere Scheibe. Die kleinere wird schließlich mitgenommen. Wenn ich aber nun bei gleichmäßiger Fortsetzung der Drehung einen Faden abbrenne, so wird die kleinere Scheibe durch eine Feder in ihre eigene Ebene (um 180° umgeklappt, so dass Ihnen dieselbe nun ihre andere Seite zuwendet, und die Gegendrehung tritt sofort auf.

Es gibt also ein sehr einfaches Mittel, zu unterscheiden, ob man sich in einer gleichmäßigen, sonst unmerklichen Drehung befindet oder nicht. Würde die Erde viel rascher rotieren, als es wirklich der Fall ist, oder wäre unser Bogengangapparat viel empfindlicher, so würde NANSEN[11], am Nordpol schlafend, bei jeder Umwendung durch eine Drehempfindung geweckt worden sein. Das Foucault'sche Pendel zum Nachweise der Erdrotation wäre unter solchen Verhältnissen unnötig. Es liegt in der Tat nur an der geringen Winkelgeschwindigkeit der Erde und den hieran hängenden großen Versuchsfehlern, dass wir die Erdrotation nicht mit Hilfe unseres Modells nachweisen können.[12] // 399 //

ARISTOTELES hat behauptet: „Das Süßeste ist die Erkenntnis." Er hat damit Recht. Wenn Sie aber annehmen wollten, dass auch die Publikation einer neuen Einsicht eine große Süßigkeit im Gefolge habe, so wären Sie in einem gewaltigen Irrtum befangen. Niemand beunruhigt seine Nebenmenschen ungestraft mit einer neuen Einsicht. Und damit soll gegen diese Nebenmenschen gar kein Vorwurf ausgesprochen sein. Die Zumutung, die Denkweise in Bezug auf eine Frage umzubrechen, ist keine angenehme und vor allem keine bequeme. Wer eine neue Einsicht gewonnen hat, weiß am besten, dass derselben immer auch ernste Schwie-

11 [*] Fridtjof Wedel-Jarlsberg Nansen (1861-1930), norwegischer Zoologe, Polarforscher, Diplomat (Friedensnobelpreisträger 1922)

12 In meinen „*Grundlinien der Lehre von den Bewegungsempfindungen*", 1875, ist S. 20, Zeile 4-13 von unten, als auf einem Irrtum beruhend, zu streichen, wie ich dies schon anderwärts bemerkt habe. Über einen anderen dem *Foucault*'schen verwandten Versuch vgl. meine „*Mechanik*", 8. Aufl. S. 309.

rigkeiten im Wege stehen. Mit lobenswertem, aufrichtigem Eifer wird also nach allem gesucht, was mit der neuen Ansicht nicht im Einklang steht. Man sieht nach, ob man die Tatsachen nach den herkömmlichen Ansichten nicht besser, ebenso gut, oder doch annähernd so gut erklären könnte. Und auch das ist ja gerechtfertigt. Aber auch recht ungenierte Einwendungen werden laut, die uns fast verstummen machen. „Wenn es einen sechsten Sinn gäbe, hätte man denselben schon vor Jahrtausenden entdeckt". Es war ja eine Zeit, da es nur sieben Planeten geben durfte. Ich glaube doch nicht, dass auf die philologische Frage, ob das berührte Erscheinungsgebiet ein Sinn zu nennen sei, irgendjemand besonderen Wert legt. Das Gebiet wird auch nicht verschwinden, wenn der Name verschwindet. Sogar das bekam ich zu hören, dass es Tiere ohne La- // 400 // byrinth gibt, die sich dennoch orientieren, dass also das Labyrinth mit der Orientierung nichts zu schaffen hat. Gewiss, wir gehen auch nicht mit unseren Beinen, da die Schlangen ohne dieselben vorwärts kommen.

Wenn nun auch die Verkünder einer neuen Einsicht von ihrer Publikation kein großes Vergnügen zu erwarten haben, so ist doch der bezeichnete kritische Prozess der Sache sehr förderlich. Alle der neuen Ansicht notwendig anhaftenden Mängel werden nach und nach bekannt und allmählich abgestreift. Jede Überschätzung und Übertreibung muss einer nüchternen Auffassung Platz machen. So hat es sich auch herausgestellt, dass man dem Labyrinth nicht alle Funktionen der Orientierung ausschließlich zuweisen darf. Um diese kritische Arbeit haben sich DELAGE[13], AUBERT[14], BREUER, EWALD[15] u. a. in hervorragender Weise verdient gemacht. Es kann auch nicht fehlen, dass bei diesem Prozess neue Tatsachen bekannt werden, welche nach der neuen Auffassung sich hätten voraussagen lassen, die zum Teil auch wirklich vorausgesagt worden sind, welche also für eben diese Auffassung sprechen. Es gelang BREUER und EWALD, das

13 [*] Yves Marie Delage (1854-1920), französischer Zoologe
14 [*] Hermann Aubert (1826-1892), deutscher Zoologe und Arzt
15 [*] Ernst Julius Richard Ewald (1855-1921), deutscher Physiologe

Labyrinth, sogar einzelne Teile des Labyrinthes elektrisch und mechanisch zu reizen und die zugehörigen Bewegungen auszulösen. Man konnte zeigen, dass mit Wegfall der Bogengänge der Drehschwindel, mit Beseitigung des ganzen Labyrinths auch die Kopforientierung verschwindet, dass ohne Labyrinth kein galvanischer Schwindel besteht. Ich selbst habe schon 1875 einen Apparat zur Beobachtung gedrehter Tiere konstruiert, der mehrmals in mannigfaltigen Formen nacherfunden // 401 // und später Zyklostat genannt worden ist.[16] Bei Versuchen mit den verschiedensten Tieren hat sich nun z. B. gezeigt, dass die Froschlarven erst dann Drehschwindel bekommen, wenn sich bei ihnen der Bogengangapparat entwickelt hat, der anfänglich nicht vorhanden ist (K. Schäfer[17]).

Ein großer Prozentsatz der Taubstummen ist mit schweren Labyrintherkrankungen behaftet. Der amerikanische Psychologe W. James hat nun mit vielen Taubstummen Drehversuche angestellt und hat bei einer großen Zahl derselben den Drehschwindel vermisst. Er hat auch gefunden, dass manche Taubstumme beim Untertauchen unter Wasser, wobei sie ihr Gewicht verlieren, wobei also der Muskelsinn keine verlässliche Anzeige mehr gibt, gänzlich desorientiert werden, nicht mehr wissen, wo oben, wo unten ist, und in die größte Angst geraten, was bei normalen Menschen nicht vorkommt. Solche Tatsachen zeigen schlagend, dass wir nicht durch das Labyrinth allein uns orientieren, so wichtig dasselbe für uns auch ist. Dr. Kreidl[18] hat ähnliche Versuche wie James angestellt, und hat bei gedrehten Taubstummen nicht nur den Drehschwindel, sondern auch die normalerweise durch das Labyrinth ausgelösten reflektorischen Augenbewegungen vermisst. Endlich hat Dr. Pollak bei einem beträchtlichen Prozentsatz der Taubstummen keinen gal-

16 Anzeiger der Wiener Akad. [recte: der Wiener kaiserlichen Akademie der Wissenschaften], [Mitteilung in der Sitzung der mathematisch-naturwissenschaftlichen Klasse, Nr. XXVIII] 30. Dezember 1875. [229-230]

17 [*Über den Drehschwindel bei Tieren*, in: Naturwissenschaftliche Wochenschrift, Bd. 6 No. 25, 1891, 248-249]

18 [*] Alois Kreidl (1864-1928), österreichischer Physiologe

vanischen Schwindel gefunden.[19] Weder die Ruckbewegungen, noch die Augenbewegungen traten ein, welche normale Menschen beim Ritter-Purkinje'schen Versuch[20] zeigen. // 402 //

Hat ein Physiker einmal die Ansicht gewonnen, dass die Bogengänge die Empfindung der Drehung, beziehungsweise der Winkelbeschleunigung vermitteln, so fragt derselbe fast notwendig nach den Organen für die Empfindung der Beschleunigung fortschreitender Bewegungen. Selbstredend sucht er für diese Funktion nicht nach einem Organ, welches in gar keiner verwandtschaftlichen und räumlichen Beziehung zu den Bogengängen steht. Hierzu kommen noch physiologische Momente. Ist einmal die vorgefasste Meinung durchbrochen, der gemäß das ganze Labyrinth Gehörorgan ist, so bleibt, nachdem der Schnecke die Tonempfindung, den Bogengängen die Empfindung der Winkelbeschleunigung zugewiesen ist, noch der Vorhof für weitere Funktionen verfügbar. Dieser schien mir nun (insbesondere der Sacculus) vermöge seines Gehaltes an so genannten Hörsteinen wohl geeignet, um die Empfindung der Progressivbeschleunigung, beziehungsweise der Kopfstellung zu vermitteln. Auch in dieser Vermutung traf ich wieder mit Breuer sehr nahe zusammen.

Dass eine Empfindung der Lage, der Richtung und Größe der Massenbeschleunigung existiert, lehren die Erfahrungen im Lift und lehrt die Bewegung in krummer Bahn. Ich habe auch versucht, große Geschwindigkeiten der Fortschreitung rasch herzustellen, und zu vernichten, mit Hilfe verschiedener Vorkehrungen, von welchen nur eine erwähnt werden mag. Wenn ich in dem großen Rotationsapparat außerhalb der Achse im Papierkasten eingeschlossen in gleichmäßiger Rotation bin, die ich nicht mehr empfinde, wenn ich dann den // 403 // Rahmen *r* beweglich mache und Halt kommandiere, so wird meine fort-

19 [Pollak, *Über den galvanischen Schwindel bei Taubstummen und seine Beziehung zur Funktion des Ohrenlabyrinthes.* In: Pflügers Archiv für die gesamte Physiologie des Menschen und der Tiere, Bd. 54 1893, 188-208]

20 [*] Vgl. EMS Bd.1

schreitende Bewegung plötzlich gehemmt, während der Rahmen r fortrotiert. Da glaube ich nun entgegen der gehemmten Bewegung in gerader Bahn fortzufliegen. Leider kann hier mannigfaltiger Umstände wegen der Nachweis, dass das betreffende Organ im Kopfe sitzt, nicht in überzeugender Weise geführt werden. Nach der Meinung von Delage hat das Labyrinth auch mit dieser Bewegungsempfindung nichts zu tun. Breuer hingegen ist der Ansicht, dass das Organ für fortschreitende Bewegungen beim Menschen verkümmert und die Nachdauer der betreffenden Empfindung zu kurz ist, um ebenso deutliche Experimente zu ergeben wie für die Drehung. In der Tat hat Crum Brown einmal in einem Reizungszustand an sich selbst eigentümliche Schwindelerscheinungen beobachtet, die sich sämtlich durch eine abnorm lange Nachdauer der Drehempfindung erklären ließen, und ich selbst habe in einem analogen Fall beim Anhalten eines Eisenbahnzuges die scheinbare Rückwärtsbewegung auffallend stark und lange empfunden.

Dass wir Änderungen der Vertikalbeschleunigung empfinden, ist nicht zweifelhaft. Dass die Otolithenorgane des Vorhofes die Empfindung der Richtung der Massenbeschleunigung vermitteln, wird nach dem Folgenden höchst wahrscheinlich. Dann ist es aber mit einer konsequenten Auffassung unvereinbar, letztere Organe für die Empfindung horizontaler Beschleunigungen für unfähig zu halten.

Bei den niederen Tieren schrumpft das Analogon des Labyrinthes zu einem mit Flüssigkeit gefüllten Hörbläschen mit auf Härchen ruhenden, spezifisch // 404 // schwereren Kristallen, Hörsteinen oder Otolithen zusammen. Dieselben scheinen physikalisch sehr geeignet sowohl die Richtung der Schwere, als auch die Richtung einer beginnenden Bewegung anzuzeigen. Dass sie erstere Funktion wirklich haben, davon hat sich zuerst Delage durch Versuche an niederen Tieren überzeugt, welche nach Entfernung des Otolithenorganes gänzlich desorientiert waren und ihre normale Lage nicht mehr zu finden wussten.

Ebenso hat Loeb[21] gefunden, dass Fische ohne Labyrinth bald auf dem Bauche, bald auf dem Rücken schwimmen. Der merkwürdigste, schönste und überzeugendste Versuch ist aber der von Dr. Kreidl mit Krebsen angestellte. Nach Hensen[22] führen gewisse Krebse nach der Häutung selbst feine Sandkörner als Hörsteine in die Otolithenblase ein. Dr. Kreidl nötigte solche Krebse nach dem sinnreichen Vorschlage von S. Exner[23] mit Eisenpulver (ferrum limatum) vorlieb zu nehmen. Wird nun dem Krebs der Pol eines Elektromagneten genähert, so wendet derselbe unter entsprechenden reflektorischen Augenbewegungen sofort den Rücken von dem Pol ab, sowie der Strom geschlossen wird, gerade so, als ob sich die Schwere nach Richtung und Sinn der magnetischen Kraft genähert hätte.[24] Dies muss man in der Tat nach der den Otolithen zugemuteten Funktion erwarten. Werden die Augen mit Asphaltlack bedeckt und die Gehörbläschen entfernt, so sind die Krebse gänzlich desorientiert, überkugeln // 405 // sich, liegen auf der Seite oder auf dem Rücken. Dies erfolgt nicht, wenn nur die Augen gedeckt werden. Für die Wirbeltiere hat Breuer durch eine eingehende Untersuchung nachgewiesen, dass die Otolithen (oder besser Statolithen) in drei den Bogengangebenen parallelen Ebenen gleiten, also wohl geeignet sind, sowohl Größen- als Richtungsänderungen der Massenbeschleunigung anzuzeigen.[25]

---

21 [*] Jacques Loeb (1859-1924), deutsch-amerikanischer Biologe und Physiologe

22 [*] Victor Hensen (1835–1924), deutscher Physiologe und Meeresbiologe

23 [*] Siegmund Exner-Ewarten (1846-1826), österreichischer Physiologe

24 Der Versuch war für mich besonders interessant, da ich schon 1874, allerdings mit sehr geringer Hoffnung, und ohne Erfolg versucht hatte, mein eigenes durchströmtes Labyrinth elektromagnetisch zu erregen.

25 Man erinnert sich hier vielleicht der Diskussion über die stets auf die Füße fallende Katze, welche vor einigen Jahren die Pariser Akademie und mit dieser die Pariser Gesellschaft beschäftigt hat. Ich bin der Meinung, dass diese Fragen durch das in meinen „[*Grundlinien der Lehre von den*] *Bewegungsempfindungen*" (1875) Gesagte mit erledigt sind. Auch die von den Pariser Gelehrten zur Erläuterung erdachten Apparate habe ich zum Teil schon 1868 in Carls Repertorium [für Experimentalphysik, für physikalische Technik, mathematische und astronomische Instrumentenkunde] IV. [*Über die Versinnlichung einiger Sätze der Mechanik*] 359 [-361] angegeben. *Eine*

Ich habe schon erwähnt, dass nicht jede Orientierungsfunktion dem Labyrinth allein zugeschrieben werden darf. Die Taubstummen, welche auch noch untergetaucht, und die Krebse, welchen auch noch die Augen gedeckt werden müssen, wenn sie bei funktionslosem Gleichgewichtsorgan vollkommen desorientiert sein sollen, sind ein Beleg hierfür. Ich sah bei Hering[26] eine junge geblendete Katze, die sich aber für den nicht sehr genauen Beobachter ganz wie eine sehende Katze verhielt. Dieselbe spielte ganz flink mit auf dem Boden rollenden Gegenständen, steckte den Kopf neugierig in offene Laden hinein, sprang geschickt auf den Stuhl, lief mit voller Sicherheit durch offene Türen hindurch, // 406 // ohne jemals gegen eine geschlossene Tür anzurennen. Der Gesichtssinn war hier sehr rasch durch den Tast- und Gehörssinn ersetzt worden. So zeigt es sich nach Ewald, dass die Tiere auch nach entferntem Labyrinthe allmählich lernen, sich scheinbar wieder ganz normal zu bewegen, indem ein Teil des Hirnes die ausgefallene Funktion des Labyrinthes ersetzt. Nur eine gewisse, eigentümliche Muskelschwäche bleibt zurück, die Ewald dem Fehlen des sonst vom Labyrinth beständig ausgehenden Reizes (Labyrinthtonus) zuschreibt. Wird aber jene die Ersatzfunktion ausübende Hirnpartie abgetragen, so sind die Tiere nun ganz desorientiert und hilflos.

Man kann sagen, dass die 1873 und 1874 von Breuer, Crum Brown und mir ausgesprochenen Ansichten, welche eine weitere und reichere Entwicklung der Goltz'schen Auffassung darstellen, sich im Ganzen bewährt haben. Mindestens aber haben dieselben fördernd und anregend gewirkt. Selbstredend sind im Verlaufe der Untersuchung wieder neue Probleme aufgetreten, die ihrer Erledigung harren, und viel Arbeit bleibt übrig. Zugleich sehen wir aber, wie fruchtbar nach zeitweiliger Iso-

---

Schwierigkeit ist bei der Pariser Diskussion nicht berührt worden. Der Katze im *freien Fall* kann der Otolithenapparat nichts nützen. Sie kennt wohl, solange sie in Ruhe ist, ihre Orientierung und kennt wohl instinktiv das Ausmaß der Bewegung, welches sie auf die Füße stellt.

26 [*] Ewald Hering (1834-1918), deutscher Physiologe

lierung und Kräftigung der naturwissenschaftlichen Spezialfächer gelegentlich deren Zusammenwirkung ist.

Es sei deshalb gestattet, die Beziehung zwischen Hören und Orientierung noch unter einem allgemeineren Gesichtspunkt zu betrachten. Was wir Gehörorgan nennen, ist bei den niederen Tieren ein Bläschen mit Hörsteinen. Bei höherer Entwicklung wachsen aus demselben nach und nach 1, 2, 3 Bogengänge heraus, während der Bau des Otolithenorganes // 407 // selbst zugleich komplizierter wird. Aus einem Teil des letzteren (lagena) wird endlich bei den höheren Wirbeltieren, insbesondere bei den Säugetieren die Schnecke, die Helmholtz[27] als das Organ der Tonempfindung gedeutet hat. Noch befangen in der Ansicht, dass das ganze Labyrinth Gehörorgan sei, suchte Helmholtz anfänglich, ungetreu den Ergebnissen seiner eigenen musterhaften Analyse, einen anderen Teil des Labyrinthes als Organ für Geräusche zu deuten. Ich habe vor langer Zeit (1873[28]) gezeigt, dass jeder Tonreiz durch Abkürzung der Reizdauer auf eine geringe Anzahl Schwingungen den Charakter der Tonhöhe allmählich einbüßt, und jenen eines trockenen Schlages, eines Geräusches annimmt. Alle Zwischenglieder zwischen Ton und Geräusch lassen sich so aufweisen. Man wird nicht geneigt sein, anzunehmen, dass da an die Stelle eines Organs auf einmal ein ganz anderes in Funktion tritt. Auf Grund anderer Versuche und Erwägungen hält S. Exner die Annahme eines besonderen Organs zur Empfindung der Geräusche ebenfalls für unnötig.

Bedenken wir nur, ein wie geringer Teil des Labyrinthes der höheren Tiere dem Hören zu dienen scheint, wie beträchtlich dagegen der Teil noch ist, welcher wahrscheinlich der Orientierung dient, wie gerade die erste Anlage des Hörbläschens der niederen Tiere dem Teile des ausgebildeten Labyrinthes gleicht, welcher nicht hört, so drängt sich wohl die Ansicht auf,

27 [*] Hermann von Helmholtz (1821-1894), deutscher Physiologe und Physiker

28 [a.a.O.]

die BREUER und ich (1873[29], 1874[30]) ausgesprochen haben, dass das Gehörorgan sich aus einem Organ für Empfindung von Bewegungen entwickelt hat, durch Anpassung // 408 // an schwache periodische Bewegungsreize, und dass viele bei niederen Tieren für Gehörorgane gehaltenen Apparate gar keine eigentlichen Gehörorgane sind.[31]

Diese Ansicht scheint zusehends mehr Boden zu gewinnen. Dr. KREIDL ist durch gut angelegte Versuche zu dem Schlusse gelangt, dass selbst die Fische noch nicht hören, während seinerzeit E. H. WEBER[32] die Knöchelchen, welche die Schwimmblase der Fische mit dem Labyrinth in Verbindung setzten, geradezu als Schallleitungsapparate von ersterer zu letzterem betrachtet.[33] SÖRENSEN[34] hat die Erregung von Tönen durch die Schwimmblase, sowie die Fortleitung von Erschütterungen durch die WEBER'schen Knöchelchen beobachtet. Er hält die Schwimmblase für besonders geeignet, die von anderen Fischen erregten Geräusche aufzunehmen und zum // 409 // Labyrinth zu leiten. Er hat in dem Wasser südamerikanischer Flüsse die lauten grunzenden Töne gewisser Fische gehört und meint,

---

29 [a.a.O.]

30 [a.a.O.]

31 [Vgl. über die hier berührten Punkte: „*Physik. Versuche über den Gleichgewichtssinn*". Sitzgsber. d. Wiener Akad. III. Abt. 1873 S. 133, 136 – „*Bewegungsempfindungen*" 1875, S. 110. – *Analyse d. Empfindungen* 1886, S. 117, 133, 3. Aufl. 1902, S. 202, 221. – Obwohl mir schon durch die erwähnte Erfahrung bei der Eisenbahnfahrt klar geworden war, dass Menschen und Tiere in ihrer Art ebenso geotropisch sind wie die Pflanzen, obwohl ich vielleicht einer der ersten war, der die Otolithen in ihrer eigentlichen Bedeutung als Statolithen erkannte, so blieb mir doch gerade der Geotropismus der Pflanzen ein unerklärtes Rätsel. Ich war daher sehr angenehm überrascht, als es sich durch die Studien von G. HABERLANDT und B. NEMEC herausstellte, dass wahrscheinlich die Stärkekörner in ähnlicher Weise als Wachstumsreize wirken, wie die Otolithen als Empfindungsreize. Vgl. Haberlandt, „*Sinnesorgane im Pflanzenreich. [Zur Perzeption mechanischer Reize]*", [Leipzig] 1901, S. 142 Anm., ferner „*Über die Perzeption des geotropischen Reizes*", Ber. d. D[eutschen] botan. Gesellsch. [Jahrgang] XVIII [1900] S. 261 [-272]. — 1902.]

32 [*] Ernst Heinrich Weber (1795-1878), deutscher Physiologe und Anatom

33 E.H. Weber, *De aure et auditu hominis et animalium*, Lipsiae 1820.

34 [*] William Sörensen (1848-1916), dänischer Zoologe

dass sich dieselben auf diese Weise locken und finden. Hiernach wären wieder manche Fische weder taub noch stumm.[35] Die Frage, welche hier liegt, dürfte sich lösen durch eine scharfe Unterscheidung zwischen Tonempfindung (eigentlichem Hören) und Wahrnehmen von Erschütterungen. Erstere mag ja selbst bei manchen Wirbeltieren sehr eingeengt sein, vielleicht auch ganz fehlen. Neben der Hörfunktion könnten aber die Weber'schen Knöchelchen ganz wohl noch eine andere Funktion haben. Wenn auch die Schwimmblase nicht in dem einfachen physikalischen Sinn Borellis[36] ein Gleichgewichtsorgan ist, wie Moreau gezeigt hat, so bleibt für sie wahrscheinlich doch noch irgendeine derartige Funktion übrig. Die Verbindung mit dem Labyrinth begünstigt diese Auffassung. Und so liegt hier noch eine Fülle von Problemen.

Eine Reminiszenz aus dem Jahre 1863 ist es, mit welcher ich schließen möchte. Helmholtz „Tonempfindungen" waren eben erschienen, und die Funktion der Schnecke schien nun aller Welt klar. In einem Zwiegespräch, welches ich mit einem Doktor der Medizin hatte, erklärte es dieser als ein fast hoffnungsloses Unternehmen, auch die Funktion der anderen Labyrinthteile ergründen zu wollen, während ich in jugendlichem Übermut behauptete, diese Frage müsste gelöst werden, und // 410 // zwar bald, ohne natürlich eine Ahnung zu haben, wie. Zehn Jahre später war die Frage im Wesentlichen gelöst.

Ich glaube heute, nachdem ich mich an mancher Frage oft und vergebens versucht habe, nicht mehr, dass man die Probleme nur so übers Knie brechen kann. Allein ein „Ignorabimus"

35 Sörensen, [*Are the Extrinsic Muscles of the Air-bladder in some Siluroidæ and the "Elastic Spring" Apparatus of others Subordinate to the Voluntary Production of Sounds? What is, according to our Present Knowledge, the Function of the Weberian Ossicles?: A Contribution to the Biology of Fishes*, In:] Jour[al] [of] Anat[omy] [and] Phys[iology] London, vol. 29 [pt. 2] (1895) [205-229]. Ich verdanke die Kenntnis dieser Arbeit meinem Kollegen *K. Grobben*. [1854-1945, Zoologe, 1896 Vorstand des 1. Zoologischen Instituts der Universität Wien]

36 [*] Giovanni Alfonso Borelli (1608-1679), italienischer Physiker und Astronom

würde ich doch nicht für den Ausdruck der Bescheidenheit halten, sondern eher für das Gegenteil. Richtig angebracht ist dasselbe nur gegenüber verkehrt gestellten Problemen, die also eigentlich keine Probleme sind. Jedes wirkliche Problem kann und wird bei genügender Zeit gelöst werden, ohne alle übernatürliche Divination, ganz allein durch scharfe Beobachtung und umsichtige, denkende Erwägung. // 411 //

20.
Beschreibung und Erklärung.[1]

1. Wenn ein um die Forschung hoch verdienter Mann ein lapidares Wort fallen lässt, das einen neuen Blick eröffnet, so begegnet dies dem Staunen jener, deren Denkrichtung es fern liegt, der freudigen Aufmerksamkeit anderer, die das Neue und Treffende in demselben zu schätzen wissen, und der Opposition der Konservativen, welche darin nur die Destruktion des bisher Geltenden und als richtig Erkannten erblicken. So will der Streit um Beschreibung und Erklärung, der durch Kirchhoffs Ausspruch von 1874 eingeleitet wurde, nicht verstummen. Es wird hierbei wohl zu wenig erwogen, dass auch der Hervorragendste doch nur ein Mensch ist, und dass die in ihrer Bedeutung nur wenig umschriebenen Worte der Vulgärsprache, die er verwenden muss, eben auch aus der Situation des Sprechenden und der Angeredeten dem Sinne nach näher bestimmt werden müssen.

2. Wer das Wasser im Heber zum ersten Mal einerseits aufwärts, andererseits aber auf diesem Umwege abwärts fließen sieht, wird gewiss ver- // 412 // wundert fragen, warum die Wassersäule nicht an der höchsten Stelle reißt und jeder der beiden Teile einfach abwärts fließt? Die bloße Beschreibung und die Versicherung, dass die Sache eben so und nicht anders vorgeht, wird ihm nicht genügen; er wird ein entschiedenes Bedürfnis fühlen, den Widerstreit zwischen dem Erwarteten und dem wirklich Eintretenden gelöst zu sehen. Wenn nun jemand zeigt, dass durch irgendeinen Zwang, nennen wir ihn etwa „horror vacui", das Wasser im Heber am Reißen gehindert, zusammengehalten wird, und nun ganz wie eine über einer Rolle oder dem glatten Rand eines Trinkglases hängende schwere Kette dem Übergewicht des längeren Teiles folgt, wobei dem kürzeren Teil immer neues Wasser als Ersatz sich anhängt, so

1 Erschien sehr gekürzt in der „Naturwissenschaftlichen Rundschau", XXI. Jahrgang, Nr. 38.

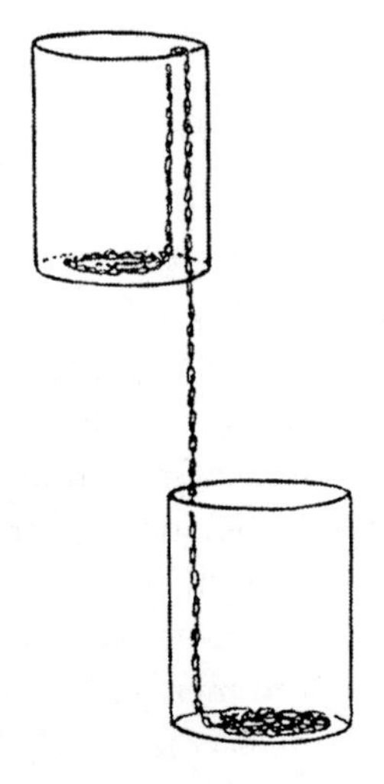

Fig. 61

wird jener stutzige Beobachter für diese Aufklärung sicherlich dankbar sein. Er kennt ja das Gewicht des Wassers, jenen Zwang, der seinen Finger an die Öffnung einer saugenden Spritze oder Pumpe anpresst, die Überwindung eines kleineren durch ein größeres Gewicht aus seiner persönlichen Erfahrung ganz wohl. Sein Instinkt sträubt sich nun nicht mehr gegen das Fließen des Hebers. Er fühlt im Gegenteil, dass das Wasser sich nicht anders verhalten kann. Vgl. Fig. 61 das Überfließen der Kette aus dem höher stehenden Trinkglase in das tiefere. // 413 //

Gesetzt unser Beobachter würde nun wahrnehmen, dass die Flüssigkeitssäule eines mit Quecksilber gefüllten Hebers reißt, wenn dessen Schenkel über 76 cm hoch werden, dass ein solcher Heber hingegen durch Neigung gegen den Horizont, welche die Vertikalhöhe der Schenkel unter diese Grenze herabsetzt, wieder zu fließen beginnt, so würde sich jetzt das Bedürfnis ergeben, jenen zusammenhaltenden Zwang als begrenzten, bestimmten, durch die Höhe einer Flüssigkeitssäule messbaren Druck vorzustellen. Hört im Vakuum, im leer gepumpten Rezipienten der Luftpumpe das Fließen des Hebers überhaupt auf, so zwingt uns dies, den durch das Eigengewicht der Luft bedingten Elastizitätsdruck derselben als den zusammenhaltenden Zwang

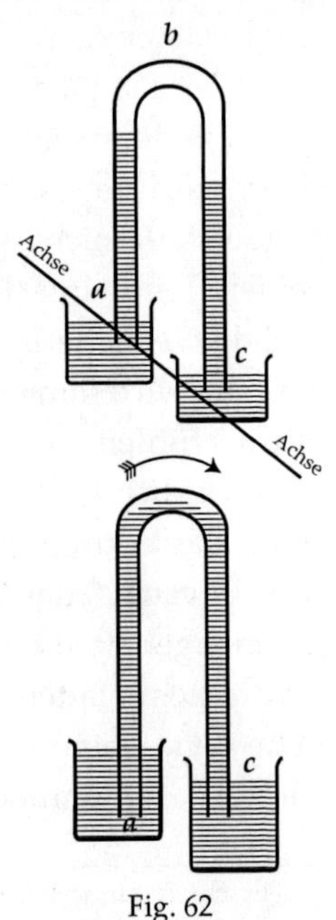

Fig. 62

anzusehen. Vgl. Fig. 62, den durch Neigung fließenden und durch Aufrichten gesperrten Quecksilberheber.

Wir können also eine uns fremd anmutende Tatsache erklären, aufklären, uns vertrauter machen, indem wir durchschauen, dass diese auf dem Zugleichbestehen, Nebeneinanderbestehen schon bekannter gleichartiger oder ungleichartiger Tatsachen beruht. Ebenso verstehen wir das umgekehrte farbige Abbild der Außendinge auf der weißen Wand der PORTA'schen Dunkelkammer als Nebeneinanderlegung der durch die kleine Öffnung begrenzten farbigen // 414 // Reflexe. Das NEWTON'sche Spektrum erklärt sich als Nebeneinanderlegung der in demselben Prisma ungleich gebrochenen und abgelenkten farbigen Strahlen. Die krumme Bahn eines horizontal geworfenen Körpers ergibt sich aus der Verbindung der horizontalen Schleuderbewegung mit der vertikalen Fallbewegung.

Es kann recht auffallend erscheinen, dass ein Wachstropfen auf dem an einem Ende erhitzten Draht das heißere Ende flieht, selbst wenn er dabei sich merklich heben müsste. Wenn wir aber schon wissen, dass die kapillare Oberflächenspannung des Tropfens an der kälteren Drahtseite größer ist, so ergibt sich die beobachtete Bewegung als die natürliche Folge der einseitigen Erwärmung. Das Verhalten des LEIDENFROST'schen Tropfens auf einer glühenden Metallplatte begreifen wir durch die hohe Spannkraft und die geringe Leitungsfähigkeit der den Tropfen tragenden Dämpfe, ebenso wie das rasche zischende Verdampfen desselben Tropfens bei Sinken der Plattentemperatur und der Dampfspannkraft. Dass schief auf eine Wasserfläche fallendes Licht zum Lote gebrochen wird, verstehen wir aus der Verkleinerung der Fortpflanzungsgeschwindigkeit im Wasser und der hiermit verbundenen Schwenkung der Wellenfläche.

Besonders auffallend und überraschend sind Tatsachen, welche unter alltäglichen Umständen, aber in ganz ungewohnten quantitativen Verhältnissen verlaufend, den instinktiven auf andere Maße eingestellten Erwartungen widersprechen. Die Erklärung besteht hier in der richtigen Leitung der Aufmerksamkeit auf die besonderen maßgebenden // 415 // Verhältnisse. Ein losgelassener Körper fällt zu Boden. Ein horizontal mit großer Geschwindigkeit geschleuderter oder geschossener Körper beschreibt zunächst eine fast gerade horizontale Bahn, so zwar, dass den ersten Forschern diese zweite „gewaltsame" Bewegung als eine von der ersten „natürlichen" ganz verschiedene erschien. Es genügt zur Erkenntnis der Gleichartigkeit beider Bewegungen die Kürze der Zeit zu beachten, in welcher die ersten Bahnelemente beschrieben werden, um auch die zugehörige kaum merkliche Tiefe des beginnenden Fallens zu begreifen. Ein kräftiger, ganz gleichmäßiger horizontaler Wasserstrahl trete durch eine Wandöffnung eines Zimmers ein, durch eine andere aus. Wer nun wüsste, dass dieser Körper flüssig ist, wer aber dessen Geschwindigkeit nicht kennen würde, für den müsste dieser in der Luft schwebende Wasserkörper das Wunderbarste sein, was ihm je vorgekommen. Erst die winzige Zeit, welche dieses Wasser überhaupt im Zimmer verweilt, würde das Rätsel lösen. Durch dieselben Umstände erscheint das Verhalten der etwa auf der Riemenscheibe einer Dynamomaschine rasch rotierenden Aitken'schen Kette so befremdend. Erteilt man dieser Kette, Fig. 63, durch // 416 // einen glatten Metallstab irgendeine Ausbiegung, so verschwindet diese nach Entfernung des störenden Stabes trotz der Schwere nur sehr langsam. Die ganze Kette lässt sich durch eine von unten genäherte glatte Platte herausheben, von der Riemenscheibe trennen, rotiert und rollt dann auf der

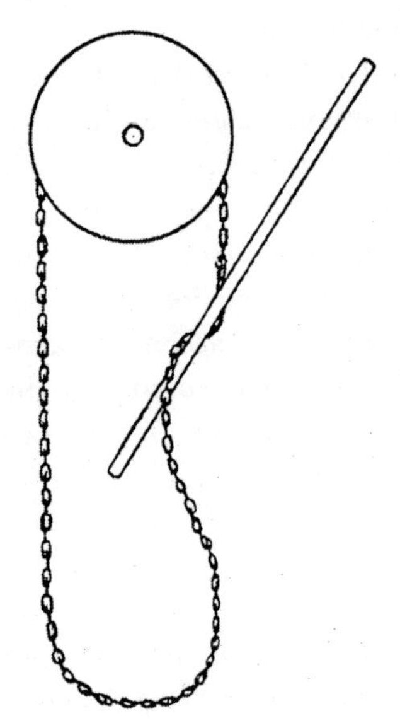

Fig. 63

Unterlage, ihre Form langsam ändernd, weiter, bis sie endlich durch die Reibungswiderstände ihre Geschwindigkeit verliert und zusammenfällt. Auch Papier- oder Kartonscheiben, während rascher Rotation durch einen glatten Stab verbogen, nehmen nur langsam ihre ebene gestreckte Form wieder an. In allen analogen Fällen haben die im Zusammenhang rasch ihre Bahnelemente durchlaufenden Teile nicht genügende Zeit, den gewöhnlichen äußeren Kräften ausgiebig zu folgen.

Sehr verwandt den eben besprochenen sind die Vorgänge am Kreisel, die den Instinkt eines jeden, der sie zum ersten Mal wahrnimmt, so gründlich überraschen und enttäuschen. Schon dass ein auf der Spitze rotierender Kreisel nicht umfällt,[2] dass dessen schief gegen die Vertikale stehende Rotationsachse um die erstere langsam einen Kegel beschreibt, scheint sehr rätselhaft. Ergreift man den Ring, in welchen die Achse des rotierenden Kreisels eingelagert ist, und versucht man diese Achse aus ihrer Richtung herauszudrehen, so erfährt man nicht nur // 417 // einen kräftigen Widerstand, sondern es verhält sich so, als ob mächtige unsichtbare Geisterhände stets eine Drehung um eine zur Achse der beabsichtigten Drehung senkrechte Achse ausführen würden, gleichsam unsere Absicht stets vorauswissend und vereitelnd. Ganz unheimlich wirkt dies, wenn der gleichmäßig und lautlos laufende Kreisel, dessen Drehung uns verborgen bleibt, in einem Kästchen verschlossen ist, das man uns in die Hände legt.

Auf den Weg zum prinzipiellen Verständnis des Kreisels kann eine sehr einfache Betrachtung leiten. Denken wir uns ein horizontal geschleudertes Projektil *a* Fig. 64, von dessen Schwere wir zunächst absehen. Verbinden wir dies Projektil durch einen unausdehnbaren Faden mit dem festen Punkt *o* in dessen Horizontalebene, so beschreibt es um diesen Punkt eine

2 Von reisenden Eskamoteuren kann man gelegentlich hören, dass die Schwere am rotierenden Kreisel aufgehoben sei. Fällt der Kreisel durch einen unglücklichen Griff zu Boden, so widerlegt er ja polternd und schlagend diese Auffassung. Diese Auffassung selbst eröffnet aber einen Blick in die Urgeschichte der Mechanik und deren Psychologie.

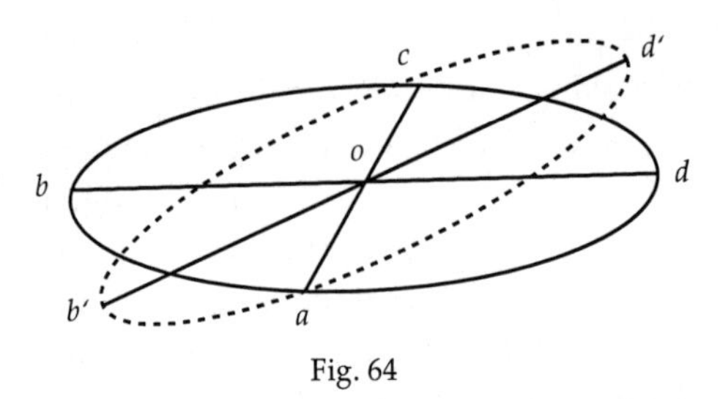

Fig. 64

horizontale Kreisbahn, *a b c d*. Ein ruhender Körper in *a* würde nun der kleinsten vertikal abwärts erteilten Geschwindigkeit folgen, während das mit der Horizontalgeschwindigkeit *V* durchfliegende Projektil, wenn ihm noch in *a* die Geschwindigkeit *v* abwärts erteilt wird, nur eine der Resultierenden von *V* und *v* entsprechende schief nach unten geneigte Bahn beschreiben wird. Für // 418 // dieselbe Bahnneigung wird die zu erteilende Vertikalgeschwindigkeit desto größer sein müssen, je bedeutender die Projektilgeschwindigkeit *V* ist. Vgl. Fig. 65. Eine reine Vertikalbewegung ist selbst mit den größten Vertikalkräften und Vertikalgeschwindigkeiten bei dem Projektil nicht zu erzielen. Was bei einem Projektil schwierig ist, wird noch schwieriger, wenn der ganze Kreis *a b c d* mit elastisch verbundenen Projektilen ausgefüllt, also der rotierende Kreisel von einem Strom von Projektilen erfüllt gedacht wird. Daher also der große Widerstand gegen einen Vertikaldruck in *a*. Zugleich sieht man aber, dass jeder in *a* Fig. 64 angebrachte Vertikaldruck, z. B. die

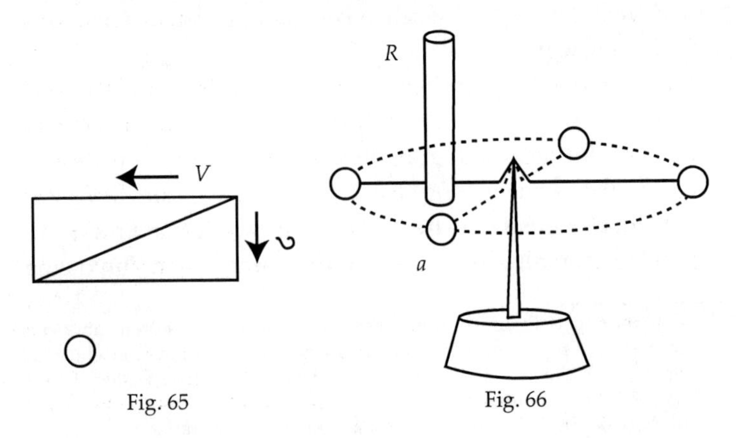

Fig. 65

Fig. 66

Schwere oder das Blasen durch ein Rohr *R* Fig. 66, die Bahnebene so ändern wird, als ob dieselbe in *b* nach *b′cd′a* herabgedrückt oder verschoben worden wäre.[3] Diese Andeutung mag hier genügen. Denn sobald es sich um Einzel- // 419 // heiten der Kreiselbewegung handelt, muss man meist darauf verzichten, dieselben mit einem Blick zu durchschauen, sich vielmehr begnügen, diese schrittweise rechnend zu verstehen. Der Fall des Kreisels ist übrigens verwandt mit dem einfacheren des Kegelpendels, in welchem das Fallen eines Körpers auch durch eine Geschwindigkeit verhindert wird.

Auch unter einfachen und ganz wohl bekannten Umständen kann die Erwartung durch ungewöhnliche Maßverhältnisse irre geleitet werden. Man hänge eine Glastafel an Fäden als leicht bewegliches Pendel auf, und durchschieße sie mit einem Gewehrprojektil. Wer wird nicht davon überrascht sein, dass die Tafel sich kaum merklich bewegt, und ein scharf begrenztes rundes Loch ohne Sprünge und Splitterung aufweist. Doch ist dies nur eine Folge davon, dass die Tafel wegen der geringen Fortpflanzungsgeschwindigkeit der Transversalwellen keine Zeit gehabt hat, sich durchzubiegen um zu brechen, und dass der Druck des Projektils nur äußerst kurze Zeit auf die nächst getroffenen Teile gewirkt hat. Nicht leicht wird jemand auf den Einfall kommen, eine 2 cm dicke Türfüllung aus Fichtenholz mit einem 12 mm dicken, 60 cm langen Stab aus demselben Holz durchtrennen zu wollen, denn sein Gefühl wird ihm sagen, dass der Stab sich biegen, brechen und zersplittern wird. Derselbe Stab aber, aus einer Pistole gegen ein solches Brett abgefeuert, durchdringt letzteres, ohne zu brechen und zu splittern, und bleibt wie vom Schreiner eingepasst stecken. Hier hat die Zeit zur Biegung, zur Bildung des ersten Viertels der Transversalschwingung, demnach auch zum Brechen nicht zugereicht. // 420 //

3 Das Experiment lässt sich leicht mit einem Paar gleicher, durch einen Draht verbundener, auf einer Spitze horizontal rotierender Münzstücke ausführen.

Quantitativ Neues gewährt auch fast immer einen qualitativ neuen Anblick. Fahren wir mit irgendeinem Körper bei mäßiger Geschwindigkeit durch eine Flamme hindurch, so flackert diese. Wie uns aber die Momentphotographie belehrt, wird eine Flamme oder eine heiße Luftsäule von einem Projektil wie ein starrer Körper durchbohrt, ohne deformiert und in Bewegung gesetzt zu werden, was mit der geringen Geschwindigkeit der Ausbreitung der Gasreibung zusammenhängt. Gewöhnliches Schießpulver kann man auf der flachen Hand abbrennen, eine Dynamitpatrone durchschlägt jedoch eine starke Tischplatte, auf welcher sie zur Explosion gebracht wird. Der Unterschied besteht nachweislich nur darin, dass die explodierenden Pulverteile langsamer ihre Geschwindigkeit annehmen, während das Dynamit in sehr kurzer Zeit explodierend seinen Teilen zugleich sehr hohe Geschwindigkeiten, sozusagen Projektilgeschwindigkeiten überträgt, so dass auch die Unterlage gewissermaßen durchschossen wird.

Bei allen diesen Beispielen von Erklärungen, so verschieden deren Typen auch sein mögen, kommt es immer darauf hinaus, dass an uns fremd anmutenden Tatsachen durchaus nur Teile und Seiten aufgewiesen werden, die uns bekannt und vertraut sind. Es ist nicht nur die logische Zurückführung eines Satzes auf einen oder mehrere andere, sondern auch der psychologische Ersatz fremdartiger Wahrnehmungs- und Vorstellungsbilder durch geläufige und vertraute, es ist wesentlich die Beseitigung einer psychophysiologischen Beunruhigung, um die es sich hier handelt. Wunderbar // 421 // erläutert R. Avenarius[4] die Naturgeschichte des Problems, wie H. Höffding dieselbe nennt,[5] durch seine Beispiele im zweiten Bande seiner „Kritik der reinen Erfahrung". Naturforscher, welche abstrakteren philosophischen Erörterungen gern aus dem Wege gehen, werden an Avenarius' ganzer Darstellung erst Geschmack gewinnen, wenn sie mit der Lektüre dieser durch

4 [*] Richard Avenarius (1843–1896), deutscher Philosoph

5 *Moderne Philosophen. [Vorlesungen, gehalten an der Universität in Kopenhagen im Herbst 1902]*, Leipzig 1905, S. 117f.

kleineren Druck kenntlichen Beispiele und Zusätze beginnen. Sie werden hierbei Avenarius mehr zu würdigen wissen, als dies von Seiten der Philosophen bisher geschehen ist.

3. Sind wir imstande, jedes einzelne der Momente, welches uns z.B. das Fließen des Hebers verständlich machen, etwa die Elastizität und das Gewicht der Luft, den Sinnen fassbar vorzuführen, ebenso in einem anderen Falle die Oberflächenspannung des geschmolzenen Wachses aufzuzeigen usw., so hat natürlich das Erklären keine Schwierigkeit. So glücklich wir aber darin auch sein mögen, immer werden bei näherer und dauernder Betrachtung die Tatsachen selbst, die wir der Erklärung zugrunde gelegt haben, ihre Selbstverständlichkeit allmählich einbüßen, und selbst einer Erklärung bedürftig scheinen. Die Körper, auch die Luft, haben ein Gewicht; das war uns lange selbstverständlich. Hat aber das Aufklärungsbedürfnis hier sein Ende erreicht? Erheben wir ein Stück Eisen vom Boden, so ist es gerade so, als ob die Erde durch einen Zug unsichtbarer Muskel unserem eigenen Muskelzug widerstreben würde. Dasselbe empfinden wir bei Erhebung eines Kieselsteins oder eines Blei- // 422 // stückes. Nähern wir die Hand mit dem Eisenstück dem Pol eines kräftigen Elektromagneten, z. B. einer Dynamomaschine, so empfinden wir wieder den geheimnisvollen Muskelzug, der von diesem Pol ausgeht, der aber stärker wird, sobald wir uns annähern, bis uns endlich das Eisen aus der Hand gerissen wird. Der von der Erde ausgehende Zug blieb immer gleich. Gegen den Kieselstein oder das Blei scheint der Magnet gleichgültig. Warum sind diese Züge, „Kräfte" so verschieden? So werden wir immer fragen, sobald wir auf solche Unterschiede treffen. Die Erklärung kann ihr Ende finden, das Aufklärungsbedürfnis aber nicht.

Wenn wir von einer Tatsache nachweisen können, dass sie durch eine andere bedingt durch letztere schon mit gegeben, durch diese bestimmt, erklärt, also eigentlich mit ihr identisch ist, so hat unser Bild des bekannten Tatsachenkomplexes an Einfachheit, Einheitlichkeit, Übersichtlichkeit, rationeller Bequemlichkeit und praktischer Brauchbarkeit gewiss viel gewonnen. Es ist also sehr natürlich, dass man auf das Gelingen einer Erklärung hohen Wert legt. Dies darf uns aber nicht verleiten, die Wertschätzung der Vereinfachung unseres Vorstellungs- und Gedankensystemes mit der Wertschätzung der Tatsachen oder deren Kenntnis zu verwechseln. Die Kenntnis einer Tatsache bleibt gleich wichtig und wertvoll, ob diese einfach bekannt, oder erklärt, auf eine andere zurückgeführt ist oder nicht. Die erklärte Tatsache ist nicht besser, wirklicher und wichtiger als die unerklärte.

4. Es hängt ganz von der Entwicklungsstufe einer // 423 // Wissenschaft ab, ob eine neu gefundene Tatsache durch den Vorrat schon bekannter und geläufiger Kenntnisse erklärt werden kann. Die voreilige Voraussetzung, dass dies zutreffen werde, dass die Erfahrungen von gestern eigentlich auch jene von heute und morgen schon mit erschöpft haben, hängt gerade an der Jugend der Wissenschaft. Die Geschichte der Forschung hat eben gelehrt, dass oft in den wichtigsten Fällen die Teiltatsachen, auf welche die Erklärung einer neuen Beobachtung sich gründen konnte, noch gar nicht bekannt, sondern erst zu finden waren. Dann hat immer jene Untersuchungsmethode eingegriffen, welche NEWTON die analytische nennt, welche die Bedingungen erforscht, unter denen die auffallende zu erklärende Tatsache so auftreten kann, wie sie wirklich stattfindet. NEWTON hat auf diese Weise das prismatische Spektrum auf die Zusammensetzung des weißen Lichtes aus verschiedenfarbigen, ungleich brechbaren Bestandteilen, die Farben dünner Blättchen auf die ungleiche Periodizität eben dieser Bestandteile zurückgeführt, und diese Lichtbestandteile nachgewiesen. Hier sind nun gerade die neu aufgefundenen Tatsachen viel ungewöhnlicher, auffallender und viel wichtiger als jene, welche zur Auffindung jener den Anlass geboten hatten. Sie stellen die eigentliche Entdeckung vor. Mit der Anerkennung der neu gefundenen Tatsachen werden aber auch jene, deren Erklärung man suchte und noch viele andere verständlich. Die Zurückführung des noch Unbekannten auf schon

Bekanntes ist also nicht immer dasjenige, was der Forscher bei seinem Erklärungsstreben erreicht. Immer aber ist es: die // 424 // Konstatierung von Tatsachen und ihres Zusammenhanges.

5. Gelingt der sinnenfällige Nachweis der vermuteten Teile oder Seiten einer Tatsache nicht, so pflegt man solche vorläufig, versuchsweise anzunehmen, in der Erwartung, dass dieser Nachweis später gelingen werde. Wo aber diese Aussicht der Natur der Annahme nach gänzlich fehlt, muss diese hypothetische Erklärung als eine müßige, erdichtete bezeichnet werden. Wollen wir NEWTONS und KIRCHHOFFS Abneigung und Auflehnung gegen das Spiel mit Hypothesen recht verstehen, so müssen wir den Missbrauch in Betracht ziehen, der zu ihrer Zeit mit diesem Hilfsmittel getrieben wurde. Hierauf bezieht sich die Negation beider in ihren Äußerungen. Gegen die Vereinfachung durch Aufdeckung des Zusammenhanges scheinbar isolierter Tatsachen hatten beide nichts einzuwenden. Im Gegenteil förderten beide mächtig die Forschung in dieser Richtung. In Bezug auf NEWTON mögen die obigen Beispiele genügen, während KIRCHHOFFS experimentelle Entdeckung der Proportionalität der Strahlung und Absorption eines jeden Körpers für jede besondere Strahlenart, welche er sofort theoretisch mit dem beweglichen Gleichgewicht der Wärme in Zusammenhang brachte, als Beleg für des letzteren Forschungsweise gelten kann. NEWTON und KIRCHHOFF legten den größten Wert auf die Konstatierung von Tatsachen, welche schließlich nicht weiter erklärt, sondern nur durch Beschreibung fixiert werden können. Hiermit ist die positive Seite ihrer Aussprüche bezeichnet.

6. Durch die nicht genügende Beachtung beider // 425 // Seiten des Kirchhoff'schen Leitmotivs kann in der Tat eine gute alte Unterscheidung leicht getrübt werden, und dies ist die Quelle fortwährender polemischer Auseinandersetzungen. Lange vor Kirchhoff hat Hermann Grassmann[6] 1844 „Übereinstimmung

6 [*] Hermann Günther Graßmann (1809-1877), deutscher Mathematiker und Sprachwissenschaftler

des Denkens" mit dem Sein und Übereinstimmung der Denkprozesse unter sich" als das Ziel aller Wissenschaft bezeichnet, und dieser Ausdruck ist missverständlichen Auffassungen weniger ausgesetzt als die Kirchhoff'sche „Vollständige und einfachste Beschreibung". Auch das einige Jahre vor Kirchhoff in die Worte: „Ökonomische Darstellung des Tatsächlichen" zusammengefasste Leitmotiv der Forschung, welches neuerdings wieder von P. Duhem[7] in seiner Schrift „La théorie physique, son objet et sa structure" Paris 1906 in sehr ansprechender und überzeugender Weise durchgeführt wird, möchte gegen Missdeutungen besser gesichert sein.

7. Besonders zahlreiche und bedeutende Gegner hat Kirchhoff unter den Biologen gefunden. Das ist nicht wunderbar, denn Kirchhoffs Wort ist zunächst an die Physiker gerichtet, und hier liegen die Verhältnisse schon ganz anders als in der Biologie. W. Roux[8] erläutert seine Ansicht in vorzüglicher Weise an der Formulierung des Fallgesetzes, welches für eine Feder und ein Bleistück in gleicher Weise gilt, und an der Beschreibung des Falles einer Feder unter Luftwiderstand und Luftzug. Er kommt zu dem Schluss, „dass man die Ergebnisse der deskriptiven und der kausal-ana- // 426 // lytischen Forschung vollkommen getrennt formulieren, buchen und verschieden bewerten muss". Dem wird gewiss niemand widersprechen, wenn er unter der Beschreibung jene eines Individualfalles versteht, worüber aber die Physik wegen der viel einfacheren Verhältnisse, mit welchen sie sich zu beschäftigen hat, schon längst hinaus ist. Kepler fand seine Gesetze zunächst für die Marsbewegung und sie waren einfache Beschreibungen. Hätte er mit größerer Genauigkeit beobachtend seine Forschungen fortsetzen können, so würde er gefunden haben, dass kein Planet seinen Gesetzen genau entspricht, und dass jeder von denselben in verschiedener

7 [*] Pierre Duhem (1861-1916), französischer Physiker und Wissenschaftstheoretiker

8 *Vorträge über Entwicklungsmechanik*, Leipzig 1905, Heft 1, S. 24f.
[*] Wilhelm Roux (1850–1924), deutscher Anatom und Embryologe

Weise zu verschiedenen Zeiten abweicht. Nachdem aber Newton durch analytische Untersuchung die verkehrt quadratische Massenbeschleunigung gefunden hatte, konnte er auf diese die Bewegung in jedem Raum- und Zeitelement zurückführen, die Kepler'sche Bewegung und auch die Abweichungen von dieser darstellen. Die Aufklärung über die Massenbeschleunigung fehlt uns auch heute noch. Das Newton'sche Gravitationsgesetz ist also nur eine Beschreibung, zwar keine Beschreibung eines Individualfalles, aber die Beschreibung unzähliger Tatsachen in den Elementen.

8. Fasst man die Naturwissenschaft als etwas ganz oder fast ganz Fertiges, Erlernbares, als mitteilender Lehrer, so ist hierdurch eine Vorliebe für Erklärungen bedingt. Für den Forscher ist dieselbe Wissenschaft ein Werdendes, Veränderliches, Ephemeres; er wird sein Ziel mehr in der Konstatierung der Tatsachen und ihres Zusammenhanges sehen. Welche Tatsachen in // 427 // Bezug auf Erklärung und Forschung im höchsten Range der Bewertung, im Vordergrunde des Interesses stehen, hängt von Zeitumständen ab. Seit Galilei, bis fast ans Ende des 19. Jahrhunderts wurde den Tatsachen der Mechanik die höchste erklärende Kraft zugeschrieben. Nun scheint aber die Elektrodynamik, wie es weiter Blickende wohl schon lange ahnten, die führende Rolle übernehmen zu wollen. Hierbei wird es aber schwerlich bleiben. Wenn sich die Auflösung der Atomtheorie durch die Elektronenvorstellung vollzogen haben wird, kommen wohl Materie, Zeit, Raum und Bewegung als Probleme wieder zu ihrem Recht. // 428 //

21.
Ein kinematisches Kuriosum.

Reich an mittelalterlichen und modernen Bauten, reich an historischen Erinnerungen ist die Stadt, in welcher durch mehrere Jahrzehnte mein Beruf mich festgehalten hat. Reich ist sie an Talenten, Erfindern, Reformatoren, Originalen und Sonderlingen aller Art, ja man könnte sagen, sie sei selbst ein Sonderling. Zwei feindliche Stämme wohnen daselbst, die sich unausgesetzt bekämpfen, wichtiger Fragen wegen. Aber auch Kleinigkeiten und Schrullen müssen da als Kampfobjekt dienen, wenn augenblicklich ein anderes fehlt. Straßentafeln dienen normalerweise zur Orientierung. Dass sie aber auch zur Desorientierung verwendet werden können, um den Gegner zu ärgern, musste eines Tages der Wanderer erfahren, welcher in derselben Straße tschechische, deutsche, französische, russische, türkische und griechische Straßentafeln erblickte. Hieroglyphische, assyrische und chinesische Tafeln fehlten übrigens nach meiner Erinnerung tatsächlich! Und doch, wie oft habe ich's erlebt, dass diese feindlichen Brüder wieder e i n e s Sinnes waren, wenn es galt ihrer Missstimmung gegen Überlebtes, Kulturwidriges, Unzeitgemäßes Ausdruck zu geben, // 429 // als wollten sie dies alles in einem Sturm hinwegfegen. Freilich ohne dauernden Erfolg! Dieser hätte sich ja nur einstellen können, wenn die Streitenden fähig gewesen wären über den wichtigeren, gemeinsamen, bleibenden Zielen wenigstens zeitweilig die minder wichtigen Streitpunkte zu vergessen. Wenig Erfreuliches, mehr Betrübendes erlebt man in einer solchen Stadt. Diese Stunde sei aber einer heiteren Erinnerung geweiht!

Eine lange breite Straße hinschreitend bemerke ich plötzlich unmittelbar vor mir ein eigentümliches Paar: einen Mann, der seine Umgebung nicht beachtend in vollkommen regelmäßigen abgemessenen Schritten sich vorwärts bewegt, nach je vier Schritten eine Tabakswolke nach rechts, dann wieder nach links ausstößt, während sein Hund in rasender Geschwindigkeit maschinenmäßig die Beine des Herrn abwechselnd in dem einen und in dem anderen Sinne eng umkreist. Eine gute Strecke kann ich dieses Paar verfolgen, welches wie ein der Prager oder der Straßburger Uhr entsprungener Automat hier selbständig spazieren geht, ohne die geringste Störung zu bemerken. Schon erwarte ich, dass dieses fiktive Ich an einem die Straße quer abschließenden Hause zerschellt, als endlich der Apparat in eine Seitengasse einbiegend zum Trost der Vitalisten Entelechie, Autonomie, Seele, Leben verrät. Aber was war das nun? War es das Ergebnis einer raffinierten Zirkusdressur? Oder war es eine halb oder ganz unbewusste Anpassung eines philisterhaften Hundes an einen noch philisterhafteren Mann?

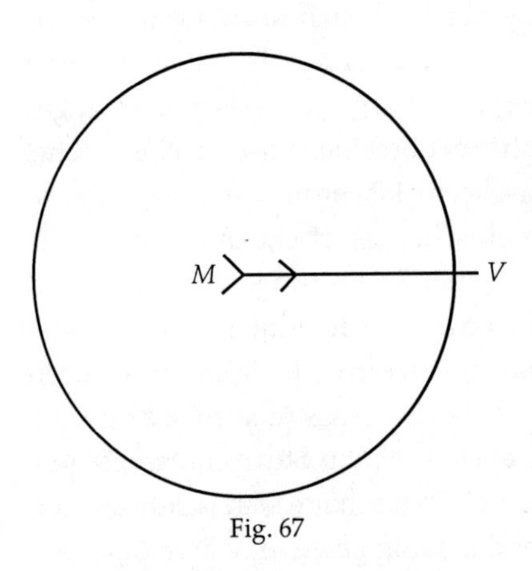

Fig. 67

Aber ich will zuvor versuchen die beobachteten Bewegungen einfach schematisch zu beschreiben. // 430 // Es sei Fig. 67, *M* der Mann, der in der Richtung *MV* fortschreitet. Denken wir uns denselben zunächst ruhend. Die Schnauze des Hundes schematisieren wir als einen Punkt, welcher um *M* als Mittelpunkt bei *V* beginnend einen vollen Kreis wieder bis *V* im Sinne des Uhrzeigers beschreibt, dann umkehrt, bei *V* abermals umkehrt usf. Achten wir darauf, dass der Hund bei jeder Umkehrung in *V* die Schnauze nach vorn wendet, so können wir die beiden Bewegungen im entgegengesetzten Sinne durch die in sich zurücklaufende Kurve Fig. 68 (s. nebenstehend) vorstellen, wobei die beiden Züge der Kurve beliebig nahe miteinander und mit einem Kreise zusammenfallen mögen.

Stellen wir uns nun einen Punkt *H* vor, welcher einen um *M* als Mittelpunkt gezogenen Kreis gleichmäßig einsinnig durchläuft, während M sich gleichförmig auf einer Geraden bewegt. Die von H beschriebenen Kurven sind so genannte Zykloiden, die wir leicht mechanisch darstellen, indem wir // 431 // einen Zylinder vom Radius r (Fig. 69) auf einer geraden Schiene rollen lassen, während ein Schreibstift in der Entfernung ρ von der Zylinderachse auf einem ruhenden gespannten Papier die Kurve verzeichnet. Hier stellt $2\pi r = l$ den Weg von M, während eines Umlaufs von H vor. Der Charakter der Kurve von H ist durch das Verhältnis von ρ zu r bestimmt. // 432 //

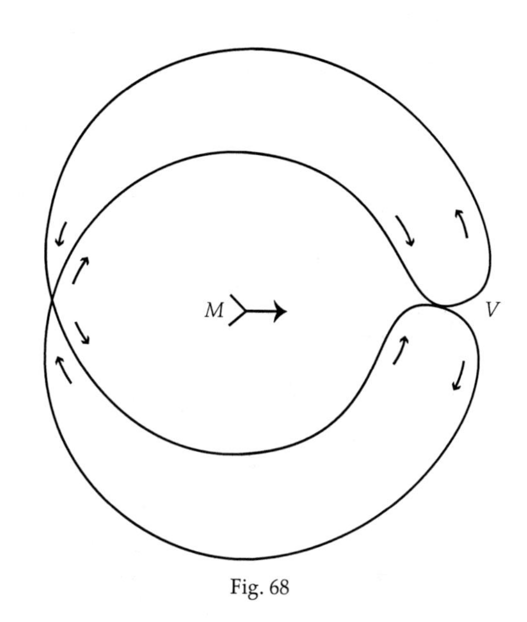

Fig. 68

Wir erhalten eine gemeine Zykloide *1* für $\rho = r$, eine gestreckte *2* für $\rho < r$, eine verschlungene *3* u. *4* für $\rho > r$. Nur für $\rho = r$ kann H einmal in jeder Periode in die Drehungsachse fallen, momentan ruhen, so dass die Kurve H eine Spitze bildet. Für $\rho < r$ flacht sich die Spitze ab. Für $\rho > r$ löst sich die Spitze, weil nun teilweise auch rückläufige Bewegung von H eintritt, in eine Schlinge auf, deren Durchschnitt mit dem Wachsen von ρ bei den Verhältnis-

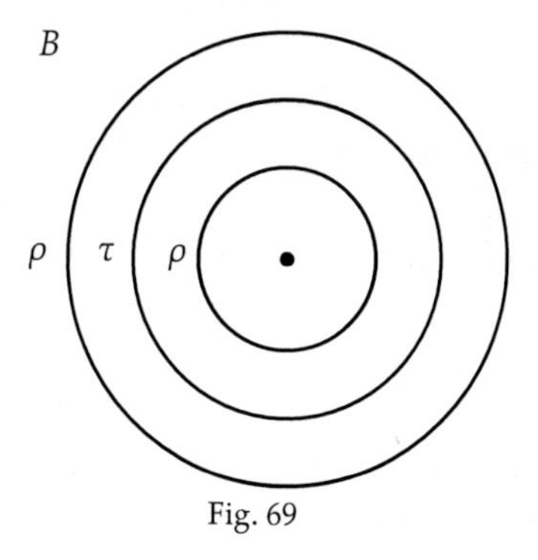

Fig. 69

Fig. 70

sen unserer Anordnung nach oben rückt. Fig. 70, 1 – 4 zeigt die Typen der Kurve *H*. // 433 //

Lassen wir nur den Bewegungssinn wechseln, so tritt bei jeder Umkehrung dieses Sinnes eine Umkehrung der Ordinaten der Kurve *H* von oben nach unten oder umgekehrt ein, wie dies Fig. 71 zeigt, wobei die Kurven *1a* – *4a* den Kurven *1* – *4* der Fig. 70 entsprechen. In dem beobachteten Fall beschrieb der Hund wirklich Schlingen, führte also tatsächlich teilweise rückläufige Bewegungen aus.

Versuchen wir nun, uns die Motive deutlich zu machen, welche den seinem Herrn folgenden Hund // 434 // zu so wunderlichen, komplizierten Bewegungen bestimmen können. Der Hund will sich im allgemeinen nicht weit von seinem Herrn ent-

Fig. 71

fernen, hat aber doch ein Bedürfnis nach mehr und meist nach rascherer Lokomotion als sein Herr. Nur selten sieht man einen recht großen Hund bedächtig neben seinem Herrn einherschreiten. Kleine Hunde haben kurze rasch schwingende Beine. Sie laufen meist dem Herrn voraus, und kehren wieder zu ihm zurück, so dass sie in derselben Zeit eine beträchtlich größere Strecke zurücklegen, ohne sich weit vom Herrn zu entfernen. Gesetzt nun, ein Herr wäre ein solcher Pedant, dass er seinen Hund nötigen würde immer in seiner unmittelbaren Nähe zu bleiben, so würde der Hund sich bequemen müssen, um dennoch das ausreichende Maß von Bewegung und Geschwindigkeit zu gewinnen, den Herrn zu umkreisen. Dann hat er, wenn *r* die höchste gestattete Entfernung ist, ungefähr den Weg 6*r* bei jeder Umkreisung des ruhenden Herrn zur Verfügung, zu welchem noch nahezu der vom Herrn zurückgelegte Weg hinzukommt. Wozu aber die Umkehrung nach jeder Umkreisung? Der Hund benimmt sich da ganz wie der Bergmann, der nach jedem Absatz der Wendeltreppe, die er hinabläuft, instinktiv eine volle Drehung dem Sinne der Treppe entgegen ausführt, bevor er die folgenden Stufen der Treppe betritt. Dieses Verfahren schützt ihn vor dem Drehschwindel und dessen unangenehmen Folgen. Nun könnte zwar auch eine zweifache Gegendrehung nach zwei, eine dreifache nach drei Umläufen demselben Zweck entsprechen, man sieht aber, dass der regelmäßige Wechsel der zweck- // 435 // mäßigste ist, welcher sich mit dem geringsten Aufwand an Aufmerksamkeit, am meisten ökonomisch, fast automatisch vollzieht. Eine Bewegung, ähnlich jener des Hundes um den Herrn, ist die Bewegung des Mondes um die Erde, nur findet dieselbe stets in demselben Sinne, vom Nordpol der Erde aus gesehen, dem Uhrzeigersinn entgegen statt. Die Bahn des Mondes ist eine verlängerte Zykloide, oder vielmehr Epizykloide, von dem Typus der Fig. 70, 2. Die Länge der beiden aufeinander folgenden Wellen zu beiden Seiten der Bahn des umkreisten Körpers sind hier $l + 2r$ und $l - 2r$, wobei l die Bahnlänge während eines halben Umlaufs, r den Radius der Mondbahn bedeutet. Da nun für die Erde rund $l = 5$ Millionen Meilen, $r = 50.000$ Meilen beträgt, so ist $l + 2r\,/\,l - 2r = {}^{51}/_{49}$, also die längere Welle nur um ${}^{4}/_{100}$ länger als die kürzere. Die über der Erdbahn verzeichnete Mondbahn wird also nahezu den Eindruck einer Sinuslinie machen.

Die Mondbewegung zeigt noch die Eigentümlichkeit, dass der Mond der Erde unausgesetzt dieselbe Seite zukehrt. Man denkt, dass die Reaktion der Flutwelle der Erde und ehemals wohl auch des Mondes dieses besondere ursprünglich nicht bestehende Verhältnis hergestellt hat. Für den Hund wäre es eine schwierige Aufgabe dem umkreisten Herrn stets dieselbe Seite zuzukehren. Dagegen kann der Mond den Sinn seiner Geschwindigkeit nicht ändern, was der Hund mit Hilfe des Energievorrats seiner Muskel mit Leichtigkeit besorgt. Der ganze Energievorrat des Mondes liegt in der lebendigen Kraft seiner Geschwindigkeit, welche etwa durch elastischen Stoß an einer starren Wand von // 436 // enormer Masse und Festigkeit umgekehrt werden müsste. Der Mond hat aber auch keinen Drehschwindel zu vermeiden. Der Mond wird durch die Gravitation bei der Erde festgehalten, der Hund durch die Liebe oder auch durch die Furcht des Herrn.

Die genaue Anpassung des Hundes an seinen Herrn ist wohl ein auffallendes Beispiel, keineswegs aber ein vereinzelter Fall der Anpassung näher verbundener organischer Wesen aneinander. Denken wir nur an gemeinsame Vergnügungen oder Arbeiten, wie das Tanzen, das Dreschen, an das Marschieren und überhaupt an das Manövrieren der Truppen, an deren historische Vorgänger, die Fest- und Kriegstänze wilder Völker, an das Verhalten des Bürochefs und seiner Untergebenen, an die harmonische Zusammenwirkung von Herz, Lunge und der übrigen Teile des tierischen Organismus. Aber auch im Unorganischen ist der Fall von Erde und Mond nicht isoliert. Ob das Planetensystem nach der Kant-Laplace'schen Theorie aus einem kolossalen gasförmigen Weltei sich entwickelt hat, oder ob, wie Du Prel[1] u. a. meinen, kosmische meteoritische Vagabunden, zufällig zusammentreffend, in einer von ihnen gegründeten Weltkolonie einen modus vivendi gesucht haben, jedenfalls konnte nur bestehen bleiben, als bestehend vorgefunden werden, was die Bedingungen der Beständigkeit in sich trug. Die Störungen mussten sich kompensieren oder so langsam anwachsen, dass sie wenigstens für den ephemeren Blick des Betrachtenden nicht vorhanden waren. So lautet die logisch-tautologische Zauberformel, welche schon den antiken Denkern (Empe- // 437 // dokles u. a.) so manches schwere Verständliche

1 [*] Carl du Prel (1839-1899), deutscher Philosoph, Spiritist und okkulter Schriftsteller

bei einer leichten Wendung des Blickes vom Gewordenen auf das Werdende begreiflich machten.

Darüber sind die Forscher noch uneinig, ob man hoffen kann, Unorganisches und Organisches einmal aus denselben Grundsätzen vollständig zu verstehen. Das Verhalten dieser beiden Klassen von Wesen, welches wir in unserer Umgebung beobachten, scheint nämlich recht verschieden im Charakter. Die Meinung, jede dieser Klassen sei von wenigstens teilweise verschiedenen Gesetzen beherrscht, ist daher nicht von vornherein abzuweisen. Und die Forderung der Vitalisten, vor allem die Vorgänge des Lebens an sich zu studieren, erscheint so lange als eine gesunde berechtigte, auf breiterer tatsächlicher Basis ruhende Reaktion gegen die Prätentionen der physikalischen Physiologenschule, als diese noch nicht durch die Tat die Lösbarkeit ihrer Aufgabe erwiesen hat. Gewiss kann man deshalb noch immer erwarten, dass einer künftigen Physik gelingen wird, was der heutigen noch nicht gelang. Hat ja doch im engeren Gebiete der Physik die mechanistische Schule immer wieder das Ziel verfolgt, die ganze Physik auf mechanische Grundlagen zurückzuführen. Heute aber scheint es, dass die ersehnte Vereinheitlichung gelingen wird, aber nicht auf Grundlage der Mechanik, sondern der Elektrodynamik, von der die Mechanik und die übrigen Kapitel der Physik sich als dürftigere Spezialfälle zu erweisen Miene machen. So könnte auch die Biologie sich zu einer Lehre entwickeln, von welcher die Physik des Unorganischen ein einfacheres Spezialkapitel bliebe. // 438 //

Wir haben eben von den Beobachtungen oder Erfahrungen an unserer Umgebung gesprochen. Diese machen wir gemeinsam mit unseren Mitmenschen; sie haben deshalb eine allgemeinere, über den einzelnen hinausreichende soziale Geltung und objektive Wertung. Aber einen Bestandteil dieser Umgebung bemerkt jeder, jeder einen anderen, jeder „seinen" Leib, der in dieser Umgebung eine Sonderstellung einzunehmen scheint. Für jeden ist dieser Leib, außer für den Inhaber desselben, ein Objekt wie jedes andere. Für den Inhaber jedoch knüpfen sich an diesen Leib Beobachtungen eigener Art, die „subjektiven", die nur ihm allein direkt zugänglich sind, die Beobachtungen seiner psychischen Erlebnisse. Die psychischen Erlebnisse jedes einzelnen haben selbstverständlich für diesen die höchste Bedeutung, insbesondere sobald er erkannt hat, dass ohne diese die ganze Welt für ihn nicht vorhanden wäre. Die psychischen Erlebnisse eines anderen hingegen haben für den Menschen überhaupt nur soviel Bedeutung, als sie auf seinen eigenen Einfluss nehmen, was nur auf dem Wege der objektiven physischen Erlebnisse möglich ist. Wenn also die psychischen Erlebnisse im allgemeinen für weniger reell gelten als die physischen, so liegt dies daran, dass wir dabei meist an das uns nicht unmittelbar fassbare Psychische der anderen denken, denn das eigene Psychische ist uns das Erste und Sicherste.

Diese nach den Umständen schwankende Einschätzung des Physischen und Psychischen, des Objektiven und Subjektiven, trägt auch wesentlich mit bei zum Gegensatze der physikalischen und vitali- // 439 // stischen Biologenschule. Der Physiker will nur Objektives, allgemein Kontrollierbares, exakt Beobachtbares feststellen, nur auf dieses sein Wissen aufbauen. Dem Vitalisten bleiben die Lebewesen, die Tiere wenigstens, in ihren wichtigsten Zügen unverständlich, wenn er nicht an deren Psyche, den eigenen subjektiven Erlebnissen analoge Vorgänge denkt. Und gerade das unmittelbarste und feinste Verständnis des Lebens und der Handlungen der Tiere geht dem Biologen durch diese Analogie auf, ein Verständnis, welches noch aus keiner physikalischen Untersuchung geschöpft werden konnte. Ist auch die Beobachtung am eigenen Leib, insbesondere die psychische Selbstbeobachtung nicht von derselben Exaktheit und allgemeinen Kontrollierbarkeit, wie jene an den Objekten der Umgebung, so ist sie doch die intimste, durch keine andere ersetzbare. Denn nichts ist uns näher als der eigene Leib. Auf dieses Erkenntnismittel verzichten heißt die halbe Welterkenntnis aufgeben. Dass es Gedächtnis, Assoziation, Erinnerung gibt, hätte man durch objektiv physikalische

Forschung allein nie erfahren können. Denn was in der Psyche eines Lebewesens vorgeht, kann man demselben nicht von außen ansehen. Allein, wer die heitere Stimmung des Lachenden, die traurige des Weinenden erkennt, wer aus den Bewegungen des Menschen dessen Absichten errät, wird es auch für möglich halten, dass einmal die psychologische und physikalische Forschung einander soweit entgegenkommen, dass man die physikalischen Vorgänge des Leibes kennen lernt, welche den feinsten Prozessen der zugehörigen Psyche entsprechen. In den Willenshandlungen eines Lebe- // 440 // wesens werden wir dann keine andere Wahl, keine andere Bestimmtheit sehen, als in dem Fall des Steines zur Erde oder in der Ablenkung der Magnetnadel durch den Strom.

Durch das Studium des Organischen an sich, sowie durch Beleuchtung der Ergebnisse der objektiven Beobachtung von der subjektiven Seite her muss sich eine mächtige weiterreichende Physik ergeben, welche auch der Beantwortung biologischer Fragen gewachsen sein möchte. Wir kennen ein stabiles und ein labiles Gleichgewicht, veränderliche und stationäre dynamische Zustände; unter letzteren wieder solche von labilem und stabilem dynamischem Gleichgewicht. Denken wir uns nun einen stationären oder langsam anwachsenden energetischen Umsatz von stabilem Gleichgewicht, um welches Gleichgewicht geringe periodische Schwankungen stattfinden; so kommt dieser Fall dem Lebensprozess sehr nahe. Zeigt sich nun, dass schon ein kleiner Teil eines solchen Systems den ganzen Vorgang wieder zu erregen vermag, so wird die Analogie noch vollständiger. Eine Flamme, die mit kleinen periodischen Schwankungen brennt, solange sie Nahrung findet, und an welcher sich beliebige andere Flammen entzünden können, ist ein rein physikalischer Fall, welcher den dereinst in der biologischen Physik zu behandelnden schwierigeren Fällen analog ist.[2] // 441 //

2 Weitere Ausführungen bei Ostwald, *Vorles. über Naturphilosophie,* [Leipzig] 1902, S. 312, bei W. Roux, Vortr. *Über Entwicklungsmechanik.* [*Ein neuer*

Zweig der biologischen Wissenschaft; eine Ergänzung zu den Lehrbüchern der Entwickelungsgeschichte und Physiologie der Tiere; nach einem Vortrag gehalten in der ersten allgemeinen Sitzung der Versammlung Deutscher Naturforscher und Ärzte zu Breslau am 19. September 1904], [Leipzig] 1905, und *Erkenntnis und Irrtum*, 2. Aufl. 1906, S. 302.

22.
Der physische und der psychische Anblick des Lebens.

Wie wohl das organische Leben auf die Erde gelangt ist? Ob Organisches überhaupt aus Unorganischem entstehen kann, oder ob vielmehr, wie Cr. Th. Fechner[1] meint, Unorganisches nur das Endergebnis des organischen Lebens ist? Diese Fragen sollen uns hier nicht beschäftigen. Wir stellen zunächst nur die einfachere Frage: Welche physikalischen Folgen hat das organische Leben auf der Erde für diese selbst? Eine dieser Folgen liegt klar zutage. Wäre die Erde ein kahler von der Sonne beschienener Stein, so würde die Strahlungsenergie der Sonne, sofern sie überhaupt von der Oberfläche der Erde aufgenommen würde, sehr bald wieder sich zerstreuend in den Weltraum zurückstrahlen. Das Leben nährt sich von dieser Sonnenenergie, hält sie eine Zeitlang zurück. Die Erde enthält ja z. B. noch Sonnenenergie in Form der Steinkohlenwälder, um sie schließlich doch wieder an den Weltraum zu verlieren. Die Erde hat ferner durch das Leben eine Hülle von ganzen Gebirgsmassen // 442 // organischer Reste erhalten, welche den Verlust an Eigenenergie des Erdkerns ebenfalls mäßigend beeinflussen.

Die Energiegesetze sind zwar sehr allgemeine, doch gewähren sie uns nur einen beschränkten Einblick in die physikalischen Vorgänge. Das erste Energiegesetz lehrt uns, in welchen Beträgen die Energien ineinander umgewandelt werden, w e n n die Umwandlung überhaupt stattfindet. Das zweite Gesetz gibt den bevorzugten Sinn der Umwandlung an. Diese beiden Bestimmungen sind aber viel zu wenig, um hiernach die Vorgänge in komplizierten Systemen, in welchen die Teile in verschiedener Weise voneinander unabhängig, oder aneinander gebunden sind, zu beurteilen.[2] Wenn wir aber auch die sämtlichen

1 Fechner, *Einige Ideen zur Schöpfungs- und Entwicklungsgeschichte der Organismen.* Leipzig 1873.

2 Boltzmann, *Ein Wort der Mathematik an die Energetik.* [In:] *Populäre Schriften.*

physikalischen Vorgänge des Lebens kennen würden, dürften wir doch nicht glauben, hiermit das Verständnis des Lebens zu erschöpfen. Wir kämen nicht einmal zum Verständnis unserer Mitmenschen, wenn wir uns mit der Beobachtung ihrer Außenseite begnügen würden, ohne in unser Inneres zu blicken.

Die Pflanzen schöpfen für sich Sonnenenergie. Einen Teil dieser nutzen sie zur Gewinnung neuer Energie, indem sie Zweige und Blätter dem Licht und der Luft entgegen treiben, und den Boden spaltende, Wasser und Salzlösung suchende Wurzeln nach unten drängen. Ein Teil der Energie wird endlich in besonderen Organen wirksam, die man Sinnesorgane genannt hat, die vielleicht besser Auslösungs- // 443 // organe der geotropischen, heliotropischen und anderer den Energiefluss regelnde Vorgänger genannt würden. Schon die Pflanzen verdrängen sich von Licht, Luft, Boden und Wasser. Es gibt aber auch besondere Raub- und Schmarotzerflanzen, welche jeden Energievorteil anderer Pflanzen für sich ausnutzen.

Das Tier kommt zu seinem Energievorrat in brauchbarer Form auf einem kürzeren Wege; es raubt ihn einem Pflanzen- oder Tierleib als energiehaltige Substanz. Die Pflanzen sind darauf beschränkt, ihre nächsten Nachbarn zu berauben und zu bedrängen; nur sehr allmählich kann sich eine Pflanze auf ein größeres Gebiet ausbreiten. Dem Tier steht durch dessen Beweglichkeit von vornherein ein größeres Raubgebiet offen. Das Tier muss wie die Pflanze einen Teil seines Energievorrates behufs Einnahme der geraubten Energie opfern. Die selbstverständliche Bedingung der Existenz des Räubers ist nur, dass die Energieeinnahme beträchtlich größer ausfalle als jene Ausgabe. Kann das Tier durch glückliche Umstände, günstigen Zufall usw. bequemere Raubmethoden mit kleinerer Energieausgabe finden, so werden diese unbewusst oder bewusst vorgezogen, angenommen und beibehalten. Statt des mühsamen Jagens und des gewagten Kampfes mit dem starken Opfer wird das Beschleichen und der Überfall gewählt. Der Bussard lauert am

---

Leipzig 1905. S. 104 [-136]

Mäuseloch, der Vampir saugt dem schlafenden Rind Kühlung fächelnd das Blut ab; der Hecht steht unbeweglich und schießt plötzlich auf den harmlos vorbeischwimmenden Fisch; die Spinne sitzt still in ihrem Netz und lässt wie der Straßenräuber die ahnungslosen Fliegen herbeikommen. // 444 //

Weder der einzelne Mensch, noch die Menschenvereinigung, der Staat, macht von diesem Raubsystem eine Ausnahme. Der Mensch ist im Gegenteil der klügste und allgemeinste Räuber. Er eignet sich nicht nur die Energien der Erde an, benützt nicht nur in Wind- und Wasserkräften die unmittelbaren Ergebnisse der Sonnenenergie, sondern verzehrt auch die Energie der Pflanzen, Tiere und wo er kann sogar jene seiner Mitmenschen. Der Menschenstaat übertrifft darin alle Tierstaaten, den Ameisenstaat, den Bienenstaat. Nur für die eigenen Unternehmungen hat der Staat die schönsten verhüllenden Namen; er spricht von kommerziellen Interessen, Kultivierung barbarischer Völker, Kolonisation, Bekehrung zum Christentum usw., während er nur für das analoge Gebaren fremder Staaten den richtigen bezeichnenden Namen gebraucht.[3] Wir sind alle Räuber, so gut wie die Wegelagerer und Raubritter des Mittelalters; wir unterscheiden uns von ihnen nur durch die mildere Form, welche uns die einstweilen gewachsene Intelligenz und Wehrfähigkeit unserer Miträuber und Opfer aufgezwungen hat. Natürlich musste den Denkern der wahre Sachverhalt schon vor Jahrtausenden klar sein.[4] // 445 //

Nachdem wir nun das Ding beim richtigen Namen genannt, wollen wir statt Raub den minder irritierenden Ausdruck „Her-

---

3 Über die Portugiesen, welche durch Umschiffung Afrikas den Seeweg nach Indien suchten, äußert ein zeitgenössischer Schriftsteller 1444 naiv: „Endlich gefiel es Gott, dem Belohner guter Taten, für die mannigfachen in seinem Dienste erlittenen Drangsale ihnen einen siegreichen Tag, Ruhm für ihre Mühen und Ersatz für ihre Kosten zu gewähren, denn an Männern, Frauen und Kindern wurden zusammen 165 Stück gefangen". O. Peschel, *Geschichte des Zeitalters der Entdeckungen*. Stuttgart 1877, S. 52.

4 Vgl. die Übersetzung des chinesischen Philosophen Licius von Ernst Faber. [*Der Naturalismus bei den alten Chinesen sowohl nach der Seite des Pantheismus als des Sensualismus oder Die sämmtlichen Werke des Philosophen Licius*] Elberfeld 1877. S. 19, 20.

beischaffung der Energie" gebrauchen. Wir können die herbeigeschaffte Energie als Nutzenergie, die zur Herbeischaffung aufgewendete, als Aufwandsenergie[5] oder kürzer als Aufwand bezeichnen. So wie der Affe den zufällig gefundenen Stein gern zum Aufschlagen der Nüsse benützt, um sich das Aufbeißen zu ersparen, so bedient sich der primitive Mensch auch zufälliger Funde zur Verbesserung seiner Kampfweise. Waffen, Wurfsteine, Wurfspieße, Steinäxte, Bogen und Pfeil sind wohl seine ersten technischen Erfindungen, mit welchen er sich nun auch an den stärkeren tierischen und menschlichen Gegner heranwagt. Auf demselben Wege stellen sich bei geordnetem Zusammenleben größerer Gemeinschaften die gewerblichen Erfindungen ein, welche durch die steigenden Ansprüche der Konkurrenten und Gegner mächtig wachsen. Indem sich auch der offene Kampf der Stämme zeitweilig in einen mehr oder weniger friedlichen Tauschverkehr verwandelt, wird das Gebiet der Energiebeschaffung des Menschen zusehends größer.

Heute umfasst dieses Gebiet schon die ganze Erde. Die Durchstechung des Suezkanals, der in Aussicht genommene Panama- oder Nicaraguakanal, die gesuchte nordwestliche Durchfahrt, die zahlreichen großen Tunnels, welche die Wege zwischen // 446 // verschiedenen Gebieten schon kürzen und noch weiter kürzen werden, die den Aufwand an Kohlen und Menschenarbeit mindern, haben lediglich das Ziel, den Energieaufwand zur Beschaffung derselben Nutzenergie herabzusetzen. Wenn ein Maulwurf, dessen geläufigste Lebensgewohnheit das Tunnelbohren ist, instinktiv nach Würmern suchend täglich einen kleinen Gang bohrt, so muss ja sein Energieaufwand durch seinen Energiegewinn reichlich aufgewogen werden. Die großen zuvor erwähnten Werke können und konnten nicht gedankenlos unternommen werden. Nur genaue gründliche Erwägung

---

5 Die Aufwandsenergie ist die eigentliche soziale Arbeit, wie dies J. Zmavc in seiner, wie mir scheint, ausgezeichneten Abhandlung auseinander setzt: „*Elemente einer allgemeinen Arbeitstheorie*" in: Steins Berner Studien zur Philosophie u. ihrer Geschichte, Bd. 48, 1906.

konnte lehren, ob der enorme Energieaufwand zu dem zu erwartenden Energiegewinn bei vielfacher Benützung in einem hinreichend vorteilhaften Verhältnis stehen würde. Hier stand also das materielle Leben unter der mächtigen Herrschaft des psychischen oder geistigen Lebens.

Die zufällige Bemerkung eines ein Vorhaben begünstigenden Umstandes, die gelegentliche Erinnerung daran bei einem ähnlichen Anlass, und die Wiederbenützung dieses Umstandes aus diesem Anlass, erfordert keine große psychische Stärke. Schon das intelligentere Tier sieht man unter dem Einfluss solcher Gelegenheitassoziationen handeln. Auch der primitive Mensch, welcher die vorteilhafte Wirkung eines zufällig als Hebel benützten Stabes bemerkt und diesen wieder benützt, der den Stein an einen Stil bindet, weil er den ausgiebigeren Schwung beachtet hat, folgt halb unbewusst und unwillkürlich solchen Assoziationen. Wenn durch Gebrauch, Tradition, Mitteilung solche Gelegenheitsassoziationen sich gehäuft haben, ist eine kräftigere Phantasie- // 447 // tätigkeit die Folge. Diese besteht nur in der mannigfaltigen Durchkreuzung verschiedener Assoziationen. Sie kommt nun einem lebhaft vorgestellten Ziel entgegen, hilft dem Menschen die Mittel suchen, lehrt ihn bewusst finden und erfinden, für die Zukunft voraus denken. Ist diese Stufe erreicht, so ist der Grund für alles geistige Leben, ja auch für alle Wissenschaft gesichert. Denn alle wissenschaftlichen Aufgaben, ob sie schon praktische Anwendung gefunden haben oder nicht, können doch als Zwischenmittel oder Zwischenstufen zur Lösung praktischer Aufgaben angesehen werden.[6]

Dass ein hoch entwickeltes psychisches Leben den Aufwand zur Beschaffung einer bestimmten Nutzenergie sehr vermindern kann, zuweilen sogar indem sie diesen momentan sehr vermehrt, zeigen hinreichend klar die berührten Beispiele. Wonach

6 Es wird oft hervorgehoben, dass die reine Wissenschaft gar keine praktischen Aufgaben zu lösen hat; man spricht dann von reinen Schöpfungen des Geistes. Hierdurch wird aber die Aufmerksamkeit von den einfachen, natürlichen Quellen der Wissenschaft abgelenkt.

sollen wir aber die durch das Denken geleistete Hilfe schätzen oder messen? Ohne Zweifel wird ja bei jeder Empfindung, ja bei jeder Vorstellung, jedem Gedanken Energie umgesetzt, Energie verbraucht. Ist aber dieser minimale Energieaufwand ein Maß der Denkleistung?

In einer fremden Stadt benütze ich die erste Zeit die mir eben bekannten aber nicht die kürzesten Wege. Erschaue ich durch Beobachtung oder Überlegung einen kürzeren Weg zwischen A und B, so erinnere ich mich dessen jedes Mal, so oft ich von // 448 // A nach B gehen will, und benütze nun diesen kürzeren Weg. Hat meine Erinnerung hier eine Arbeit verrichtet, die sie etwa den Beinen abgenommen hat? Es hat nur eine zweckmäßigere Auslösung von Arbeit stattgefunden, ähnlich derjenigen, die der Lokomotivführer durch Drehung eines Hahnes, Umstellung der Steuerung, oder der Weichenwächter durch Verstellung des Wechsels einleitet. Obgleich alle diese Verrichtungen ein Energieminimum in Anspruch nehmen, wird sie doch niemand in Kilogrammmetern messen wollen, wie die Arbeit der Beine oder der Lokomotive. Denn die Quantität dieser Arbeit steht in gar keinem bestimmt angebbaren, sondern nur in einem ganz zufälligen Verhältnis zur ausgelösten Arbeit. So steht ja auch die Arbeit oder Energie der Tunnelbohrung in keinem allgemein angebbaren Verhältnis zur gewonnenen Nutzenergie; erstere hängt ja ganz von den zufälligen Terrainschwierigkeiten, letztere von der Natur des eröffneten Gebietes, also von ganz anderen Umständen ab. Wenn man es genau überlegt, so erscheint der gebräuchliche Ausdruck „geistige Arbeit" geradezu irreführend. Was das Denken zustande bringt, beruht auf einem organisierten Gedächtnis, auf dem assoziativen Überblick eines Gedankengebietes, und der qualitativen Mannigfaltigkeit der Gedankenverbindungen, keineswegs auf der umgesetzten Energiequantität, wenn sie auch angebbar wäre. Ein innig zusammenhängendes, reichlich von Assoziationsbahnen durchzogenes Gedankengebiet ist übrigens sehr ähnlich einem vielfach von Straßen, Kanälen und Tunnels durchzogenen materiellen Gebiet. Aber sowie bei dem letzteren die Arbeit des // 449 // Straßenbaues für den Nutzen des Gebietes nicht bestimmend ist, so kommt es bei dem ersteren nur auf das Vorhandensein der Verbindungen an. Nicht wer am meisten Arbeit bei Anlage der Bahnen angewendet, sondern wer die besten und kürzesten Wege gewiesen, hat in beiden Gebieten den Preis errungen. Das Vorstadium des ökonomischen Zustandes kann ja in beiden Fällen viel Energie vergeudet haben, sehr unökonomisch gewesen sein.

Ohne uns mit sozialökonomischen Problemen beschäftigen zu wollen, stellen wir doch die Frage, welche Grundsätze in einer wohl organisierten Gesellschaft in Bezug auf die Entlohnung materieller und geistiger Arbeit gelten sollten? Was den Arbeiter betrifft, dessen Leistung ohne Schwierigkeit in Kilogrammmetern angegeben werden kann, so muss ihm jeder billig Denkende doch mindestens soviel Lohn zusprechen, dass er bei dieser mechanischen Leistung leben kann, ohne Schaden zu leiden. Viel schwieriger ist es schon, die qualifizierte Handarbeit einzuschätzen. Hier wird das Kilogrammmetermaß schon hinfällig; wir werden uns nach dem Bedürfnis als Wertmaßstab umsehen müssen. Was sollen wir aber gar mit der „geistigen Arbeit" anfangen, wo der erste Maßstab ganz unbrauchbar, der zweite aber enorm subjektiv variabel ist? Es ist doch eine starke Naivität, einfach willkürlich festzusetzen: Der geistig Arbeitende soll zehnmal soviel erhalten, als der Handarbeiter.[7] Wer in der Sonnenhitze Feldarbeit verrichtet hat, wird es wohl billig finden, dass er drei oder viermal, vielleicht // 450 // zehnmal soviel erhält, als der behaglich über ein wissenschaftliches Problem Spekulierende. Auch vom Standpunkt des augenblicklichen unmittelbaren Nutzens wäre eine solche Schätzung gerechter. Und nun erst die Verschiedenheit der Probleme! Die Ausarbeitung einer Bahntrassierung oder Tunnelbohrung würde ja eine gute Honorierung finden. Was aber würde für die Lösung eines schwierigen zahlentheoretischen Problems gezahlt? Den unabsehbaren künftigen Nutzen

7 Vgl. z. B. die Aufstellungen von *E. Abbe*.

kann man schon gar nicht als Maßstab der geistigen Leistung gebrauchen. Fast neun Jahre hat FARADAY nach der Induktion gesucht, ehe er sie gefunden. Welche Tantieme müsste er oder seine Erben von allen gegenwärtigen oder künftigen dynamoelektrischen Anlagen erhalten? Diese Fragen sind durch solche Betrachtungen nicht lösbar. Es soll hier auch nicht versucht, sondern nur auf die Schwierigkeiten hingewiesen werden.

Auch ganz abgesehen von der Unzulänglichkeit des mechanischen Maßes ist noch zu bedenken, dass bei jedem Gedanken in hervorragender Weise die ganze Menschheit beteiligt ist. Sie hat an dem Gedanken mitgedacht, sie denkt mit und wird weiter mitdenken. Der einzelne könnte wenig leisten, müsste er von Anfang beginnen, allein denken, oder müsste sein Gedanke der letzte sein. Andererseits gehört ein Gedanke, einmal ausgesprochen und verstanden, keinem einzelnen mehr an; er ist Gemeingut der Menschen. Hierin liegt das Erhabene, aber auch die größte Schwierigkeit des reinlichen Herausschälens und der richtigen Wertbemessung der geistigen Leistung. Dieselbe Schwierigkeit, wenn auch in zusehends abnehmendem Grade, besteht // 451 // übrigens auch schon bei der qualifizierten und selbst bei der rohen mechanischen Arbeit. Denn jeder Organismus erspart durch die Zeugung die Kosten seiner Herstellung, wie FECHNER gelegentlich bemerkt.

Wenn auch die exakte Lösung unserer Frage noch in weiter Ferne liegt, so werden wir doch von der steigenden Intelligenz und dem wachsenden ethischen Gefühl der nächsten Generationen erwarten dürfen, dass eine praktisch zureichende Ordnung dieser Verhältnisse sich bald finden wird. Eine solche gibt wohl POPPERS[8] Vorschlag: Bedingungslos garantiertes Lebensminimum für jeden, dagegen Heranziehen zur Lebenserhaltungs- und Wehrarbeit für jeden, wobei alles minder Wichtige der freien Übereinkunft überlassen bleibt.[9]

8 [*] Josef Popper-Lynkeus (1838-1921), österreichischer Sozialphilosoph, Erfinder und Schriftsteller

9 Popper, *Das Recht zu leben und die Pflicht zu sterben.* [*Sozialphilosophische*

Das Energieprinzip kann uns also nur sehr rohe Umrisse von der physikalischen Seite des organischen Lebens geben, und noch weniger kann es leisten, wo es sich um die psychische Seite der Organismen handelt. Denn bei letzteren Vorgängen kommt überhaupt nicht die quantitative, durch Maßbegriffe fassbare, sondern die qualitative Seite in Betracht.

Auf den ersten Blick schien uns das ganze organische Leben ein Raubsystem, ein Fressen und Gefressenwerden. Schon Darwin, Fechner u. a. haben darauf hingewiesen, dass die Lebewesen auch im Verhältnis des gegenseitigen Schutzes stehen, dass eines aus dem anderen Nutzen zieht, wie z. B. Ameisen und Blattläuse, blühende Pflanzen und In- // 452 // sekten usw. Neben der verfeinerten Kunst des Raubens entwickelt sich ebenso eine Kunst des Selbstschutzes, der Darwin in besonderen Studien nachgegangen ist. P. Kropotkin[10] hat auf den gegenseitigen Schutz der Genossen derselben Art bei Menschen und Tieren aufmerksam gemacht. Zieht man endlich in Betracht, dass nicht dasjenige, was man gewöhnlich als Individuum bezeichnet, das dauernd erhaltungsfähige ist, sondern vielmehr die Art, welcher das Individuum angehört, und auf deren Erhaltung dessen Leben abgestimmt ist, so wird für den weiteren Blick schon der Eindruck eines unnötig grausamen Kampfes abgeschwächt. Das Individuum ist nicht nur auf seine eigene Erhaltung, sondern noch viel mehr auf die Erhaltung seiner Art angepasst. Es zeigt sich dies besonders bei den Stöcken von Individuen, wie Polypen-, Ameisen- und Bienenstöcken, welche gewissermaßen als Individuen höherer Ordnung angesehen werden können. Die Individuen niederer Ordnung teilen die Arbeit der Lebenserhaltung vermöge der Verschiedenheit ihrer Organisation und Fähigkeit, so zwar, dass sie einzeln oft überhaupt nicht

Betrachtungen, anknüpfend an die Bedeutung Voltaire's für die neuere Zeit] Leipzig 1903.

10 P. Kropotkin, *Gegenseitige Hilfe in der Entwicklung*. Leipzig 1904.
[*] Pjotr Alexejewitsch Kropotkin (1842-1921), russischer Anarchist, Geograf und Schriftsteller

lebensfähig[11] sind. Es macht hier nur wenig Unterschied, ob die Individuen niederer Ordnung noch organisch zusammenhängen, wie beim Polypenstock, oder organisch getrennt sind wie bei den Bienen, ob die verschiedenen Lebensfunktionen fast ganz getrennt sind wie bei den Bienen, oder nur teilweise sind, // 453 // wie bei den höheren Wirbeltieren und den Menschen, bei welchen zusehends der organische Zusammenhang durch einen psychischen ersetzt wird. Fassen wir nun das teils antagonistische teils sich unterstützende Verhältnis der Organismen ins Auge, so kann man die ganze Organismenwelt auch als einen zusammenhängenden Organismus auffassen, dessen Bestehen von der Zusammenpassung seiner Teile abhängt. Nun wird der Gedanke nahe liegen, dass der psychischen Organisation, den angeborenen und erworbenen Assoziationsbahnen die chemisch-physikalische Organisation der Nerven und Blutbahnen, der Bewegungsmechanismen usw. entspricht, oder dass beide vielmehr identisch sind. Diese Organisation mag nun die ergänzenden Bedingungen zu den Prozessen geben, welche durch die eingangs erwähnten Bedingungen nicht vollständig verständlich sind. Vielleicht sind es gerade die letzterwähnten Bedingungen, welche die gesamte Lebensenergie in die Bahnen leitet, die ein allseitiges intensives organisches Leben ermöglichen. Wenn einmal Fechners Traum einer kosmischen Psychologie auf Grund einer tiefer begründeten menschlichen physiologischen Psychologie sich der Verwirklichung nähern sollte, könnten wir hiervon mehr verstehen, als man heute durch bloße physikochemische Untersuchungen erfahren kann.[12] // 454 //

---

11 H. v. Keyserling, *Unsterblichkeit.* [*Eine Kritik der Beziehungen zwischen Naturgeschehen und menschlicher Vorstellungswelt*] München 1907. Ein naturwissenschaftlich und soziologisch-ethisch hoch stehendes Buch.

12 Dieser im Herbst russisch erschienene Artikel berührt sich teilweise mit Auerbach, „*Ektropismus* [*oder die physikalische Theorie des Lebens*]", [Leipzig] 1910. An eine Ektropie im Gegensatz zur Entropie kann ich allerdings nicht denken.

23.
Zum physiologischen Verständnis der Begriffe.

Mit mehr oder minder reifen Sinnes- und Bewegungsorganen, welche schon der Lebenserhaltung entsprechend auf die ersten Reize reagieren, werden die Säugetiere geboren. Wenn auch der neugeborene Mensch weniger gut ausgestattet ist, nicht stehen und nicht gehen kann, so saugt er doch an der nährenden Brust, umklammert den in die Hand gelegten Finger, fasst zuweilen einen dargebotenen Ast mit beiden Händen so fest, dass er daran aufgehoben werden kann,[1] bewegt seine Augen einem hellen leuchtenden Gegenstand nach usw. Die feineren Reaktionen, Entgegenstellung des Daumens, Fixieren des Blickes u. a. lernt er allerdings erst später. Überhaupt werden alle Reaktionen bei Tier und Mensch durch Übung verbessert und verfeinert, wenngleich sie in den Hauptzügen schon in den Organen vorgebildet sind. Das Tier ist mehr Spezialist, für eine besondere beschränkte Lebensweise vorbereitet, während der Mensch bei seinen mannig- // 455 // faltigeren wechselnden Beschäftigungen weniger speziell vorbereitet zur Welt kommt, mehr zu lernen hat, dafür aber auch lernfähiger ist. Die Füße des Hundes sind für das Laufen, jene der Katze für das Klettern und Festhalten der Beute vorgebildet, die Hände des Menschen hingegen dienen den mannigfaltigsten Verrichtungen, die aber meist erst gelernt werden müssen. Ich erinnere mich eines reizenden Anblicks, eines kleinen Mädchens, welches seine ersten Strickversuche macht.[2] Das ganze Kind ist in Bewegung, jeder Muskel spielt, sogar die Zungenspitze beschreibt genau die Kurve der bewegten Nadelspitze mit. Nach und nach werden diese überflüssigen, unzweckmäßigen Bewegungen schwächer

---

1 Junge Affen halten sich selbst an der Mutter fest. Ich kenne einen Fall, in dem sich ein kleines Kind durch Festhalten an einem Ast bei einer plötzlichen Wasserflut gerettet hat.

2 Beobachtung an meiner sechsjährigen Tochter. (Vgl.Tafel 2 am Schluss des Buches.)

und bleiben bei genügender Übung ganz aus. Ähnlich geht es bei jeder Einübung einer Zweckbewegung z. B. des Handwerkers, Klavierspielers usw.

In der Hand des Menschen und des Affen sind schon eine Menge Reaktionsmöglichkeiten verkörpert, wie Ergreifen, Herbeiziehen, Drücken, Stoßen, Schlagen usw. Durch das Ersinnen von Werkzeugen: Keil, Meiser, Meisel, Axt, Säge, Hammer, Zange, Bohrer finden sich Verbesserungen schon vorher geübter Reaktionen oder wohl auch neue Reaktionsweisen. Hieraus folgt aber, dass der Mensch seine Hand für neue Beschäftigungen nicht mehr umbilden muss wie das Tier. Es reicht allein die Entwicklung des Hirns, welche zur Erfindung der Werkzeuge und zum Erlernen von deren Gebrauch genügt. Dadurch ist aber fortan das Übergewicht der Hirnentwicklung über die Umbildung der // 456 // Körperformen besiegelt. Wer eine Leiter ersinnen kann, braucht keine Kletterfüße zu erwerben, die ihm in anderen Fällen wieder hinderlich wären. Der Mensch mit stärkerem Hirn wird nun nicht nur Herr über alle Tiere, sondern nach und nach auch über alle Mitmenschen von geringerer zerebraler Entwicklung.[3]

Die erhaltungsgemäße biologische Reaktion der Organismen auf Veränderungen der Umgebung ist natürlich von geringerer Mannigfaltigkeit als die letzteren. Während die Veränderungen der Umgebung keiner Beschränkung unterliegen, sind die Reaktionen des Organismus auf Erhaltung eines stationären Zustandes gerichtet, beziehen sich auf Herbeiziehen oder Abweisen des Einflusses der Umgebung. Das Verhalten einer maschinellen Einrichtung, etwa eines Thermostaten, gibt hierzu ein gutes erläuterndes Bild. Die Lebewesen sind ja auch Thermostaten.

Die leiblichen Reaktionen, das leibliche Tun, welches äußerlich beobachtet werden kann, scheint älter zu sein als das psy-

3 Vgl. Petzoldt, [*Einführung in die*] *Philosophie der reinen Erfahrung II* [*Auf dem Wege zum Dauernden*], [Leipzig 1904] S. 179, und Mach, *Analyse, der Empfindungen* 1886, S. 39, 139. Durch das hier Gesagte dürften sich die durch die bezeichneten Stellen gegebenen Differenzen lösen.

chische Tun, das wir direkt nur an uns wahrnehmen können. Das Vorstellen, das Denken, das Denktun kommt lange nach den Reflexen und Tropismen. Die eigene Erfahrung, sowie die Tierbeobachtung lassen darüber keinen Zweifel. Identifiziert man mit SCHOPENHAUER Wille und Kraft, so entspricht auch der Primat des Willens in seinem Sinn dieser Auffassung. // 457 //

Kommt die denkende Erwägung hinzu, um in die Reflexe eingreifend die Willkürhandlung im gebräuchlichen Sinn zu bilden, so zeigt uns auch diese ein konformes Tun als einfache Antwort auf ein ganzes Bündel voneinander verschiedener Reize. Eine ganze Reihe verschiedener Temperaturen bezeichnen wir als warm, und eine eben solche Reihe als kalt, weil wir auf die ganze erste Reihe gleich, auf die zweite ebenfalls gleich, aber anders als auf die erste reagieren. So verhält es sich mit den Sinnesempfindungen überhaupt. Der Spielraum der Unterscheidbarkeit ist größer als der Spielraum der Art der Reaktion. Den zurzeit unterscheidbaren Reaktionen entsprechen die Namen der Empfindungen.

Die einfachsten Organismen antworten unmittelbar auf den sinnlichen Reiz mit einer Bewegungsreaktion. Mit der fortschreitenden Entwicklung der Arten sowohl wie der Individuen wächst die Feinheit, Mannigfaltigkeit und Komplikation der durch die Sinne in den Organismus eintretenden als auch jene der motorisch aus dem Organismus austretenden Reaktion. Beide können sich sogar in nebeneinander verlaufende Zweige, wie in nacheinander folgende Akte trennen. Endlich findet auch ein zusehends besseres Abschleifen, ein reineres Herausschälen der zweckdienlichen, ein vollständigeres Abwerfen der überflüssigen, zweckwidrigen Teile der Reaktion statt.

Ein Tier niederster Organisation verschlingt einfach die nährende Substanz bei deren Annäherung. Der Frosch schnappt und schluckt was schwirrt und fliegt. Der Nusshäher kann eine Nuss nicht // 458 // einfach schlucken; er erkennt sie zunächst als Nahrung, öffnet sie, wenn er sie nicht zu leicht, also leer findet, und verzehrt dann den Kern. Die Katze achtet auf die Bewegungen und das Geräusch kleiner Tiere, erkennt eine Maus und verfolgt diese laufend und springend. Den Vogel kann sie aber nur beschleichen und im Sprunge erhaschen. Kleine Tiere schützen sich gegen Kälte durch Verkriechen in Gras, Laub oder in Erdlöcher. Der Mensch wirft ein Geflecht oder Tierfell um. Er baut auch Hütten zu dauerndem Schutz, die er aus Baumästen herstellt. Entwickelt sich die Hütte zu einem größeren Bau, so gilt es Bäume zu fällen, diese zu behauen, zu Prismen zu formen, einzurammen, ein Dach aufzusetzen. Alles dies gelingt nicht ohne eine Menge von motorischen und gedanklichen Zwischenverrichtungen. Soll z. B. ein Balken, der nicht mehr mit den Händen unmittelbar gefördert werden kann, als Dachstuhlbestandteil dienen, so kommt es darauf an, ob er ein Prisma von bestimmter Länge ist, ob er die nötige Tragfähigkeit hat, welches sein zu förderndes Gewicht ist? Kann etwa ein Mensch nur einen gleichen Balken von $^1/_{10}$ der Länge des vorliegenden heben, so müssen mindestens 10 Menschen heran, um den Balken durch ein Seil über eine Rolle zu heben, oder ein Mensch muss ihn durch eine Winde hinaufziehen, deren Kurbel mindestens die zehnfache Länge des Spindelhalbmessers hat.[4]

Alles biologische Geschehen, zeige es sich als // 459 // ein psychisches erkennendes, theoretisches Tun, oder als ein physisches motorisches, praktisches Tun, ist durch wenige gegebene Ziele bestimmt, und hat daher einen klassifikatorischen, begrifflichen, von neben dem Ziele vorbeiführenden Umständen absehenden, abstrahierenden Charakter. Wo dies im biologischen Geschehen nicht von vornherein deutlich ist, erscheint es doch als das unverkennbare Ideal, dem dies biologische Geschehen durch vielfache Übung sich nähert. Sowie jenes Mädchen durch Fallenlassen der überflüssigen Bewegungen

4 Bei aller Eigenartigkeit und Selbständigkeit kommen mir in Bezug auf den Begriff vielfach entgegen Stöhr, *Leitfaden der Logik* [*in psychologisierender Darstellung*], [Leipzig, Wien] 1905 und *Lehrbuch der Logik* [*in psychologisierender Darstellung*], [Leipzig, Wien] 1910.

sich zur Beherrscherin des Strickstrumpfs heranbildet, so abstrahiert der Maler mit dem Pinsel, der Plastiker mit dem Meisel, der Schreiner mit Hobel und Säge, der Denker durch Ausschaltung aller nebensächlichen störenden Vorstellungen, die nicht das Ziel des Denkens bestimmen. Der theoretisierende Mensch ist vom praktischen nicht so sehr verschieden als es oft scheint. Wie viele unserer theoretischen mathematischen und physikalischen Begriffe durch das Geschäftsleben, das Handwerk, die Technik, überhaupt durch das biologische Bedürfnis entwickelt worden sind, braucht kaum ausgeführt zu werden. Ob ich einen Faden spanne, oder mir einen gespannten Faden vorstelle, ob ich eine Rotationsfläche auf der Drehbank herstelle, oder mir auf einer idealen Drehbank hergestellt denke, ob ich 3 Flächen durch abwechselndes Schleifen aneinander zur wechselseitigen Kongruenz bringe oder eine ebene Fläche so erzeugt denke, das unterscheidet sich nur durch den Grad der Idealisierung.

Das theoretische und das praktische Tun sind ja die zusammengehörigen Teile einer und der- // 460 // selben biologischen Reaktion; das zweite ist vom ersten angeregt, von diesem durchdrungen und dessen natürliche Fortsetzung. Suchen doch beide dasselbe biologische Ziel mit dem geringsten Gedanken- und materiellem Aufwande zu erreichen. Nur bei der Berufsteilung unter den Menschen, ähnlich jener unter den Gliedern eines Ameisenstockes, können zuweilen Theoretiker und Praktiker sich so weit entfernen, dass sie einander nicht mehr verstehen. Dann hört wohl der Theoretiker, welcher die Welt mit seinen Begriffen schon erschöpft zu haben meint, von dem Praktiker: „Das mag in Deiner Theorie richtig sein, in der Praxis aber ist es anders.“ Wo Theorie und Praxis in der richtigen nahen Beziehung stehen, gilt hingegen das FARADAY'sche Wort: „There is nothing so prolific in utilities as abstractions.“[5]

5 Nach Angabe der Professoren D.C. Gilman und W.F. White findet sich der zitierte Ausspruch *Faradays* in einem seiner Briefe an Tyndall, den ich aber unter den publizierten Briefen nicht auffinden konnte.

Ob wir auf das Verständnis unserer Umgebung oder auf deren Benützung für unsere Zwecke zielen, in keinem Fall lässt sich das theoretische Verhalten von dem praktischen trennen; in jedem Fall fördert uns die Erfassung der wesentlichen Merkmale, der wichtigsten Reaktionen dieser Umgebung. Ein Tier, das eine Frucht findet, beschnüffelt, beleckt sie und beißt sie an; ein Kind, das seinen eigenen Schatten beobachtet, ermittelt durch Bewegungen dessen Bedingungen; ein Pferd, das eine Last bergan zieht, versucht auch statt des direkten Aufstiegs den Zickzackweg von geringerer // 461 // Steigung. Ein Mensch, der mitten im Weg einen schweren hindernden Stein findet, sucht diesen zu beseitigen. Gelingt es nicht ihn zu heben, so wird wohl gelegentlich ein Stab untergeschoben, an dem in der praktischen Bedrängnis die ersten Hebelerfahrungen gewonnen werden. Durch zufällige fast unwillkürliche Variation der Umstände lernt man vorteilhafte und unvorteilhafte Reaktionen der Objekte der Umgebung kennen. Hieran wird nichts von Belang geändert, wenn mehr und ausgiebigere technisch-wissenschaftliche Mittel zur Variation der Umstände benützt werden. Allerdings lassen die Wege, auf welchen man Erfahrungen gesammelt hat, ihre Spuren in den gewonnenen Begriffen und Theorien zurück. Schon die zufällige Richtung der Aufmerksamkeit des Beobachters muss das Ergebnis beeinflussen.

Die schönsten und lehrreichsten Beispiele für die Auffindung neuer Reaktionen und die Entwicklung der entsprechenden Begriffe bietet die Geschichte der Physik. Es wurde schon anderwärts darauf hingewiesen, dass die Auffindung neuer Reaktionen mit der Beachtung bisher außer acht gelassener Umstände zusammenhängt.[6] Bei der oben erwähnten Bewegung eines Gewichtes durch einen Hebel, wird die Aufmerksamkeit auf den Einfluss der Arme des letzteren gelenkt. Es entwickeln sich so allmählich die Begriffe statisches Moment, potentieller Hebel (Leonardo Da Vinci) *„gravitas secundum situm“*, virtuelles Moment, Arbeit. Wenn ein Körper durch sein Übergewicht einen

6 Vgl. insbesondere *„Erkenntnis und Irrtum“*, 4. Aufl. S. 268.

anderen mitbewegt, // 462 // so haben wir Anlass, die Materie einerseits als „agens“, andererseits als „patiens“ zu betrachten, also zwischen Gewicht und Masse zu unterscheiden, welche ausdrückliche Unterscheidung nach VAILATI[7] zuerst BALIANI[8] „De motu gravium“ 1638 angewendet hat. Die weitere Sonderung dieser Begriffe und die Klärung ihres Verhältnisses blieb allerdings Newton vorbehalten.

Ähnliche Eindrücke erregen ähnliche Erwartungen. Obwohl wir nach dieser psychologischen Regel zuweilen recht empfindlichen Täuschungen unterliegen, nur durch Schaden auf das Unterscheidende verschiedener Fälle achten lernen, so liegt in diesem psychischen Zug doch die Möglichkeit der Begriffsbildung und überhaupt aller höheren geistigen Entwicklung. Ob aber eine Gelegenheitsassoziation in eine triviale Erinnerung ausläuft oder zur Geburt eines neuen und wichtigen Begriffes führt, hängt ganz von der psychischen Konstitution des Beobachters ab, in dessen Kopf die Assoziation sich einstellt. Die antiken Forscher und deren mittelalterliche Nachfolger beschäftigten sich vorzugsweise mit dem Gleichgewicht der Schwerkräfte; sie kannten die Kraft nur als einen (Gewichts-) Druck. GALILEI untersuchte zuerst die Bewegung, welche unter dem Einfluss der Schwere zustande kommt; er erkannte dadurch die Schwerkraft als beschleunigungsbestimmend. Wenn nun jemand von einem kleinen Körper getroffen wird, so denkt er, dass dieser irgendwo herabgefallen oder geschleudert worden ist. GALILEI sieht aber in dem Stoß dieses Körpers die Summe der gehäuften Beschleunigungsimpulse, welche so wie sie allmählich erzeugt ebenso allmäh- // 463 // lich durch Gegenimpulse vernichtet werden kann. In diesem Gedanken liegt die Quelle des Begriffes der lebendigen Kraft, den HUYGENS, LEIBNIZ u. a. weiter geklärt haben. Obgleich GALILEI nur für die

7 [*] Giovanni Vailati (1863-1909), italienischer Philosoph, Mathematiker und Mathematikhistoriker

8 [*] Giovanni Battista Baliani (1582-1666), italienischer Mathematiker und Physiker

Schwerkraft nachgewiesen hat, dass sie eine Beschleunigung bestimme, so wird doch Newton durch jeden Druck an eine Kraft und zugleich an die beschleunigungsbestimmende Eigenschaft erinnert. Newton wagt die Verallgemeinerung des Galilei'schen Gedankens, betrachtet jeden Druck entsprechend seiner Größe als beschleunigend. Die Aufstellung Newtons in seinen Prinzipien geben Zeugnis von der Revolution und der allmählichen Klärung der Begriffe, welche durch diesen Schritt eingeleitet wurde. Ein durch die Forschung selbst erworbener Instinkt lehrt hier das Maßgebende herausfühlen und von dem Nebensächlichen, Gleichgültigen trennen. Die Folgeprozesse eines solchen Schrittes nehmen oft viele Jahrzehnte in Anspruch. So haben Oersted und Ampère erkannt, dass jeder Strom ein magnetisches Feld mit sich führt, und Faraday hat gefunden, dass jede Änderung der elektrostatischen und magnetischen Ladung strominduzierend wirkt. Dennoch hat nur die Maxwell'sche Elektrodynamik diese beiden Einsichten konsequent festgehalten.[9] // 464 //

9 H. Hertz, *Gesammelte Werke I.* [*Schriften gemischten Inhalts*], [Leipzig 1895] S. 295, 296 u. f.

24.
Werden Vorstellungen, Gedanken vererbt?

Eine sehr verbreitete und berühmte Lehre behauptet, dass ein Teil unseres Wissens allerdings aus der Erfahrung geschöpft sei, ein anderer Teil aber von der Erfahrung unabhängig als Anlage in uns nur auf die Anregung und Entwicklung durch die Erfahrung warte. Dieser letztere Teil sei nun gerade der wichtigere, ohne welchen die Erfahrung gar nicht möglich wäre. Und warum denn auch nicht? Nicht nur die geistig von KANT abstammenden Philosophen, nicht nur wir anderen sterblichen Menschen, sondern auch die Tiere erwerben ihre Erfahrung nur teilweise individuell, sondern haben etwas davon sprichwörtlich von der Frau Mutter geerbt. So hat es KANT zwar nicht gemeint. Doch wollen wir zunächst ohne Rücksicht darauf dieses Verhältnis möglichst unbefangen betrachten.

Das dem Ei entschlüpfte Hühnchen pickt nach allem, was es vorfindet. Was aber aufzupicken bekömmlich ist, lernt es nur durch die individuelle Erfahrung, die ohne die Neigung zu picken gar nicht zustande käme. Ein neugeborenes Ferkelchen, auf einen Stuhl gesetzt, bemisst bald die Höhe desselben, sagen wir scherzhaft in der Anschauung, // 465 // und springt dann geschickt von diesem herab. Ein künstlich von Menschen aufgezogener Vogel weiß, ohne es gelernt oder gesehen zu haben, kaum befiedert, sofort zu fliegen. Das junge von der Bruthenne gewartete Frettchen sucht schmerzhaft saugend die Zitzen des Huhns, die es einfach als vorhanden voraussetzt, ohne sich durch den Aufschrei der Pflegemutter stören zu lassen. Es kennt *a priori* die tödlich verwundbare Stelle seiner Beutetiere, und erprobt sein Wissen endlich sogar an der eigenen Pflegemutter. Die Raubwespe (Sphex), welche genau weiß, wo sie die für ihre Brut geraubten Raupen anzustechen hat, ohne es erprobt zu haben, ist ein anderes Beispiel dieser Art. Auch der neugeborene Mensch versteht schon das Saugen. Er erhebt sich später, auch ohne Anleitung, steht und geht aufrecht. Und wenn auch viel in seinem Tun und Denken sich später erst entwickelt und reif wird, so ist doch ein guter Teil davon unverkennbar ein Erbstück.

Die als Beispiele angeführten Instinkthandlungen der Tiere und Menschen sind nun nichts anderes als Lebenserhaltungsmaßregeln, Anpassungsvorkehrungen an die organische und unorganische Umgebung oder Mitwelt. Eine scharfe Grenze zwischen den ererbten und den individuellen Erwerbungen ist kaum zu ziehen. In beiden spricht sich nur ein älterer länger währender oder ein jüngerer kürzer dauernder Einfluss der Lebensumstände aus. Denn ererbte Instinkte können durch individuelle Beeinflussung abgeändert werden, sogar ganz verloren gehen und durch neue ersetzt werden. Hunde nehmen durch Verkehr mit Katzen die Manieren // 466 // derselben, z. B. das Putzen der Schnauze mit den Pfoten an; ebenso lässt man junge Pferde nicht gern mit Kühen auf die Weide gehen, weil sie die ungeschlachten Bewegungen der letzteren sich aneignen. Vögel auf von Menschen nicht bewohnten Inseln lassen sich ohne Umstände greifen (Chamisso[1], Darwin) und lernen erst durch mehrere Generationen langsam die Menschenfurcht, die unsere Sperlinge, wo sie freundlich behandelt werden, wieder so verlernt haben, dass sie aus der Hand fressen. Wenn die Eier einer zahmen und wilden Ente zugleich von einer Hausente ausgebrütet werden, so hat man eine possierliche Gesellschaft kleiner Entchen vor sich, von denen die ersteren bei Annäherung des Menschen ganz gelassen bleiben, während die anderen heftig erschrecken. Unsere Hunderassen, der Vorstehhund, der Schäferhund haben die Instinkte ihrer wilden Vorfahren verloren, dagegen die anerzogenen Instinkte ihrer zahmen Vorfahren ererbt, und üben diese schon vor der Dressur oft in einer merkwürdigen Vollkommenheit und Geläufigkeit, zuweilen ohne je etwas dergleichen gesehen zu haben. Auch das menschliche Kind verlernt sogar das Saugen, seinen stärksten Instinkt, sehr

1 [*] Adelbert von Chamisso (1781–1838), [französischer Herkunft] deutscher Naturforscher und Dichter

bald, wenn ihm die Nahrung in anderer Form geboten wird, und ist nur mit großer Schwierigkeit wieder zum Saugen zu bringen.[2]

Die angeborenen Instinkte sind also keineswegs unveränderlich; in ihnen spricht sich der gehäufte Einfluss der Bedürfnisse der Vorfahren gerade so // 467 // aus, wie in den Willkürhandlungen der gegenwärtig lebenden Individuen deren Bedürfnisse. Den äußerlich beobachtbaren Instinktbewegungen werden nun mehr oder weniger klare psychische Prozesse vorausgehen oder erstere begleiten; wir nennen die ersteren Tathandlungen, die letzteren, insbesondere den Menschen berücksichtigend, Denkhandlungen. Die letzteren können ebenso instinktiv zwangsmäßig ablaufen als die ersteren, sie sind ebenso Handlungen wie jene, nur dass wir diese dem Individuum nicht von außen ansehen können. Da nun beide nur das objektiv, beziehungsweise subjektiv beobachtbare Ende desselben Vorgangs darstellen, so werden sie auch einerlei Gesetz unterliegen.

So aufgefasst würde das Denken, welches sich vor und neben der Einzelerfahrung, für diese formgebend, in uns meldet, auf die von unseren Vorfahren meistgeübten Denkneigungen und Denkstimmungen zurückzuführen sein. Deren Denkgewohnheiten mussten ja in ihrer Stärke, aber auch in ihren Schwächen und Einseitigkeiten ihren Lebensumständen entsprechen; sie werden auch für unsere Verhältnisse noch nicht ganz unpassend sein, noch immer einen gewissen Wert haben. Es wäre nicht wohlgetan, diesen intellektuellen Erbstücken mit Missachtung zu begegnen, aber ebenso unklug, deren Grundlagen nicht weiter nachzugehen.

Ein solches Erbstück ist wohl die Denkgewohnheit alle Vorgänge der Umgebung nach Möglichkeit in die Beziehung der Ursache und Wirkung zu setzen. Würden alle Vorgänge in voller Regelmäßigkeit aufeinander folgen, etwa wie Tag und Nacht, oder würden sie gar keine Regelmäßigkeit // 468 // einhalten,

---

2 Die angeführten Beobachtungen sind den Schriften von *Darwin, Romanes, Morgan* u. a. entnommen.

so könnte diese Gewohnheit sich gar nicht entwickeln. Weder im Feenland, wo alle Wünsche sofort erfüllt werden, noch im Traumland, in dem alles ohne Regel durcheinander geht, gewährt diese Gewohnheit einen Vorteil, oder hat sie überhaupt Zweck und Sinn. Wo aber biologisch günstige und ungünstige Ereignisse wechseln, wo dieser Wechsel teilweise mit einer gewissen Regelmäßigkeit stattfindet, der sich durch vorausgehende Zeichen ankündigt, da hat die Frage und das Suchen nach der Ursache ein freudiges oder peinliches, jedenfalls ein starkes praktisches Interesse. Deshalb haben wohl unsere Vorfahren diese Denkneigung erworben, der auch wir huldigen, die täglich neu gestärkt wird, und die wir auch ohne Vererbung, nur mit etwas mehr Mühe, wieder neu erwerben würden und erwerben müssten. Man wird kaum fehlgehen, wenn man mit SCHOPENHAUER schon den Tieren ein Bedürfnis nach Kausalität zuschreibt.

Aber mit dem Drang, die Ursache zu suchen, ist die Geschicklichkeit sie zu finden keineswegs verbürgt, sie geht jenem durchaus nicht parallel. Die Kulturgeschichte lehrt, in welch monströser Weise unsere nicht gar fernen Vorfahren ihr Kausalitätsbedürfnis zu befriedigen suchten, indem sie Zauberworte, den bösen Blick, Kometen, Sonnenfinsternisse usw. als Ursachen gelten ließen, wie dies noch heute wilde Stämme ähnlich in Bezug auf jeden Unglücks-, Krankheits- oder Todesfall halten. Ja wer sich der abenteuerlichen Vorstellungen erinnert, die ihn in früher Jugend trieben, das Spielzeug zu zerbrechen, um zu sehen, was drin ist, wird den Aufschwung und die Klärung der eigenen // 469 // Kausalitätsvorstellung zu schätzen wissen, die ihm beim Anblick einer Verzahnung, eines Hebels oder einer Schnurverbindung aufleuchteten. Wer nun solche Erlebnisse auf sich wirken lässt, muss die Geringfügigkeit und Schwäche einer allgemeinen Neigung zur kausalen Auffassung gegenüber dem Bestimmten, Eindringlichen der Einzelerfahrung deutlich fühlen.

Dies wird noch deutlicher durch eine allgemeine biologische Betrachtung. Viele Tiere machen als Embryonen ihre ganze leibliche und psychische Entwicklung durch. Die aus der Puppenhülle schlüpfende Ameise oder Biene kennt schon alle Arbeiten, die sie zu verrichten hat; es bleibt ihr nichts oder fast nichts zu lernen übrig, sie hat fast alle Fähigkeiten von den Vorfahren geerbt. Der Singvogel übt zwar auch den Gesang seiner Art ohne Unterricht, allein isoliert aufgezogen singt er doch merklich unvollkommener als andere seinesgleichen. Je länger die postembryonale Entwicklung währt, desto mehr bleibt dem Tier durch individuelle Erfahrung, Nachahmung und Mitteilung seiner Artgenossen zu lernen übrig, wie dies bei den Säugetieren und insbesondere beim Menschen hervortritt. Der Mensch erlernt ja durch Nachahmung die Sprache, er lernt sie verstehen, er nimmt mit derselben eine Menge fremder individueller Erfahrung auf, die bei der Erwerbung der eigenen schon mitwirkt. Die Symbolisierung und Verfestigung der Gedanken durch Worte ermöglicht oder erleichtert ihm doch ungemein das eigene und das fremde Denken zu beobachten, darüber zu reflektieren, und sich auf die höchste psychische Stufe zu erheben. Das erreichte //470 // Niveau wird natürlich je nach der Fähigkeit und Neigung zur Reflexion sehr verschieden sein.[3]

Wer in reiferen Jahren beim Aufnehmen spezieller Erfahrungen oder bei der Lösung besonderer Aufgaben das eigene Denken beobachtet und über dasselbe reflektiert, wird ohne Zweifel gewisse allgemeine, sich zur Geltung bringende Züge wahrnehmen, deren Quelle er nicht in besonders erinnerlichen Erfahrungserlebnissen zu finden vermag. Der Gedanke wird ihm ja nicht fremd sein, dass er von den Vorfahren eine geistige und körperliche Organisation mit den zugehörigen Fähigkeiten geerbt hat. Allein so viele mannigfaltige und ans Wunderbare grenzende Leistungen man der Vererbung auch zutraut und zugesteht, müssen doch besondere Umstände uns bedenklich machen. Was man als im Intellekt gelegen betrachtete, war nicht nur individuell und in verschiedenen Kulturstufen recht ver-

3 Es scheint desto mehr an intellektuellen Erwerbungen dem postembryonalen Leben zuzufallen, je mehr das Individuum geistig zu bedeuten hat.

schieden, sondern wurde auch besonders bei den berufsmäßigen Vertretern des gelehrten Denkens vorgefunden. Erwägen wir das persönliche Gepräge dieses im Intellekt gelegenen, und bedenken wir, dass unsere Vorfahren doch nur auf demselben Wege wie wir Erfahrungen sammeln konnten, ganz abgesehen davon, dass wir ein Verständnis der Übertragung durch Vererbung doch noch nicht haben, so dürfen wir fragen, ob das vermeintlich im Intellekt Gelegene nicht in irgendeiner Weise doch der individuellen Erfahrung entstammt. // 471 //

Denken wir uns den primitiven Menschen beobachtend, Erfahrungen sammelnd. Er wird gewiss viele Missgriffe machen, Vorgänge registrieren, die sich nicht wiederholen, weil sie bloß in einem zufälligen Zusammentreffen ihren Ursprung hatten usw. Endlich wird er aber merken: „Wenn ich aus meinen Aufzeichnungen Nutzen ziehen will, muss ich auf das Beständige in der Natur achten." Die Eigenschaft den Durst zu löschen (A) kommt mit Durchsichtigkeit (B), Klarheit (C), Flüssigkeit (D) usw. an denselben Raumstellen verbunden vor, ebenso Brennbarkeit mit Trockenheit, Brüchigkeit, Faserigkeit usw. Es existieren feste Komplexe von sinnenfälligen Eigenschaften, die wir Wasser, Holz usw., Körper, Substanzen nennen. So bildet sich der Substanzbegriff nicht aus einer besonderen Erfahrung, sondern aus der Häufung vieler analoger allmählich, unwillkürlich. Die aufgedrungene Ansicht, dass derartige Beständigkeiten in der Natur existieren, dass es förderlich ist diese zu suchen und zu verfolgen, begründet die ersten naturwissenschaftlichen Fortschritte.

Wenn Veränderungen in der Natur eintreten, so beobachtet man, dass auch in dieser etwas beständig bleibt, indem dieselben Veränderungen noch an dieselben Bedingungen gebunden bleiben. Durch Feuer wird das Holz, der Schwefel zum Brennen, das Blei und Kupfer zum Schmelzen, das Wasser zum Kochen und Verdampfen gebracht. Ein bewegter Körper stößt andere Körper an und bewegt sie ebenfalls. Diese Beständigkeiten, welche noch in der Veränderung bestehen bleiben, dieselbe bestimmen, haben ebenso durch Häufung der ana- // 472 // logen Erfahrungen die Begriffe Ursache und Wirkung unwillkürlich entwickelt und die Einsicht gezeitigt, wie wichtig, materiell und intellektuell nützlich die Verfolgung dieser Beständigkeit und Bestimmtheit in der Veränderung ist. Die instinktiven, durch eigene und fremde mitgeteilte Erfahrung entwickelten Begriffe Substanz und Ursache beherrschen überall die Anfänge der Naturwissenschaft. Solche unwillkürliche Produkte des Instinkts sind auch widerstandsfähiger gegen die Kritik als mit vollem Bewusstsein gewonnene Einzelerfahrungen, sprechen bei jeder solchen Erfahrung schon mit, so dass der Schein einer von der Erfahrung unabhängigen höheren Autorität entstehen kann. Die Forderung Beständigkeit und Bestimmtheit in der Natur vorauszusetzen und diesen forschend nachzugehen, macht uns zunächst den Eindruck einer Art intellektuellen kategorischen Imperativs. Eine Stunde nüchterner Überlegung belehrt uns aber, dass dies Postulat doch nur durch die Erfahrung nahe gelegt wird, dass ohne dasselbe die Naturforschung überhaupt keinen Sinn und kein Ziel hätte. Soweit es sich um die qualitative Anpassung der Gedanken an die Tatsachen handelt, scheinen diese Fragen hiermit erledigt.

Die Anpassung der Gedanken an die Tatsachen, wie sie durch die Einzelerfahrung eingeleitet wird, ist nicht genauer als es durch den augenblicklichen Zweck bedingt ist. Dann folgt aber die Anpassung der Einzelgedanken aneinander, welche ganz in das Gebiet des Denkens also der inneren Erfahrung fällt, wobei natürlich die Erprobung einzelner Ergebnisse durch die äußere Erfahrung nicht ausge- // 473 // schlossen ist. Hier beginnt nun die qualitative und quantitative logisch-mathematische Feile der Einzelgedanken, die eigene geläufige innere Ordnungstätigkeit des Forschers. Diese ist nun von der äußeren Erfahrung nur insofern abhängig, als ihr die letztere nur das Material liefert, kann sich aber nur durch eine kräftige innere Erfahrung entwickeln, wie es wohl jeder Berufsdenker erprobt hat. Schon die einfachsten logischen Sätze, der Satz der Identität, des Widerspruchs, des ausgeschlossenen Dritten, sind uns nicht von vornherein gegeben, sondern haben sich erst durch das Streben nach organisiertem Denken zur Klarheit entwickelt. Wir brauchen uns nur an unsere Träume zu erinnern, in welchen diese Sätze fortwährend verletzt werden, an geringe Grade der Zerstreuung, in welchen wir uns selbst als Übertreter der logischen Gesetze ertappen, an das Verhalten der Tiere, um uns zu überzeugen, dass nicht das Vorstellungsleben an sich, sondern erst das geordnete Denken diese Gesetze respektiert. Vielleicht ist es auch erlaubt auf manche Produkte der indischen Philosophie hinzuweisen, in welchen die Phantasie eine bedeutendere Rolle spielt als die Logik.

Etwas mehr Aufmerksamkeit erfordert es, das mathematische Denken zu durchblicken. Die äußere Erfahrung lehrt uns unveränderliche Mengen von gleichen Gliedern kennen; sie lehrt uns ferner diese Glieder durch vertraute geläufige Objekte abbilden und ordnen, d. h. zählen. Hiermit ist die Funktion der äußeren Erfahrung erschöpft. Wenn die Arithmetik in der bloßen Vorstellung den Satz aufstellen kann $2 \times 2 = 4$, so findet sie nur die Äquivalenz // 474 // zweier verschiedener Ordnungstätigkeiten derselben Menge gleicher Glieder. Über die Natur sagt sie damit gar nichts aus, kann ihr gar nichts anhaben, also

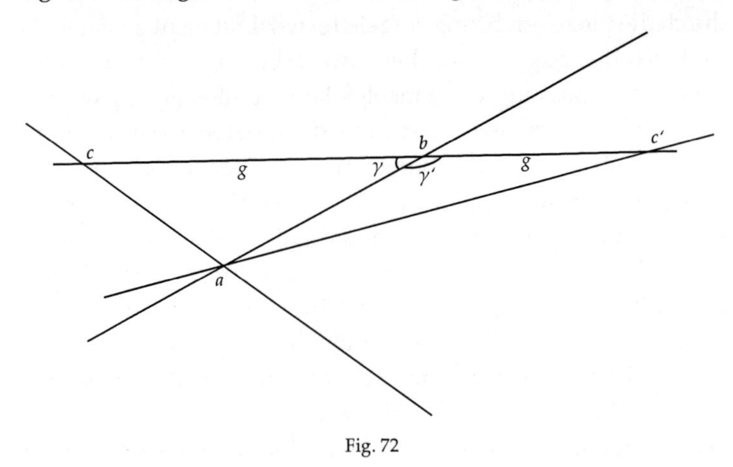

Fig. 72

auch keine Gesetze vorschreiben. Die Anwendung der Arithmetik auf die Natur setzt nur die Unveränderlichkeit der Mengen voraus. Im Traumland würde keine Arithmetik entstehen, denn da kann man kaum dieselbe Menge zweimal oder auf zweierlei verschiedene Weise zählen.[4] Die Arithmetik lehrt, dieselbe Mengenvorstellung in zwei verschiedenen Aufmerksamkeitsakten, 4 und 2 × 2, fassen. Aber einmal wenigstens innerlich muss der wirklich gezählt haben, der arithmetische Sätze verstehen, anwenden oder aufstellen will.

Hat man die Erfahrung gewonnen, dass es starre, in der Form unveränderliche, im Raume verschiebbare Körper gibt, dass was ein starrer Maßstab irgendwann und irgendwo deckt von diesem immer und überall gedeckt wird, so kann man die Geometrie ebenso wie die Arithmetik in der Vorstellung entwickeln. Denkt man sich z.B. in den Punkt a den Scheitel eines Strahlenbüschels, in den Punkt eine beliebige Gerade g, welche mit dem Strahl ab den Winkel γ einschließt, so sieht man mit dem Wachsen von γ auch die γ gegenüberliegende Seite a c wachsen, und mit dem Abnehmen des Nebenwinkels γ' auch die Dreiecksseite $a\,c$ abnehmen. Das Wachsen eines Winkels und das Wachsen der diesem // 475 // gegenüberliegenden Dreiecksseite sind also zwei an derselben Raumvorstellung untrennbar verbundene Beobachtungen, ganz analog wie in dem arithmetischen Beispiel. In beiden Fällen führen wir, uns auf sinnliche Erfahrungen stützend, ein Gedankenexperiment aus, welches ebenso wohl an körperlichen Objekten hätte angestellt werden können.

Es ist wohl kaum zu zweifeln, dass geometrische und arithmetische Erfahrungen an körperlichen Objekten geläufig geworden sind, bevor man sie in der Vorstellung nachgebildet hat. Die Grundanschauungen sind also der äußeren Erfahrung

4 Eine Eigentümlichkeit der sinnlichen Traumbilder scheint in der großen und raschen Wandelbarkeit zu bestehen. Lese ich im Traume irgendeinen Text, so ändert sich das Bild so rasch, dass ich ihn nicht zum zweiten Mal lesen kann. Schließlich bewegen sich die Buchstaben sinnlos und ohne Ordnung durcheinander.

entlehnt, wie jene der Physik. Um aber in Gedanken mit denselben experimentieren zu können, werden sie vereinfacht, idealisiert. Die Einheiten der Arithmetik werden absolut gleich, gleichwertig gedacht, die Geraden und Ebenen der Geometrie werden als ideale vollkommene Gebilde aufgefasst, wie solche in der Wirklichkeit nicht vorkommen und nicht vor- // 476 // kommen können. Dadurch sind unsere Vorstellungen so vereinfacht, ihr Inhalt so begrenzt und bestimmt, dass wir die volle logische Herrschaft über sie gewinnen. Wir können über diese Vorstellungen vollkommen zutreffende Urteile fällen, welche für die sinnliche Wirklichkeit allerdings nur hypothetisch gelten. Insofern als unsere idealisierten Annahmen auf die Wirklichkeit passen, ist auch diese unserm Urteil unterworfen. Von Gesetzen, die wir der Natur vorschreiben, kann nirgends die Rede sein. Wir finden innerlich nur so viel Gesetzmäßigkeit in der Natur, als wir in der vereinfachten äußeren Erfahrung aufgenommen haben.

Dies gilt für die Arithmetik, Geometrie und Physik in ganz analoger Weise. Die einfachsten Sätze der Arithmetik, Geometrie und Physik konstatieren immer die Verbindung von zwei Reaktionen an demselben Fall. Ob wir an einem durchströmten Draht ein zirkuläres oder zylindrisches magnetisches Feld, im gedrückten Glase ein anisotropes optisches Feld, an einem heißen Körper die Schmelzung, an einem Dreieck das Wachsen der Seite mit dem Wachsen des gegenüberliegenden Winkels feststellen, immer handelt es sich um die Verbindung zweier Reaktionen. Nur genügt e i n Sinn und der g e r i n g s t e Wechsel der Aufmerksamkeit in der Arithmetik und Geometrie, während in der Physik für den Nachweis jeder Reaktion meist eine ganze Reihe von intellektuellen und Tathandlungen nötig ist. Deshalb scheinen die mathematischen Urteile so unabhängig von der äußeren Erfahrung und so sicher.

Das logisch-mathematisch geschulte Berufsdenken // 477 // scheint der Einzelerfahrung überlegen, indem es bei Aufnahme jeder Sondererfahrung schon richtunggebend mitwirkt. Dennoch hat es nur aus der Einzelerfahrung seine Kraft geschöpft, wenn auch nicht immer nur aus der Einzelerfahrung desselben Individuums, welches diese Überlegenheit fühlt. Der Einzelintellekt hat nämlich durch Sprache, Verkehr, Mitteilung und Unterricht Anteil an dem historisch entwickelten Gemeinintellekt, dessen Umfang, Stärke und Beweglichkeit mit steigender Kultur stetig fortschreitet. Wie wenig der Intellekt durch Vererbung und wie sehr er durch Mitteilung beeinflusst ist, sieht man bei historisch eintretenden Diskontinuitäten der Kulturübertragung. Man denke an die Rückfälle im Mittelalter durch die Völkerwanderung, Seuchen, Kriege usw. Wir sind vielleicht auch besser daran, wenn unsere Vorfahren uns ein größeres Gehirn, ein stärkeres Gedächtnis, eine beweglichere Phantasie aber keine Urteile oder Vorurteile vererben. Der Fortschritt ist durch den geistigen Kontakt mit den Vorfahren und Zeitgenossen mehr gefördert, als wenn er auf die organische Entwicklung der Generationen angewiesen wäre.

Haben wir nun nicht nur aus der äußeren Erfahrung Lehren gezogen, sondern uns auch in der inneren logisch mathematischen Ordnungstätigkeit zurechtgefunden, so werden wir auch besser beurteilen können, welche Züge der äußeren Erfahrung wir besonders zu beachten, und in welche Gedankenformen wir die Erfahrung zu bringen haben, um zu einer praktischen, intellektuell nützlichen, widerspruchslosen, bequemen Auffassung der Natur zu gelangen. Diese Einsicht kann uns durch den // 478 // Betrieb der Naturforschung mehr oder weniger instinktiv zukommen und dann gar leicht für a priori in uns liegend erscheinen. Ist sie aber ganz klar geworden, so können wir auch mit Bewusstsein willkürlich und absichtlich die Postulate einer zielbewussten Naturforschung aufstellen, ohne zu verkennen, dass diese sich nach und nach durch die äußere und innere Erfahrung dargeboten haben.

So betrachtet z. B. schon Helmholtz das Kausalgesetz als eine natürliche und vernunftgemäße Voraussetzung der Erforschbarkeit der Natur (Erhaltung der Kraft, Orig.-Ausg. S. 3).

Auch für B. A. W. Russell[5] hat das a priori lediglich die Bedeutung einer logisch unerlässlichen Voraussetzung des Beginns der Forschung (The foundations of geometry, 1897, S. 3, No. 5). Auf diesem Standpunkt versteht man ohne Schwierigkeit, warum man in der Natur Beständigkeiten sucht und voraussetzt, da nur diese uns leiten können, seien es nun einfache Konstanten oder Beständigkeiten der gleichzeitigen Verbindung (Substanzen, Körper), oder Beständigkeiten der Folge, Bedingung (Kausalität), oder endlich umfassendste allgemeinste Gesetze. Diese Beständigkeiten strebt der Naturforscher als Regeln von möglichster Bestimmtheit, d. h. von eindeutiger Bestimmtheit zu gewinnen. Solche vermag die rohe Beobachtung, die immer sowohl der Bedingung wie dem Bedingten einen beträchtlichen Spielraum lässt, nicht zu liefern. Diese können nur gewonnen werden, indem die quantitativ-logische Ordnungstätigkeit ihre Anpassungsarbeit ausführt, die Bedingung und das Bedingte dem Maß unterwirft und eine Theorie schafft. Die kleinsten Differenzen der Bedingung // 479 // bestimmen dann kleinste Differenzen des Bedingten. Wo, wie im homogen erfüllten Raum und in der homogen erfüllten Zeit alle Differenzen fehlen, an welche sich Bestimmungen knüpfen könnten, haben die Gesetze des Geschehens ihr Ende erreicht.

Je nach dem Standpunkt, den der Denker bereits als Forscher gewonnen hat, je nach den besonderen Fragen, die er behandelt, werden solche Sätze (Postulate), die ihm von vornherein einleuchtend und notwendig erscheinen, recht verschieden sein. Erläutern wir dies durch ein Beispiel. J. R. Mayer, dem Mitbegründer der Energielehre, scheint der Satz „causa aequat effectum" von vornherein sicher zu stehen. Man muss aber sagen, dass der Sinn und die Richtigkeit dieses Satzes sehr verschieden beurteilt werden muss, je nach dem Begriff, welchen man von Ursachen und deren Maß gewonnen hat. Ist die Ursache und die Wirkung qualitativ verschiedenartig, die eine oder die ande-

5 [*] Bertrand Arthur William Russell (1872-1970), britischer Philosoph, Mathematiker und Logiker

re noch nicht, oder nach keinem vergleichbaren Maß messbar, so ist der Satz sinnlos oder illusorisch. So z. B. wenn als Ursache die Reibungsarbeit, als Wirkung die erzeugte Elektrizitätsmenge betrachtet würde. Wären Ursache und Wirkung beide Bewegungsquantitäten beliebiger Körper oder lebendige Kräfte vollkommen elastischer Körper, also gleichartig, so wäre der Satz richtig. Bleiben die Maße der Ursache und der Wirkung heterogen, so kann man im günstigsten Falle nur von Proportionalität von Ursache und Wirkung sprechen. Macht man aber die Erfahrung, dass die Wirkung der Ursache wieder in die Ursache rückverwandelbar, also nach demselben mechanischen Arbeits- // 480 // maße gemessen werden kann, dass sowohl die Ursache als die Wirkung in elementare additive Teile zerlegbar ist, welche sich nicht stören, dann gilt im vollen Umfang der Satz „causa aequat effectum". Das Interessanteste und Lehrreichste an der MAYER'schen Entdeckungsgeschichte ist aber, dass MAYER den Satz für richtig hielt, lange bevor er durch seinen physikalischen Standpunkt hierzu berechtigt war. Er fühlte das Bedürfnis nach dem Satz, er wünschte, dass er gelten möchte, er suchte, ohne dass ihm dies auf allen Gebieten gelungen wäre, seine Begriffe diesem Bedürfnis anzupassen. Der Satz war also in diesem Fall nicht sowohl eine Einsicht *a priori*, als vielmehr ein zweckmäßiges intellektuelles Postulat.

Was den Menschen a priori einleuchtet ist recht verschieden zu verschiedenen Zeiten und sogar verschieden für verschiedene Menschen zur selben Zeit. Leonardo DA VINCI hielt das *perpetuum mobile* für unmöglich, alle Vorgänge für finitiv. STEVIN hält diesen Gedanken fest. Die Anwendungen, die er von diesem Satze macht, lassen sich alle auf die Formel zurückführen: Ziellose Bewegungen schwerer Massen, d. h. Bewegungen ohne Sinken, treten nicht ein. Bei HUYGENS nimmt der Gedanke, insofern Folgerungen aus ihm gezogen werden, die Form an: Schwere Massen steigen nicht von selbst. Trotzdem beschäftigen sich zahlreiche Zeitgenossen dieser Männer mit dem Problem des *perpetuum mobile*. – Durch das ganze Altertum und Mittelalter bis zur Mitte des 19. Jahrhunderts war die Vorstellung sehr verbreitet, dass alle Naturvorgänge finitiv seien. Die Entdeckung der Umwandlung der Energien in- // 481 // einander und die Äquivalenz derselben, soweit die Umwandlung und Rückverwandlung möglich ist, ließ die Welt selbst wieder als ein *perpetuum mobile* erscheinen, wenn nicht beachtet wurde, dass diese Umwandlungen überwiegend in einem bestimmten Sinne stattfinden. Insofern der letztere Umstand auf das vulgäre Denken keinen, oder nur geringen Einfluss nahm, wurde die natürliche, gesunde Auffassung durch die Entdeckung der Äquivalenz der Energien gestört, um nicht zu sagen korrumpiert. – Die Unzerstörbarkeit der Materie schien der antiken Welt selbstverständlich. Lavoisier[6] hat erst versucht, mit diesem Gedanken wissenschaftlich Ernst zu machen. Die heutige elektromagnetische Theorie der Materie und der Mechanik erregt wieder Zweifel gegen diesen einst selbstverständlichen Satz. Die Aristoteliker sahen ein, dass ein Körper sich nur soweit bewegen kann, als er geschoben wird, während die Schüler Galileis einsahen, dass ein Körper allein seine Geschwindigkeit nicht ändern kann. Noch ein großer Philosoph des 18. Jahrhunderts und einer des 19. finden die Beschränkung des Trägheitsgesetzes auf leblose Körper einleuchtend. Als ob die Trägheit bei belebten Körpern aufhören würde zu gelten, als ob man eine lebende Katze nicht in parabolischer Wurfbahn schleudern könnte, als ob eine davonlaufende Maus die Aufhebung des Trägheitssatzes demonstrieren würde!

Die Verschiedenheit der mit dem Gefühl der Überzeugung ausgesprochenen Urteile auf dem Gebiete der Physik erregt Zweifel an deren Allgemeingültigkeit, Unfehlbarkeit und Notwendigkeit, deutet vielmehr auf deren individuellen Ursprung. // 482 // Forscht man diesem nach, so findet man ihn meist in sich unwillkürlich aufdrängenden, mehr oder weniger genauen Erfahrungen. Indem diese Urteile zur Vervollständi-

6 [*] Antoine Laurent de Lavoisier (1743–1794), französischer Chemiker

gung der Erfahrung antreiben, führen sie zur Bestätigung oder Widerlegung, oft zu einer wesentlichen Erweiterung der Einsicht.

Die hier dargelegten Ansichten, welche dem modernen Naturforscher nicht fremd sein möchten, liegen wohl dem Standpunkt HUMES näher als jenem KANTS.[7] // 483 //

7 Vgl. das Kapitel „Kausalität und Erklärung" in meinen *„Prinzipien der Wärmelehre"*. Ferner K. Pearson, *The Grammar of science*, [London] 1900, S. 134, und Kleinpeter, *Der Kausalbegriff in der neueren Naturwissenschaft*. Philosophische Wochenschrift, redig. von H. Renner in Charlottenburg, 1907.

25.
Leben und Erkennen.[1]

Es war eine merkwürdige Zeit, vielfach der gegenwärtigen vergleichbar, als nach den welterschütternden und blickerweiternden Ereignissen des 14. und 15. Jahrhunderts – Erfindung der Schusswaffen, Einbruch der Türken in Europa, Entwicklung des Buchdrucks, Entdeckung von Amerika usw. – namentlich im 16. und 17. Jahrhundert die neu belebten spärlichen Überreste antiker Wissenschaft mit ungeahnten Anschauungen und überkommenen religiösen Vorstellungen in Berührung und vielfachen Widerstreit traten. Der Wagemut der frischen Köpfe eines der Barbarei kaum entwachsenen tatkräftigen Geschlechtes wurde da mächtig erregt und auf neue Forschungswege getrieben. Ernste Naturforschung und finsterster Aberglaube wohnten damals noch recht nahe beisammen, zuweilen sogar miteinander in der engen Hexenküche. Dem klar in die Welt blickenden LEONARDO DA VINCI folgt der nach Einfachheit der Auffassung strebende Kopernikus, dessen geistige Freiheit bald den Zorn Luthers nicht minder erregte, als jenen der römischen Kurie; // 484 // denn es stand anders in der Bibel. Des KOPERNIKUS' jüngerer Zeitgenosse PORTA[2], der in seiner „natürlichen Magie" wichtige, teils von ihm gefundene, teils überlieferte optische Kenntnisse mitteilt, sammelt in demselben Buche auch die albernsten Zaubereien aller Art und namentlich Wahnvorstellungen über die Kräfte des Magneten. Der Arzt VAN HELMONT[3], der Entdecker wichtiger chemischer Tatsachen, steckt doch noch tief in der Mystik und scheut sich nicht, gelegentlich ein Rezept zur Erzeugung von Mäusen mitzuteilen. DESCARTES denkt sich die Planeten durch Wirbel herumgetrie-

1 Aus „Die neue Gesellschaft", Berlin 1906, abgedruckt.

2 [*] Giambattista della Porta (1535-1615), italienischer Physiker, Optiker, Philosoph und Alchemist

3 [*] Johan Baptista van Helmont (1580-1644), flämischer Arzt, Naturforscher und Chemiker

ben. Kepler beginnt seine Forschungen mit geometrisch-zahlenmystischen Spekulationen über die Ordnung im Weltenbau. Abenteuerliche Vorstellungen über die Planeten, die um die Sonne „herumführenden Geister", über „tierische Kräfte", welche Erde und Mond als gegeneinander schwere Körper doch voneinander fernhalten und am Fallen hindern, leiten ihn dennoch nach 22jährigem Denken und Versuchen zur Entdeckung der genauen mathematischen Gesetze der Planetenbewegung. Galileis und Huygens' einfachen, nüchternen Beobachtungen und mathematischen Betrachtungen verdankt die wissenschaftliche Mechanik ihren Ursprung. Huygens überlegt den Fall des an einem Faden im Kreise geschwungenen Steines, welcher, durch die Fadenspannung aus der gradlinigen Flugbahn abgelenkt, zu krummliniger Bewegung um die das Fadenende haltende Hand gezwungen wird.

Newton erkennt in diesem Vorgang das Bild der astronomischen Bewegungen, in der Hand den Zentralkörper (die Sonne), in dem Stein den krei- // 485 // senden Planeten und in der Fadenspannung die Schwere gegen die Sonne, welche das Entfliehen des Planeten hindert. Hierdurch entpuppen sich des Descartes Wirbel, Keplers bewegende und tierische Kräfte als überflüssige Phantasieprodukte. Das Weltsystem wird ohne Dichtung aus allgemein bekannten Tatsachen bis ins Einzelste verständlich und berechenbar. In diesem einzigen, aber für die Erkenntnisprozesse jener Zeit vorbildlichen Beispiel, spricht sich der mächtige Kampf der Meinungen und die Umwandlung in der Denkweise der Forscher aus. Der Prozess, welcher bis auf unsere Zeit sich fortspinnt, der unsere wissenschaftliche Physik und Chemie geschaffen, unser wirtschaftliches und technisches Leben schon gänzlich umgestaltet hat, endigt stets mit dem Zurückdrängen des ursprünglichen halb träumenden Phantasierens und mit dem Sieg des scharfen, das Tatsächliche festhaltenden Beobachtens und des sorgsam vergleichenden und erwägenden Denkens.

So groß auch die Erweiterung der Einsicht und zugleich die Ernüchterung des Denkens war, die von den Forschern der geschilderten Zeit ausging, so betraf dieselbe doch hauptsächlich nur das Verständnis der unbelebten Natur; während unsere Zeit eben erst anfängt, den Schleier zu lüften, welcher die lebende Natur noch verhüllt. Es scheint dies auffallend, wenn man beachtet, dass für den wilden oder barbarischen Menschen er selbst und seine Genossen das Erste sind, was er zu verstehen glaubt. Er kennt die Veränderungen, die er und // 486 // seine Mitmenschen durch die willkürlichen Bewegungen in der Natur, bald in freundlicher, bald in feindlicher Absicht einleiten. Er errät instinktiv die Wünsche und Absichten, die Gedanken seiner Freunde und Feinde; doch bleiben ihre Gedanken für ihn ein halb Verhülltes, Unberechenbares, so wie er auch seine Gedanken schlau zu verbergen weiß. Er sieht das Wirksame, das er in sich fühlt, dem Leib seiner menschlichen und tierischen Genossen im Schlaf oder Tod zeitweilig oder dauernd entschwinden. Er vermengt in kindlicher Weise seine Traumerfahrung, in welcher er mit längst Verstorbenen verkehrt, oder in ferner Gegend wandelt, mit den Erfahrungen des wachen Lebens. Kein Wunder also, dass die Welt für ihn aus einem greifbaren leblosen und einem belebten, unberechenbaren, geisterhaften Teil besteht, der alles vermag und für alle ungewöhnlichen Ereignisse verantwortlich gemacht wird. In seinem Spiegelbild sieht, im Echo seiner Stimme hört er den spottenden Geist, im brausenden See, im Brände schleudernden Vulkan, im Magnet, in Sturm, Donner und Blitz fühlt er dessen unheimliches Walten. Noch in den Mönchen der mittelalterlichen Klöster hustet und niest der Teufel und „stört sie in Gebet und Gesang". So erregt die Natur oft Furcht und Schrecken, oft auch demütige, scheue Verehrung. Allmählich werden aber einzelne Naturvorgänge besser bekannt. Der Eindruck des Willkürlichen, Unberechenbaren, Geisterhaften schwindet hiermit und weicht dem der Ordnung und Gesetzmäßigkeit. Man bemerkt diese zuerst in jenen einfacheren Naturvorgängen, deren genaue unbefangene Beobachtung zur Grund- // 487 // lage der bedürfnisbefriedigenden Berufe, Handwerke, Gewerbe und Künste wird. Nun bemächtigt sich auch das scheinbar überflüssigste Kulturprodukt, die Wissenschaft, dieser Ergebnisse. Und, indem sie durch das schon Bekannte das noch Unbekannte zu verstehen sucht, schränkt sie jene ursprünglichen barbarischen Vorstellungen immer mehr auf der Prüfung nicht zugängliche Gebiete ein, die sie eben noch nicht durchleuchten konnte.

Nachdem nun die gegenwärtige Forschung den Gradunterschied der Sicherheit und Klarheit des Verständnisses der lebenden und der unbelebten Natur sich zu vollem Bewusstsein gebracht hatte, konnte sie die älteren, schüchternen Versuche, das Lebende durch das Einfachere, Unbelebte zu begreifen, mit größerer Kraft und frischerem Mut wieder aufnehmen. Physik und Chemie hatten ja schon viele Teilvorgänge des Lebens – Bewegung, Stimme, Verdauung usw. – sehr vollständig nachgeahmt und aufgeklärt, so dass das vorher Unbegreifliche nur mehr als ein sehr Verwickeltes und eben noch nicht ganz Begriffenes erscheinen konnte. Nun trat der schon vorbereitete, durch Darwin mit besonderer Klarheit vertretene und durch reiche, tatsächliche Begründung gestützte Entwicklungsgedanke hinzu, wonach alle Lebewesen als blutsverwandt und von den einfachsten, am leichtesten verständlichen Formen abstammend aufgefasst werden konnten. Welche Aussichten mussten sich da eröffnen! In seiner einfachsten Gestalt scheint das Leben ein physikalisch-chemischer Vorgang // 488 // zu sein, der nicht zu großen Störungen gegenüber sich zu erhalten, geeignete Stoffe aus seiner Umgebung in sein[en] Bereich zu ziehen, sich auf dieselben auszubreiten, sich fortzupflanzen vermag. Erhaltung, Ernährung, Wachstum, Fortpflanzung zeigen sich bei den einfachsten Lebensformen noch nicht so deutlich getrennt, als bei den reicher entwickelten. Das Feuer, wie auch andere verwandte chemische Vorgänge, zeigt nicht nur auffallende Ähnlichkeiten des Verhaltens mit dem Lebensprozess,

sondern eine besondere Art langsamen Verbrennens ist für das
Bestehen des Lebens auch wesentlich. Wenn wir gegenwärtig
Lebendes zwar töten, aber Lebloses nicht zu beleben wissen, so
gab es kulturhistorisch nachweisbar auch eine Zeit, da wir zwar
Feuer löschen, aber nicht neu erzeugen konnten. Deshalb galt
damals das Feuer als ein Geschenk der Götter, so wie heute das
Leben. Was wir aber in Bezug auf das Feuer schon wissen, dür-
fen wir auch hoffen, allerdings in ferner Zeit, in Bezug auf das
Leben noch zu erfahren.

Das Leben tritt uns in Gestalten entgegen, welche sich unter Umständen von einer gewissen Beständigkeit zu erhalten
vermögen. Der Fisch lebt im Wasser, der Vogel in der Luft, so
lange Wasser und Luft genügend Sauerstoff enthalten und von
schädlichen Beimischungen frei sind. Fisch und Vogel können
aber ihren Aufenthaltsort nicht dauernd tauschen, ohne zu sterben. Schwankungen in der Wasser-, Licht- und Wärmezufuhr
beantworten die Pflanzen durch erhaltungsgemäße, selbst-
steuernde, // 489 // die Schädlichkeiten ausgleichende Einstellung ihrer Organe. Nur auffallender und schneller eintretend
sind solche Selbststeuerungen bei den rascher lebenden Tieren. Im Grunde ist jeder Herzschlag, jeder Atemzug eine solche augenblickliche Lebensrettung, jede von selbst eintretende
Pupillenverengerung eine Rettung des Auges vor der Schädi-
gung durch zu helles Licht. Pflanzen und festsitzende Seetie-
re, welche die zufließende Nahrung einfach aufnehmen, oder
die genäherte höchstens ergreifen und festhalten, reichen mit
solchen einfachen maschinenmäßigen Selbststeuerungen oder
angeborenen Reflexen zur Not aus. Anders hingegen verhält
es sich bei Tieren, die in einer sehr veränderlichen Umgebung
lebend ihre Nahrung *suchen* oder *fangen* müssen. Jede Grenze überschreitende Veränderungen schließen natürlich auch
jede erhaltungsgemäße Anpassung der Lebewesen aus. Zeigt
aber die Veränderung wenigstens innerhalb der individuellen
Lebensdauer *bleibende* Züge, Beschränkungen, und ist an-

dererseits das Tier hinreichend empfindlich und hoch entwickelt, um bleibende Spuren dieser Züge aufzunehmen, so werden diese für dessen ferneres Verhalten mitbestimmend sein. Diese Spuren sind nun zu fein, um sie einem Lebewesen von außen anzusehen. Wir nehmen dieselben aber leicht an uns selbst wahr, und bezeichnen sie mit den verschiedenen Namen: Erinnerung, Gedächtnis, Erfahrung, Erkenntnis usw. Ein Beispiel genügt zur Erläuterung. Kinder greifen mit angeborener Mechanik nach allein Auffallenden und führen es gewöhnlich in den Mund. Ebenso ziehen sie mechanisch jedes Glied vor schmerzhafter //490// Reizung zurück, wie dies auch der Schlafende und selbst der apoplektisch Gelähmte tut. Hat nun das Kind einmal statt einer farbigen Blume eine leuchtende, brennende Flamme, oder ein stechendes Insekt ergriffen, oder eine Frucht von Ekel erregendem Geschmack in den Mund geführt, so knüpfen sich künftighin an die Wahrnehmungen der Flamme, des Insekts, der Frucht auch die Erinnerungen des Schmerzes oder des Ekels. Diese Erinnerungen lösen nun dieselben Abwehrbewegungen aus, welche durch die betreffenden Empfindungen erregt würden. Das Verhalten des Lebewesens wird also jetzt verwickelter, indem dasselbe nun durch die zurückbleibenden Spuren seiner eigenen Erlebnisse fortwährend verändert wird. Je einfacher das Tier, desto mehr ist sein Verhalten angeboren, maschinenmäßig. Je weiter entwickelt dasselbe, desto stärker ist sein Gedächtnis, desto reicher seine Erfahrung und deren Einfluss auf sein Verhalten. Wir können aber wohl vermuten, dass zwischen dem Angeborenen und dem individuell Erworbenen keine scharfe Grenze zu ziehen ist. Was das Tier bei seiner Geburt an unbewussten Fertigkeiten vorfindet, ist wahrscheinlich in ähnlicher Weise durch die Erzeugnisse der Stammesgeschichte erzeugt, wie die hinzugefügte erworbene Lebenserfahrung durch die individuellen Erlebnisse.

Welche Aussicht eröffnet sich durch diese Betrachtungen? Wir können hoffen, dass wir einerseits von den einfachsten physikalischen Untersuchungen und gleichzeitig von den elementarsten psychologischen Beobachtungen ausgehend, und beide bis zu gegenseitiger Berührung fortführend, dahin ge- // 491 // langen werden, uns selbst, unser eigenes Verhalten, sowie jenes unserer menschlichen und tierischen Genossen als ebenso durch feste Gesetze bestimmt zu erkennen, wie dies für die leblose Natur zum großen Teil schon erreicht ist. Darin liegt wohl die Aufgabe der Forschung der nächsten Jahrhunderte. Die Lösung derselben wird unsere soziale Kultur ebenso gründlich umgestalten, als es für die technische Kultur bereits geschehen ist. Das Erkennen ist ein kleiner Teil des Lebens, der aber das Ganze mächtig beeinflusst. // 492 //

26.
Eine Betrachtung über Zeit und Raum.[1]

Die Überschrift scheint ja recht wenig Unterhaltung und auch Belehrung zu versprechen. Versuchen wir aber doch, ob der Stoff wirklich so ohne Interesse und allen Reizes ledig ist? Raum ist die Ordnung der zusammen bestehenden Dinge, Zeit die Ordnung der Folge der Veränderungen. In freier Weise wiedergegeben ist dies die Ansicht des großen Philosophen, Mathematikers und Naturforschers LEIBNIZ. Sie werden freilich sagen, das sei nur eine Umschreibung dessen, was wir ohnehin wissen, aus der wir nichts Neues lernen. Nach der Lehre eines anderen großen Philosophen, KANT, liegen Zeit und Raum nicht sowohl in den Dingen, als vielmehr in uns, als unvermeidliche Anschauungsformen des äußeren beziehungsweise des inneren Sinnes, in welchen wir notwendig die Außenwelt und die Vorgänge in unserem Innern beobachten. Bei einfacher, aufmerksamer Selbstbesinnung sind wir sehr geneigt, KANT zuzustimmen. Raum und Zeit können wir in der Tat nicht loswerden, sie sind überall schon dabei, wo wir außer uns, an uns, in uns beobachten. Ohne noch Geometrie oder // 493 // Chronometrie getrieben zu haben, wissen wir schon eine gerade Linie von einer krummen, eine ebene von einer krummen Fläche zu unterscheiden, sehen wir, ob die aufeinander folgenden Bäume einer Allee, die Stäbe eines Gitters untereinander gleichen oder ungleichen Abstand einhalten, ob die Glockenschläge der Turmuhr in gleichen oder verschiedenen Pausen sich folgen, ja ob dies bei den Tönen einer erinnerten Melodie der Fall ist? Sogar die aufmerksame Beobachtung junger Tiere, etwa des frisch ausgeschlüpften Hühnchens, welches schon mit voller Sicherheit nach Körnchen pickt, lässt erkennen, dass es sich bei diesen ähnlich verhält, nur dass sie mit schon reiferer, geläufigerer Raum- und Zeitanschauung zur Welt kommen, als

1 Aus „Das Wissen für Alle" X, 3 abgedruckt.

der Mensch, der noch nach Monaten nach dem Monde zu greifen sucht, der aber dafür auch größere Fortschritte zu machen versteht, als irgendein Tier.

Wenn nun die Raum- und Zeitanschauung als eine notwendige Form der Auffassung des Menschen betrachtet wird, so ist hiermit eigentlich die weitere Untersuchung der Bedingungen dieser Form, an welcher wir doch nichts mehr ändern können, abgeschnitten. Der Philosoph kann uns hier nichts mehr sagen. Vielleicht können wir uns aber an den Physiker wenden, der sich zwar wenig mit Psychologie beschäftigt, der aber, an die Traditionen des Handwerks anknüpfend, seine Untersuchungen, bei den Dingen beginnend, auf ganz anderen Wegen weiterführt. Der Mensch verglich ursprünglich die *Ausdehnung der Körper* mit den ihm als unveränderlich bekannten *Ausdehnungen* seiner *Hände*, Füße, Arme usw., ersetzte dann diese // 494 // durch noch weniger veränderliche, allgemein brauchbare starre Maßstäbe, und gründete so als fortgeschrittener Handwerker die Raummesskunst, die Geometrie. Diese besteht in der *Vergleichung* starrer Körper *miteinander* und beruht auf der einfachen *Annahme*, dass Körper, die irgendwo der Ausdehnung nach sich genau decken, füreinander gesetzt werden können (kongruent sind), dasselbe Verhalten auch anderswo zeigen. Der Mensch kennt auch an seinem Leibe *Vorgänge von gleich bleibender Dauer*, die Atmung, insbesondere den Pulsschlag, und vergleicht so andere Vorgänge bezüglich ihrer zeitlichen Dauer mit jenen Vorgängen des Leibes. Noch als Jüngling hat Galilei durch Zählung seiner Pulsschläge entdeckt, dass die Dauer der Schwingung einer Kirchenlampe unabhängig sei von der Weite der Schwingung, was zu seinen übrigen großen Entdeckungen in Mechanik mit den Grund gelegt hat. Bemerkt man die *Veränderung* des Pulsschlages je nach der leiblichen Stimmung, so verwendet man für genauere Vergleichungen lieber rein physikalische Vorgänge, wie das Ausfließen des Wassers unter gegebener Druckhöhe (Wasseruhren), die Schwingung der Fadenpendel von gegebener Länge, deren sich schon die mittelalterlichen Araber bei ihren astronomischen Beobachtungen bedienten. Die Zeitmessungen des Physikers beruhen also auf Vergleichung der Veränderungen untereinander. Es liegt denselben, wie den Raummessungen, eine ähnliche einfache Annahme zugrunde: zwei Veränderungen, die unter ganz bestimmten Umständen zugleich beginnend auch zugleich endigen, die sich also zeitlich decken, // 495 // verhalten sich unter denselben Umständen ein anderes Mal ebenso.

Beschränken wir unsere Betrachtung für einen Augenblick auf die Zeit und fragen wir nun, was ist die Zeit in physikalischem Sinn? Wir können nur antworten: die Zeit ist die Abhängigkeit der Veränderungen voneinander. Haben wir einmal eine passende Veränderung, z. B. jene der Lage der Erde in ihrer Bahn, zur Vergleichung gewählt, so zeigen sich sogar alle übrigen Änderungen als abhängig von dieser einen. Während z. B. die Erde $^1/_{86.400}$ ihrer Achsendrehung ausführt und ein entsprechendes Stück ihrer Bahn zurücklegt, durchfliegt das Licht zugleich eine Strecke von 300.000 Kilometern, fällt ein eben losgelassener Körper 4,9 Meter tief, vollführt ein Fadenpendel von fast genau 1 Meter Länge eine einfache Schwingung, macht jeder thermische, elektromagnetische, chemische Prozess einen durch die Umstände der Umgebung, aber auch durch den Bruchteil der Erdrotation genau bestimmten Schritt. Ist dies nun nicht sehr auffallend und sonderbar? Was gehen alle diese Prozesse die Erdrotation an?

In der Tat ist das entsprechende Schritthalten der verschiedenen Änderungen in der Natur vorläufig nur aus verschiedenen Gesichtspunkten zu verstehen. Zunächst bleiben manche Umstände, welche bestimmend für diese Schritte sind, in unserer Umgebung sehr beständig, wenigstens während der Lebensdauer eines Menschen oder sogar während der Lebensdauer des ganzen Menschengeschlechts. Dies gilt z. B. von der Achsendrehungsgeschwindigkeit der Erde und ebenso von den Umständen, unter // 496 // welchen sich das Licht im Weltraum fortpflanzt. Deshalb können wir diese beiden Vorgänge, obgleich wir sie als voneinander unabhängig betrachten müssen, als zufällig aneinander abmessbar ansehen. Da ferner die Masse der Erde etwa durch Meteoritenfälle sich nicht merklich ändert, diese Masse aber zugleich die Fallbewegung der Körper und auch die Schwingung der Pendel bestimmt, bleibt auch der Fallraum und die Pendelschwingung in Übereinstimmung konstant; beide würden sich aber auch übereinstimmend mit der Masse der Erde ändern. Endlich sind die beiden Änderungen, welche zwei Körper wechselseitig aneinander bestimmen, in einem genauen Abhängigkeitsverhältnis. Ein Körper verliert so viel Wärmemenge, als er dem anderen abgibt. Dasselbe gilt für Bewegungsgrößen, Elektrizitätsmengen, Energien usw. Sind aber zwei Körper auch nicht in unmittelbarer Wechselbeziehung, so kann ihre Beziehung noch durch Kettengliederpaare vermittelt sein. In allen diesen Fällen versteht man ein entsprechendes Schritthalten der vermittelten und der vermittelnden Änderungen, worauf eben das Wesentliche der physikalischen Zeit beruht. Wo aber dieses Schritthalten nur auf der zufälligen Konstanz der beiden parallelen Änderungen beruht, bestätigt die Natur wenigstens den für die Zeit angenommenen Kongruenzsatz. Vielleicht wird dieser Satz einmal entbehrlich durch eine erweiterte und vertiefte Einsicht in die Wechselbeziehung der Körperpaare. Gibt man sich aber ohne nach solcher Einsicht zu streben dem Eindruck der Tatsache hin, dass selbst die Jupitertrabanten mit den physikalischen Vorgängen auf der Erde Schritt halten, so ist man // 497 // von der mystischen Auffassung der mittelalterlichen Astrologie nicht weit entfernt. In einem Buche,[2] dessen Verfasser eine geradezu indische Stärke und Lebhaftigkeit der Phantasie offenbart, wird ausgeführt, dass man seine Erlebnisse in Gedanken ebenso leicht in der Richtung der Zukunft, als in der Richtung der Vergangenheit wieder durchleben kann. Er nennt deshalb die

2 Dr. Karl Heim, *Das Weltbild der Zukunft*. [*Eine Auseinandersetzung zwischen Philosophie, Naturwissenschaft und Theologie*], Berlin 1904.

Zeit ein „zweifaches Umtauschverhältnis". Ein anderer geistreicher Schriftsteller[3], der mehr die Welt der Physik als jene der Phantasie im Auge hat, meint wieder, der Raum gehöre uns, den können wir in beliebigem Sinne durchschreiten, die Zeit gehöre aber nicht uns, sondern wir gehören ihr, indem sie uns mit ihrem Strom in einem Sinne fortführt. Wir sehen das Holz brennen, sich in Rauch und Asche verwandeln. Obzwar es nicht schwer ist, sich die Bildung des Holzes aus Asche und Rauch durch Feuer vorzustellen, obgleich der Prozess sogar optisch sinnlich, kinematographisch dargestellt werden kann, so wissen wir doch, dass er in der vollen Sinnlichkeit, in der physikalischen Welt niemals in dieser Weise stattfinden wird.

Sie haben wohl schon alle ein kinematographisches Bild gesehen, einen Eisenbahnzug, der ankommt, dessen Passagiere zum Teil aussteigen, Erfrischungen einnehmen usw. Es ist eine Kleinigkeit, das Bild umgekehrt ablaufen zu lassen. Sie sehen da schon genug sonst nie erschaute optische Merkwürdigkeiten. Die Passagiere auf dem Perron setzen // 498 // die leeren Gläser an, die sich an deren Mund mit klarem Wein füllen, als hätten die Herren gleich den Ameisen einen sozialen Magen zum allgemeinen Besten. Sie erhalten aber auch von den Kellnern Geld für ihre Leistung. Während die Kellner den Wein aus den Gläsern in Säulchen in die darüber gehaltenen Flaschen aufsteigen lassen, die weggeworfenen Korke dienstwillig heraufhüpfen und die Flaschen verschließen helfen, haben sich die Passagiere in gewandte Akrobaten verwandelt, welche ohne zu sehen nach rückwärts in die Waggons auf ihre Plätze hüpfen. Was sind aber diese Eskamoteurstückchen gegen die technischen Wunder, die Sie bei denkender Betrachtung an dem rückwärts gehenden Zug erkennen. Die lange Rauchsäule sammelt sich, wird zusehends dichter, kriecht freiwillig unter dem höheren Druck in die enge Öffnung des Schlotes hinein. Dort teilt sich reinlich, was dem Kessel, was dem Herd angehörte. Der Dampf strömt

3 Prof. Dr. *Otto Spieß* in Basel.

durch das Auspuffrohr unter den viel höheren Druck in den Dampfzylinder, in welchem er noch mehr zusammengedrückt und schließlich in den Kessel gepresst wird, welcher seine Wärme an den heißeren Herd abgibt, wo bei der Gluttemperatur die Kohle aus dem Rauch wiederentsteht, unter diesen wunderbaren Umständen sich abkühlt, stückweise auf die bereit gehaltene Schaufel des Heizers hüpft und in den Tender geladen wird. Obwohl zu alledem eine kolossale Arbeit gehört, von welcher wir keine Quelle kennen, und keine auch nur für den Zug verwendbare vorhanden ist, geht dieser doch rückwärts. Man müsste zur Vervollständigung des Bildes sich vorstellen, dass die bei der Hinfahrt den Schienen, der Luft usw. // 499 // abgegebene Stoßkraft des Zuges nun an diesem wieder in umgekehrtem Sinne sich zusammenfindet, und nun ohne Umstellung der Steuerung zur Dampfkompression und Wärmeerzeugung verwendet wird. Etwas dergleichen könnte nur unvollkommen auf eine kurze Strecke realisiert werden, wenn der Zug bei der Hinfahrt durch Stoß an einer kolossalen, vollkommen elastischen Masse seine Geschwindigkeit verlöre und im entgegengesetzten Sinne wieder gewänne. Bedenken wir nun noch, dass in der vollen physikalischen Umkehrung des Bildes die Menschen die Kohlensäure, welche sie bei der Hinfahrt ausgeatmet haben, nun einatmen und Sauerstoff ausatmen müssten, wie die Pflanzen, ja dass die Passagiere bei der Rückfahrt jünger ankommen müssten als sie abgefahren waren, dass die Rückfahrt sukzessive alle auf der Hinfahrt gewonnenen Gedächtnisspuren in umgekehrter Ordnung auslöschen müsste; so erkennen wir das im Bilde Dargestellte und danach Ausgedachte als eine physikalische, physiologische und psychologische Unmöglichkeit.

Sie sehen aus dem angeführten Beispiel wohl deutlich, was der Physiker unter der Einsinnigkeit der Zeit verstehen muss. Soll in der physikalischen Welt etwas geschehen, sollen Veränderungen eingeleitet werden, so sind hierzu, wie schon J. R. Mayer wusste, Unterschiede, Differenzen durchaus notwendig: Differenzen der Temperatur, Differenzen des Druckes, der elektrischen Ladung, Differenzen der Höhe schwerer Körper, chemische Differenzen usw. Ohne Differenzen geschieht gar nichts, ja wir könnten gar keine vernünftige Regel aus- // 500 // denken, nach welcher in dieser differenzlosen Welt etwas vorgehen sollte. Deshalb hat MAYER diese Differenzen geradezu Kräfte genannt. Was aber Folge dieser Differenzen ist, lehrt ein aufmerksamer Blick in die Umgebung. Diese Differenzen verkleinern sich, die Unterschiede gleichen sich schnell oder allmählich aus. Die Benützung dieser Ausgleichstendenz liefert alle Motoren der Technik. Ohne diese Tendenz gäbe es kein Leben. Können Sie sich eine Welt denken, in welcher einmal gegebene Differenzen sich vergrößernd ins Ziellose wachsen? Ein Augenblick Denkens überzeugt Sie, dass eine solche Welt Ihrer Phantasie, nicht aber der Wirklichkeit angehört. Das eben Dargelegte berührt sich innig mit dem Inhalt des zweiten Hauptsatzes der Wärmemechanik, indem es zugleich auf die Einsinnigkeit der physikalischen Zeit hinweist. Es gibt zwar Fälle, in welchen eine Differenz über den Ausgleich nach der anderen Seite hinausgeht, aber diese zweite Differenz erweist sich immer kleiner als die erste, die dritte kleiner als die zweite usf., wie bei den Schwingungen eines sich selbst überlassenen Pendels. Solche Fälle trüben noch die dargelegte einfache Auffassung, werden dies aber auf die Dauer nicht tun können.

Kehren wir nun zur Betrachtung des Raumes zurück. Vielleicht lassen sich die Vorstellungen von diesem durch physikalische Überlegungen auch etwas bereichern. KANT, der in dem Raum nur eine Anschauungsform sehen will, die mit den Verhältnissen der „Dinge an sich“[4] nichts zu schaffen hat, er- // 501 // läutert seine Ansicht durch einige Beispiele. Ihr rechtes Ohr oder Ihre rechte Hand erscheint im Spiegel als ein linkes Ohr oder eine linke Hand. Hätten wir die Spiegelbilder körperlich vor uns, so könnten wir diese nie mit den Originalen zur

4 Damit meint Kant das Reale, welches der sinnlichen Erscheinung zugrunde liegt.

Deckung (zur Kongruenz) bringen, obgleich die Genauigkeit der Abbildung in Größe und Form nichts zu wünschen übrig lässt. Denn die linke Hälfte des Leibes ist ein getreues Abbild der rechten in einem durch die Symmetrieebene des Leibes gelegten Spiegel. KANT meint nun, dass dies Verhältnis zwar in der Anschauung aufgezeigt, aber sich „nicht in deutliche Begriffe bringen lässt".[5] Letzteres trifft nun gewiss nicht zu; es lässt sich vielmehr genau sagen, wodurch sich das Spiegelbild vom Original geometrisch unterscheidet. Denken Sie sich einen Spiegel an der vertikalen Wand Ihres Zimmers, links, etwa senkrecht gegen die Spiegelwand, eine andere vertikale Wand und unterhalb des horizontalen Fußbodens. Stellen Sie sich vor den Spiegel, so wird jeder Punkt Ihres Leibes sowie dessen Spiegelbild dieselben Entfernungen von der linken Wand und vom Fußboden einhalten; nur so weit diese Leibespunkte vor dem Spiegel liegen, so weit werden Sie die Abbildungen hinter dem Spiegel finden. Allein die Abmessungen senkrecht zur Spiegelebene werden im Bilde in ihr Gegenteil umgekehrt. Denken Sie sich das Spiegelbild körperlich und mit einer halben Drehung um die Vertikalachse, so können Sie jetzt // 502 // Original und Bild vollkommen zur Deckung bringen, vorausgesetzt, dass Ihr Leib vollkommen symmetrisch ist. Die geringste Schiefstellung eines Gliedes, ein kleines Seitwärtsdrücken der Nase, die Schwellung der einen Backe oder ein einseitiges Höckerchen hebt die Kongruenz wieder auf. Dass wir einen Körper so leicht mit seinem symmetrischen Gegenbild verwechseln und namentlich wenn wir jeden einzeln betrachten, nicht sofort beim ersten Blick den Unterschied angeben können, liegt daran, dass unser Leib und besonders unser optischer Apparat selbst symmetrisch ist, wodurch die Verwechslung sehr begünstigt wird. Beschreiben wir die Form eines Körpers durch Angabe je dreier Entfernungen des Körperpunktes von drei festen Fundamental-

5 Die *Prolegomena zu einer jeden künftigen Metaphysik* und die *Metaphysischen Anfangsgründe der Naturwissenschaft* enthalten die fraglichen Ausführungen.

punkten, so ist dies Rezept zweideutig und bestimmt beide Glieder eines symmetrischen Körperpaares, wenn nicht gesagt wird, nach welcher Seite der Ebene der Fundamentalpunkte die Entfernungen gemeint sind. Die Angabe von vier Entfernungen eines jeden Körperpunktes von vier nicht in einer Ebene liegenden Fundamentalpunkten zeigt sofort den geometrischen Unterschied eines Körpers von seinem symmetrischen. KANT's Argument ist also unzureichend.

Als um 1827 der Mathematiker MÖBIUS[6] sich mit dem von ihm erfundenen „Barycentrischen Calcül" beschäftigte, führte er gelegentlich den Kant'schen Betrachtungen ähnliche, freilich in ganz anderem Sinne durch. Er bemerkt, dass ein lineares Gebilde *a b c* (Fig. 73), welches als das symmetrische in *SS* gespiegelte Gegenbild von *a' b' c'* auf derselben Geraden I angesehen werden kann, durch Bewegung auf dieser // 503 // [Figur 73] // 504 // Geraden nie mit letzterem zur Deckung zu bringen ist; man muss zu diesem Ende das Gebilde *a b c* aus der Geraden heraus nehmen und umdrehen, wozu wenigstens 2 Abmessungen (Dimensionen), also eine Ebene nötig ist. Ebenso kann das ungleichseitige Dreieck *a b c* mit dem symmetrischen Spiegelbild *a' b' c'* in derselben Ebene II in keiner Weise zur Deckung gebracht werden; man muss es zuvor in diese Ebene umklappen, benötigt also hierzu die dritte Dimension des Raumes. Errichtet man über den beiden symmetrischen Dreiecken *a b c* und *a' b' c'* als Grundflächen durch drei Paare kongruenter Dreiecke als Seitenflächen zwei Pyramiden, welche etwa oberhalb der Ebene II in zwei Spitzen s und s' zusammenlaufen, so sind auch die Pyramiden *a b c s* und *a' b' c' s'* symmetrisch und man kann sie auch im Raume in keiner Weise zur Deckung bringen. Man könnte es aber wohl, meint Möbius, wenn man eine vierte Raumdimension zur Verfügung hätte.

Vierzig Jahre später begannen die Nachfolger von GAUSS, LOBATSCHEFSKI, BOLYAI und RIEMANN über die mehrdimensionalen

6 [*] August Ferdinand Möbius (1790-1868), deutscher Mathematiker und Astronom

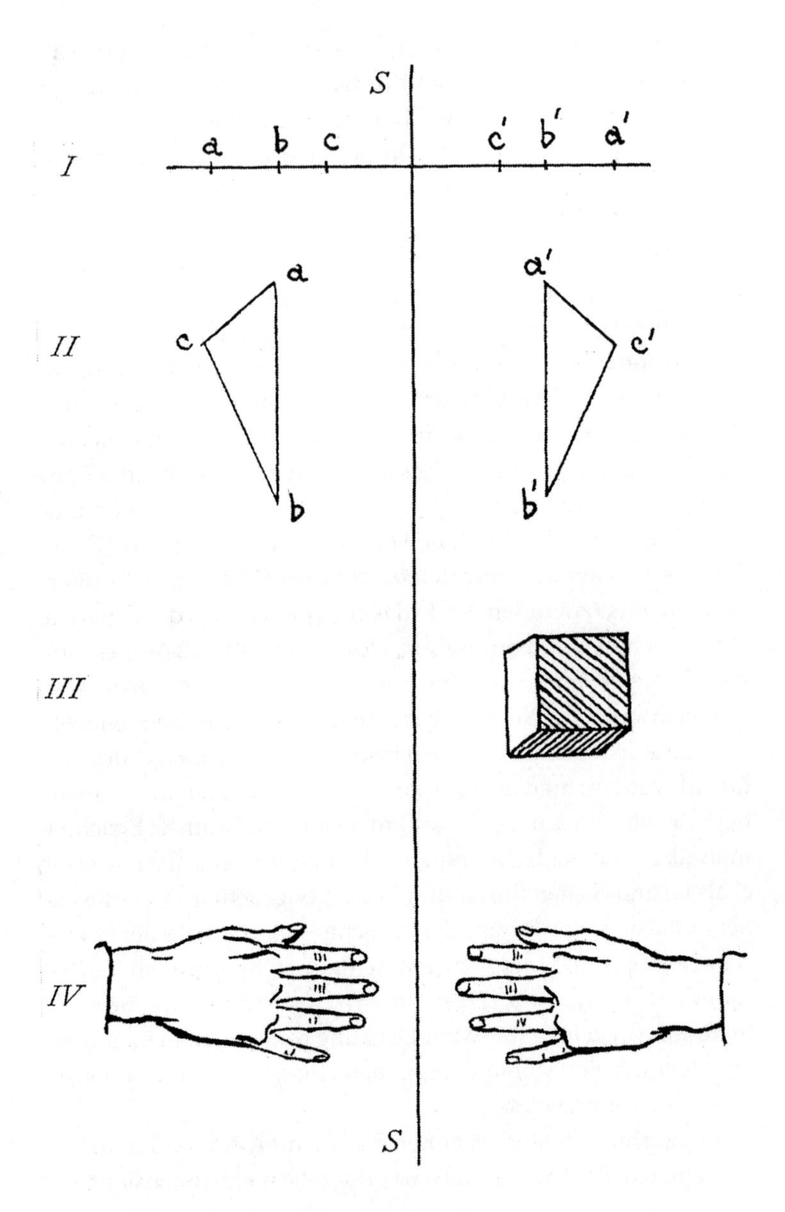

Fig. 73

Räume zu arbeiten, welche der Mathematik reiche erkenntniskritische Früchte trugen. Möbius, dieses liebenswürdige nüchterne Genie soll eben nicht sehr erbaut gewesen sein, als man seinen mehr als wissenschaftlichen Witz gemeinten Gedanken nun ernst zu nehmen begann. Möbius kannte nämlich auch eine Umwandlung des geometrischen Körpers in den symmetrischen ohne Hilfe der vierten Dimension. Diese besteht in der Umstülpung der Oberfläche des Körpers. Ein rechter Handschuh spiegelt sich als linker (*IV*) und verwandelt sich in einen solchen // 505 // durch Herauskehren der Innenfläche. Dasselbe gilt von einer Pyramide, die sich durch eine analoge Prozedur in die symmetrische umwandelt. Auch das Dreieck *a b c* können wir bei *c* auflösen und die Seiten *a c* und *b c* an der anderen Seite von *a b* wieder zusammenfügen. Selbst das lineare Gebilde *a b c (I)* können wir uns als einen dünnen Faden in der der dünnen Röhre *a a'* vorstellen. Die Umstülpung fände hier statt, indem *a'* festgehalten, *c* gefasst und in der Richtung *c a* hervorgezogen würde. Alle diese Umstülpungen und Umwandlungen kommen darauf zurück, dass eine Abmessung in ihr Gegenteil verkehrt wird, wie bei Spiegelung. In *III* ist dies an dem einfachsten Fall veranschaulicht. Rechts von *SS* sieht man aus drei Quadraten gebildete hohle Körperecke, in welche man von rechts her hineinsieht. Schlägt man das diagonal und seitenparallel schraffierte Quadrat nach der entgegengesetzten Seite des weißen Quadrates um, so entsteht die links dargestellte symmetrische Körperecke, welche mit der vorigen nicht zur Deckung gebracht werden kann, sobald sich die entsprechenden gleich schraffierten Teile decken sollen.

Die moderne Geometrie der Räume von beliebiger Dimensionszahl war für die Mathematik an sich sehr förderlich und aufklärend. Diese so genannte Metageometrie hat übrigens auch viele heftige Gegner, namentlich unter den Physikern. In der Tat haben diese Untersuchungen in der Physik so lange kein Objekt, als diese Wissenschaft sich nur mit sinnlich Nachweisbarem beschäftigt. Da gibt es nichts von 1, 2 oder 4 Dimensionen, sondern nur von 3 Dimensionen. LEIBNIZ hat wirk- // 506 // lich alle seine musterhaften Definitionen auf den dreidimensionalen Körper gegründet. Das kleinste physikalische Objekt ist dreidimensional, ein Volumenelement, ein Körper. Flächen, Linien, Punkte sind nur mathematische Fiktionen. Das beste Argument, das man bisher gegen die beliebige Verminderung oder Vermehrung der Dimensionen vorgebracht hat, scheint zu sein, dass die drei Dimensionen nicht voneinander unabhängig sind.[7]

Namentlich an starren Körpern lässt sich die Abhängigkeit der Dimensionen leicht aufzeigen. Denken wir der leichten und bequemen Anschaulichkeit wegen an den menschlichen Körper. Legen wir durch diesen drei zueinander senkrechte Achsen, und zwar eine von oben nach unten (o u), eine von vorn nach hinten (v h), und eine von rechts nach links (r l). Will ich mein rechts mit meinem links tauschen, so kann ich eine halbe Drehung um die vertikale Achse machen, wobei aber nicht nur r l, sondern auch v h die halbe Drehung mitmachen muss. Drehe ich mich aber um v h, so sind es wieder die Achsen r l und o u, welche einen gleichzeitigen Tausch von rechts mit links und von oben mit unten herbeiführen. Dasselbe gilt für jeden starren Körper, namentlich für jeden Kristall und für jeden, der nicht nach allen Richtungen gleich reagiert. Das rechts und links ist also durchaus nicht so einfach ein Umtauschverhältnis, wie Dr. K. HEIM[8] meint, wenigstens nicht für den Physiker.

Der Zusammenhang der Dimensionen reicht aber weit über den starren Körper hinaus. Unter allen // 507 // Vorgängen scheinen die elektromagnetischen am tiefsten in die Natur einzugreifen und es ist zu hoffen, dass sie die Grundlage einer künftigen einheitlichen Physik bilden werden. Um nur ein einfaches Beispiel eines elektromagnetischen Prozesses zu geben, denken wir ein positiver elektrischer Strom durchdringe dieses Papier senkrecht von oben nach unten. In dem ganzen die ge-

7 Von Dr. *Kurt Geißler* vorgebracht.
8 A.a.O.

radlinige Strombahn zylindrisch umgebenden Raum wird der Nordmagnetismus für den Beschauer des Blattes im Sinne des Uhrzeigers herumgetrieben. Der Vorgang im Raum lässt sich durch die Bewegung eines gewöhnlichen in den Raum eindringenden Korkenziehers symbolisieren. Derselbe Strom in Beziehung zum Südmagnetismus würde durch die Bewegung eines verkehrt gewundenen Korkenziehers symbolisiert. Hier haben wir also ein Beispiel des physikalischen Zusammenhanges der Dimensionen unabhängig vom starren Körper. Es gibt in der Natur viele solche symmetrische Gegenprozesse, rechts- und linkszirkulares Licht, rechts- und linksdrehenden Bergkristall usw. Ob aber die Natur in allen Stücken ihr symmetrisches Gegenbild hat, oder ob sie in manchen Beziehungen doch ein einseitiges Individuum ist, dessen Gegenstück nicht existiert, oder doch nicht bekannt ist, bleibt fraglich. An Anzeichen für das letztere fehlt es nicht.

Trotz des Fragmentarischen unserer Betrachtung werden sie den Eindruck erhalten haben, dass Zeit und Raum in Ordnungsbeziehungen der physikalischen Objekte bestehen, welche nicht nur durch uns hinein getragen sind, sondern in dem innigen Zusammenhang und der gegenseitigen in- //508 // timen Abhängigkeit der Phänomene bestehen. Bei alledem fühlt man, dass auch die KANT'sche Ansicht einen Wahrheitskern hat. Nur ist psychophysiologisch Zeit und Raum verschieden von den entsprechenden physikalischen Begriffen. Könnte aber der Zusammenhang beider nicht darin begründet sein, dass wir selbst, unser Leib, ein System von physikalischen Objekten sind, deren eigentümliche Beziehungen sich eben auch psychophysiologisch äußern? Denken wir uns schwimmend in den positiven elektrischen Strom, so weicht der Nordpol der Magnetnadel nach der linken Seite unseres Leibes aus. Was hat nun aber unser Leib mit Strom und Nadel zu schaffen, dass wir uns an unserem Leib über sie orientieren können? Ist das nicht sehr auffallend? Ist es rein zufällig? Ist es nicht des Nachdenkens wert? Wer weiß, ob das KANT'sche „a priori" auf dem angedeuteten Wege nicht eine neue Beleuchtung erfahren kann? // 509 //

27.
Allerlei Erfinder und Denker[1]

Wer einmal durch mehrere Dezennien Professor der Physik in einer größeren Stadt war, ohne den Ruf schroffer, unzugänglicher Philisterhaftigkeit um sich zu verbreiten, der hat verschiedene Erfinder und Denker kennen gelernt, die in ihren Beschwerden ihn zu Rate gezogen haben: gelehrte und ungelehrte, sanguinische und nüchterne, problemlösende und problemschmiedende, misstrauische und vertrauensvolle, ruhmsüchtige und sachliche, Erfinder um jeden Preis und Gelegenheitserfinder.

Es liegt auf der Hand, dass die Zahl der wirklichen oder vermeintlichen Erfinder in dieser Gesellschaft stärker vertreten ist als jene der eigentlichen, stillen, sich auf sich selbst beschränkenden Denker. Das praktische Unbehagen wird ja auch öfter und stärker gefühlt, als das seltenere nur intellektuelle Unbehagen, welches das Erbteil des geistig höher stehenden Menschen ist. Manche unfruchtbare Stunde bringt man in solcher Konsultation zu, aber auch manche psychologische Aufklärung gewinnt man und manchen Blick tut man in die Embryologie der Technik und der Wissen- // 510 // schaft. Es sei gleich hier gesagt, dass die ungeschulten, ungelehrten oder „wilden" Denker und Erfinder die interessantesten und belehrendsten sind.

Eines Tages wurde mir ein Herr gemeldet, der mir Wichtiges mitzuteilen hätte. Er erzählte mir, er hätte eine enge, mit Flüssigkeit gefüllte Röhre, die am oberen Ende geschlossen, am unteren offen war, aus welcher natürlich des Luftdruckes wegen nichts ausfloss, elektrisiert, worauf das Ausfließen sofort begonnen hätte. Er zog hieraus den kühnen Schluss, dass das Elektrisieren den Luftdruck aufhebe. Ich bestellte den Herrn auf eine freie Stunde des Nachmittags, um das betref-

1 Aus der Naturwissenschaftlichen Wochenschrift [neue Folge X. Band, der ganzen Reihe] Bd. XXVI, Nr. 32, Jena 1911, [497-501] abgedruckt.

fende Experiment anzustellen. Da man aber einem Menschen wohl ansieht, ob er etwas nur im theoretischen Interesse unternimmt, so äußerte ich zum Laboranten: „Der Herr denkt wohl mit der Elektrisiermaschine einen Eisenbahnzug zu treiben.“ Am Nachmittag, beträchtlich vor der bestimmten Zeit, war der Fremde wieder am Platz. „Sie wollen einen Eisenbahnzug treiben?“ meinte der ihn einstweilen unterhaltende Laborant. Rasch, ohne weiter ein Wort zu verlieren, griff der Herr nach seinem Hut und verschwand für immer. Ich hatte also wohl seine Absicht erraten und ihm die Lust benommen, mich bei seinem vermeintlich lukrativen Unternehmen ins Vertrauen zu ziehen. Es sind seit diesem Vorfall reichlich 40 Jahre verflossen und der Herr wird sich einstweilen beruhigt haben.

Es gibt Leute, welche durch jede wissenschaftliche Neuigkeit sehr erregt werden, deren Phantasie sich gleich, ohne besondere Beteiligung des Verstandes, mit dem modernen Gebiet beschäftigt, // 511 // die auf diesem Gebiet um jeden Preis eine Erfindung oder Entdeckung machen wollen. So wurden nach der Entdeckung der Foucault'schen Drehung der Schwingungsebene des Pendels zahllose Versuche bekannt gemacht, nach welchen man diese Drehung angeblich auch wahrnehmen sollte; am Wasser eines ruhig stehenden zylindrischen Schaffes, über dessen Oberfläche man einen diametralen Strich von leichtem Kohlenpulver gestreut hatte, ferner auch an einer an einem Faden aufgehängten horizontalen Scheibe, oder an einem so aufgehängten Waagebalken. Diese Versuche haben aber gar keinen fassbaren Sinn. Ist z. B. eine horizontale Scheibe wirklich in Ruhe gegen die Erde, so hat sie schon die Rotationskomponente der Erde um die Vertikale, welche der geographischen Breite entspricht; die Scheibe kann also ihre Lage gegen die irdische Umgebung auch fernerhin nicht ändern. Sonst aber hat sie irgendeine Winkelgeschwindigkeit um die Vertikale, welche auf irgendeinem Anstoß, auf Luftzug oder dem Drehungsmoment des Fadens beruht, also mit der Foucault'schen Drehung gar nicht zusammenhängt. Ein junger Mann konnte sich diese Überlegung durchaus nicht zu eigen machen, stellte doch die eben erwähnten Versuche nochmals an, für die er das Interesse eines alten Herrn gewann, der an denselben „zuweilen“ wirklich die FOUCAULT'sche Drehung beobachtete. Kürzlich hat allerdings Prof. Dr. TUMLIRZ[2] einen äußerlich ähnlichen aber korrekten Versuch angestellt, aus welchem man bei äußerst sorgfältiger Ausführung, aus der Form der Stromlinien des axial abströmenden Wassers eines zylindrischen Ge- // 512 // fäßes die Erddrehung entnehmen kann. Das Nähere ist nachzusehen bei TUMLIRZ, Sitzungsberichte der Wiener Akademie m.-n. Klasse, IIa Bd. 117, 1908. Ich kenne zufällig den Ursprung dieses Erfindungsgedankens. TUMLIRZ bemerkte bei etwas unsymmetrischem Eingießen von Wasser in einen Glastrichter, dass dieses in dem Halse des Trichters eine rasche Rotation annahm, so dass sich in der Achse des ausfließenden Strahles eine Lufttrombe bildete. Dies legte ihm den Gedanken nahe, die geringe Winkelgeschwindigkeit des gegen die Erde ruhenden Wassers durch Kontraktion in der Achse zu vergrößern.

Der zuvor erwähnte phantasiereiche junge Mann konstruierte auch ein Telefon mit statischer elektrischer Ladung, welche Erfindung sich ebenfalls als eine Täuschung entpuppte; er hatte in dem Raum *eines* Zimmers experimentierend, als Absender und Empfänger zugleich seine *eigene* Stimme gehört. Nicht selten beweist eine illusorische Erfindung nur den starken Wunsch des Urhebers.

Ein anderer junger Mann erklärte mir, die GALILEI'schen Theorien des Falles und des Wurfes, welche er in der Schule gelernt hätte, seien falsch. Der geschleuderte Stein sei etwas ganz anderes als der fallende Stein. Der geschleuderte Stein werde durch die Luft getragen; im Wurf sei eben die Schwere aufgehoben. Für diesen Mann stand der Aristotelische Unterschied von *natürlicher* Fallbewegung und *gewaltsamer* Schleuderbewegung noch aufrecht. Die Fusion der beiden primitiven Vorstellungen zu einer einheitlichen hatte bei ihm noch nicht stattgefunden. //513 //

---

2 [*] Ottokar Tumlirz (1856-1928), österreichischer Physiker

Eine solche Rückkehr auf den primitiven Urzustand der Wissenschaft ist nicht vereinzelt. Wir können daraus entnehmen, dass nach einer störenden Diskontinuität der Kulturentwicklung die Wissenschaft nahezu wieder dieselben Entwicklungswege einschlagen würde, die sie schon vorher gegangen ist, wobei natürlich kleinere zufällige Abweichungen nicht auszuschließen sind. Die Wissenschaft hat eben auch ihre natürliche Embryologie, welche durch die Erkenntnistheorie zu enthüllen ist. Da erhielt ich einmal eine Anfrage aus den Vereinigten Staaten von Amerika, sagen wir kurz über das hydrostatische Paradoxon, welches nach Archimedes nochmals STEVIN und zum dritten Mal PASCAL aufgeklärt hat. Der amerikanische Schreiber erklärte nicht verstehen zu können, wieso der Bodendruck von etwas anderem abhängen sollte, als von dem Gewicht der über dem Boden stehenden Flüssigkeit. Das war ja ein ganz natürlicher Gedanke. Ich setzte nun dem Herrn auseinander, dass der Bodendruck nicht von dem Gewicht der Flüssigkeit abhängen kann, welche über dem Boden steht, sondern nur von jenem Gewicht, welches bei einer Hebung des Bodens (nicht des ganzen Gefäßes) mitgehoben werden muss. Das scheint auch sofort Verständnis gefunden zu haben. Erhebend und erfreulich war mir das ungenierte, naturwüchsige Selbstgefühl des Amerikaners; er bestellte sich eine englische Antwort, da er keine andere Sprache verstehe. Sein Wohnort hieß „Kosmopolis" oder „Cosmopolis", Straße und Hausnummer unnötig, der Name des Schreibers genügte. Der Ort war also noch nicht Kosmopolis, sondern vorläufig viel- //514 // leicht ein Embryo aus 5–10 Häusern, der sich vorgenommen hatte, Kosmopolis zu werden. Der Verkehr mit solchen Naturdenkern ist sehr angenehm. So hätte ich auch gern den einfachen Mann aus China kennen gelernt, der zu dem Kollegen B. BRAUNER[3] auf die Leitung der ihm unverständlichen Trambahn in San Francisco deutend sagte: „There must be a push or a pull."

Eines Tages trat ein Mann bei mir ein, schon äußerer Sicht nach jeder Zoll Erfolg und Selbstbewusstsein. Er war auch zwei-

3 [*] Bohuslav Brauner (1855–1935), tschechischer Chemiker

fellos intelligent, ein guter Beobachter, der seine eigenen Augen gebrauchte und seine Beobachtungen praktisch zu verwerten wusste. Er gehörte zur Klasse der Gelegenheitserfinder, die auf Grund der Sach- und Terrainkenntnis ihre Konstruktionen gründen, nicht auf die Phantasie hin, dass da und dort durchaus etwas erfunden werden müsste. Den Erfolg seines über Europa ausgebreiteten Geschäftes verdiente er gewiss. Was mich aber überraschte, war, dass er auf einmal hoch theoretische Ziele kundgab. Er fühlte sich wie der Laborant FARADAYS, der die Experimente machte, während jener nur den überflüssigen Sermon dazu hielt. Was konnte ihm auch dieser Sermon, Wissenschaft genannt, viel Schwierigkeiten bereiten, da doch seine Praxis, die Probe auf die Rechnung, so erfolgreich war. Auch seine Theorie hing keineswegs in der Luft, sondern knüpfte an selbständige Beobachtung an, nämlich an jene, welche man als den LEIDENFROST'schen Versuch bezeichnet. Aber indem er dieser einen Beobachtung eine ungebührliche, monströse Bedeutung zuschrieb, gelangte er dazu, die NEWTON'sche Theorie der // 515 // Gravitation und alles mögliche andere in Frage zu stellen, bzw. auf andere Grundlagen zu stellen. Mein Hinweis darauf, dass seine Beobachtung zwar gut, aber einseitig und unvollständig, demnach zur Begründung seiner Theorie unzureichend sei, wollte nicht viel fruchten. Er hatte einen starken Drang sofort zu publizieren. „Wenn Sie das wollen, lieber Herr, so rate ich Ihnen wenigstens anonym oder pseudonym zu publizieren. Werden Sie ausgelacht, so können Sie wenigstens unbesorgt um Ihren Ruf, herzhaft mitlachen." Diesen Rat befolgte der kluge Mann und erzielte einen prächtigen buchhändlerischen Erfolg, denn phantasiereiche Leute, welche auch an verrückten Theorien Gefallen finden, gibt es genug. „Weisheit und Erfahrung in einem Gebiet", musste ich auch im Laufe dieser Unterredung sagen, „schützt nicht vor Torheit in einem anderen." „Sie sind in Ihrem Fache tüchtig. Nehmen wir an, ich sei es auch. Würden wir nicht beide recht erstaunt und betroffen sein, wenn Sie z. B. morgen als Geburtshelfer, ich übermorgen als Zahnarzt auftreten würde? Und doch gehört zur Beherrschung eines wissenschaftlichen Faches nicht weniger Schulung und Erfahrung!"

Manche Menschen fühlen ihre Phantasie durch nichts so beengt und gehemmt, als durch gewisse in der Wissenschaft als feststehend geltende Prinzipien, welche andere wieder als die ausgiebigste Hilfe anzusehen gewohnt sind. Ein solches Prinzip ist z. B. das der Gleichheit von Wirkung und Gegenwirkung, ein zweites jenes des ausgeschlossenen *perpetuum mobile*.

Ich wurde einmal dringend von einem Herrn zu // 516 // einem Besuch eingeladen, der mir etwas sehr Merkwürdiges zeigen wollte. Als ich hinkam, erzählte er mir zunächst folgende Geschichte. Er hätte nie an dem Prinzip der Gleichheit von Druck und Gegendruck gezweifelt. Da hätte er einmal von einem Reisenden von einem Tier sprechen gehört, das in Südamerika lebe, das gewandt von Zweig zu Zweig springe, aber diesen Zweigen hierbei nicht die geringste Erschütterung erteile, weder beim Abstoßen, noch beim Anspringen. Dies hätte ihm ein solches Interesse erregt, dass er sofort nach Südamerika gereist sei, um dieses einem Eichhörnchen ähnliche Tier zu sehen und zu beobachten. Hierbei habe er sich überzeugt, dass das Gesetz von Gleichheit und Druck und Gegendruck nicht bestehe. Nach seiner Rückkehr sei es ihm nun gelungen, eine Vorrichtung auszudenken, an welcher durch an einem und demselben Körper gespannte Schnüre zu diesem eine Bewegungstendenz auftrete. Er zeigte mir ein Lineal, an welches durch zwischen Wirbeln vielfach gespannte und gekreuzte Fäden ein Bewegungsantrieb entstehen sollte, nahm es in die Hand und sprach: jetzt fühle ich mich dorthin gegen die Türe gezogen. Nun schritt er auf die Türe zu. „Wenn dem so ist, mein Herr", erwiderte ich, „so werden Sie jeden davon sehr leicht überzeugen, indem Sie dieses Lineal frei auf Wasser schwimmen lassen, das sich dann ohne Ihre persönliche Intervention immer in einem bestimmten Sinn bewegen wird". Das versprach er zu tun. Ich fühlte mich nun gegen die Türe getrieben und empfahl mich, da mir etwas unheimlich zumute wurde. Es war doch unbehaglich irgendwo zu ver- // 517 // weilen, wo ein verschnürtes Paket, oder ein zuammengeschraubtes Möbelstück durch die Ungleichheit von Druck und Gegendruck, sich spontan und selbständig auf die Reise machen und mir an den Kopf fliegen konnte. Seit etwa 20 Jahren habe ich von diesem wunderbaren Experiment nichts mehr gehört.

Ein mir lieber alter Herr beschäftigte sich viel mit dem *perpetuum mobile*. Er behauptete, das *perpetuum mobile* müsste gefunden werden, weil es für den Fortschritt der Menschheit notwendig sei. Die mannigfaltigsten hydraulischen und mechanischen Konstruktionen wurden versucht. Wenn sie kompliziert genug waren, um nicht mehr durchschaut zu werden, glaubte er sein Ziel erreicht zu haben, wurde aber natürlich immer wieder enttäuscht. Da er ein gebildeter Mann war, gab ich ihm HUYGEN'S „Horologium oscillatorium" zu lesen, worin diese Verhältnisse sehr klar und einfach dargelegt werden, aber ohne bleibenden Erfolg. Immer wieder trug die Phantasie den Sieg über die Ein-

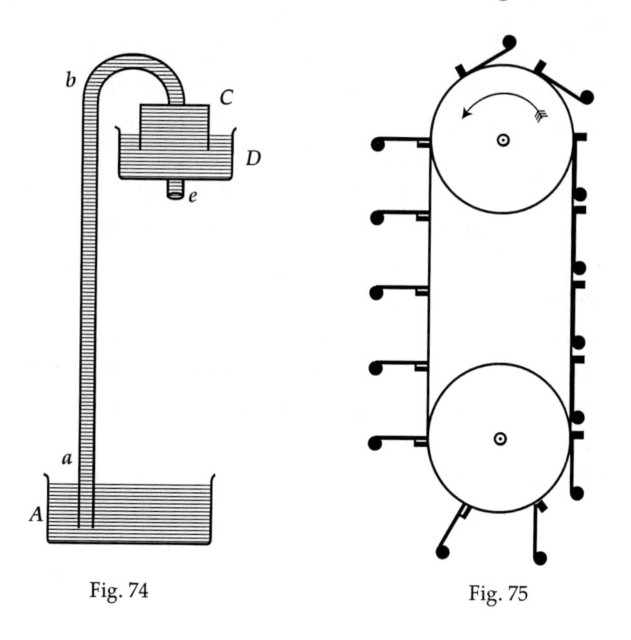

Fig. 74

Fig. 75

sicht davon, und immer wieder siegte die unerschütterliche Überzeugung von der Notwendigkeit (??) dieser Sache für das Wohl der Menschen. So dachte etwa Aristoteles über die Beseitigung der Sklavenarbeit durch die Maschinenleistung.

Einer der Konstruktionen des alten Herrn erinnere ich mich genau. Es ist die in Fig. 74 dargestellte unmittelbar verständliche. Ein Heber *a b* taucht in das Gefäß *A* und andererseits mit einer glockenförmigen Erweiterung *C* in das Gefäß *D*. Wurden die Öffnungen *a* und *e* freigemacht, so sollten nach der Erwartung des Konstrukteurs die // 518 // kleinen Wassermengen des Rohres *a b* den großen von *C* und *D* folgend bei *e* ausfließen. Statt dessen verhielt sich *C b a* als normaler Heber, der in der durch die Buchstaben bezeichneten Richtung abfloss, während ein Teil des Wassers in D allerdings durch *e* herabfiel, so dass alsbald zwischen dem Wasser in *C* und in *D* ein Riss eintrat, womit die Funktion der Vorrichtung ihr Ende fand.

Ich selbst habe als Knabe so viel vom *perpetuum mobile* gehört, dass ich zu einer Zeit, da ich kaum mehr als eine oberflächliche Kenntnis vom Hebelgesetz hatte, mich auch mit Eifer an die Konstruktion eines *perpetuum mobile* machte. Die Zeichnung Fig. 75 wird die Konstruktion und deren Fehler sofort verständlich machen. Ich wurde ver- // 519 // leitet, die horizontal ausgestreckten Stangen mit Gewichten als längere und wirksamere Hebel aufzufassen, obgleich hier von Hebeln und deren Drehung nicht die Rede sein konnte. Die Natur lässt sich eben nicht überlisten, wie die einseitig gerichtete Aufmerksamkeit des Menschen. Sie fordert zur Erhebung des Gewichtes P auf die Höhe H unbedingt ein Gewicht P', welches die Falltiefe H' erreicht, so dass $P' \cdot H'$ mindestens den Wert $P \cdot H$ gewinnt. Ich kann nicht sagen, dass diese Beschäftigung mir geschadet hätte. Die Enttäuschung lehrte mich die Maschinen besser verstehen, als Bücher und Unterricht.[4] Wenn irgendeine Lehre praktisch kulturfördernd ist,

4 Psychologisch recht belehrend mag die Sammlung von Konstruktionen des *perpetuum mobile* sein, welche das Münchener technische Museum auf-

so ist es jene von der Begrenztheit der verfügbaren Arbeitskräfte, und keine Illusion ist kulturschädlicher, als die von deren Unerschöpflichkeit.[5]

Einer der merkwürdigsten Erfinder, den ich kennen gelernt habe, war ein alter Mechaniker. An jeder Kleinigkeit bemerkte er irgendeinen Konstruktionsvorteil und führte seinen Gedanken sofort aus. Er reformierte die Henkel und die Form der Biergläser, die Wäschemangel, den Theatervorhang, konstruierte eine Uhr aus einem beiderseits geschlossenen Barometerrohr, in welchem ein kurzes // 520 // Quecksilbersäulchen neben einer empirisch geteilten, zeitmessenden Skale herabsank. Er war ein drolliger Kauz, der an den Turmuhren die Ziffern abschaffen wollte, „denn der müsste schon ein großer Esel sein, der an der Zeigerstellung nicht erkennen sollte, welche Zeit die Uhr weist." Er war ein geborener Naturforscher. Ich kann nach seiner schlichten Erzählung nicht bezweifeln, dass er beim Wegblasen der Späne von einer am Rande durchlöcherten Kreissäge, das Prinzip der Scheibensirene und das Gesetz der Schwingungszahlen der Töne selbständig erschaute. Er war auch maßlos eifersüchtig auf CAGNIARD LATOUR, als hätte dieser mit seiner viel älteren Beobachtung ihn um die schönste Entdeckung gebracht. Auf das Prinzip der Scheibensirene gründete er ein neues Musikinstrument, welches er Sirenophon nannte. Ein Pedal versetzte mittels eines Gewichtes und einer endlosen Schnur das System der Sirenenscheiben in gleichmäßige Rotation und zugleich einen Blasebalg in Tätigkeit. Bei verstärktem Druck mehr oder weniger tief einfallende Klaviertasten öffneten einen oder mehrere Schläuche, welche die Lochreihen der Sirenenscheiben verschieden stark anbliesen, so dass auch einzelne Töne geschwellt werden konnten. Die temperierte Stimmung wurde durch das Radienverhältnis der Schnurläute

bewahrt, soweit diese noch zu entziffern sein mögen.

5 In der Tat beruht einer der größten naturwissenschaftlichen Fortschritte auf der Zerstörung dieser Illusion durch gründliche Beschäftigung mit derselben.

der Scheiben erzielt. Ein solches Instrument, welches mit einer viel angenehmeren Klangfarbe ansprach, als ein Harmonium, war einfach unverstimmbar. Es konnte durch ein simples Druckverfahren gleich in vollkommener Stimmung hergestellt werden. Als ihm ein junger Mann den Antrag stellte, unter Erhaltung des Namens des Er- // 521 // finders die Erfindung abzukaufen, erhielt er die Antwort: „Die Erfindung ist groß, aber unverkäuflich!“ Sie sollte also offenbar lieber als einzigartig und sagenhaft fortleben, als nutzbringend erhalten werden. Als ein Kollege einmal versuchen wollte, das Instrument zu spielen, fiel ihm der Erfinder ungestüm in die Hände und erklärte dies für eine „Entweihung“! Der Erfinder umgab sich mit der Mystik eines mittelalterlichen Zauber- und Tausendkünstlers. Die Ordensauszeichnungen kleiner deutscher Duodezfürsten, für welche er verschiedene Theatereinrichtungen getroffen hatte, trug er mit Ostentation und verzeichnete sie sorgfältig auf seiner Visitenkarte. Die Eitelkeit störte überhaupt stark den Eindruck des bedeutenden Talentes dieses Mannes und trübte auch das Verhältnis zu seinem kaum minder begabten Bruder.

In meinem Institut hatte ich einst einen sehr begabten jungen Mann D., dem ich den Vorschlag machte, eine physiologisch-optische Arbeit auszuführen, die recht gut vonstatten ging. Eines Tages kam ich zu ihm mit den Worten: Nun, was machen Sie? „Nichts,“ war die Antwort, „denn ich habe keinen Karton für eine neue Scheibe.“ Ja, wenn das Ihren Forschersinn lähmt, werden Sie nicht weit kommen, war meine Replik. Diese Episode wäre mir nicht im Gedächtnis geblieben, wenn mich D. nicht nach Jahren daran erinnert hätte. Merkwürdig ist aber, dass dieser Mann bald nachher eine Reihe schöner Arbeiten ausgeführt hat, zu welcher er sich fast alle Behelfe in der einfachsten Weise selbst zu verschaffen wusste; fast nie verlangte er etwas aus den Institutsmitteln. Einen Jamin'schen // 522 // Kompensator verschaffte er sich durch Zerschneiden eines schwach gekrümmten Brillenglases. Ich muss sagen, dass ich ähnlich bescheidene Arbeitsbehelfe nur mehr in der nachgelassenen Sammlung von

Nörrenberg[6] in Tübingen gesehen habe. Ganze Schränke voll der sinnreichsten optischen Apparate standen da aus Kork und Glas kombiniert. Die Dotation ließ Nörrenberg verfallen, und schuf sich seine Behelfe selbst, um nichts ins Inventar schreiben und verrechnen zu müssen. Jeder Institutsleiter kennt diese lästige Beschäftigung, die sich immer störend in die schönste Arbeitszeit, in die Ferien eindrängt.

Der letztgenannte Mann, an Nüchternheit und Einfachheit das gerade Gegenteil des vorigen, wurde bald mein Assistent, und hinterließ mir eine heitere Erinnerung an seinen trockenen Humor. Ich demonstriere den Anfängern die Interferenzstreifen der Natriumflamme bei größerer Dicke der Luftschicht des Newton'schen Glases und gebe die Anweisung, nicht auf die Flamme, sondern auf das Glas zu akkommodieren. Nicht jedem gelingt dies sogleich. Der Assistent streut mit abgewandtem Gesicht einige Salzkörnchen auf das Glas: „Da, schauen Sie auf das Salz!" Ich zeige die Talbot'schen Streifen bei Deckung der halben Pupille durch ein Glimmerblatt. Manche sehen ganz durch den Glimmer, manche ganz vorbei. Der Assistent schneidet ein kleines Loch in schwarzen Karton und deckt die Hälfte durch Glimmer: „Da, schauen Sie durch das Loch!" Ich mache auf das Schwingungsfeld einer Saite aufmerksam, welche Grundton und Oktave zugleich schwingt. Einer wird beinahe ver- // 523 // führt, das für zwei Saiten zu halten. „Da, stecken Sie schnell den Finger dazwischen, so werden Sie zwei haben!"

Wir haben hier keinen schroffen Unterschied gemacht zwischen Erfindern und Denkern, zwischen Erfindung und Entdeckung. In der Tat ist der Unterschied nicht bedeutend. Die Befreiung von einer praktischen Unbehaglichkeit oder Unbequemheit durch eine neue Vorkehrung nennen wir eine Erfindung. Fühlen wir aber eine intellektuelle Unbehaglichkeit, indem wir z. B. einer neuen ungewohnten Tatsache nicht in Gedanken folgen, diese nicht durchschauen können, so heißt eine zweckentsprechende Leitung unserer Gedanken, durch wel-

6 [*] Johann Gottlieb Nörrenberg (1787–1862), deutscher Physiker

che dies gelingt, eine Entdeckung. Wer in einer Kürbisschale kein Wasser kochen kann, weil diese verbrennt, erfindet den Topf, indem er den Kürbis mit Ton umhüllt. Wer die hellen und dunklen Streifen beim Zusammentreffen des Lichtes zweier identischer Lichtquellen nicht aufzufassen vermag, weil er das Licht als einen gleichmäßigen Strom sich denkt, entdeckt die Interferenz durch die Anweisung, sich das Licht mit periodisch wechselnden Eigenschaften vorzustellen. Entdeckungen und Erfindungen können ihren Ursprung einer zufälligen gelegentlichen Beobachtung verdanken, wie dies aus obigen Beispielen deutlich hervorgeht. In anderen Fällen können sie aber das Ergebnis dauernder systematischer Arbeit sein, wie dies der Moskauer Ingenieur P. K. v. ENGELMEYER „Der Dreiakt als Lehre von der Technik und der Erfindung", Berlin, Carl Heymann's Verlag, 1910, lichtvoll dargelegt hat. Soll eine Erfindung zustande kommen, so muss // 524 // man eine Unbehaglichkeit beseitigen wollen, man muss die Mittel hierzu wissen und die materielle Anwendung dieser in der Gewalt haben. Dies ist der Dreiakt der Zielsetzung, des Planes zur Zielerreichung und der materiellen Ausführung, welcher mutatis mutandis auch bei jeder theoretischen Problemlösung in Wirksamkeit tritt. // 525 //

28.
Das Paradoxe, das Wunderbare und das Gespenstische.[1]

Die Körper unserer Umgebung sind nicht nur sichtbar, sondern auch greifbar und in der Regel auch unseren übrigen Sinnen wahrnehmbar. Wir fühlen sie beim Betasten heiß, warm, kühl oder kalt; wir hören sie, wenn wir daran stoßen oder klopfen, und zuweilen zeigen sie noch einen gewissen Geruch oder Geschmack. Viele dieser Körper sind starr, d. h. von unveränderlicher oder wenigstens schwer veränderlicher Form und Größe, andere wieder weich und biegsam. Die meisten können von einem Ort zum anderen bewegt werden. Wir finden sie dort, wo wir sie gelassen haben, mit allen ihren Eigenschaften wieder vor. Dieser Inbegriff der Körper mit ihren bekannten aneinander gebundenen Eigenschaften, macht unsere gewohnte, behagliche Umwelt aus, die wir kennen, nach der wir uns einrichten, in der wir uns zurechtfinden. Ihre Kenntnis macht das Leben nicht nur bequem, sondern überhaupt erst möglich. Wäre unsere Um- //526 // welt jeden Augenblick eine andere, so könnten wir sie weder kennen lernen, noch benutzen, noch in irgendeiner Weise mit ihr vertraut werden. Die Beständigkeit der Umwelt bedingt auch unsere leibliche und geistige Beständigkeit. Eine bedeutende Änderung in unserer Umwelt, z. B. nur ein Wärmegrad, der alles Wasser dauernd zu Eis machen, oder alles Wasser in Dampf verwandeln würde, das Fehlen oder die starke Verminderung des Sauerstoffs in der Luft, ein großes Übergewicht der Kohlensäure in der Atmosphäre usw., würde auch unsere Beständigkeit in Frage stellen, bzw. aufheben. Kleinere Schwankungen der Umgebung, etwa den Wechsel von Sommer und Winter, lernen wir durch unser Verhalten ausgleichen; wir lernen die Umwelt in einem weiteren Spielraum kennen und beherrschen durch Vergleichung auch geistig die Bedingungen des Wechsels.

1 Aus „Kosmos [Handweiser für Naturfreunde]", Stuttgart 1912, [9. Jahrgang] Heft I [17-20] abgedruckt.

Für uns Menschen ist nicht nur ein gewisser Grad von Beständigkeit *notwendig*, sondern auch ein Grad von Veränderung *förderlich*. Ein Knabe, der mit einer Weinflasche spielt, hat den Eindruck eines Körpers von recht unveränderlicher Größe und Form. Versenkt er aber etwa die Flasche zur Kühlung in Wasser, so scheint sie sich zu verkürzen. Diese Erfahrung macht ihn stutzig und auf Ähnliches aufmerksam. Er merkt auch, dass ein klarer Bach weit weniger tief erscheint, als er sich bei dem Versuch durchzuwaten oder beim Sondieren mit einem Stab erweist. Bei dem Versuch, einen Fisch im Wasser zu treffen, muss er mit der Flinte oder mit der Gabel tiefer zielen, als der Fisch zu stehen scheint. So findet der Knabe sich zunächst *praktisch* mit den Variationen der Umstände seiner // 527 // Umgebung ab. Auf den reiferen Menschen wirken nun derlei Erlebnisse als *Paradoxien* (auffallende Sonderbarkeiten), die das Denken nicht mehr zur Ruhe kommen lassen. Er wundert sich, dass er gewöhnlich die Objekte in der Sehrichtung, d. h. in der Richtung des Lichtstrahls trifft, im Falle der Versenkung der Gegenstände ins Wasser aber nicht. Er bemerkt schließlich die Ablenkung des aus Luft ins Wasser oder umgekehrt übertretenden Strahles und versteht nun beide Fälle, den gewöhnlichen und den ungewöhnlichen, nach derselben Regel, durch die Richtung des ins Auge gelangenden Lichtstrahls. So ergeben sich in unscheinbaren Beobachtungen die Anfänge der Wissenschaft und Technik, die den Menschen *intellektuell* und *praktisch* zugleich fördern.

Der Erfahrungskreis des Menschen ist von Haus aus größer, als jener der Tiere, und ist zudem durch die Kultur mächtig gewachsen. Wir setzen voraus, dass greifbare Körper auch sichtbar, sichtbare auch greifbar sein müssten, kurz, dass Körperliches im Allgemeinen allen Sinnen zugänglich ist. Doch haben wir Körper kennen gelernt, denen manche sinnliche Merkmale fehlen. Einzelnen Körpern fehlen fast alle sinnlichen Merkmale; diese können nur durch besondere Veranstaltungen *herbeigeschafft werden*. So wird die Luft nur durch heftige Bewegung oder durch Einschließen in einen Schlauch tastbar, durch Glühen in einer elektrischen Röhre sichtbar. Der Mensch kennt auch als Kulturprodukt das Glas, durch das er zwar hindurch sehen, durch das er aber nicht hindurch greifen kann. Ein solches Kulturprodukt ist auch das Feuer, um // 528 // nur das wichtigste und auffallendste zu nennen. Wenn selbst der Mensch zum ersten Mal einem Ding gegenübertritt, das nur einem Sinn zugänglich ist, wie das Bild im Planspiegel, oder noch mehr das reelle Bild im Hohlspiegel, das nur sichtbar aber nicht greifbar ist, so bedingt dies einen ganz ungewöhnlichen, wunderbaren, erschütternden, ja gespensterhaften Eindruck. Besonders stark können wir diesen bei Kindern der Wildnis beobachten, aber auch bei Tieren mit ausgebildetem Gesichtssinn, bei Vögeln, Katzen, Affen. Diese Tiere wollen erst durch das Glas hindurch, suchen dann hinter dem Spiegel nach dem vermeintlichen Gefährten, verlieren aber meist bald das Interesse, wenn sie diesen nicht finden. Nur der Affe staunt noch ein Weilchen über diesen Fall. Der „klügste Affe", der Mensch, fängt aber gerade hier erst an nachzudenken. Hunde, deren Hauptorakel die Nase ist, verhalten sich gegen dieses Wunder meist gleichgültig.

Da nun selbst der Mensch gegen Objekte, wie das Glas und das Feuer, wenn sie ihm noch unbekannt wären, einfach anrennen würde, so dürfen wir uns nicht wundern, dass Tiere, besonders solche von niederer Organisation, diesen Dingen ganz ratlos gegenüberstehen. Verirrt sich ein Vögelchen durch ein offenes Fenster in unsere Wohnung, so fliegt es leicht einige Mal ungestüm gegen die Glasscheiben des geschlossenen Fensters an. Es meint, wo es durchsehen kann, müsste es auch durchfliegen können. Durch wiederholten Versuch lernen die Stubenvögel das Glas kennen. Viel schlimmer sind die Fliegen, Bienen, Wespen, Falter daran. Die // 529 // sind durch keine Erfahrung zu belehren; sie summen und flattern sich an einer Fensterscheibe zu Tode. Ja der Mensch, wenn er die Vorsehung spielen, und sie aus einer so kritischen Lage befreien will, hat oft eine recht harte Arbeit mit ihnen; er muss sie einfach fangen und zum geöffneten

Fenster hinauswerfen, wenn er nicht an einem späteren Tage die verdorrte, getrocknete Leiche am von der Sonne beschienenen Fenster finden will. Nur die Stubenfliege, die vertraute Genossin des Menschen, kennt ein wenig das Glas und benimmt sich etwas klüger. Sie fliegt auch nur ganz ausnahmsweise in die Flamme, während unsere Lampenflammen an Sommerabenden das Grab unzähliger Falter und anderer geflügelter Insekten werden. Ebenso führen die Leuchttürme den Untergang zahlreicher Vögel herbei, die sich an ihnen zu Tode stoßen. Die Insekten und Vögel haben eben den Lebensinstinkt erworben, nach dem Lichten und Farbigen zu fliegen; das Feuer ist aber ein zu seltenes Naturobjekt, als dass es in deren Lebensgewohnheiten einbezogen werden kann. Man hat gelegentlich auch an den Mond gedacht und gefragt, warum die Falter nicht nach dem Monde fliegen? Einfach darum, weil sie dies nicht leisten können. Ins Mondlicht fliegen sie schon. Denn, wenn etwa ein Wasserfall im Mondlicht glänzt, stürzen sich ganze Scharen von Faltern in dieses Ziel, das ihnen erreichbar ist und finden dort oft ihren Untergang.

Die leibliche und seelische Natur des Menschen und der Tiere ist wesentlich dieselbe; Was den Menschen einer größeren Änderung der Umwelt gegenüber widerstandsfähiger macht, ist sein stär- // 530 // keres Gedächtnis, seine lebhaftere vergleichende und ordnende Erinnerung der Erlebnisse. Aus dem beständigen Anteil der Umwelt schöpft er, wie das Tier, die substanzielle (wesenhafte) Auffassung dieser Umwelt. Jede Störung dieser gewohnten Auffassung empfindet er ebenfalls zunächst als eine Beunruhigung. Ein Kind spielt mit einem Wasserstoffballon; dieser hat durch einen zufälligen Nadelstich eine kleine Lücke erhalten; er steigt noch auf, fällt aber alsbald, zu einem kleinen unscheinbaren Ding geschrumpft, herab. Das Kind wendet suchend den Blick nach allen Seiten, um das große Ding zu finden, das eben noch da war, und dessen plötzliches Verschwinden es nicht fassen kann. Es verhält sich ebenso, wie der Hund, von dem Romanes[2] erzählt, der durch das Platzen großer Seifenblasen befremdet war. Ein ei-

2 [*] George John Romanes (1848-1894), engl. Evolutionsbiologe und Physiologe

nen Knochen benagender Hund zog sich scheu zurück, als dem Knochen durch einen unsichtbaren Faden eine anscheinend selbständige Bewegung beigebracht wurde. Durch geschickte Irreführung der hartnäckig substanziellen Auffassung der Umwelt erzielt der Taschenspieler seine schönsten Erfolge.

Jede auffallende Veränderung am Futterplatz der Vögel erregt deren Sorge; ein Blatt Papier, ein neues Brett verscheucht sie, bis ein hungriger kleiner Held es wagt, mit seinem Beispiel voranzugehen. An dem Käfig meines zahmen Sperlings darf nicht die geringste Änderung vorgenommen werden, ohne seine Behaglichkeit zu stören. Wenn das Tier auf dem Tisch herumhüpft, beachtet es den ruhig daliegenden Serviettenring nicht; sowie aber dieser durch irgendeinen Anstoß ins Rollen gerät, nimmt // 531 // der Vogel sofort eine drohende oder entsetzte Kampfstellung ein und hackt mächtig auf den Ring los, wenn er in seine Nähe kommt. Mit jedem neuen auffallenden Körper kann man das Tier erschrecken und verscheuchen. Es klingt gar nicht so unwahrscheinlich, dass ein zum Angriff bereiter Tiger Reißaus nahm, als eine zu Tode erschrockene Dame ihren Sonnenschirm gegen ihn aufspannte. Oft sind die Tiere scheinbar mutig aus Entsetzen, so wenn ein kleiner schwacher Vogel, die ihn fassende Hand beißend bearbeitet. Gar manche Spinne, Raupe oder ein anderes harmloses Tierchen wird von mancher überempfindlichen Dame nur aus Entsetzen zertreten.

Wenn nun ein Mensch durch eine ungewohnte Beobachtung überrascht, befremdet oder erschreckt wird, so kommt es auf seine Denkfähigkeit an, ob er wie der Wilde vor dem photographischen Apparat die Flucht ergreift, oder ob er versucht, das Neue durch das schon Bekannte, wie in den obigen Beispielen dargelegt, zu begreifen. Je nach der Stärke seiner intellektuellen Erschütterung sieht er in der Mondfinsternis ein beängstigendes, unverständliches oder phantastisch ausgelegtes Wunder, oder er entschließt sich, in einer sorgfältigen Vergleichung seiner Erinnerungen die Aufklärung zu versuchen, d. h. die Gleichmäßigkeit der Auffassung des Alten und des Neuen herzustellen.

Für die meisten Tiere liegt in der Scheu, in der Furcht vor dem Neuen ein wichtiger, förderlicher Schutz vor unbekannten Gefahren, der für diese Tiere desto wichtiger ist, je seltener sie Gelegenheit haben, in einem langen Leben oft ver- // 532 // wertbare Erfahrungen zu sammeln. Was nützt einem kleinen Vogel, den schon ein Habicht in den Klauen hat, noch diese Erfahrung? Wann lernt eine Fliege die Spinne und ihr Netz kennen? Sie fliegt einmal aus dem dunklen Gebüsch durch eine Lücke ins Helle. Plötzlich fühlt sie sich von Fäden, die sie kaum sehen kann, umstrickt, dann weiter eingeschnürt, und schon steckt in ihrem Leib der hohle Dolch, durch den sie ausgesaugt wird. Für solche Tiere ist wohl der Instinkt wichtiger, alles was in der Luft fliegt oder sich sonst bewegt, furchtsam zu meiden. Jeder, der Falter und andere Insekten sammelt, weiß, wie sehr er darauf achten muss, sich nicht zwischen seine Beute und die Sonne zu stellen, damit nicht sein Schatten das Tier verscheuche.

In früher Jugend steht das Denken des Kindes jenem der Tiere sehr nahe, und auffallende Beobachtungen sind da auch von einer nicht nur intellektuellen Erregung begleitet. Ich erinnere mich, dass ich in einem Alter von etwa 3 Jahren erschrak, als ich die Samenkapsel einer Balsamine drückte und diese sich öffnend meinen Finger umfasste. Sie erschien mir belebt, als ein Tier. Ähnlich muss ein plötzlich in einer Falle gefangenes Tier fühlen. – Im Alter von 5 oder 6 Jahren sah ich einmal, vor mir in der Luft schwebend, ein schönes, farbiges und andersfarbig gesäumtes Blättchen, das bald sich vergrößernd von mir entfernte, bald sich verkleinernd näherte, bald sich hob, bald sich senkte, so dass ich es nicht ergreifen, nicht erhaschen konnte. Der ganze Vorgang erschien mir geradezu als ein Wunder, bis ich endlich merkte, dass das // 533 // Ding in meinem Auge sei. Es war wahrscheinlich ein Blendungsbild von einem in der Sonne glänzenden Gegenstand, das sich mit meinen Augen bewegte, mit Änderung der Konvergenz sich näherte und entfernte.

Sehr den Intellekt betäubend und störend, sonst aber auch gemütlich erregend, wirkt die Vorstellung von einer dem eigenen

Ich analogen, unkontrollierbaren, etwa feindlichen Macht, die bei einem ungewöhnlichen Ereignis Einfluss nimmt. Wenn ich meinem zahmen Sperling, den ich nun schon 7 Jahre beherberge und der mich sehr gut kennt und mir befreundet ist, des Abends in der Dämmerung in die Nähe komme, so sträubt er die Federn, fängt an zu fauchen und sich ganz entsetzt zu gebärden, gerade so, als ob er einen Feind oder ein feindliches Phantom erblicken würde. Bei einem im Freien lebenden Sperling, der jede Nacht von irgendeinem Ungetüm angegriffen und gefressen werden kann, ist dies ein ganz natürliches Verhalten. Es scheint dies eine angeborene ererbte Furcht vor Feinden zu sein, die ganz den Eindruck der Gespensterfurcht macht. Die Furcht unserer Kinder im Dunkeln können wir kaum anders auffassen. Eine kleine Nichte von mir, die bei Tag sehr lustig und lebhaft herumwetterte, pflegte sich abends still auf das Sofa zu setzen und die Beine hinaufzuziehen. Auf die Frage, warum sie dies tue, kam die Antwort: damit ihr der „Fuchs" nicht die Füße abbeiße. Ein kleiner, sonst sehr intelligenter Junge gestand mir, er fürchte sich so sehr, wenn er bei Nacht das Kindermädchen schnarchen höre.

Auch die Gespensterfurcht der Erwachsenen ist // 534 // wohl noch ein Rest jener des Sperlings, nur hat letztere den Vorzug, dass sie auf realer Grundlage beruht. Ein Herr übernachtete in einem Hotel, wird aber aufmerksam gemacht, dass es in diesem Raum nicht geheuer sei, ein anderer sei aber leider nicht mehr zur Verfügung. Er legt sich lachend und ruhig zu Bett. Nachts erwacht er, fühlt aber, als er sich umdrehen will, seinen linken Arm festgehalten. Es gruselt ihn schon, doch gelingt es ihm noch, mit dem freien Arm Licht zu machen. Ein Haken an der Wand hielt das Hemd und durch dieses den Arm fest. Der Intellekt und auch das Gemüt waren hierdurch entlastet. – In irgendeiner Gegend hatten die Bauern die Gewohnheit erworben, alles abzuschwören. Der verzweifelte Gerichtsbeamte fasst sich ein Herz und verbindet einmal, einen Meineid erwartend, das beim Schwur zu berührende Kruzifix mit einer geladenen

Leidener-Flasche. Der Schwur unterbleibt, und die Meineide sollen seither in jener Gegend sehr selten geworden sein. – Eine Kellnerin wird gehänselt, sie hätte nicht den Mut, jetzt bei Nacht aus dem Beinhause des nahen Friedhofs einen Schädel zu holen. Sie macht sich jedoch ohne Zögern auf den Weg. Sie ergreift einen Schädel. Da tönt es mit Grabesstimme: „Lass mir meinen Kopf!" Sie greift nach einem anderen. Wieder eine warnende Stimme. „Ach was, du Depp! Du hast nicht zwei gehabt." Die stramme Maid, wohl mit den Geistern der Finsternis vertraut, hatte kalten Blutes die Gleichheit der Stimmen erkannt und enteilte mit dem Schädel. Also ruhig Blut, lieber Leser, wenn dir auch einmal eine Gespenstergeschichte passiert! // 535 //

Cammile FLAMMARION[3], der angenehme Schriftsteller, behandelt in seinem Buch: „L'inconnu et les problèmes psychiques" eingehend die Gespenstererscheinungen, versucht sogar statistisch (!) nachzuweisen, dass die Gespenster keine Fabel sind. Das Buch hat übrigens zwei ausgezeichnete Kapitel, die jeder lesen sollte: 1. *Les incrédules* und 2. *Les crédules*.

Die Menschenindividuen, obgleich sie nicht mehr organisch miteinander zusammenhängen, wie die Individuen eines Polypenstockes, der gewissermaßen nur ein Individuum höherer Ordnung ausmacht, stehen dennoch in dem stärksten leiblichen und seelischen Zusammenhang. Sie leben mit- und füreinander, denken an- und füreinander, ja sie können einzeln weder leben noch denken. Diese merkwürdige Tatsache will erkannt und weiter erforscht sein. Ob außerdem ausnahmsweise noch ein a b n o r m a l e r, sozusagen u n t e r i r d i s c h e r psychischer Zusammenhang zwischen einzelnen Individuen besteht, wie C. FLAMMARION behauptet, scheint mir dem tatsächlich allgemeinen Zusammenhang gegenüber gar nicht von Belang. // 536 //

3 [*] Camille Flammarion (1842-1925), französischer Astronom und Autor populärwissenschaftlicher Schriften.

29.
Psychische Tätigkeit, insbesondere Phantasie, bei Mensch und Tier.[1]

Wir wollen zunächst an einigen einfachen Beispielen die psychische Tätigkeit unserer großen Forscher beleuchten. GALILEI kennt die Hydrostatik des ARCHIMEDES. Er weiß, dass die schweren Körper in einer leichteren Flüssigkeit untersinken. Er weiß aber auch, dass ein sehr schwerer Staub selbst in der Luft sich sehr lange schwebend erhält, dass er sehr langsam zu Boden sinkt, sobald er nur hinreichend fein verteilt ist. Dieser scheinbare Widerspruch treibt ihn zu weiterem Denken. Bei Umschau in seinen Erinnerungen findet er nun: ein Körnchen Gold von mäßiger Größe fällt, losgelassen, rasch zu Boden; hämmert man aber das Körnchen zu einem großen sehr dünnen Blättchen aus, wie es zum oberflächlichen Vergolden verwendet wird, so sinkt es in der Luft sehr langsam, ja man muss sogar recht acht geben, dass ein Luftzug es nicht wie eine Flaumfeder entführt. Nun denkt sich GALILEI einen schweren Würfel (Fig. 76), den // 537 // er durch drei den Würfelflächen parallele Halbierungsschnitte in 8 kleinere Würfel teilt. Diese Würfel werden schon etwas langsamer fallen, denn das treibende Gewicht bleibt das gleiche, die 8 Würfel nebeneinander haben aber zusammen den doppelten Querschnitt und müssen doppelt so viel Luft bewegen wie in dem früheren Fall. Denkt man sich die Teilungsoperation an den kleineren Würfeln immer wieder fortgesetzt, so begreift man, warum der schwerste Körper, zu Staub zerkleinert, langsam und langsamer sinkt.

GALILEI vermutet, dass auch die Luft ein Gewicht hat. Wie soll man aber dazu gelangen, dieses zu schätzen? Könnte man eine mit Luft gefüllte Flasche wägen, dann die Luft entleeren

1 Aus „Kosmos [Handweiser für Naturfreunde]“ [*Umschau in der Psychologie*] *Psychische Tätigkeit*… Stuttgart [9. Jahrgang] 1912, Heft 4 [121-125] abgedruckt.

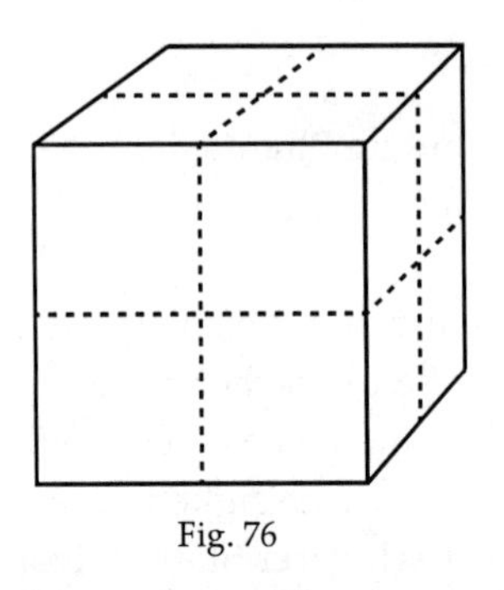

Fig. 76

und die Flasche wieder wägen, so wäre der Unterschied das Gewicht der Luft. Nun hat aber GALILEI noch keine Luftpumpe. Er erinnert sich hingegen, dass Luft aus der erwärmten, mit der Mündung unter Wasser gehaltenen Flasche in Blasen austritt, die man mit einem umgestülpten Glase auffangen und abkühlen lassen kann, während man die erwärmte Flasche rasch verkorkt. Man kann so abschätzen, welcher Bruchteil der Luft durch die Erwärmung ausgetreten ist, dem man den Gewichtsüberschuss der wieder entkorkten Flasche (samt dem Kork) gegen die noch verkorkte zuschreiben muss. Genau konnte das Experiment erst lange nach GALILEI ausgeführt werden. Ein Liter Luft bei 0° C und 760 mm Barometerstand wiegt ungefähr $1^1/_3$ g, // 538 // also ein Kubikmeter unter denselben Umständen $1^1/_3$ kg.

Es ist bekannt, dass man die Axtschläge eines in der Ferne arbeitenden Zimmermanns zuerst sieht und dann erst hört. Ein in 1-2 km Entfernung niederfahrender Blitzstrahl erleuchtet bei Nacht momentan eine weit ausgedehnte Gegend, während dem Blitz die Donnerschläge etwa 3-6 Sekunden später als mächtiges, lang anhaltendes Rollen sich anschließen. Ein Büchsenschuss in einer Gebirgsgegend ahmt das Rollen des Donners nach und lässt uns dieses als das Echo der ungleich weiten Fels- und Bergwände erkennen. Alles dies beweist schon die sehr große Lichtgeschwindigkeit gegenüber der viel kleineren Schallgeschwindigkeit. Gibt man in *A* einen Schuss ab, so kann das sichtbare Aufblitzen der Pulverexplosion als Zeitmarke gelten, und die Zeit, die bis zur Ankunft des Schalls in *B* verfließt, kann als Zeit der Schallfortpflanzung durch die Strecke *AB* gelten. Die Schallgeschwindigkeit kann auch ohne Hilfe eines Lichtsignals bestimmt werden. Man stellt sich in passender Entfernung *AB* etwa vor einer reflektierenden Felswand *A* auf, erregt in *B* durch einen Schlag einen lauten Schall und notiert die Zeit zwischen diesem bis zur Rückkehr des Echos nach *B*. Diese Zeit braucht der Schall zur Zurücklegung des Weges 2 *AB*. Wenn nun GALILEI die Lichtgeschwindigkeit ermitteln will, indem er ein Lichtsignal von A nach B sendet, das sofort von *B* nach *A* zurückgesendet wird, und wenn er die Zeit vom Abgang des ersten bis zur Ankunft des zweiten Signals als Lichtzeit für 2 *AB* auffasst, so meint er // 539 // zweifellos die Bestimmung nach dem Echoprinzip ausführen zu können. Nur stellt er sich statt des zurückreflektierenden Spiegels in B einen Beobachter vor, der den Anblick eines Signals durch Abdeckung einer Laterne erwidert. Die Methode war wegen der kleinen zu messenden Zeiten viel zu schwerfällig. Sie wurde erst anwendbar, als O. RÖMER die in riesiger planetarischer Distanz regelmäßig aufleuchtenden und verfinsterten, von Galilei entdeckten Jupitermonde als Signallaternen benutzte. Für irdische Distanzen konnte erst FIZEAU[2] durch Anwendung automatischer Signalgeber die Methode verwerten. Die Lichtgeschwindigkeit bestimmt sich nämlich zu 300.000 km in der Sekunde; das Licht könnte also in einer Sekunde mehrmals um die Erde herumgeleitet werden.

Benjamin FRANKLIN[3] vermutete in Blitz und Donner die Zeichen einer elektrischen Entladung der Wolken. Natürlich trachtete er der Elektrizität, des „elektrischen Feuers" der Wolken habhaft zu werden. Nun aber wie? Einen Eifelturm konnte er zu diesem Zweck nicht bauen. Da erinnerte er sich, dass die Kinder Papierdrachen im Winde recht hoch steigen lassen. Er versah einen solchen mit Metallspitzen und ließ ihn beim Herannahen eines Gewitters steigen. Die Hanfschnur wurde durch den Regen nass und leitend, an das untere Ende ward ein Schlüssel gebunden und zwischen die nasse Schnur und die Hand noch eine Seidenschnur eingeschaltet. Nun sprühten von dem

2 [*] Hippolyte Fizeau (1819-1896), französischer Physiker

3 [*] Benjamin Franklin (1706-1790), Verleger, Schriftsteller, Naturwissenschaftler, Erfinder, Naturphilosoph, einer der Gründerväter der Vereinigten Staaten

Schlüssel Funken aus, die in so genannten Leydener-Flaschen aufgesammelt werden konnten, und mit denen man ganz dieselben Versuche anstellen konnte wie mit jeder anderen // 540 // elektrischen Ladung. Das Experiment ist nicht ganz ungefährlich; der Physiker Richmann[4] in St. Petersburg verlor bei einem ähnlichen sein Leben.

Ein sehr sorgfältiger und genauer Beobachter, der Jesuit F. M. GRIMALDI, ließ das Sonnenlicht durch eine feine Fensterladenspalte auf ein Haar fallen, dessen Schatten er mit einem Schirm auffing. Der Schatten des Haares zeigte sich von feinen farbigen Säumen umgeben. Dies erinnerte ihn an ein dünnes, in einen ruhig fließenden Bach getauchtes Stäbchen, das in dem

Fig. 77

Wasser ähnliche Säume durch Schwellung erzeugt (Fig. 77). Der kostbare Gedanke, dass das Licht am Rande eines Schatten gebenden Körpers nicht gleichmäßig, sondern auch in Wellen oder Schwellungen abfließen könnte, war nun gefasst. Erst THOMAS YOUNG zu Beginn des 19. Jahrhunderts nahm den GRIMALDI'schen Gedanken, durch akustische Beobachtungen gestärkt, energisch wieder auf und förderte ihn durch einfache und glückliche Experimente, sodass bald von einer wohlbegründeten Wellentheorie des Lichtes die Rede sein konnte.

4 [*] Georg Wilhelm Richmann (1711-1753), deutsch-baltischer Physiker

Das Verfahren der alten Mathematiker, be- // 541 // sonders der Geometer, die durch Gedankenwendungen, durch Hilfsgedanken eine der direkten Lösung Widerstand leistende Aufgabe zu lösen suchten, war ganz ähnlich jenem der als Beispiel angeführten Naturforscher. Die Fläche eines Rechteckes, in einer quadratischen Flächeneinheit, ist leicht ermittelt. Auch ein Parallelogramm wird durch einen Abschnitt, den man am anderen Ende wieder ansetzt, in ein Rechteck verwandelt, dessen Flächenmessung keine Schwierigkeit mehr bereitet. Ebenso erkennt man ein Dreieck als die Hälfte eines Parallelogramms. Wenn schon die Dreieckmessung den alten Ägyptern mitunter Schwierigkeiten bereitete, wie ihre Papyrusse bezeugen, welche Freude musste der hieroglyphische Schlaukopf empfinden, als es ihm gelang, die Kreisfläche aus lauter sehr schmalen, im Mittelpunkte zusammenlaufenden Dreiecken in Gedanken zusammenzusetzen, deren Gesamtgrundlinie dem Umfang, deren durchaus gleiche Höhe dem Halbmesser entsprach. So wurde die Kreisfläche als erste krummlinig begrenzte Figur $2\pi r \cdot r/2 = \pi r^2$ gefunden. ARCHIMEDES erkannte, dass die Kugeloberfläche genau der Mantelfläche des umschriebenen Zylinders gleich sei: $2\pi r \cdot 2r = 4\pi r^2$. Dies zeigen nicht nur geometrische Betrachtungen, sondern auch die gleichen Längen der auf beide Gestalten aufgewickelten Schnüre von gleicher Dicke. ARCHIMEDES war gerade von diesem Fund so entzückt, dass er die Kugel mit umschriebenem Zylinder auf sein Grab gesetzt wünschte. Denkt man sich die Kugel ähnlich wie zuvor den Kreis in lauter dünne im Mittelpunkt zusammenlaufende Pyramiden geteilt, deren Gesamtgrundfläche der Kugeloberfläche, // 542 // deren durchaus gleiche Höhe dem Kugelhalbmesser gleich ist, so findet man den Kugelinhalt $4\pi r^2 \cdot r/3 = 4\pi r^3/3$. Bemerkenswert ist, dass die alten Geometer durch Ausschneiden der Figuren, deren Wägung, Längenmessung der Fäden Experimente anstellten. Oft genügte aber das bloße „Gedankenexperiment“ zur vollen Überzeugung.

Diese Gedanken spielen noch bei CAVALIERI, dem Mitbegründer der Infinitesimalrechnung, ihre Rolle, die sich gesetzmäßig umgrenzte Flächen durch dicht gespannte, gleich abstehende Fäden und gesetzmäßig geformte Körper durch Buchblätter zum Zwecke der Ausmessung erfüllt denkt.

Gehen wir nun eine Stufe tiefer, denken wir an unsere unkultivierten, ja an unsere wilden Vorfahren. Unter deren Einsichten und Erfindungen finden wir viele recht wunderbare. Schon die Erkenntnis, dass man einem Körper die Kraft des eigenen Leibes durch Werfen, Schleudern zur Wirkung auf die Ferne übertragen kann, hat noch der modernen Mechanik in Form des Trägheitsgesetzes zu denken gegeben. Die Erfindung von Bogen und Pfeil, die noch bei zeitgenössischen Jägervölkern, den Weddahs auf Ceylon, gebräuchlich ist, mag durch die aufmerksame Beachtung eines gebogenen Bäumchens, das bei plötzlichem Loslassen eine Frucht oder einen Stein fortschleuderte, veranlasst worden sein. Hier haben wir nun die Vorgänger der antiken Ballisten und Katapulten, sowie auch der Kanonen. In jeder Formänderung dieser Waffen liegt, historisch nachweisbar, immer auch eine neue Anregung für das Denken der Mechaniker. Wie merkwürdig sind auch der Bumerang und das Ausliegerkanu der Australier! // 543 //

Aber auch die uns geschichtlich näher liegenden Produkte der rastlos arbeitenden menschlichen Psyche geben uns zu denken. Den Hebel und dessen dynamischen Vorteil versteht jeder sofort, der einmal einen schweren Stein mit Hilfe eines untergelegten Stabes bewegt hat. Ebenso kann der Keil uns nicht lange praktisch fern liegen. Hatte sich die untergelegte Walze zur befestigten Walze zum Rade, zum Scheibenrad, zum Speichenrad in kleinen Schritten entwickelt, so lag auch das Rad an der Welle und die Rolle zum Greifen nahe. Wie aber entstand die Schraube?

Als junger Mensch habe ich das große Tafelwerk von ROSSELINI[5] über Altägypten eifrig durchsucht. Ich dachte bei einem

5 [*] Ippolito Rosellini (1800-1843), italienischer Ägyptologe

Volke, das riesige Steinmassen, mit ungeheurer Missachtung und Verschwendung an Menschenkraft noch durch Schlitten (!!) fortbewegte, müssten die Anfänge der Maschinen zu finden sein. Von der Schraube aber fand ich keine Spur. Bei den Griechen, bei Archimedes und Heron, finden wir schon die Schraube als Bekanntes in den mannigfaltigsten Formen vor. Kurz zuvor muss also der Ursprung zu finden sein. Thomas Young, sich auf Plutarch berufend, nennt Archytas von Tarent als Erfinder der Schraube: „Manche sagen, er habe die Schraube erfunden". Sieht man aber Plutarchs „Marcellus" durch, wo von Eudoxus, Archytas und Archimedes ausführlich die Rede ist, so erhalten wir keine bestimmte Auskunft. Von Eudoxus und Archytas wird nur erwähnt, dass sie das Studium der Geometrie sehr anmutig durch mechanische Beispiele illustriert und belebt hätten, im Gegensatz zu Archimedes, der solche Hand- // 544 // werkskünste verachtete. Archytas, dem Verfertiger der berühmten fliegenden Taube, oder des Drachen, kann man wohl auch die Erfindung der Schraube zutrauen.

Ein Naturgegenstand, der die Idee der Schraube nahelegen könnte, ist wohl recht selten; man könnte etwa an die Schnecke, an die Windungen einer Schlingpflanze denken. Noch schwerer wird man in der Natur einen Gegenstand finden, der unmittelbar als Schraube verwendbar wäre, etwa ein solcher, der durch Spielen in der Hand, vermöge der gebotenen dynamischen Erfahrungen (wie z. B. am Hebel oder Keil) den Wunsch einer technischen Herstellung erregen würde. Sollte ein Paar mit der Zange zusammengewundener Drähte diese Idee suggeriert haben?

Was haben nun die Bahnbrecher der Naturwissenschaft, Technik, Mathematik, die wir betrachtet haben, eigentlich geleistet? Und wie sollen wir die psychische Tätigkeit, durch die sie die Menschen gefördert haben, eigentlich nennen? Ist es das Gedächtnis, die Phantasie, der Verstand oder der Wille, wodurch sie gewirkt haben? Gewiss hat das Gedächtnis einen wesentlichen Anteil. Wie könnte ohne Merken der Eindrücke, die wir erhalten, und ohne Festhalten dieser in der Ordnung und

Verbindung, in der sie auftreten, überhaupt Erfahrung zustande kommen? Aber die Erlebnisse, durch die wir Erfahrungen gewinnen, sind oft räumlich und zeitlich weit voneinander getrennt. Hätte der Mensch nicht die Fähigkeit, die Bruchstücke seiner Erfahrungen in seinem Bewusstsein einander näher zu bringen, zu kombinieren, sie aufeinander wirken zu // 545 // lassen, so würde es bei dieser zusammengewürfelten Musterkarte von Gelegenheits- und Zufallserfahrungen sein Bewenden haben. Nun kann der Mensch die Teile seiner Erinnerung aus ihrer ursprünglichen Verbindung lösen und neu kombinieren; er hat Phantasie. Die Phantasie des Forschers ist allerdings mehr als die künstlerische durch den Verstand an die Schranken der Wirklichkeit, der Realität gebunden. Da endlich der Wille nichts anderes ist als das temporäre, teils fördernde, teils hemmende Eingreifen in die angeborenen Reflexe, so werden wir auch einem unmittelbaren oder mittelbaren biologischen Ziel, einem Interesse, das uns festhält, die Macht zuerkennen, auf die Wahl der festzuhaltenden und zu verfolgenden Vorstellungen Einfluss zu üben. – Gedächtnis, Phantasie, Verstand und Wille sind also bei Erreichung eines praktischen oder intellektuellen Zieles alle von Wichtigkeit. Wir beziehen jene Namen nicht auf besondere Fähigkeiten, hingegen meinen wir damit nur gewisse allgemeine Charakterzüge des Verhaltens der gleichen psychischen Vorstellungstätigkeit.

Das Verhalten der dem Menschen näher stehenden Tiere ist nun schon äußerlich dem Gebaren des Menschen so ähnlich, dass wir auch eine große Übereinstimmung in den psychischen Charakterzügen vermuten dürfen. Die Tiere können wir allerdings nicht über ihre Gedanken befragen, während wir letztere doch aus ihrem Tun erraten können. Als G. H. Schneider 1880 über den „Tierischen Willen" schrieb, wie ihm Ernst Haeckel empfohlen hatte, lag dem der klare Gedanke zugrunde, dass hiermit das bestimmteste physisch Fass- // 546 // bare bezeichnet war, an das sich die sichersten psychischen Konjekturen knüpfen lassen. Der tierische Wille, in seiner einfachsten Form, ist eine ebenso bestimmte Tendenz, wie der Zug eines Steines abwärts, der Trieb der magnetisierten Nadel in den magnetischen Meridian oder der geotropische oder der heliotropische Zwang der Pflanze in eine bestimmte Stellung. Die Ausdeutung des menschlichen Willens ist natürlich schwieriger. Viele niedere und höhere Tiere zeigen entschieden Gedächtnis. Bienen, Wespen, Ameisen, Käfer kehren zu einem Orte zurück, der ihnen Nahrung geboten hat. Das Schwalbenpaar, das in dem von mir bewohnten Hause nistet, sehe ich immer den Trambahnwagen nachfliegen, um die von diesen aufgejagten Fliegen bequem im Fluge wegzuschnappen. Krähen und Raben, die den Ackersmann eine Furche ziehen sehen, kommen von weitem herbei, folgen in kleiner Entfernung dem Pfluge, indem sie von den gewendeten Schollen die Käferlarven, insbesondere die fetten Engerlinge auflesen, mit deren Hochzeitsflug um die von der Sonne vergoldeten Baumkronen es nun vorbei ist. Dafür träumen Raben und Krähen wohl desto fröhlicher von ihrem Nest. Ein einziger Schuss, der die Vögel in ihrer Beschäftigung stört, macht sie für lange Zeit vorsichtig und misstrauisch. Sie haben also nicht nur Gedächtnis, Erinnerung, sondern kombinieren sogar die Elemente verschiedener Erfahrungskreise; zeigen also auch Phantasie und Verstand.

Wie kommt es nun, dass die Tiere ihre Erfahrung nicht erweitern, dass sie keine Entdeckungen, keine Erfindungen machen? Ja, machen sie wirklich keine // 547 // Erfindungen? Haben sie denn nicht gelernt, mit den Fortschritten der Feuerwaffen die steigende Tragweite der Geschosse zu bemessen, haben sie ihr Verhalten nicht dieser angepasst? Wie praktisch wissen die Schwalben die Baugelegenheit und das Nestmaterial zu wählen, je nach den Umständen, die ihnen die Nachbarschaft des Menschen bietet. Die kleinen Wölfe Nordamerikas, die Coyotes, machen den Farmern genug zu schaffen, indem sie mit allen Veränderungen und Fortschritten der Fallen gleichen Schritt halten, den vergifteten Köder liegen lassen, die Fallen zum Losschnellen bringen, ohne selbst in Gefahr zu geraten, nachher den ungefährlichen Köder gemütlich verzehren und schließlich ihren Weg, den Jäger täuschend, streckenweise durch seichtes Wasser nehmen.

Romanes berichtet in seinem bekannten Buch „Die geistige Entwicklung im Tierreich", Leipzig, 1885, S. 271/72, wie der Bergpapagei *Nestor notabilis* aus einem Honigfresser ein Fleischfresser geworden ist. Die Vögel kommen scharenweise herbei, suchen sich ein Schaf aus, rupfen ihm die Wolle aus, bis es blutet und fressen nun Fleisch. Jetzt haben sie sogar gelernt, durch die Bauchhöhle auf das Nierenfett loszugehen. – Ich denke, die Vögel haben da eine ganz schöne Erfindung gemacht, wenn sie auf diese auch kein Patent nehmen können.

Mein Vater schoss nach einem Habicht, der etwas in den Klauen trug. Der erschreckte Vogel ließ seine Beute, einen anscheinend toten Hänfling, fallen. Mein Vater betrachtete den auf der Hand liegenden Vogel, als dieser plötzlich die Augen aufschlug und // 548 // husch! davon war. In diesem Fall mag das Tierchen durch Schreck ohnmächtig oder hypnotisiert gewesen sein. In zahlreichen gut beobachteten Fällen beruht der Scheintod jedoch zweifellos auf Verstellung.

Wenn ein Affe sich tot stellt, um eine von den seinen Futterbehälter plündernden Krähen plötzlich zu fassen und erbärmlich zu rupfen, so ist dies absichtliche Verstellung, die Phantasie, Verstand und festen planmäßigen Willen beweist (Romanes, l. c., S. 343).

Ein heiliger Brahmastier, der in Indien das Vorrecht hat, in jedem Laden ungestört zu fressen, was er Schmackhaftes da findet, machte von seinen Privilegien etwas ungenierten Gebrauch auf der Wiese eines englischen Arztes. Den Versuch, ihn mit dem Stecken zu vertreiben, beantwortete er mit Niederfallen und sich Totstellen, erhob sich aber sofort wieder, um behaglich weiter zu fressen, als sich seine durch den vermeintlichen Mord eines geheiligten Wesens erschreckten Bedränger entfernten. Als aber der Arzt auf das sich tot stellende Tier heiße Asche streuen ließ, befolgte es nicht das Beispiel des büßenden Königs

Wiswamitra, sondern erhob sich schleunigst, um wie ein Reh über den Zaun zu springen und hier nie wieder Gastfreundschaft zu heischen. Tieren, die sich listig tot stellen, ist Phantasie nicht abzusprechen; sie haben, um es einfach zu sagen, nicht nur ein deutliches Ich, sondern auch ein klares Du, das sie mit Bedacht beurteilen.

Den australischen Laubenvögeln, die Laubengänge für ihre Liebesspiele bauen und diese mit Federn, Blättern und bunten Muschelschalen aus- // 549 // schmücken, müssen wir sogar ein Rudiment der künstlerischen Phantasie zugestehen (Darwin, Die Abstammung des Menschen, deutsch von V. CARUSI Stuttgart, 1872, II. S. 59).

Ich glaube, dass der ganze psychische Unterschied zwischen den Menschen und den höheren Wirbeltieren wesentlich in der Weite des Erfahrungs- und des biologischen Interessenkreises liegt, wozu als wichtiger Faktor noch die Drillung durch die mehrtausendjährige Kultur kommt, von der unsere Haustiere, Pferd und Hund, schon merklich beeinflusst oder, um mit Mephisto zu reden, „beleckt". sind. Wer übrigens auch bei den niederen Tieren an menschenähnliche Züge erinnert werden will, dem ist zu empfehlen: H. v. Buttel-Reepen, „Die stammesgeschichtliche Entstehung des Bienenstaates", Leipzig, 1903. Wer sich benebeln will, indem er auf die dem Menschen eigentümliche höhere Fähigkeit der Begriffsbildung den Ton legt, sei daran erinnert, dass der Regimentshund jeden Soldaten desselben Regiments als zu begleitenden Gefährten erkennt, eine andere Uniform aber ignoriert, also einen Ansatz zur Begriffsbildung verrät.

Vergleichen wir nun die psychische Arbeit der höchststehenden mit jener der tief stehenden Menschen und Tiere unbefangen, so können wir keine qualitativen, sondern nur quantitative Unterschiede, ganz allmähliche Übergänge finden, für die die Lebensumstände eine ausreichende Erklärung geben. Die Motive der psychischen Tätigkeit der Tiere sind fast durchgängig egoistischer Natur, mit geringen Ausnahmen, die sich nur auf die in Herden lebenden höheren Wirbeltiere beziehen. Die Psyche der // 550 // Tiere zielt meist auf die Befriedigung der Einzelbedürfnisse ab. Betrachten wir hingegen die psychische Tätigkeit bahnbrechender Forscher, Techniker, Sozialreformer, großer Künstler, so ist jeder gewiss auch durch persönliche Motive geleitet, aber das Ziel ist ein solches, dass jeder andere, der es begriffen hat, es sofort zu dem seinigen machen könnte: ein allgemein menschliches Ziel. Nun kommt noch hinzu, dass die neuen Ziele nur die vor Jahrhunderten und Jahrtausenden verfolgten alten Ziele oder deren unmerkliche Metamorphosen sind. Daher kommt es auch, dass die daran gewendeten psychischen Kräfte nicht nur jene eines einzelnen Individuums, sondern die aufgespeicherten Kräfte von Jahrhunderten und Jahrtausenden sind, denen das Individuum nur seine eigenen hinzufügt. Diese tiefe historische Fundierung ist vielleicht der wichtigste, erhabenste und erhebendste Unterschied zwischen dem menschlichen und tierischen psychischen Leben. Ob nun ein Forscher die Erkenntnisse des ARCHIMEDES und NEWTON erweitert, ein Techniker oder Sozialreformer das Los der Menschen erleichtert, ein Künstler LEONARDOS Gemütserschütterung beim Sturz seines Flugapparates und Helfers darstellt, während heute nach einem halben Jahrtausend schon die Aeroplane über den Köpfen kreisen, ob er die Verurteilung des Huss für die Ewigkeit brandmarkt oder mit der Wallfahrt nach Kevelar eine menschliche Stimmung allen verständlich macht: immer hat seine Phantasie Zweck- und Nutzarbeit geleistet zur allgemeinen Erhebung. // 551 //

30.
Psychisches und organisches Leben[1]

Wenn wir einem Neugeborenen einen Finger in die Hand legen, so umfasst er diesen fest; bringen wir den Finger in dessen Mund, so saugt er sofort eifrig und kräftig daran. So kann man an tierischen Lebewesen und etwas schwieriger auch an pflanzlichen Organismen beobachten, dass verschiedene deren Leib treffende Reize besondere Reaktionen auslösen, die meist auf die Erhaltung des Organismus abzuzielen scheinen. So hängt an der Saug- und Schluckreaktion unmittelbar die Lebenserhaltung des Säuglings.

Beobachten wir die Reize, welche unseren Leib treffen, so bemerken wir außer den Reaktionen, die an diese unmittelbar gebunden oder durch unsere Absicht modifiziert eintreten, noch etwas, was man dem gereizten Leib nicht von außen ansehen, sondern nur als Inhaber dieses Leibes beobachten kann; es ist dies die Empfindung. Unsere Empfindungen sind sehr reich und mannigfaltig. Es ist auch sehr wahrscheinlich, dass es sich bei uns ähnlich organi- // 552 // sierten Lebewesen ähnlich verhält, dagegen wird diese Vermutung desto unsicherer, je mehr die Organisation von der unserigen abweicht. Wir können unsere Empfindungen voneinander unterscheiden, können uns derselben erinnern. Der geordnete, geläufige Zusammenhang der Empfindungen und Erinnerungen bildet das Bewusstsein. Aber die Empfindungen sind auch uns nicht immer so deutlich gegenwärtig, unterscheidbar, in ihrem Zusammenhang bewusst. Im Schlaf, im Traum, in der Ohnmacht fehlt die Erinnerung, der Zusammenhang teilweise oder vollständig. Je weiter wir an die erste Jugendzeit zurückdenken, desto unklarer wird unsere Erinnerung; zuletzt entdecken wir nur einzelne Erinnerungsinseln und schließlich fehlen auch diese ganz. Was also bei uns wenigstens zeitweilig möglich ist, müssen wir auch bei ande-

1 Aus der österreichischen Rundschau Band 29, Heft 1, Wien 1911. [22-31]

ren Lebewesen für möglich halten. Vielleicht verbringen die uns weniger ähnlichen ihr Leben in einer Art Schlaf-, Traum- oder Dämmerzustand, so dass deren psychisches Leben mit unserem Wachzustand kaum eine Ähnlichkeit darbietet. Namentlich Organismen, deren Bestand durch automatische Reaktionen auf gewisse störende, schädliche Reize gesichert ist, werden ein entwickelteres psychisches Leben nicht nötig haben. (Vgl. J. v. Uxküll, Umwelt und Innenwelt der Tiere. Berlin 1909, Springer.)

Erinnerung ist das Wiederauftreten eines früheren psychischen Zustandes. Zur Wiedererweckung eines früheren Zustandes genügt schon die Erregung eines Teiles des Zustandes, der mit jenem gleichzeitig vorhanden war. Man kann demnach auch sagen: Jeder Teil eines Zustandes sucht sich zu // 553 // dem Ganzen zu vervollständigen, welcher einmal vorhanden war. Darin liegt das sog. Assoziationsgesetz der Gleichzeitigkeit, welches auch die zeitliche Lokalisierung der Erinnerung bedingt. Wenn ich ein Gefäß oder einen Schrank sehe, diesen auch betaste, den Inhalt prüfe, so erinnere ich mich beim bloßen Anblick auch an die Tastbarkeit, den Inhalt usw. Dies kann mir förderlich sein, insofern mir dadurch weitere unnötige Erfahrungen erspart werden, kann mich aber auch enttäuschen, wenn ich etwa ein bloßes optisches, nicht greifbares Bild oder ein Gemälde gesehen habe, das mir keine weiteren oder etwa ganz andere unerwartete Sinnesempfindungen liefert. Im Falle der Förderung durch die Erinnerung sprechen wir von einer Wahrnehmung, im Falle der Enttäuschung aber von einer Illusion. Illusionen eigentümlicher Art beobachte ich, wenn ich des Abends bei sinkender Sonne die Lichter und Schatten der durch das Laub auf alte knorrige Baumstämme fallenden Beleuchtung beachte. Die Köpfe von Bären, Tigern, Menschen kommen da zum Vorschein, indem bald dieses Licht, bald jener Schatten als Schnauze, Nase, Ohr zu wirken scheint. Gegen ähnliche halb bewusste, halb willkürliche Illusionen hat man sich zu wehren, wenn man nach langer ermüdender Eisenbahnfahrt die Felsen, Bäume u. dgl. an der Bahnstrecke beachtet. So verbinden sich im Sinnenleben die

Empfindungen mit den durch diese geweckten Erinnerungen zu mannigfaltigen teils förderlichen, teils hinderlichen Gebilden.

Vergleichen wir die Erinnerungen mit den Empfindungen, so erscheinen uns erstere gegen die letzteren als deren Originale matt, blass, unvoll- // 554 // ständig, skizzenhaft, flüchtig. Man muss aber beachten, dass die Empfindung viele Einzelheiten aufweist, zu deren aufmerksamer Erfassung eine längere Dauer des Reizes erforderlich ist; die Anregung der Erinnerung findet hingegen momentan statt. Nimmt man sich die Mühe, die Einzelheiten der Empfindung zu beachten, so kann man sie auch merken, d. h. in der Erinnerung hervorrufen. Das zeigt sich darin, dass besonders einfache Empfindungen, welche man leicht recht genau kennen gelernt hat, auch lebhafte Erinnerungen bedingen. Man denke z. B. an ein großes, schwarzes lateinisches A auf einer weißen Tafel, einen mit grüner Kreide auf eine schwarze Tafel mit vertikaler Spitze nach oben gezeichneten „Drudenfuß" (reguläres Sternfünfeck in vertikal symmetrischer Orientierung). Man denke an einen Würfel, der uns drei Seitenflächen zukehrt, die obere horizontale gelb, die linke vertikale blau, die rechte vertikale rot. In solchen Fällen, deren Regel man kennt, wird man keine Schwierigkeiten finden, eine frische, lebhafte Erinnerung hervorzurufen. Wo man die Einzelheiten der Empfindung nicht beachtet hat, ist es eine bloße Tautologie zu sagen, dass man keine lebhafte Erinnerung hervorrufen kann. Mit einem in geometrischer und chromatischer Beziehung komplizierten maurischen Ornament der „Grammar of Ornament" von Owen Jones werden solche Versuche dem Ungeübten schwerlich gelingen. Dem Physiker bereitet es keine Schwierigkeit, eines Spektrums, einer Interferenzerscheinung, mit der er sich beschäftigt hat, sich genau zu erinnern, so wie auch ein Zoologe ein Tier aus dem Gedächtnis zu zeichnen vermag. // 555 //

Will man sich einen Garten dekoriert vorstellen, so hilft es sehr, wenn man sich in der Tätigkeit des Dekorierens, die Girlanden, die Lampions anhängend begriffen denkt, weil man sich hierdurch bei den Einzelheiten festhält.

Einer meiner Söhne, Maler, betrachtet Straßenszenen und fixiert diese erst zu Hause zeichnerisch. „Um das Typische an den Figuren zu sehen, muss ich mir vorerst durch ständige Beobachtung eingeprägt haben, was an jeder Figur gesetzmäßig wiederkehrt. Während ich auf der Straße mehr auf die Details, das Typische der Figuren achte, zeichne ich zu Hause mehr Flecke als Figuren, um das nötige Licht- und Schattenverhältnis zu bekommen und sehe dann in diese Flecken die passenden Figuren hinein. Oft ist das Nachbild beim Schließen der Augen behilflich. Figuren beim Eislauf sind auf diese Weise besonders gut festzuhalten, weil sie ein starkes Nachbild geben. Beim Kopieren von Bildern glaube ich sehr viel Technik gelernt zu haben. Durch Übung kann ich wohl ein Bild auswendig nachmalen." Erinnerungen werden durch Empfindungen wachgerufen, doch kann auch eine Erinnerung durch eine andere geweckt werden. Das Gesetz der Assoziation der Erinnerungen ist kein anderes als das schon erwähnte der zeitlichen Kontingenz. Ursprünglich haben sich die Erinnerungen nur durch die zeitliche Berührung wachgerufen. Da aber im Verlauf des Lebens die Erinnerungen in die mannigfaltigste zeitliche Berührung gekommen sind, haben sie dadurch die starke Beziehung zu einer bestimmten zeitlichen Berührung verloren. Solche Erinnerungen ohne ausgesprochene zeitliche Einordnung // 556 // nennen wir Vorstellungen. Vorstellungen sind die Bausteine des freieren geistigen Lebens. Da nun die Vorstellungen in sehr verschiedenen Empfindungsgebieten ihre Wurzeln haben und da diesen Empfindungsgebieten auch verschiedene Gedächtnisse entsprechen, welche einzeln erworben werden und auch einzeln verloren gehen können – das menschliche Gedächtnis besteht eben aus einem Bündel von Einzelgedächtnissen – so wird der Mensch durch das gegenseitige Wachrufen der Vorstellungen auf den Wegen des biologischen Interesses durch die merkwürdigsten Labyrinthgänge geführt. Ich stelle einen Versuch über anomale Dispersion an; hierdurch fallen mir die Namen der Urheber dieser Studien ein. Christiansen[2] und Kundt[3]. Ersteren habe ich in London, letzteren in Paris kennen gelernt. Sofort tauchen typische Bilder dieser Städte in mir auf. Ich sehe Szenen aus der Pariser Elektrizitätsausstellung und dem Elektrikerkongress 1881 vor mir, sehe die erste elektrische Bahn, die großen Dynamomaschinen, die Glühlichtbeleuchtung, die Jablochkoffkerzen in der Avenue de l'Opéra, höre die zahlreichen Edisonphonographen ihre Lieder ableiern, mache die Bekanntschaft mit Wroblewski[4], erinnere mich an dessen unglücklichen Tod, höre einen Vortrag von Melsens, der mir Versuche über Projektile suggeriert und fühle mich nun wieder in mein Prager Laboratorium versetzt. Alles dies in wenigen Sekunden! Von alledem, was ich da in drei Monaten sinnlich erlebt habe, sind mir nur ganz wenige lebhafte kleine optische und akustische Ausschnitte geblieben. Wenige anmutige Straßenbilder von Paris blieben haften. Helmholtz höre ich // 557 //konsequent Mr. Homhotz nennen, während dafür Emil Dubois-Reymond[5] deutsche Namen mit übertrieben französischem Akzent ausspricht. Woran liegt nun diese sinnliche Dürftigkeit? Daran, dass ich dort mehr begrifflich als sinnlich erlebt habe. Woher weiß ich, dass ich überhaupt in Paris war? Ich habe in Prag auf dem Westbahnhof eine Karte nach Paris gelöst und vorausgesetzt, dass alle Menschen dieselbe Stadt Paris nennen. Sinnlich gesucht habe ich diese Stadt nicht. Was für eine sinnlich geographische Kenntnis lebt dagegen in einer Schwalbe, welche aus Afrika wiederkehrend, nachdem sie in Italien der Küche entronnen, nicht nur Wien, sondern auch die Straße und in dieser das Haus mit ihrem Nest wieder findet. Ich verlange Speise, Trank, Gabel, Messer, Löffel, Zirkel, Lineal, Metermaß in der Voraussetzung, dass andere Menschen unter diesen Namen dasselbe verstehen

2 [*] Christian Christiansen (1843-1917), dänischer Physiker
3 [*] August Kundt (1839-1894), deutscher Physiker
4 [*] Zygmunt Florenty Wróblewski (1845–1888), polnischer Physiker [Verstarb bei der Erforschung der Eigenschaften von Wasserstoff, als eine Petroleumlampe umfiel]
5 [*] Emil Heinrich du Bois-Reymond (1818-1896), deutscher Physiologe

wie ich, dass diese Dinge gegen andere ebenso reagieren wie gegen mich. Gewiss müssen diese Dinge an besonderen mehr oder weniger genau umschriebenen sinnlichen Merkmalen erkannt werden, aber durchaus nicht jedes Mal von mir selbst. Diese sinnlichen Merkmale haben einen größeren oder kleineren Spielraum, wenn der Name noch seine Gültigkeit behalten soll und sind verschiedenen Sinnesgebieten entnommen. Der Mensch ist sinnlich entlastet durch die Hilfe anderer, dafür begrifflich belastet. Die Schwalbe ist wohl ganz auf ihre Sinnlichkeit angewiesen.

G. T. Fechner hat in seiner „Psychophysik" 1860, im II. Band und Francis Galton in seinen „Inquiries into human faculty" 1883 interessante, auf // 558 // Umfrage beruhende Untersuchungen über das visuelle Vorstellungsvermögen angestellt. Die Ergebnisse beider Forscher stimmen überein. Bei vielen Menschen: Reisenden, Künstlern, einfachen, sinnlich beschäftigten Menschen, Kindern zeigt sich ein gutes visuelles Vorstellungsvermögen. Sie können sich die Objekte, mit welchen sie verkehrt haben, in allen ihren Einzelheiten in lebhaften Farben vorstellen. Jene Leute hingegen, welche sich viel mit abstraktem Denken beschäftigen, Gelehrte, besonders Philosophen, bringen nur blasse, wenig ins Einzelne gehende visuelle Vorstellungen auf. Es hängt dies, wie es wohl deutlich wurde, mit der gewohnheitsmäßigen sinnlichen Entlastung der abstrakt denkenden Menschen zusammen. Ich selbst glaube hier eine Mittelstellung einzunehmen; ich habe zwar mein visuelles Vorstellungsvermögen stets in Übung erhalten, möchte aber gern zugeben, dass dieses durch Beschäftigung mit abstrakten Dingen doch etwas gelitten hat.

Von der Fähigkeit, absichtlich deutliche genaue Vorstellungen oder Erinnerungen an sinnlich Erfahrenes zu erwecken, ist die Fähigkeit, unabsichtlich sinnliche Eindrücke zu bewahren und diese gelegentlich ohne Absicht mit voller Lebhaftigkeit hervorzutreiben, wohl zu unterscheiden. Ich brauche mich bloß mit Schwingungskurven, wie sie Stimmgabeln weiß und stark kontrastierend auf Rußpapier ziehen, eine Zeit lang aufmerksam zu beschäftigen, so blitzen diese ohne anderen Anlass, namentlich in der Dämmerung, in voller Objektivität für einen Augenblick auf, was sich von Zeit zu Zeit wiederholt. Die so beobachteten Formen schließen sich so genau an // 559 // vorher wirklich Gesehenes an und unterscheiden sich so deutlich von einem optischen Nachbild, dass FECHNER das Recht hatte, sie als Sinnesgedächtnis-Erscheinungen zu bezeichnen. In meiner Jugend sah ich, wenn ich mich schlafen legte und die Augen schloss, sofort das ganze Gesichtsfeld mit den schönsten wechselnden Tapetenmustern, meist Blumen darstellend, erfüllt. Auch jetzt sehe ich, wenn ich nachmittags etwas ermüdet die Augen schließe, besonders an sehr sonnigen Tagen, sofort eine Art Tapetenmuster, meist grüngelb auf violettem Grund. Die Farbe der Zeichnung und des Grundes schlägt oft ins Komplementäre um, wie bei den bekannten aus Gipskristallen hergestellten Polarisationsobjekten bei Drehung des Nikols um 90 Grad. Kürzlich sah ich auch bei einer solchen unwillkürlichen Beobachtung einen gelbgrünen Zweig mit eichelartigen Blättern und Früchten schön schattiert und plastisch vor mir.

Bevor der Schlaf eintritt, nehmen diese Erscheinungen eine besondere Form an. Man beobachtet verschiedene menschliche und tierische Gestalten, die sich langsam bewegen, ihre Form und ihren Charakter ändern, bald lebhaft gefärbt, bald blässer sind und allmählich in wirkliche Traumbilder übergehen. JOH. MÜLLER hat sie als „phantastische Gesichtserscheinungen" beschrieben, die sich ohne unseren Willen ändern, MAURY und andere französische Forscher nennen sie „hallucinations hypnagogiques". Sie sind oft ganz fremdartig; man erkennt in denselben nichts Vertrautes. Dennoch scheinen sie nur ohne oder selbst gegen die Absicht festgehaltene Gedächtnisbilder zu sein, vielleicht aus einer fernliegenden Zeit. // 560 //

Wenn ich in einer schlaflosen Nacht von Gedanken hin und hergezerrt endlich ermüdet die Aufmerksamkeit auf das bloße Gesichtsfeld zu lenken vermag, so treten die langsam sich ändernden Phantasmen ein und es folgt gewöhnlich der Schlaf. Einmal, sehr spät in der Nacht, erschien im Laufe dieser Änderung linker Hand reiches Laub- und Blätterwerk, rechter Hand bis dicht ans Bett reichend eine alles Sichtbare deckende undurchsichtige Felswand. Dies interessierte mich, weil es mich an ein Skotom erinnerte, an dem ich zuweilen litt und auch an eine wohlbekannte Wüstenhalluzination mahnte, welche unter dem Namen „le ragle" beschrieben wurde. Dadurch ermunterte ich mich und es war diesmal mit dem Schlaf vorbei. Die langsame Änderung der optischen Phantasmen bei Konzentration der Aufmerksamkeit auf diese allein, wird wohl verständlich durch Ausschaltung der Assoziationssprünge bei Beteiligung mehrerer Gedächtnisgebiete. Mitunter, besonders in dunklen Winternächten, sind meine optischen Phantasmen sehr farblos, zuweilen tief schwarz auf schwarzem Grund, oft prächtige Grabgitter.

Besonders ruhige stabile Phantasmen sehe ich gegen das Ende eines ruhigen tiefen Schlafes; diese bestehen auch nach dem Erwachen noch fort. Ich erwache aus einem solchen Schlaf und liege noch mit geschlossenen Augen ruhig da. Ich sehe meine gewöhnliche Bettdecke mit allen ihren Falten, auf dieser ruhend meine Hände. Öffne ich die Augen, so ist es noch ganz dunkel, oder die Falten der Decke, die Lage der Decke und der Hände ist eine ganz andere, als sie das Phantasma gezeigt hatte. // 561 //

Einmal erwache ich in einem solchen Fall und sehe eine mir ganz fremde, graue, schwarz und weiß gesprenkelte Decke, welche ganz plastisch in hohen Falten, mit starken Lichtern und Schatten wie ein kleines, kahles Granitgebirge daliegt. Beim Öffnen der Augen verschwindet das Phantasma und ich sehe meine gewöhnliche Decke. Einmal erwache ich mit dem Anblick eines großen, dicht mit bunten Blumen gefüllten Blumenbeetes, wie ich es oft in Ziergärten gesehen habe. Diese Blumen betrachte ich eine gute Weile; ich glaube sie alle auf einmal deutlich zu sehen, was beim gewöhnlichen Sehen natürlich nicht möglich ist. Solche farbige Morgenphantasmen werden jetzt sehr durch eine helle Morgensonne begünstigt, die ich in meiner Jugend nicht nötig hatte.

Ich sehe einen langsam hinschleichenden grünen Fluss zwischen üppigen Wiesen. Allmählich hat sich der Fluss in einen blaugrünen See verwandelt. Beim Erwachen scheint die Morgensonne hell ins Zimmer. Die Ruhe der Morgenphantasmen scheint mit der Unterdrückung aller störenden Assoziationen zusammenzuhängen, die man ja beim Erwachen noch konstatieren kann, da man sich zuweilen erst besinnen muss, ob es Morgen oder Abend ist usw.

Wenn man im Traum durch endlose Säle wandert, ohne den Ausgang zu finden, wenn man den Hut in der Wohnung, die Wohnung, die Straße in der bekannten Stadt nicht finden kann, wenn man einen Text nicht zweimal lesen kann, weil die Buchstaben alsbald ohne Ordnung durcheinander gehen, wenn man den Inhalt des Geldtäschchens bei jeder Re- // 562 // vision anders findet, wenn überhaupt alle Logik im Traume versagt, so scheint dies großenteils auf der spontanen Änderung der Traumphantasmen zu beruhen, deren Tempo wohl auch je nach der Stimmung veränderlich ist.

Im Wachen und im Träumen vollziehen sich die Assoziationen nach demselben Prinzip, nur dass im ersten Fall im Allgemeinen mehr Bahnen gangbar sein werden. Eine Empfindung, aber auch eine bloße Erinnerung, die uns im wachen Zustande trifft, löst assoziativ eine Reihe von Vorstellungen aus, die uns, wenigstens in vielen Fällen zu einer bestimmten Reaktion, zu einer zweckentsprechenden Handlung bestimmen. Kann eine solche im Wachen angeregte Reihe wegen einer zufälligen Störung nicht normal ablaufen, so kann dies im Traum geschehen. So kann ein ängstlicher Mensch, der im Wachen versäumt hat, ein weggeworfenes Zündhölzchen zu löschen in der folgenden Nacht bestimmt werden, von dem Löschen einer Feuersbrunst zu träumen. (Vgl. W. Robert, Der Traum. Hamburg 1886.)

Auch ein Traumerlebnis kann sich in der Stimmung des Wachens sehr hartnäckig geltend machen. Mir träumte vor Jahren sehr lebhaft, ich hätte einem Verleger vor langer Zeit ein Manuskript übergeben, welches aber gänzlich in Vergessenheit geraten sei. Im Wachen konnte ich durch einige Stunden nicht die Überzeugung gewinnen, dass dies auf einer Traumtäuschung beruhe. Noch mehrere Jahre später trat nochmals dieser Traum in derselben Lebhaftigkeit ein. Diesmal gelang es mir aber, die mutmaßliche Quelle der Täuschung in einem tatsächlichen // 563 // Wacherlebnis zu finden. Ich hatte zu Ende der Sechzigerjahre das Manuskript der „Analyse der Empfindungen" großenteils liegen und ging mit dem Gedanken um, es FECHNER zu widmen. Bei einer mündlichen Unterredung mit ihm schien er mir durch Differenzen meiner Ansichten gegen die seinigen unangenehm berührt. Ich ließ deshalb den Gedanken der Widmung fallen und dachte lange überhaupt nicht mehr an die Publikation. Im Traum aber mochten sich die Reste dieser Pläne forterhalten haben, welche dann beim Erwachen fast wie eine drohende psychische Störung wirkten. So stellen Wachen und Träumen zwei zusammengehörige Stücke des psychischen Lebens vor, die sich gegenseitig erläutern. Aber weder das Wachen, noch das Träumen, noch die verschiedenen Fälle der Hypnose enthüllen uns mehr als einzelne Stücke des psychischen Lebens.

Wenn ich mir in schlafloser Nacht einen Teil der künftigen Tagesarbeit zurechtlege, so bin ich oft nicht imstande, mich am Schreibtisch dieses nächtlichen Denkens zu erinnern. Ein genaues Beachten der Situation, der Umgebung, unter welcher diese Gedanken kamen, bringt sie dann zuweilen auch am Schreibtisch wieder zum Vorschein. Ich muss annehmen, dass ein assoziatives Inbeziehungsetzen verschiedener Bewusstseinszustände die Herrschaft über die eigene Gedankenwelt bedeutend stärken müsste.

Wie ganze Abschnitte des psychischen Lebens zeitweilig verloren gehen können, lehrt ein Bericht von Prof. A. Forel[6], bezie-

6 [*] Auguste Forel (1848-1931), Schweizer Psychiater, Hirnforscher, Entomologe, Philosoph und Sozialreformer

hungsweise von dessen Assistenten Dr. Naef. (Forel, Der Hypnotismus. [seine psychologische, psychophysiologische und therapeutische Bedeutung oder die Suggestion und Psychotherapie] // 564 // 5. Auflage [Stuttgart 1907], S. 215 bis 233.) Ein Herr N. kam zur See über Neapel und Genua in Zürich an und lebte hier sorglos, ohne zu wissen, was er eigentlich sei, welcher Familie er angehöre, bis er durch eine Zeitungsnotiz aufmerksam wurde, dass ein Mann des Namens, auf den sein Reisepass lautete, von seiner Familie als verschollen gesucht werde. Obgleich er sich an gar nichts erinnern konnte, fühlte er sich nun doch psychisch krank und vertraute sich Prof. Forel an. Durch umsichtige ausdauernde psychische Behandlung gelang es nun nach und nach, die Erinnerung an eine nach Australien unternommene amtliche Missionsreise wieder wachzurufen, den durch eine fieberhafte Krankheit erlittenen Gedächtnisverlust von einigen Monaten zu restituieren, ihn den Seinigen wiederzugeben und ihn aus seiner tragischen Situation zu befreien.

Erst in neuerer Zeit fängt man an, die Gedächtnisphänomene mit anderen organischen Vorgängen unter einem einheitlichen Gesichtspunkt zu betrachten. Ewald Hering hat die gemeinsamen Züge der organischen Vorgänge innerhalb und außerhalb des Bewusstseins erkannt und in seiner akademischen Festrede dargelegt. (Vgl. Hering, Über das Gedächtnis als eine allgemeine Funktion der organisierten Materie, 1870.) R. Semon geht daran, diese Verwandtschaft näher zu erforschen; er hat zu diesem Zweck auch eine biologisch nicht präjudizierende Terminologie angewendet. (Vgl. Semon, Die Mneme 1904, Die mnemischen Empfindungen 1909.)

Viele biologische Prozesse machen den Eindruck, als wenn sie auf der mechanischen Wiederholung // 565 // einer eingelernten Lektion beruhten. Eine gewisse Raupe stellt nach P. Huber ein sehr kompliziertes Gewebe zu ihrer Metamorphose her. Setzte er die Raupe aus einem bis zur 6. Stufe ausgeführten Gespinst in ein nur bis zur 3. Stufe fortgeführtes, so vollendete sie die 4., 5. und 6. Stufe. Wurde sie aber in ein weiter fortgeschrittenes Gewebe gesetzt, so begann sie die Arbeit genau dort, wo sie selbst eben aufgehört hatte, ohne zu erkennen, dass diese überflüssig sei. Die Raubwespe (Sphex) gräbt eine Höhle und fliegt dann nach Beute aus, die sie durch Stiche an genau bestimmten Stellen lähmt und wehrlos macht, um für ihre Nachkommenschaft Futter zu haben. Bevor jedoch die Beute in die Höhle gebracht wird, kriecht sie in diese, um sie zu untersuchen. FABRE entfernte einstweilen die Beute um eine Strecke. Die Wespe schleppte sie nun wieder nahe herbei und kroch nun abermals in die eben untersuchte Höhle. FABRE konnte dieses Manöver 40 Mal nacheinander mit demselben Erfolg wiederholen, worauf er die Beute ganz wegnahm. Die Wespe schloss nun in ganz sinnloser Weise die ganz leere Höhle. Sie handelt also nicht mit Überlegung, sondern etwa wie ein unmusikalischer Klavierspieler, der ein Stück mechanisch eingelernt hat, das er, wenn unterbrochen, immer nur von Anfang beginnen muss.

Viele Insekten leben als Larven im Wasser, im ausgebildeten Zustande aber nicht. Ihre Eier legen sie jedoch wieder ins Wasser ab. Man darf wohl vermuten, dass der physiologisch-chemische Vorgang der Eierbildung in ihrem Leibe, sie wieder an ihre // 566 // eigene Embryonalzeit, an die Sympathien fürs Wasser erinnert.

Dem Gedächtnis analoge Züge scheinen vielfach in der organischen Welt sich zu äußern. Das Gesetz der Assoziation oder der Ergänzung durch zeitliche Berührung gilt nicht nur für das vollbewusste psychische Leben, an welchem es zuerst beobachtet wurde, sondern macht sich auch im Traum und wahrscheinlich auch in unbewussten organischen Vorgängen geltend. Ist aber das Gesetz der Assoziation das einzige, das uns hier Einblick verschaffen kann? Wollte man das psychische Leben vollständig durch das Assoziationsgesetz verstehen, so müsste man außer der temporär erworbenen Assoziation noch eine angeborene Assoziation annehmen. Der letzteren würden dann physiologisch die Reflexe entsprechen. Es scheint, als ob man nicht nur die Teilvorgänge des Organismus als durcheinander erregbar anzusehen hätte, sondern auch jedem Teilvorgang ein selbständiges Eigenleben zugestehen müsste. So ergibt sich erst eine volle Erfassung eines lebenden Organismus.

Es wurde oben dargelegt, wie assoziativ eine möglichst genaue Erinnerung zustande kommen kann. Wer aber das spontane Auftreten eines Phantasmas, einer Halluzination, mit dem Charakter voller sinnlicher Objektivität erlebt hat, wird schwerlich glauben, dass diese Erscheinung mit der vorigen identisch sei. Die erstere ist die besonnene Ergänzung einer Erinnerung durch begriffliche Anhaltspunkte, bei der letzteren wird man vielmehr mit Johannes Müller u. a. an ein Eigenleben be- // 567 // sonderer Art denken müssen. Aus psychiatrischen Beobachtungen geht hervor, dass Zerstörung beider Augen die Fähigkeit optisch zu halluzinieren nicht aufhebt, wogegen diese durch Zerstörung gewisser Teile der Hirnrinde verschwindet, wobei aber auch die optischen Erinnerungsbilder erlöschen. (Vgl. z. B. Forel, Der Hypnotismus, Stuttgart 1907, 5. Auflage, S. 33.)

Ich erwähnte oben ein Skotom, an dem ich litt. Es trat bald auf, nachdem ein Angestellter des Instituts wegen seines Verhaltens entlassen werden musste. Es war ein Flimmerskotom, welches Zeichnungen von Festungswerken glich, im Sehzentrum entsprang, sich über das ganze Gesichtsfeld ausbreitete und am Rande verschwand. Der alternde Kant hat in einer seiner kleineren Schriften ein ähnliches Augenleiden beschrieben. Ein angesehener Augenarzt wusste mir keine Auskunft über dieses Phänomen zu geben, während der Psychiater Prof. Dr. Arnold Pick[7] sofort eine Gehirnerscheinung erkannte, welche von französischen Ärzten als „migraine ophthalmique" beschrieben worden ist. Das Skotom befiel mich von Zeit zu Zeit ohne nachweisbaren Anlaß und verschwand nach einigen Minuten, ohne eine weitere Belästigung zurückzulassen. Es zeigte sich grau in grau, selten mit Andeutung von schwachen Farben. Zuweilen traten auch verzerrte Schachbrettmuster auf. Einmal sah ich auch einen mit grauem Geäder bemalten Schirm mit ei-

7 [*] Arnold Pick (1851-1924), österreichischer Psychiater und Neurologe

nem kleinen Loch, durch welches hindurch ungestörtes Sehen stattfand. Nach einem apoplektischen Anfall ohne Bewusstseinsstörung verschwand das Skotom vollständig, um erst nach vielen Jahren // 568 // sich hie und da wieder zu zeigen. Dass in dem Skotom eine eigenartige Gehirnlebenserscheinung sich äußert, welche keine gewöhnliche Sinnesempfindung ist, noch in das Gebiet der Assoziation sich gut einreihen lässt, wird man wohl annehmen.

Johannes Müller hat schon den Einfluss der Ermüdung, des Hungerns und Durstens auf die Erregung der Phantasmen betont und hat damit auch die Halluzinationen beim Durchwandern von Wüsten dem Verständnis näher gerückt. Die Wüstenhalluzination, welche D'Escayrac De Lauture[8] und nach ihm P. Max Simon in seinem Buch „Le monde des rêves" (Paris 1888, 2. Auflage, S. 296 bis 305) beschreibt, sind gewöhnliche Halluzinationen, die man überall, auch im Bett, haben kann. Künstliche physiologische Erklärungen durch die Netzhautgefäße und die Stereoskopie sind ganz unnötig. Wo der Araber Palmen, Minarets, Kamele sieht, erblickt der europäische Reisende Tannen, Glockentürme, Pferde, Wagen usw. Schon Marco Polo erwähnt bei Beschreibung der Wüste Lop (Gobi, chinesisch Scha-mo, Sandmeer) der daselbst hausenden bösen, irreführenden Geister (Halluzinationen), welche die Reisenden durch ihre Stimmen verleiten, die Gefährten zu verlieren. Auch für die Bibel ist die Wüste voll Unheimlichkeit. Jesaja, wo er von der Zerstörung Babels spricht, sagt 13. Kap., 21. Vers: „Sondern Wüstentiere werden sich da lagern und ihre Häuser voll Eulen sein; und Strauße werden da wohnen und Feldgeister werden da hüpfen." Die Übersetzung lässt wohl zu wünschen übrig? Strauße gab es wohl um Babel nicht. Waren die // 569 // „Feldgeister" und später (34. Kap., 14. Vers) „Luftteufel" und nicht vielleicht „Wirbelwinde?"[9] // 570 //

---

8 [*] Pierre-Henri Stanislas Comte d'Escayrac de Lauture (1826-1868), französischer Diplomat, Afrikaforscher und Schriftsteller

9 Die vermutete Inkorrektheit der Übersetzung bestätigte sich durch eine Anfrage bei Prof. *W. Jerusalem* , der sich auch mit Prof. Dr. *H. Müller* besprach. Die Übersetzung „Strauße" ist konventionell, die vermeintlichen „Luftgei-

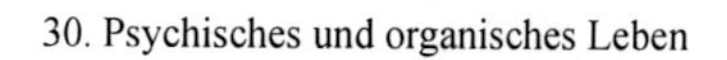

ster" oder „Luftteufel" sind aber Böcke, die man gelegentlich sogar ganz unjüdisch durch Satyrn übersetzt hat. Dadurch entfällt auch die Vermutung, dass Wirbelwinde gemeint sein könnten. Für die biblischen Juden lag die Unheimlichkeit der Wüste darin, dass Tiere da hausten, wo sonst Menschen waren.

31.
Sinnliche Elemente und naturwissenschaftliche Begriffe.[1]

Wir finden uns lebend, erfahrend, denkend und handelnd in unserer Umgebung. Die einfachsten Bestandteile unserer sinnlichen Erlebnisse und Erfahrungen, die wir vorläufig nicht weiter zu zerlegen wissen, nennen wir Elemente. Die Erfahrung zeigt uns die Elemente als abhängig voneinander. Ich sehe z. B. ein rotes Papier. Das Rot ist ein solches nicht weiter zerlegbares Element meiner Erfahrung. Soll aber dieses in meiner Erfahrung auftreten, so muss die Sonne, eine Gas- oder Petroleumlampe, also ein genau definierbarer Komplex von anderen Elementen, zugleich in meiner Umgebung vorhanden sein. Mit dem Verschwinden der Sonne verschwindet auch das Rot; mit der Änderung der bedingenden Elementkomplexe, etwa mit dem Ersatz durch eine Natriumlampe, tritt auch an die Stelle des Rot ein anderes Element, etwa Braun oder Gelb, je nachdem das Rot dunkler oder heller war. Dasselbe Element hängt aber auch // 571 // von einem besonderen Umgebungsbestandteil, von meinem Leib, insbesondere von meinem Auge, von meiner Netzhaut ab. Der Chemiker John Dalton[2] oder ein anderer rotblinder Mensch würde das Papier, welches ich als Rot bezeichne, etwa schwarz nennen. Nur in dieser besonderen Abhängigkeit der Elemente von den am eigenen Leib aufgefundenen oder noch künftig auffindbaren Elementkomplexen nennt man erstere Empfindungen. Diese zweifache Art der Abhängigkeit lehrt uns unseren Leib von der übrigen Umgebung unterscheiden. Der ganze Gegensatz besteht eben nur in dieser Verschiedenartigkeit der Abhängigkeit.

Ob an oder in unserem Leib etwas vorgeht, ob in der Umgebung etwas geschieht, ob wir oder andere etwas vornehmen,

1 Aus Pflüger's Archiv für die ges. Physiologie [des Menschen und der Tiere] Bd. 136. Bonn 1910. [263-274]

2 [*] John Dalton (1766-1844), englischer Chemiker

immer erleben wir hierbei einen Wechsel von Elementen oder vielmehr von Komplexen von Elementen. Nur dadurch, dass wir die Abhängigkeit der Elemente voneinander, deren Zusammenhang, die von ihnen eingehaltene Ordnung ermitteln, erforschen, können wir uns in der Welt orientieren. Unmittelbar gewiss sind wir dessen, was wir eben empfinden, weniger dessen, was wir aufmerksam beobachtend erfahren haben und dessen wir uns erinnern, noch weniger dessen, was wir nach Analogie des Erlebten uns als möglich ausmalen, und vollends hat das Ausmalen im Unerlebbaren, Unerfahrbaren keinen fassbaren Sinn und verdient keine allgemeine (soziale) Wertschätzung.

Was wir räumliche und zeitliche Ordnung nennen, ist vom Verhalten der Elemente abstrahiert. Um // 572 // ein Element räumlich zu bestimmen, sagen wir bei und zwischen welchen anderen bekannten Elementen es getroffen wird. Zur zeitlichen Bestimmung der Änderung eines Elementes genügt die Angabe, mit und zwischen welchen bekannten Änderungen anderer bekannter Elemente dessen Wandlung eintritt. Jede Bestimmung nach Raum und Zeitkoordinaten ist nur eine bequemere konventionelle Umschreibung dieses Verfahrens. Wenn in Bezug auf Raum und Zeit auch bei Weitem noch nicht alles klargelegt ist,[3] so meinen wir doch etwas // 573 // Bekanntes und

3 Die ursprüngliche Raumauffassung des Menschen ist durch den Organismus der Sinne gegeben. Zur Geometrie führen gemeinschaftliche idealisierte metrische Erfahrungen der Menschen. Schon der antike Astronom Ptolemaeus gibt, wahrscheinlich auf Grund seiner Erfahrungen an Dioptern, das Gesetz des Einfachsehens durch identische (korrespondierende) Sehstrahlen zwar etwas ungenau, aber im Wesentlichen doch richtig an: „Illae quidem, quae aspiciuntur per radios ordine *consimiles*, etsi fuerint duo, videntur quasi in uno loco; si vero non aspiciuntur per radios consimiles, etsi fuerit una, videtur quasi in duobus locis" (G. Govi, *L'Ottica di Tolemeo* Torino, 1885 , p. 7o). Mit dieser Untersuchung scheint die klare Unterscheidung des Sehraums vom geometrischen Raum zu beginnen. Wenn aber Ptolemaeus vom Durchschnitt der Augenachsen im fixierten Objekt sagt: „Videbitur ergo haec res una, et in ipso loco quo est" (l. c. p. 69), so wird wieder der geometrische Raum mit dem Sehraum konfundiert, worin Kepler, Descartes und selbst moderne Forscher dem Ptolemaeus folgen.

fast Selbstverständliches zu sagen mit der Behauptung, dass zwei Elemente im allgemeinen in desto loserer Beziehung zueinander stehen, je weiter sie räumlich und zeitlich voneinander entfernt sind. Umgekehrt finden wir bei räumlichem und zeitlichem Zusammenfallen die innigste Wechselbeziehung der Elemente. Wenn ich z. B. an einem Orte eine Farbe sehe und dann das Bild meiner Hand mit diesem Farbenfleck zur räumlichen Deckung bringe, so erfährt meine Hand oder auch die daselbst sichtbare oder tastbare Hand eines anderen Menschen, wie aus dessen Verhalten hervorgeht, eine Tastempfindung, etwa Wärme, Kälte, Glätte, Rauhigkeit, Druckwiderstand usw. Diese innige Verknüpfung der Elemente in einer zeiträumlichen Stelle nennen wir Materie. Die Materie ist also die zeiträumliche Verknüpfung der verschiedenen Sinnesempfindungen eines Menschen und auch der Sinnesempfindungen verschiedener Menschen untereinander. Achten wir auch nicht auf die Abhängigkeit der Elemente vom Menschenleib, auf die Empfindungen, sondern auf die Wechselbeziehungen oder Reaktionen der Elemente überhaupt, so können wir sagen, die zeiträumlichen Verknüpfungsstellen der Reaktionen der Elemente mögen Materie heißen. Der vorige Ausdruck ist physiologisch oder psycho-physiologisch, der eben vorgebrachte physikalisch; derselbe fällt mit dem OSTWALD'schen zusammen, wenn man alle Reaktionen als energetische auffasst. Ein farbiger Fleck reagiert bei zeiträumlicher Koinzidenz mit einem andern durch Schall oder Bewegungshemmung; ein rot glühender Draht kann ein angenähertes Pa- // 574 // pier nicht nur beleuchten, sondern auch erwärmen oder entzünden. Ver-

---

Erst in neuerer Zeit wurde durch JOH. MÜLLER, PANUM und insbesondere durch E. HERING diesem Zustand definitiv ein Ende bereitet.

Ähnlich wird man zwischen dem metrischen und dem physikalischen (die Zeit mit enthaltendem) Raum zu unterscheiden haben, wie dies schon in meiner Schrift „*Erhaltung der Arbeit*" 1872, S. 35, 56 angedeutet, in „*Erkenntnis und Irrtum*" 1906, S. 434 ff. teilweise ausgeführt worden ist, in welcher Richtung durch die Arbeiten von A. EINSTEIN und H. MINKOWSKI wesentliche Fortschritte begründet worden sind.

knüpfung von Empfindungen ist nur ein besonderer Fall von Verknüpfung von Reaktionen. Es wäre ganz müßig, sich außer dieser tatsächlichen und noch weiter erforschbaren Verknüpfung von Reaktionen unter Materie noch etwas anderes tatsächlich nicht Erfahrbares vorzustellen. Die materielle Welt besteht eben in der Verknüpfung der Reaktionen der Elemente, wovon die Verknüpfung der menschlichen Empfindungen nur ein besonderer Fall ist.

Wenn wir solche gleichartige, dicht liegende Verknüpfungsstellen der Elemente durch eine Grenzfläche umschlossen, gegen andersartige Stellen abgeschlossen denken, so haben wir begrenzte Materie, einen Körper vor uns, an welchem der zeiträumlich beschränkte Mensch am besten seine ersten Erfahrungen gewinnt. Den von der Grenzfläche umschlossenen Raum nennen wir das Volumen des Körpers.

Die einfachsten und nächstliegenden biologischen Tätigkeiten des Menschen bestehen im Gebrauch seiner Sinnes- und Bewegungsorgane. Schon beim Anfassen eines Körpers treten neue Elemente oder Kombinationen von Elementen auf. Ein ergriffenes Stück Eisen offenbart uns seine Beweglichkeit, sein Gewicht, seine Starrheit und Volumenbeständigkeit; ein Stück Wachs hingegen zeigt sich weich, Kautschuk elastisch usw. Alles dies lässt sich als ein Hervortreten einer Kombination von Elementen, bedingt durch eine andere Kombination von Elementen, beschreiben, z. B. Gestaltveränderung an Druck an den Fingerspitzen gebunden. // 575 // Ein schwerer Körper fällt, losgelassen, mit ersichtlich zunehmender Geschwindigkeit vertikal abwärts; je tiefer er aufgefangen wird, einen desto empfindlicheren Stoß übt er auf die Hand aus, und mit desto lauterem Schall schlägt er auf einen harten Körper auf. Schleudert man den Körper in horizontaler Richtung von sich, so beginnt er seine Bewegung horizontal und nähert sich allmählich der vertikal abwärts gerichteten. Beleuchtet die Sonne durch eine kleine Öffnung des Fensterladens die Rauch- oder Staubteilchen der Stubenluft, so lässt sich die Folge der erleuchteten Teilchen mit einer straff gespannten Schnur zur Deckung bringen. Ein kleiner undurchsichtiger Schirm, in den erleuchteten Staub gebracht, stört die Beleuchtung nicht zwischen dem Schirm und der Fensterladenöffnung, verlöscht aber die weitere Folge der beleuchteten Teilchen.

Solche Sätze gesammelt stellen die rudimentäre qualitative und (beginnende) quantitative Physik des primitiven Menschen vor. Sie enthalten nur die Erinnerung an seine durch charakteristische Empfindungen begleiteten und geleiteten Bewegungen und an die Empfindungen, die der Körper auslöst, zu welchem er sich in Beziehung setzt. Die in den Organen vorgebildeten Bewegungsformen, als Anfassen, Loslassen, Auffangen, Schleudern usw., lassen schon etwas Klassifikatorisches, Begriffliches, auf ein allgemeineres Ziel Gerichtetes erkennen, nicht minder auch die hierdurch ausgelösten Beobachtungen, wie Fallen, Aufschlagen, Schnurspannen usw. Die einfachste, natürlichste biologische Betätigung genügt zur Begründung einer // 576 // solchen primitiven Physik. Für den Naturmenschen im Urzustande ist die Reaktion der ihm erreichbaren Körper gegen seinen Leib am wichtigsten; auf diese kommt es ihm zunächst an.

Dass ein Körper gewichtig ist, etwa gewichtiger als ein anderer, dass er sich heiß anfühlt, etwa heißer als ein anderer – dies zu bemerken reicht eine geringe intellektuelle Entwicklung hin. Ein weiterer Blick ist schon nötig, zu beobachten, dass ein Körper durch einen gewichtigeren über eine Rolle hinaufgezogen, dass ein kälterer durch einen heißeren erwärmt, z. B. ein Topf mit Wasser zum Kochen gebracht werden kann. In der fortgeschrittenen Kultur, im Handwerk, in der Technik ergibt sich die Notwendigkeit, ganze Ketten von Körperreaktionen zur Befriedigung der Bedürfnisse einzuleiten. Die gewonnene Erfahrung besteht noch immer in der Erinnerung an sämtliche sinnlich beobachtete Vorkehrungen und die zugehörigen sinnlichen Erlebnisse oder Empfindungen. Es macht keinen besonderen Unterschied, dass nicht die Bewegungen unseres Leibes allein in Betracht kommen, dass die auftretenden Empfindungen kein unmittelbares persönliches Interesse mehr haben. Die Qualität der Empfindungen tritt ganz in den Hintergrund vor dem Interesse an der Abhängigkeit der Elemente der Umgebung voneinander.

Nun wird von hervorragender philosophischer Seite[4] eingewendet, die gesetzlichen Beziehungen // 577 // bestünden „nie

4 Zur Eröffnung des internationalen Kongresses für Psychologie in München, 4. August 1896, hat Prof. Dr. C. Stumpf eine Rede gehalten, in welcher er auch meine Erkenntnispsychologie einer Kritik unterzieht. Ich war zwar als Teilnehmer des Kongresses eingeschrieben, habe aber diesen seines stark hypnotisch-telepathischen Programms wegen nicht besucht. So kam diese Rede spät zu meiner Kenntnis, als ich mit ganz anderen Dingen beschäftigt und bald darauf von einer schweren Krankheit heimgesucht war. In einer Reihe von Auflagen der *Analyse der Empfindungen* habe ich zwar die Einwendungen Stumpfs und anderer, die ich weder als persönliche, noch als mutwillige, sondern als typische auffasste, beantwortet, da aber Stumpfs Rede kürzlich in dritter Auflage erschienen ist, will ich den auf mich bezüglichen Hauptpassus zum Vergleich mit meiner Darstellung hier einfügen. Stumpfs Ausspruch kann hierdurch nur an Relief gewinnen, für meine Leser ist dies sehr bequem, und auch ich bin mit dieser Art der Auseinandersetzung vollkommen zufrieden.

„Fast könnte man die Anhänger dieser Lehre um die Höhe des erkenntnistheoretischen und psychologischen Standpunktes, den sie so kurzen Weges erreicht zu haben glauben, beneiden. Aber die beiden Sätze, worauf sie sich stützen, haben selbst keine Stütze in den Tatsachen. Das, woran sich die gesetzlichen Beziehungen finden, die den Gegenstand und das Ziel der Naturforschung bilden, sind nie und nimmer die sinnlichen Erscheinungen. Zwischen diesen, wie sie jedem das eigene Bewusstsein darbietet, besteht nicht die regelmäßige Folge und Koexistenz, die der Naturforscher in seinen Gesetzen behauptet. Sie besteht lediglich innerhalb der Vorgänge, die wir als jenseits der sinnlichen Erscheinungen, als unabhängig vom Bewusstsein sich vollziehende statuieren und statuieren müssen, wenn von Gesetzlichkeit überhaupt die Rede sein soll. Mögen wir auch dieses Wirkliche in sich selbst gar nicht und seine Beziehungen nur in der ganz abstrakten Form von Gleichungen erkennen, mag selbst die Raumanschauung, in der wir uns die Beziehungen zu versinnlichen pflegen, ein entbehrliches Symbol sein: diese gesetzlichen Beziehungen und das darin Stehende bilden die „physische Welt" der Wissenschaft, während die sinnlichen Erscheinungen, aus denen die physische Welt des gemeinen Bewusstseins sich aufbaut, lediglich die Bedeutung von Ausgangspunkten für die Erforschung jener rein mathematischen, ich möchte sagen algebraischen, Welt haben. Es wird schwer, einem Kenner der Wissenschaftsgeschichte wie Mach gegenüber auszusprechen, er habe die wahre Tendenz physikalischer Untersuchungen verkannt, ja auf den Kopf gestellt. Aber

und nimmer" für die unmittelbar gegebenen sinnlichen Erscheinungen, die Gesetz- // 578 // mäßigkeit des Naturforschers sei etwas gänzlich anderes. Der Unbefangene wird schon in den eben angeführten Beispielen den Ausdruck einer Gesetzmäßigkeit in den Erscheinungen selbst erkennen. Will man aber Beispiele, welche schlagend Gesetze in den Sinnesphänomenen demonstrieren, die auch der philosophisch Voreingenommene nicht wird übersehen wollen, so denke man an NEWTONS Spektrum, in dem man die Abhängigkeit der Brechung von der Farbe mit einem Blick überschaut, an das NEWTON'sche Glas, dessen Ringe sich fortschreitend zusammenziehen, wenn man nach der roten spektralen Beleuchtung stetig die brechbarere gelbe, grüne, blaue, violette darauf leitet. Und sollte der experimentierende Musiker-Philosoph, von dem obige Einwendung herrührt, sich nicht erinnern, dass von // 579 // zweien im hörbaren Intervall einer Oktave stehenden Stimmgabeln, die höhere mit der tieferen auf derselben fortgeschobenen Rußplatte schreibend, genau halb so lange Wellen in doppelter Zahl zieht als die tiefere? So bemerkte schon GALILEI an der Drehbank, dass sein Stichel, sobald dessen Ton in die Oktave überschlug, sofort auch Eindrücke vom halben Abstand an dem gedrehten Stück hinterließ. Gewiss wird man nicht in jeder der sinnlichen Erscheinungen, welche uns der Zufall bunt zusammengewürfelt

---

die größte persönliche und wissenschaftliche Verehrung kann Überzeugungen nicht ändern."

„Dass aber zweitens die psychische Welt, die wir im Denken, Fühlen, Wollen erleben, durchgängig in Sinneserscheinungen auflösbar sei, dafür liefert die Geschichte der Psychologie bisher keine Gewähr. Im Gegenteil: alle Versuche seit den Tagen CONDILLACS, eine solche Analyse wirklich durchzuführen, sind misslungen. Beweist dies nicht ohne weiteres die Unmöglichkeit für alle Zukunft, so wird man doch zugeben müssen, dass noch weniger die dogmatische Zuversicht gerechtfertigt erscheint, mit welcher die Behauptung der Analysierbarkeit gleich einem logischen Axiom, das gar keines Beweises bedürfte, an die Spitze gestellt wird."

„So löst sich, wenn ich recht sehe, auch dieser *sensualistische Monismus* in nichts auf. Der wirkliche Gang der Wissenschaft hat seine Behauptungen für die physische Welt sicher widerlegt, für die psychische nicht im Geringsten bestätigt."

in den Weg wirft, sofort das Gesetz erschauen. Der Naturforscher aber, dessen Aufgabe es ist, das zufällig Zusammengewürfelte zu entwirren, wird das Gesetz doch finden. Selbst wenn die sinnlichen Erscheinungen lediglich die Bedeutung von „Anknüpfungspunkten" für die Erforschung der „physischen", „rein mathematischen", „algebraischen Welt" (!?) hätten, die wir „als unabhängig vom Bewusstsein bestehend statuieren müssen" (?), welches Recht hätten wir dann, in diese letztere Gesetze hineinzuinterpretieren, wenn solche in den ersteren nicht wenigstens in deutlichen Spuren enthalten wären? Sehen wir uns nun STUMPFS[5] rein mathematische Welt näher an! Damit wird wohl die langsam entwickelte Welt der wissenschaftlichen Begriffe im Gegensatz zur unmittelbar gegebenen Sinnlichkeit gemeint sein? Die unter ihren Symbolen verborgenen allgemeinen begrifflichen Züge scheinen die lebendigen sinnlichen einzuhüllen, zu verhüllen, so dass wir zunächst etwas kaum Fassbares, Greifbares vor uns zu haben glauben. Gewiss wird es namentlich dem so scheinen, der die Begriffswelt vorzüglich aus Büchern kennt; anders // 580 // aber allerdings dem, der sie nicht am Studier- und Schreibtisch, sondern im Verkehr mit der Natur allmählich erworben hat.

Wer die Anfänge der Begriffsbildung bei den Tieren nicht sehen will, für den besteht auch zwischen der menschlichen Sinnen- und Begriffswelt eine tiefe Kluft, die sich aber überbrückt, wenn man der Kontinuität der Entwicklung nachgeht. Empfindungen, z. B. der Anblick der Nahrung oder eines Feindes, lösen wichtige biologische Reaktionen aus. CH. DARWIN schildert lebhaft das Entsetzen der Affen bei Anblick einer Schlange. Wenn aber ein Tier unter verschiedenen Umständen mit demselben Objekt in Beziehung tritt, so lernt es zuweilen sehr mannigfaltige Eigenschaften dieses Objektes kennen. Der kleine Säuger Mungo z. B. verzehrt die Brillenschlange und weiß diese zur Vermeidung ihres gefährlichen Bisses so sicher am Genick zu packen wie der indische Gaukler. Hierzu gehört ein sicheres

5 [*] Carl Stumpf (1848-1936), deutscher Philosoph und Psychologe

Erschauen des Zieles, eine genaue sinnliche Leitung der Bewegung, damit das gefasste Objekt die sinnliche Erwartung durch sein Verhalten nicht enttäusche. Man könnte fast sagen, der Anblick der Schlange wecke dem Mungo einen praktisch erworbenen Begriff, erinnere ihn an alle ihre und auch an seine eigenen Reaktionsweisen.

Auch der Mensch erwirbt eine Menge Begriffe praktisch, z. B. die etwas verschwommenen, aber zum Teil sehr abstrakten der Vulgärsprache durch den Gebrauch, durch die Benutzung von Gabel, Löffel und anderen Werkzeugen bei den mannigfaltigsten Verrichtungen. Es macht keinen besonderen Unterschied, ob für unsere Zweckbe- // 581 // wegungen die Glieder des Leibes genügen oder durch instrumentale Mittel unterstützt werden. Die Reaktion wird immer ausgelöst durch das sinnliche Ziel, geleitet durch die kinästhetischen Empfindungen und gerechtfertigt durch die Erfüllung der sinnlichen Erwartung. Ob unsere Erwartung durch das Verhalten einer Giftschlange oder eines Hebels erfüllt oder enttäuscht wird, in beiden Fällen wird der Wert des Begriffes auf die Probe gestellt. Wenn durch ein zentralsensorisches Leiden uns die führenden sinnlichen Erinnerungen abhanden kommen, wissen wir die Worte nicht mehr richtig zu gebrauchen, leiden wir an den verschiedenen Formen der Aphasie; ja, es geschieht, dass wir Gabel und Löffel beim Anblick weder erkennen noch zu gebrauchen wissen, dass wir in die der Aphasie nahe verwandte Apraxie verfallen.

Vollkommenere Begriffe bilden sich allmählich. Die rohen biologisch-psychologischen Reaktionen unterscheiden zunächst nur das Gröbste und Auffallendste, etwa die Knickung des Strahles bei Brechung und Reflexion im Gegensatz zu dem sonst geraden Verlauf, während andere Eigentümlichkeiten noch unbemerkt bleiben. So jagt die Spinne, der Frosch, der Storch, die Katze erst nur nach dem Schwirrenden, sich Bewegenden. Nach und nach lernen die Lebewesen die das Vorteilhafte vom Nachteiligen unterscheidenden Züge besser kennen und die irreführenden Ähnlichkeiten zwischen beiden genauer beachten. Die Begriffe klären und verschärfen sich durch anhaltende psychische Tätigkeit, durch Sortieren der sinnlichen Merkmale nach ihrer Wichtigkeit // 582 // und Rangordnung; sie entstehen aber nur, wenn sie durch die Sinnlichkeit suggeriert werden. Die sinnlichen Elemente sind für die Begriffe nicht gleichgültig, sondern im Gegenteil von grundlegender Bedeutung. Der leiseste Druck bringt dem Physiker die Existenz einer Masse und einer Beschleunigung zum Bewusstsein; der Anblick der zarten HAIDINGER'schen Büschel beweist ihm, dass er es mit polarisiertem Licht zu tun hat; welche Begriffe durch Ozongeruch, durch den Anblick einer Kristallform dem Chemiker, durch eine Bakterienform dem Arzt vor das geistige Auge treten, lehrt die Geschichte der Wissenschaft. GALILEI hatte nachgewiesen, dass die Schwere eine Beschleunigung einleitet. In NEWTONS Prinzipien werden schon alle Kräfte als beschleunigende behandelt. Woher wusste man das? Waren darüber besondere Versuche angestellt worden? Kaum! Aber jede Kraft konnte als Druck oder Zug empfunden werden, und darin unterschieden sich Schwere, elektrische, magnetische Kräfte nicht. Es scheint, dass hier die homogene Empfindung den Gedanken suggeriert hat, die auch sonst intellektuell und praktisch förderliche homogene Auffassung aller Kräfte zu wagen.

Die begriffliche Zusammenfassung des Tatsächlichen macht gewiss erst eine kompendiöse Naturwissenschaft möglich, die ja ohne dieses Mittel in einer endlosen, unübersichtlichen, kaum brauchbaren Aufzählung von Einzeltatsachen bestünde. Hieraus folgt aber nicht, dass dieses Begriffssystem viel mehr oder etwas ganz anderes enthalten müsste // 583 // als die aufgenommenen sinnlichen Einzeltatsachen; es enthält sie nur übersichtlich geordnet.

Ein geübter Chemiker erkennt wohl viele Stoffe, mit welchen er zu tun hat, unmittelbar an ihren sinnlichen Merkmalen. Um aber der geringsten Gefahr des Irrtums ausgesetzt zu sein und ohne überflüssige Proben in kurzer Zeit zum Ziel zu gelangen, entwirft er die bekannten Tabellen zur qualitativen chemischen Analyse, welche die sinnlichen Merkmale der verschiedenen chemischen Stoffbegriffe übersichtlich zusammengestellt enthalten. – Eine ähnliche Tabelle zur qualitativen analytischen Bestimmung der Polarisationsarten des Lichtes habe ich selbst entworfen. Solange die sinnlichen Merkmale eines Begriffes qualitative sind, müssen wir es immer für möglich halten, dass der Begriff durch eine neue Erfahrung korrigiert oder ganz hinfällig wird. Stehen sich aber die begrifflich zusammenzufassenden Tatsachen so nahe, dass sich deren maßgebende Merkmale nur durch die Zahl gleicher Teile unterscheiden, in welche sie sich zerlegen lassen, so kann die weitere begriffliche Klassifikation nach der Zahl dieser Teile stattfinden. Die Messung und die Zählung, oder die mittelbare Zählung, die Rechnung, kurz die mathematische Behandlung tritt ein. Der Vorteil liegt darin, dass die Klassifikation ohne neue Erfindung jeden Augenblick ins Unbegrenzte verfeinert werden kann.

Wir wollen ein Beispiel eingehend betrachten. Wenn wir über eine leicht bewegliche Rolle eine Schnur legen, die wir beiderseits mit einem Gewicht belasten, so wird das kleinere durch das größere nachgezogen. Allmähliche Verkleinerung // 584 // des größeren Gewichtes stellt endlich das Gleichgewicht her; und nun finden wir auch nachprüfend den Druck der beiden Gewichte auf der Hand nicht mehr unterscheidbar. Aber lange bevor an der Rolle, dem Hebel, der Waage Gleichgewicht besteht, können wir den Druck der Gewichte nicht mehr unterscheiden. Es wäre also nicht zweckmäßig, da es uns auf das Verhalten der Körper *gegeneinander* ankommt, die unempfindlichere Prüfung in der Hand zur Bestimmung der Gleichheit der Gewichte zu verwenden, schon darum, weil es sich auch um Gewichtsgrößen handeln kann, deren Erhebung und Wägung in der Hand überhaupt unmöglich ist. Wir definieren also Gewichte als *gleich*, die in irgendeinem Gleichgewichtsfall ohne Störung des Gleichgewichtes *einander vertreten können*. Hier wird also nicht mehr nach einer Druckempfindung, sondern nach einem sichtbaren Ausschlag oder sogar nach dem Ausbleiben eines solchen geurteilt. Analog werden andere physikalische Größen durch die Reaktion der Körper gegeneinander definiert, z. B. Temperaturen, Wärmemengen, Potentiale usw. Die Sinnesempfindungen sind aber deshalb nicht ausgeschaltet, und von einer Welt jenseits der Sinnlichkeit ist durchaus nicht die Rede.

Was bestimmt nun näher den Gleichgewichtsfall am Hebel? Ein Gewicht Q am Arm q halte einem Gewicht P am Arm p Gleichgewicht. Jede Vergrößerung des einen Gewichtes, aber auch jede Verlängerung des zugehörigen Armes verschafft diesem das Übergewicht. Teilt man P in zwei gleiche Gewichte $P/2$ und verschiebt man diese Halbgewichte // 585 // symmetrisch um s zu dem früheren Aufhängepunkte, so dass denselben nun die Arme $p + s$ und $p - s$ zukommen, wobei s ganz beliebig ist, so beobachtet man Erhaltung des Gleichgewichts. Man kann sich also den Bewegungsantrieb (das Moment) durch das Produkt aus den Maßzahlen der Gewichte und der zugehörigen Arme dargestellt oder gemessen denken. Denn es ist $Qq = Pp = P/2 \cdot (p + s) + P/2 \cdot (p - s)$. Dies ist der springende Punkt der überlangen Ableitung des ARCHIMEDES. Man sieht hier, wie der Physiker durch Beobachtung, Vergleichung, Variation sinnlicher Einzelfälle die maßgebenden Merkmale eines gewissen Verhaltens aufsucht und schließlich das Verhalten aller dieser Fälle durch eine zweckmäßig ausgedachte Regel darzustellen, bzw. nachzuahmen sich bemüht.

Die Betrachtung des Gleichgewichts an anderen Maschinen, z. B. der schiefen Ebene, wie sie STEVIN oder GALILEI durchführt, lehrt uns andere Merkmale des statischen Verhältnisses kennen. Wir finden hier das Produkt aus den Maßzahlen der Gewichte und der zugehörigen virtuellen Falltiefen bestimmend für das Gleichgewicht. Diese Regel zeigt sich aber auf alle Maschinenformen anwendbar. Und da sich uns wieder mit instinktiver Gewalt die Gleichartigkeit der sinnlichen Druckempfindung aufdrängt, so gelangen wir mit JOH. BERNOULLI zum Satze der virtuellen Verschiebungen für jede Art von Systemen und Kräften.

Ähnlich trachteten die antiken Astronomen die von ihnen beobachteten Bewegungen der Himmelskörper durch epizyklische Konstruktionen nachzubilden. Auch HUYGENS bildete die Planetenbewegung // 586 // durch einen am Faden im Kreise geschwungenen Körper für NEWTON vor, ohne es zu beabsichtigen.

Betrachten wir noch das oben berührte Beispiel des Falles eines schweren Körpers. Vergleichen wir mehrere Bewegungen dieser Art von verschiedener Falltiefe s und der zugehörigen Fallzeit t, indem wir eine Tabelle von s und t anlegen, was nur durch Unterstützung instrumentaler Mittel gelingen kann. Die Einzelfälle sind nur durch die Zahl der Wegeinheiten und die Zahl der zugehörigen Zeiteinheiten verschieden. Um aber zu ermitteln, wie die Falltiefe von der Fallzeit abhängt, wäre eigentlich eine unendliche Zahl von Versuchen nötig. Können wir aber erraten, wie es GALILEI gelungen ist, dass in gleichen Zeiten gleiche Geschwindigkeiten zuwachsen ($v = gt$), so können wir die Tabelle durch eine sehr kompendiöse, bequeme Zählregel ($s = gt^2/2$) ersetzen oder nachahmen. Durch diese Formel lassen sich auch in der Tabelle nicht enthaltene Fälle interpolieren oder extrapolieren. Hierbei macht man noch die Hypothese, dass die Formel auch im unbegrenzt Kleinen ihre Gültigkeit behält, dass also nicht nur für endliche Stufen, sondern auch für beliebige Zwischenstufen $ds/dt = gt$ und $d^2s/dt^2 = g$ gilt. Die Genauigkeit der Übereinstimmung der sinnlichen Tatsachen mit den Folgerungen aus solchen Annahmen begründet lediglich die Wertschätzung der letzteren.

Diese Art, die physikalischen Begriffe zu gewinnen, die hier an den einfachsten Beispielen erläutert wurde, ist nicht erdichtet, sondern in jedem Einzelfall historisch nachweisbar. Wir bleiben, so scheint es, mit allen unseren Beobachtungen in der // 587 // gewöhnlichen sinnlichen Welt; ja die Sinnlichkeit selbst drängt uns zur Erweiterung der Begriffe, indem sie uns

Vorgänge als gleichartig erkennen lässt, welche sich von gewissen Seiten wieder als verschiedenartig darstellen. Nur die intellektuellen Regeln, in welche wir eine Summe von sinnlichen Beobachtungen zusammenfassen, gehören einer freieren Gedankenwelt an. Der Wert dieser Regeln ist aber nur bestimmt durch die Genauigkeit, mit welcher sie die sinnlichen Beobachtungen darstellen, welche wegen des Fehlens absolut genauer Messungen stets eine begrenzte bleibt. Endlich entstammen auch die Regeln zur mathematischen Darstellung der Sinnlichkeit, mögen sie noch so viel freie Wahl gestatten, doch wieder der Sinnlichkeit selbst. Denn unsere geläufige Zähl-, Rechnungs-, Konstruktions-, kurz Ordnungstätigkeit wurde zuerst an sinnlichen Objekten angewendet, erlernt und eingeübt und ist überhaupt eine sinnlich kontrollierbare.

„Jenseits der sinnlichen Erscheinungen" hat also der Physiker jedenfalls nichts zu suchen. Ob aber der Philosoph immer nötig haben wird, ein unabhängig vom Bewusstsein bestehendes Wirkliches zu statuieren, welches er in sich gar nicht, dessen Beziehungen er aber nur in der ganz abstrakten Form von Gleichungen zu erkennen vermag, dies zu entscheiden mag ganz den Philosophen überlassen bleiben. Vielleicht fragen sie einmal nach dem Sinn dieser zweifelhaften Beziehungen. Vielleicht erhebt sich sogar die Frage, ob diese Statuierung auch nötig war, und wozu sie eigentlich taugt? Hoffentlich werden die Physiker des 20. Jahrhun- // 588 // derts durch ihre Einmischung diese Untersuchung nicht stören! Ob da der große Königsberger bei seinem metaphysischen Reinemachen nicht eine Schimmelflocke vergessen, die seither mächtig gewuchert hat? – Viel hat die Physiologie gewonnen, seit E. Hering die sinnlichen Elemente an sich einer Untersuchung gewürdigt hat. Und so hoffe ich, dass durch die genauere Beachtung dieser Elemente auch die Physik etwas gewinnen wird. // 589 //

32.
Über den Zusammenhang zwischen Physik und Psychologie[1]

1. Bevor ich der freundlichen Aufforderung nachkomme hier meine Ansichten über den Zusammenhang der Physik mit der Psychologie darzulegen, möchte ich betonen, dass ich weder Philosoph noch Psychologe, sondern ausschließlich Physiker bin. Es sind Fragen, welche auf die Erkenntnistheorie und Methodologie Bezug haben, die mich nötigten einen Blick auf die Psychologie zu werfen, namentlich auf jenen Teil, der für den Physiker besonders wichtig ist, die Physiologie der Sinne. Auf diese Weise wurde ich veranlasst eine Analyse der Empfindungen so weit wie möglich zu versuchen. Ich werde den philosophischen Standpunkt auseinandersetzen, zu dem ich gelangt bin – und das ist der alleinige Zweck dieser Arbeit –, indem ich der Reihenfolge nach die persönlichen Studien nenne, die dazu geführt haben. Sehr frühzeitig wurde meine ganz naive Weltanschauung durch KANTS Prolegomena erschüttert. Die Kenntnis dieser // 590 // Arbeit weckte die Kritik. Sie führte mich dahin in dem unzugänglichen „Ding an sich" eine zwar natürliche, instinktive, aber dennoch alberne und sogar gefährliche Illusion zu sehen und auf den bei Kant latent gebliebenen Standpunkt von BERKELEY[2] und auf die Ansichten HUMES zurückzukommen. In der Tat glaube ich, dass KANT, BERKELEY und HUME gegenüber, einen Rückschritt bedeutet, ihre Gedanken waren konsequenter. Meine physikalischen Arbeiten und meine Untersuchungen auf dem Gebiete der Geschichte der Physik haben mir gezeigt, dass diese Wissenschaft den Zweck hat, die Beziehungen der sinnlichen Wahrnehmungen aufzudecken,

1 Aus [Alfred] Binet [Hrsg.], [*Sur le rapport de la physique avec la psychologie,* in:] L'Annee Psychologique, [Band] XII., 1906. [303-318]

2 [*] George Berkeley (1685-1753), irisch-anglikanischer Theologe und Philosoph

und dass die Begriffe und Theorien nur ein Mittel eine Gedankenökonomie sind diesen Zweck zu erreichen. Damit schwindet für mich jede metaphysische Interpretation der Physik. Eine zu oberflächliche Abhandlung Herbarts über mathematische Psychologie, die die physiologischen Tatsachen nicht genügend berücksichtigt, hat mir auf einem anderen Gebiete ein ähnliches Ideal suggeriert: Die gegenseitige Abhängigkeit der gegebenen Umwelt von den Vorstellungen darzulegen.

Die bedeutenden Fortschritte der biologischen Wissenschaften und die Fortschritte der Entwicklungslehre haben diese Anschauung modifiziert, sie führten mich dahin das ganze Seelenleben und insbesondere die wissenschaftliche Arbeit als einen Bestandteil des organischen Lebens anzusehen. Den rein ökonomischen Wert, den ich den Theorien zugestehe und die Stellung, die ich der Metaphysik gegenüber einnehme, haben ihre tiefe Berechtigung in den biologischen Forderungen. Mit möglichster // 591 // Gedankenökonomie und auf Grundlage exakter Forschung die gegenseitige Abhängigkeit der inneren und äußeren Erfahrungen des Menschen zu erfassen: Dies ist das Ideal der Wissenschaft in ihrer Gesamtheit erfasst. Dieses Ideal steht dem von Comte sehr nahe, obwohl dieser Philosoph den psychologischen Forschungen eine geringe Bedeutung beilegte. Keine der Ideen, von denen hier die Rede sein wird, ist mein ausschließliches Eigentum; vielmehr glaube ich in der Vereinigung dieser Gedanken eine Frucht der allgemeinen zivilisatorischen Entwicklung zu sehen.

2. Jeder Mensch entdeckt in sich selbst, sobald er zum vollen Bewusstsein erwacht, ein vollendetes Weltbild, zu dessen Vollendung er wissentlich nichts beigetragen hat, das er im Gegenteil hinnimmt als ein Geschenk der Natur und Zivilisation, als etwas unmittelbar Verständliches. Dieses Bild ist unter dem Druck des praktischen Lebens entstanden; in diesem Sinne unendlich wertvoll und unvergänglich verliert es in Wirklichkeit niemals die Macht über uns, welches auch die philosophischen Ansichten sind, die wir später annehmen. Worin besteht nun

dieses Weltbild? Ich befinde mich im Raum, umgeben von verschiedenen Körpern, die sich in demselben bewegen. Diese Körper sind teils „unbelebt“, teils sind es Pflanzen, Tiere und Menschen. Mein Körper beweglich im Raume, ist ebenfalls für mich etwas Sichtbares und Fühlbares, mit einem Wort ein Gegenstand, der sinnlich wahrnehmbar im Raum neben und außerhalb der anderen Körper und mit ihnen auf gleicher Stufe steht. Ohne von seinen individuellen Eigenschaften zu sprechen, unterscheidet // 592 // sich mein Körper von anderen dadurch, dass die Berührung desselben Empfindungen auslöst, die ich bei der Berührung der anderen nicht beobachte. Überdies ist mein Körper für mein Auge nicht so vollständig sichtbar wie der Körper anderer Menschen. Ich kann direkt nur einen kleinen Teil meines Kopfes sehen. Kurz mein Körper zeigt sich mir als eine von denen der anderen völlig verschiedene Erscheinung. Dies gilt nicht nur vom Tastsinn, sondern von allen Sinnen. So höre ich meine eigene Stimme nicht so, wie die der anderen, wie der Phonograph es mich lehrt. Ich entdecke in mir selbst Erinnerungen, Hoffnungen, Sorgen, Impulse, Wünsche, Willensäußerungen, für die ich ebenso wenig verantwortlich bin, als für das Vorhandensein der Gegenstände, die mich umgeben. An diese Willensäußerungen knüpfen sich ihrerseits wieder die Bewegungen eines bestimmten Körpers, den ich vermöge der angeführten Tatsachen als meinen eigenen erkenne.

3. Die Beobachtung anderer menschlicher Körper führt mich sofort dahin, dank einer mächtigen unwiderstehlichen Analogie – neben den Notwendigkeiten der Praxis – anzunehmen, dass Erinnerungen, Hoffnungen, Befürchtungen, Impulse, Wünsche, Willensäußerungen an die anderen Körper in derselben Weise gebunden sind, wie diejenige, die ich mit dem meinigen empfinde. Das Gebaren der anderen Menschen zwingt mich überdies anzunehmen, dass für sie mein Organismus und die übrigen Körper ebenso unmittelbar gegeben sind wie für mich die ihren, und dass im Gegensatz meine Erinnerungen und Wünsche auch nur dank // 593 // einer gleichen unwider-

stehlichen Analogie bestehen, wie ihre Erinnerungen und Wünsche für mich. Die Gesamtheit dessen, was im Raume unmittelbar für alle gegeben ist, heißt in der gewöhnlichen Sprache das Physische; hingegen dasjenige, welches nur dem Einzelnen gegeben und den Anderen nur auf dem Wege der Analogie zugänglich ist, das Psychische. Man bezeichnet auch dasjenige, was nur Einem gegeben ist als sein Ich (im strengsten Sinne). In diesem Gegensatz findet sich die natürliche Wurzel des Dualismus wie ihn DESCARTES dargestellt hat.

Die einfachsten Erfahrungen genügen um das Vorhandensein einer Welt außerhalb meines Ichs und dem Ich anderer außerhalb von mir anzunehmen; diese Erkenntnis entspricht vollkommen den primitiven biologischen Notwendigkeiten und befähigt den Menschen in dieser Welt zu bestehen und sich darin zurechtzufinden. Aber schon die alltägliche Erfahrung nötigt uns diese Weltanschauung durch eine eingehende Kritik allmählich zu modifizieren. Die Körper, die uns umgeben, sind uns nicht so unmittelbar vertraut, wie es auf den ersten Blick den Anschein hat. Wir sehen die Gegenstände nur in Gegenwart eines selbst leuchtenden Körpers und diese Gegenstände zeigen ihre gewöhnliche Farbe nur bei Sonnenlicht. Ich höre eine Glocke nur, wenn sie durch den Klöppel erschüttert wird. Ich rieche den Duft der Rose nur, wenn der Wind ihn mir zuführt. Ich schmecke die Süßigkeit des Zuckers nur, wenn er auf meiner Zunge sich auflöst. Um den Stein zu fühlen muss ich ihn betasten. Die Art wie die Körper, welche mich um- // 594 // geben, mir erscheinen, hängt von anderen Körpern meiner Umgebung ab. Unter diesen Körpern haben diejenigen, die meinen Organismus ausmachen, für mich eine besondere Bedeutung. Das Sonnenlicht genügt nicht, um die Gegenstände sichtbar zu machen; mein Auge muss offen und auf den Gegenstand gerichtet und darf nicht blind sein. Mein Ohr muss gesund sein, um den Klang der vibrierenden Glocke zu vernehmen. Die Hand muss Empfindung haben, um den Stein zu fühlen. Dies kann man *mutatis mutandis* von dem Organismus eines jeden sagen. So ist auch der gewöhnliche Mann genötigt, seine Weltanschauung beständig zu verbessern, obwohl sein Ziel keineswegs die reine Erkenntnis ist, und er sich mit einem Weltbild begnügt, das ihm in den verschiedenen Lagen des Lebens von Vorteil ist. Die Wissenschaft, welche immer von alltäglichen Erfahrungen ausgeht, erweitert sie, sammelt alles, was auf einem größeren Gebiet gefunden wurde, und vereinigt es zu einem logischen Ganzen für den allgemeinen Gebrauch, die Wissenschaft aber, deren Zwecke die reine Erkenntnis ist, begnügt sich den Weg fortzusetzen, den ein jeder Mensch instinktiv für sich eingeschlagen hat. Die Wissenschaft enthüllt die Beziehungen der Abhängigkeit der Körperfarben von der Zusammensetzung des Lichtes, das sie beleuchtet, von der physiologischen oder pathologischen Beschaffenheit der Retina. Die Art, wie wir den Klang einer Glocke vernehmen, hängt von ihrer Form, von den Erschütterungen die sie erhalten hat, von dem Mittel, das sich zwischen der Glocke und dem Ohr befindet und endlich von dem Ohr selbst ab. So verhält es sich auch mit den übrigen Sinnen. // 595 //

4. Wenn man die Erfahrungen in dieser Weise verallgemeinert und präzisiert, kann man nicht ohne Einschränkung behaupten, dass es eine Welt gibt, die allen gemein und für alle unmittelbar gegeben ist. Wir müssen wenigstens zugeben, dass diese gemeinsame Welt jedem ein wenig verschieden erscheint, je nach der Eigentümlichkeit seines Organismus. Überdies geschieht es, dass einer unserer Sinne, der Gesichtssinn z. B., eine Welt darstellt, die ein anderer, unser Tastsinn, nicht zu berichtigen vermag. Zuweilen ist diese Welt sogar nicht dieselbe für das rechte und das linke Auge.[3] In gewissen Ausnahmefällen stellen mehrere Sinne gleichzeitig für ein Individuum eine Welt dar, die den anderen fremd bleibt. Wir sprechen dann von Halluzinationen. Ein Organ, das Auge z. B., kann in einem Zustand der Erregung aus sich selbst sein, der gewöhnlich nur durch

3 So ist meine Sehschärfe links besser; hingegen ist die Aufnahmefähigkeit für Spektralfarben bei meinem rechten Auge viel ausgebildeter.

den Einfluss des Lichtes, welches von den Körpern ausstrahlt, bewirkt wird. So ist das, was wir unsere Welt nennen, vor allem einzig und allein das Produkt der Tätigkeit der Sinnesorgane. Dieses Produkt ist zweifellos in der Mehrzahl der Fälle das letzte Glied einer Kette von wahrnehmbaren Abhängigkeiten, deren anderes Ende sich außerhalb dieser Organe befindet. Es gibt gewisse Fälle, wo das Individuum unfähig ist ohne fremde Hilfe festzustellen, bis zu welchem Punkte, vom letzten Gliede an diese Kette reicht. Diese Tatsache hat an sich nichts Erstaunliches. In unserem Organismus, wie in allen anderen Körpern, // 596 // stehen die einzelnen Teile gegenseitig in den innigsten Beziehungen. Nehmen wir an, ein Teil eines Körpers ist durch einen benachbarten erhitzt worden; die mehr oder weniger lange Kette der Mittel, durch welche die Erwärmung diesen Teil erreicht hat, ist damit noch nicht festgestellt. Und dennoch wurden auf dem ausschließlichen Endresultat die ungeheuerlichsten Systeme aufgebaut, idealistische und solipsistische. Diese Systeme beschränken unsere Erkenntnis auf unser Selbstbewusstsein. Die übrige Welt mit allen anderen Menschen wird uns vollkommen unzugänglich und unverständlich.

5. Sie wäre wahrlich sehr seltsam diese Erfahrung, die sich durch ihre eigene weitere Anwendung selbst zerstören würde und welche von der gesamten Außenwelt, d. h. von allem, was sich außerhalb unseres Organismus befindet, nur die Annahme von unzugänglichen Phantomen zurückbehalten würde. Versuchen wir die Gründe dieser eigentümlichen Auffassung zu verfolgen. Keine Wissenschaft kann die natürlichen Begriffe annehmen, so wie das Leben sie dem gewöhnlichen Manne liefert; sie muss dieselben durch Kritik klären, indem sie die Elemente beleuchtet, auf denen sie beruhen. Die Dinge, die mich im Raum umgeben, sind voneinander abhängig. Eine Magnetnadel verändert ihre Lage bei Annäherung eines anderen Magneten. Ein Körper erwärmt sich am Feuer, kühlt ab, wenn er ein Stück Eis berührt. Ein Blatt Papier in einem dunkeln Raum wird von einer Lampe beleuchtet sichtbar. Das Gebaren meiner Nebenmenschen zwingt mich an-

zunehmen, dass ihnen diese Dinge ganz ebenso erscheinen wie mir. Die Erkenntnis //597// dieser gegenseitigen Abhängigkeit ist ein erstes Fundament, das keine philosophische Theorie zerstören kann. Notwendig für die Befriedigung der praktischen Bedürfnisse ist sie ebenso nicht weniger unentbehrlich vom Standpunkte der Theorie um die Ergebnisse, welche sonst unvollständig bleiben würden, zu ergänzen. Wenn ich die gegenseitige Abhängigkeit der Dinge betrachte und von den Resultaten abstrahiere, zu denen ich durch Analogie gelangt bin, kann ich die Organismen der Menschen und Tiere als unbelebte Körper betrachten. Hingegen bemerke ich bald, dass unter den Körpern, die auf meine Umgebung Einfluss haben, diejenigen, die meinen Organismus bilden, eine besondere Rolle spielen. Ein Körper wirft einen dunklen Schatten auf ein weißes Papier, aber ich kann auf demselben einen gleich dunklen Fleck erblicken, wenn ich zuvor in ein grelles Licht gesehen habe. Indem ich meinen Augen eine entsprechende Richtung gebe, kann ich einen Körper doppelt oder statt zwei deren drei sehen. Nachdem ich mich rasch um mich selbst gedreht habe, kann ich bewegte Körper stillstehend, stillstehende in Bewegung sehen. Wenn ich die Augen schließe, verschwindet alles was ich sonst sehe. Entsprechende Tätigkeiten (Aktionen) erzeugen analoge Resultate auf thermischem und haptischem Gebiet. Wenn mein Nebenmensch an seinem eigenen Körper dieselben Experimente macht, empfinde ich an meinem eigenen keinerlei Veränderungen; ich erfahre aber durch ihn, und muss es als Analogie annehmen, dass seine Wahrnehmungen in derselben Weise beeinflusst sind. So sind die Wahrnehmungen eines jeden Beobach- // 598 // ters nicht nur gegenseitig voneinander, sondern noch in besonderer Art von dem Organismus des Beobachters abhängig. Die Erkenntnis dieser doppelten Abhängigkeit ist ein zweites Ergebnis, welches keine philosophische Spekulation zu beseitigen vermag.

6. Man darf die Grenze unseres Körpers der Umwelt gegenüber nie aus dem Auge lassen. Wir bezeichnen diese Grenze mit

U. Keine Theorie nötigt uns diese zu vernachlässigen und die Abhängigkeit dieser beiden Klassen von Wahrnehmungen nicht zu berücksichtigen. Die außerhalb U befindlichen Dinge sind voneinander abhängig; sie sind auch abhängig von dem innerhalb U vorhandenen. Das Studium der Abhängigkeiten außerhalb U (physikalische Abhängigkeiten) ist ohne Zweifel viel einfacher und weiter fortgeschritten als die Abhängigkeiten jenseits von U (psycho-physiologische Abhängigkeiten).

Aber die Physiologie, mehr und mehr auf die Physik gestützt, wird eine Entwicklung nehmen, die sie befähigt die subjektiven Bedingungen einer jeden Wahrnehmung festzustellen. Der naive Subjektivismus, welcher die Wahrnehmung verschiedener Individuen unter verschiedenen Verhältnissen, als ebenso viele verschiedene Fälle betrachtet und ihnen eine unbekannte, unwandelbare Realität entgegenstellt, ist unhaltbar. Das einzig Wichtige ist die volle Erkenntnis der Bedingungen einer bestimmten Wahrnehmung; sie allein hat für uns ein praktisches und theoretisches Interesse. Aber es genügt nicht, die instinktiv erworbenen Meinungen des Alltages, welche sich unter den verschiedensten Masken in // 599 // die Philosophie eingeschlichen haben, durch rein wissenschaftliche Ansichten zu ersetzen. Man muss ihre psychologischen Wurzeln bloßlegen, sonst treiben sie immer von neuem. Wie kommt es, dass selbst der Alltagsmensch einen Unterschied macht zwischen einem Ding und der Erscheinung eines Dinges? Wenn wir z. B. an eine Nuss denken oder davon sprechen, ist uns nicht ein sinnlicher Eindruck gegenwärtig, sondern ein ganzer koordinierter Komplex. Das kommt uns zwar nicht klar zum Bewusstsein, ist aber der Möglichkeit nach vorhanden und immer bereit im Bewusstsein lebendig zu werden. Wir haben eine kleine grüne Kugel vom Baume fallen sehen, wir haben festgestellt, dass sie eine hellbraune Schale und diese wieder einen essbaren schmackhaften Kern einschließt. Wenn wir nun unter einem Baum eine ähnliche grüne Kugel wahrnehmen, können sich alle Erwartungen, die dieser Anblick hervorruft, verwirklichen. Es wäre auch denkbar, dass die grüne Kugel eine andere ähnliche Frucht oder aus Ton sei. Auch könnte, nachdem wir die grüne Schale entfernt, und die holzige geöffnet, kein Kern darin enthalten sein. So bezeichnet das Wort „Nuss" einen ganzen Komplex koordinierter Eindrücke, die in einem Abhängigkeitsverhältnis zueinander sind, einen Komplex, in dem wir die oder die vereinzelte Wahrnehmung unterscheiden, die aber nicht genügt, das Ganze darzustellen. Wir nennen Schwefel einen blassgelben Stoff, der beim Verbrennen ein scharf riechendes, erstickendes Gas (schweflige Säure) erzeugt, die mit Quecksilber zusammengebracht einen roten Stoff (Zinnober) gibt usw. und wir bringen so jede einzelne // 600 // Erscheinung mit dem ganzen Erscheinungskomplex in nähere Beziehung. Wenn die Katze philosophieren könnte würde sie die Maus von dem Geräusch oder von dem bewegten grauen Fleck, der ihre Aufmerksamkeit erregt, unterscheiden. Das Ding ist also ein intellektuelles Gebilde (ein Anschauungskomplex oder ein wissenschaftlicher Begriff); das Phänomen hingegen ist ein sinnliches Gebilde, welches mit dem intellektuellen Gebilde übereinstimmen und Erwartungen, zu welchen sie Veranlassung gegeben, verwirklichen, sie aber auch zuweilen vollständig enttäuschen kann.

Diese Beispiele genügen. In dem Ding mehr zu erblicken als ein Resultat sinnlicher von den Gedanken festgehaltener Wahrnehmungen, ist irrig, überflüssig und töricht. Man wird vielleicht an künftige Ereignisse denken, die mit denen in Zusammenhang stehen, welche schon erlebt sind. Wo die Erfahrung ein Ende hat, hat das Ding seine Bedeutung verloren. Man könnte einwenden das Ding sei die Bedingung der sinnlichen Wahrnehmung und wo es versagt, hätten wir es mit einem Hirngespinst zu tun. Auch der isolierte Mensch hat die Möglichkeit diesen Ausnahmefall zu klären; er ist imstande einen Sinn durch einen anderen zu kontrollieren und zu erkennen, dass diese Halluzinationen – wie auch der Traum – den Faden der gewohnten Vorstellungen zerreißt, ohne dass ihm unmittelbar etwas anderes gegeben wurde als eine sinnliche Wahrnehmung. Die übereinstimmende Erklärung der anderen Menschen erleichtert übrigens diese Kritik. Da die Wissenschaft eine systematisch geordnete Sammlung von Erfahrungen zum allge- // 601 // meinen Gebrauch ist, wird diese Kritik immer die Grenzen bezeichnen. Wenn alle Menschen die gleichen Halluzinationen hätten, gäbe es kein Mittel die Halluzinationen als solche zu erkennen. Wir können die Sache etwas paradox, aber darum nicht weniger exakt etwa so darstellen: Unsere Vorstellung von der äußeren Welt ist das Produkt dieser gemeinsamen Halluzinationen und ihres gegenseitigen Abhängigkeitsverhältnisses. –

7. Die sinnliche Wahrnehmung erscheint somit als die einzige unersetzliche Grundlage unserer Erkenntnis der Welt. Es ist daher wichtig diese Sinneseindrücke näher zu betrachten. Sie drängen sich dem Naturmenschen von allen Seiten auf. Er hat weder die Zeit noch die Gelegenheit zu prüfen, auf welchen Nervenbahnen sie zu ihm gelangen. Der Baum mit seinem festen dunklen Stamm, seinen unzähligen vom Wind bewegten Ästen, seinen glatten, glänzenden Blättern, erscheint uns als ein unteilbares Ganzes. Ebenso betrachten wir die goldene süße Frucht, das helle Feuer mit der beweglichen heißen Flamme als Einheit. Ein Name bezeichnet das Ganze; ein Wort zieht die ganze Kette von Erinnerungen, die sich damit verbinden, aus den Tiefen der Vergessenheit. Das sind die ersten Eindrücke und Vorstellungen, welche sich bei dem Menschen bilden: die Dinge sind sozusagen bestimmte Erscheinungskomplexe, die aus dem Zusammenwirken der verschiedensten sinnlichen Eindrücke entstehen und mit einer relativen Beständigkeit wirken.

8. Eine reichere Erfahrung belehrt uns, dass diese Komplexe teilbar sind. Das Bild des Baumes, der Frucht, des Feuers ist im Spiegel sichtbar aber nicht //602 // greifbar. Wir können mit abgewendetem Blick den Baum betasten, die Frucht schmecken, uns am Feuer wärmen; wir sehen keines dieser Dinge. So wird die scheinbare Einheit aufgelöst. Die einzelnen Teile finden

sich wieder zusammen aber unter anderen Bedingungen. Das Fühlbare scheidet sich von dem Sichtbaren, von dem was geschmeckt werden kann usw.

9. Das was nur sichtbar ist erscheint uns zuerst auch als ein Ding. Wir sehen eine gelbe gerundete Frucht neben einer gelben sternförmigen Blüte; eine andere Frucht ist gerundet wie die erste, aber sie ist grün oder rot. Zwei Dinge können dieselbe Farbe, aber verschiedene Form haben, und umgekehrt. Die Eindrücke des Gesichtes gruppieren sich auf diese Weise in farbige und räumliche. Wir unterscheiden also an den Dingen das Sichtbare, Hörbare, Fühlbare usw. Durch dasselbe Verfahren scheidet sich das Sichtbare in Farbe und Form, bei dem Fühlbaren unterscheiden wir das Rauhe, Glatte, Warme, Kalte. Die folgerichtige Analyse der sinnlichen Wahrnehmungen gehört der Wissenschaft an. Diese zerlegt die Farben in Grundfarben, den Klang in Töne usw. Es ist nicht anzunehmen, dass die Analyse auf dem Standpunkte, zu dem sie jetzt gelangt ist, ihre Aufgabe gelöst hat. Allem was wir an unseren Sinnesempfindungen unterscheiden können, wie Form, Rhythmus, Dauer, Intensität, Tonhöhe, entspricht wahrscheinlich eine partielle besondere Erregung. Abstrahieren heißt die gemeinsamen Elemente in den Verschiedenheiten erfassen. Was wir erfassen hat gewiss eine Existenz in der Vergleichung, eine reelle Basis in der sinnlichen Wahrnehmung. // 603 //

10. Indem man diese Analyse so weit wie möglich durchführt (verfolgt), gelangt man zunächst zu unteilbaren Elementen der sinnlichen Wahrnehmungen, die wir zur Vereinfachung mit den Buchstaben A, B, C, D bezeichnen wollen. Alle unsere Erfahrungen bezüglich der „Außenwelt" beruhen lediglich auf sinnlichen Wahrnehmungen. Man muss dasselbe von allen Erfahrungen, die unseren eigenen Körper betreffen, sagen, obwohl es nicht üblich ist, die organischen Empfindungen unter die sinnlichen Wahrnehmungen einzureihen. Kurz, der Inhalt des Bewusstseins besteht nur aus sinnlichen Wahrnehmungen, die ihm von verschiedenen Teilen des Körpers zugeführt wer-

den, gleichviel ob diese Wahrnehmungen ihre Quelle in anderen Teilen des Körpers oder außerhalb desselben haben. Man kann alle Erfahrungen dieser Art als *Empfindungen* bezeichnen. Neben diesen besitzen wir *Vorstellungen*. Wenn wir aber unsere Gedanken, selbst die abstraktesten analysieren, müssen wir feststellen, dass sie direkt oder indirekt die Elemente unserer sinnlichen Wahrnehmung in einer unbestimmten Form und in neuen Verbindungen enthalten. *Dieselben Elemente* bilden die Grundlage *aller* unserer Erfahrungen. Auf den verschiedenen Gebieten sinnlicher Beobachtung – die Gebiete des Gesichtes und des Gefühles sind uns am meisten geläufig – finden wir die Empfindungen A, B, C, D und unter letzteren diejenigen die unserem Körper angehören, die Elemente K, L, M. Im Allgemeinen hängt jedes dieser Elemente in mehr oder weniger deutlicher Weise von allen übrigen ab.

D (z. B. das Leuchten eines Blatt Papieres) hängt // 604 // ab von dem Element A (dem Schein einer Lampe), die außerhalb meines Körpers (außerhalb U) sich befindet, wir nennen diese Abhängigkeit eine physikalische (weil sie der äußeren Welt angehört) und A, D *physikalische* Elemente sind. Nur insofern, als die Weiße des Papieres, D, von dem Element M meines Körpers, dem Zustand meiner Retina z. B. abhängt, und durch diese beeinflusst wird, nennen wir D eine *Empfindung*, ein psychisches Element (der inneren Welt angehörend). Das Element D verschwindet, wenn die Lampe erlischt, wird rot, wenn Chlorlithium in die Flamme gebracht wird. D verschwindet auch, wenn das Auge erblindet, wird gelb, wenn die Retina durch Santonin verändert ist. Wir sind vollkommen berechtigt den inneren Elementen von U besondere Aufmerksamkeit zu schenken. Auf diese *beiden* Klassen von Abhängigkeit gestützt, von denen die zweite eine bedeutendere Rolle für die Beobachter spielt, ist dieser berechtigt sich selbst (sein Ich) der Außenwelt entgegen zu stellen, wenn er auch überzeugt bleibt, dass die Elemente A, B, C ihm *allein* zugänglich sind. Die Grenze von U ist in der Tat *nicht* die Grenze des Bewusstseins, sie *durchschneidet* das Bewusstsein. Das Ich und die Außenwelt sind also durchaus keine metaphysischen Begriffe, sondern empirische Konstruktionen (Annahmen). Die Vorstellungen, Begriffe entstehen nur durch Erfahrungen und sie haben den Zweck das Verständnis neuer Erfahrungen zu erleichtern, teilweise ihnen vorzugreifen. Vorstellungen und Begriffe ohne Beziehung zu einer möglichen Erfahrung sind unnütze, törichte Wahn- // 605 // gebilde. Darin stimme ich mit KANT überein, nur rechne ich das „Ding an sich" ebenfalls zu den Wahngebilden. Die Elemente A, B, C dürfen nicht als ein Schein genommen werden, der die unerkennbare Wirklichkeit begleitet; sie sind das Wesen der Welt, von der wir selbst nur ein Teil sind, die uns den Schlüssel gibt um alle anderen zu verstehen. Eine zweite unbekannte, unzugängliche Ordnung der Dinge anzunehmen ist absolut überflüssig.

11. Stellen wir uns die Frage, wie die physische Welt sich von unserem Standpunkt aus darstellt. Wenn die Elemente A, B, C in ihrer Kombination und Reihenfolge keinem Gesetz unterworfen wären, könnten wir weder zum Bewusstsein eines Ichs noch zu dem einer physischen Welt gelangen. Lassen wir unseren Körper für einen Augenblick beiseite. Wenn ein neues Element, z. B. etwas Rotes in unserem Gesichtsfeld erscheint, begegnet unserer Hand, in die Richtung ausgestreckt, gewöhnlich etwas Fühlbares. Dasselbe ereignet sich beim Gehör, Gesicht, Geschmack. Die Erregung des Gesichtssinnes ist gewöhnlich mit einer gleichzeitigen oder folgenden Erregung der anderen Sinne verbunden. Diese gegenseitigen Abhängigkeiten führen zum Begriff: Materie und Körper. Diese Begriffe könnte sich der einzelne Mensch mit etwas Überlegung aneignen. Hingegen ist es nur durch die Beobachtung der anderen Menschen (oder der Tiere) möglich, die Überzeugung zu erlangen, dass die sinnlichen Wahrnehmungen eines Menschen zu denen des anderen Menschen oder der Tiere in Beziehung stehen, mit anderen Worten, dass es eine gemeinsame physische Welt gibt. // 606 //

12. Ein Beispiel aus der Physik wird diese Abhängigkeit am besten verständlich machen. Denken wir uns zwei Körper von derselben physikalischen Beschaffenheit aber von verschiedenen Temperaturen u u′ in der Entfernung *r*; infolge der gegenseitigen Strahlung, Leitung usw. ändern sich die Temperaturen mit der Zeit t. Die Erfahrung lehrt, dass das Verhältnis der Temperaturen und der Zeit durch die Gleichung F (u, u′, r, t) = 0 gegeben ist. Es ist unnötig zu untersuchen, wie man diese Gleichungen erhält, die sich auf zwei beschränken, wenn nur zwei Körper in Betracht kamen und zu fragen, ob sie durch Integration der Differentialgleichungen oder durch direkte Beobachtung gefunden wurden. Zweifellos sind die Werte der veränderlichen Buchstaben, welche sich in der Gleichung befinden, durch sinnliche Elemente bestimmt. Der Wert von r ist bestimmt durch das sichtbare Zusammenfallen der Endpunkte der Linie r mit zwei Teilstrichen eines Maßstabes; der von u und u′ durch das Übereinstimmen einer Thermometersäule mit einer Abteilung der Skala, der von t durch das gleichzeitige Ablesen des Thermometers mit den Schwingungen eines Pendels.[4] Kurz, jedes physikalische Ergebnis, jedes physikalische Gesetz beruht auf der Tatsache, dass gewisse sinnliche Elemente A, B, C… auf be- // 607 // stimmte andere F, G, H… wirken, dass die letzteren durch die ersteren bestimmt von ihnen abhängig und deren Funktionen sind. Manche Leser fragen vielleicht, ob wirklich alle sinnlichen Elemente in räumliche oder zeitliche Beziehung gebracht werden können, ob sie messbar sind. Aber die meisten sinnlich wahrnehmbaren Eigenschaften wie Farben und Töne können charakterisiert werden (durch die Wellenlänge, Schwingungszahlen) und auch für andere ist eine Zählung möglich. Mehr bedarf es nicht, damit der Satz „Die sinnlichen

4 Da jedes Maß der Gleichheit oder Ungleichheit zweier Empfindungen entscheidet, ist das Ergebnis unabhängig von der zufälligen Stimmung des Beobachters. Darin liegt der hohe Wert des Maßes nicht nur für die Physik, sondern auch für die Psychologie. Die Qualität der Empfindung ist nur scheinbar ausgeschaltet, denn das Ergebnis des Maßes wäre unverständlich und folglich wertlos, wenn man dieser Qualität nicht Rechnung trüge.

Elemente sind voneinander funktionell abhängig" allgemeine Gültigkeit erlangt. Wir können an diesem Satz festhalten, auch da wo er nicht unmittelbar verständlich ist, sondern nur eine symbolische Bedeutung hat.

13. Schließlich können wir sagen: alle physikalischen Gesetze, wie auch die Existenz der Materie und der Körper haben ihre Begründung in den Gleichungen F (A, B, C...) = 0, zwischen den sinnlichen Elementen, die einem Menschen gegeben sind. Das Bestehen der Außenwelt findet ihren Ausdruck in Gleichungen der sinnlichen Elemente, die den Menschen gegeben sind. Wir können diesen Gleichungen die Form F (A, B, C... A′, B′ C′...) = 0 geben. Durch die Striche bezeichnen wir die sinnlichen Elemente, die den verschiedenen Menschen angehören, die sie uns mitgeteilt haben.

14. Die Physiker werden einwenden, dass die sinnlichen Elemente nicht unmittelbar in den Gleichungen enthalten sind. Dies beruht darauf, dass die Physik in ihrer historischen Entwicklung, an allgemeine Begriffe, an biologische Forderungen gebunden, diese letzteren zu einer Zeit entwickeln // 608 // musste, wo die psychologische und physiologische Analyse der Sinne zu wenig entwickelt war, um einen anderen Weg ahnen zu lassen. Niemand kann daran zweifeln, dass die quantitativen Symbole der Physik auf sinnlichen Elementen beruhen. Ohne Empfindungen kann man keine physikalischen Gleichungen formen, ohne sinnliche Begriffe wären wir nicht imstande diesen Gleichungen eine verständliche Bedeutung zu geben. Wenn übrigens das Zurückführen der Physik und Psychologie auf sinnliche Elemente, welche die Grundlage des einen und des anderen Gebietes bilden, das einfachste Mittel ist, um die Beziehungen zwischen diesen beiden Wissenschaften darzulegen, so wäre es eine lächerliche Pedanterie von der Physik zu verlangen sie solle zugunsten der Psychologie auf die Vorteile des historischen Weges verzichten, den sie eingeschlagen hat, um wie diese von den Elementen auszugehen.

Es genügt hier bewiesen zu haben, dass dies möglich wäre.

15. Die sinnlichen Elemente bilden auch den Inhalt des psychischen Lebens. Anfangs entfernt es sich so wenig wie möglich von der sinnlichen Erfahrung, wenn sie dieselbe in Begriffe überträgt; aber bald, im Laufe der weiteren Entwicklung treten diese Elemente in ganz anderen Beziehungen auf. Die biologischen Notwendigkeiten drängen uns diese zufälligen Kombinationen, wie sie sich der sinnlichen Wahrnehmung darstellen, aufzulösen und neue praktisch wichtige Begriffe zu bilden. Je freier und reicher diese Vorstellungen werden, je mehr schreiten diese Analysen und Synthesen durch Assoziation // 609 // geleitet fort. So ist die Richtung der Forschung eine verschiedene auf physikalischem und psychischem Gebiet und trotz der Identität der Materie werden die Fragen in den beiden Fällen ganz anders gestellt. Das Missverstehen dieser Identität der Materie und des Wechsels in der Richtung der Forschung, der sich plötzlich einstellt, sowie die Grenze U überschritten ist, hat das Verständnis für die Beziehungen der Physik und Psychologie getrübt. Ich werde dies durch einige sehr einfache Beispiele erläutern.

16. Ein Physiker beobachtet auf der Netzhaut ein verkehrtes Bild und fragt sich wie es kommt, dass ein Punkt, der im Raume unten ist, dort oben erscheint (Descartes). Er löst die Frage durch dioptrische Forschungen. Wenn dieselbe Frage, die physikalisch ganz berechtigt ist, in das Gebiet der Psychologie übertragen wird, entstehen nur Unklarheiten. Die Frage, warum wir ein umgekehrtes Bild auf der Netzhaut aufrecht sehen, ist als Problem psychologisch ganz sinnlos. Die Lichtempfindungen auf den verschiedenen Teilen der Netzhaut sind ursprünglich mit den räumlichen Empfindungen verbunden und wir bezeichnen mit „Oben" den Teil, welcher dem unteren Teil der Netzhaut entspricht. Für das empfindende Subjekt ist diese Frage gegenstandslos.

17. Man kann dasselbe von der wohlbekannten Theorie der Projektion der Empfindungen sagen. Es ist Sache des Physikers,

den Lichtpunkt, der dem Bilde auf der Netzhaut entspricht, durch die Verlängerung des Strahles durch den Knotenpunkt des Auges zu finden. Für das empfindende Sub- // 610 // jekt hingegen besteht dieses Problem nicht, indem die Lichtempfindungen mit bestimmten Raumempfindungen (Ausdehnung, Tiefe) verbunden sind. Die Theorie, welche die Außenwelt als das Ergebnis einer psychischen Projektion betrachtet, beruht auf einer verfehlten Anwendung der physikalischen Gesichtspunkte auf psycho-physiologische Fragen. Unsere Gesichts- und Tastempfindungen sind mit verschiedenen Raumempfindungen verbunden; mit anderen Worten, sie sind neben und außerhalb der anderen; sie befinden sich im Raum, von dem unser Körper nur einen Teil einnimmt. Es ist klar, dass der Baum, der Tisch, das Haus sich außerhalb unseres Körpers befinden. Hier handelt es sich nicht um ein Projektionsproblem und folglich ist es ganz hinfällig (nichtig) zu fragen, ob dasselbe bewusst oder unbewusst gelöst wird. PTOLEMAEUS meint, dass wenn die Sehachsen gegen einen leuchtenden Punkt konvergieren: *Videbitur ergo haec res una et in ipso loco quo est*. Er sieht in der Bestimmung des Gesichtspunktes die einfache Umkehrung des geometrischen und physikalischen Problems, welches darin besteht die beiden Netzhautbilder zu finden, die einem Lichtpunkt entsprechen. Diese Auffassung war im Wesentlichen vorherrschend, bis die Arbeiten von HERING veröffentlicht wurden. Sie belehren uns, dass der Gesichtspunkt physiologisch bestimmt ist durch die Bilder der Netzhaut kraft von Gesetzen, die nichts gemein haben mit der Lehre der Projektionslinien.

18. Ein Physiker (MARIOTTE[5]) hatte die Überraschung die Netzhaut an einer Stelle blind zu // 611 // finden, die er für besonders empfindlich hielt. Der Physiker ist gewöhnt jedem Punkt des Raumes ein entsprechendes Bild anzuweisen und jedem Bilde eine Empfindung. Er fragt sich also: Was sehen wir in dem Gebiet des Raumes, der dem blinden Fleck entspricht? Wie ist diese Lücke ausgefüllt? Es genügt diese Art Fragen aus-

5 [*] Edme Mariotte (ca. 1620-1684), französischer Physiker

zuschalten, welche dem Bereich der Physik angehören und hier unberechtigt sind, und das Problem verflüchtigt sich. Wir sehen nichts in dem blinden Gebiete, die Lücke ist nicht ausgefüllt und zwar aus dem triftigen Grunde, weil sie gar nicht besteht. Das blinde Gebiet der Netzhaut kann ebenso wenig wie die von Natur aus blinde Haut des Rückens eine Lücke im Gesichtsfeld ergeben.

19. Es genügt nicht der Änderung Rechnung zu tragen, welche die Forschung beim Überschreiten der Grenze U erleidet, sogar in ihrer unmittelbaren Nähe; man muss auf die Identität des physischen und psychischen Lebens (Empfindungen) bestehen. Diese Tatsache wird oft verkannt und dieser Irrtum ist sehr erklärlich. Wenn der Physiker, der sich nie mit Psychologie befasst hat, feststellt, dass der elektrische Strom von 1 Ampere in der Minute 10,5 ccm Gas bei 0° C und einem Druck von 760 mm Quecksilber erzeugt, stützt er sich auf so abstrakte Begriffe, dass er im Laufe seiner Arbeit die unzähligen sinnlichen Elemente vergisst, welche seinen Maßen und Apparaten zur Grundlage dienen. Er hält das Ergebnis seiner Forschungen für etwas Objektives, das allgemeine Geltung hat und mehr Vertrauen verdient, wie die besondere Empfindung. Obwohl jede Gewissheit auf Empfindung beruht, hat // 612 // er in gewissem Sinne Recht.[6] Der Physiologe studiert den Organismus des Menschen oder des Tieres als reiner Physiker und Chemiker. Aber sobald eine analoge Induktion ihn veranlasst dem Gegenstand seiner Forschung Empfindung beizulegen, bildet er sich ein, damit das Greifbare, Objektive zu verlassen, sich auf das Gebiet des Ungewissen, Unfassbaren zu begeben. Er bedenkt nicht, dass der Physiker sich beständig dieser analogen Induktionen bedient, wenn er den Mond, der nur dem Auge zugänglich ist, als eine greifbare Masse betrachtet, wenn er einem Draht, durch den ein Strom geleitet ist, alle Eigenschaften eines solchen Leiters beilegt, obwohl er nicht imstande ist ihn jeder-

6 Weil die Zufälligkeiten der Beobachtung durch die physikalischen Methoden ausgeschaltet sind.

zeit und überhaupt zu prüfen. So betrachtet der Naturforscher das physikalische Gebiet, das ihm vertraut ist, als die wirkliche Welt, hingegen und im Allgemeinen das psychische Gebiet als eine fremde unzugängliche Welt. Der Psychologe ist den Vorurteilen der Physik unterworfen, – da die biologischen Forderungen jeden Menschen drängen, als Physiker zu handeln –, der Psychologe nimmt den Gegensatz zweier heterogener Welten an; während aber für den Physiker die psychische Welt unfassbar scheint, sieht er gerade in letzterer etwas unmittelbar Gegebenes, den notwendigen Ausgangspunkt; hingegen rückt von dem philosophischen Standpunkt aus, den er einnimmt, die physische Welt in unerreichbare Ferne. Ist dieses paradoxe Ergebnis unvermeidlich? Ich glaube es nicht. In beiden Gebieten ist das Ende aller Forschung dasselbe: die Gleichungen von der Form F (A, B, C, ...) = 0 zu bestimmen. // 613 //

33.
Einige vergleichende tier- und menschenpsychologische Skizzen.[1]

Illustriert von Felix Mach.

Der Gedanke, die Entwicklungslehre auf die Physiologie der Sinne und auf die Psychologie überhaupt anzuwenden, ist schon vor Darwin bei SPENCER[2] zu finden. Durch Charles DARWINS Buch über den Ausdruck der Gemütsbewegungen[3] hat er des Weiteren eine mächtige Förderung erfahren und später hat dann SCHUSTER (1879) die Frage: „Ob es ererbte Vorstellungen gebe"[4] im Darwin'schen Sinne erörtert, und endlich bin ich für eine Anwendung der Entwicklungslehre auf die Theorie der Sinnesorgane eingetreten.[5]

EWALD HERING hat in einer akademischen Festrede das Gedächtnis als eine allgemeine Funktion der belebten Materie bezeichnet.[6] Gedächtnis und Vererbung fallen in einen Begriff zusammen, wenn // 614 // man überlegt, dass Organismen, welche einst Teile des Elternleibes waren, auswandern und zu neuen selbständigen Individuen auswachsen, also in diese ihre Eigenschaften mit hinübernehmen. In der Zusammenfassung von Gedächtnis und Vererbung aber liegt eine mächtige Erweiterung des Blickes, denn die Vererbung wird uns durch Erfassen dieses gemeinsamen Zuges ebenso verständlich wie die Beibehaltung

---

1 Aus der Naturwissenschaftlichen Wochenschrift Band XXXI, Nr. 17 [241-247], Jena 1916, [posthum] abgedruckt.

2 Herbert Spencer, *The principles of psychology*, [London] (1855).

3 Charles Darwin, *The expression of the emotions in men* [recte: *man*] *and animals*, London 1872.

4 [*] Recte: *Gibt es unbewusste und vererbte Vorstellungen?* Akademische Antrittsvorlesung gehalten am 15. März 1877, Leipzig

5 [*Über die physiologische Wirkung räumlich verteilter Lichtreize*", in:] Sitzungsberichte der Wiener Akademie [Bd. 54] 1866, [393-408]

6 E. Hering, *Über das Gedächtnis als eine allgemeine Funktion der organischen* [recte: *organisierten*] *Materie*. — Almanach der Wiener Akademie [Jg.20] 1870. [253-278]

der englischen Sprache und anderer Einrichtungen durch die Amerikaner der Union.

In neuerer Zeit hat A. WEISMANN[7] den Tod als eine Vererbungserscheinung aufgefasst; längere Lebensdauer und verminderte Fortpflanzung lassen sich nach seinen Untersuchungen als gegenseitig bedingende Anpassungen auffassen.[8]

Als ich noch als Gymnasiast von meinem verehrten Lehrer P. F. X. WESSELY hörte, dass die Pflanzen der südlichen Hemisphäre bei uns blühen, wenn in ihrer Heimat Frühling ist, dachte ich unwillkürlich an ein „Gedächtnis" der Pflanze.

Die sog. Reflexbewegungen der Tiere lassen sich ganz ungezwungen als Gedächtniserscheinungen außerhalb des Bewusstseinsorganes auffassen; so trinken enthirnte Tauben, mit den Füßen in kaltes Wasser gesetzt, mit der Präzision eines Uhrwerkes auch Quecksilber und andere Flüssigkeiten. GOLTZ hat in einem Werke über die Nervenzentren des Frosches (1869) eine ganze Reihe derartiger Reflexgewohnheiten beschrieben.

Indessen hat wohl A. WEISMANN Unrecht, wenn er die „Vererbung erworbener Eigenschaften" be- // 615 // streitet und eine neue Keimplasmatheorie aufstellt.[9] Nach dieser sind die Vorgänge der Entwicklung und Deszendenz Vorgänge, die ganz unabhängig von den Einflüssen auf die Entwicklung des Individuums sind, womit der einheitliche Gesichtspunkt der Entwicklungslehre aufgehoben ist. Ich bin vielmehr mit HERING der Ansicht, dass durch diesen Zug die Harmonie der ganzen Entwicklungslehre gestört wird und eine solche Annahme das „Absägen des Astes bedeutet, auf dem man sitzt".

Jean Henri FABRE[10] in Serignan,[11] ein Meister der experimentellen Methode, ein ungewöhnlicher Künstler in der poeti-

---

7 [*] August Weismann (1834-1914), deutscher Biologe und Evolutionsforscher

8 A. Weismann, *Über Leben und Tod.* [*Eine biologische Untersuchung*] Jena 1884.

9 A. Weismann, *Die Continuität des Keimplasmas als Grundlage einer Theorie der Vererbung*, Jena 1885.

10 [*] Jean Henri Fabre, (1823-1915), französischer Naturwissenschaftler, Dichter und Schriftsteller

11 J. H. Fabre, *Bilder aus der Insektenwelt*, 1.-4. Reihe. Stuttgart [1914], Kosmos Verlag.

schen Schilderung der Welt der Insekten, kann uns mit seinen Ausführungen gegenüber der Weismann'schen Theorie recht misstrauisch machen. So beschreibt Fabre[12] den Lebenslauf der Holzbockkäferlarve ausführlich; fressend bohrt diese einen ihren zunehmenden Dimensionen sich anpassenden Gang in den Baumstamm, verstopft die Ausgangsöffnung leicht mit Mull, so dass der Austritt für das nach der Verwandlung ausschlüpfende, ausgebildete Insekt ohne Schwierigkeit stattfindet. Dies findet vermöge des sich erhaltenden Gedächtnisses in jeder folgenden Generation wieder statt. Wie denn aber, wenn die Larve etwa durch einen Schwarzspecht aus dem Baumstamm herausgeklopft wird, ohne bei diesem Ausflug gefressen zu werden; dann muss sie wohl in // 616 // den Baumstamm zurückkehren oder sich anderswo einen Unterschlupf suchen?

So fand einmal meine Frau zwischen ihren Röcken einen dicken, lebendigen Knollen, der lebhaft gegen die Kündigung dieses Aufenthaltes zu protestieren schien. Ein anderes Mal sah ich eine unter unserer Sitzbank gefundene Larve, die am Fuße einer mächtigen Esche stand, auf diese gesetzt lebhaft an dem Stamme hinauflaufen, und in einem der vielen Bohrlöcher, welche die Rinde aufwies, verschwinden. Diese beiden Fälle schienen im Zusammenhang mit der Beobachtung eines schönen großen Schwarzspechtes zu stehen, den wir im vorausgehenden Winter tot aufgefunden hatten.

Abgesehen von den Störungen durch einen Specht oder anderes Getier, mag die Entwicklung ganz so verlaufen wie Fabre sich dies denkt. Wenn aber die genannten Störungen eingreifen, ist die Änderung des Verlaufes ganz erheblich – für das betroffene Tier ist es von geringem Belang, ob es im Magen eines Spechtes oder eines weltbeherrschenden, d. h. welttyrannisierenden Gourmands als geschmorter oder gerösteter „Cossus" endet.

Auch meinem Vater, zuletzt Besitzer des landgräflichen Gutes Slatenegg in Krain, sowie meiner Schwester Marie verdanke ich Aufklärungen bezüglich der Weismann'schen Keimplasma-

12 J. H. Fabre, *Ein Blick ins Käferleben*. Stuttgart [1910]. p. 27-29.

theorie. Er zog den chinesischen *Morus*-Seidenspinner, ein sehr unselbständiges degeneriertes Haustier, und die viel größeren und stärkeren japanischen Eichenseidenspinner frei im Eichenwalde. Den *Morus*-Raupen pflegt man seit Jahren zur Zeit des Einspinnens Strohbündel zurecht zu legen, und sie // 617 // warten, wenn man so sagen darf, auf dieses Signal und befolgen es gehorsam. Mein Vater kam nun auf den Gedanken, einer kleinen Raupengesellschaft diese anerzogenen Strohbündel einmal nicht hinzulegen; – die Mehrzahl ging zugrunde, während die Minderzahl, die „Genies", sich dem eigenen Bedürfnis folgend dennoch einspannen. Da meine Schwester beobachtet haben will, dass die folgende Generation sich schon in einer größeren Anzahl einspinnt, so wäre die Sache einer neuerlichen Prüfung sehr wert.

Selbstverständlich hängt es vom Zufall, dann auch von den Umständen ab, ob und wie die persönlich erworbenen „Engramme"[13] übertragen werden; die durch Generationen in Übung gewesenen „Engramme" kommen natürlich viel bestimmter und treuer zum Vorschein. Wenn von persönlich erworbenen und vererbten Engrammen die Rede ist, muss ich daran denken, wie wenig ich deren besitze, aber das mag daher kommen, dass mein Vater Philologe war, ich dagegen Naturforscher bin. Man versuche aber einmal sich den Sohn in demselben Fache zu denken wie den Vater, dann wird man sehen, wie vollkommen oft auch die später erworbenen Engramme übertragen werden.

Ich will nun einige schon früher erzählte[14] aber jetzt erweiterte und vor allem illustrierte Beobachtungen zum Besten geben und glaube, dass sie aus // 618 // letzterem Grunde für die Leser dieser Zeitschrift von Interesse sein dürften; zudem geben diese Skizzen als Ergebnisse langer, teilweise sehr mühsamer Stu-

13 R. Semon, *Die Mneme als erhaltendes Prinzip im Wechsel des organischen Geschehens*, Engelmann, Leipzig 1911.
[*] R. Semon, *Die Mnemischen Empfindungen* [*in ihren Beziehungen zu den Originalempfindungen*], Engelmann, Leipzig 1909.

14 E. Mach, *Analyse der Empfindungen*, Jena.

dien mehr wie wortreiche und umständliche Beschreibungen, und sind als jede persönliche Färbung oder Zutat entbehrende nur bildlich fixierte Erlebnisse von Wert.

In den Herbstferien 1873 brachte mir mein fünfjähriger Junge einen aus dem Nest gefallenen federlosen Spatzen und wollte ihn aufziehen. Die Sache war jedoch nicht so einfach, denn das Tier war nicht zum Schlingen zu bringen und wäre den Insulten einer künstlichen Fütterung unterlegen. Da stellte ich folgende Überlegung an: Das neugeborene Kind wäre sicherlich verloren, wenn es nicht die zum Saugen vorgebildeten Organe und den Saugtrieb hätte; etwas Analoges musste in anderer Form auch beim Vogel existieren. Ich bemühte mich nun mannigfach den passenden Reiz zu finden, welcher die Reflexbewegung des Schlingens auslöste. Endlich wurde ein kleines Insekt (Heuschrecke) um den Kopf des Vogels rasch herumbewegt (Taf. 4). Sofort sperrte dieser den Schnabel auf und schlug mit den Stummeln seiner Flügel. Der richtige Reiz für die Auslösung des Triebes und der automatischen Bewegung war damit also gefunden. Zusehends wurde der Vogel nun stärker, gieriger, schnappte nach der Nahrung, nahm einmal ein auf den Tisch gefallenes Insekt von da auf, und fraß von nun ab selbständig.

Um diese Zeit erlebte ich auch, wie ich mich nun erinnere, eine schreckhafte Halluzination, obwohl ich vor einigen Jahren gelegentlich eines Be- // 619 // suches des Herrn Dr. E. v. Niessl-Meyendorf[15] auf sein ausdrückliches Befragen eine solche gänzlich in Abrede gestellt hatte, was ich nun hier richtig stelle. Ich hatte meinen Sperling mit Heuschrecken groß und flügge gefüttert; da sah ich im Traum eine riesenhafte Heuschrecke mit den Vorderbeinen sich auf meine Brust stützend, unheimlich mit den Fresszangen und Fühlern um mein Gesicht spielend, als wollte auch sie sagen: „Raum für alle hat die Erde, was verfolgst du meine Herde?..." Darauf erwachte ich, und die Unheimlichkeit des Bildes konnte gegenüber dem wachen Intellekt nicht

15 [*] Erwin Gustav Niessl von Mayendorf (1873-1943), Mediziner, Hirnforscher und Psychiater

standhalten, – aber ich war mir bewusst, Hunderten, ja Tausenden kleiner Heuschrecken in wenigen Wochen die Sprungbeine ausgerissen und hierdurch mein buddhistisches Gewissen verletzt zu haben; die Kinderjahre abgerechnet, habe ich bewusst keine Grausamkeit, später auch keine Vivisektion verbrochen.

Wenn ich als Anhänger des Winterkönigs nach der Schlacht am weißen Berge durch die Bemerkung eines klerikalen Verwandten lebend dem Nachrichter ausgeliefert worden wäre, dürfte ich auch nicht ohne schreckhafte Halluzination davongekommen sein – und man weiß nicht, ob man den bedauern oder beneiden soll, der in diesem Falle keine solche hätte. Wie oft mag sich aber in dem imaginären Raum hinter der Spiegelebene einer Ritterburg in Böhmen dies Gemütsdrama abgespielt haben!

Ich kehre nach dieser Abschweifung zu meinem Pflegling zurück. Im dem Maße, als sich der Intellekt entwickelte, war ein zusehends kleinerer Teil des ursprünglich auslösenden Reizes notwendig. // 620 // Das allmählich selbständig gewordene Tier nahm sukzessive alle possierlichen Spatzenmanieren an, es sprang auf meinen vorgehaltenen Finger, wetzte an ihm den Schnabel und ergötzte das Auge, indem es die mannigfaltigsten Bewegungen erwachsener Sperlinge annahm, die es doch nie gesehen noch eigens gelernt haben konnte. Das flügge Tier fing an, allerlei Kurzweil zu treiben – sich mit der Umgebung Eins fühlend – und wenn es mit „kindlicher Zärtlichkeit" seinen Schnabel an meinem Finger wetzte, erlebte ich wahre Vater- oder Mutterfreuden. Auch benahm es sich keineswegs diskret, zupfte mich oft an Haar und Bart, zwickte mich mitunter ins Ohrläppchen. Es war also mehr das Verhältnis zwischen Potentat und Hofnarr, ähnlich wie es sich gelegentlich zwischen Eltern und Kindern herstellt, wenn diese den Grad der Intelligenz oder der Macht ersterer noch nicht in Betracht ziehen können.

Wenn ich am Morgen meinen Spaziergang auf der Wiese längs einer Baumreihe machte, pflegte ich meinen Sperling mitzunehmen, er flog auf die Bäume, kam aber auf meinen Ruf „Zip …

Zip" immer wieder auf meinen Finger herab. Schließlich zeigte sich, dass der vermeintliche „er"' eine „sie" war; denn nachdem die Heuschreckenkost mit mehr solider und gemischter Kost vertauscht war, fing „sie" in parthenogenetischer Anwandlung an, Eier zu legen, und ging auf diese Weise nach einiger Zeit ein. Ich könnte also wenig mehr berichten, wenn nicht meine Tochter diese Versuche mit anderen Sperlingskindern fortgesetzt hätte. Mein Enkel brachte ihr ein ganzes zur Erde gefallenes Nest mit // 621 // etwa sechs Sperlingen, darunter auch Männchen, durch hübsche schwarze Krawattenandeutungen ausgezeichnet. Nun konnte sich eine Mutter den Luxus einer Heuschreckenjagd, um Sperlinge aufzuziehen, nicht gestatten, demnach musste ein vereinfachtes Verfahren angewendet werden, das sich sehr gut bewährte. Weißbrot (Semmel) wurde in Milch erweicht und eine mit den Fingern entnommene Prise genügte zur Abfütterung eines Vogels nach der oben erwähnten Methode (Taf. 4). In diesem Falle wurde die Prozedur noch dadurch erleichtert, dass das alte Vogelpaar Hilfe leistete, indem es sich an der Fütterung beteiligte, sobald das Fenster geöffnet war oder die Jungen hinausgesetzt wurden.

Die später freigegebenen Jungen kamen, beim Einfall schlechter Witterung und sobald die Versorgung durch die Alten ungenügend wurde, von selbst ins Zimmer (Taf. 3). Ich erhielt nun einmal von meiner Tochter bei ihrer Rückkehr vom Lande ein derart aufgezogenes Männchen – kaum hatte aber die begleitende Magd den Käfig auf den Gartentisch gestellt, so war auch schon die Nachbarkatze dahinter, und es war gefressen, bevor ich es noch gesehen hatte. Ich konnte also wieder kein Männchen studieren, wie ich es mir gewünscht hatte, und musste mich, mit dem Rest der Aufzucht, dem Schwächlichsten, dem „Krepaunzl", das wieder ein Weibchen war, begnügen, und das aus Besorgnis, dass es dem Existenzkampfe nicht gewachsen wäre, zurückbehalten worden war.

Das „Krepaunzl" lebte nun 8 Jahre bei mir, und ich konnte dieses Tier genügend beobachten und dort weiter fortsetzen, wo ich vor Jahren aufgehört hatte. // 622 //

Meine Enkel erheiterte es, wenn mich der Sperling an Haar und Bart zupfte und manchmal empfindlich zwickte, denn sie meinten, der Vogel wollte mich necken (Taf. 4). Fast hätte ich anfangs diese naive Auffassung geteilt, aber welche Intelligenz, welcher Humor und welch ein Standpunkt, den man einem jungen Tier überhaupt nicht zutrauen kann, gehört dazu, die Vorstellung des Neckens anzunehmen! Dies könnte noch bei einem intelligenten Hündchen zutreffen, das schon durch die Erziehung eines Menschen eine klarere Vorstellung (Gefühl) eines eigenen und fremden „Ichs" gewonnen hat. Intelligente Tiere wie Sperlinge könnten vielleicht diese Stufe durch Erziehung gewinnen, angeboren ist dieselbe gewiss nicht. Ich meine also, dass diese Tiere nur ihre eigenen Angelegenheiten im Auge hatten und beispielsweise ihren angeborenen Nestbauinstinkt übten, indem sie mit meinem Haupt- und Barthaar spielten.

Was ich des Weiteren über dieses zweite Spatzenweibchen zu sagen habe, ist eine Ergänzung des Früheren und beruht auf neuen persönlichen Beobachtungen, die mit den ganz unabhängigen meiner Tochter und Enkelkinder sich fast vollständig decken.

Meine Spätzin hielt einen Serviettenring, wenn dieser unbeweglich auf dem Tisch lag oder stand, für ganz harmlos, sobald er aber rollte oder vermöge eines mittleren um seinen äußeren Umfang ziehenden Wulstes hin- und herschwankte, stellte sie sich mit gespreizten Beinen, gesenktem Kopf und aufgesperrten Schnabel gereizt gegen den Ring (Taf. 5) und hackte wütend auf ihn los; dann hielt sie ihn offenbar für belebt und hatte ihn vielleicht // 623 // im Verdacht, dass er konkurrenzfähig im Fressen sei! Wer wollte sich über die Spätzin wundern – man denke doch an die Erzählung von dem Nürnberger Peter Hele [auch Henlein genannt (1480 – 1542)], gegen den ein Bauer vom Lande, ja sogar sein eigenes Weib klagbar aufgetreten ist; sie hielten die klappernden Uhren für lebende Wesen und ihn mit Teufeln und Hexen im Bunde!

Meine langsam anrückenden Finger wurden energisch angegriffen im Gegensatz zur stets zärtlich behandelten Hand meiner

Tochter, wobei sich der Vogel vielleicht seiner ihm vertrauten Ernährerin erinnerte. Jede sich bewegende Tischtuchfalte wurde aufmerksam verfolgt, ja belauert, dann aber mit einem Male darauf losgefahren, und die verdächtige Stelle mit wütenden Schnabelhieben bearbeitet. Eine weggezogene Serviette wurde oft mit der ganzen Körperkraft stemmend zurückgehalten. Das kleine Wesen pickte Brotkrümel und Kümmelkörner auf, vergaß nie auf seine Prise aus dem Salzfass; sich mitunter gewaltig reckend, guckte es neugierig, doch immerhin mit einer gewissen Reserve und Vorsicht, in alles hinein, recht oft Kostproben machend. Die kleinen Bildchen „Allerlei Kurzweil" (Taf. 5 u. 6) geben Beispiele dieser lehrreichen Idyllen auf dem abgedeckten Mittagstisch. Mein Vögelchen hatte, wie ich im Laufe der Zeit unschwer herausfand, an schönen, heiteren Tagen eine andere Physiognomie, wie bei trübem, kühlem oder gar nebeligem Wetter, und in hohem Grade ist die jeweilige Stimmung und das Temperament von der Witterung abhängig. Die behagliche Stellung, wenn die Sonne in den Bauer spielt, Siesta, Selbstgespräche, „nach dem // 624 // Bade", oder wenn ein beliebtes Bröckchen in den Futternapf kommt oder von oben gereicht wird, sind auf Taf. 7 unschwer zu finden. Mein langjähriger Hausgenosse wurde schließlich leidend durch eine schmerzhafte, krebsartige Wucherung unter einem Flügel und so schwach, dass er nicht mehr imstande war, sich auf eine höhere Sprosse zu setzen, weswegen mein Sohn durch eine Äthernarkose seine Überführung in das Nirvana der Sperlinge bewirkte; und damit war dieses stille, kleine und doch wieder so lange Leben zu Ende.

Ich habe noch Allgemeines nachzutragen. Meine Sperlinge machten sehr bald die Erfahrung, dass sie nicht durch das Glas ins Freie kommen konnten, und flogen, außer zu Beginn, nie an eine Glasscheibe an, sondern setzten sich immer an die Fensterleiste. Ich führe dies an, weil wirbellose Tiere, wie Wespen, Bienen, Schmetterlinge, darin inkurabel sind. Auch waren meine Sperlinge bei Tage (also bei wachem Intellekt) sehr zutraulich und liebenswürdig, gar nicht scheu; sie betrachteten den Menschen als ihresgleichen. Des Abends bei eintretender Dämmerung traten indessen regelmäßig andere Erscheinungen auf. Das Tier sucht dann immer die höchsten Orte der Stube auf und beruhigt sich erst, wenn es durch die Zimmerdecke verhindert wird, höher zu steigen. Bei meiner Annäherung zeigte es den Ausdruck der Furcht, des Entsetzens, ja ich kann sagen, der leibhaftigen Gespensterfurcht, denn es sträubte die Federn, blähte sich auf, drückte sich in einen Winkel, sperrte den Schnabel auf und hackte wütend auf die genäherte // 625 // Hand los. Diese wehrlosen Tiere haben eben mannigfaltige Feinde und ihr Verhalten ist also ganz zweckmäßig. Das menschliche Kind findet sich in recht ähnlichen Umständen und es ist wohl irrtümlich, die Gespensterfurcht auf die Erzählungen von „Mormo und Lamia" oder „Hannibal ante portas" oder andere noch moderne Schreckmittel zurückzuführen; diese Furcht ist vielmehr ein altes, durch vorausgegangene Generationen eingeprägtes, angeborenes „Engramm". Mit der Religion verhält es sich ähnlich, und es ließe sich dies des Weiteren ausführen.

So wie die Vögel auf von Menschen unbewohnten Inseln nach CHAMISSO und DARWIN die Menschenfurcht erst durch Generationen erlernen müssen, so müssen wir umgekehrt das „Gruseln" im Laufe der Generationen zu verlernen suchen, was für uns zweckmäßiger wäre.

Nach Beobachtungen meines Schwiegersohnes wird das Entsetzen der Tiere durch Verhüllen des Kopfes mit einem weißen Tuche noch gesteigert. Mein letzter Sperling geriet darüber auch am hellen Mittag in Aufregung.

Es ist ein großer Übelstand bei der Beobachtung von Tieren, dass sie zumeist lückenhaft sind, indem die wichtigsten Momente wegfallen. So ist es ja wahrscheinlich, dass die seit vielen Generationen geübten „Engramme" in einem Augenblick lebendig werden, allein es können in solchen Momenten auch große Fehler gemacht werden; die kontinuierliche Beobachtung ist eben durch Nichts zu ersetzen. Merkwürdig ist es, wie rasch die Tiere // 626 // lernen, den Menschen als ein analoges Agens in Rechnung zu ziehen. So kannten in einem Dorfe die Spatzen den Ruf meiner Schwester und kamen herbei, beachteten einen anderen Ruf nicht und flohen einen Priester, der nach ihnen schoss.

Die Tiere haben alle, von den niedersten abgesehen,[16] ein Gehirn, und in der Natur muss die Kontinuität eben so existieren wie in den Systemen der Philosophen, und wir. müssen annehmen, dass jedweder Anfang psychischen Lebens vielleicht analog dem Roux'schen Prinzip in und von jeder Stufe an entwicklungsfähig ist.

Ich bin des Weiteren mit M. v. Unruh[17] der Meinung, dass das Leben mit Tieren unvergleichlich mehr wert ist wie die bloße Beobachtung von solchen. In diesem Sinne ist auch die Menschenaffenstation in Orotawa auf Teneriffa als ein neues, viel versprechendes Unternehmen zu begrüßen.

Höchst wichtig wäre des Weiteren die genaue Untersuchung der Vorgänge im Großhirn - die Entwicklung von Erfahrungen, wobei ich nur an die schöne Beobachtung mit L. MORGANS[18] Hund zu erinnern brauche, der zuerst ein Kaninchen auf seinen Zickzackwegen verfolgte, aber nach einigen Misserfolgen den geraden Weg zum Bau einschlägt und dadurch desselben habhaft wird.

Ich glaube, dass man oft durch das Gemüt der Tiere einen Einblick in deren psychisches Leben // 627 // erhält, denn von der Gemüts- und Willensseite stehen Mensch und Tier näher als von der Seite des Verstandes.

Die Wunder der Insektenwelt liefern ein unermesslich reiches Material, zu weiteren Forschungen einladend, und sind durch ihre „relative" Einfachheit einer weiteren experimentell

16 Vgl. L. Edinger, *Die Lehre vom Bau und den Verrichtungen des Nervensystems.* Leipzig 1909.

17 C. M. v. Unruh, *Leben mit Tieren.* [*Tierpsychologische Plaudereien und Erinnerungen*] Stuttgart 1905.

18 C. LLoy Morgan, *Animal life and intelligence.* London 1891.

analytischen Methode eher zugänglich. Ich verweise auf einzelne Kapitel FABRES wie über die Musikinstrumente der Laubheuschrecken, Versuche über das Skorpiongift, aus welchem sich als vorläufiges Resultat ergibt, dass der für das ausgebildete Insekt tödliche Stich für die Larve von nur geringem Nachteil ist, die Befruchtung der Nachtpfauenaugen, die nachweisbar durch einen für uns unfassbar feinen Duftstoff vermittelt wird, wobei die Männchen stunden-, ja meilenweit herbeifliegen.

Wir lernen dabei Systeme von Reflexen kennen, die auf verschiedene Ziele abgepasst sind und demnach in ihrer Kombination nicht einheitlich wie beim Wirbeltier auf ein Ziel zusammenwirken können. Es wird bei diesen selten vorkommen, dass nach dem der Begattung vorausgehenden und sie begleitenden Liebesrausch ein Mord des Partners stattfindet, während das zumeist schwächere Männchen unzählige Male oder fast regelmäßig bei Spinnen, Käfern, Heuschrecken aufgefressen wird.

Trotz dieser psychologischen Verschiedenheit, trotz dieses enormen Abstandes, darf man aber nicht glauben, dass die Beobachtung der niederen Tiere dem Studium der menschlichen Psychologie nicht förderlich sei, im Gegenteil, wer die einzelnen Reflexe getrennt zu beobachten und einzeln aufzufassen // 628 // versteht, wird sie auch im Falle des höheren Tieres, des Menschen, zu kombinieren und vereinigen wissen.

Bei einem so reichen, mannigfaltigen, so viel Möglichkeiten erschließenden und Auffassungen zulassenden Gegenstand darf ich mit SOLONS Worten schließen:

πᾶσιν ἁϑῖν χαλεπόν.

33. Einige vergleichende tier- und menschenpsychologische Skizzen.

Tafeln

33. Einige vergleichende tier- und menschenpsychologische Skizzen.

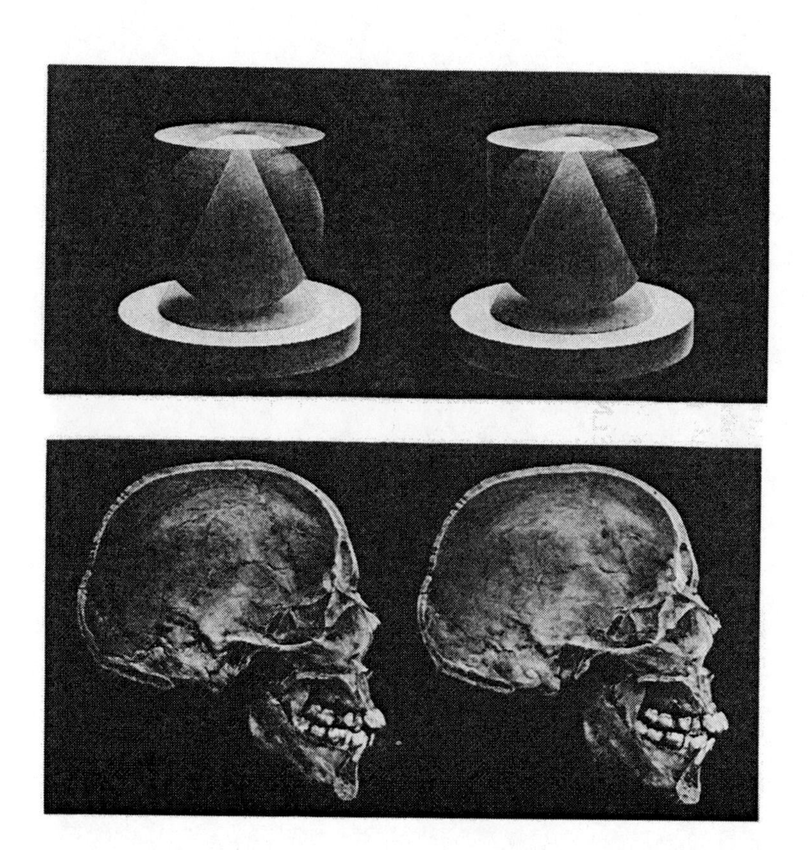

Tafel 1

Tafel 2

Tafel 3

Tafel 4a

Tafel 4b

Tafel 5a

Tafel 5b

Tafel 6a

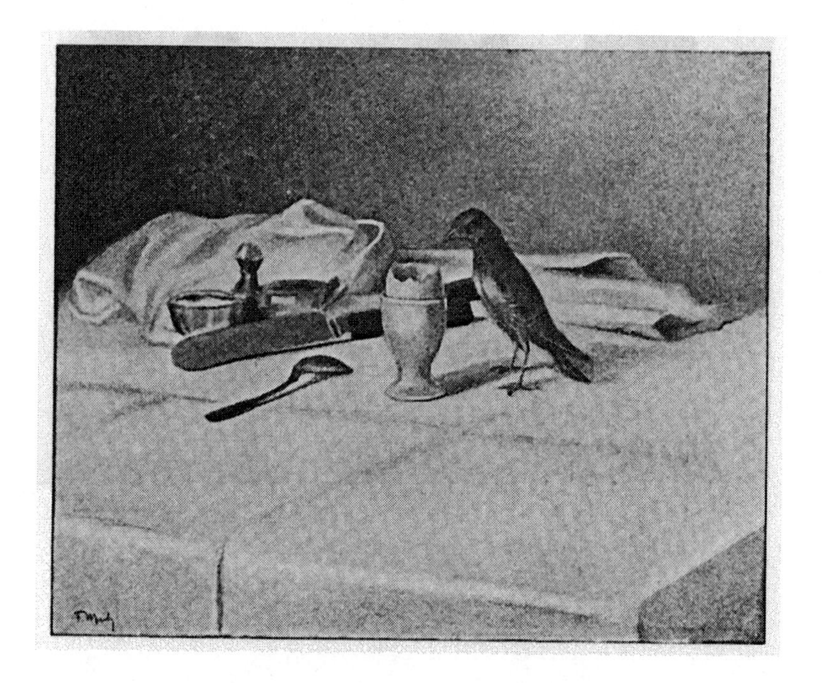

Tafel 6b

Tafel 7